U0162450

零基础学电子元器件检测与应用

韩雪涛　主编

吴　瑛　韩广兴　副主编

机 械 工 业 出 版 社

本书以市场就业为导向，采用完全“图解”的表现方式，系统全面地介绍了电子元器件检测和应用的知识与技能，主要内容有电子电路基础知识、电子电路识图基础入门、检测维修工具的介绍与使用、电阻器的功能与识别检测、电容器的功能与识别检测、电感器的功能与识别检测、二极管的功能与识别检测、晶体管的功能与识别检测、场效应晶体管的功能与识别检测、IGBT 的功能与识别检测、晶闸管的功能与识别检测、集成电路的功能与识别检测、电器部件的功能与检测、焊接工具的特点与使用、电子元器件的拆装与焊接、电子元器件的代换技巧、电动自行车维修实例精选、空调器维修实例精选、智能手机维修实例精选和小家电维修实例精选等内容。全书介绍的知识技能循序渐进，图解演示、案例训练相互补充，基本覆盖了电子元器件识别、选用、检测与代换的就业需求，确保读者能够高效地完成知识的全面掌握和技能的飞速提升。

本书可供广大电工人员及电子电气领域初级技术人员、业余爱好者阅读，也可作为各职业技术院校实习、实训的教材，还可作为社会上电工电子技能培训和认证考核机构的教材。

图书在版编目（CIP）数据

零基础学电子元器件检测与应用/韩雪涛主编. —北京：机械工业出版社，2021.8（2024.8 重印）

ISBN 978-7-111-68740-5

Ⅰ.①零…　Ⅱ.①韩…　Ⅲ.①电子元器件-检测　Ⅳ.①TN606

中国版本图书馆 CIP 数据核字（2021）第 144819 号

机械工业出版社（北京市百万庄大街 22 号　邮政编码 100037）
策划编辑：任　鑫　责任编辑：任　鑫　闾洪庆
责任校对：张　征　封面设计：马精明
责任印制：张　博
北京建宏印刷有限公司印刷
2024 年 8 月第 1 版第 2 次印刷
184mm×260mm · 20.5 印张 · 639 千字
标准书号：ISBN 978-7-111-68740-5
定价：99.00 元

电话服务
客服电话：010-88361066
010-88379833
010-68326294
封底无防伪标均为盗版

网络服务
机　工　官　网：www.cmpbook.com
机　工　官　博：weibo.com/cmp1952
金　　书　　网：www.golden-book.com
机工教育服务网：www.cmpedu.com

前 言

电子元器件识别检测与应用技能是电工电子领域从业的基础技能。无论是从事电工操作、线路检修还是电子产品装配、调试或维修等工作，都必须具备电子元器件的识别检测技能。随着技术的发展，特别是新产品、新工艺、新材料的不断问世，如何能够在短时间内掌握各种电子元器件的特点，并快速识别电子元器件的参数信息，掌握检测元器件的常规方法，是很多初学者和从业人员亟待解决的关键问题。

本书针对上述问题，根据国家考核标准和岗位需求，将电子元器件识别检测技能根据元器件的种类进行划分，从初学者的角度出发，将学习技能作为核心内容，将岗位需求作为目标导向，重组技能培训架构，制订了符合现代化行业技能培训特色的学习计划。

在图书的表现形式上，充分发挥图解演示的特色，采用大量的实物照片、二维结构图、三维效果图、演示图例等多种图解表现方式，全方位介绍不同元器件的特点和应用。在检测环节，结合实际的检测案例，模拟实操现场，通过一系列图解演示全程记录检测过程，并对检测中的关键环节进行了重点说明，让读者能够一目了然，在最短时间内完成对技能的学习。

为确保本书的知识内容能够直接指导实际工作和就业，本书在内容编排上进行大胆创新，将国家相关的职业标准与实际的岗位需求相结合，讲述内容注重技能的入门和提升，知识讲解以实用、够用为原则，减少烦琐、枯燥的概念讲解和单纯的原理说明，所有知识都以技能为依托，都通过案例进行引导，让读者通过学习真正做到技能的提升，真正能够指导就业和实际工作。

在图书的专业性方面，本套丛书由数码维修工程师鉴定指导中心组织编写，图书编委会中的成员都具备丰富的维修知识和培训经验。书中所有的内容均来源于实际的教学和工作案例。这样不仅能够使学习者对行业标准和行业需求有深入的了解，而且确保了图书的权威性、真实性。

另外，本书开创了全新的学习体验。“模块化教学”+“多媒体图解”+“二维码微视频”构成了本书独有的学习特色。读者可以在书中很多知识技能旁边找到“二维码”，然后通过手机扫描二维码即可打开相关的“微视频”。微视频中有对图书相应内容的有声讲解，有对关键知识技能点的演示操作。全新的学习手段更加增强了自主学习的互动性，不仅能提升学习效率，同时还增强了学习的兴趣和效果。

当然，专业的知识技能我们也一直在学习和探索，由于水平有限，编写时间仓促，书中难免会出现一些疏漏之处，欢迎读者指正，也期待与您的技术交流。

在图书的增值服务方面，本套丛书依托数码维修工程师鉴定指导中心提供全方位的技术支持和服务。借助数码维修工程师鉴定指导中心也为本书搭建了技术服务平台：

网络平台：www. chinadse. org

咨询电话：022-83718162/83715667/13114807267

联系地址：天津市南开区华苑产业园区天发科技园 8-1-401

邮政编码：300384

读者不仅可以通过数码维修工程师网站进行学习和资料下载，而且还可以将学习过程中的问题与其他学员或专家进行交流，如果在工作和学习中遇到技术难题，也可以通过论坛获得及时有效的帮助。

编　者

目　录

前　言

基础入门“磨刀”篇

P8, P11

第 1 章　电子电路基础知识　\\　1

1.1　直流电路　\\　1

1.1.1　直流电路的基本参数　\\　2

1.1.2　直流电路的工作状态　\\　3

1.2　交流电路　\\　4

1.2.1　单相交流电路　\\　4

1.2.2　三相交流电路　\\　6

1.3　电路的连接方式　\\　7

1.3.1　电路的串联方式　\\　7

1.3.2　电路的并联方式　\\　10

第 2 章　电子电路识图基础入门　\\　16

2.1　电子电路的识图方法　\\　16

2.1.1　电子电路的特点与识图原则　\\　16

2.1.2　电子电路的识图步骤　\\　16

2.2　电子元器件实物对照　\\　17

2.2.1　电阻器实物对照　\\　17

2.2.2　电容器实物对照　\\　17

2.2.3　电感器实物对照　\\　18

2.2.4　二极管实物对照　\\　20

2.2.5　晶体管实物对照　\\　21

2.2.6　场效应晶体管实物对照　\\　22

2.2.7　晶闸管实物对照　\\　23

2.2.8　集成电路实物对照　\\　24

第 3 章　检测维修工具的介绍与使用　\\　25

3.1　指针万用表的结构与使用　\\　25

3.1.1　指针万用表的种类和结构　\\　25

3.1.2　指针万用表的键钮分布　\\　25

3.1.3　指针万用表的使用方法　\\　30

3.2　数字万用表的结构与使用　\\　33

3.2.1　数字万用表的种类和结构　\\　33

3.2.2　数字万用表的键钮分布　\\　34

3.2.3　数字万用表的使用方法　\\　37

3.3　模拟示波器的结构与使用　\\　40

3.3.1　模拟示波器的结构　\\　40

3.3.2　模拟示波器的使用方法　\\　42

3.4　数字示波器的结构与使用　\\　44

3.4.1　数字示波器的结构　\\　44

3.4.2　数字示波器的使用方法　\\　46

P18, P20

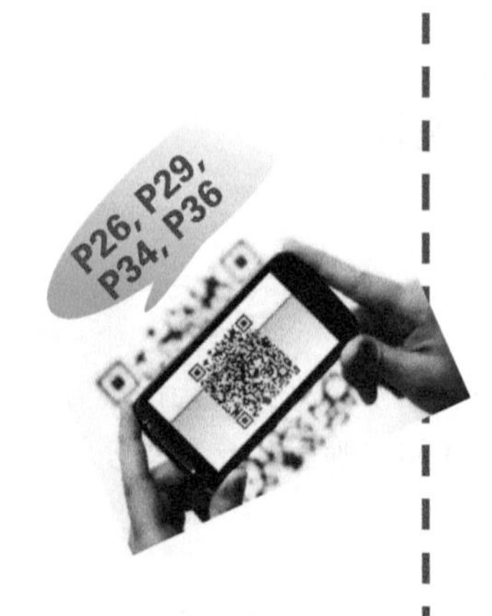
P26, P29,
P34, P36

识别检测“训练”篇

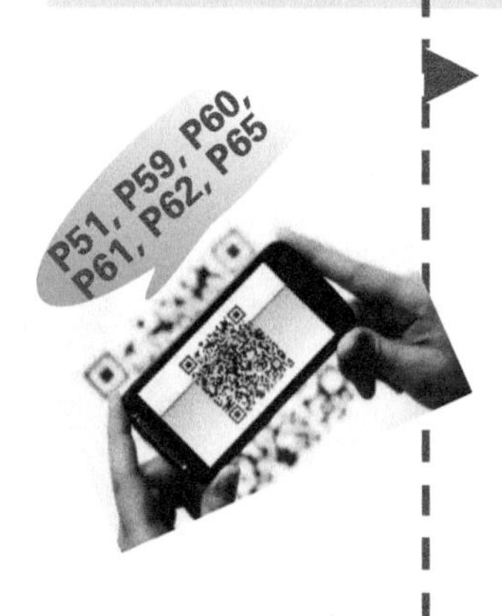
P51, P59, P60,
P61, P62, P65

第 4 章　电阻器的功能与识别检测　\\　51

4.1　电阻器的种类和功能　\\　51

4.1.1　电阻器的种类　\\　51
4.1.2　电阻器的功能　\\　59

4.2　电阻器的检测方法　\\　59

4.2.1　阻值固定电阻器的检测方法　\\　59
4.2.2　可调电阻器的检测方法　\\　60
4.2.3　热敏电阻器的检测方法　\\　61
4.2.4　光敏电阻器的检测方法　\\　62
4.2.5　压敏电阻器的检测方法　\\　63
4.2.6　气敏电阻器的检测方法　\\　63
4.2.7　湿敏电阻器的检测方法　\\　64

P66, P76

第 5 章　电容器的功能与识别检测　\\　66

5.1　电容器的种类和功能　\\　66

5.1.1　电容器的种类特点　\\　66
5.1.2　电容器的功能　\\　73

5.2　电容器的检测　\\　75

5.2.1　无极性电容器的检测　\\　75
5.2.2　电解电容器的检测　\\　78
5.2.3　可调电容器的检测　\\　80

第 6 章　电感器的功能与识别检测　\\　82

6.1　电感器的种类和功能　\\　82

6.1.1　电感器的种类　\\　82
6.1.2　电感器的功能　\\　85

6.2　电感器的检测　\\　86

6.2.1　电感线圈的检测　\\　86
6.2.2　色环电感器的检测　\\　89
6.2.3　色码电感器的检测　\\　90
6.2.4　微调电感器的检测　\\　90

第 7 章　二极管的功能与识别检测　\\　92

7.1　二极管的种类和功能　\\　92

7.1.1　二极管的种类　\\　92
7.1.2　二极管的功能　\\　96

7.2　二极管的检测　\\　98

7.2.1　整流二极管的检测　\\　98
7.2.2　发光二极管的检测　\\　100
7.2.3　稳压二极管的检测　\\　101
7.2.4　光电二极管的检测　\\　103
7.2.5　检波二极管的检测　\\　103
7.2.6　变容二极管的检测　\\　104
7.2.7　双向触发二极管的检测　\\　105

第 8 章　晶体管的功能与识别检测　\\　107

8.1　晶体管的种类与功能　\\　107

8.1.1　晶体管的种类　\\　107
8.1.2　晶体管的功能　\\　110

8.2　晶体管的检测　\\　113

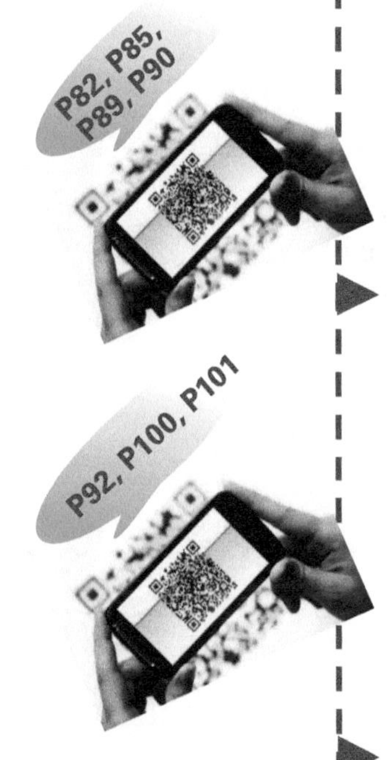
P82, P85,
P89, P90
P92, P100, P101

识别检测“训练”篇

8.2.1 晶体管引脚极性的识别 \\ 113
8.2.2 NPN 型晶体管的引脚检测判别 \\ 115
8.2.3 PNP 型晶体管的引脚检测判别 \\ 117
8.2.4 NPN 型晶体管好坏的检测 \\ 118
8.2.5 PNP 型晶体管好坏的检测 \\ 121
8.2.6 晶体管放大能力的检测 \\ 123

第 9 章 场效应晶体管的功能与识别检测 \\ 125

9.1 场效应晶体管的种类和功能 \\ 125
9.1.1 场效应晶体管的种类 \\ 125
9.1.2 场效应晶体管的功能 \\ 127

9.2 场效应晶体管的检测 \\ 129
9.2.1 结型场效应晶体管的检测 \\ 129
9.2.2 绝缘栅型场效应晶体管的检测 \\ 130

第 10 章 IGBT 的功能与识别检测 \\ 131

10.1 IGBT 的结构和功能 \\ 131
10.1.1 IGBT 的结构 \\ 131
10.1.2 IGBT 的功能 \\ 131

10.2 IGBT 的检测方法 \\ 133
10.2.1 IGBT 引脚极性的判别 \\ 133
10.2.2 IGBT 性能的检测 \\ 133

第 11 章 晶闸管的功能与识别检测 \\ 135

11.1 晶闸管的种类和功能 \\ 135
11.1.1 晶闸管的种类 \\ 135
11.1.2 晶闸管的功能 \\ 139

11.2 晶闸管的检测 \\ 141
11.2.1 单向晶闸管引脚极性的判别 \\ 141
11.2.2 单向晶闸管常规性能的检测 \\ 142
11.2.3 单向晶闸管触发能力的检测 \\ 143
11.2.4 双向晶闸管常规性能的检测 \\ 145
11.2.5 双向晶闸管触发能力的检测 \\ 146

第 12 章 集成电路的功能与识别检测 \\ 148

12.1 集成电路的种类和功能 \\ 148
12.1.1 集成电路的种类 \\ 148
12.1.2 集成电路的功能 \\ 155

12.2 集成电路的检测 \\ 157
12.2.1 集成电路对地阻值的检测 \\ 157
12.2.2 集成电路电压的检测 \\ 159
12.2.3 集成电路信号的检测 \\ 160

第 13 章 电器部件的功能与检测 \\ 163

13.1 扬声器的功能与检测 \\ 163
13.1.1 扬声器的功能 \\ 163
13.1.2 扬声器的检测 \\ 163

13.2 蜂鸣器的功能与检测 \\ 164
13.2.1 蜂鸣器的功能 \\ 164
13.2.2 蜂鸣器的检测 \\ 165

13.3 数码显示器的功能与检测 \\ 167

P115, P124

P130

P149, P158, P162

识别检测"训练"篇

P172, P174

13.3.1 数码显示器的功能 \\ 167
13.3.2 数码显示器的检测 \\ 169
13.4 光电耦合器的功能与检测 \\ 170
13.4.1 光电耦合器的功能 \\ 170
13.4.2 光电耦合器的检测 \\ 171
13.5 小型变压器的功能与检测 \\ 171
13.5.1 小型变压器的功能 \\ 171
13.5.2 小型变压器的检测 \\ 172
13.6 霍尔元件的功能与检测 \\ 174
13.6.1 霍尔元件的功能 \\ 174
13.6.2 霍尔元件的检测 \\ 176

拆卸焊接"演习"篇

P185

第 14 章 焊接工具的特点与使用 \\ 177
14.1 焊接工具的特点 \\ 177
14.1.1 电烙铁的特点 \\ 177
14.1.2 热风焊机的特点 \\ 179
14.1.3 焊料的特点 \\ 179
14.2 焊接工具的使用 \\ 181
14.2.1 电烙铁的使用 \\ 181
14.2.2 热风焊机的使用 \\ 185
第 15 章 电子元器件的拆装与焊接 \\ 188
15.1 电子元器件的拆装 \\ 188
15.1.1 电子元器件的拆焊 \\ 188
15.1.2 电子元器件的安装要求 \\ 189
15.2 分立式电子元器件的焊接 \\ 192
15.2.1 分立式电子元器件的插装 \\ 192
15.2.2 分立式电子元器件的焊接 \\ 196
15.3 贴片式电子元器件的焊接 \\ 198
15.3.1 使用电烙铁焊接贴片式元器件 \\ 198
15.3.2 使用热风焊机焊接贴片式元器件 \\ 198
15.3.3 自动化贴装电子元器件 \\ 199
15.4 电子元器件焊接质量的检验 \\ 199
15.4.1 分立式电子元器件焊接质量的检验 \\ 199
15.4.2 贴片式电子元器件焊接质量的检验 \\ 201
第 16 章 电子元器件的代换技巧 \\ 204
16.1 电阻器的选用代换 \\ 204
16.1.1 普通电阻器的选用与代换 \\ 204
16.1.2 熔断电阻器的选用与代换 \\ 205
16.1.3 热敏电阻器的选用与代换 \\ 205
16.1.4 光敏电阻器的选用与代换 \\ 206
16.1.5 湿敏电阻器的选用与代换 \\ 206
16.1.6 气敏电阻器的选用与代换 \\ 207
16.1.7 可调电阻器的选用与代换 \\ 207

拆卸焊接“演习”篇

16.2 电容器的选用代换 \\ 207
16.2.1 普通电容器的选用与代换 \\ 208
16.2.2 电解电容器的选用与代换 \\ 208
16.2.3 可变电容器的选用与代换 \\ 209
16.3 电感器的选用代换 \\ 209
16.3.1 普通电感器的选用与代换 \\ 209
16.3.2 可变电感器的选用与代换 \\ 210
16.4 二极管的选用代换 \\ 210
16.4.1 整流二极管的选用与代换 \\ 210
16.4.2 稳压二极管的选用与代换 \\ 211
16.4.3 发光二极管的选用与代换 \\ 214
16.4.4 开关二极管的选用与代换 \\ 214
16.5 晶体管的选用代换 \\ 215
16.5.1 NPN 型晶体管的选用与代换 \\ 215
16.5.2 PNP 型晶体管的选用与代换 \\ 216
16.6 场效应晶体管的选用代换 \\ 218
16.6.1 场效应晶体管的代换原则及注意事项 \\ 218
16.6.2 场效应晶体管的代换方法 \\ 219
16.7 晶闸管的选用代换 \\ 221
16.7.1 晶闸管的代换原则及注意事项 \\ 221
16.7.2 晶闸管的代换方法 \\ 222
16.8 集成电路的选用代换 \\ 223
16.8.1 集成电路的代换原则及注意事项 \\ 223
16.8.2 集成电路的代换方法 \\ 223

综合应用“杀敌”篇

P234, P235,
P239, P240

第 17 章 电动自行车维修实例精选 \\ 227
17.1 电动自行车充电器维修检测实例 \\ 227
17.1.1 电动自行车充电器中的主要元器件 \\ 227
17.1.2 电动自行车充电器中桥式整流电路的检测实例 \\ 232
17.1.3 电动自行车充电器中滤波电容的检测实例 \\ 232
17.1.4 电动自行车充电器中开关振荡集成电路的检测实例 \\ 234
17.1.5 电动自行车充电器中开关晶体管的检测实例 \\ 234
17.1.6 电动自行车充电器中运算放大器集成电路的检测实例 \\ 235
17.2 电动自行车控制器维修检测实例 \\ 236
17.2.1 电动自行车控制器中的主要元器件 \\ 236
17.2.2 电动自行车控制器中功率管的检测实例 \\ 238
17.2.3 电动自行车控制器中三端稳压器的检测实例 \\ 239
17.3 电动自行车功能部件的维修检测实例 \\ 240
17.3.1 电动自行车蓄电池的检测实例 \\ 240
17.3.2 电动自行车车灯的检测实例 \\ 245
17.3.3 电动自行车喇叭的检测实例 \\ 245
17.3.4 电动自行车助力传感器的检测实例 \\ 247
第 18 章 空调器维修实例精选 \\ 248
18.1 空调器电源电路维修检测实例 \\ 248

综合应用"杀敌"篇

P263, P268, P270

18.1.1 空调器电源电路中的主要元器件 \\ 248
18.1.2 空调器电源电路中三端稳压器的检测实例 \\ 250
18.1.3 空调器电源电路中降压变压器的检测实例 \\ 252
18.2 空调器主控电路维修检测实例 \\ 253
18.2.1 空调器主控电路中的主要元器件 \\ 253
18.2.2 空调器主控电路中微处理器的检测实例 \\ 256
18.2.3 空调器主控电路中反相器的检测实例 \\ 261
18.2.4 空调器主控电路中温度传感器的检测实例 \\ 263
18.2.5 空调器主控电路中继电器的检测实例 \\ 264
18.3 空调器变频电路维修检测实例 \\ 268
18.3.1 空调器变频电路中的主要元器件 \\ 268
18.3.2 空调器变频电路中变频功率模块的检测实例 \\ 268
18.3.3 空调器变频电路中光电耦合器的检测实例 \\ 271
第19章 智能手机的维修实例精选 \\ 273
19.1 智能手机音频电路元器件的维修检测实例 \\ 273
19.1.1 智能手机音频信号处理芯片的检测实例 \\ 273
19.1.2 智能手机音频功率放大器的检测实例 \\ 274
19.1.3 耳机信号放大器的检测实例 \\ 274
19.2 智能手机电源电路元器件的维修检测实例 \\ 275
19.2.1 智能手机电源电路中电源管理芯片的检测实例 \\ 275
19.2.2 智能手机电源电路中充电控制芯片的检测实例 \\ 275
19.3 智能手机功能部件的维修检测实例 \\ 277
19.3.1 智能手机按键的检测实例 \\ 277
19.3.2 智能手机听筒的检测实例 \\ 277
19.3.3 智能手机话筒的检测实例 \\ 278
19.3.4 智能手机振动器的检测实例 \\ 279
第20章 小家电维修实例精选 \\ 280
20.1 电饭煲维修检测实例 \\ 280
20.1.1 电饭煲中限温器的检测实例 \\ 280
20.1.2 电饭煲中保温加热器的检测实例 \\ 281
20.1.3 电饭煲中操作按键的检测实例 \\ 281
20.1.4 电饭煲中控制继电器的检测实例 \\ 282
20.2 电磁炉维修检测实例 \\ 283
20.2.1 电磁炉中炉盘线圈的检测实例 \\ 284
20.2.2 电磁炉中电源变压器的检测实例 \\ 285
20.2.3 电磁炉中 IGBT 的检测实例 \\ 286
20.2.4 电磁炉中阻尼二极管的检测实例 \\ 287
20.2.5 电磁炉中谐振电容的检测实例 \\ 287
20.2.6 电磁炉中微处理器的检测实例 \\ 288
20.2.7 电磁炉中电压比较器的检测实例 \\ 288
20.3 微波炉维修检测实例 \\ 289
20.3.1 微波炉中微波发射装置的检测实例 \\ 289
20.3.2 微波炉中高压变压器的检测实例 \\ 290
20.3.3 微波炉中高压电容的检测实例 \\ 290
20.3.4 微波炉中高压二极管的检测实例 \\ 291
20.3.5 微波炉中门开关组件的检测实例 \\ 291
20.4 吸尘器维修检测实例 \\ 292
20.4.1 吸尘器中吸力调整电位器的检测实例 \\ 292

P277

综合应用“杀敌”篇

20.4.2 吸尘器中涡轮式抽气机的检测实例 \\ 292

20.5 电风扇维修检测实例 \\ 295

20.5.1 电风扇中电动机起动电容的检测实例 \\ 295

20.5.2 电风扇中电动机的检测实例 \\ 295

20.6 电热水壶维修检测实例 \\ 296

20.6.1 电热水壶中加热盘的检测实例 \\ 296

20.6.2 电热水壶中蒸汽式自动断电开关的检测实例 \\ 297

20.6.3 电热水壶中温控器的检测实例 \\ 297

20.6.4 电热水壶中热熔断器的检测实例 \\ 298

基础入门“磨刀”篇

第1章 电子电路基础知识

1.1 直流电路

直流电路是指电流流向不变的电路，也可以说直流电路是由直流电源供电的电路。如图 1-1 所示，该电路是将控制器件（开关）、电池（1.5V）和负载（照明灯）通过导线进行首尾相连构成的一个简单的直流电路。

图 1-1　简单直流电路的连接实例及电路原理图

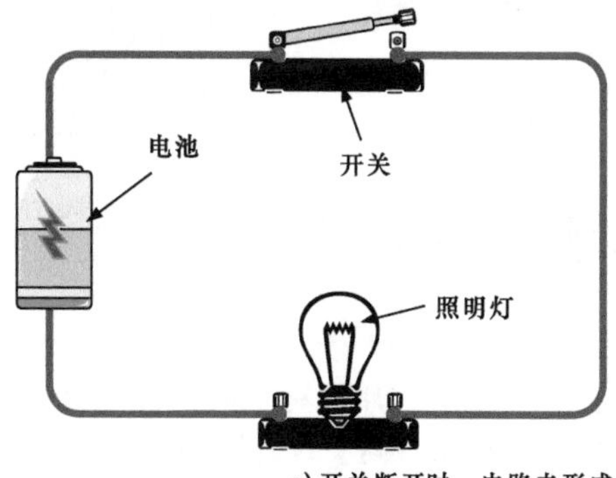

电池
开关
照明灯

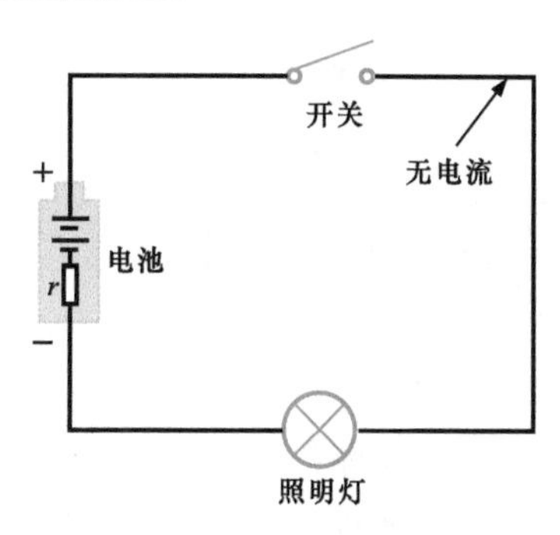

开关
无电流
+
电池
r
−
照明灯

a) 开关断开时，电路未形成回路，照明灯不亮，导线中无电流

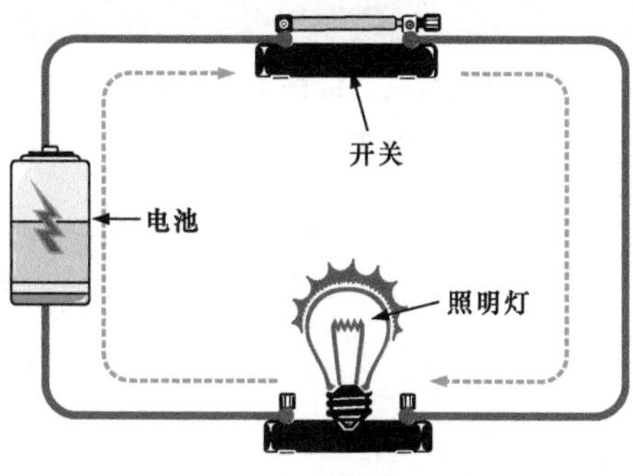

开关
电池
照明灯

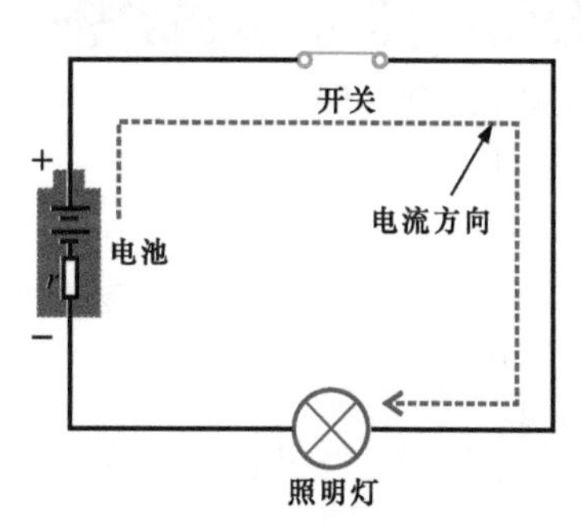

开关
+
电池
r
−
电流方向
照明灯

b) 开关闭合时，电路形成回路，照明灯点亮，导线中有电流流过

在实际电路中，除了直接使用直流电源外，大多电路采用将交流 220V 电压变为直流电压的方式进行供电，如图 1-2 所示。

图 1-2　直流电源电路

交流220V电压经变压器T降压后，变成交流低压（12V）

再经整流二极管VD整流后变成脉动直流电压

脉动直流经LC滤波电路（电感和电容）滤除交流成分后，变成稳定的直流电压

T　VD　L　6V　直流电压

交流电压　~220V　12V　C1　C2

电感器　整流二极管　电容器

降压变压器

1.1.1　直流电路的基本参数

学习直流电路要首先了解电流、电压、电能和电功率等基本参数，如图 1-3 所示。

图 1-3　直流电路的基本参数

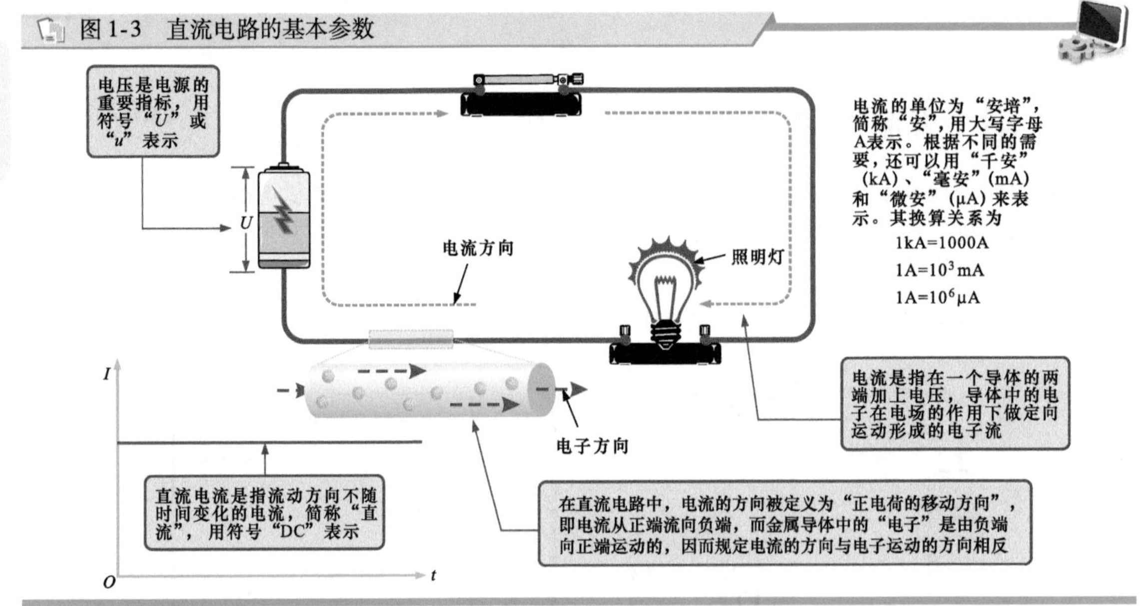

电压是电源的重要指标，用符号“U”或“u”表示
U
电流方向
照明灯
电流的单位为“安培”，简称“安”，用大写字母A表示。根据不同的需要，还可以用“千安”（kA）、“毫安”（mA）和“微安”（μA）来表示。其换算关系为
1kA=1000A
1A=10³mA
1A=10⁶μA
I
电子方向
电流是指在一个导体的两端加上电压，导体中的电子在电场的作用下做定向运动形成的电子流
直流电流是指流动方向不随时间变化的电流，简称“直流”，用符号“DC”表示
在直流电路中，电流的方向被定义为“正电荷的移动方向”，即电流从正端流向负端，而金属导体中的“电子”是由负端向正端运动的，因而规定电流的方向与电子运动的方向相反
O
t

电流的大小用“电流强度”来表示，常简称为“电流”，用大写字母“I”或小写字母“i”来表示，指的是单位时间内通过导体截面积的电荷量。若在时间 t 内通过导体截面积的电荷量是 Q（库伦），则电流可用 $I=Q/t$ 计算。

| 相关资料 |

欧姆定律表示电压（U）与电流（I）及电阻（R）之间的关系，即电路中的电流（I）与电路中所加的电压（U）成正比，与电路中的负载电阻（R）成反比，如图 1-4 所示。

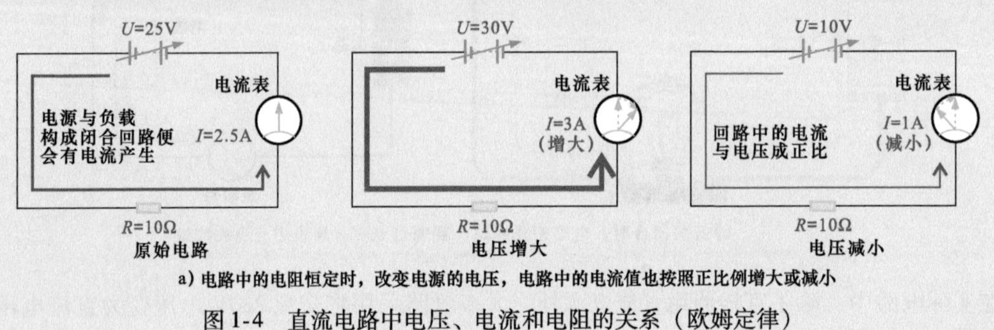

U=25V
电流表
电源与负载构成闭合回路便会有电流产生
I=2.5A
R=10Ω
原始电路
U=30V
电流表
I=3A
（增大）
R=10Ω
电压增大
U=10V
电流表
回路中的电流与电压成正比
I=1A
（减小）
R=10Ω
电压减小

a）电路中的电阻恒定时，改变电源的电压，电路中的电流值也按照正比例增大或减小

图 1-4　直流电路中电压、电流和电阻的关系（欧姆定律）

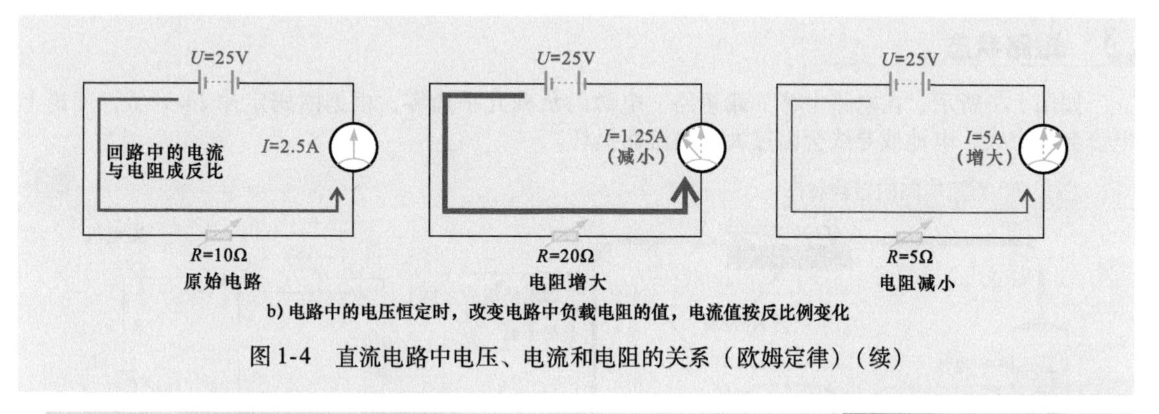
U=25V
回路中的电流
与电阻成反比
I=2.5A
R=10Ω
原始电路
U=25V
I=1.25A
（减小）
R=20Ω
电阻增大
U=25V
I=5A
（增大）
R=5Ω
电阻减小
b) 电路中的电压恒定时，改变电路中负载电阻的值，电流值按反比例变化

图 1-4　直流电路中电压、电流和电阻的关系（欧姆定律）（续）

1.1.2　直流电路的工作状态

直流电路的工作状态可分为三种，即有载工作状态、开路状态和短路状态。

1　有载工作状态

如图 1-5 所示，若开关 S 闭合，即将照明灯和电池接通，则此电路就是有载工作状态。通常电池的电压和内阻是一定的，因此负载照明灯的电阻值 R_L 越小，电流 I 越大。R_L 表示照明灯的电阻，r 表示电池的内阻，E 表示电源电动势。

图 1-5　直流电路的有载工作状态

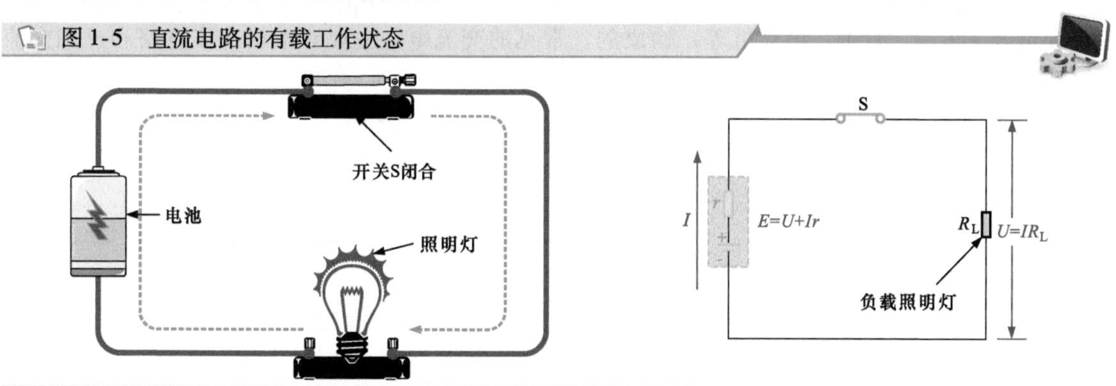
开关S闭合
电池
照明灯
S
I
E=U+Ir
R_L
U=IR_L
负载照明灯

2　开路状态

如图 1-6 所示，将开关 S 断开，这时电路处于开路（也称空载）状态。开路时，电路的电阻对电源来说等于无穷大，因此电路中的电流为零，这时电源的端电压 U（称为开路电压或空载电压）等于电源电动势 E。

图 1-6　直流电路的开路状态

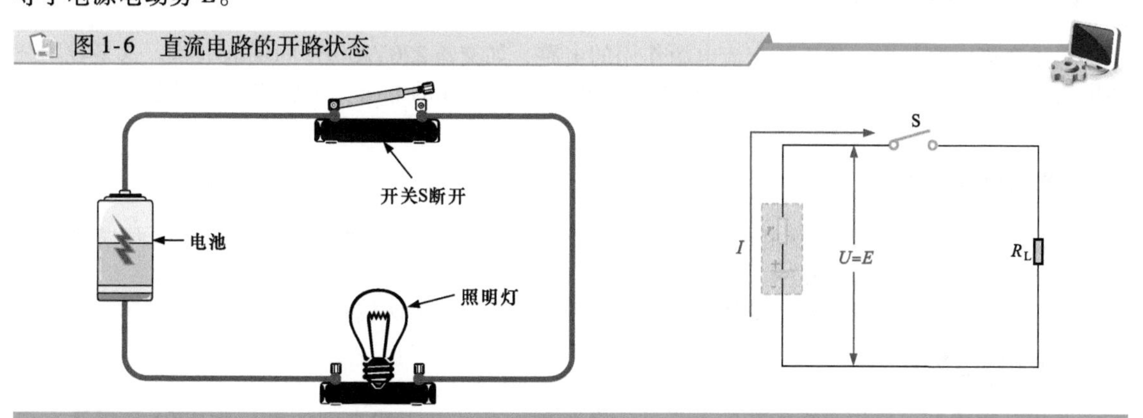
开关S断开
电池
照明灯
S
I
U=E
R_L

3 短路状态

如图 1-7 所示，在电路中将负载短路，电源的负载几乎为零，根据欧姆定律 $I = U/R$，理论上电流会无穷大，电池或导线会因过大的电流而损坏。

图 1-7 直流电路的短路状态

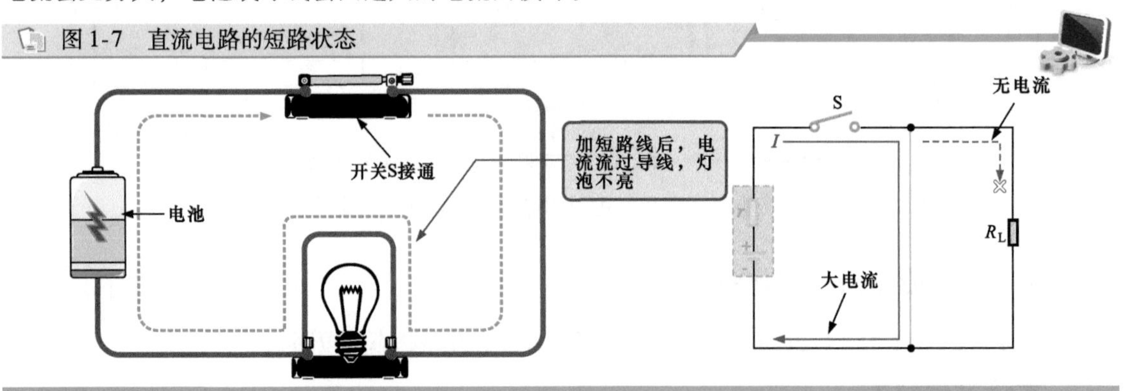
开关S接通
电池
加短路线后，电流流过导线，灯泡不亮
S
I
无电流
R_L
大电流

1.2 交流电路

交流电路是指电压和电流的大小和方向随时间做周期性变化的电路，主要是由交流电源、控制器件和负载（电阻、灯泡、电动机等）构成的。常见的交流电路主要有单相交流电路和三相交流电路两种，如图 1-8 所示。

图 1-8 交流电路的结构

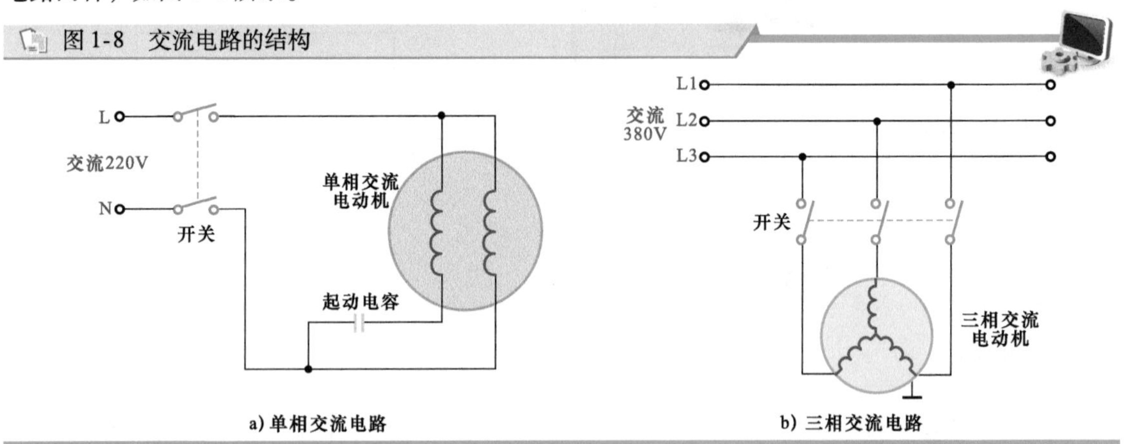
L
交流220V
N
开关
单相交流电动机
起动电容
a) 单相交流电路
L1
交流380V
L2
L3
开关
三相交流电动机
b) 三相交流电路

1.2.1 单相交流电路

单相交流电路是由一相正弦交流电源作用的电路，如交流 220V/50Hz 的供电电路。这是我国公共用电的统一标准，交流 220V 电压是指相线（火线）对零线的电压，一般的家庭用电都是单相交流电，有单相两线式、单相三线式两种。

1 单相两线式

单相两线式是指仅由一根相线（L）和一根零线（N）构成的供电方式，通过这两根线获取 220V 单相电压，为用电设备供电。

如图 1-9 所示，一般在照明线路和两孔电源插座多采用单相两线式供电方式。

2 单相三线式

单相三线式是在单相两线式基础上添加一条地线，相线与零线之间的电压为 220V，零线在电

源端接地，地线在本地用户端接地，两者因接地点不同可能存在一定的电位差，因此零线与地线之间可能存在一定的电压。

图 1-9　单相两线式供电方式

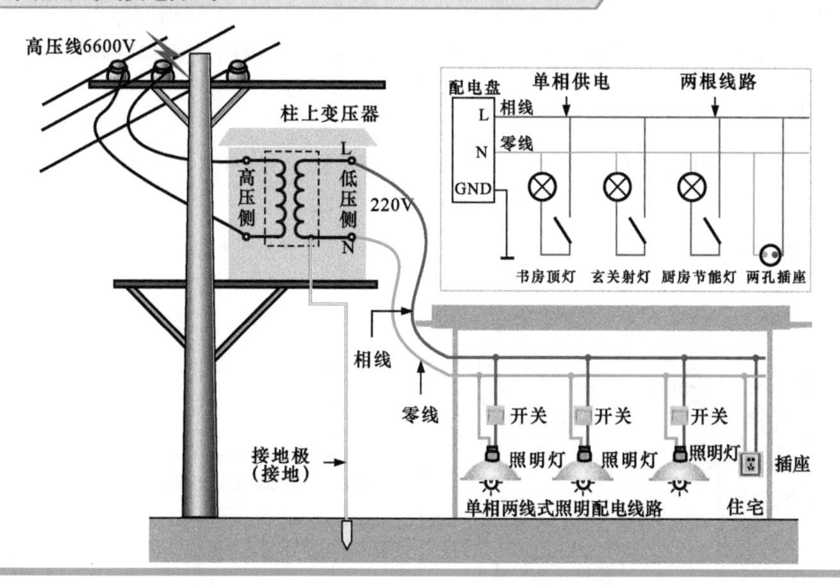

高压线6600V
柱上变压器
高压侧
低压侧
L
N
220V
相线
零线
接地极（接地）
配电盘
单相供电
两根线路
相线
零线
GND
书房顶灯
玄关射灯
厨房节能灯
两孔插座
开关
照明灯
插座
单相两线式照明配电线路
住宅

图 1-10 所示为单相三线式供电方式。

图 1-10　单相三线式供电方式

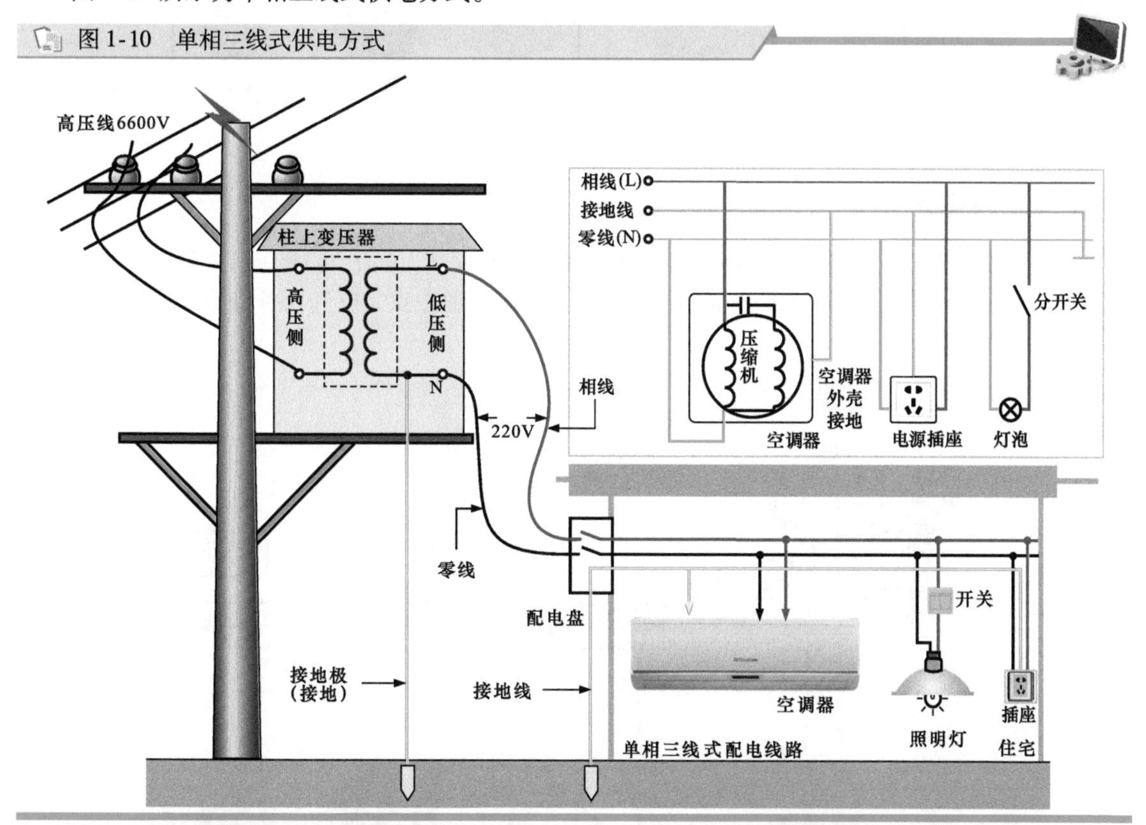

高压线6600V
柱上变压器
高压侧
低压侧
L
N
220V
相线
零线
配电盘
接地极（接地）
接地线
相线(L)
接地线
零线(N)
压缩机
空调器外壳接地
空调器
电源插座
分开关
灯泡
开关
空调器
照明灯
插座
单相三线式配电线路
住宅

| 相关资料 |

一般情况下，电气线路中所使用的单相电往往不是由发电机直接发电后输出的，而是由三相电源分配过来的。

1.2.2 三相交流电路

三相交流电路是由三相正弦交流电源作用的电路。在我国，三相低压电气设备所用的电源统一为三相交流 380V/50Hz。三相线之间的电压大小相等都为 380V，频率相同都为 50Hz，每条相线与零线之间的电压为 220V。三相交流电路主要有三相三线式、三相四线式和三相五线式三种。

1 三相三线式

三相三线式是指供电线路由三根相线构成，每根相线之间的电压为 380V，因此额定电压为 380V 的电气设备可直接连接在两根相线上，如图 1-11 所示。

图 1-11 三相三线式供电方式

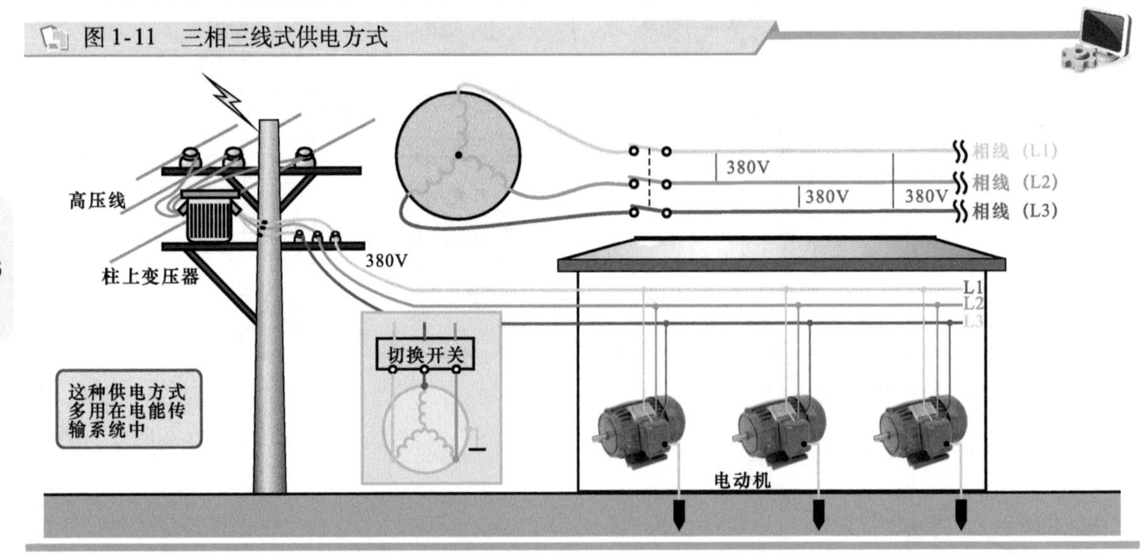

高压线
柱上变压器
380V
380V
380V
380V
相线 (L1)
相线 (L2)
相线 (L3)
L1
L2
L3
切换开关
这种供电方式多用在电能传输系统中
电动机

2 三相四线式

三相四线式交流电路是指由变压器引出四根线的供电方式，如图 1-12 所示。其中，三根为相线，另一根为中性线（俗称零线）。零线接电动机三相绕组的中点，电气设备接零线工作时，对电气设备起到保护作用。

图 1-12 三相四线式供电方式

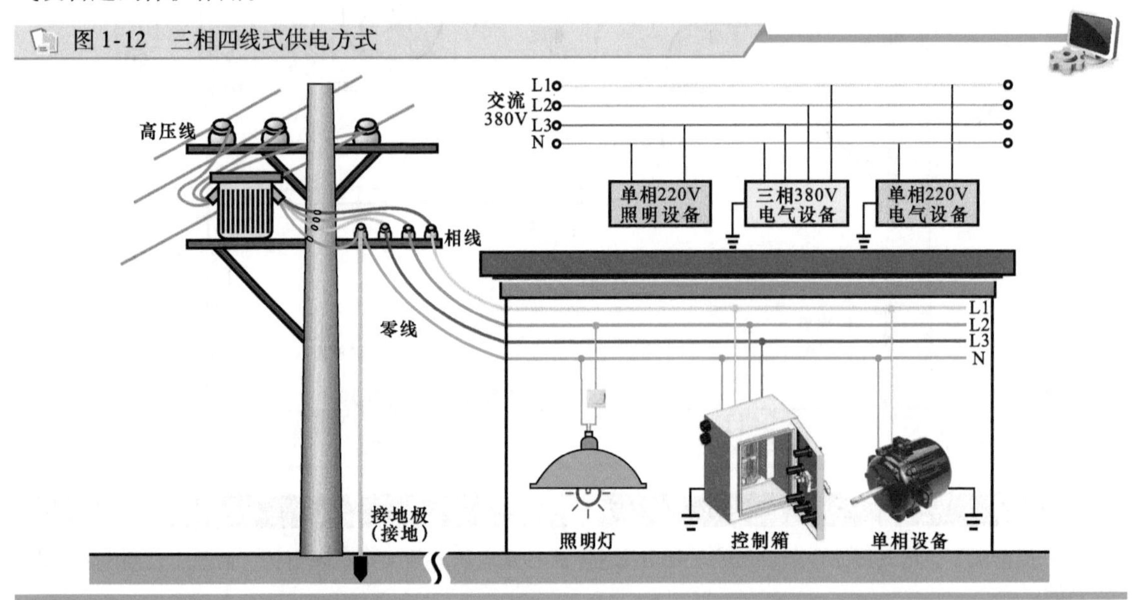

交流 380V
L1
L2
L3
N
高压线
单相220V 照明设备
三相380V 电气设备
单相220V 电气设备
相线
零线
L1
L2
L3
N
接地极（接地）
照明灯
控制箱
单相设备

| 特别提示 |

在三相四线式供电方式中，三相负载不平衡时和低压电网的零线过长且阻抗过大时，零线将有零序电流通过，过长的低压电网，由于环境恶化、导线老化、受潮等因素，导线的漏电电流通过零线形成闭合回路，致使零线也带一定的电位，这对安全运行十分不利。在零线断线的特殊情况下，断线以后的单相设备和所有保护接零的设备会产生危险的电压，这是不允许的。

3 三相五线式

在三相五线式供电系统中，把零线的两个作用分开，即一根线作为工作零线（N），另一根线作为保护零线（PE 或地线），如图 1-13 所示。增加的地线（PE）与本地的大地相连，起保护作用。所谓的保护零线就是接地线。

图 1-13　三相五线式供电方式

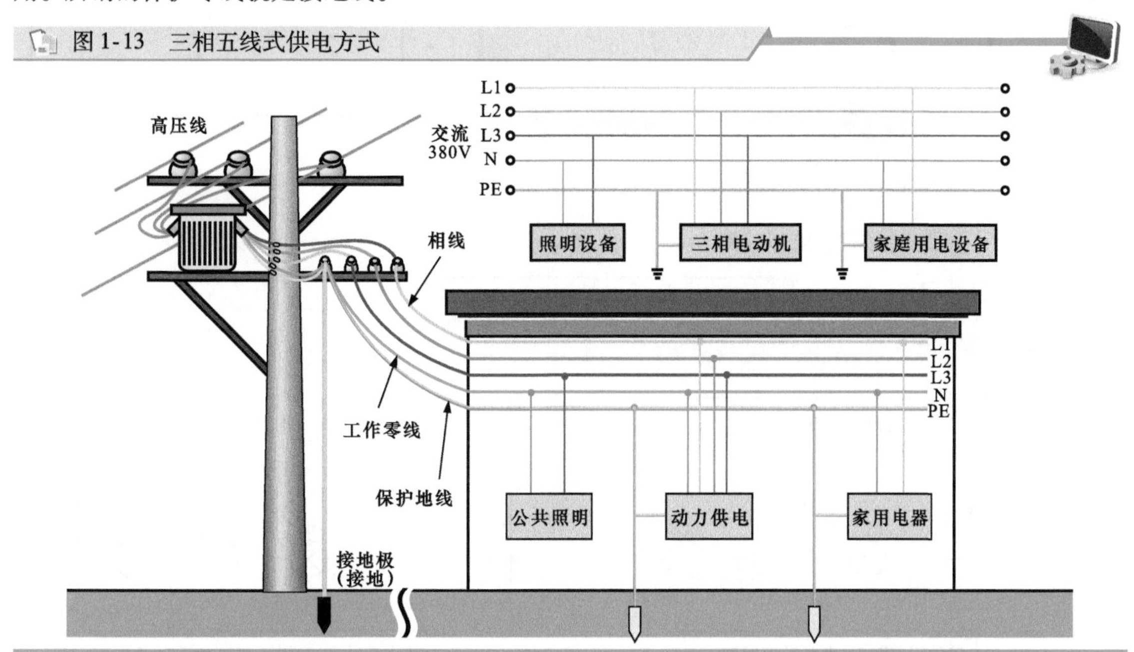
高压线
交流
380V
L1
L2
L3
N
PE
照明设备
三相电动机
家庭用电设备
相线
工作零线
保护地线
接地极
(接地)
公共照明
动力供电
家用电器

1.3 电路的连接方式

电路的基本连接关系有三种形式，即串联方式、并联方式和混联方式。

1.3.1 电路的串联方式

如果电路中两个或多个负载首、尾相连，那么它们的连接状态是串联的，可称该电路为串联电路，如图 1-14 所示。

在串联电路中，通过每个负载的电流是相同的，且串联电路中只有一个电流通路，当开关断开或电路的某一点出现问题时，整个电路将变成断路状态，因此当其中一盏灯损坏后，另一盏灯的电流通路也被切断，使该盏灯也不能正常点亮。

在串联电路中流过每个负载的电流相同，各个负载将分享电源电压，如图 1-15 所示。

该电路中有三个相同的灯泡串联在一起，那么每个灯泡将得到三分之一的电源电压。每个串联的负载可分到的电压量与它自身的电阻有关，即自身电阻较大的负载会得到较大的电压。

1 电阻器串联电路

电阻器串联电路是指将两个以上的电阻器依次首尾相接，所组成的中间无分支的电路，是电路中最简单的电路单元，如图 1-16 所示。在电阻器串联电路中，只有一条电流通路，即流过电阻器的电流都是相等的，这些电阻器的阻值相加就是该电路中的总阻值，每个电阻器上的电压根据每个电阻器阻值的大小按比例分配。

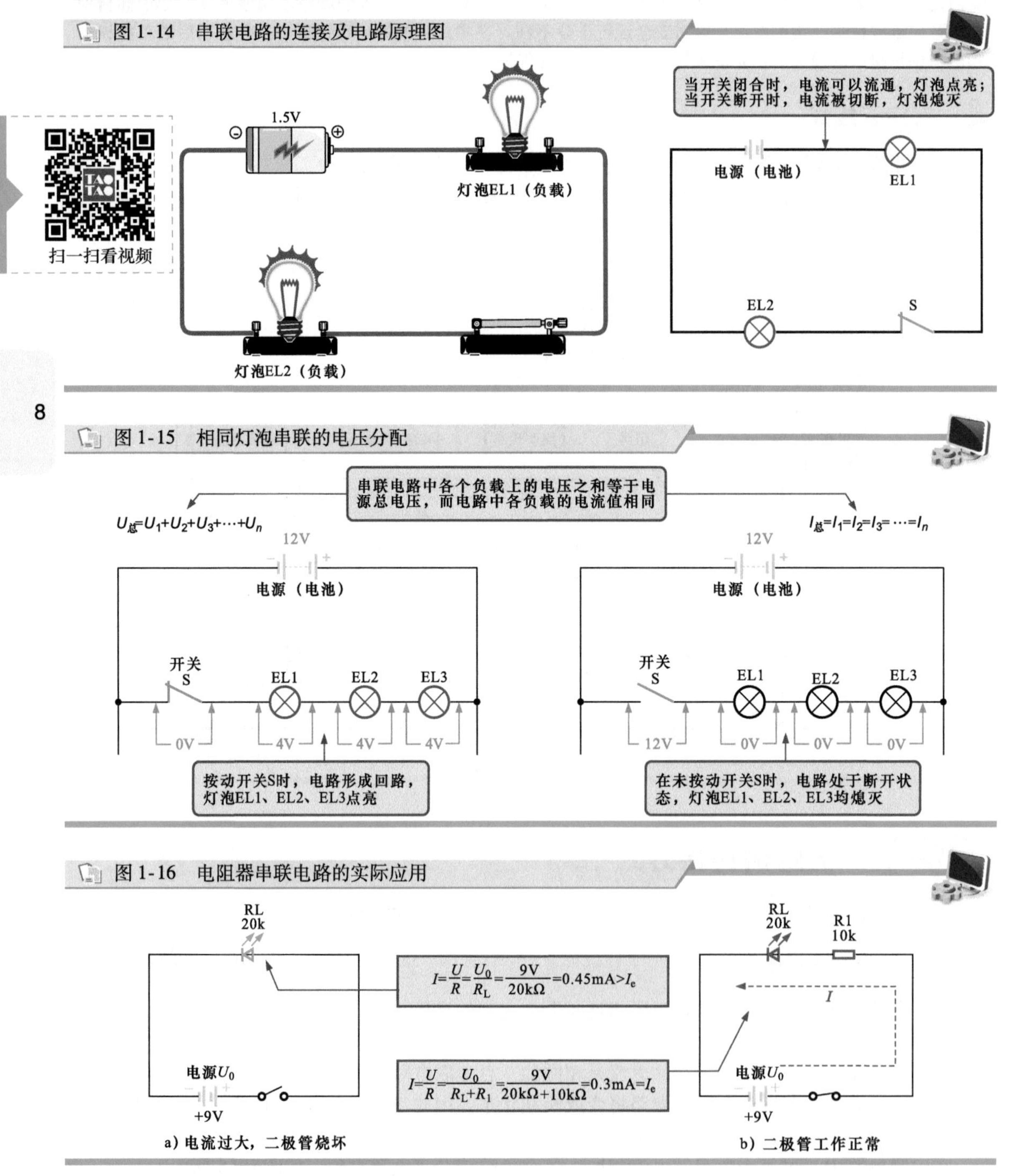
图 1-14 串联电路的连接及电路原理图
1.5V
灯泡EL1（负载）
灯泡EL2（负载）
扫一扫看视频
当开关闭合时，电流可以流通，灯泡点亮；
当开关断开时，电流被切断，灯泡熄灭
电源（电池）
EL1
EL2
S
图 1-15 相同灯泡串联的电压分配
串联电路中各个负载上的电压之和等于电源总电压，而电路中各负载的电流值相同
$U_{总}=U_1+U_2+U_3+\cdots+U_n$
$I_{总}=I_1=I_2=I_3=\cdots=I_n$
12V
电源（电池）
开关 S
EL1 EL2 EL3
0V 4V 4V 4V
12V 0V 0V 0V
按动开关S时，电路形成回路，灯泡EL1、EL2、EL3点亮
在未按动开关S时，电路处于断开状态，灯泡EL1、EL2、EL3均熄灭
图 1-16 电阻器串联电路的实际应用
RL 20k
R1 10k
$I=\frac{U}{R}=\frac{U_0}{R_L}=\frac{9V}{20k\Omega}=0.45mA>I_e$
$I=\frac{U}{R}=\frac{U_0}{R_L+R_1}=\frac{9V}{20k\Omega+10k\Omega}=0.3mA=I_e$
I
电源U_0
+9V
a) 电流过大，二极管烧坏
b) 二极管工作正常

电路中，发光二极管的额定电流 I_e = 0.3mA，图 1-16a 中，一只发光二极管工作在 9V 电压下，可以算出，该电路电流为 0.45mA，超过发光二极管的额定电流，当开关接通后，会烧坏发光二极管。图 1-16b 是串联一个电阻器后的工作状态，电阻器和二极管串联后，总电阻值为 30kΩ，电压不变，电路电流降为 0.3mA，发光二极管可正常发光。

下面结合一些电路介绍电阻器串联电路的识读方法，如图 1-17 所示。

图1-17 电阻器串联电路的识读方法

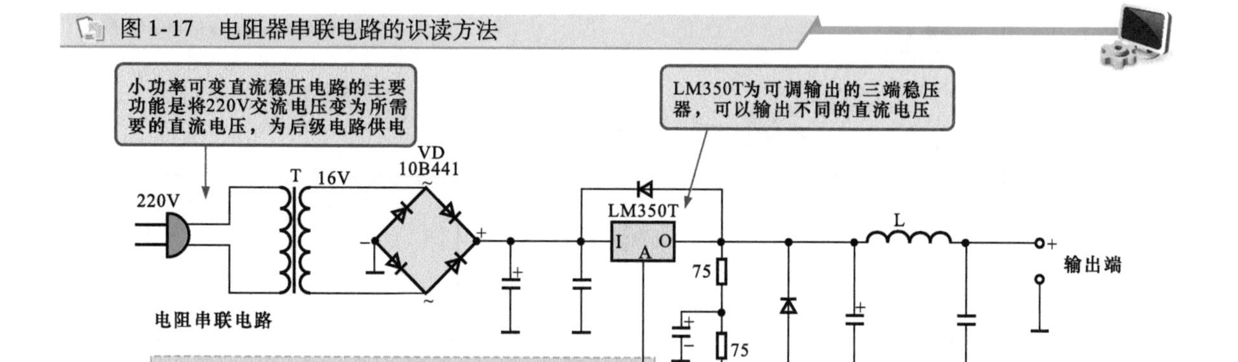
小功率可变直流稳压电路的主要功能是将220V交流电压变为所需要的直流电压，为后级电路供电
LM350T为可调输出的三端稳压器，可以输出不同的直流电压
220V
T 16V
VD
10B441
LM350T
L
输出端
75
75
电阻串联电路
180Ω 180Ω 180Ω 180Ω 120Ω 240Ω 180Ω 30Ω
12V 9V 6V 5V 3V 1.5V
输出电压经分压电路后为三端稳压器的调整端提供一个分压值，从而改变三端稳压器的输出电压

当开关设在30Ω电阻器左侧输出点时，相当于将一个30Ω的电阻器接在稳压器调整端，其他7只电阻器被短路，稳压器输出端输出1.5V电压；当开关设在180Ω电阻器左侧输出点时，相当于将一个30Ω和一个180Ω的电阻器串联后接在稳压器调整端，其他6只电阻器被短路，稳压器输出3V电压；依此类推，当开关设于不同的输出端上时，可控制稳压器LM350T输出1.5V、3V、5V、6V、9V、12V六种电压值。

2 电容器串联电路

电容器串联电路是指将两个以上的电容器依次首尾相接，所组成的中间无分支的电路，如图1-18所示。将多个电容器串联可以使电路中的电容器耐压值升高，串联电容器上的电压之和等于总输入电压，因而该电路具有分压功能。

图1-18 电容器串联电路的实际应用

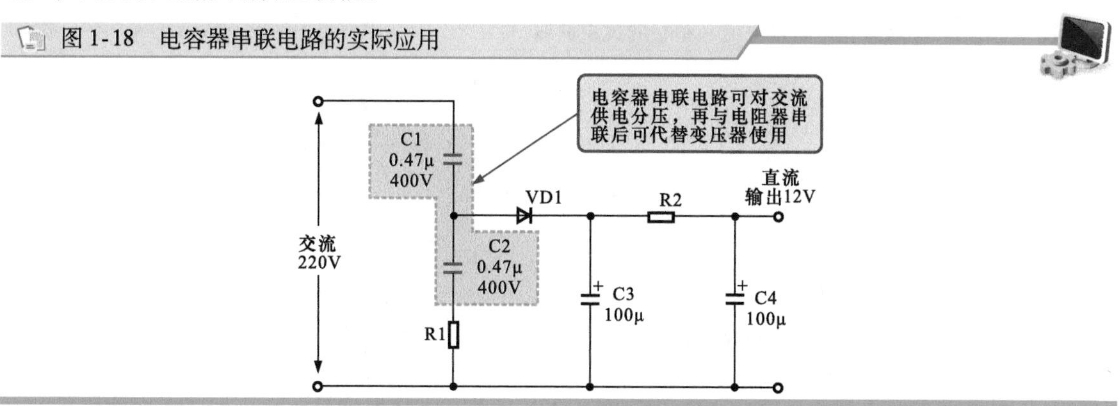
电容器串联电路可对交流供电分压，再与电阻器串联后可代替变压器使用
C1
0.47μ
400V
C2
0.47μ
400V
VD1
R2
直流
输出12V
交流
220V
C3
100μ
C4
100μ
R1

电路中，C1与C2和R1串联组成分压电路，起到变压器的作用，有效减小了实物电路的体积。通过改变R1的大小，还可以改变电容分压电路中电压降的大小，进而改变输出的直流电压值。这种电路与交流市电没有隔离，其地线会带交流高压，使用时注意防触电问题。

3 RC串联电路

电阻器和电容器串联后“构建”的电路称为RC串联电路。该电路多与交流电源连接，如图1-19所示。

RC串联电路中的电流引起电容器和电阻器上的电压降，这些电压降与电路中的电流及各自的电阻值或容抗值成比例。电阻器电压U_R和电容器电压U_C用欧姆定律表示为$U_R=IR$、$U_C=IX_C$（X_C为容抗）。

图 1-19　RC 串联电路

电阻器
R
C
电容器
U_R
U_C
I
交流电源
等效电路图
电阻器与电容器串联在交流电源中
R
C
U_R
U_C
I
交流电源

| 相关资料 |

在纯电容器电路中，电压和电流相互之间的相位差为 90°；在纯电阻器电路中，电压和电流的相位相同。在同时包含电阻器和电容器的电路中，电压和电流之间的相位差在 0°～90°之间。当 RC 串联电路连接于一个交流电源时，电压和电流的相位差在 0°～90°之间。相位差的大小取决于电阻和电容的比例，相位差均用角度表示。

电阻器和电容器除构成简单的串、并联电路外，还可构成一种常见的 RC 正弦波振荡电路，该电路是利用电阻器和电容器的充、放电特性构成的。RC 的值选定后，它们的充、放电的时间（周期）就固定为一个常数。也就是说，它有一个固定的谐振频率，一般用来产生频率在 200kHz 以下的低频正弦信号。常见的 RC 正弦波振荡电路有桥式、移相式和双 T 式等几种。

4　LC 串联谐振电路

LC 串联谐振电路是指将电感器和电容器串联后形成的，为谐振状态（关系曲线具有相同的谐振点）的电路，如图 1-20 所示。

图 1-20　LC 串联谐振电路及电流和频率的关系曲线

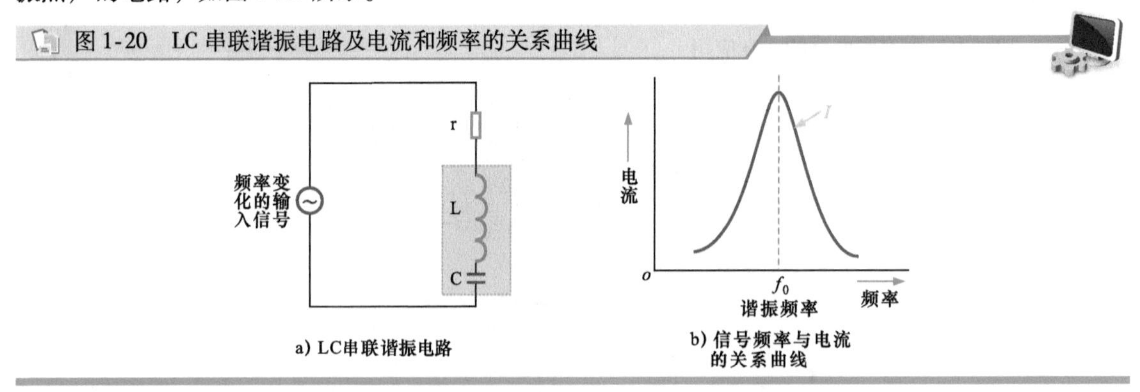
r
频率变化的输入信号
L
C
电流
I
o
f_0
谐振频率
频率
a) LC串联谐振电路
b) 信号频率与电流的关系曲线

在串联谐振电路中，当信号接近特定的频率时，电路中的电流达到最大，此时的频率称为谐振频率。

图 1-21 为不同频率信号通过 LC 串联电路的效果示意图。

当输入信号经过 LC 串联电路时，根据电感器和电容器的特性，信号频率越高，电感器的阻抗越大，电容器的阻抗越小，阻抗大则对信号的衰减大，频率较高的信号通过电感器会衰减很大，直流信号则无法通过电容器。当输入信号的频率等于 LC 谐振的频率时，LC 串联电路的阻抗最小，此时信号可以很容易地通过电容器和电感器输出，如图 1-22 所示。由此可以看出，LC 串联谐振电路可起到选频的作用。

1.3.2　电路的并联方式

两个或两个以上负载的两端都与电源两端相连，那么这种连接状态是并联的，该电路即为并联电路，如图 1-23 所示。

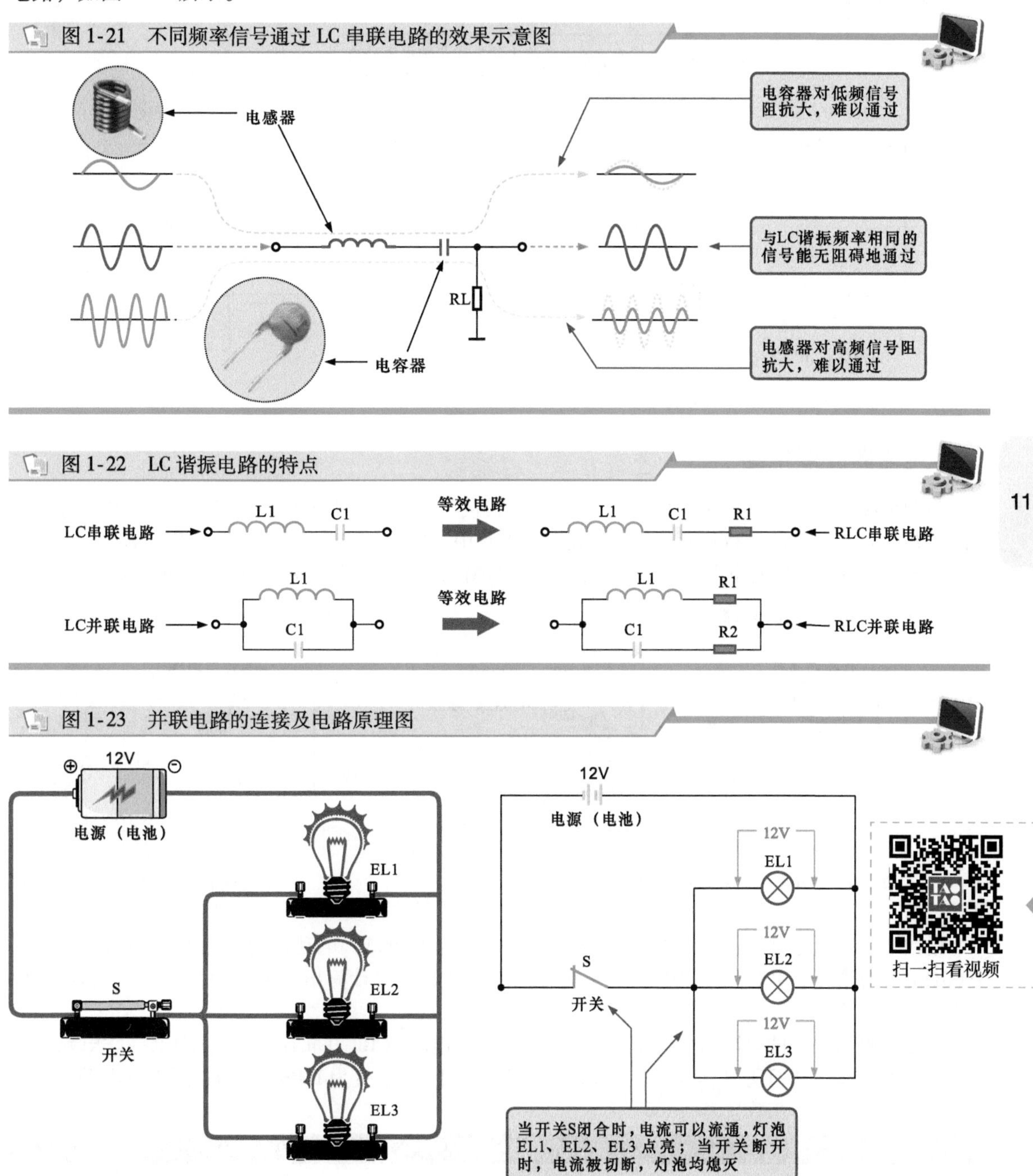

图 1-21 不同频率信号通过 LC 串联电路的效果示意图
电感器
电容器对低频信号阻抗大，难以通过
与LC谐振频率相同的信号能无阻碍地通过
RL
电容器
电感器对高频信号阻抗大，难以通过
图 1-22 LC 谐振电路的特点
LC串联电路
L1
C1
等效电路
R1
RLC串联电路
LC并联电路
R2
RLC并联电路
图 1-23 并联电路的连接及电路原理图
12V
电源（电池）
EL1
EL2
EL3
S
开关
当开关S闭合时，电流可以流通，灯泡EL1、EL2、EL3 点亮；当开关断开时，电流被切断，灯泡均熄灭
扫一扫看视频

在并联状态下，每个负载的工作电压都等于电源电压，不同支路中会有不同的电流通路，当支路的某一点出现问题时，该支路将变成断路状态，照明灯会熄灭，但其他支路依然正常工作，不受影响。

并联电路中每个设备的电压都相同，每个设备中流过的电流因它们的阻值不同而不同，电流值与电阻值成反比，即设备的阻值越大，流经设备的电流越小，如图 1-24 所示。

在并联电路中，每个负载相对其他负载都是独立的，即有多少个负载就有多少条电流通路。由于是两盏灯并联，因此就有两条电流通路，当其中一个灯泡坏掉了，则该条电流通路不能工作，而另一条电流通路是独立的，并不会受到影响，因此另一个灯泡仍然能正常工作。

图 1-24　两个灯泡的电流通路并联

并联电路中，各个负载上的电压等于电源总电压，电路中各负载的电流之和等于电路总电流

$U_{总}=U_1=U_2=U_3=\cdots=U_n$

$I_{总}=I_1+I_2+I_3+\cdots+I_n$

U_1　EL1　S　U_2　EL2

灯泡EL1、EL2发光

EL1烧坏（通路断开），灯泡EL2发光

EL1　S　I_1　$I_{总}=I_1+I_2$　EL2　I_2

1　电阻器并联电路

将两个或两个以上的电阻器按首首和尾尾方式连接起来，并接在电路的两点之间，这种电路叫作电阻器并联电路，如图 1-25 所示。在电阻器并联电路中，各个并联电阻器两端的电压都相等，电路中的总电流等于各分支的电流之和，且电路中的总电阻值的倒数等于各并联电阻器阻值的倒数和。

图 1-25　电阻器并联电路的实际应用

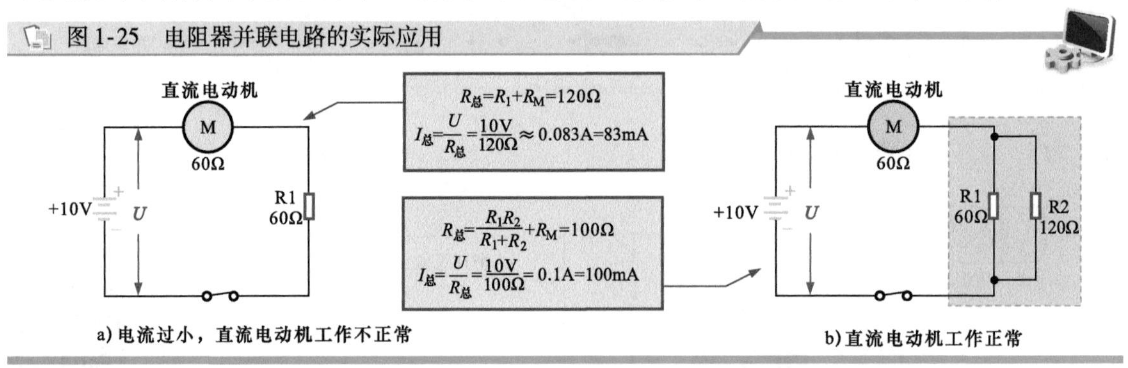

直流电动机
M
60Ω
+10V
U
R1
60Ω
$R_{总}=R_1+R_M=120\Omega$
$I_{总}=\frac{U}{R_{总}}=\frac{10V}{120\Omega}\approx0.083A=83mA$
$R_{总}=\frac{R_1R_2}{R_1+R_2}+R_M=100\Omega$
$I_{总}=\frac{U}{R_{总}}=\frac{10V}{100\Omega}=0.1A=100mA$
直流电动机
M
60Ω
+10V
U
R1
60Ω
R2
120Ω

a) 电流过小，直流电动机工作不正常　　b) 直流电动机工作正常

电路中，直流电动机的额定电压为 6V，额定电流为 100mA，电动机的内阻 $R_M=60\Omega$，当把一个 60Ω 的电阻器 R1 串联接到 10V 电源两端后，根据欧姆定律计算出的电流约为 83mA，达不到电动机的额定电流。

在没有阻值更小的电阻器情况下，将一个 120Ω 的电阻器 R2 并联在 R1 上，根据并联电路中总电阻器阻值计算公式可得 $R_{总}=100\Omega$。那么，电路中的电流 $I_{总}$ 变为 100mA，即达到直流电动机的额定电流，电路可正常工作。

| 相关资料 |

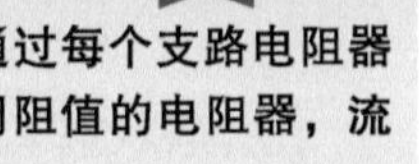

电阻器并联电路的主要作用是分流。当几个电阻器并联到一个电源电压两端时，通过每个支路电阻器的电流和它们的阻值成反比。在同一个并联电路中，阻值越小，流过的电流越大；相同阻值的电阻器，流过的电流相等。

下面结合一些电路来介绍电阻器并联电路的识读方法。如图 1-26 所示，电阻器并联电路是电子电路中的一个构成元素，因此识读时，可首先在电路中找到该基本电路，然后根据该电路的基本功能识读其在整个电路中的作用。

6V 直流电压经总开关 S1 后，再经电阻器并联电路为不同颜色的指示灯供电。其中，红色指示灯与 R1 串联，当开关 S2 接通时，红色指示灯发光；绿色和黄色指示灯与 R2 串联，当开关 S3 接通时，绿色和黄色指示灯发光。

图 1-26　电阻器并联电路的识读

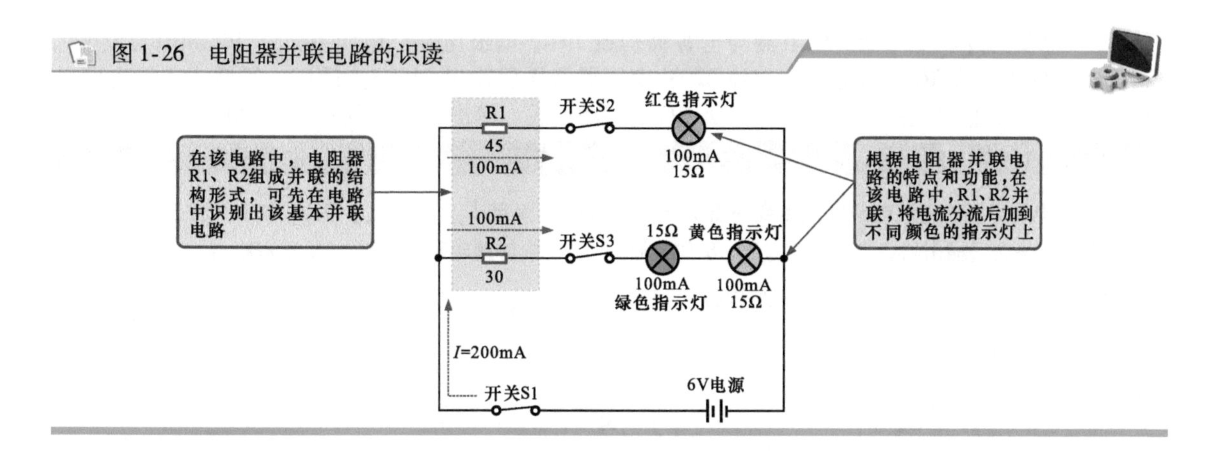
在该电路中，电阻器R1、R2组成并联的结构形式，可先在电路中识别出该基本并联电路
R1
45
100mA
100mA
R2
30
开关S2
红色指示灯
100mA
15Ω
开关S3
15Ω 黄色指示灯
100mA
绿色指示灯
100mA
15Ω
根据电阻器并联电路的特点和功能，在该电路中，R1、R2并联，将电流分流后加到不同颜色的指示灯上
I=200mA
开关S1
6V电源

2　RC 并联电路

电阻器和电容器并联于交流电源的组合电路称为 RC 并联电路，如图 1-27 所示。

图 1-27　RC 并联电路

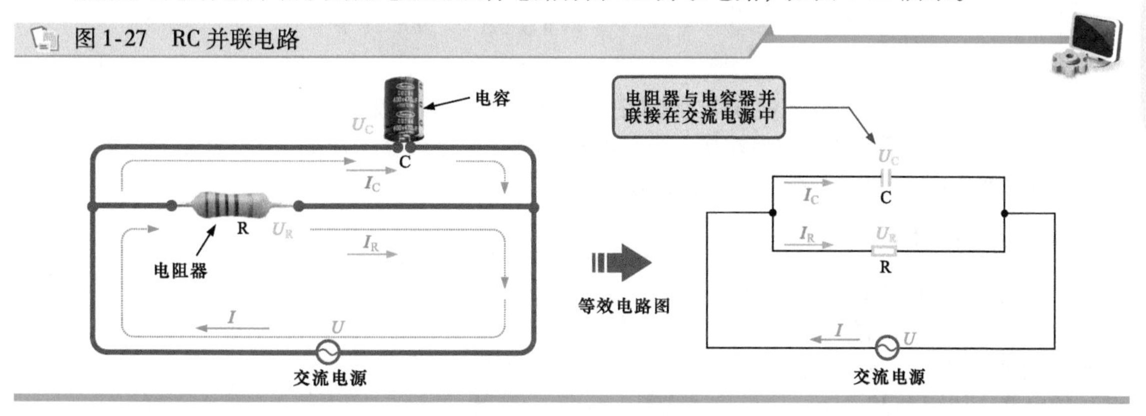
电容
C
R
电阻器
交流电源
等效电路图
电阻器与电容器并联接在交流电源中
C
R
交流电源

与所有并联电路相似，在 RC 并联电路中，电压 U 直接加在各个支路上，因此各支路的电压相等，都等于电源电压，即 $U=U_R=U_C$，并且三者之间的相位相同。

下面结合一些电路来介绍 RC 滤波电路的识读方法，如图 1-28 所示。

图 1-28　RC 滤波电路的识读方法

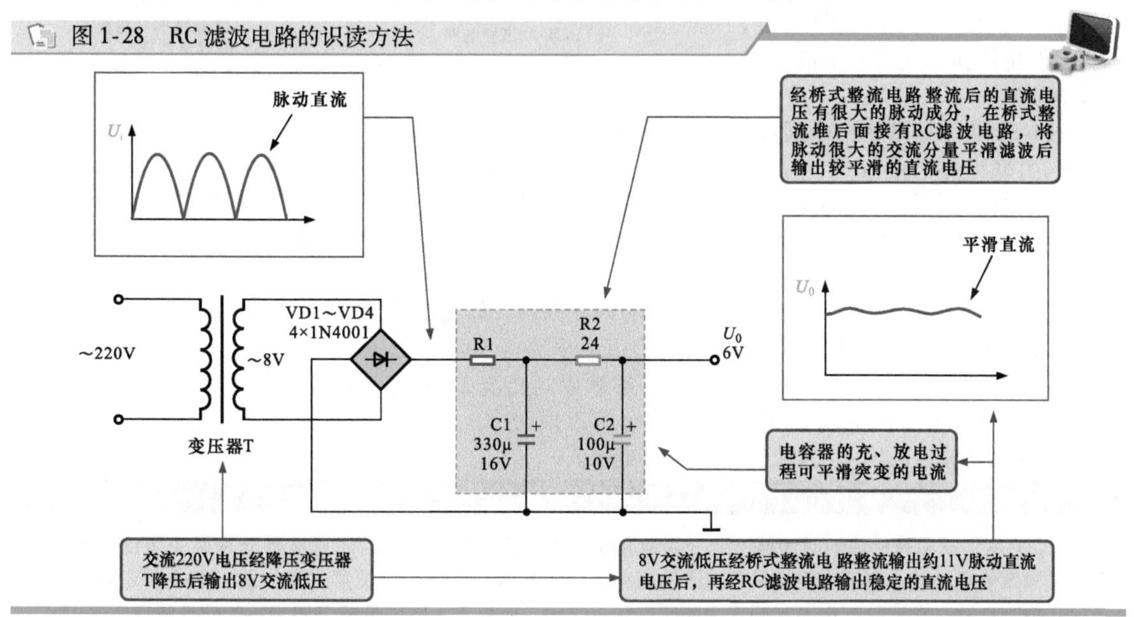
脉动直流
经桥式整流电路整流后的直流电压有很大的脉动成分，在桥式整流堆后面接有RC滤波电路，将脉动很大的交流分量平滑滤波后输出较平滑的直流电压
平滑直流
~220V
~8V
变压器T
VD1~VD4
4×1N4001
R1
R2
24
6V
C1
330μ
16V
C2
100μ
10V
电容器的充、放电过程可平滑突变的电流
交流220V电压经降压变压器T降压后输出8V交流低压
8V交流低压经桥式整流电路整流输出约11V脉动直流电压后，再经RC滤波电路输出稳定的直流电压

变压器 T 为降压变压器；电阻器与电容器构成了 RC 滤波电路。电阻器 R1、R2 和电容器 C1、C2 组成两级基本的 RC 并联电路。交流 220V 变压器降压后输出 8V 交流低压，经桥式整流电路整流后输出约 11V 直流电压，该电压经两级 RC 电路滤波后，输出较稳定的 6V 直流电压。

相关资料

交流电压经桥式整流电路整流后变为直流电压，且一般满足 $U_{直}=\sqrt{2}U_{交}$。例如，220V 交流电压经桥式整流电路整流后输出约 300V 直流电压；8V 交流电压经桥式整流电路输出约 11V 直流电压。

图 1-29 为另一种 RC 滤波电路的识读方法。

图 1-29　另一种 RC 滤波电路的识读方法

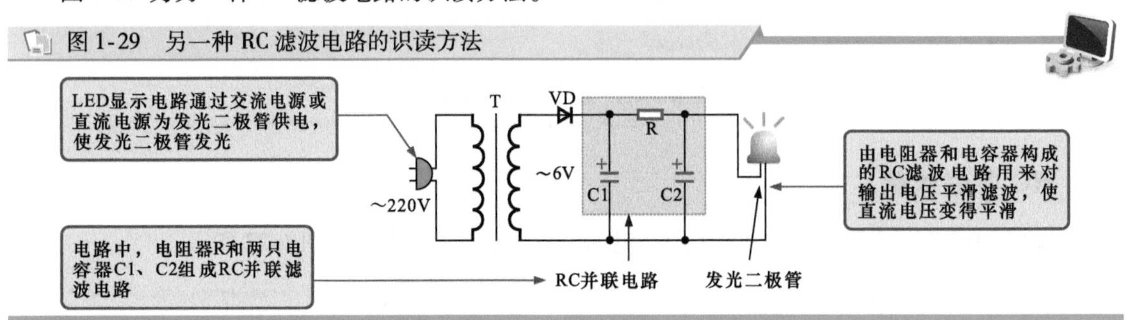
LED显示电路通过交流电源或直流电源为发光二极管供电，使发光二极管发光
T
VD
R
~6V
C1
C2
~220V
由电阻器和电容器构成的RC滤波电路用来对输出电压平滑滤波，使直流电压变得平滑
电路中，电阻器R和两只电容器C1、C2组成RC并联滤波电路
RC并联电路
发光二极管

交流 220V 电压经变压器变成 6V 交流电压，再经整流二极管整流成直流电压，该直流电压波动较大，在整流二极管 VD 的输出端接上由电阻和两个电解电容器构成的 RC 并联电路，就可以起到较好的滤波作用，可以使直流电压的波动减小。

3　LC 并联电路

LC 并联谐振电路是指将电感器和电容器并联后形成的，为谐振状态（关系曲线具有相同的谐振点）的电路，如图 1-30 所示。

在并联谐振电路中，如果电感中的电流与电容中的电流相等，则电路就达到了并联谐振状态。在该电路中，除了 LC 并联部分以外，其他部分的阻抗变化几乎对能量消耗没有影响。

图 1-30　LC 并联谐振电路及电流和信号频率的关系曲线

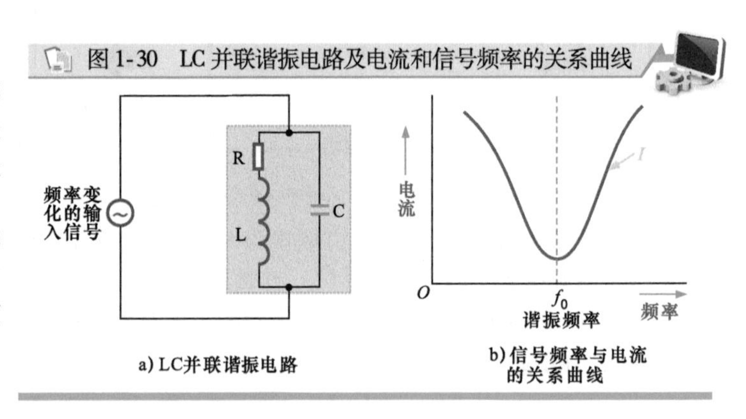
频率变化的输入信号
R
L
C
电流
I
O
f_0
谐振频率
频率

a) LC并联谐振电路　b) 信号频率与电流的关系曲线

图 1-31 为不同频率信号通过 LC 并联谐振电路的效果示意图。

LC 并联谐振电路与 RL 组成分压电路。当输入信号经过 LC 并联谐振电路时，同样根据电感器和电容器的阻抗特性，较高频率的信号容易通过电容器到达输出端，较低频率的交流信号容易通过电感器到达输出端。由于 LC 回路在谐振频率 f_0 处的阻抗最大，该频率的信号通过 LC 并联电路后衰减很大，输出幅度很小，可以说难于通过。

下面结合一些电路来介绍 LC 滤波电路的识读方法，如图 1-32 所示。

电感器 L 与电容器 C1、C2 组成基本 LC 并联电路（又称 π 形 LC 滤波器），具有更强的平滑滤波效果，特别是对滤除高频噪波有更为优异的效果。交流 220V 经变压器和桥式整流电路后，整流二极管输出的脉动直流电压 U_i 中的直流成分可以通过 L，交流成分绝大部分不能通过 L，被 C1、C2 旁路到地，输出电压 U_o 为较纯净的直流电压。

相关资料

LC 并联谐振电路构成的滤波器主要分为带通滤波器和陷波器两种。带通滤波器允许两个限制频率之间所有的频率信号通过，高于上限或低于下限的频率信号将被阻止。带阻滤波器（陷波器）阻止特定频率带的信号传输到负载。它滤除特定限制频率间的所有频率信号，而高于上限或低于下限频率的信号将自由通过。

图 1-31　不同频率信号通过 LC 并联谐振电路的效果示意图

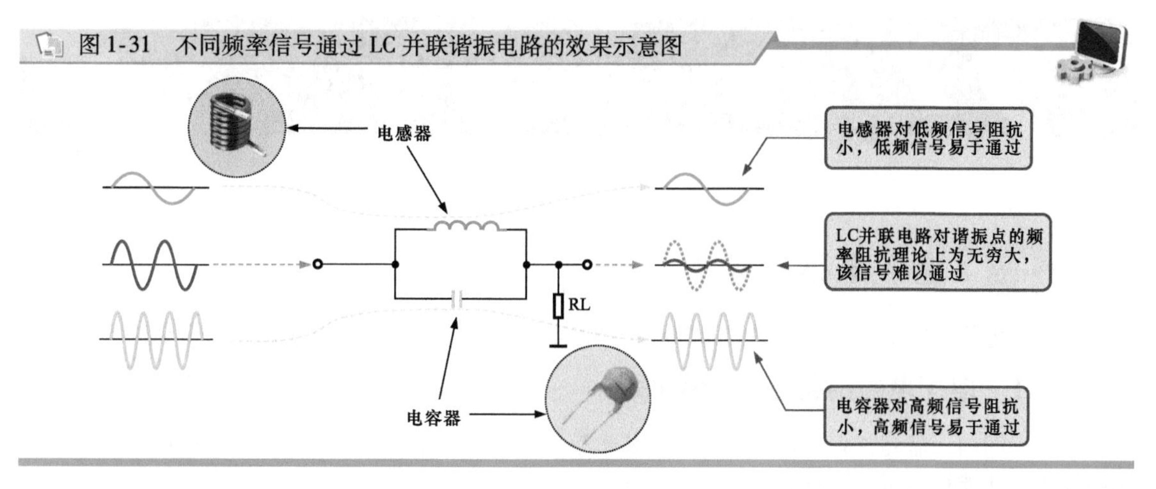
电感器
电感器对低频信号阻抗小，低频信号易于通过
LC并联电路对谐振点的频率阻抗理论上为无穷大，该信号难以通过
RL
电容器
电容器对高频信号阻抗小，高频信号易于通过

图 1-32　LC 滤波电路的识读方法

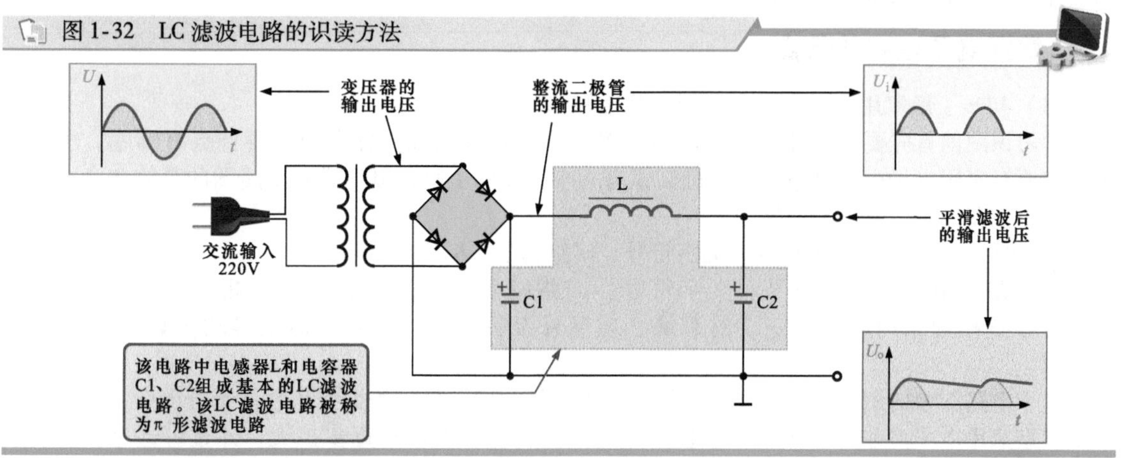
变压器的输出电压
整流二极管的输出电压
L
交流输入 220V
C1
C2
平滑滤波后的输出电压
该电路中电感器L和电容器C1、C2组成基本的LC滤波电路。该LC滤波电路被称为π 形滤波电路

4　电路的混联方式

将负载串联和并联起来的方式称为串、并联方式，也称为混联方式，如图 1-33 所示。电流、电压及电阻之间的关系仍按欧姆定律计算。

图 1-33　混联电路的连接及电路原理图

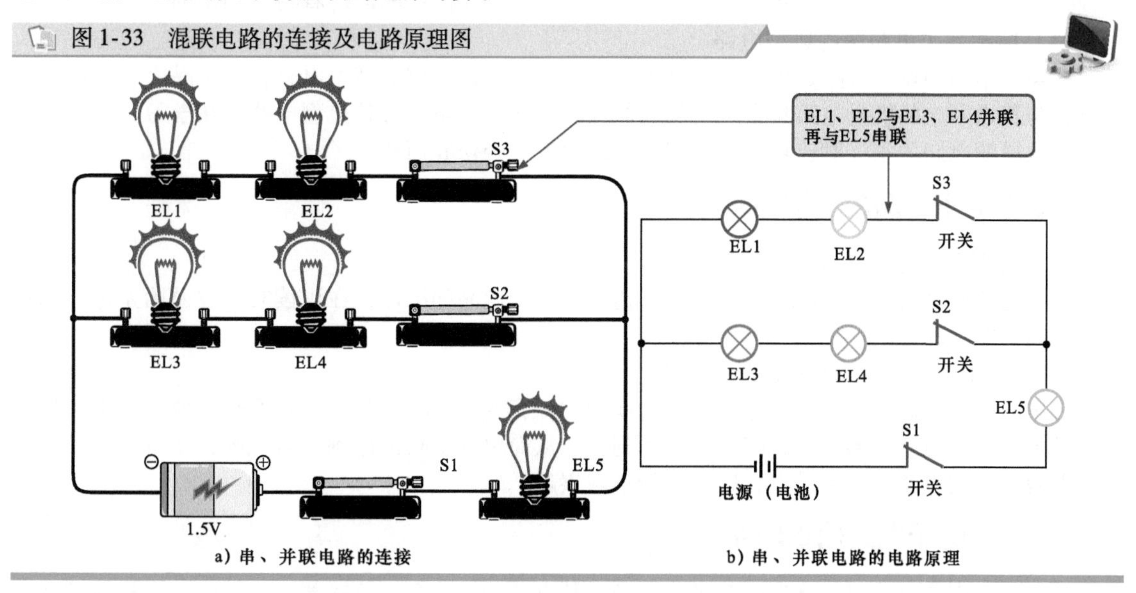
EL1
EL2
S3
EL3
EL4
S2
1.5V
S1
EL5
EL1、EL2与EL3、EL4并联，再与EL5串联
开关
电源（电池）

a）串、并联电路的连接　　b）串、并联电路的电路原理

第2章 电子电路识图基础入门

2.1 电子电路的识图方法

在学习电子电路识图时，要根据家用电子产品电路图的特点，遵循识图原则进行识别。

2.1.1 电子电路的特点与识图原则

学习识图前，需要首先了解识图的一些基本要求和原则，在此基础上掌握好电子电路的特点与识图原则，才能提高识图的技能水平和准确性。

1 掌握电子电路的特点

（1）初步了解家用电子产品电路图的基础知识

学习识图前首先要了解什么是家用电子产品，其基本构成、分类和主要特点有哪些。也就是说，需要对家用电子产品电路图的基础知识有一个大体的了解，以形成对电路图的整体概念，作为以后学习识图的总体思路和引导。

（2）掌握电气图的图形符号、文字符号、回路编号、标记代号

在电路图中常用图形符号、文字符号、回路编号、标记代号来表示相对应的物理部件，并用导线连接起来构成一个完成的系统、装置或设备，这些符号、标记等均为该电气图的构成元素。

由于电路图中的图形符号、文字符号、回路编号、标记代号的类型和数量十分庞杂，读者一般可从典型家用电子产品符号出发，掌握专用的图形符号，然后再逐步扩大，并且可通过多看、多读、多画来加强记忆。

（3）具备一定家用电子产品电路的基础知识

在实际应用的各种领域中，不论是电视机，还是音响、摄像机等的电路识图，都是建立在电子技术理论基础知识之上的，因此想要迅速、准确地读懂电路图，必须具备一定的家用电子产品电路基础知识，并学会灵活运用这些知识，对于学习分析和理解图样的内容有很大的帮助。

（4）熟悉各类电路图的典型电路

各类电路图的典型电路是指电子产品电路中最常见、最常用的基本电路，如液晶电视机的供电电路，与普通彩电的供电电路具有一定的相似性，因此熟练掌握各种典型电路，在学习识读时有利于快速地厘清电路关系，对较复杂电气图的识读也变得轻松和简单多了。

2 掌握电子电路的识图原则

（1）遵循国家标准和规程的原则

学习电子产品电路的识读，主要是为了指导对电子产品的维修，在识读时要遵循国家标准和规程，提高识图的准确性。

（2）遵循由浅入深、循序渐进的原则

在电子产品维修领域，识图是进入该行业的“敲门砖”，是作为一名电子产品维修技术人员应掌握的最基础和最基本的原则，应本着从浅到深、从简单到复杂的原则学习识图，切不可盲目地选择一些复杂的大电路作为入手点，以免降低学习兴趣。

2.1.2 电子电路的识图步骤

识读电子产品电路图，首先需要了解电子产品电路的组成和电路功能，在对产品有整体的认识

后，通过熟悉的元器件图形符号再结合相应的典型电路进行识读。

通常，识读电子产品电路图按照化整为零的步骤进行，通常包括五个步骤，如图 2-1 所示。

图 2-1　电子电路的识图步骤

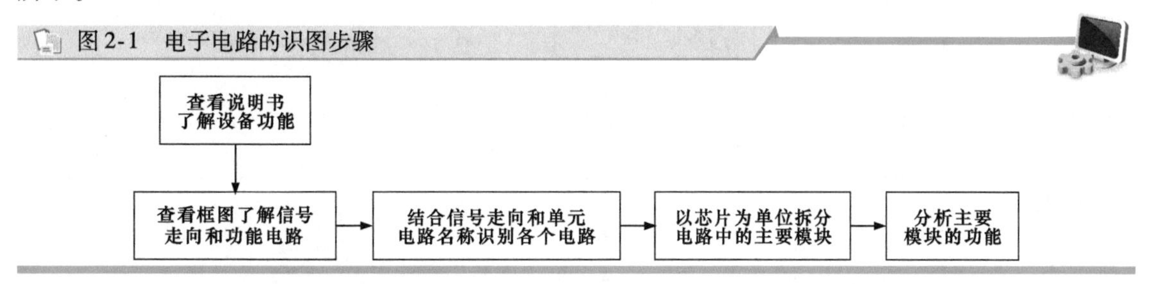
查看说明书
了解设备功能
查看框图了解信号
走向和功能电路
结合信号走向和单元
电路名称识别各个电路
以芯片为单位拆分
电路中的主要模块
分析主要
模块的功能

1　查看说明书了解设备功能

在对电子产品进行识图前，应首先查看产品说明书，了解该产品的用途和功能，以及产品的主要结构，为识读电路图做铺垫。

2　查看框图了解信号走向和功能电路

电子产品的复杂程度不同，有的电子产品电路比较复杂，电路图被拆分成各个功能电路，在识读时首先应查看框图了解信号走向和功能电路。

3　结合信号走向和单元电路名称识别各个电路

大体了解了功能电路后，可对照框图的信号走向和名称，识别各个功能电路的电路图。

4　以芯片为单位拆分电路中的主要模块

认识功能电路的电路图后，以芯片为单位拆分电路中的主要模块。有的电路图中有多个形状相似的芯片，可对照框图中芯片的型号进行识别。

5　分析主要模块的功能

分析电路图中主要模块的引脚功能，如供电电压、输入输出信号等。通过电压和信号走向确定检测点和要检测的主要模块芯片。

2.2　电子元器件实物对照

2.2.1　电阻器实物对照

图 2-2 为电阻器实物对照。从图中可以看到，电路中的电阻器名称标识与对应实物电路板上的标识一致。

电路图形符号可以体现出电阻器的基本类型；文字标识通常提供电阻器的名称、序号及阻值等参数信息。

图 2-3 为识读电阻器的标识信息。

2.2.2　电容器实物对照

图 2-4 为电容器实物对照。从图中可以看到，电路中的电容名称标识与对应实物电路板上的标识一致。

电路图形符号可以体现出电容器的基本类型，极性标识表明该电容器的引脚极性，文字标识通常提供电容器的名称、序号及电容量、耐压值等参数信息。

图 2-2 电阻器实物对照

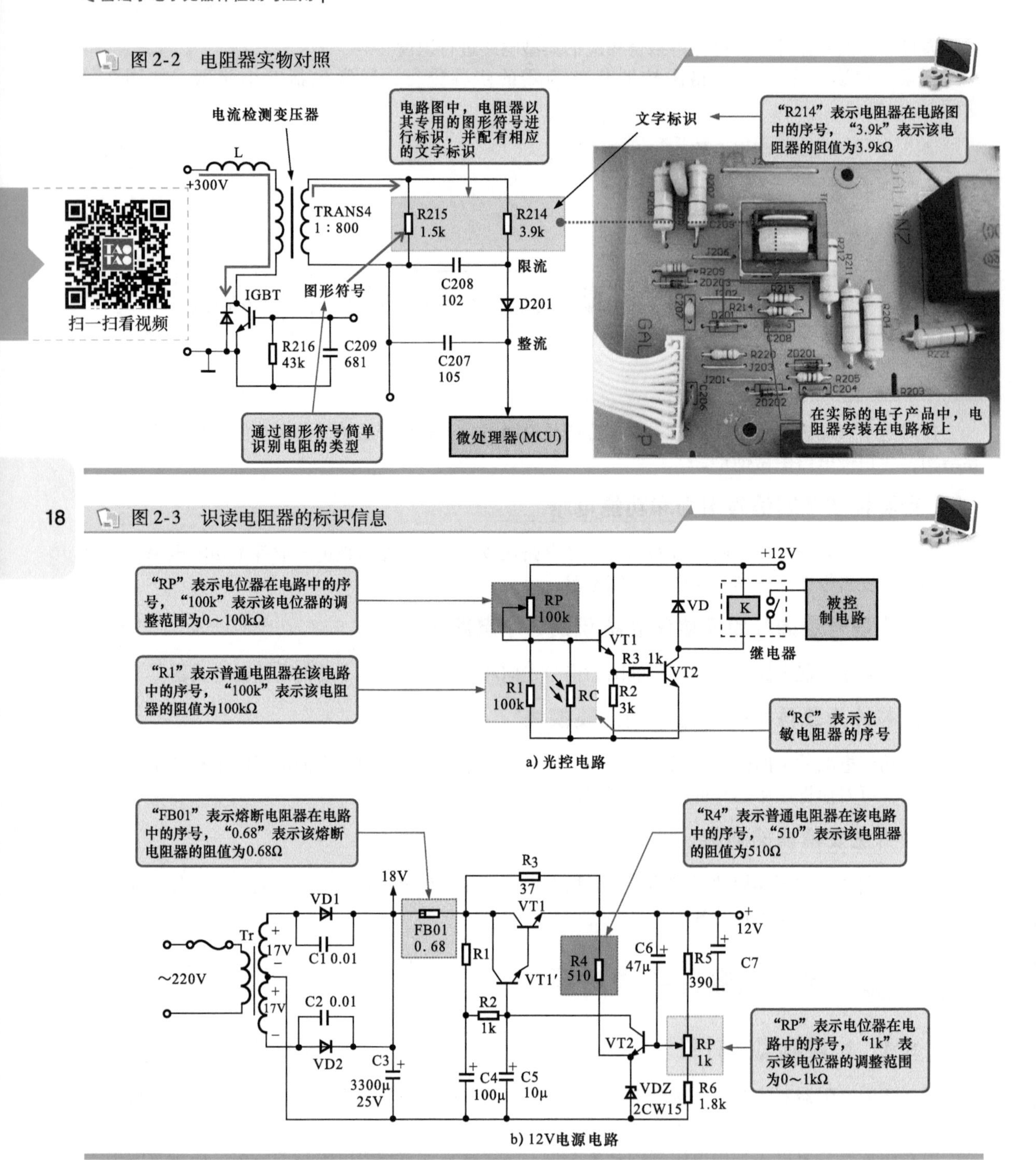

电流检测变压器
电路图中，电阻器以其专用的图形符号进行标识，并配有相应的文字标识
文字标识
"R214"表示电阻器在电路图中的序号，"3.9k"表示该电阻器的阻值为3.9kΩ
L
+300V
TRANS4
1 : 800
R215
1.5k
R214
3.9k
限流
C208
102
D201
IGBT
图形符号
R216
43k
C209
681
C207
105
整流
通过图形符号简单识别电阻的类型
微处理器(MCU)
在实际的电子产品中，电阻器安装在电路板上
扫一扫看视频
图 2-3 识读电阻器的标识信息
"RP"表示电位器在电路中的序号，"100k"表示该电位器的调整范围为0～100kΩ
"R1"表示普通电阻器在该电路中的序号，"100k"表示该电阻器的阻值为100kΩ
+12V
RP
100k
VD
K
被控制电路
继电器
VT1
R3 1k
VT2
R1
100k
RC
R2
3k
"RC"表示光敏电阻器的序号
a) 光控电路
"FB01"表示熔断电阻器在电路中的序号，"0.68"表示该熔断电阻器的阻值为0.68Ω
"R4"表示普通电阻器在该电路中的序号，"510"表示该电阻器的阻值为510Ω
18V
R3
37
VD1
VT1
12V
Tr
17V
FB01
0. 68
C1 0.01
R1
VT1'
R4
510
C6
47μ
R5
390
C7
~220V
C2 0.01
R2
1k
VT2
RP
1k
"RP"表示电位器在电路中的序号，"1k"表示该电位器的调整范围为0～1kΩ
VD2
C3
3300μ
25V
C4
100μ
C5
10μ
VDZ
2CW15
R6
1.8k
b) 12V电源电路

图 2-5 为识读电容器的标识信息。

2.2.3 电感器实物对照

图 2-6 为电感器实物对照。从图中可以看到，电路中的电感名称标识与对应实物电路板上的标识一致。

电路图形符号可以体现出电感器的基本类型，引线由图形符号两端伸出，与电路图中的电路线连通，文字标识则常提供了电感器的名称、序号及电感量、型号等参数信息。

图 2-4　电容器实物对照

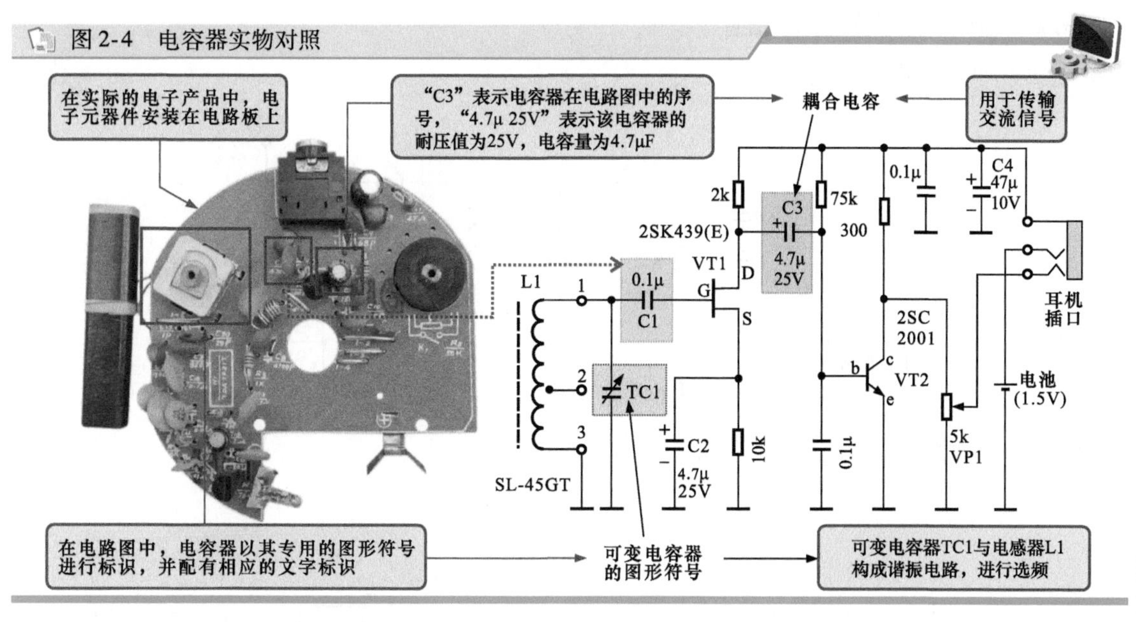

在实际的电子产品中，电子元器件安装在电路板上
"C3"表示电容器在电路图中的序号，"4.7μ 25V"表示该电容器的耐压值为25V，电容量为4.7μF
耦合电容
用于传输交流信号
耳机插口
电池(1.5V)
在电路图中，电容器以其专用的图形符号进行标识，并配有相应的文字标识
可变电容器的图形符号
可变电容器TC1与电感器L1构成谐振电路，进行选频

图 2-5　识读电容器的标识信息

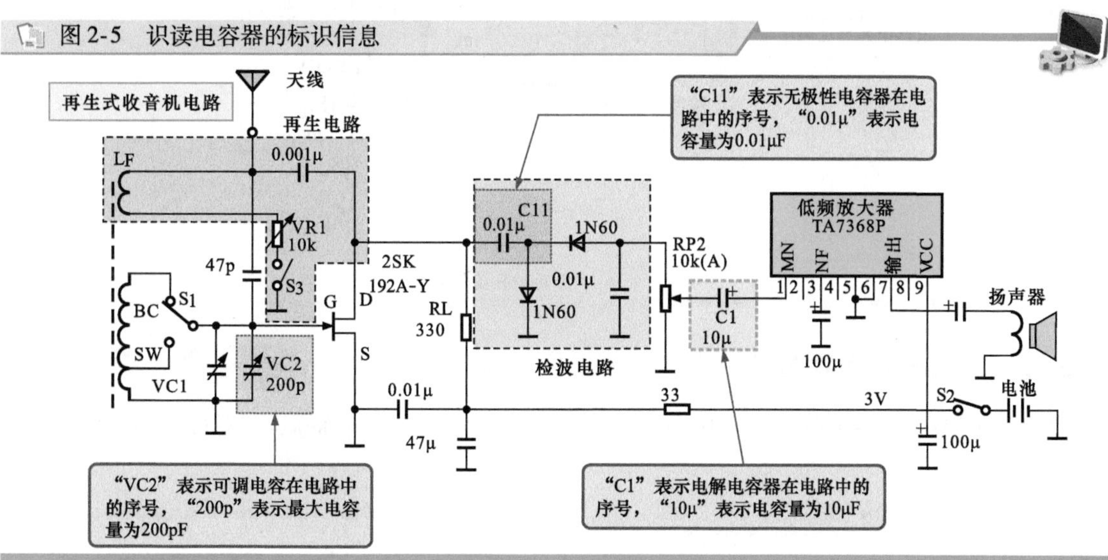

再生式收音机电路
天线
再生电路
"C11"表示无极性电容器在电路中的序号，"0.01μ"表示电容量为0.01μF
低频放大器 TA7368P
扬声器
检波电路
电池
"VC2"表示可调电容在电路中的序号，"200p"表示最大电容量为200pF
"C1"表示电解电容器在电路中的序号，"10μ"表示电容量为10μF

图 2-6　电感器实物对照

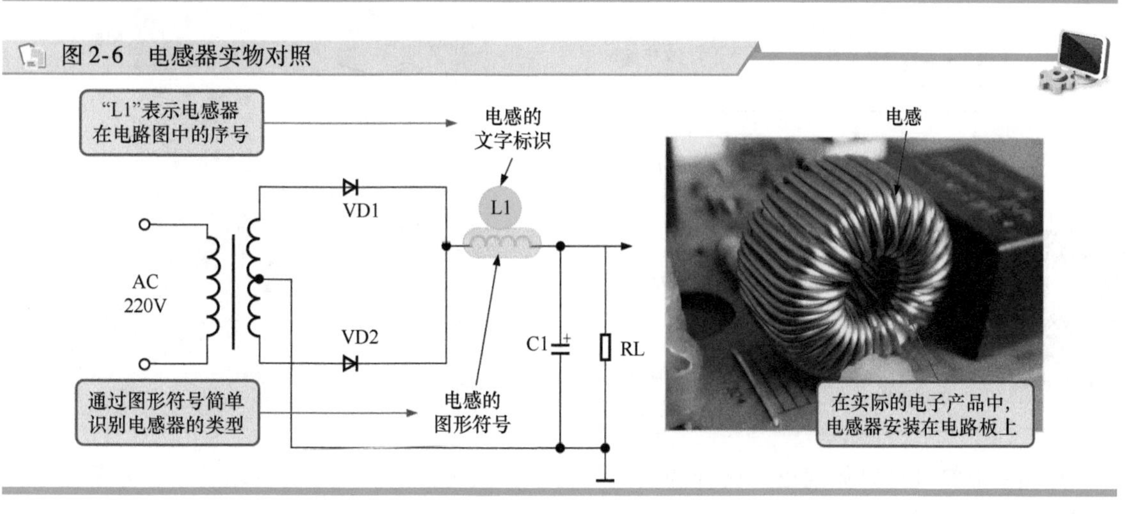

"L1"表示电感器在电路图中的序号
电感的文字标识
电感
通过图形符号简单识别电感器的类型
电感的图形符号
在实际的电子产品中，电感器安装在电路板上

图 2-7 为识读电感器的标识信息。

图 2-7　识读电感器的标识信息

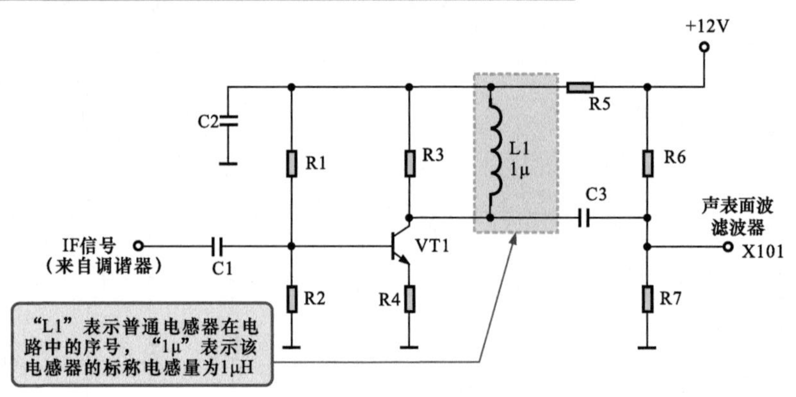
+12V
C2
R1
R3
L1
1μ
R5
R6
C3
声表面波
滤波器
X101
IF信号
(来自调谐器)
C1
VT1
R2
R4
R7
"L1"表示普通电感器在电路中的序号，"1μ"表示该电感器的标称电感量为1μH

a) 彩电预中放电路

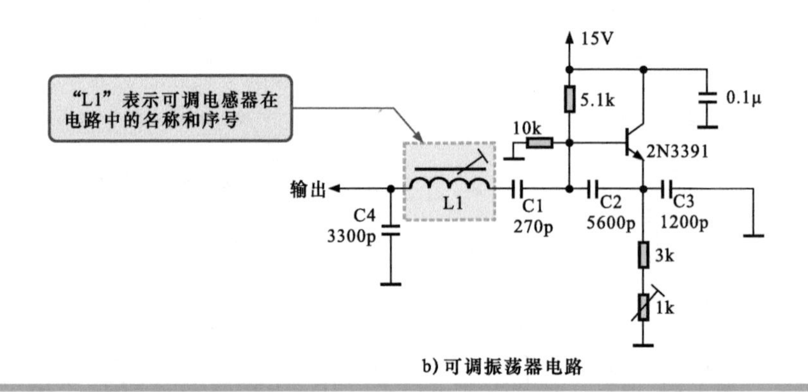
15V
5.1k
0.1μ
"L1"表示可调电感器在电路中的名称和序号
10k
2N3391
输出
L1
C1
270p
C2
5600p
C3
1200p
C4
3300p
3k
1k

b) 可调振荡器电路

2.2.4　二极管实物对照

图 2-8 为二极管实物对照。从图中可以看到，电路中的二极管名称标识与对应实物电路板上的标识一致。

图 2-8　二极管实物对照

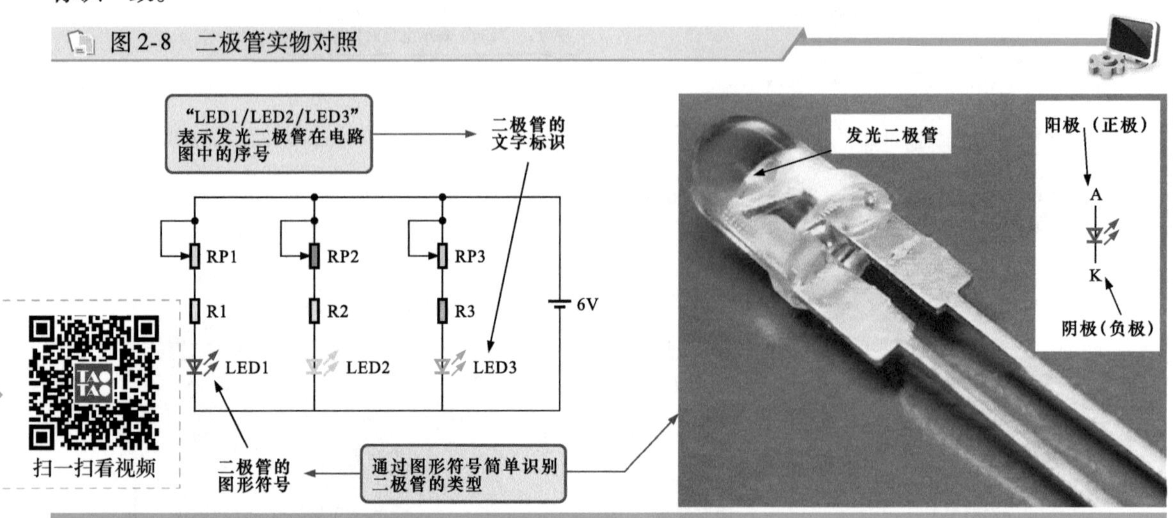
"LED1/LED2/LED3"表示发光二极管在电路图中的序号
二极管的文字标识
RP1
RP2
RP3
R1
R2
R3
6V
LED1
LED2
LED3
扫一扫看视频
二极管的图形符号
通过图形符号简单识别二极管的类型
发光二极管
阳极（正极）
A
K
阴极（负极）

电路图形符号可以体现出二极管的类型；文字标识通常提供二极管的名称、序号及型号等信息。

图 2-9 为识读二极管的标识信息。

图 2-9　识读二极管的标识信息

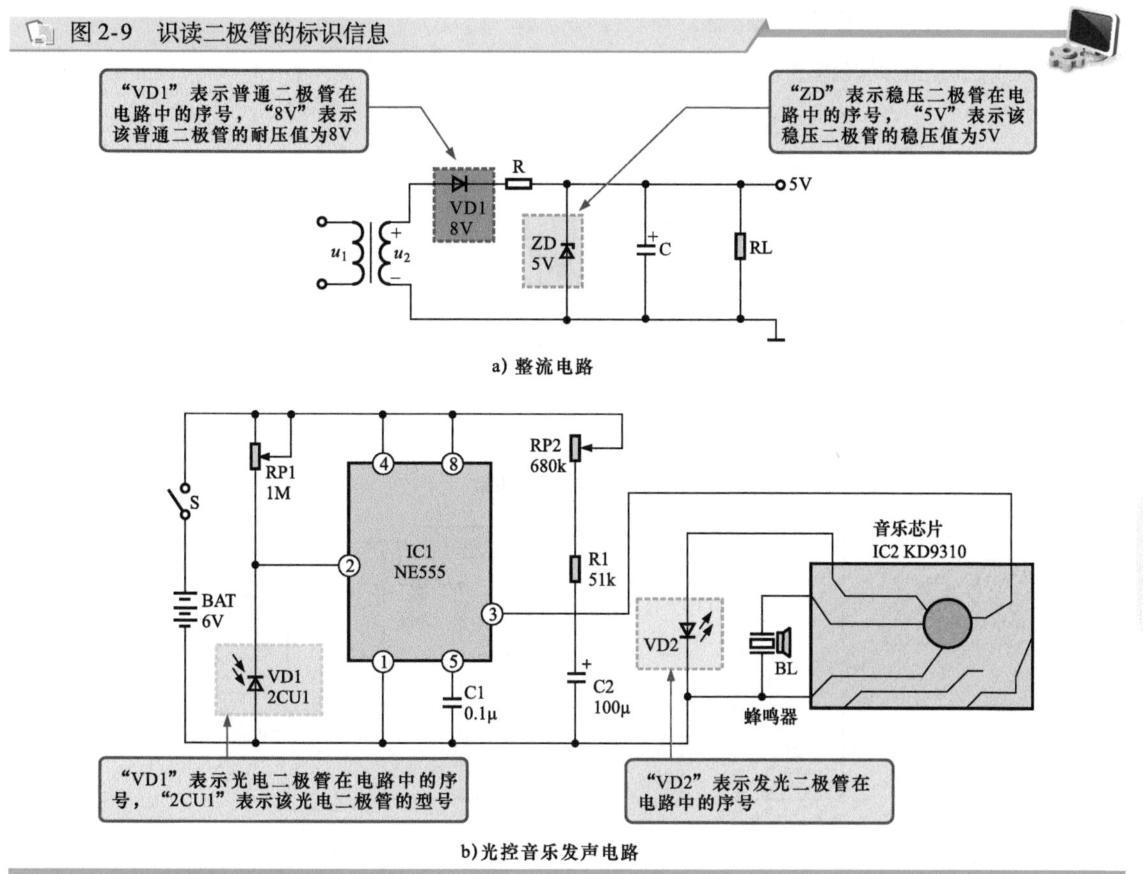

"VD1"表示普通二极管在电路中的序号，"8V"表示该普通二极管的耐压值为8V
"ZD"表示稳压二极管在电路中的序号，"5V"表示该稳压二极管的稳压值为5V
R
VD1
8V
5V
ZD
5V
C
RL
"VD1"表示光电二极管在电路中的序号，"2CU1"表示该光电二极管的型号
"VD2"表示发光二极管在电路中的序号
RP1
1M
S
BAT
6V
VD1
2CU1
IC1
NE555
C1
0.1μ
RP2
680k
R1
51k
C2
100μ
VD2
音乐芯片
IC2 KD9310
BL
蜂鸣器

a) 整流电路

b) 光控音乐发声电路

2.2.5　晶体管实物对照

图 2-10 为晶体管实物对照。从图中可以看到，电路中的晶体管名称标识与对应实物电路板上的标识一致。

图 2-10　晶体管实物对照

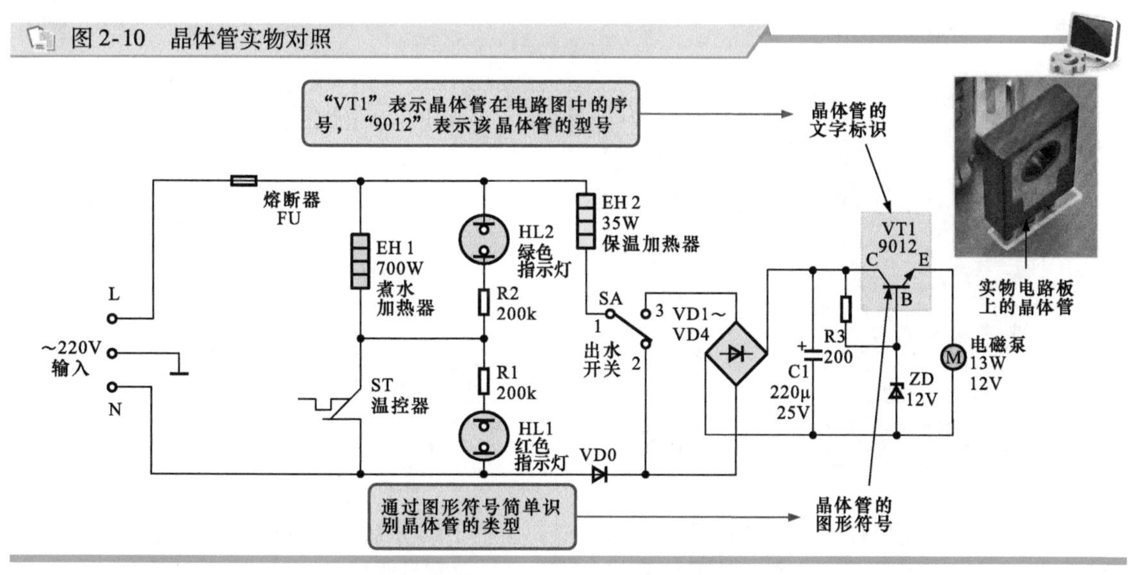

"VT1"表示晶体管在电路图中的序号，"9012"表示该晶体管的型号
晶体管的文字标识
实物电路板上的晶体管
熔断器
FU
EH 1
700W
煮水加热器
HL2
绿色
指示灯
EH 2
35W
保温加热器
L
~220V
输入
N
R2
200k
R1
200k
ST
温控器
HL1
红色
指示灯
VD0
SA
出水开关
VD1~VD4
C1
220μ
25V
R3
200
VT1
9012
ZD
12V
电磁泵
13W
12V
通过图形符号简单识别晶体管的类型
晶体管的图形符号

电路图形符号可以体现出晶体管的类型，三根引线分别代表基极（B）、集电极（C）和发射极

（E），文字标识通常提供晶体管的名称、序号及型号等信息。

图 2-11 为识读晶体管的标识信息。

图 2-11　识读晶体管的标识信息

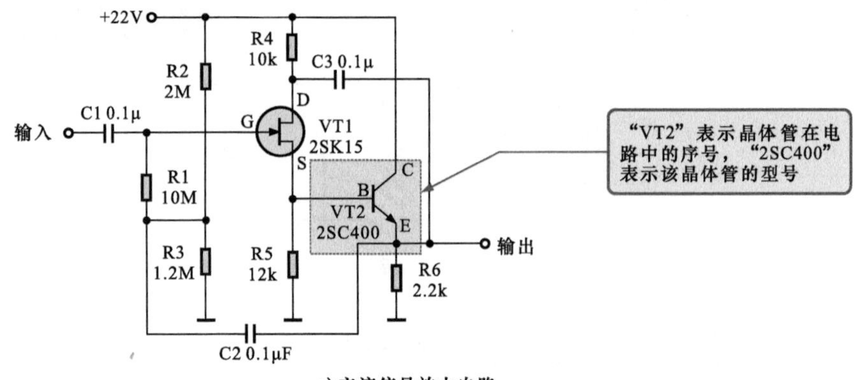

+22V
R4
10k
C3 0.1μ
R2
2M
D
C1 0.1μ
G
VT1
2SK15
输入
S
C
B
R1
10M
VT2
2SC400
E
R3
1.2M
R5
12k
R6
2.2k
输出
C2 0.1μF
"VT2"表示晶体管在电路中的序号，"2SC400"表示该晶体管的型号

a) 交流信号放大电路

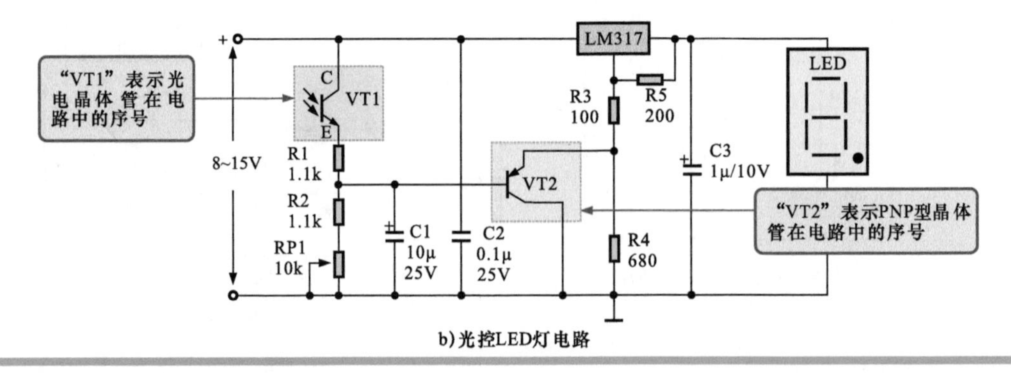

LM317
+
"VT1"表示光电晶体管在电路中的序号
C
VT1
E
R3
100
R5
200
LED
8~15V
R1
1.1k
C3
1μ/10V
VT2
R2
1.1k
"VT2"表示PNP型晶体管在电路中的序号
RP1
10k
C1
10μ
25V
C2
0.1μ
25V
R4
680

b) 光控LED灯电路

2.2.6　场效应晶体管实物对照

图 2-12 为场效应晶体管实物对照。从图中可以看到，电路中的场效应晶体管名称标识与对应实物电路板上的标识一致。

图 2-12　场效应晶体管实物对照

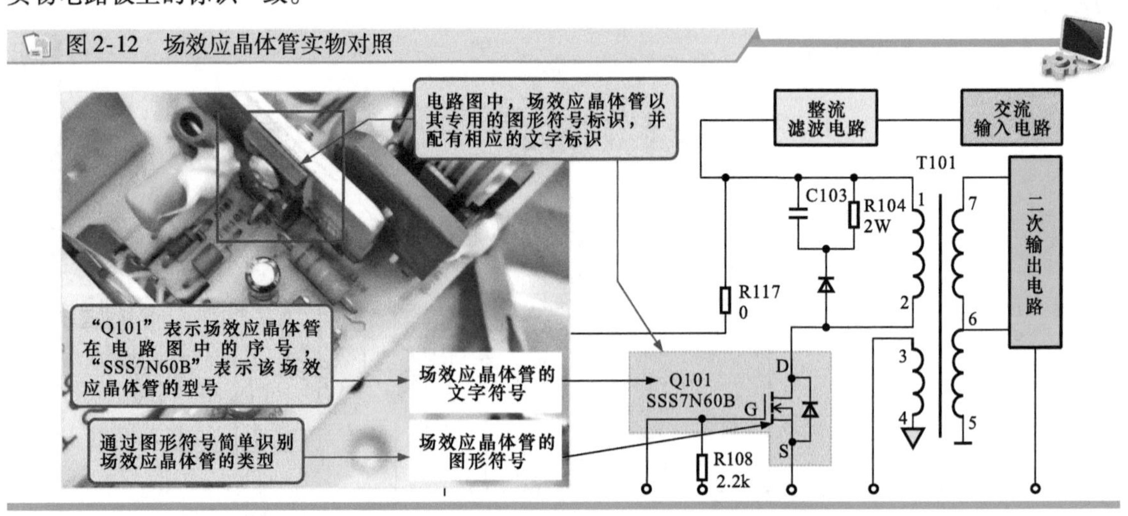

电路图中，场效应晶体管以其专用的图形符号标识，并配有相应的文字标识
整流滤波电路
交流输入电路
T101
C103
R104
2W
1
7
二次输出电路
R117
0
2
6
"Q101"表示场效应晶体管在电路图中的序号，"SSS7N60B"表示该场效应晶体管的型号
场效应晶体管的文字符号
Q101
SSS7N60B
D
G
3
4
5
S
通过图形符号简单识别场效应晶体管的类型
场效应晶体管的图形符号
R108
2.2k

电路图形符号可以体现出场效应晶体管的类型，三根引线分别代表栅极（G）、漏极（D）和源极（S），文字标识通常提供场效应晶体管的名称、序号及型号等信息。

图 2-13 为识读场效应晶体管的标识信息。

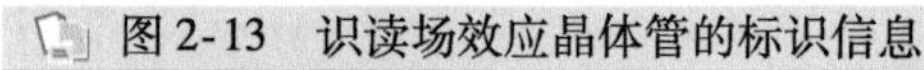

图 2-13　识读场效应晶体管的标识信息

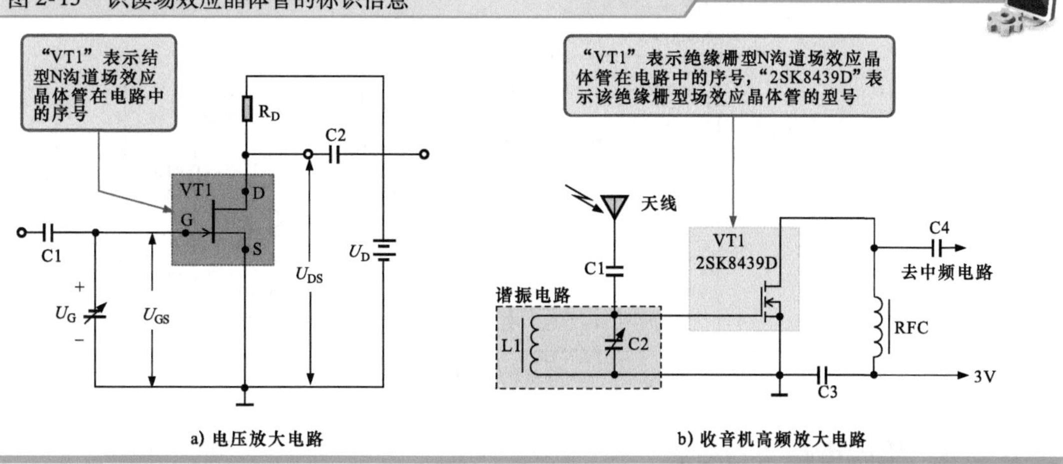

"VT1"表示结型N沟道场效应晶体管在电路中的序号
R_D
C2
VT1
D
G
S
C1
+
U_G
−
U_{GS}
U_{DS}
U_D
"VT1"表示绝缘栅型N沟道场效应晶体管在电路中的序号，"2SK8439D"表示该绝缘栅型场效应晶体管的型号
天线
C1
谐振电路
L1
C2
VT1
2SK8439D
C4
去中频电路
RFC
C3
3V

a) 电压放大电路　　b) 收音机高频放大电路

2.2.7　晶闸管实物对照

图 2-14 为晶闸管实物对照。从图中可以看到，电路中的晶闸管名称标识与对应实物电路板上的标识一致。

图 2-14　晶闸管实物对照

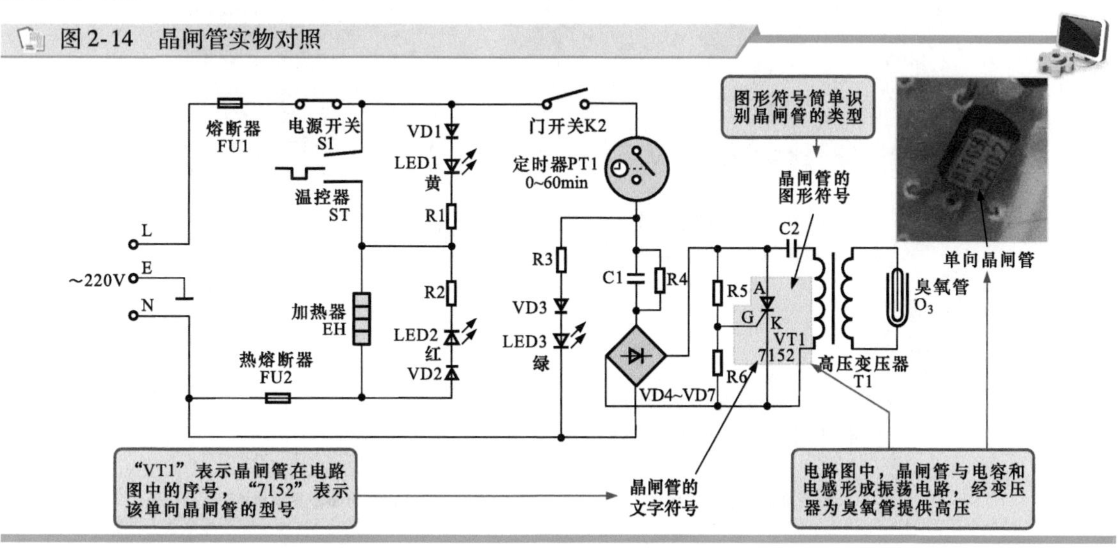

熔断器
FU1
电源开关
S1
温控器
ST
VD1
LED1
黄
R1
门开关K2
定时器PT1
0~60min
图形符号简单识别晶闸管的类型
晶闸管的图形符号
单向晶闸管
L
E
~220V
N
加热器
EH
R2
LED2
红
VD2
R3
VD3
LED3
绿
C1
R4
VD4~VD7
C2
R5
R6
A
G
K
VT1
7152
高压变压器
T1
臭氧管
O_3
热熔断器
FU2
"VT1"表示晶闸管在电路图中的序号，"7152"表示该单向晶闸管的型号
晶闸管的文字符号
电路图中，晶闸管与电容和电感形成振荡电路，经变压器为臭氧管提供高压

电路图形符号可以体现出晶闸管的类型，文字标识通常提供晶闸管的名称、序号及型号等信息。图 2-15 为识读晶闸管的标识信息。

图 2-15　识读晶闸管的标识信息

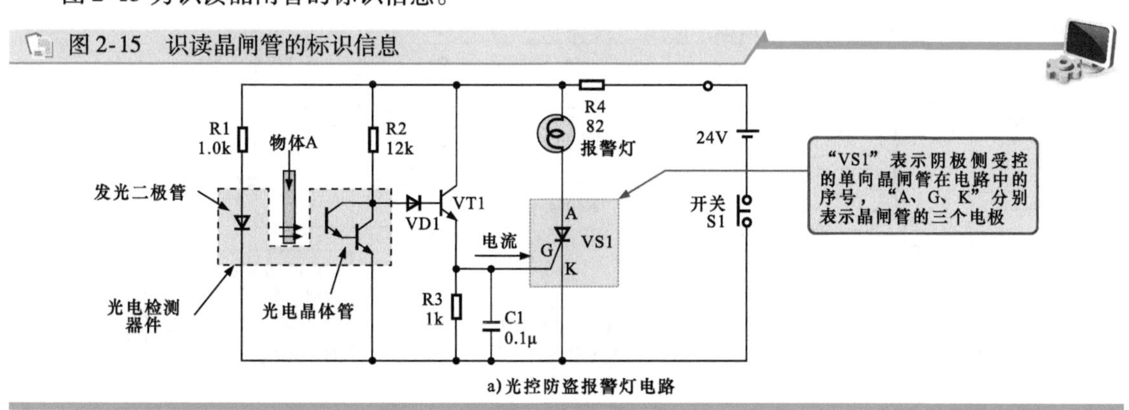

R1
1.0k
物体A
R2
12k
R4
82
报警灯
24V
"VS1"表示阴极侧受控的单向晶闸管在电路中的序号，"A、G、K"分别表示晶闸管的三个电极
发光二极管
VT1
VD1
开关
S1
A
电流
G
VS1
K
光电检测器件
光电晶体管
R3
1k
C1
0.1μ

a) 光控防盗报警灯电路

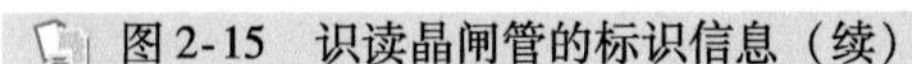
图 2-15　识读晶闸管的标识信息（续）

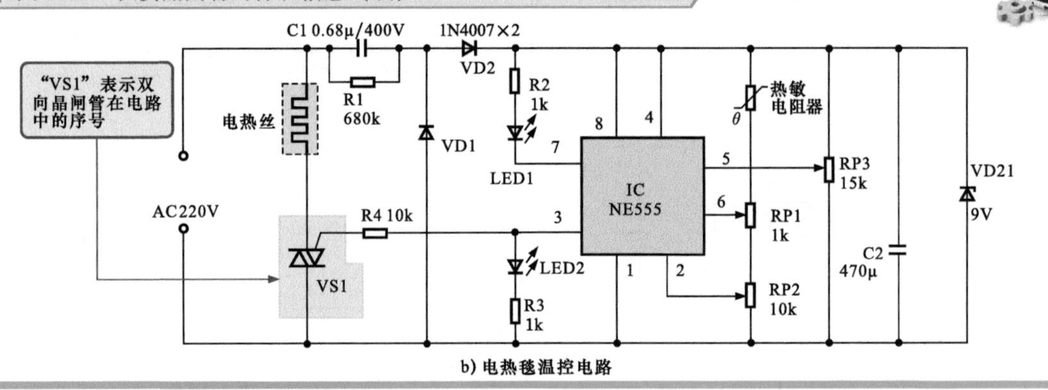

C1 0.68μ/400V
1N4007×2
VD2
"VS1" 表示双向晶闸管在电路中的序号
R1
680k
电热丝
R2
1k
8
4
热敏电阻器
θ
VD1
7
LED1
5
RP3
15k
VD21
AC220V
R4 10k
3
IC
NE555
6
RP1
1k
9V
C2
470μ
LED2
1
2
VS1
RP2
10k
R3
1k

b) 电热毯温控电路

2.2.8　集成电路实物对照

图 2-16 为集成电路实物对照。

图 2-16　集成电路实物对照

HYUNDAI KOREA
HY57V651620B
0007B TC-8
MA10 MA9 MA8 MA7 MA6 MA5 MA4 MA3 MA2 MA1 MA0 CKE
UDQM LDQM N.C. N.C./RFU
VSSQ VSSQ VSSQ VSSQ
VSS VSS
BA
WE
CAS
RAS
CLK
CS
DQ0 DQ1 DQ2 DQ3 DQ4 DQ5 DQ6 DQ7 DQ8 DQ9 DQ10 DQ11 DQ12 DQ13 DQ14 DQ15
VDDQ VDDQ VDDQ VDDQ
VDD VDD

TDA9333H
VCJTLO 08
DPG05223
C394
U25

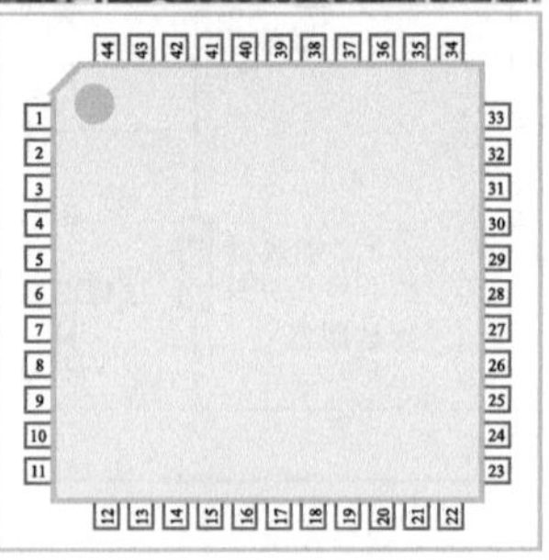

双列表面安装式集成电路　　　　扁平封装型集成电路

集成电路在电路中的标识通常分为两部分：一部分是图形符号，表示集成电路；另一部分是字母 + 数字的文字标识，表示序号、型号及引脚的个数和功能，如图 2-17 所示。

图 2-17　识读集成电路的标识信息

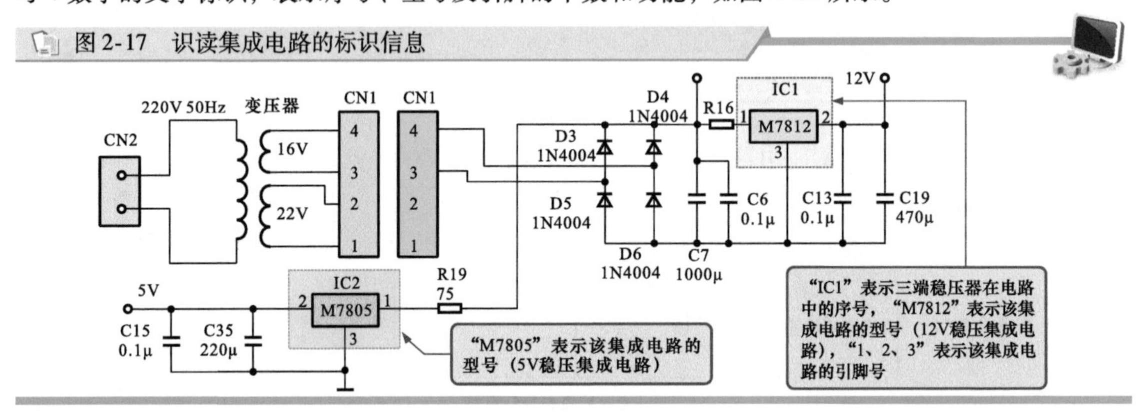

220V 50Hz
变压器
CN1
CN1
CN2
16V
22V
D4
1N4004
R16
IC1
M7812
12V
D3
1N4004
D5
1N4004
C6
0.1μ
C13
0.1μ
C19
470μ
D6
1N4004
C7
1000μ
5V
IC2
M7805
R19
75
C15
0.1μ
C35
220μ
"M7805" 表示该集成电路的型号（5V稳压集成电路）
"IC1" 表示三端稳压器在电路中的序号，"M7812" 表示该集成电路的型号（12V稳压集成电路），"1、2、3" 表示该集成电路的引脚号

第3章 检测维修工具的介绍与使用

3.1 指针万用表的结构与使用

3.1.1 指针万用表的种类和结构

指针万用表是在电子产品的维修、生产、调试中应用最广的仪表之一。检测时，将表笔分别插接到指针万用表的表笔插孔上即可，然后将表笔搭在被测元器件或电路的相应检测点处，配合功能旋钮即可实现相应的检测功能。

在检测之前首先要来认识一下指针万用表的实物外形、特点以及其相应的辅助检测设备等，如图3-1所示，虽然指针万用表的种类和型号有多种多样，但其外形结构基本相似。

图3-1 不同指针万用表的实物外形

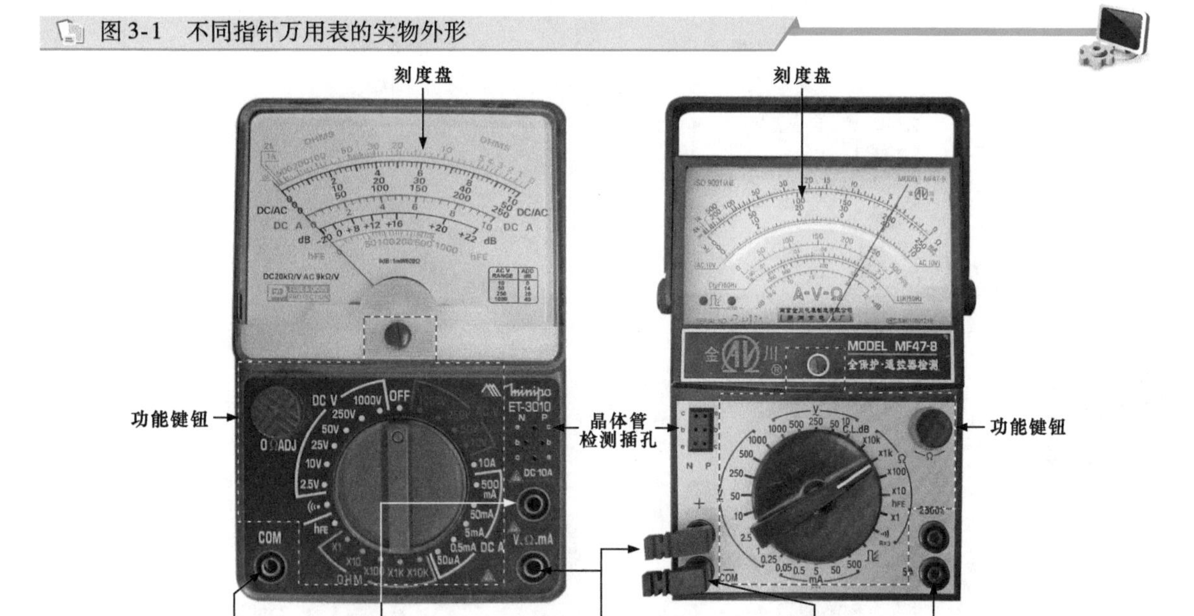

刻度盘
刻度盘
功能键钮
晶体管检测插孔
功能键钮
表笔插孔（黑）
直流大电流（<10A）测量插孔
电压（V）、电阻（Ω）电流（mA）表笔插孔（红）
表笔插孔（黑）
大电压和大电流测量插孔
MODEL MF47-8

指针万用表从外观上大致可以分为刻度盘、功能键钮、元器件检测插孔以及表笔插孔等几部分，其中刻度盘用来显示测量的读数，键钮用来控制万用表，元器件检测插孔用来连接被测晶体管等元器件，表笔插孔用来连接万用表的表笔。

指针万用表的表笔也是组成万用表的重要部分，在检测时，需要使用表笔与被测部位进行连接，从而将检测数据传送到指针万用表中，图3-2所示为典型指针万用表表笔的实物外形。

3.1.2 指针万用表的键钮分布

了解了指针万用表的外部结构和简单功能后，再介绍一下指针万用表的键钮分布情况。指针万用表的功能很多，在检测中主要是通过改变其不同的功能档位来实现的，因此在使用万用表前应熟悉万用表的键钮分布以及各个键钮的功能，图3-3所示为指针万用表的结构图。

图 3-2　典型指针万用表中表笔的实物外形

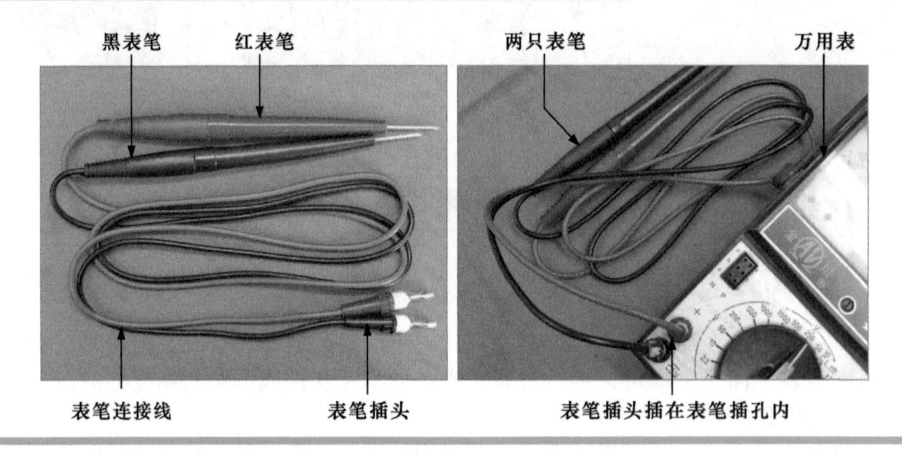
黑表笔
红表笔
两只表笔
万用表
表笔连接线
表笔插头
表笔插头插在表笔插孔内

图 3-3　指针万用表的结构图

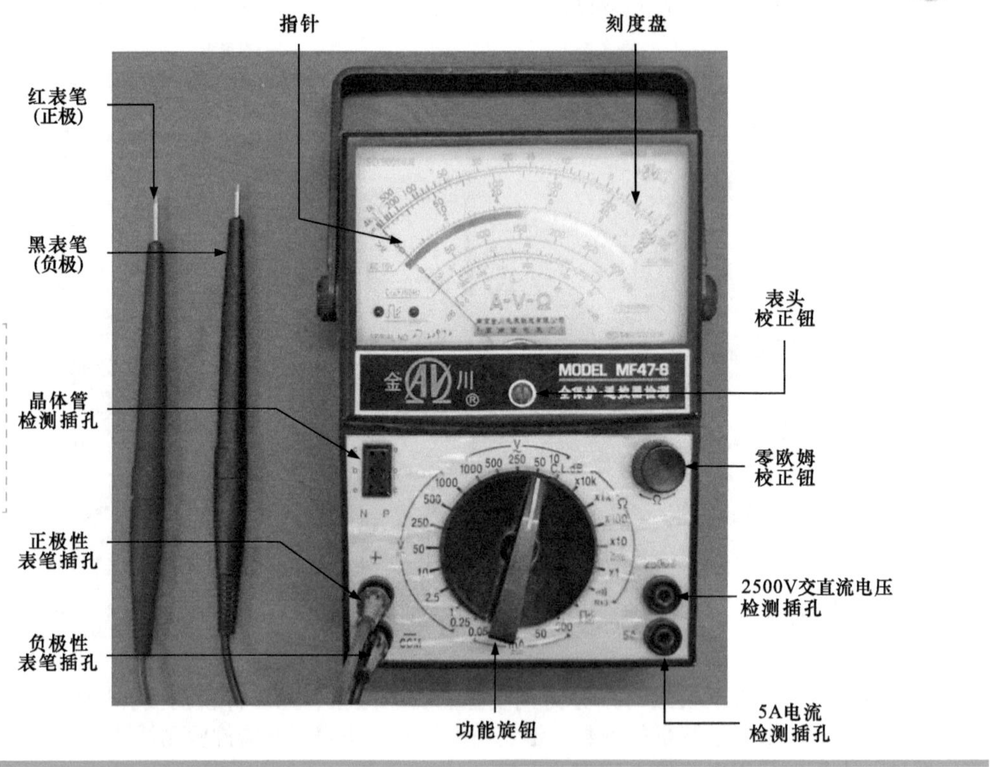
指针
刻度盘
红表笔
(正极)
黑表笔
(负极)
表头
校正钮
晶体管
检测插孔
零欧姆
校正钮
正极性
表笔插孔
2500V交直流电压
检测插孔
负极性
表笔插孔
功能旋钮
5A电流
检测插孔
MODEL MF47-6

扫一扫看视频

指针万用表主要是由刻度盘、指针、表头校正钮、晶体管检测插孔、零欧姆校正钮、功能旋钮、表笔插孔、2500V 交直流电压检测插孔、5A 电流检测插孔以及表笔组成。

1　刻度盘和指针

由于万用表的功能很多，因此表盘上通常有许多刻度线和刻度值，并通过指针指示所检测的数值，图 3-4 所示为典型指针万用表的刻度盘。

在刻度盘上面有 7 条刻度线，这些刻度线是以同心的弧线的方式排列的，每一条刻度线上还标识出了许多刻度值，见表 3-1。

图3-4 典型指针万用表的刻度盘

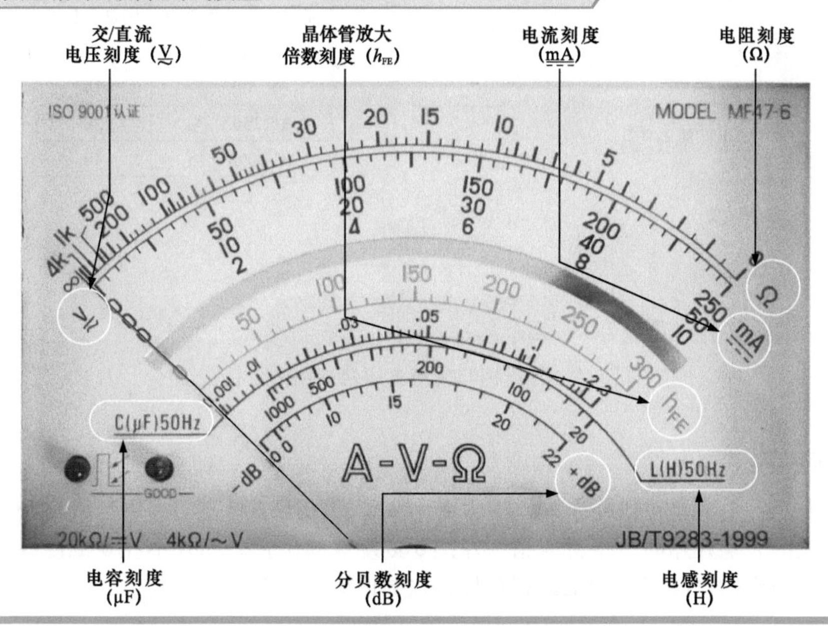

交/直流电压刻度（V）
晶体管放大倍数刻度（h_{FE}）
电流刻度（mA）
电阻刻度（Ω）
ISO 9001认证
MODEL MF47-6
C(μF)50Hz
A-V-Ω
L(H)50Hz
20kΩ/V 4kΩ/~V
JB/T9283-1999
电容刻度（μF）
分贝数刻度（dB）
电感刻度（H）

表3-1 指针万用表刻度盘上刻度线的含义

电阻刻度（Ω）	电阻刻度位于表盘的最上面，其右侧标有“Ω”标识，仔细观察，不难发现电阻刻度呈指数分布，从右到左，由疏到密。刻度值最右侧为0，最左侧为无穷大
交/直流电压刻度（V）	交/直流电压刻度位于刻度盘的第二条线，左侧标识为“V”，表示这条线是测量交流电压和直流电压时所要读取的刻度，0位在左侧，下方有三排刻度值与刻度相对应
晶体管放大倍数刻度（h_{FE}）	晶体管放大倍数刻度位于刻度盘的第四条线，在右侧标有“h_{FE}”，其0位在刻度盘的左侧。指针万用表的晶体管测量值为相应的指针读数
电流刻度（mA）	直流电流与交/直流电压共用一条刻度线，右侧标识为“mA”，表示这条线是测量电流时所要读取的刻度，0位在线的左侧
电容刻度（μF）	电容刻度（μF）位于刻度盘的第五条线，在左侧标有“C（μF）50Hz”的标识，表示检测电容时，需要在50Hz交流信号的条件下进行电容器的检测，方可通过该刻度盘进行读数。其中“(μF)”表示电容的单位为μF
电感刻度（H）	电感刻度（H）位于刻度盘的第六条线，在右侧标有“L（H）50Hz”的标识，表示检测电感时，需要在50Hz交流信号的条件下进行电感器的检测，方可通过该刻度盘进行读数。其中“(H)”表示电感的单位为H
分贝数刻度（dB）	分贝数刻度是位于表盘最下面的第七条线，在它的两侧都标有“dB”，刻度线两端的“-10”和“+22”表示其量程范围，主要是用于测量放大器的增益或衰减值

| 相关资料 |

在有一些指针万用表中可能没设置分贝测量档位（dB档），这时，我们可以通过使用交流电压档进行测量，测量时可根据不同的交流电压档位进行读取数值。当使用交流电压10V档测量时，可以直接在分贝数刻度读取数值，当使用其他交流电压档时，则读数应为指针的读数加上附加的分贝数，其具体的实例如图3-5所示。

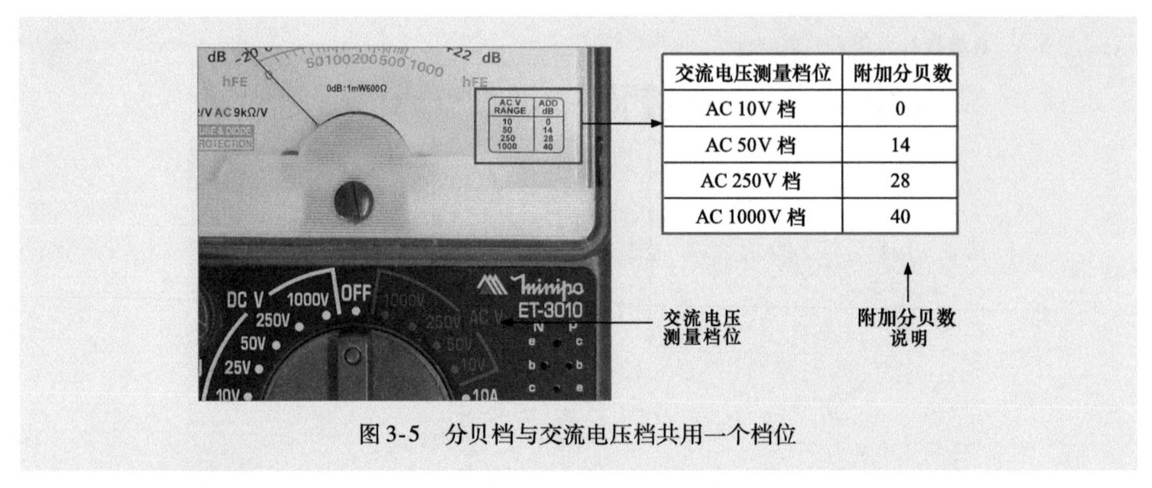

交流电压测量档位	附加分贝数
AC 10V 档	0
AC 50V 档	14
AC 250V 档	28
AC 1000V 档	40

交流电压
测量档位
附加分贝数
说明
DC V
OFF
ET-3010

图 3-5　分贝档与交流电压档共用一个档位

2　表头校正钮

如图 3-6 所示，表头校正钮位于表盘下方的中央位置，用于对万用表进行机械调零。正常情况下，指针万用表的表笔开路时，指针应指在左侧 0 刻度线的位置。如果不在 0 刻度线，就必须进行机械调零，使万用表指针能够准确地指在 0 位，以确保测量的准确性。

图 3-6　指针万用表表头校正钮

指针
表头校正钮
MODEL MF47-6
A-V-Ω
MODEL MF47-6
全保护·遥控器检测

3　零欧姆校正钮

零欧姆校正钮位于表盘下方，主要是用于调整万用表测量电阻时的准确度，如图 3-7 所示。

图 3-7　零欧姆校正钮的操作

零欧姆校正钮

4 晶体管检测插孔

在操作面板左侧有两组测量端口，它是专门用来对晶体管的放大倍数（h_{FE}）进行检测的，如图 3-8 所示。

图 3-8 指针万用表中晶体管检测插孔

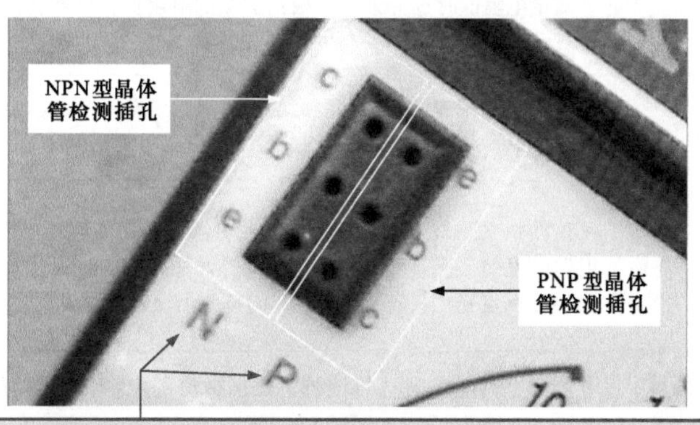
NPN型晶体
管检测插孔
PNP型晶体
管检测插孔
在晶体管检测插孔中，相对位于下面的端口下方标记有“N、P”的文字标识，这两个端口分别用于对NPN、PNP型晶体管进行检测

这两组测量端口都是由 3 个并排的小插孔组成，分别标识有“c”（集电极）“b”（基极）“e”（发射极）的标识，分别对应两组端口的 3 个小插孔。

检测时，首先将万用表的功能开关旋至“h_{EF}”档位，然后将待测晶体管的三个引脚依据标识插入相应的 3 个小插孔中即可。

5 功能旋钮

功能旋钮位于指针万用表的主体位置（面板），在其四周标有测量功能及测量范围，通过旋转功能旋钮可选择不同的测量项目以及测量档位，如图 3-9 所示。

在功能旋钮的圆周有量程刻度盘，每一个测量项目中都标识出该项目的测量量程。

图 3-9 指针万用表的功能旋钮及对应的档位量程

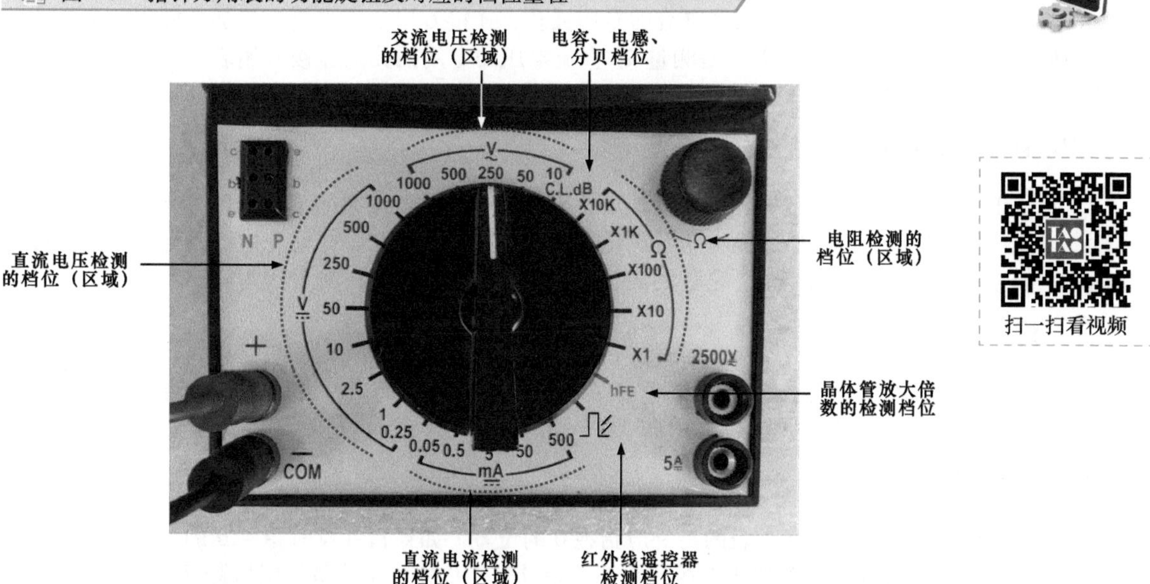
交流电压检测
的档位（区域）
电容、电感、
分贝档位
直流电压检测
的档位（区域）
电阻检测的
档位（区域）
晶体管放大倍
数的检测档位
直流电流检测
的档位（区域）
红外线遥控器
检测档位
扫一扫看视频

指针万用表的功能旋钮及对应的档位量程的含义见表 3-2。

表 3-2 指针万用表的功能旋钮及对应的档位量程的含义

交流电压检测的档位（区域）（V̰）	测量交流电压时选择该档，根据被测的电压值，可调整的量程范围有 10V、50V、250V、500V、1000V
电容、电感、分贝档位	测量电容的电容量、电感的电感量以及分贝值时选择该档位
电阻检测的档位（区域）（Ω）	测量电阻值时选择该档，根据被测的电阻值，可调整的量程范围有 ×1、×10、×100、×1k、×10k
晶体管放大倍数的检测档位	在指针万用表的电阻检测区域中可以看到有一个 h_{FE} 档位，该档位主要是用于测量晶体管的放大倍数
红外线遥控器检测档位（⎍⫽）	该档位主要是用于检测红外线发射器，当功能旋钮转至该档位时，使用红外线发射器的发射头垂直对准表盘中的红外线遥控器检测档位，并按下遥控器的功能按键，如果红色发光二极管（GOOD）闪亮表示该红外线发射器工作正常
直流电流检测的档位（区域）（mA）	测量直流电流时选择该档，根据被测的电流值，可调整的量程范围有 0.05mA、0.5mA、5mA、50mA、500mA、5A
直流电压检测的档位（区域）（V）	测量直流电压时选择该档，根据被测的电压值，可调整的量程范围有 0.25V、1V、2.5V、10V、50V、250V、500V、1000V

| 特别提示 |

有些指针万用表的电阻检测区域中还有一个档位的标识为“·)))”，该档位为蜂鸣档，主要是用于检测二极管以及线路的通断。

6 表笔插孔

通常在指针万用表的操作面板下面有 2～4 个插孔，用来与万用表表笔相连（根据万用表型号的不同，表笔插孔的数量及位置都不尽相同）。每个插孔都用文字或符号进行标识。

其中“COM”与万用表的黑表笔相连（有的万用表也用“－”或“＊”表示负极）；“＋”与万用表的红表笔相连；“5A”是测量电流的专用插孔，连接万用表红表笔，该插孔标识的文字表示所测最大电流值为 5A；“2500 V̰”是测量交/直流电压的专用插孔，连接万用表红表笔，插孔标识的文字表示所测量的最大电压值为 2500V。

3.1.3 指针万用表的使用方法

在认识了指针万用表的结构和键钮功能后，可以通过调整万用表的不同档位来测量电路和元器件的电流值、电压值、电阻值、放大倍数等物理量，在实际使用前，应首先进行指针万用表的操控训练，如连接表笔、表头的校正、量程的调整、零欧姆校正以及进行测量等内容。

1 连接表笔

指针万用表有两支表笔，分别用红色和黑色标识，测量时将其中红色的表笔插到“＋”端，黑色的表笔插到“－”或“＊”端（COM 端），如图 3-10 所示。

2 表头校正

指针万用表在非测量状态，表的指针应指在 0 的位置。如果指针没有指到 0 的位置，可用螺丝刀（标准术语为螺钉旋具）微调表头校正钮，使指针处于 0 位。这就是使用指针万用表测量前进行的表头校正，此调整又称零位调整，如图 3-11 所示。

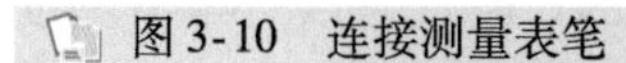

图 3-10 连接测量表笔

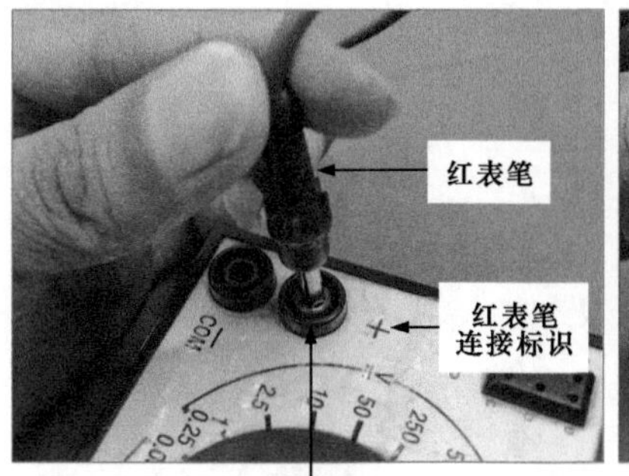
红表笔
红表笔
连接标识
红表笔插孔

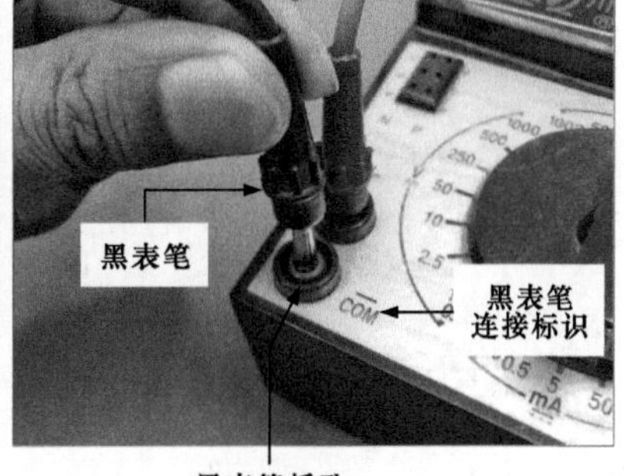
黑表笔
黑表笔
连接标识
黑表笔插孔

图 3-11 零位调整

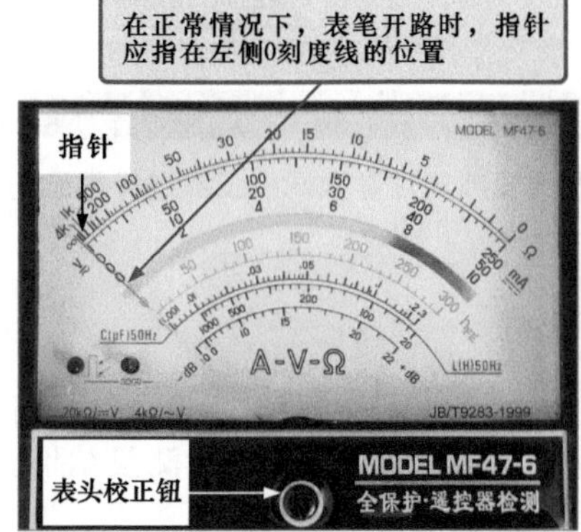
在正常情况下，表笔开路时，指针
应指在左侧0刻度线的位置
指针
A-V-Ω
MODEL MF47-6
全保护·遥控器检测
表头校正钮

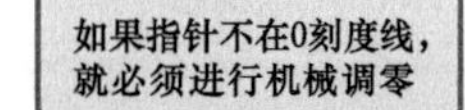
如果指针不在0刻度线，
就必须进行机械调零

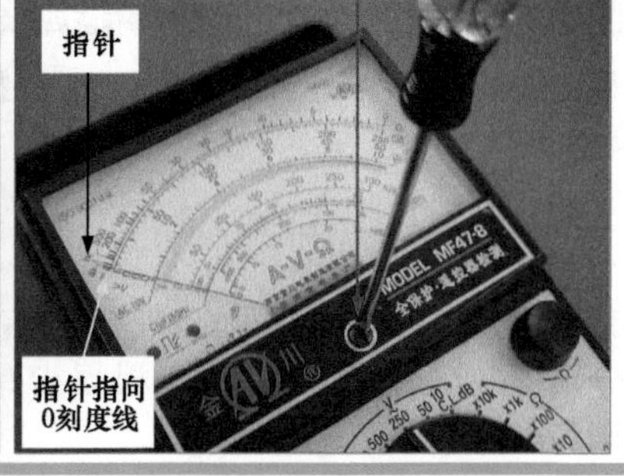
指针
指针指向
0刻度线

3 设置测量范围

根据测量的需要，无论测量电流、电压还是电阻，都需要扳动指针万用表的功能旋钮，将万用表调整到相应测量状态。无论是测量电流、电压还是电阻都可以通过功能旋钮轻松地切换，如图 3-12 所示。

图 3-12 设置测量的范围

MODEL MF47-8
检测阻值时，可将万用表量程
调整为相应量程的欧姆档
检测电压时，可将万用表量程
调整为相应量程的电压档

4 零欧姆校正

测量电阻前要进行零欧姆校正，如图 3-13 所示，首先将功能旋钮旋拨到待测电阻的量程范围，然后将两支表笔互相短接，这时指针应指向 0（表盘的右侧，电阻刻度的 0 值），如果不在 0 刻度线，就需要调整零欧姆校正钮，使万用表指针指向 0 刻度。

图 3-13　零欧姆校正

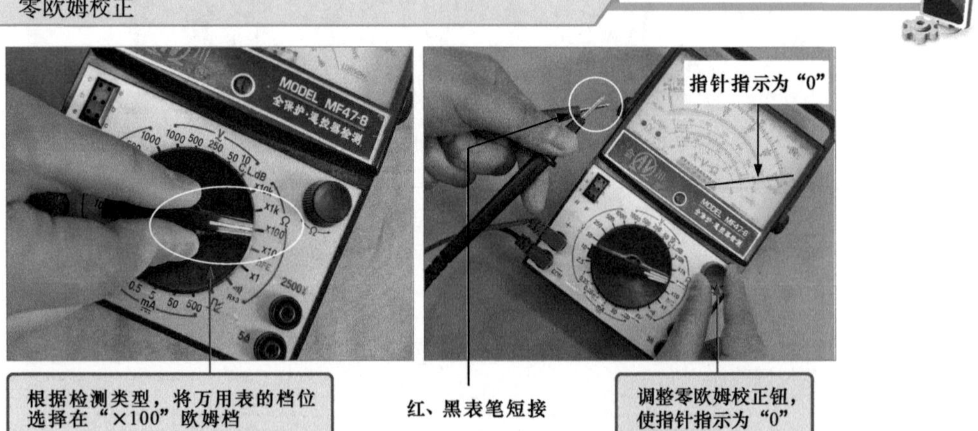
指针指示为“0”
根据检测类型，将万用表的档位选择在“×100”欧姆档
红、黑表笔短接
调整零欧姆校正钮，使指针指示为“0”
MODEL MF47-8

| 特别提示 |

在进行电阻测量时，每变换一次档位或量程，就需要重新通过零欧姆校正钮进行零欧姆校正。这样才能确保测量值的准确性。

5　测量

准备工作完成后，即可针对不同的测量项目完成测量。具体测量时，先调整好档位量程，然后将红、黑表笔分别搭接在测试点处，即可根据指针指示结合档位量程识读测量结果。图 3-14 为使用指针万用表测量阻值的操作。

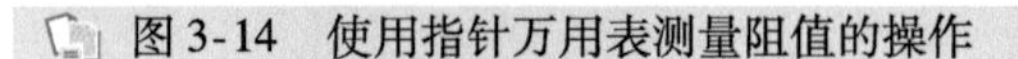

图 3-14　使用指针万用表测量阻值的操作

待测电阻的标称阻值为33Ω

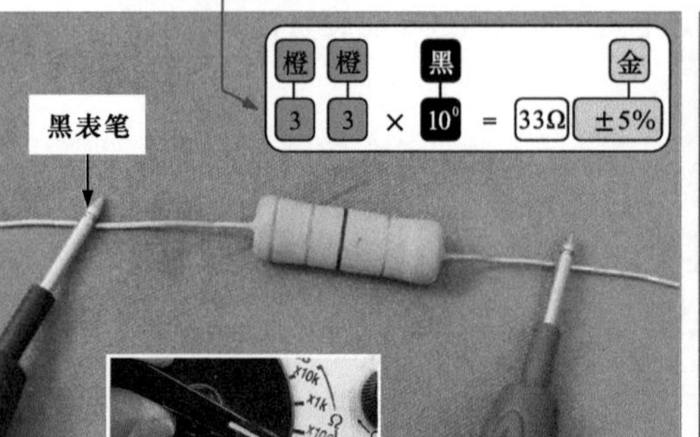
橙
橙
黑
金
3
3
×
10^0
=
33Ω
±5%
黑表笔
红表笔
R×10

实际测量的电阻值约为33Ω
A-V-Ω
www.chinadse.org
MODEL MF47-8
全保护·遥控器检测

检测前根据被测元器件的阻值来调整电阻档的档位，图中的电阻标称值为 33Ω，在检测时，首先将量程调到“×10”档，然后进行调零校正，再将两表笔分别搭在被测电阻两端的引脚上，观察指针在表盘上的指示位置，参考当前量程对应的刻度线，读取当前测量的电阻值为 3.3Ω × 10 = 33Ω。

图 3-15 为使用指针万用表测量电压的操作。

图 3-15 使用指针万用表测量电压的操作

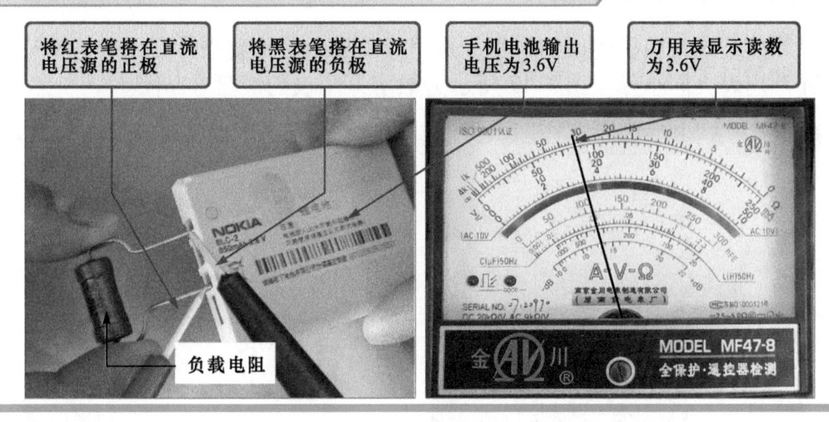
将红表笔搭在直流电压源的正极
将黑表笔搭在直流电压源的负极
手机电池输出电压为3.6V
万用表显示读数为3.6V
负载电阻
MODEL MF47-8
全保护·遥控器检测

测量电池的输出电压，将万用表的量程调到直流电压 10V 档上，然后用黑表笔搭在电池的负极端，红表笔搭在电池的正极端，观察万用表指针在表盘上的指示，结合对应的刻度线，即可以识读出当前所测的电压值为 3.6V。

3.2 数字万用表的结构与使用

3.2.1 数字万用表的种类和结构

数字万用表是一种采用数字电路和液晶显示屏显示测试结果的万用表。数字万用表与指针万用表相比，更加灵敏、准确，它凭借更强的过载力、更简单的操作和直观的读数而得到了广泛应用。

数字万用表是最常见的仪表之一，其使用领域与指针万用表类似，但其外观、结构与指针万用表有一定的差异，图 3-16 所示为典型的数字万用表。

图 3-16 典型的数字万用表

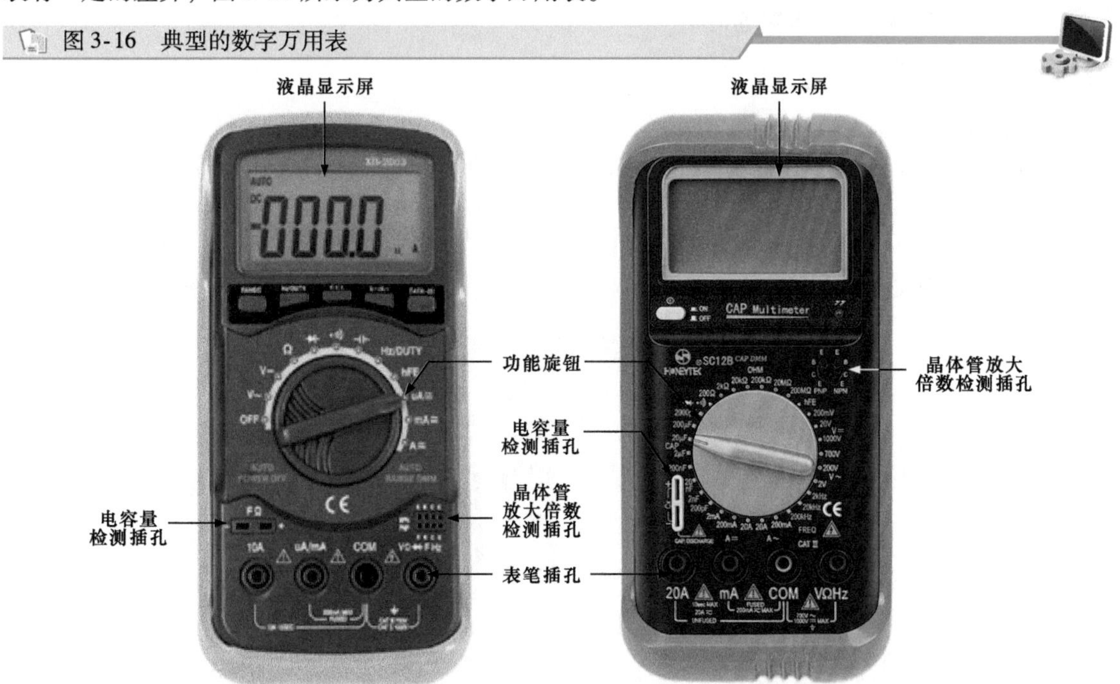
液晶显示屏
液晶显示屏
功能旋钮
晶体管放大倍数检测插孔
电容量检测插孔
电容量检测插孔
晶体管放大倍数检测插孔
表笔插孔
CAP Multimeter
20A
mA
COM
VΩHz

3.2.2 数字万用表的键钮分布

数字万用表外部结构最明显的区别在于，采用液晶显示屏代替指针万用表的指针和刻度盘。其键钮部分与指针万用表大同小异，图 3-17 所示为数字万用表的键钮分布图。

图 3-17 数字万用表的键钮分布图

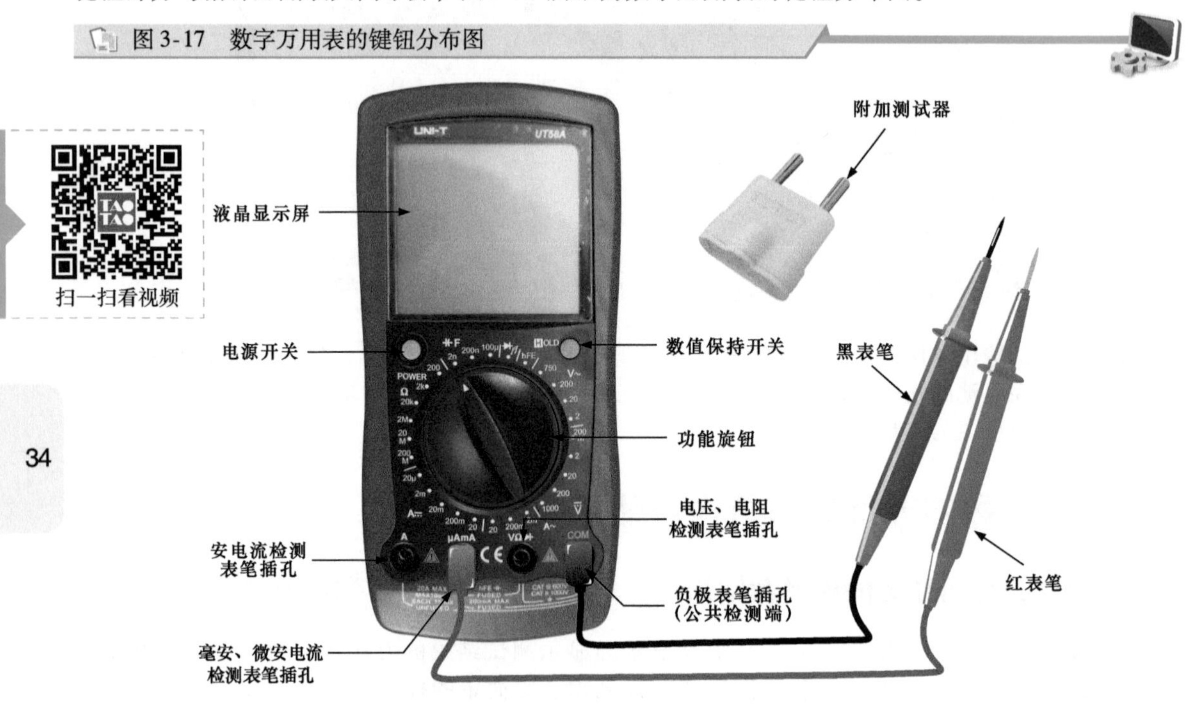
扫一扫看视频
附加测试器
液晶显示屏
电源开关
数值保持开关
黑表笔
功能旋钮
电压、电阻
检测表笔插孔
安电流检测
表笔插孔
负极表笔插孔
(公共检测端)
红表笔
毫安、微安电流
检测表笔插孔
UNI-T
UT58A
POWER
HOLD
COM

从图中可以看出，数字万用表主要是由液晶显示屏、电源开关、数值保持开关、功能旋钮、表笔插孔、附加测试器以及表笔组成。

1 液晶显示屏

液晶显示屏用来显示检测数据、数据单位、表笔插孔指示、安全警告提示等信息。图 3-18 所示为数字万用表的液晶显示屏。在检测交流电压时，显示测量值的左侧有交流标识 AC；数值的上方为单位 V；液晶显示屏的下方可以看到表笔插孔指示为 VΩ 和 COM，即红表笔插接在 VΩ 表笔插孔上，黑表笔插接在 COM 表笔插孔上。在 VΩ 和 COM 表笔插孔指示之间有一个闪电状高压警告标志，应注意安全。

图 3-18 检测交流电压时的液晶显示屏

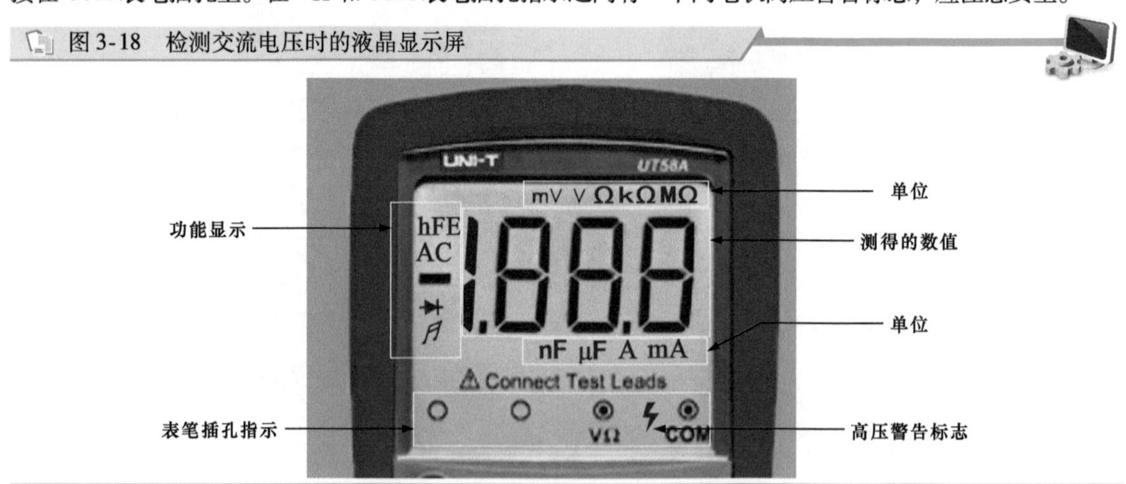
UNI-T
UT58A
mV V Ω kΩ MΩ
单位
功能显示
hFE
AC
测得的数值
单位
nF µF A mA
Connect Test Leads
表笔插孔指示
VΩ
COM
高压警告标志

2 电源开关

电源开关上通常有“POWER”标识，如图 3-19 所示，用于启动或关断数字万用表的供电电源。在使用完毕后应及时将万用表的供电电源关断，以节约能源。

3 数值保持开关

数字万用表通常有一个数值保持开关，英文标识为“HOLD”，在检测时按下数值保持开关，可以在显示屏上保持所检测的数据，方便使用者读取记录数据，如图 3-19 所示，读取记录后，再次按下数值保持开关即可恢复检测状态。

图 3-19 数字万用表的电源开关和数值保持开关

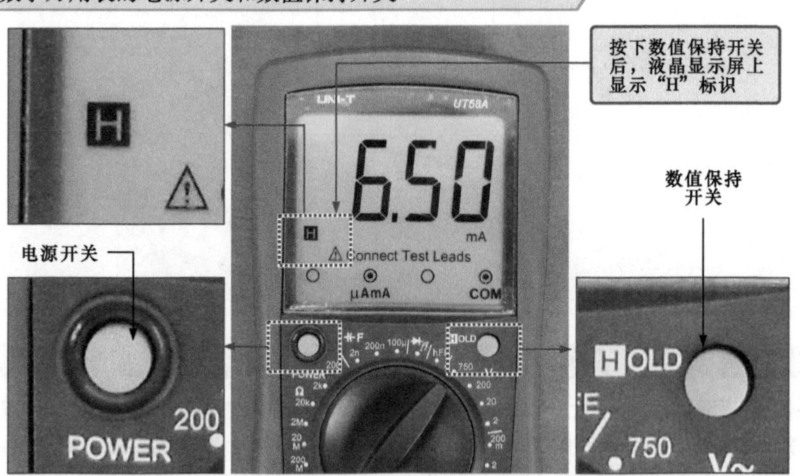

按下数值保持开关后，液晶显示屏上显示“H”标识
数值保持开关
电源开关
H
6.50
mA
Connect Test Leads
μAmA
COM
UNI-T
UT58A
HOLD
POWER
200
750

| 相关资料 |

由于很多数字万用表本身就有自动断电的功能，即长时间不使用时万用表会自动切断供电电源，所以不宜使用数值保持开关长期保存数据。

4 功能旋钮

数字万用表的功能旋钮为不同的检测设置及相对应的量程，其功能与指针万用表的功能旋钮相似，测量功能包括电压、电流、电阻、电容、二极管、晶体管等，如图 3-20 所示。

图 3-20 数字万用表的功能旋钮

电容检测区域
二极管检测区域
晶体管放大倍数检测区域
交流电压检测区域
电阻检测区域
直流电压检测区域
直流电流检测区域
交流电流检测区域
HOLD
POWER
COM

5 表笔插孔

数字万用表的表笔插孔主要用于连接表笔的引线插头和附加测试器，如图 3-21 所示。红表笔连接测试插孔，如测量电流时红表笔连接 A 插孔或 μAmA 插孔，测量电阻或电压时红表笔连接 VΩ 插孔，黑表笔连接接地端（即 COM 插孔）；在测量电容量、电感量和晶体管放大倍数时，附加测试器的插头连接 μAmA 插孔和 VΩ 插孔。

图 3-21　数字万用表的表笔插孔

扫一扫看视频

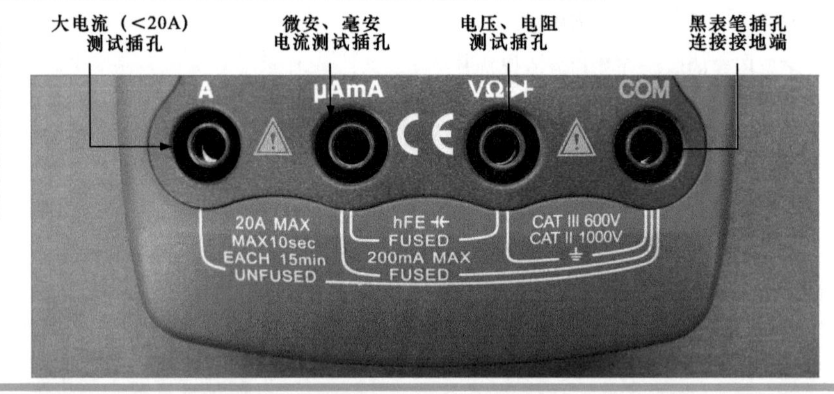
大电流（<20A）测试插孔
微安、毫安电流测试插孔
电压、电阻测试插孔
黑表笔插孔连接接地端
A
μAmA
VΩ
COM
20A MAX
MAX10sec
EACH 15min
UNFUSED
hFE
FUSED
200mA MAX
FUSED
CAT III 600V
CAT II 1000V

| 特别提示 |

通过图 3-21 可以看到表笔插孔之间有三角形感叹号标识，该标志是安全警告标志，表示数字万用表的表笔在连接该表笔插孔时，所检测的电流或电压可能对人造成伤害，在检测时应引起注意。

6 附加测试器

数字万用表还配有一个附加测试器，其主要用来检测晶体管的放大倍数和电容的电容量。在使用时按照万用表的提示将附加测试器插接在万用表的 μAmA 插孔和 VΩ 插孔上，再将晶体管或电容插接在附加测试器的插孔上即可，如图 3-22 所示。

图 3-22　数字万用表的附加测试器

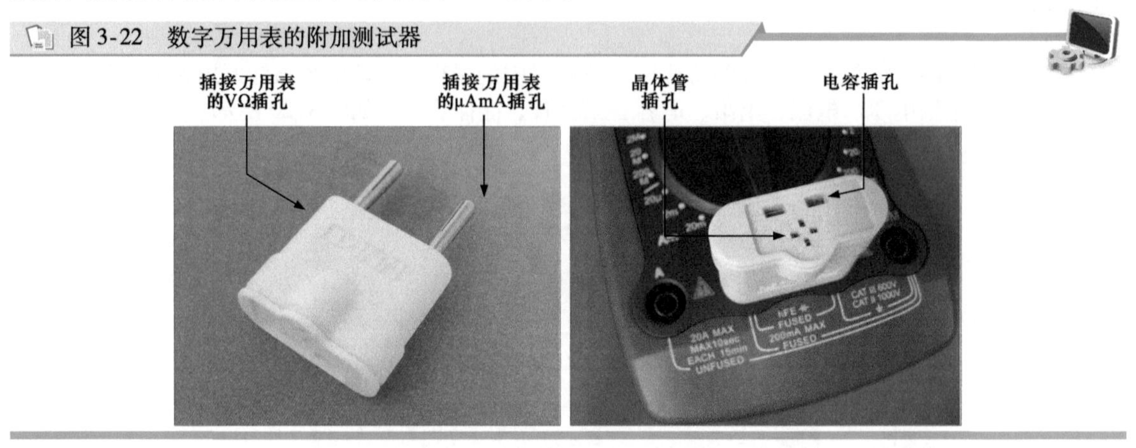
插接万用表的VΩ插孔
插接万用表的μAmA插孔
晶体管插孔
电容插孔

7 表笔

数字万用表的表笔分别使用红色和黑色标识，用于待测电路与元器件和万用表之间的连接。

在使用数字万用表的表笔检测时，需要将表笔连接在万用表的表笔插孔上，在连接时注意将黑表笔连接 COM 插孔，红表笔应根据被测数据连接其功能插孔，图 3-23 所示为测量电流时的连接和测量电阻、电压时的连接。

图 3-23　数字万用表表笔的连接

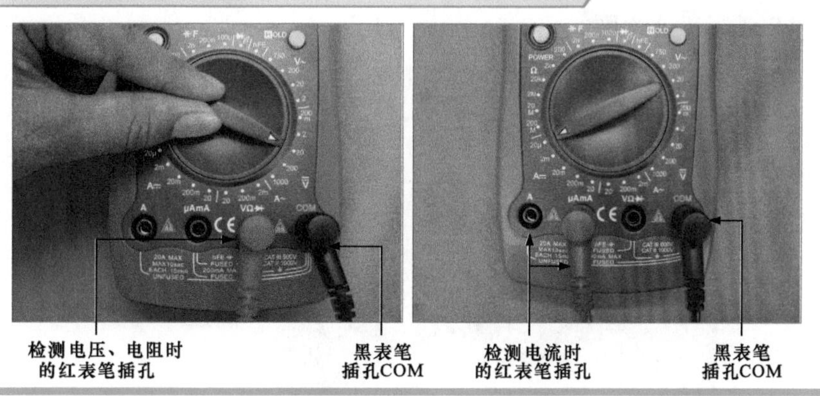
检测电压、电阻时
的红表笔插孔
黑表笔
插孔COM
检测电流时
的红表笔插孔
黑表笔
插孔COM

使用数字万用表表笔时要握住塑料橡胶部分，使用金属表笔接触检测点进行检测，以保证检测数值的准确性和检测人员的人身安全。

3.2.3　数字万用表的使用方法

数字万用表的基本操作方法与指针万用表相似，主要包括功能设定、开启电源开关、连接测量表笔、测量及测量结果的识读。

1　功能设定

数字万用表使用前不用像指针万用表那样需要表头零位较正和零欧姆校正，只需要根据测量的需要，调整万用表的功能旋钮，将万用表调整到相应测量状态，这样无论是测量电流、电压还是电阻都可以通过功能旋钮轻松地切换。图 3-24 所示为设置数字万用表的档位至电容档，且测量量程为“2nF”档。

图 3-24　功能旋钮选择电容档

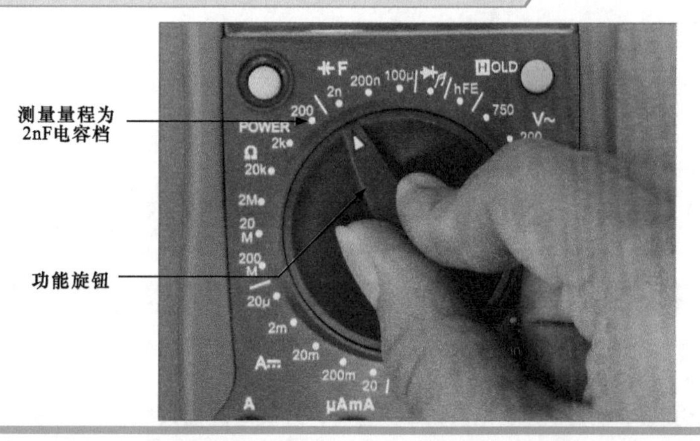
测量量程为
2nF电容档
功能旋钮

｜特别提示｜

数字万用表设置量程时，应尽量选择大于待测参数，且最接近的档位，若选择量程范围小于待测参数，万用表液晶显示屏将显示“1”，表示超范围了；若选择量程远大于待测参数，则可能造成读数不准确。

若不知道待测参数的大致范围，可以选择最大档位测量，估算出被测值的范围，再选择合适的档位测量出最终数值。

2　开启电源开关

电源开关通常位于液晶显示屏下方，功能旋钮上方，带有“POWER”标识，图 3-25 所示为开启电源开关的操作。

图 3-25　开启电源开关的操作

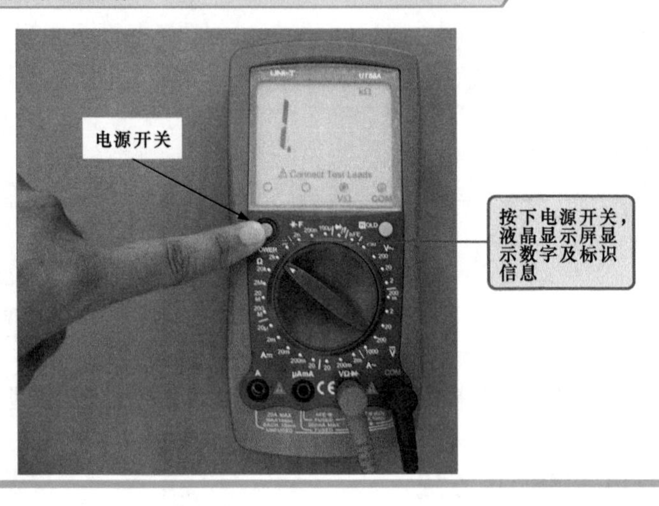
电源开关
按下电源开关，液晶显示屏显示数字及标识信息
Connect Test Leads
VΩ
COM
HOLD

3　连接测量表笔

数字万用表也有两支表笔，用红色和黑色标识，测量时将其中红色的表笔插到测试端，黑色的表笔插到“COM”端，COM 端是检测的公共端，图 3-26 所示为数字万用表的连接操作。

图 3-26　连接测量表笔

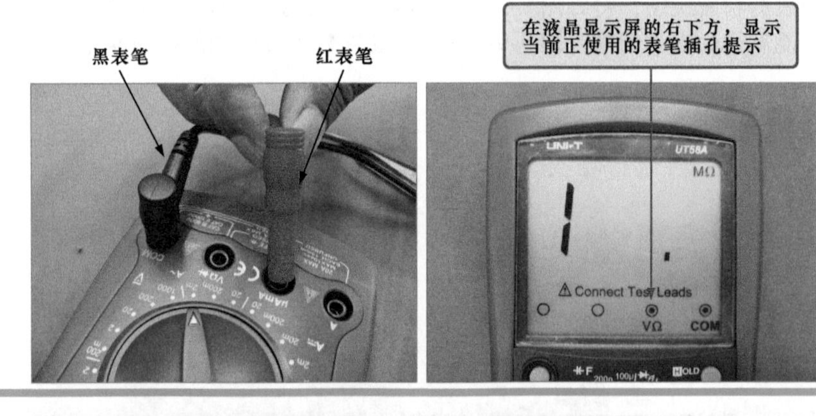
黑表笔
红表笔
在液晶显示屏的右下方，显示当前正使用的表笔插孔提示
UNI-T
UT58A
MΩ
Connect Test Leads
VΩ
COM
HOLD

| 特别提示 |

在连接红表笔时，应注意表笔插孔的提示信息，根据测量值选择红表笔插孔。对于液晶显示屏上有表笔插孔的数字万用表，应按照提示信息连接表笔。

对于上述数字万用表，测量电压、电阻和二极管时，红表笔应插入标有“VΩ ⊣⊢”符号的插孔中，测量小电流（<200mA）时红表笔应插入标有“μAmA”符号的插孔中，测量大电流（<10A）时，红表笔应插入标有“A”符号的插孔中。

4　测量

准备工作完成后，即可针对不同的测量项目完成测量。具体测量时，应先调整好档位量程，然后将红、黑表笔分别搭接在测试点处，即可根据液晶显示屏显示的数值直接读取测量结果。图 3-27 为使用数字万用表测量阻值的操作。

检测前根据被测元器件的阻值来调整电阻档的档位，图中的电阻标称值为 33Ω，在检测时，首先将量程调到电阻档，然后将两表笔分别搭在被测电阻两端的引脚上，观察液晶显示屏显示数值，直接读取显示结果为 33.2Ω。

图 3-27　使用数字万用表测量阻值的操作

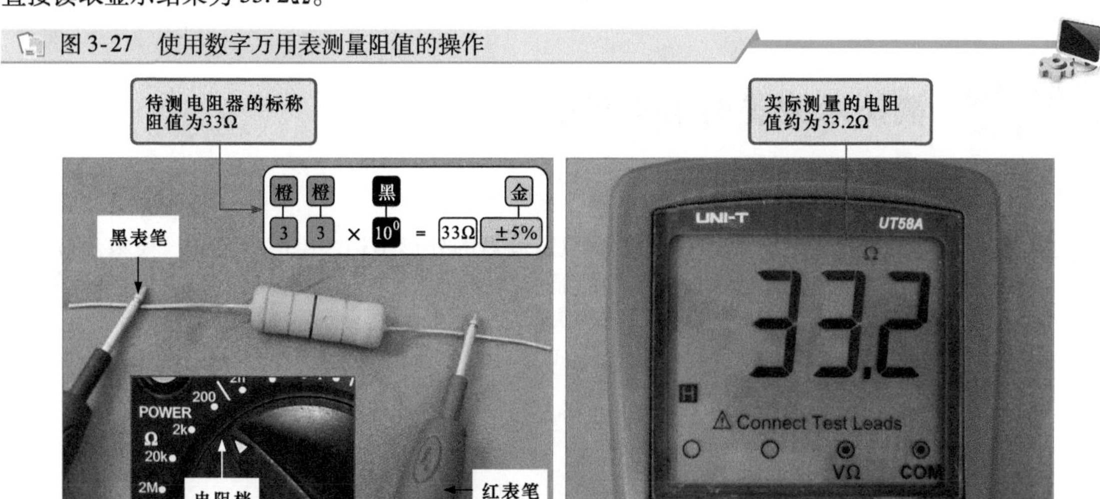
待测电阻器的标称阻值为33Ω
实际测量的电阻值约为33.2Ω
橙 橙 黑 金
3 3 × 10⁰ = 33Ω ±5%
黑表笔
红表笔
电阻档
POWER
UNI-T
UT58A
33.2
Connect Test Leads
VΩ
COM

图 3-28 为使用数字万用表测量电容量的操作。

图 3-28　使用数字万用表测量电容量的操作

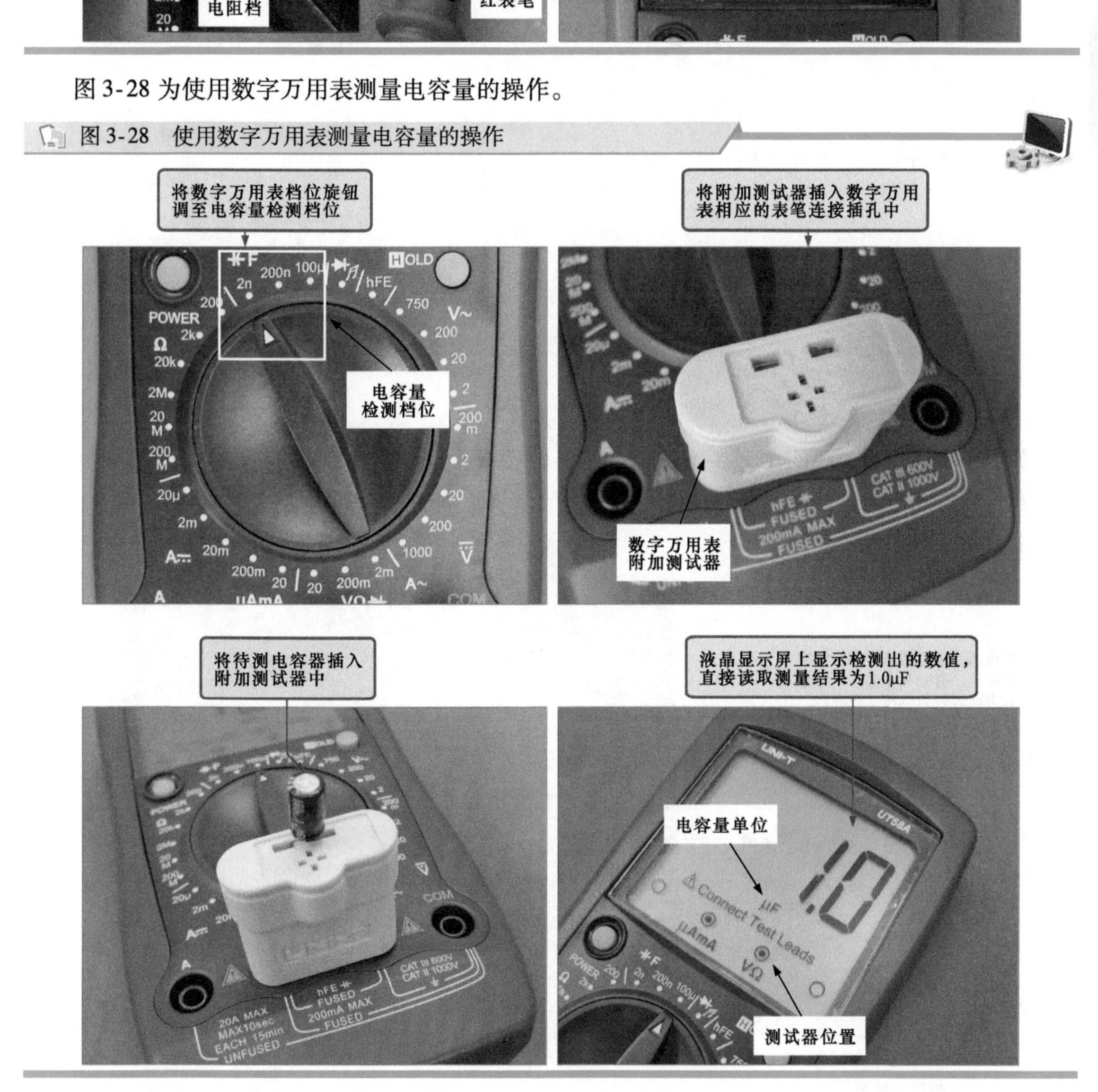
将数字万用表档位旋钮调至电容量检测档位
将附加测试器插入数字万用表相应的表笔连接插孔中
电容量检测档位
数字万用表附加测试器
将待测电容器插入附加测试器中
液晶显示屏上显示检测出的数值，直接读取测量结果为1.0μF
电容量单位
测试器位置
1.0
μF
Connect Test Leads

检测电容量时，根据电容量标称值选择适当的量程，然后将附加测试器插入表笔插孔中，再将被测电容插入附加测试器的电容量检测插孔中进行检测，此时液晶显示屏上即可显示出相应的数值，直接读取结果即可。

3.3 模拟示波器的结构与使用

3.3.1 模拟示波器的结构

模拟示波器的使用比较广泛，图3-29为模拟示波器的外形结构。由图中可知，模拟示波器可以分为左右两部分，其中左侧部分为信号波形的显示部分，右侧部分是示波器的键钮控制区域，除此之外还有与示波器测试端口连接的测试线和探头部分。

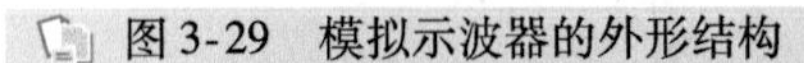
图3-29 模拟示波器的外形结构

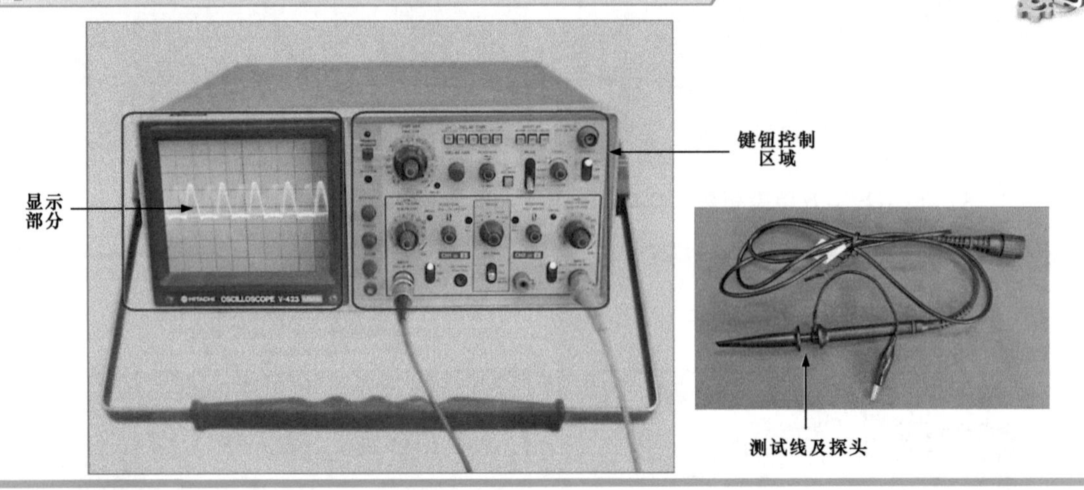
键钮控制区域
显示部分
OSCILLOSCOPE V-423
测试线及探头

1 显示部分

如图3-30所示，模拟示波器的显示部分主要由显示屏、CRT护罩和刻度盘组成。显示屏是由示波管构成的。示波管是一种阴极射线管（CRT）。CRT护罩可保护示波管的显示屏不受损伤。

图3-30 模拟示波器的显示部分

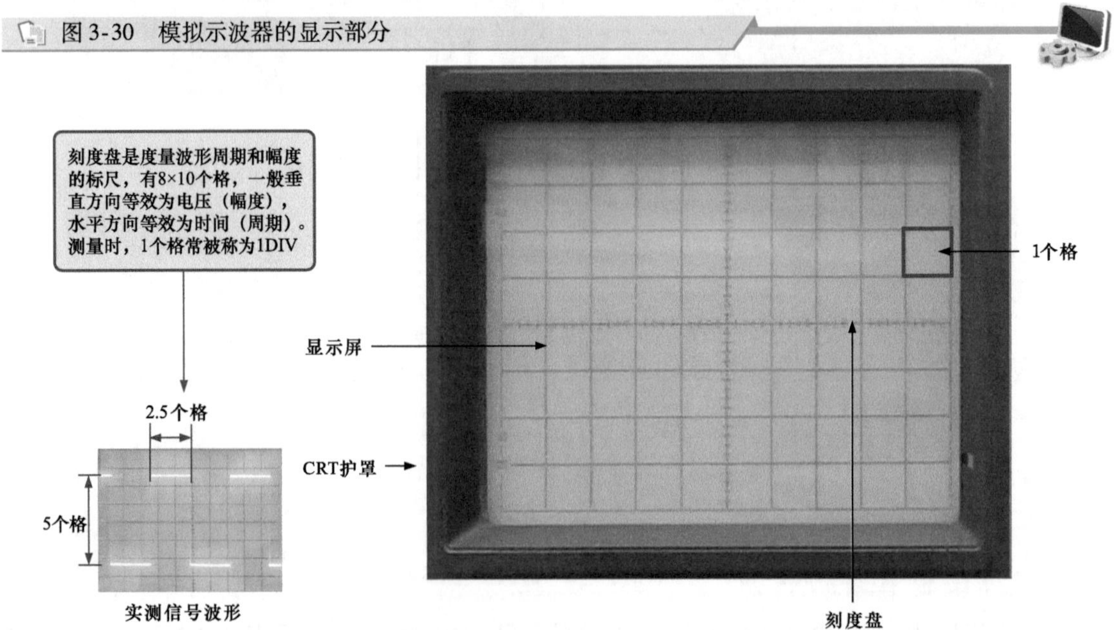
刻度盘是度量波形周期和幅度的标尺，有8×10个格，一般垂直方向等效为电压（幅度），水平方向等效为时间（周期）。测量时，1个格常被称为1DIV
1个格
显示屏
2.5个格
5个格
CRT护罩
实测信号波形
刻度盘

2 键控区域

如图 3-31 所示，模拟示波器键控区域的每个旋钮、按钮、开关、连接端等都有相应的标识符号。

图 3-31 模拟示波器的键控区域

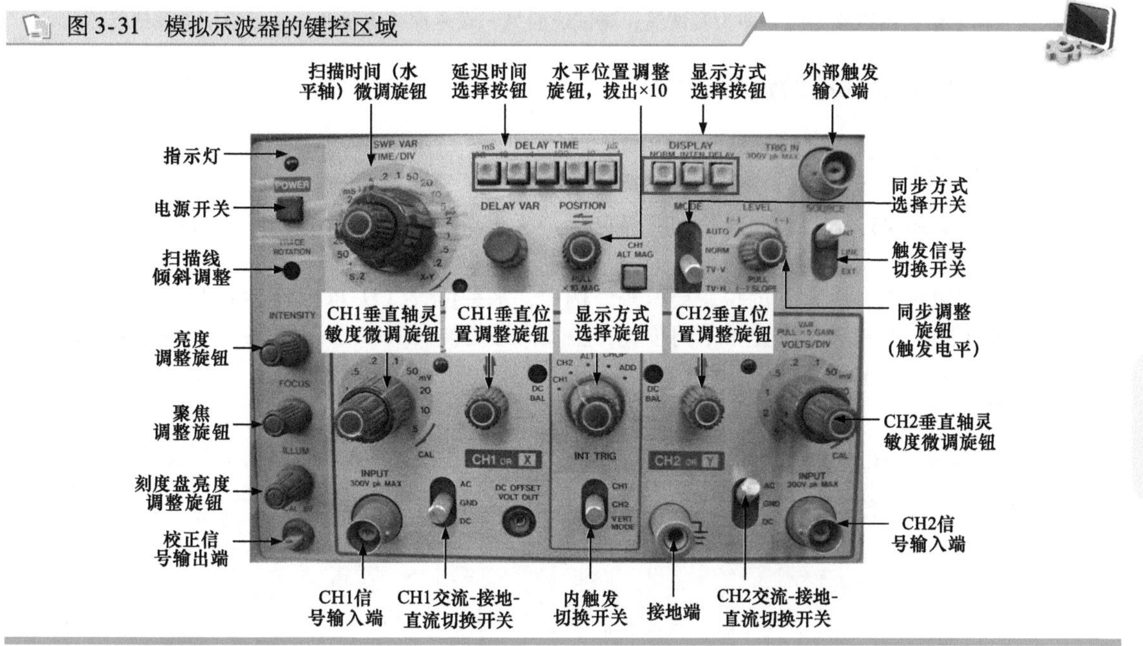
扫描时间（水平轴）微调旋钮
延迟时间选择按钮
水平位置调整旋钮，拔出×10
显示方式选择按钮
外部触发输入端
指示灯
电源开关
扫描线倾斜调整
亮度调整旋钮
聚焦调整旋钮
刻度盘亮度调整旋钮
校正信号输出端
CH1垂直轴灵敏度微调旋钮
CH1垂直位置调整旋钮
显示方式选择旋钮
CH2垂直位置调整旋钮
同步方式选择开关
触发信号切换开关
同步调整旋钮（触发电平）
CH2垂直轴灵敏度微调旋钮
CH2信号输入端
CH1信号输入端
CH1交流-接地-直流切换开关
内触发切换开关
接地端
CH2交流-接地-直流切换开关

3 测试线及探头

图 3-32 为模拟示波器的测试线及探头。探头是将被测电路的信号传送到示波器输入电路的装置。

图 3-32 模拟示波器的测试线及探头

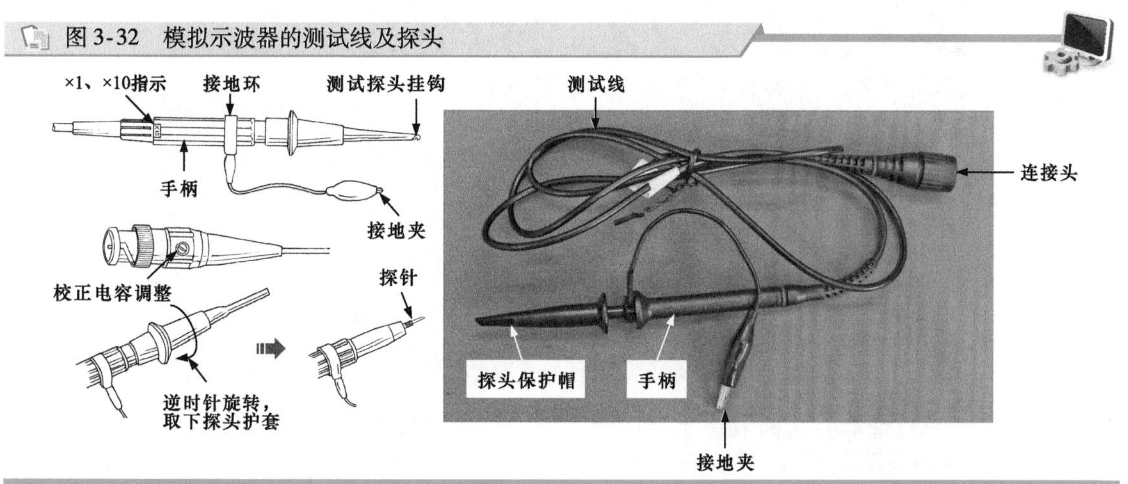
×1、×10指示
接地环
测试探头挂钩
手柄
接地夹
校正电容调整
探针
逆时针旋转，取下探头护套
测试线
连接头
探头保护帽
手柄
接地夹

| 相关资料 |

示波器探头保护帽位于探头头部，主要起保护作用。另外，在探头保护帽前端是探头挂钩（探钩）。示波器探针位于探头头部，拧下探头护套即可看到探针。检测时，使用探头挂钩或探针与被测引脚相连即可实现对信号波形的测量。

接地夹用以在检测时接地。

在示波器探头的手柄处设置有衰减功能调节键钮，通常，示波器探头设有×1（1×）档和×10（10×）档两个档位选择。通过调节键钮即可实现衰减设置。在×1档位置时，输入阻抗为1MΩ，输入电容小于或等于250pF，频率范围为DC～5MHz；在×10档位置时，探头的输入阻抗为10MΩ，输入电容小于或等于25pF，输入电容可在20～40pF范围内调整，衰减系数为（1/10）±2%，频率范围为DC～40MHz。

探头手柄末端引出连接电缆，即为测试线，测试线的另一端是探头连接头，用以与示波器进行连接。

3.3.2 模拟示波器的使用方法

1 开机与初始化设置

图3-33所示为模拟示波器键钮开机前的设置，使用模拟示波器对电路进行检测前要注意如下几点：

1）在开机之前有几个旋钮的位置要检查。例如，水平位置（H. POSITION）调整旋钮和垂直位置（V. POSITION）调整旋钮应置于中间位置，触发信号切换（TRIG. SOURCE）开关应置于内部位置（即INT），触发电平（TRIG. LEVEL）旋钮应置于中间位置，同步方式选择开关应置于自动位置（即AUTO）。

图3-33 开机前检测键钮的位置

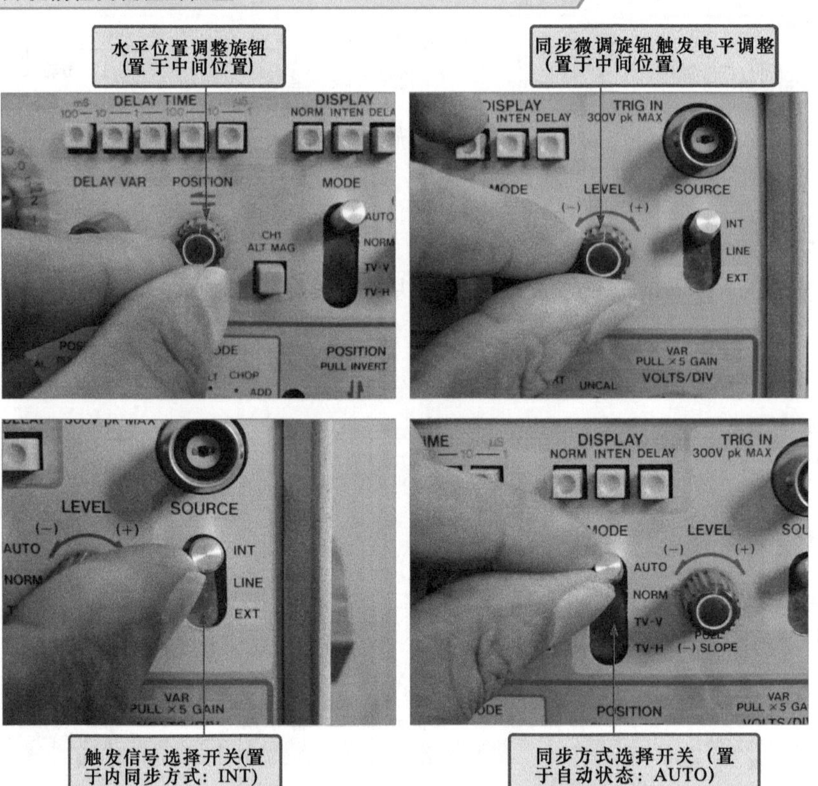
水平位置调整旋钮
(置于中间位置)
同步微调旋钮触发电平调整
(置于中间位置)
触发信号选择开关(置于内同步方式：INT)
同步方式选择开关（置于自动状态：AUTO)
DELAY TIME
DISPLAY
NORM INTEN DELAY
DELAY VAR
POSITION
MODE
AUTO
NORM
TV-V
TV-H
TRIG IN
300V pk MAX
LEVEL
SOURCE
INT
LINE
EXT
VAR
PULL ×5 GAIN
VOLTS/DIV

2）将模拟示波器的电源开关POWER置于ON位置，电源就接通了，指示灯立即亮了。然后调整一下亮度调整旋钮，示波管上就会出现一条横向亮线，再调整聚焦调整旋钮使显示器图像清晰。如果显示的扫描线不在示波管中央，可微调一下水平或垂直位置调整旋钮。示波器开机调整，如图3-34所示。

3）当第一次使用模拟示波器或是在对模拟示波器进行校准、检查等工作时，应使示波器处于初始准备工作状态，这样接通电源，示波器就能显示出一条水平扫描线。

图 3-34 对示波器进行开机调整

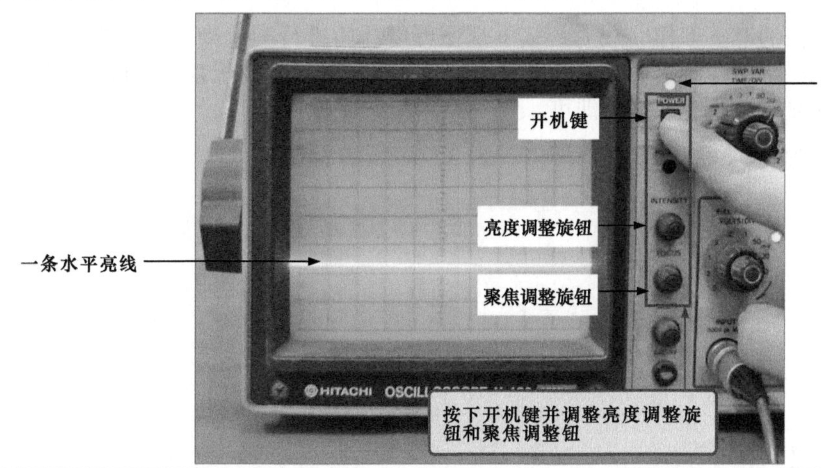
电源指示灯亮
开机键
亮度调整旋钮
一条水平亮线
聚焦调整旋钮
HITACHI OSCILLOSCOPE
按下开机键并调整亮度调整旋钮和聚焦调整钮

2 探头的使用与校正

使用探头测量信号时，为了得到较高的测量精度，可先对基准信号进行检测，通常示波器本身都设有基准信号输出端，该信号又被称为校正信号。

将示波器探头接到校正信号输出端（CAL），示波管上会出现 1kHz（0.5V）的方波脉冲信号，如果方波的形状不好，可以用螺丝刀微调示波器探头上的微调电容，使显示波形正常，如图 3-35 所示。

图 3-35 探头校正

对探头进行校正时，将探针搭在基准信号输出端（1kHz、0.5V的方波信号）

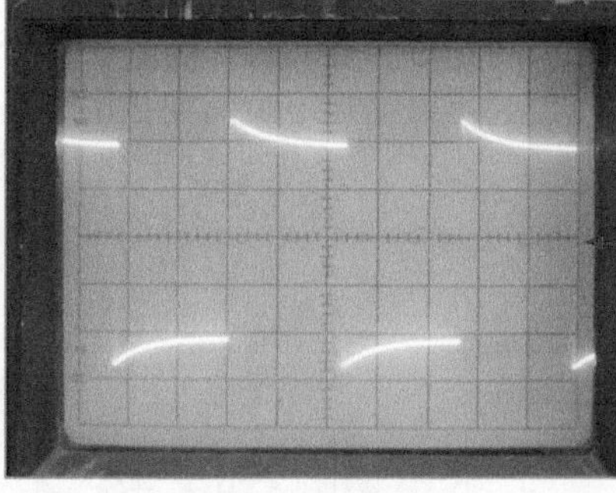
在正常情况下，显示屏会显示出1kHz的方波信号波形。此时，波形补偿过度

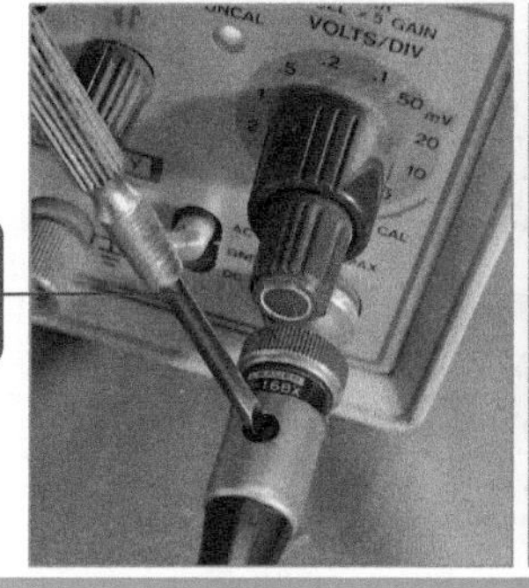
使用一字槽螺丝刀调节探头校正端的螺钉
VOLTS/DIV

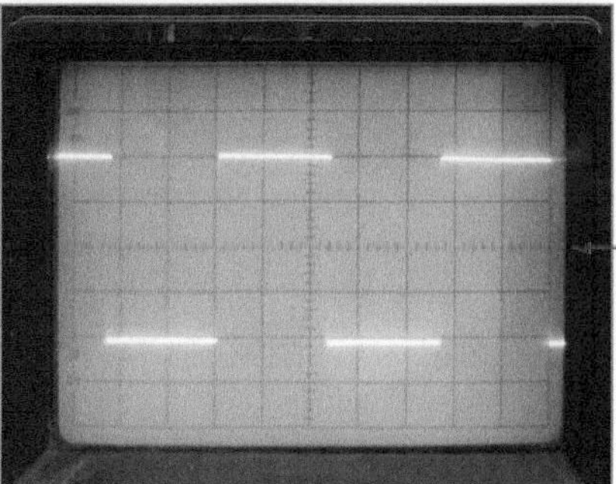
边调整，边观察显示屏的波形状态。直至将波形调节到正常状态（1kHz的方波）

示波器探头中设有一个可调电容，探头一端的插头上有一个调整用的小孔，可以进行微调，一边观测信号波形，一边进行调整，直到波形良好。

3 测量

模拟示波器检测前的准备工作完成后，接下来便可以开始进行测量操作。如图 3-36 所示，测量时，将示波器接地夹接地，探头搭在待检测点上，调整模拟示波器键控区域的旋钮，使信号波形清晰、明亮地显示在显示屏的中间区域即可。

图 3-36　模拟示波器的测量操作

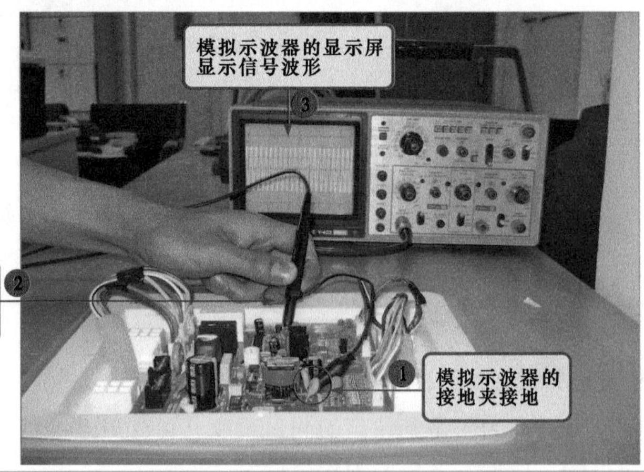
模拟示波器的显示屏显示信号波形
模拟示波器探头搭在待测元器件引脚上
模拟示波器的接地夹接地

3.4 数字示波器的结构与使用

3.4.1 数字示波器的结构

数字示波器一般都具有记忆存储功能，能记忆存储测量过程中任意时间的瞬时信号波形，因此被称为数字存储示波器，它可以捕捉一瞬间变化的信号，进行观测，图 3-37 为典型的数字存储示波器的外形结构。

图 3-37　典型数字存储示波器的外形结构

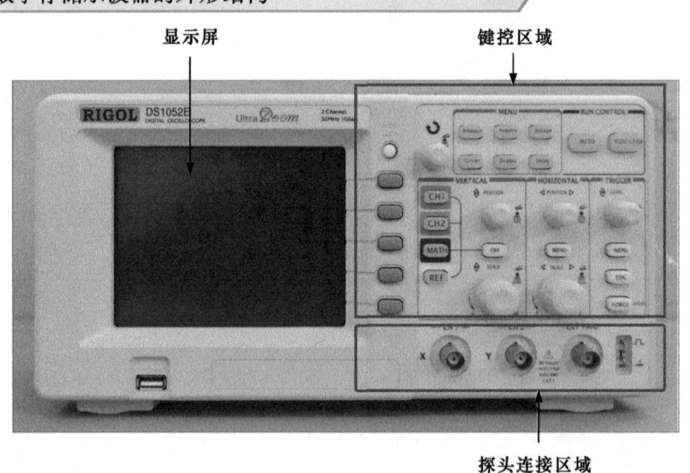
显示屏
键控区域
探头连接区域
RIGOL
DS1052E

从图中可以看出，数字示波器主要由显示屏、键控区域和探头连接区域组成。

1 显示屏

数字示波器的显示屏用来显示测量结果、当前的工作状态及在测量前或测量过程中的参数设置、模式选择等。

图 3-38 为数字示波器的显示屏，能够直接显示波形的类型及其幅度、周期等。

图 3-38　数字示波器的显示屏

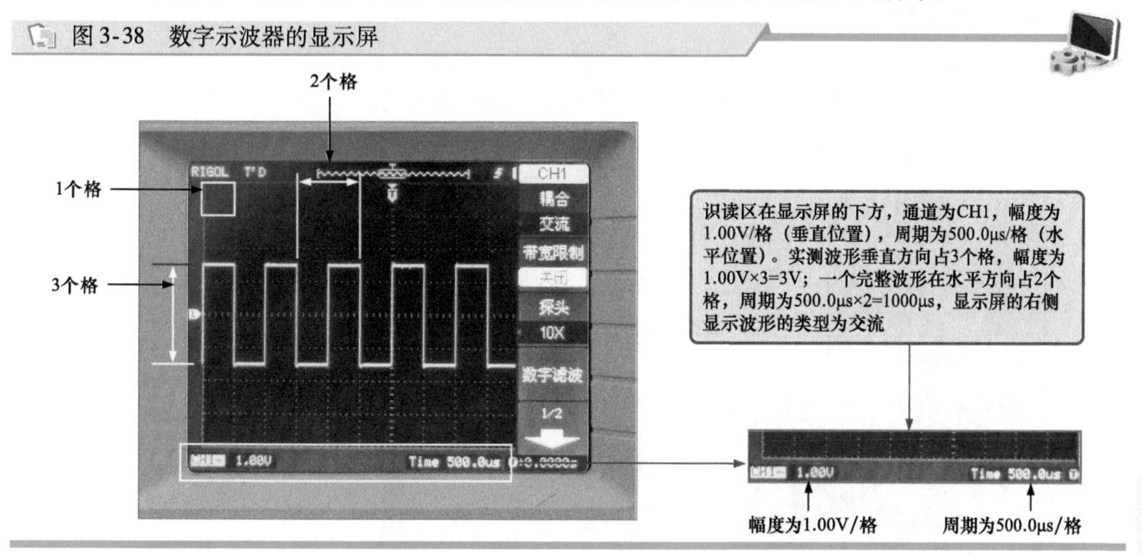
2个格
1个格
3个格
识读区在显示屏的下方，通道为CH1，幅度为1.00V/格（垂直位置），周期为500.0μs/格（水平位置）。实测波形垂直方向占3个格，幅度为1.00V×3=3V；一个完整波形在水平方向占2个格，周期为500.0μs×2=1000μs，显示屏的右侧显示波形的类型为交流
CH1
耦合
交流
带宽限制
探头
10X
数字滤波
1/2
幅度为1.00V/格
周期为500.0μs/格

2 键控区域

数字示波器的键控区域设置有多种按键和旋钮，用以调整数字示波器的系统参数、检测功能和工作状态。

图 3-39 为典型数字示波器的键控区域。从图中可以看到，该数字示波器键控区域设有菜单键、菜单功能区、触发控制区、水平控制区及垂直控制区。

图 3-39　典型数字示波器的键控区域

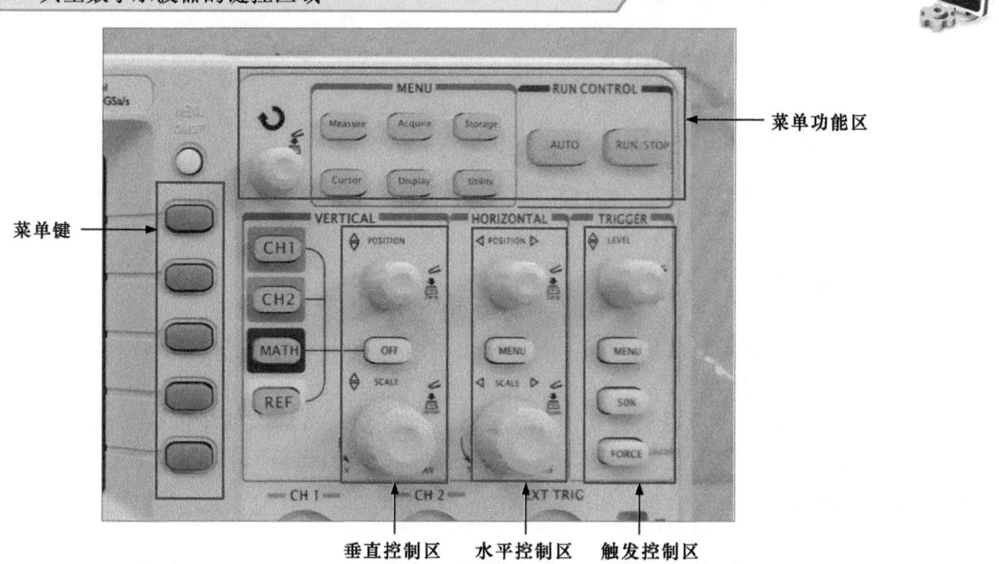
MENU
RUN CONTROL
菜单功能区
AUTO
菜单键
VERTICAL
HORIZONTAL
TRIGGER
CH1
CH2
MATH
REF
OFF
MENU
垂直控制区
水平控制区
触发控制区

菜单键共有 5 个，分别对应显示屏右侧的参数选项，可对参数选项进行设定。

菜单功能区包括自动设置按键、屏幕捕捉按键、存储功能按键、辅助功能按键、采样系统按键、显示系统按键、自动测量按键、光标测量按键、多功能旋钮等。

触发控制区包括一个触发系统旋钮和三个按键（菜单键、设定触发电平在触发信号幅值的垂直中点键、强制按键）。

水平控制区包括水平位置调节旋钮和水平时间轴调节旋钮。

垂直控制区包括垂直位置调节旋钮和垂直幅度调节旋钮。

3 探头连接区域

数字示波器的探头连接区域用来连接示波器的探头。如图 3-40 所示，探头连接区域包括 CH1 按键和 CH1（X）信号输入端、CH2 按键和 CH2（Y）信号输入端。

图 3-40　数字示波器的探头连接区域

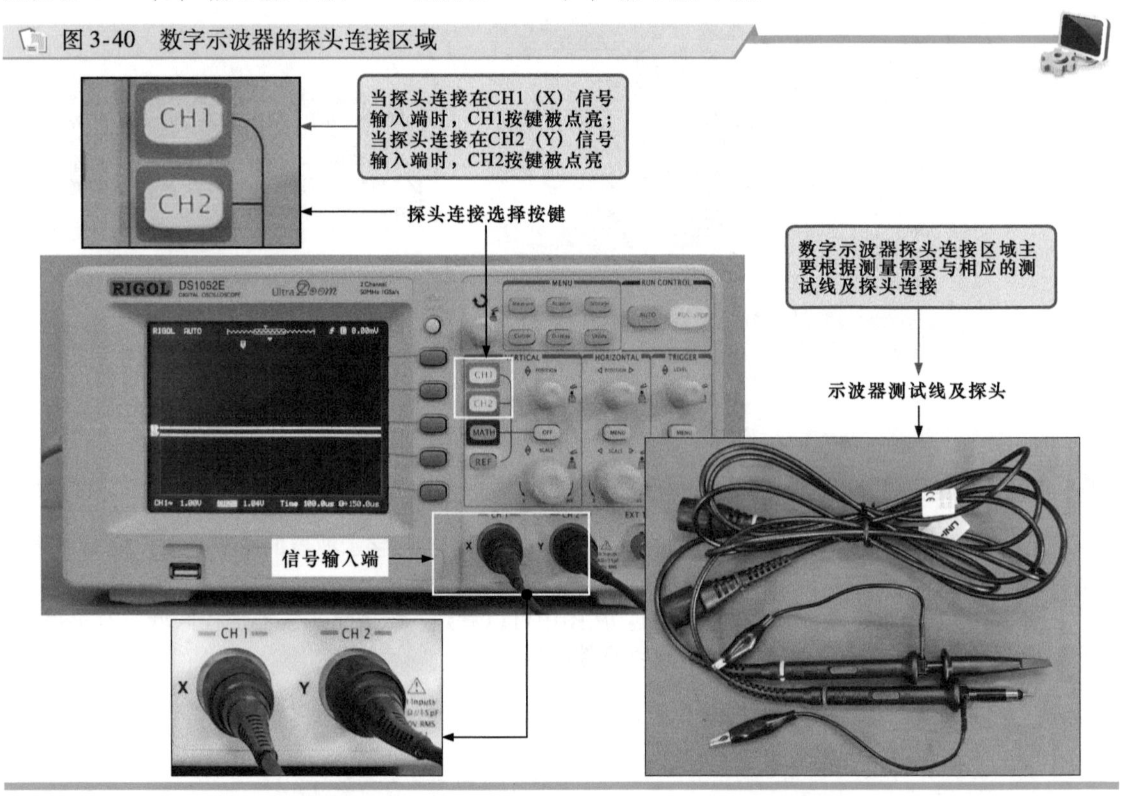
当探头连接在CH1（X）信号输入端时，CH1按键被点亮；当探头连接在CH2（Y）信号输入端时，CH2按键被点亮
CH1
CH2
探头连接选择按键
数字示波器探头连接区域主要根据测量需要与相应的测试线及探头连接
示波器测试线及探头
RIGOL
DS1052E
信号输入端
CH 1
CH 2
X
Y

3.4.2 数字示波器的使用方法

数字示波器的使用步骤主要分为连接测量表笔、开机前检查、开机、自校正、使用前的设置及调整、测量几个步骤。

1 连接测量探头

在数字示波器的使用过程中，通常需要使用示波器的探头与被测部位进行连接，因此需要首先为数字示波器的探头进行连接。

数字示波器探头接口采用了旋紧锁扣式设计，插接时，将示波器测试线的接头插入到信号输入接口（CH1 或 CH2），将其旋紧在接口上，此时就可以使用该通道进行测试了，如图 3-41 所示。

2 开机前检查

为了保证数字示波器的使用寿命，以及精确、正常地检测和显示信号波形，在使用数字示波器时，应注意以下几点事项：

1）在使用数字示波器进行测试工作之前，必须阅读其技术说明书，以对所选用示波器的硬件、软件功能及特性参数有全面、准确的了解和掌握。

2）数字示波器的市电供电电压要符合示波器的要求，使用示波器专用的电源线，使用适当的熔丝或使用示波器规定的熔丝。使用数字示波器检测电子产品时，接地线要可靠接地，探头地线与地电势相同，切勿将地线连接高电压。

图 3-41 数字示波器探头的连接

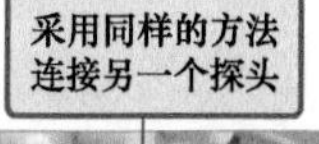
采用同样的方法
连接另一个探头

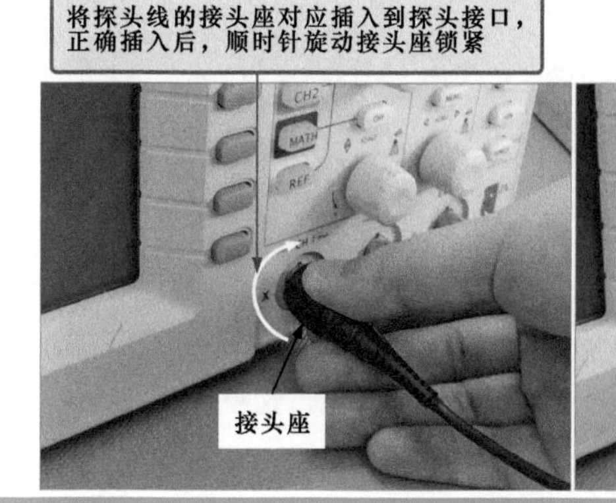
将探头线的接头座对应插入到探头接口，
正确插入后，顺时针旋动接头座锁紧
接头座

3）非专业维修人员，不要将示波器外盖或面板打开，电源接通后请勿接触外露的接头或元器件。

4）不要在潮湿、易燃易爆的环境下对数字示波器进行操作，要保持数字示波器表面的清洁与干燥。

3 开机

一般情况下，数字示波器是由交流电压进行供电的，我国的供电电压为交流 220V，因此使用数字示波器的额定电压应为交流 220V。数字示波器电源线的连接，如图 3-42 所示。

图 3-42 数字示波器电源线的连接

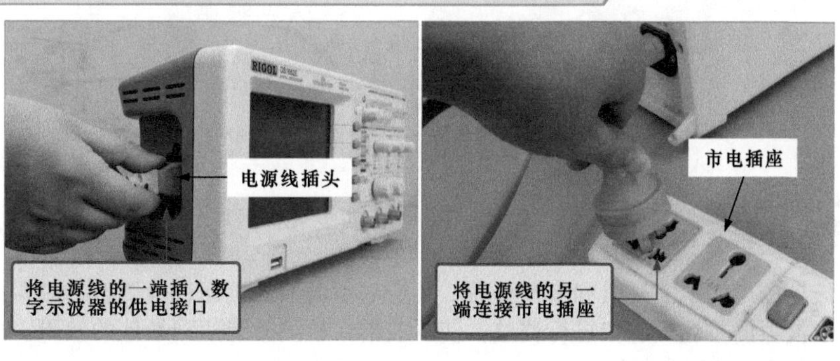
电源线插头
将电源线的一端插入数
字示波器的供电接口
市电插座
将电源线的另一
端连接市电插座

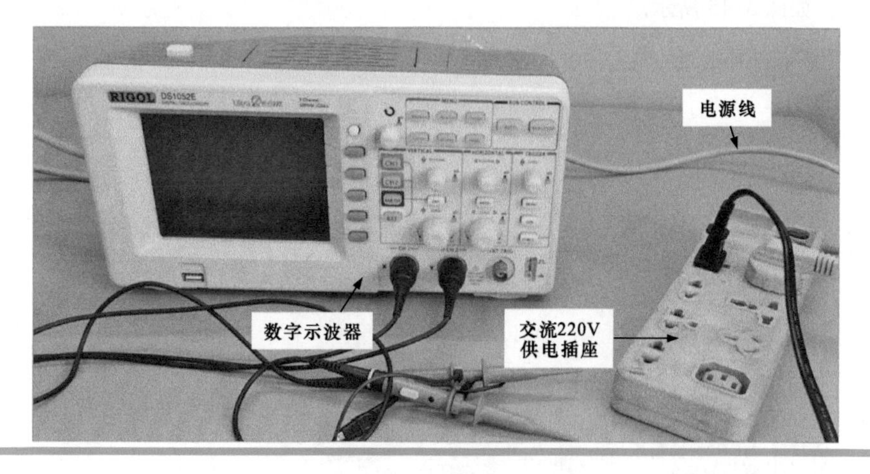
电源线
数字示波器
交流220V
供电插座

连接好电源线后，下面进行数字示波器的开机操作。数字示波器的开机，如图 3-43 所示。

图 3-43 数字示波器的开机

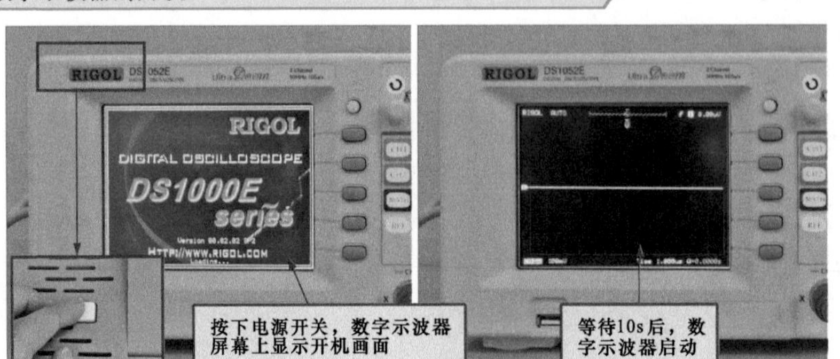
按下电源开关，数字示波器屏幕上显示开机画面
等待10s后，数字示波器启动

4 自校正

接通好电源并进行开机后，并不能进行检测，若第一次使用该数字示波器或长时间没有使用，则应对该示波器进行自校正。数字示波器的自校正，如图 3-44 所示。

图 3-44 数字示波器的自校正

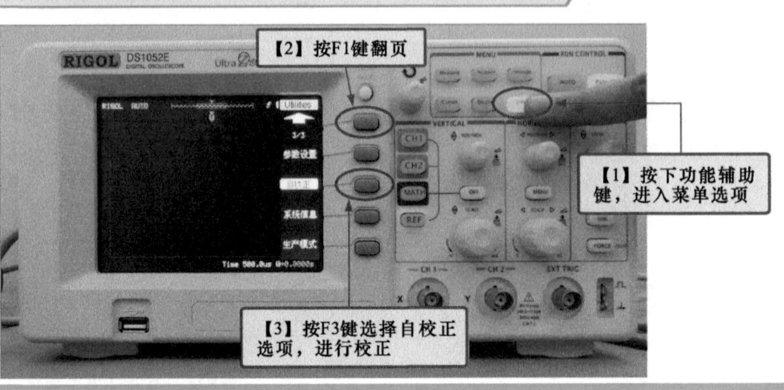
【2】按F1键翻页
【1】按下功能辅助键，进入菜单选项
【3】按F3键选择自校正选项，进行校正

5 使用前的设置及调整

连接完示波器的电源线、开机和自校正后，还应对示波器的画面进行调整，对探头进行连接和校正，以及对示波器的按钮或旋钮进行调整，使示波器在检测时能达到最佳的效果。数字示波器通道的设置方法，如图 3-45 所示。

图 3-45 数字示波器通道的设置方法

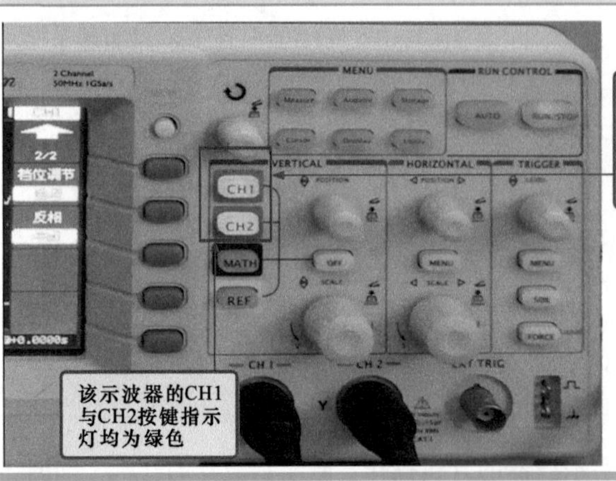
通常情况下，在CH1和CH2按键下设置有指示灯，按下按键后，相应的按键便会点亮，表明该通道处于可用状态
该示波器的CH1与CH2按键指示灯均为绿色

探头连接完毕后，还不能进行检测，需对示波器的探头进行校正，示波器本身有校正信号输出端，可将示波器的探头连接校正信号输出端再进行校正。将探头连接数字示波器的校正信号输出端，如图 3-46 所示。

图 3-46　将探头连接数字示波器的校正信号输出端

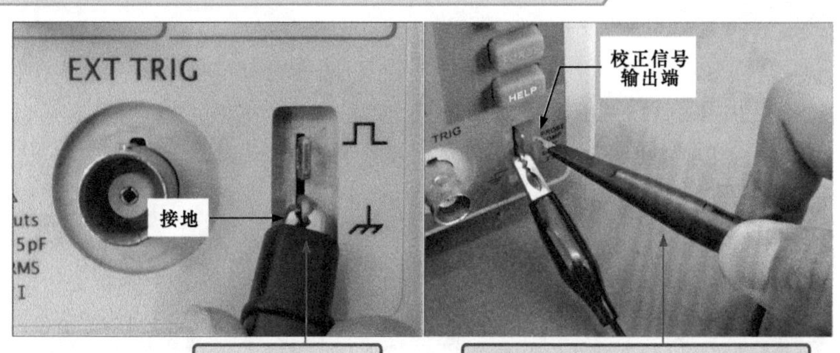
EXT TRIG
接地
校正信号输出端
HELP
TRIG
将数字示波器的探头的接地夹接地
用手向下压探头帽，即可将探钩钩在校正信号输出端，进行探头的校正

连接好探头后，示波器的显示屏上显示当前所测的波形，若出现补偿不足或补偿过度的情况时，需要对探头进行校正操作。补偿不足和补偿过度的两种情况如图 3-47 所示。

图 3-47　补偿不足和补偿过度的两种情况

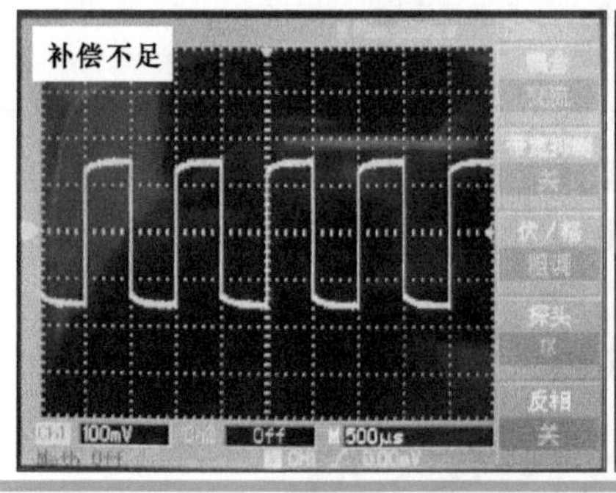
补偿不足
100mV
Off
500μs

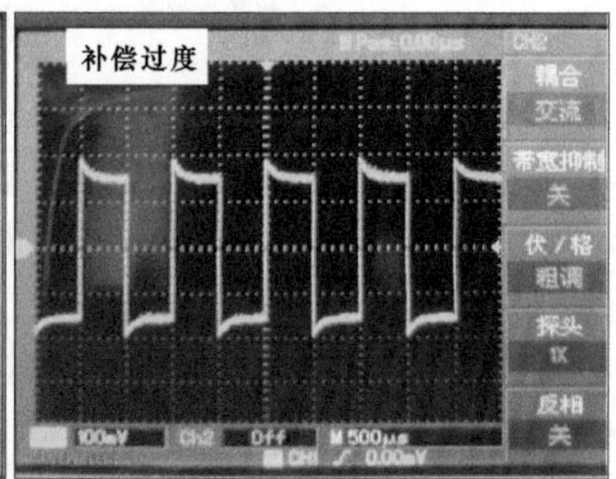
补偿过度
耦合
交流
带宽抑制
关
伏/格
粗调
探头
1X
反相
关
100mV
CH2
Off
500μs

若数字示波器显示的波形出现补偿不足和补偿过度的情况，则需用一字槽螺丝刀微调探头上的调整钮，直到示波器的显示屏显示正常的波形，如图 3-48 所示。

图 3-48　数字示波器探头校正

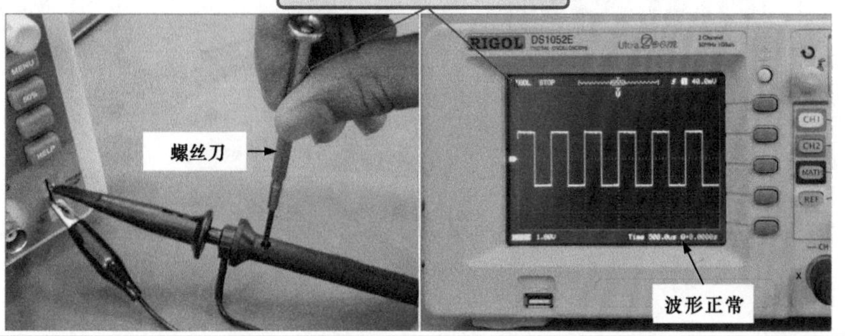
使用螺丝刀调整探头上的调整钮，直到示波器显示波形正常
螺丝刀
RIGOL DS1052E
波形正常

6 测量

数字示波器的使用前准备工作完成后，就可以使用数字示波器进行测量操作了，如图 3-49 所示。

图 3-49　数字示波器的测量操作

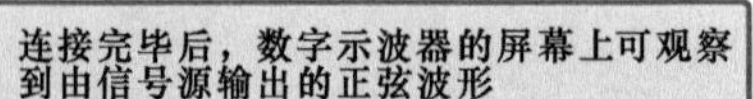
连接完毕后，数字示波器的屏幕上可观察到由信号源输出的正弦波形

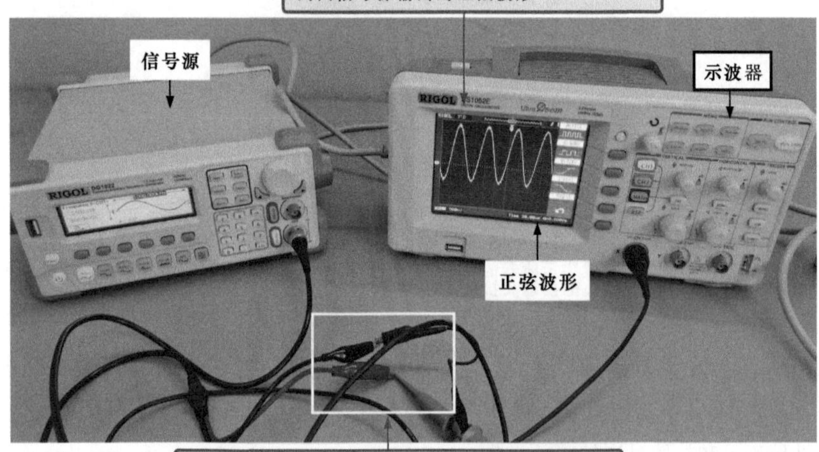
信号源
示波器
正弦波形
RIGOL
信号源测试线中的黑鳄鱼夹与示波器的接地夹相连，再将红鳄鱼夹与示波器的探头进行连接

测量时，应先将数字示波器接地夹接地，探头搭在被测信号源的测试端，观察数字示波器显示屏，适当调整键控区域中信号波形水平或垂直位置与幅度，使信号波形清晰、完整地显示在显示屏上，然后根据显示屏刻度线数据，读取信号波形相关参数，如图 3-50 所示。

图 3-50　数字示波器所测信号波形参数的识读

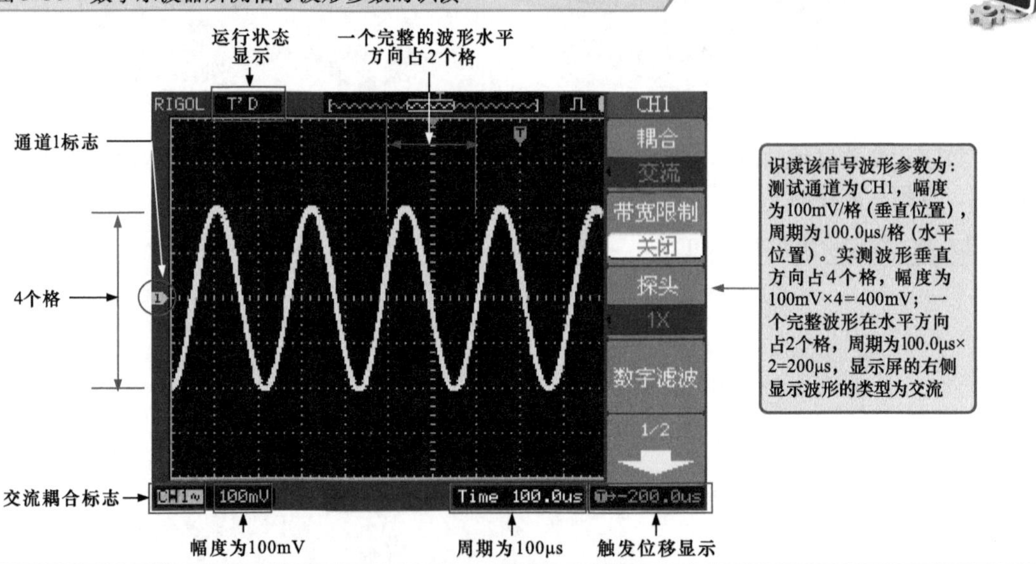
运行状态显示
一个完整的波形水平方向占2个格
通道1标志
4个格
交流耦合标志
幅度为100mV
周期为100μs
触发位移显示
RIGOL
T'D
CH1
耦合
交流
带宽限制
关闭
探头
1X
数字滤波
1/2
CH1
100mV
Time 100.0us
-200.0us
识读该信号波形参数为：测试通道为CH1，幅度为100mV/格（垂直位置），周期为100.0μs/格（水平位置）。实测波形垂直方向占4个格，幅度为100mV×4=400mV；一个完整波形在水平方向占2个格，周期为100.0μs×2=200μs，显示屏的右侧显示波形的类型为交流

识别检测“训练”篇

第4章 电阻器的功能与识别检测

4.1 电阻器的种类和功能

4.1.1 电阻器的种类

电阻器简称“电阻”，是电子产品中最基本、最常用的电子元件之一。电阻器可分为阻值固定的电阻器和阻值可变的电阻器两大类。

扫一扫看视频

1 阻值固定的电阻器

阻值固定的电阻器根据制造工艺的不同，主要有碳膜电阻器、金属膜电阻器、金属氧化膜电阻器、合成碳膜电阻器、玻璃釉电阻器、水泥电阻器、排电阻器和熔断器。

（1）碳膜电阻器

碳膜电阻器的电路符号通常为“─▭─”，用字母 RT 表示。这种电阻器是将碳在真空高温的条件下分解的结晶碳蒸镀沉积在陶瓷骨架上制成的。这种电阻器的电压稳定性好，造价低，在普通电子产品中应用非常广泛。图 4-1 所示为典型碳膜电阻器的实物外形。

图 4-1　典型碳膜电阻器的实物外形

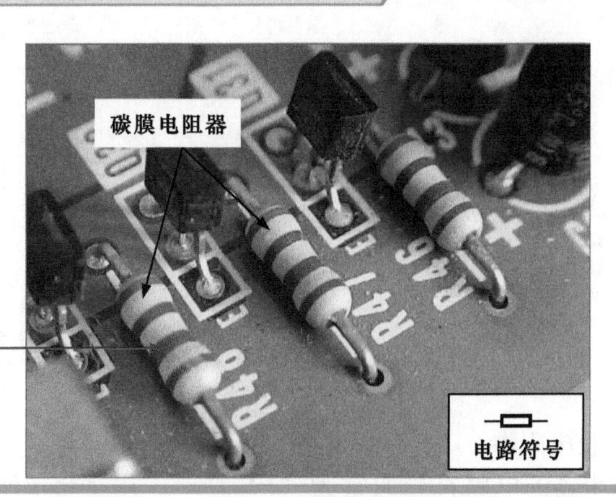

碳膜电阻器
碳膜电阻器多采用色环标注方法标注阻值
电路符号
R48
R41
R49

| 相关资料 |

碳膜电阻器通常采用色环标注方法标注阻值。色环的颜色不同、位数不同所代表的阻值也不同。

（2）金属膜电阻器

金属膜电阻器的电路符号通常为"—▭—"，用字母 RJ 表示。金属膜电阻器是将金属或合金材料在真空高温的条件下加热蒸发沉积在陶瓷骨架上制成的。这种电阻器具有较高的耐高温性能、温度系数小、热稳定性好、噪声小等优点。图 4-2 所示为典型金属膜电阻器的实物外形。

图 4-2　典型金属膜电阻器的实物外形

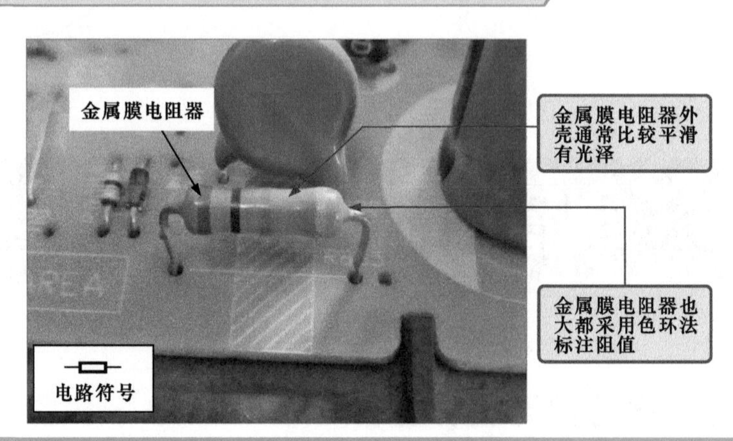
金属膜电阻器
金属膜电阻器外壳通常比较平滑有光泽
金属膜电阻器也大都采用色环法标注阻值
电路符号

这种电阻器的阻值采用色环标注的方法，具有较高的耐高温性能、温度系数小、热稳定性好、噪声小等优点。与碳膜电阻器相比，体积更小，但价格也较高。

（3）金属氧化膜电阻器

金属氧化膜电阻器的电路符号通常为"—▭—"，用字母 RY 表示。金属氧化膜电阻器就是将锡和锑的金属盐溶液进行高温喷雾沉积在陶瓷骨架上制成的。这种电阻器比金属膜电阻器更为优越，具有抗氧化、耐酸、抗高温等特点。图 4-3 所示为典型金属氧化膜电阻器的实物外形。

图 4-3　典型金属氧化膜电阻器的实物外形

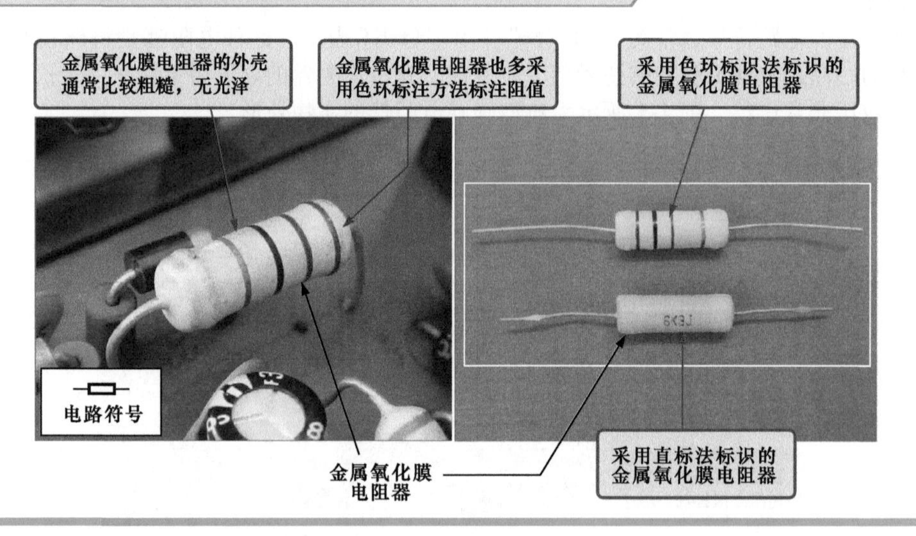
金属氧化膜电阻器的外壳通常比较粗糙，无光泽
金属氧化膜电阻器也多采用色环标注方法标注阻值
采用色环标识法标识的金属氧化膜电阻器
电路符号
金属氧化膜电阻器
采用直标法标识的金属氧化膜电阻器

（4）合成碳膜电阻器

合成碳膜电阻器的电路符号通常为"—▭—"，用字母 RH 表示。合成碳膜电阻器是将炭黑、填料还有一些有机黏合剂调配成悬浮液，喷涂在绝缘骨架上，再进行加热聚合制成的。合成碳膜电阻器是一种高压、高阻的电阻器，通常它的外层被玻璃壳封死。图 4-4 所示为典型合成碳膜电阻器的实物外形。这种电阻器通常采用色环标注方法标注阻值。

图 4-4 典型合成碳膜电阻器的实物外形

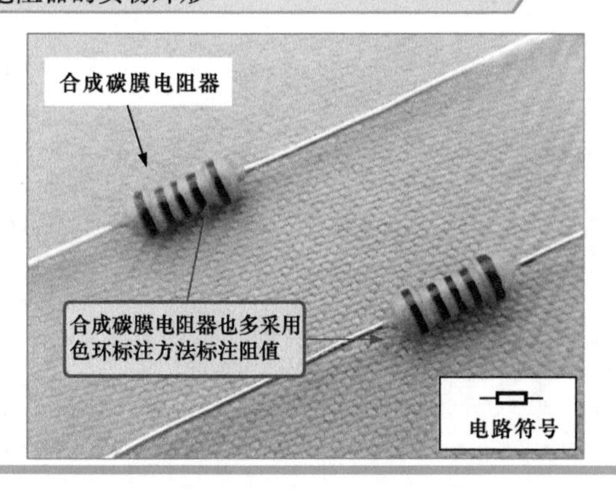
合成碳膜电阻器
合成碳膜电阻器也多采用色环标注方法标注阻值
电路符号

| 相关资料 |

从外形来看，碳膜电阻器、金属膜电阻器、金属氧化膜电阻器、合成碳膜电阻器十分相似，因此这几种电阻器的外形特性没有明显的区别，且基本都为色环式电阻器，直观区分其类型确实有难度，通常我们可以根据它们的型号标识来区分，型号标识中有些字母明确标识出了它们的类型，如图 4-5 所示。

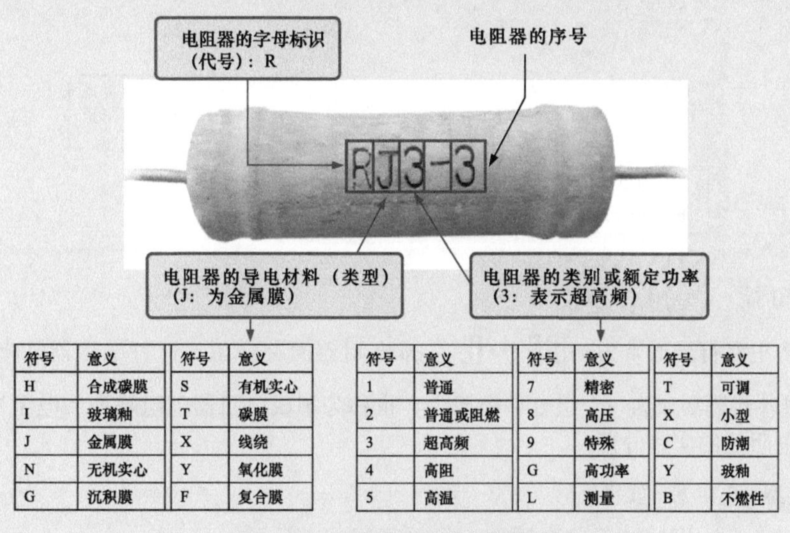
电阻器的字母标识（代号）：R
电阻器的序号
RJ3-3
电阻器的导电材料（类型）（J：为金属膜）
电阻器的类别或额定功率（3：表示超高频）

符号	意义	符号	意义
H	合成碳膜	S	有机实心
I	玻璃釉	T	碳膜
J	金属膜	X	线绕
N	无机实心	Y	氧化膜
G	沉积膜	F	复合膜

符号	意义	符号	意义	符号	意义
1	普通	7	精密	T	可调
2	普通或阻燃	8	高压	X	小型
3	超高频	9	特殊	C	防潮
4	高阻	G	高功率	Y	玻釉
5	高温	L	测量	B	不燃性

图 4-5 电阻器的型号标识规则

（5）玻璃釉电阻器

玻璃釉电阻器的电路符号通常为“—▭—”，用字母 RI 表示。玻璃釉电阻器就是将银、铑、钌等金属氧化物和玻璃釉黏合剂调配成浆料，喷涂在绝缘骨架上，再进行高温聚合而制成的，这种电阻器具有耐高温、耐潮湿、稳定、噪声小、阻值范围大等特点。图 4-6 所示为典型玻璃釉电阻器的实物外形。这种电阻器通常采用直标法标注阻值。

（6）水泥电阻器

水泥电阻器的电路符号通常为“—▭—”。这种电阻器通常采用陶瓷、矿质材料封装，其特点是功率大、阻值小，且具有良好的阻燃、防爆特性。图 4-7 所示为典型水泥电阻器的实物外形。

通常，电路中的大功率电阻器多为水泥电阻器，当负载短路时，水泥电阻器的电阻丝与焊脚间的压接处会迅速熔断，对整个电路起限流保护的作用。这种电阻器的阻值通常采用直接标注法标注。

图 4-6　典型玻璃釉电阻器的实物外形

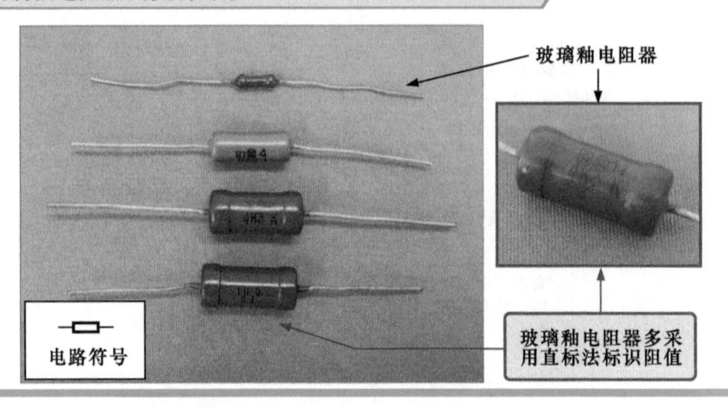
玻璃釉电阻器
玻璃釉电阻器多采用直标法标识阻值
电路符号

图 4-7　典型水泥电阻器的实物外形

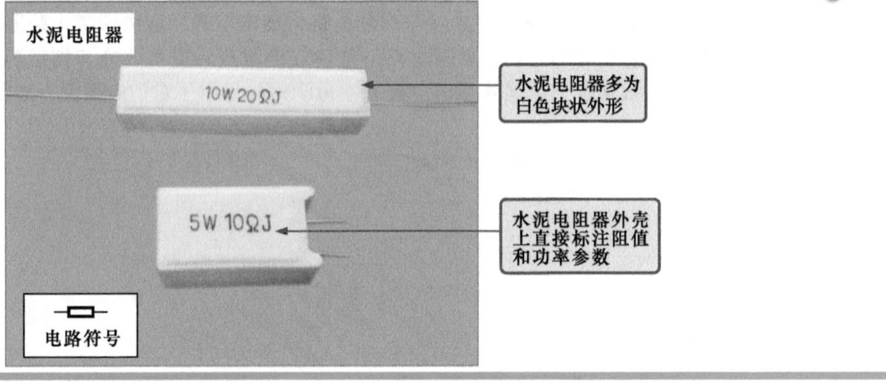
水泥电阻器
10W 20ΩJ
水泥电阻器多为白色块状外形
5W 10ΩJ
水泥电阻器外壳上直接标注阻值和功率参数
电路符号

（7）排电阻器

排电阻器的电路符号通常为“□□…□”。排电阻器简称排阻，这种电阻器是将多个分立的电阻器按照一定规律排列集成为一个组合型电阻器，也称为集成电阻器电阻阵列或电阻器网络。图 4-8 所示为典型排电阻器的实物外形。

图 4-8　典型排电阻器的实物外形

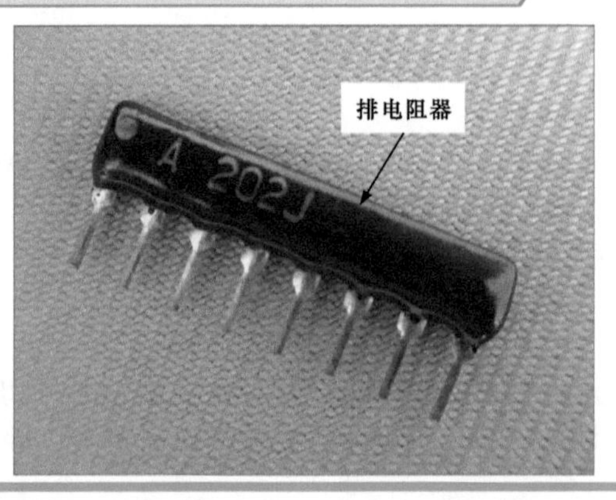
排电阻器
A 202J

| 相关资料 |

在以前的电子产品中，还经常可以看到如图 4-9 所示的电阻器。这种电阻器叫实心电阻器，它是由有机导电材料或无机导电材料及一些不良导电材料混合并加入黏合剂后压制而成的。这种电阻器通常采用直

标法标注阻值，其制作成本低，但阻值误差较大，稳定性较差，因此目前电路中已经很少采用。

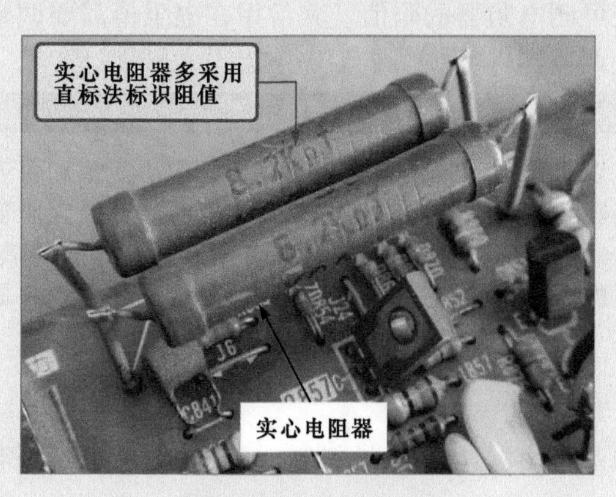
实心电阻器多采用
直标法标识阻值
实心电阻器

图 4-9　实心电阻器

（8）熔断器

熔断器又叫熔丝，其电路符号为"—▭—"，它是一种具有过电流保护功能的熔丝，多安装在电路中，是一种保证电路安全运行的电器元件。图 4-10 所示为熔断器的实物外形。

图 4-10　熔断器的实物外形

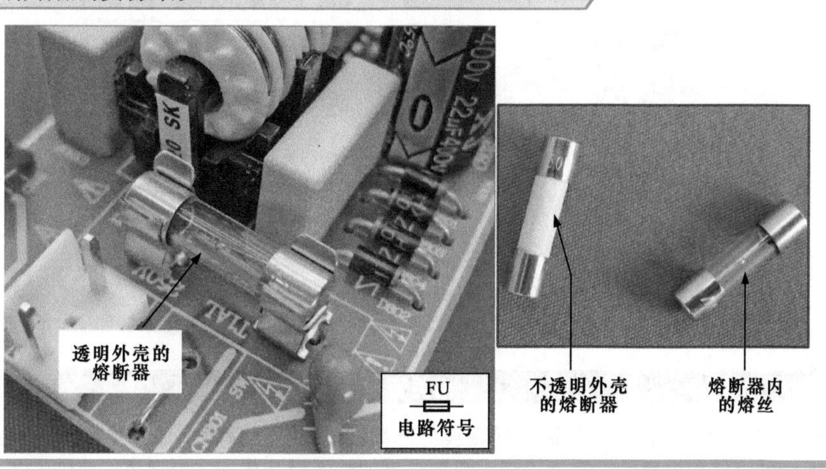
透明外壳的
熔断器
FU
电路符号
不透明外壳
的熔断器
熔断器内
的熔丝

熔断器的阻值为 0Ω，当电流过大时，熔断器就会熔断从而对电路起保护作用。

2　阻值可变的电阻器

阻值可变的电阻器的阻值可在人为作用或环境因素的变化下改变。常见的有可调电阻器、热敏电阻器、光敏电阻器、湿敏电阻器、气敏电阻器、压敏电阻器。

（1）可调电阻器

可调电阻器的阻值可以在人为作用下在一定范围内进行变化调整。它的电路符号为"—▭̸—"，用字母 RP 表示。图 4-11 所示为典型可调电阻器的实物外形。

图 4-11　典型可调电阻器的实物外形

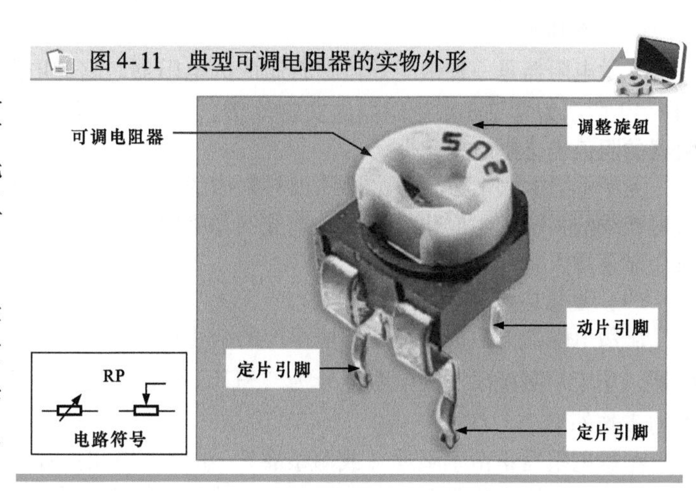
可调电阻器
调整旋钮
502
动片引脚
定片引脚
定片引脚
RP
电路符号

可调电阻器一般有三个引脚，其中有两个定片引脚和一个动片引脚，还有一个调整旋钮，可以通过它改变动片，从而改变可调电阻器的阻值。其常用在电阻值需要调整的电路中，如电视机的亮度调谐器件或收音机的音量调节器件等。

| 特别提示 |

可调电阻器的阻值是可以调整的，通常包括最大阻值、最小阻值和可变阻值三个阻值参数。最大阻值和最小阻值是可调电阻器的调整旋钮旋转到极端时的阻值。其最大阻值与标称阻值十分相近；最小阻值就是该可调电阻器的最小阻值，一般为0Ω，也有些可调电阻器的最小阻值不是0Ω；可变阻值是对可调电阻器的调整旋钮进行随意的调整，然后测得的阻值，该阻值在最小阻值与最大阻值之间随调整旋钮的变化而变化。

（2）热敏电阻器

热敏电阻器大多是由单晶、多晶半导体材料制成的电阻器，电路符号为“θ”，用字母MZ或MF表示。图4-12所示为常见热敏电阻器的实物外形。热敏电阻器是一种阻值会随温度的变化而自动发生变化的电阻器，有正温度系数（PTC）和负温度系数（NTC）两种。

图4-12　常见热敏电阻器的实物外形

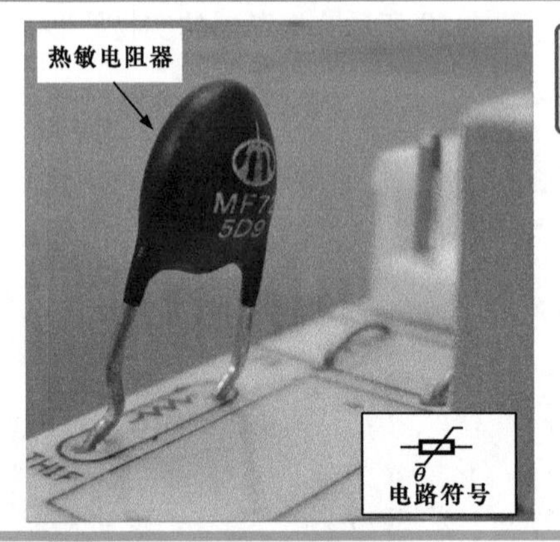

热敏电阻器
MF72
5D9
电路符号

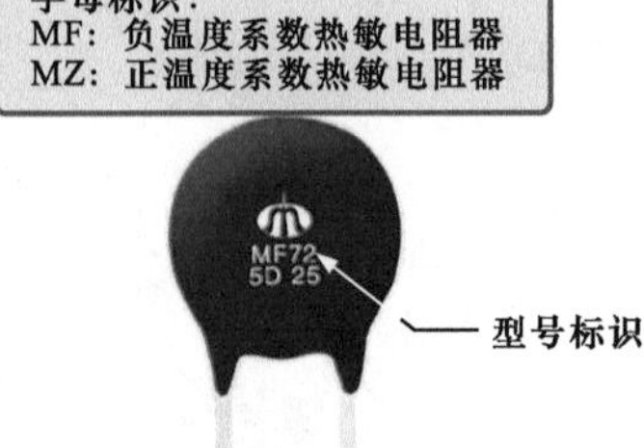

字母标识：
MF：负温度系数热敏电阻器
MZ：正温度系数热敏电阻器
MF72
5D 25
型号标识

| 相关资料 |

正温度系数热敏电阻器（MZ）的阻值随温度的升高而升高，且随温度的降低而降低；负温度系数热敏电阻器（MF）的阻值随温度的升高而降低，且随温度的降低而升高。在电视机、音响设备、显示器等电子产品的电源电路中，多采用负温度系数热敏电阻器。

（3）光敏电阻器

光敏电阻器是一种由半导体材料制成的电阻器。它的电路符号为“ ”，用字母MG表示。图4-13所示为常见光敏电阻器的实物外形。光敏电阻器的特点是当外界光照强度变化时，光敏电阻器的阻值也会随之变化。

光敏电阻器大多数是由半导体材料制成的。它利用半导体的光导电特性，使电阻器的电阻值随入射光线的强弱发生变化（即当入射光线增强时，其阻值会明显减小；当入射光线减弱时，它的阻值会显著增大）。

（4）湿敏电阻器

湿敏电阻器的阻值随周围环境湿度的变化而发生变化（一般湿度越高，阻值越小），常用作传感器，用于检测湿度。其电路符号为“ ”，用字母MS表示。图4-14所示为常见湿敏电阻器的实物外形。

湿敏电阻器是由感湿片（或湿敏膜）、引线电极和具有一定强度的绝缘基体组成。其常用作湿度传感器，即用于检测湿度，在录像机中的结露传感元件即为湿敏电阻器。

图 4-13　常见光敏电阻器的实物外形

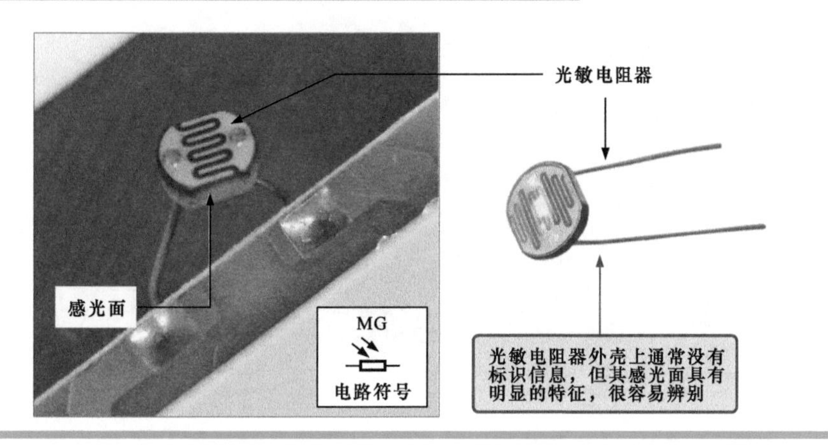
光敏电阻器
感光面
MG
电路符号
光敏电阻器外壳上通常没有标识信息，但其感光面具有明显的特征，很容易辨别

图 4-14　常见湿敏电阻器的实物外形

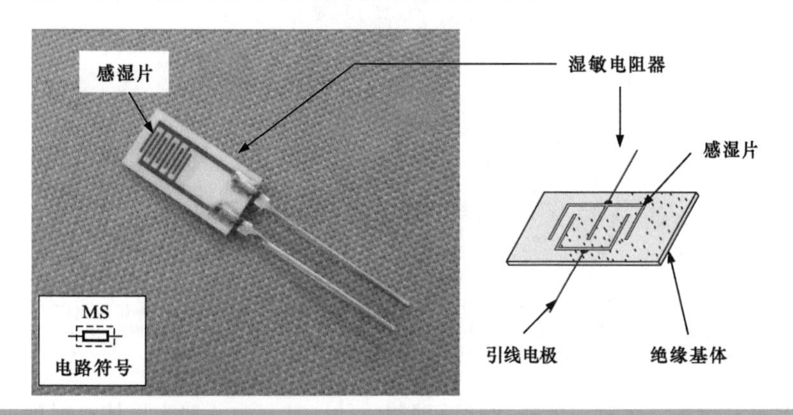
感湿片
湿敏电阻器
感湿片
MS
电路符号
引线电极
绝缘基体

| 特别提示 |

湿敏电阻器又可细分为正系数湿敏电阻器和负系数湿敏电阻器两种。
正系数湿敏电阻器是当湿度增加时，阻值会明显增大；当湿度减少时，阻值会显著减小。
负系数湿敏电阻器是当湿度减少时，阻值会明显增大；当湿度增加时，阻值会显著减小。

（5）气敏电阻器

气敏电阻器是利用金属氧化物半导体表面吸收某种气体分子时，会发生氧化反应或还原反应而使电阻值改变的特性制成的电阻器，其电路符号为“”，用字母 MQ 表示。图 4-15 所示为常见气敏电阻器的实物外形。

气敏电阻器是将某种金属氧化物粉料添加少量铂催化剂、激活剂及其他添加剂，按一定比例烧结而成的半导体器件。它可以把某种气体的成分、浓度等参数转换成电阻变化量，再转换为电流、电压信号，常作为气体感测元件，制成各种气体的检测仪器或报警器产品，如酒精测试仪、煤气报警器、火灾报警器等。

（6）压敏电阻器

压敏电阻器是利用半导体材料的非线性特性的原理制成的电阻器，电路符号为“U”，用字母 MY 表示。图 4-16 所示为常见压敏电阻器的实物外形。压敏电阻器的特点是当外加电压施加到某一临界值时，其阻值会急剧变小，常用作过电压保护器件。

图 4-15　常见气敏电阻器的实物外形

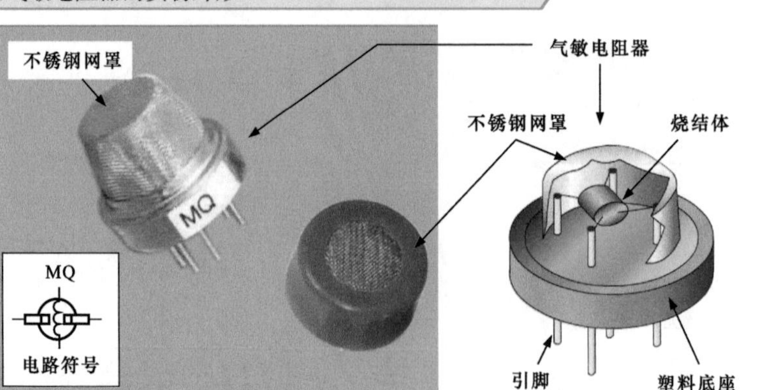
不锈钢网罩
MQ
MQ
电路符号
气敏电阻器
不锈钢网罩
烧结体
引脚
塑料底座

图 4-16　常见压敏电阻器的实物外形

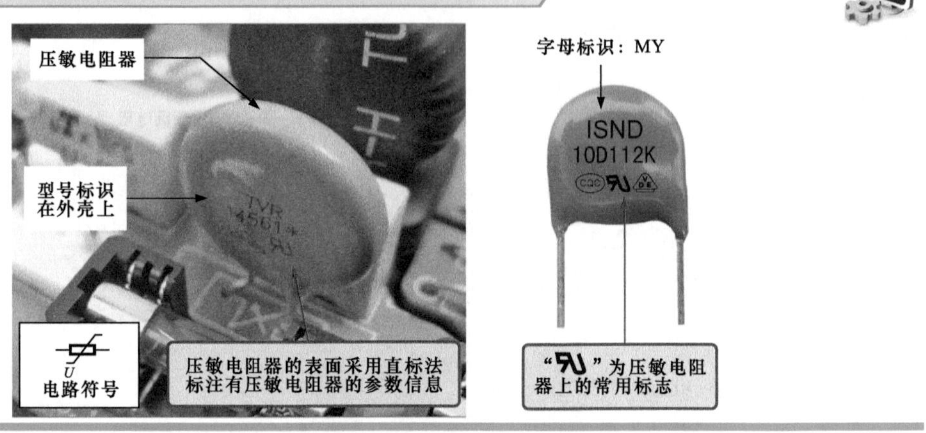
压敏电阻器
型号标识
在外壳上
U
电路符号
压敏电阻器的表面采用直标法
标注有压敏电阻器的参数信息
字母标识：MY
ISND
10D112K
"ЯU"为压敏电阻
器上的常用标志

压敏电阻器是利用半导体材料的非线性原理制成的。其具有一般半导体材料的非线性特性，在电视机行输出变压器和消磁电路中多有应用。

前面介绍的几种常见的电阻器都有一个共同特点，即在电路板中的安装方式均为直插式，采用这种安装方式的电阻器均可称为分立式电阻器。相对分立式而言，还有一种贴片式电阻器，即采用贴装方式安装在电路板中的电阻器，目前在大多数字、数码产品（如液晶电视机、手机、数码相机、计算机等）中广泛使用。

图 4-17 所示为常见贴片式电阻器的实物外形。贴片式电阻器具有体积小、批量贴装方便等特点，目前集成度较高的电路板中大都采用贴片式电阻器。

图 4-17　常见贴片式电阻器的实物外形

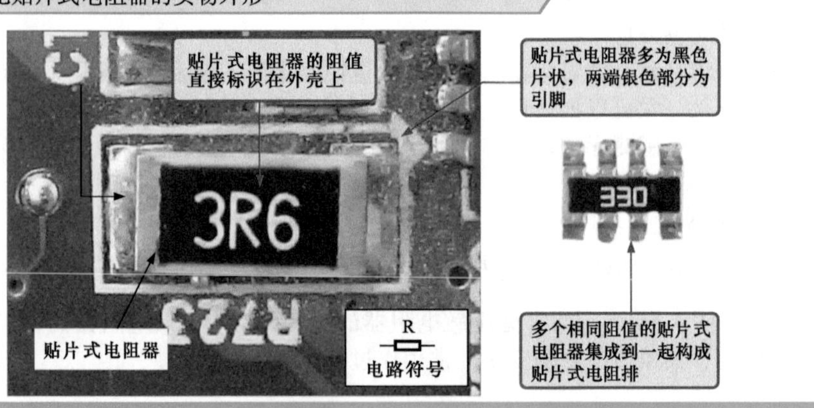
贴片式电阻器的阻值
直接标识在外壳上
3R6
R723
贴片式电阻器
R
电路符号
贴片式电阻器多为黑色
片状，两端银色部分为
引脚
330
多个相同阻值的贴片式
电阻器集成到一起构成
贴片式电阻排

4.1.2 电阻器的功能

1 电阻器的限流功能

电阻器阻碍电流的流动是最基本的功能。根据欧姆定律，当电阻两端的电压固定时，电阻值越大，流过它的电流越小，因而电阻器常用作限流器件。图 4-18 所示为电阻器实现限流功能的示意图。

图 4-18 电阻器实现限流功能的示意图

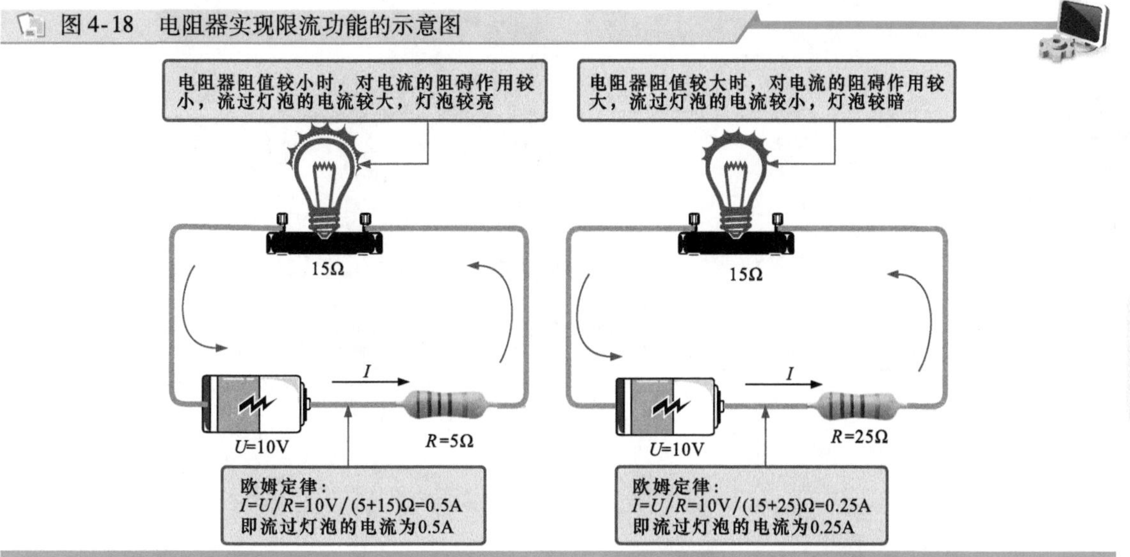
电阻器阻值较小时，对电流的阻碍作用较小，流过灯泡的电流较大，灯泡较亮
15Ω
I
U=10V
R=5Ω
欧姆定律：
I=U/R=10V/(5+15)Ω=0.5A
即流过灯泡的电流为0.5A
电阻器阻值较大时，对电流的阻碍作用较大，流过灯泡的电流较小，灯泡较暗
15Ω
I
U=10V
R=25Ω
欧姆定律：
I=U/R=10V/(15+25)Ω=0.25A
即流过灯泡的电流为0.25A

2 电阻器的分压功能

图 4-19 所示为用电阻器实现分压功能的示意图，图 4-19 中晶体管要处于最佳放大状态，要选择线性放大状态，静态时的基极电流和集电极电流要满足此要求，其基极电压 2.85V 为最佳状态，为此要设置一个电阻器分压电路 R1 和 R2，将 18V 分压成 2.85V 为晶体管基极供电。

图 4-19 用电阻器实现分压功能的示意图

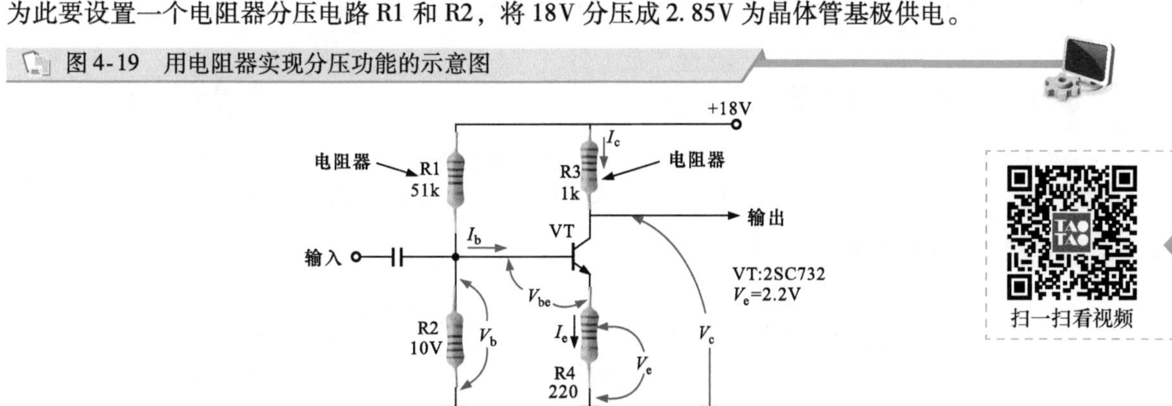
+18V
电阻器
R1
51k
R3
1k
电阻器
输出
VT
输入
VT:2SC732
Ve=2.2V
R2
10V
R4
220
扫一扫看视频

4.2 电阻器的检测方法

4.2.1 阻值固定电阻器的检测方法

阻值固定的电阻器通常采用色环标记或直接标注的方法来标记该电阻器的阻值。首先使用万用表检测时先根据电阻器的标识识读出该电阻器的标称阻值，然后调整万用表的量程，测量待测电阻器的实际阻值。若实际测量值与标称阻值相近，则该电阻器正常；若实际测量值与标称阻值不符，

则说明该电阻器损坏。

图 4-20 所示为阻值固定电阻器的检测方法。

图 4-20　阻值固定电阻器的检测方法

识读待测电阻器的标称阻值：240Ω±5%

调整功能旋钮至“×10”欧姆档，并欧姆调零操作

使用指针万用表调好档位后，进行欧姆调零，使指针指在0Ω的位置

扫一扫看视频

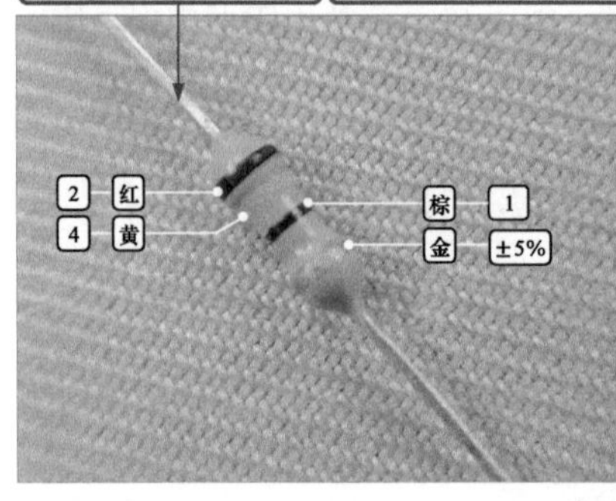

2
红
4
黄
棕
1
金
±5%

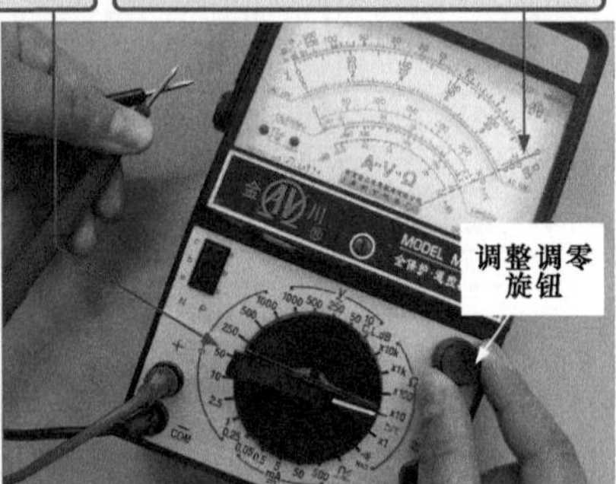

调整调零旋钮

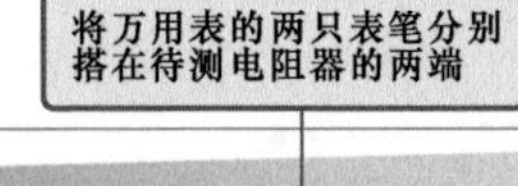

将万用表的两只表笔分别搭在待测电阻器的两端

万用表测电阻无需区分正负极

观察万用表表盘读出实测数值为240Ω

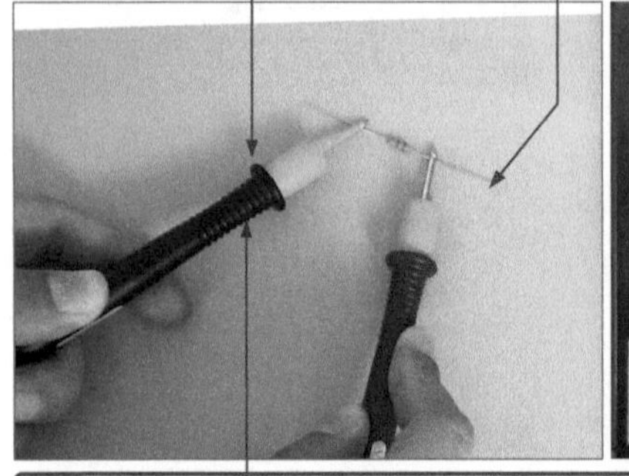

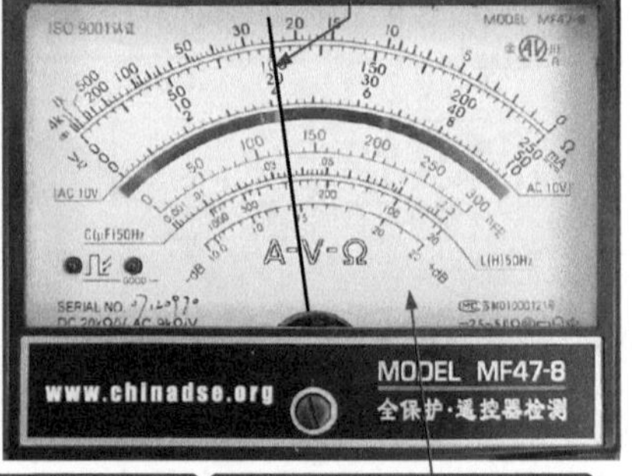

www.chinadse.org
MODEL MF47-8
全保护·遥控器检测

测量时手不要碰到表笔的金属部分，也不要碰到电阻器的两只引脚，否则人体电阻并联待测电阻器会影响测量的准确性

实测数值=表盘指示数值×量程，即24×10Ω=240Ω

4.2.2　可调电阻器的检测方法

在对可调电阻器进行检测时，通常可使用万用表测阻值法进行检测。检测时手动调节可调电阻器的调整部分改变其阻值，通过检测到电阻值的变化来判断其好坏。可调电阻器的检测方法如图 4-21 所示。

图 4-21　可调电阻器的检测方法

【1】将万用表调至欧姆档，将红、黑表笔分别搭在可调电阻器的两个定片引脚上

【2】万用表应显示出一个固定的阻值，应等于标称阻值

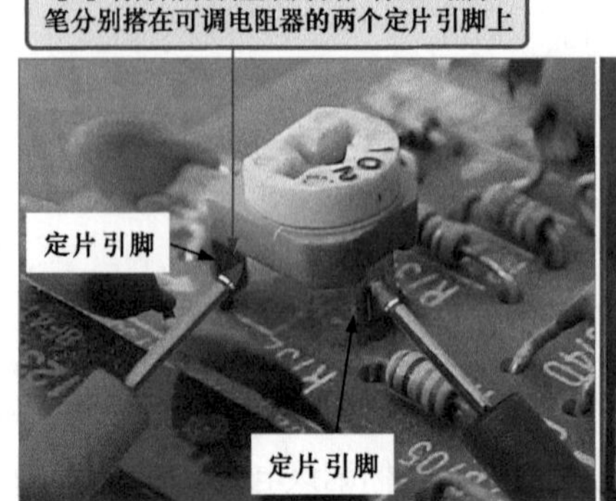

定片引脚
定片引脚

www.chinadse.org
MODEL MF47-8
全保护·遥控器检测

a）检测可变电阻器两定片间的阻值

图 4-21 可调电阻器的检测方法（续）

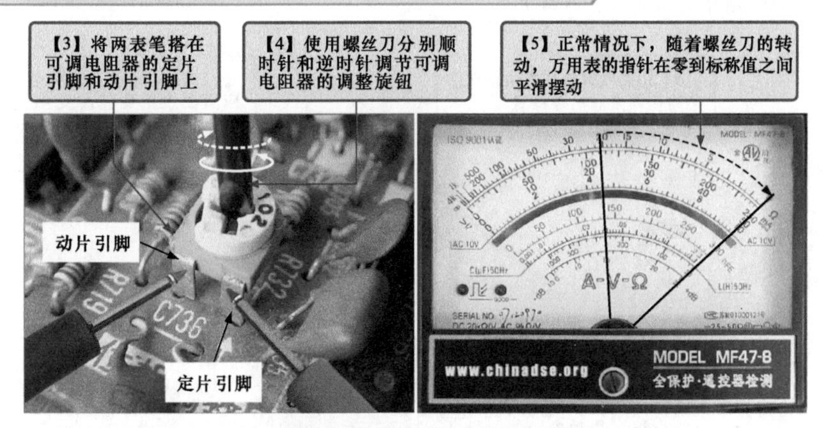
【3】将两表笔搭在可调电阻器的定片引脚和动片引脚上
【4】使用螺丝刀分别顺时针和逆时针调节可调电阻器的调整旋钮
【5】正常情况下，随着螺丝刀的转动，万用表的指针在零到标称值之间平滑摆动
动片引脚
定片引脚
MODEL MF47-B
www.chinadse.org
全保护·遥控器检测

b) 检测可调电阻器定片与动片间的阻值

根据实测结果可对可调电阻器的好坏做出判断：

若测得动片引脚与任一定片引脚之间的阻值大于标称阻值，说明可调电阻器已出现了开路故障；若用螺丝刀调节可调电阻器的调整旋钮时，电阻值变化不稳定（跳动），则说明可调电阻器存在接触不良现象；若定片与动片之间的最大电阻值和定片与动片之间的最小电阻值十分接近，则说明该可调电阻值已失去调节功能；若在路测量应注意外围元器件的影响。

4.2.3 热敏电阻器的检测方法

检测热敏电阻器时，一般通过改变热敏电阻器周围环境的温度，用万用表检测热敏电阻器电阻值的变化情况来判别其好坏。热敏电阻器的检测方法如图 4-22 所示。

图 4-22 热敏电阻器的检测方法

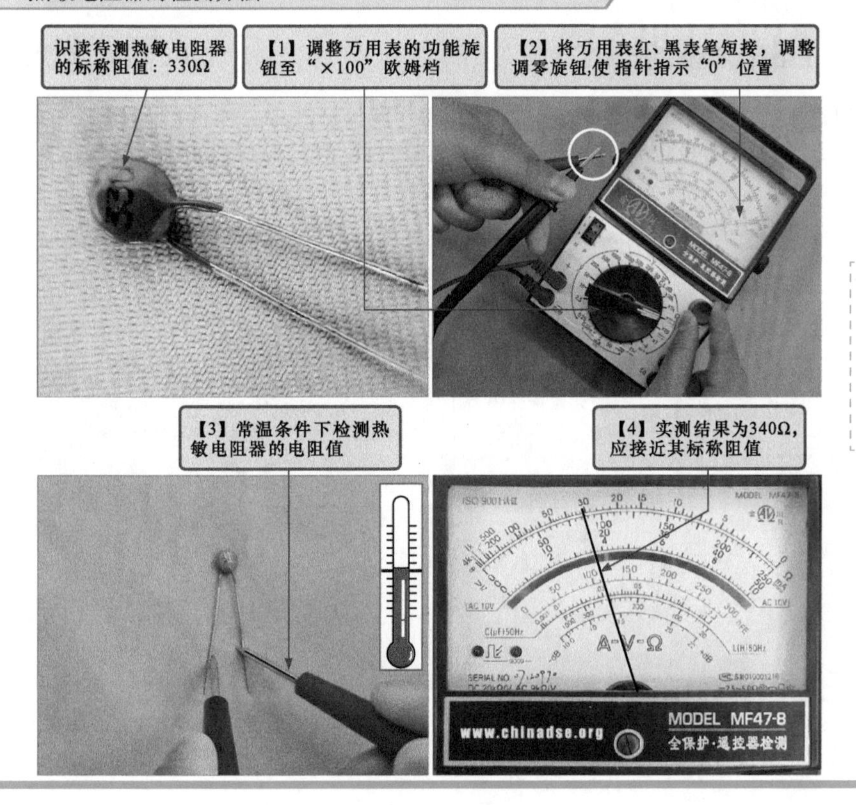
识读待测热敏电阻器的标称阻值：330Ω
【1】调整万用表的功能旋钮至“×100”欧姆档
【2】将万用表红、黑表笔短接，调整调零旋钮,使指针指示“0”位置
【3】常温条件下检测热敏电阻器的电阻值
【4】实测结果为340Ω，应接近其标称阻值
MODEL MF47-B
www.chinadse.org
全保护·遥控器检测

扫一扫看视频

图 4-22　热敏电阻器的检测方法（续）

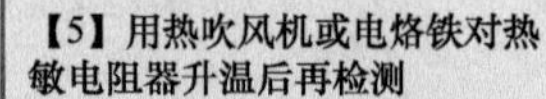
【5】用热吹风机或电烙铁对热敏电阻器升温后再检测

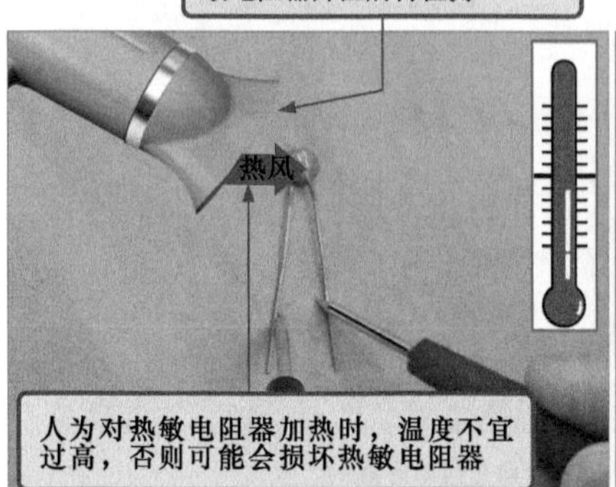
热风
人为对热敏电阻器加热时，温度不宜过高，否则可能会损坏热敏电阻器

【6】升温过程中，阻值应随温度的变化而变化
MODEL MF47-8
www.chinadse.org
全保护·遥控器检测

根据实测结果可对热敏电阻器的好坏做出判断：

常温下，检测热敏电阻器的阻值应等于或接近其标称阻值；当有热源靠近热敏电阻器时，其阻值应相应地发生变化。

如果当温度升高时所测得的阻值比正常温度下测得的阻值大，则表明该热敏电阻器为正温度系数热敏电阻器；如果当温度升高时所测得的阻值比正常温度下测得的阻值小，则表明该热敏电阻器为负温度系数热敏电阻器。

相关资料

在实际应用中，确实有很多热敏电阻器并未标识其标称电阻值，这种情况下则可根据基本通用的规律来判断，即热敏电阻器的阻值会随着周围环境温度的变化而发生变化，若不满足该规律时，说明热敏电阻器损坏。

4.2.4　光敏电阻器的检测方法

光敏电阻器的检测方法与热敏、湿敏电阻器的检测方法相似，不同的是其在测量时是通过改变光照强度条件，并用万用表监测光敏电阻器的电阻值变化情况来判别好坏。光敏电阻器的检测方法如图 4-23 所示。

图 4-23　光敏电阻器的检测方法

扫一扫看视频

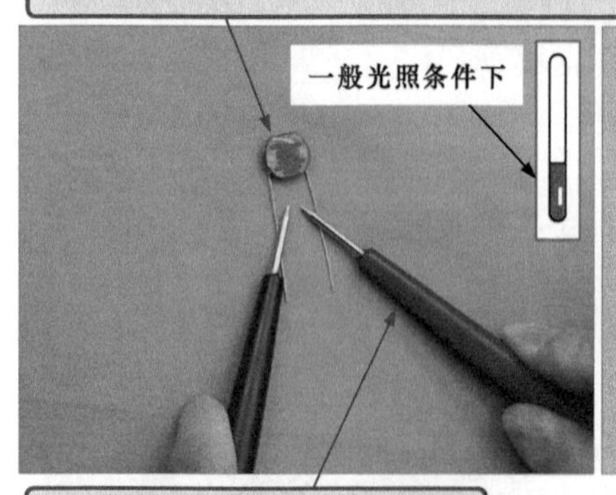
光敏电阻器上一般没有任何标识，实际检测时可根据其所在电路的图样资料了解标称阻值或根据一般规律判断好坏
一般光照条件下
【1】将万用表调至欧姆档，并将两只表笔分别搭在待测光敏电阻器的两端

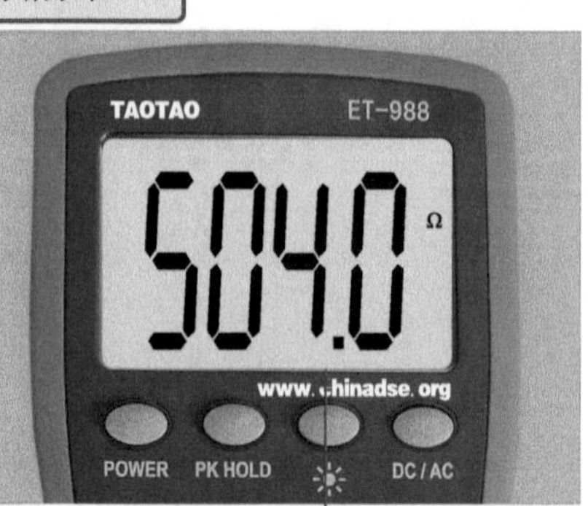
TAOTAO
ET-988
504.0
Ω
POWER
PK HOLD
DC / AC
【2】观察万用表表盘读出实测数值为504Ω

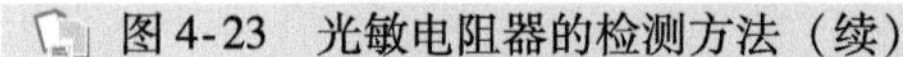

图 4-23　光敏电阻器的检测方法（续）

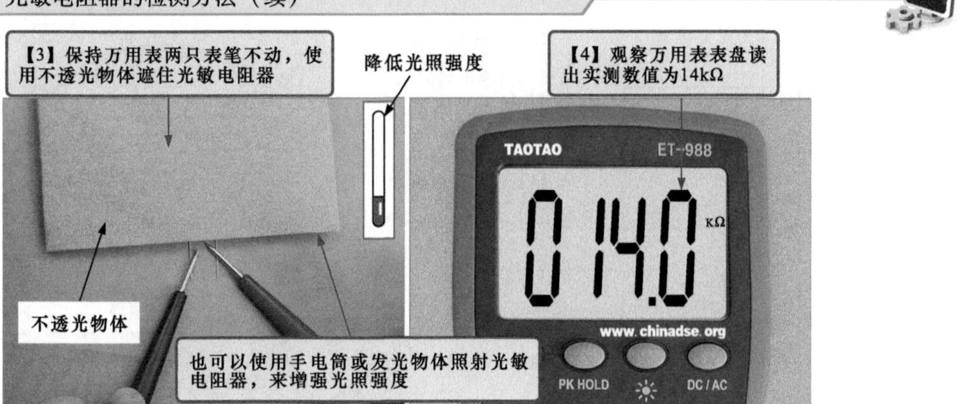
【3】保持万用表两只表笔不动，使用不透光物体遮住光敏电阻器
降低光照强度
【4】观察万用表表盘读出实测数值为14kΩ
TAOTAO
ET-988
014.0
kΩ
www.chinadse.org
PK HOLD
DC / AC
不透光物体
也可以使用手电筒或发光物体照射光敏电阻器，来增强光照强度

根据实测结果可对光敏电阻器的好坏做出判断：

实测检测时，光敏电阻器的电阻值应随着光照强度的变化而发生变化；若光照强度变化时，光敏电阻器的电阻值无变化或变化不明显则多为光敏电阻器感应光线变化的灵敏度低或性能异常。

4.2.5　压敏电阻器的检测方法

检测压敏电阻器时，一般可用万用表直接检测其在开路状态下的电阻值（一般大于 10kΩ），正常情况下压敏电阻器的电阻值很大，若出现阻值偏小的现象多是压敏电阻器已损坏。压敏电阻器的检测方法如图 4-24 所示。

图 4-24　压敏电阻器的检测方法

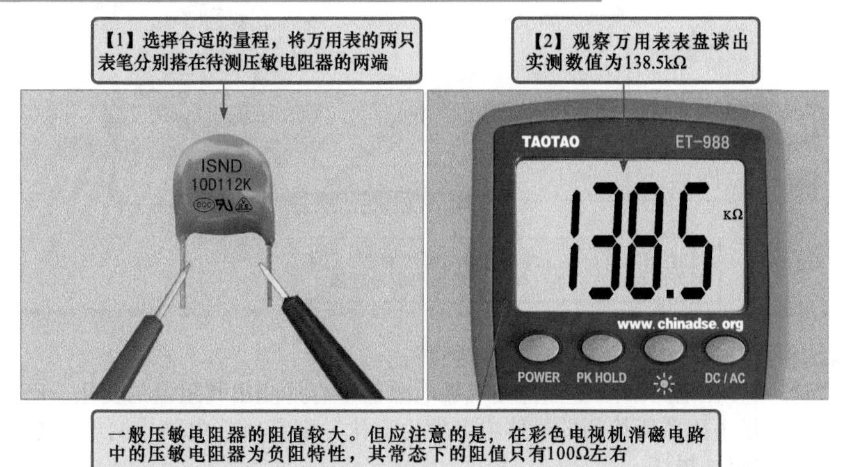
【1】选择合适的量程，将万用表的两只表笔分别搭在待测压敏电阻器的两端
【2】观察万用表表盘读出实测数值为138.5kΩ
ISND
10D112K
TAOTAO
ET-988
138.5
kΩ
www.chinadse.org
POWER
PK HOLD
DC / AC
一般压敏电阻器的阻值较大。但应注意的是，在彩色电视机消磁电路中的压敏电阻器为负阻特性，其常态下的阻值只有100Ω左右

根据实测结果可对压敏电阻器的好坏做出判断：

一般情况下，压敏电阻器的阻值很大，若出现阻值较小的现象则多为压敏电阻器已经损坏。

4.2.6　气敏电阻器的检测方法

不同类型的气敏电阻器可检测气体的类别不同。检测时，应根据气敏电阻器的具体功能改变其周围可测气体的浓度，同时用万用表监测气敏电阻器的阻值变化引起的电路参数变化情况来判断其好坏。

例如，可使用检测丁烷气体的气敏电阻器测试周围环境丁烷的浓度。气敏（丁烷）电阻器的检测方法如图 4-25 所示。

图 4-25　气敏电阻器的检测方法

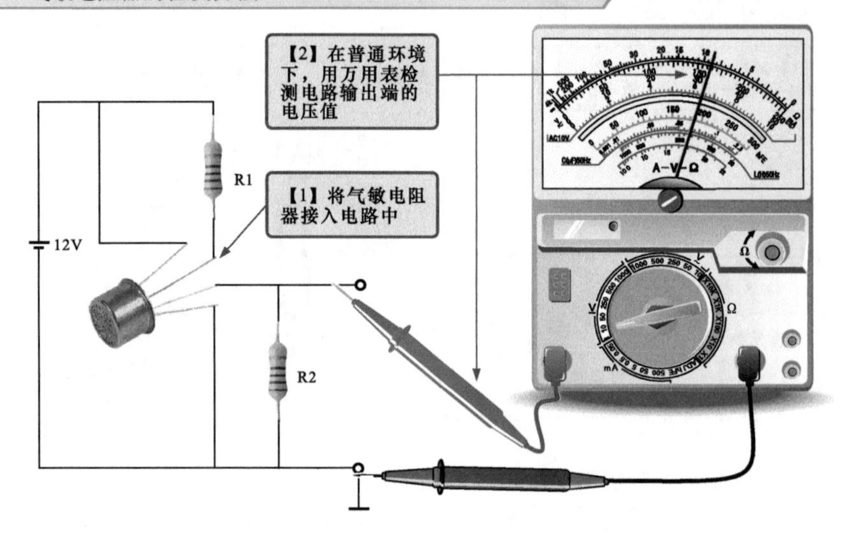
【2】在普通环境下，用万用表检测电路输出端的电压值
【1】将气敏电阻器接入电路中
R1
12V
R2

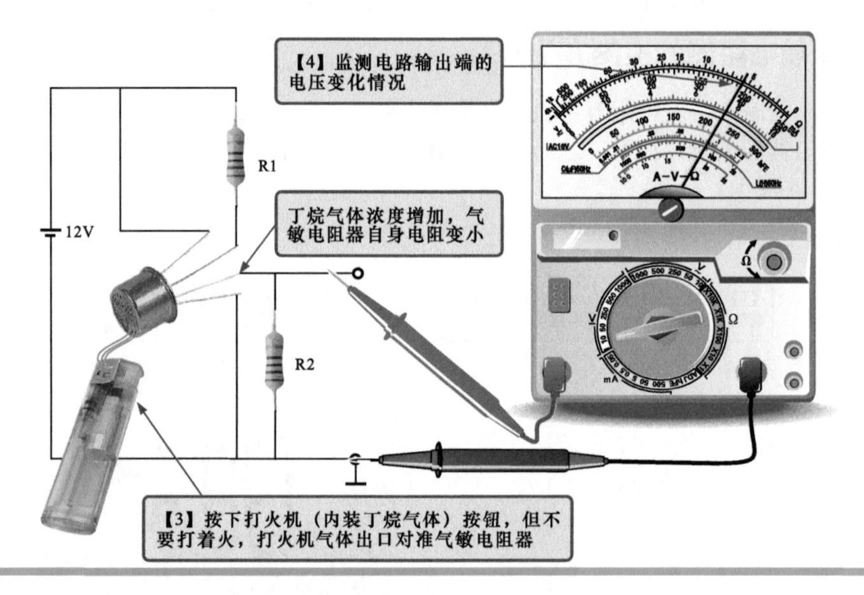
【4】监测电路输出端的电压变化情况
R1
12V
丁烷气体浓度增加，气敏电阻器自身电阻变小
R2
【3】按下打火机（内装丁烷气体）按钮，但不要打着火，打火机气体出口对准气敏电阻器

根据实测结果可对气敏电阻器的好坏做出判断：

将气敏电阻器放置在电路中（单独检测气敏电阻器不容易测出其阻值的变化，而在其工作状态下则很明显），若气敏电阻器所检测的气体浓度发生变化，则其所在电路中的电压参数也应发生变化，否则多为气敏电阻器损坏。

4.2.7　湿敏电阻器的检测方法

湿敏电阻器的检测方法与热敏电阻器的检查方法相似，不同的是其在测量时是通过改变湿度条件，并用万用表检测湿敏电阻器的电阻值变化情况来判别好坏。湿敏电阻器的检测方法如图 4-26 所示。

根据实测结果可对湿敏电阻器的好坏做出判断：

实测检测时，湿敏电阻器的电阻值应随着湿度的变化而发生变化；若湿度变化时，湿敏电阻器的电阻值无变化或变化不明显则多为湿敏电阻器感应湿度变化的灵敏度低或性能异常；若实测电阻值趋近于零或无穷大，则说明该湿敏电阻器已经损坏。

如果当湿度升高时所测得的阻值比正常温度下测得的阻值大，则表明该湿敏电阻器为正湿度系数湿敏电阻器；如果当湿度升高时所测得的阻值比正常温度下测得的阻值小，则表明该湿敏电阻器为负湿度系数湿敏电阻器。

图 4-26　湿敏电阻器的检测方法

湿敏电阻器上一般没有任何标识，实际检测时可根据其所在电路的图样资料了解标称阻值或根据一般规律判断好坏

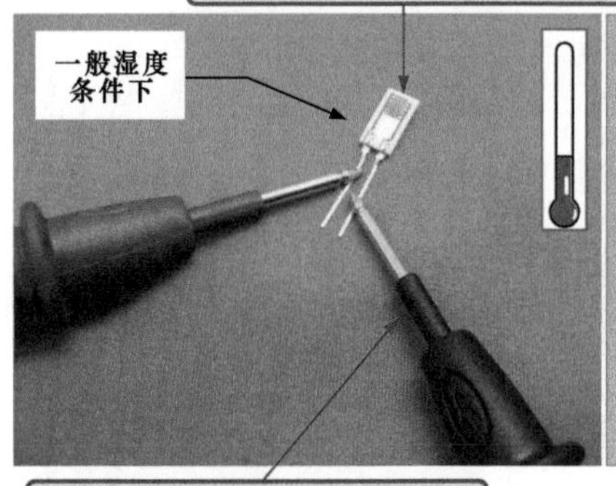
一般湿度
条件下

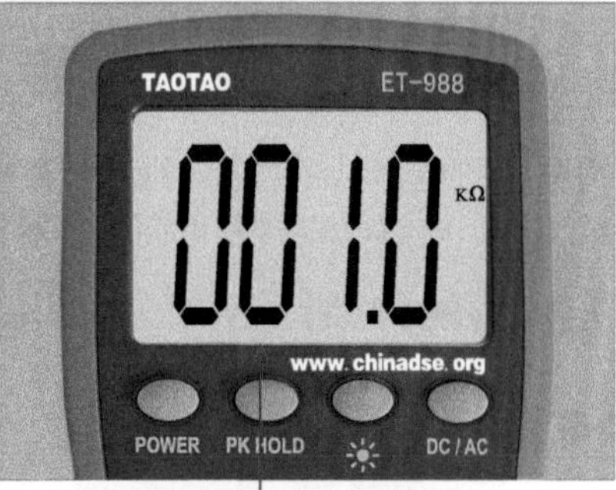
TAOTAO
ET-988
001.0
kΩ
www.chinadse.org
POWER
PK HOLD
DC / AC

扫一扫看视频

【1】选择合适的量程将万用表的两只表笔分别搭在待测湿敏电阻器的两端

【2】观察万用表表盘读出实测数值为1kΩ

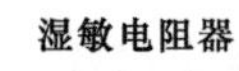
湿敏电阻器

【4】观察万用表表盘读出实测数值为421Ω

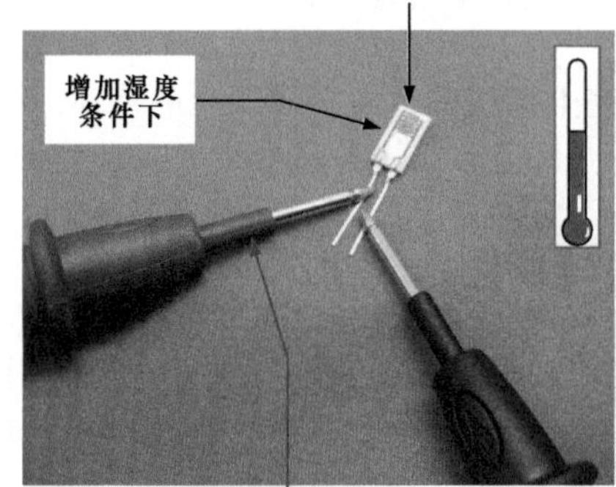
增加湿度
条件下

TAOTAO
ET-988
421.0
Ω
www.chinadse.org
POWER
PK HOLD
DC / AC

【3】保持万用表两只表笔不动

【5】使用数字万用表测量电阻器时，应注意测量过程中单位的变化

第5章 电容器的功能与识别检测

5.1 电容器的种类和功能

电容器又简称为“电容”，它是一种可储存电能的元件（储存电荷），根据材质的不同，大体可分为无极性电容器、电解电容器和可调电容器三大类。

5.1.1 电容器的种类特点

1 无极性电容器

无极性电容器是指电容器的两引脚没有正负极性之分，使用时两引脚可以交换连接。大多数情况下，无极性电容器在生产时，由于材料和制作工艺特点，电容量已经固定，因此也称为固定电容器。

扫一扫看视频

常见的无极性电容器主要有色环电容器、纸介电容器、瓷介电容器、云母电容器、涤纶电容器、玻璃釉电容器、聚苯乙烯电容器等。

（1）色环电容器

色环电容器是指在电容器的外壳上标识有多条不同颜色的色环，用以标识其电容量，与色环电阻器十分相似。图 5-1 所示为典型色环电容器的实物外形。

图 5-1 典型色环电容器的实物外形

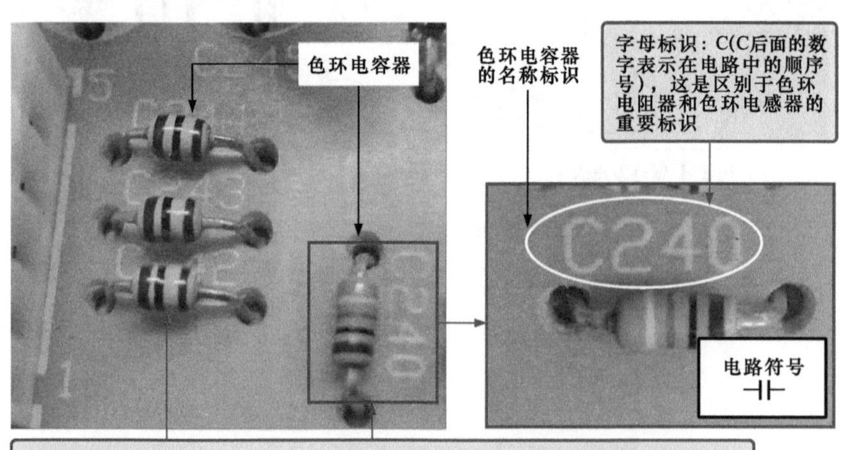
色环电容器
色环电容器的名称标识
字母标识：C(C后面的数字表示在电路中的顺序号)，这是区别于色环电阻器和色环电感器的重要标识
C240
电路符号
色环电容器的外形多为圆柱形，外壳上标有不同颜色的色环，与色环电阻器相似

（2）纸介电容器

纸介电容器是以纸为介质的电容器。它是用两层带状的铝或锡箔中间垫上浸过石蜡的纸卷成筒状，再装入绝缘纸壳或陶瓷壳中，引出端用绝缘材料封装制成。图 5-2 所示为典型纸介电容器的实物外形。

纸介电容器的价格低、体积大、损耗大且稳定性较差。由于存在较大的固有电感，故不宜在频率较高的电路中使用，常用于电动机起动电路中。

图 5-2　典型纸介电容器的实物外形

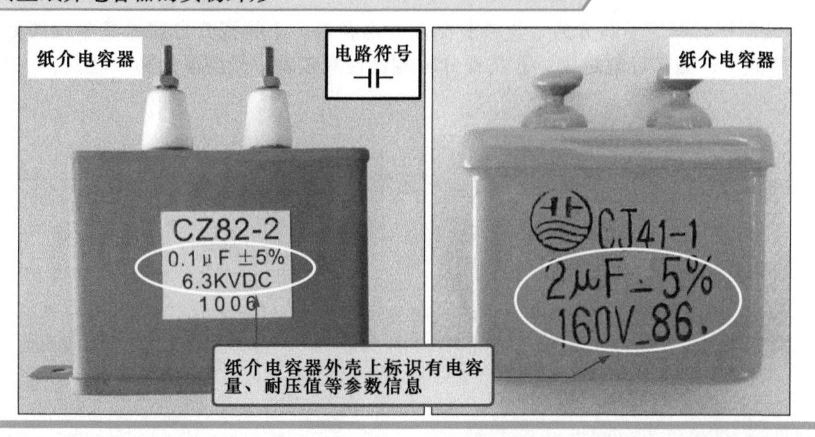
纸介电容器
电路符号
CZ82-2
0.1μF ±5%
6.3KVDC
1006
纸介电容器
CJ41-1
2μF±5%
160V_86.
纸介电容器外壳上标识有电容量、耐压值等参数信息

| 相关资料 |

在实际应用中，有一种金属化纸介电容器，该类电容器是在涂有醋酸纤维漆的电容器纸上再蒸发一层厚度为 0.1μm 的金属膜作为电极，然后用这种金属化的纸卷绕成芯子，端面喷金，装上引线并放入外壳内封装而成，图 5-3 所示为典型金属化纸介电容器的实物外形。

金属化纸介电容器比普通纸介电容器体积小，但其容量较大，且受高压击穿后具有自恢复能力，广泛应用于自动化仪表、自动控制装置及各种家用电器中，但不适用于高频电路。

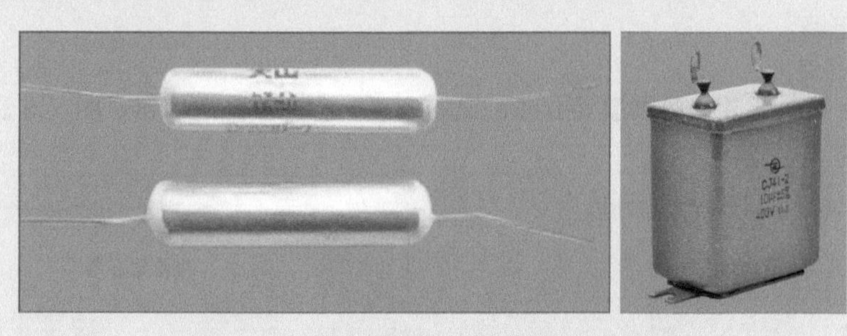

图 5-3　典型金属化纸介电容器的实物外形

（3）瓷介电容器

瓷介电容器是以陶瓷材料作为介质，在其外层常涂以各种颜色的保护漆，并在陶瓷片上覆银制成电极。

图 5-4 所示为典型瓷介电容器的实物外形。

图 5-4　典型瓷介电容器的实物外形

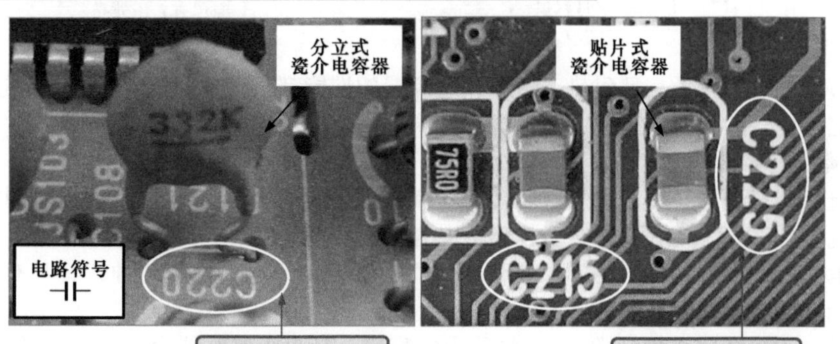
分立式
瓷介电容器
332K
电路符号
C220
贴片式
瓷介电容器
75R0
C215
C225
字母标识：C，识别电容器的重要信息
字母标识：C，识别电容器的重要信息

相关资料

瓷介电容器按制作材料的不同分为Ⅰ类和Ⅱ类瓷介电容器。Ⅰ类瓷介电容器高频性能好，广泛用于高频耦合、旁路、隔直流、振荡等电路中；Ⅱ类瓷介电容器性能较差、受温度的影响较大，一般适用于低压、直流和低频电路。

(4) 云母电容器

云母电容器是以云母作为介质的电容器，它通常以金属箔为电极，图5-5所示为典型云母电容器的实物外形。

图5-5 典型云母电容器的实物外形

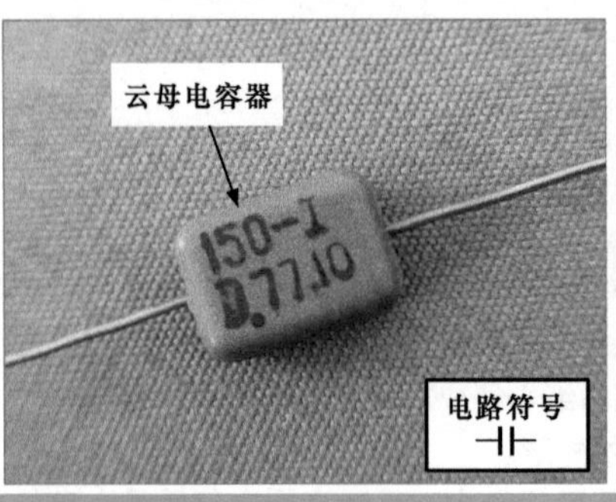
云母电容器
150-I
D.77.10
电路符号

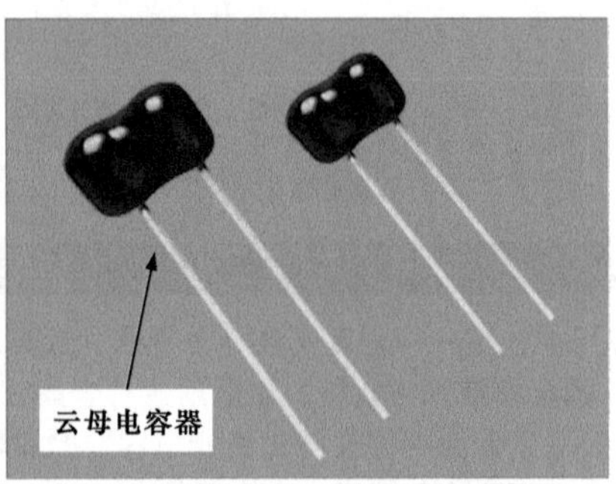
云母电容器

云母电容器的电容量较小，只有几皮法（pF）至几千皮法，具有可靠性高、频率特性好等特点，适用于高频电路。

(5) 涤纶电容器

涤纶电容器是一种采用涤纶薄膜为介质的电容器，又称为聚酯电容器。图5-6所示为典型涤纶电容器的实物外形。

图5-6 典型涤纶电容器的实物外形

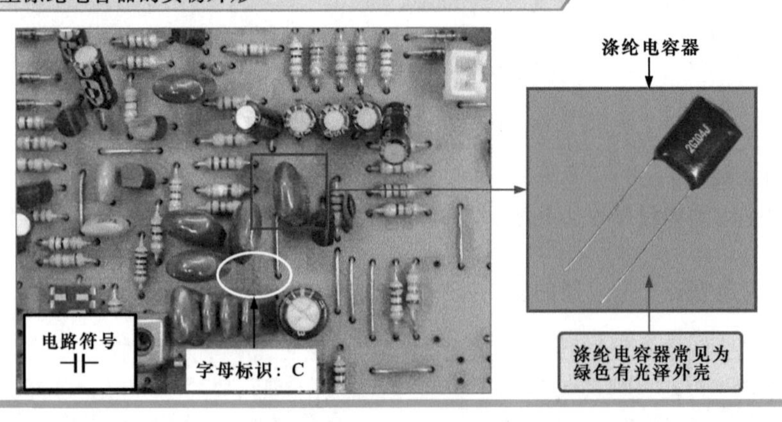
涤纶电容器
电路符号
字母标识：C
涤纶电容器常见为绿色有光泽外壳

涤纶电容器的成本较低，且耐热、耐压和耐潮湿的性能都很好，但稳定性较差，适用于稳定性要求不高的电路中，如彩色电视机或收音机的耦合、隔直流等电路中。

(6) 玻璃釉电容器

玻璃釉电容器使用的介质一般是玻璃釉粉压制的薄片，通过调整釉粉的比例，可以得到不同性能的玻璃釉电容器。图5-7所示为典型玻璃釉电容器的实物外形。

玻璃釉电容器的电容量一般为10～3300pF，耐压值有40V和100V两种，其具有介电系数大、耐高温、抗潮湿性强、损耗低等特点。

介电系数又称为介质系数（常数），或称为电容率，是表示绝缘能力的一个系数，以字母ε表示，单位为“法/米”。

图 5-7　典型玻璃釉电容器的实物外形

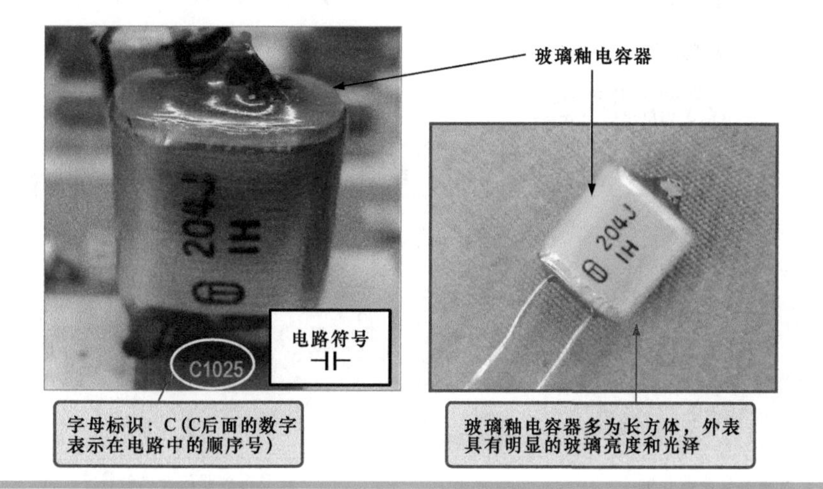
玻璃釉电容器
204J
1H
C1025
电路符号
字母标识：C（C后面的数字表示在电路中的顺序号）
玻璃釉电容器多为长方体，外表具有明显的玻璃亮度和光泽

（7）聚苯乙烯电容器

聚苯乙烯电容器是以非极性的聚苯乙烯薄膜为介质制成的电容器，其内部通常采用两层或三层薄膜与金属电极交叠绕制。图 5-8 所示为典型聚苯乙烯电容器的实物外形。

图 5-8　典型聚苯乙烯电容器的实物外形

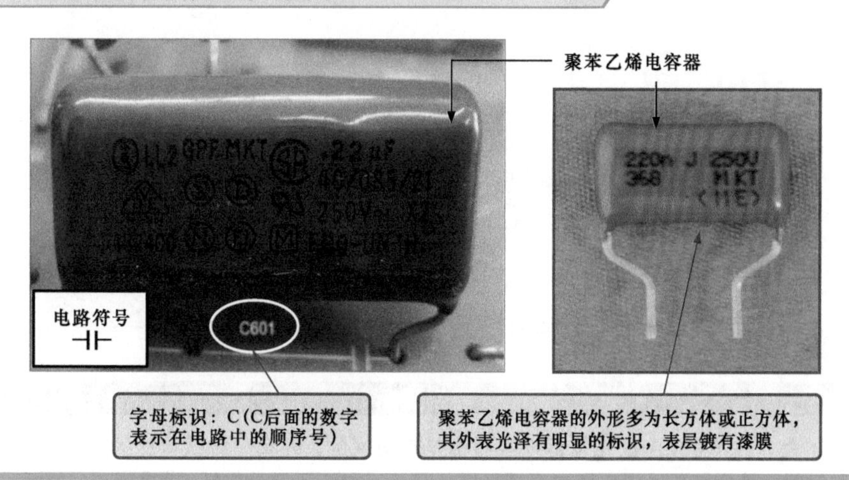
聚苯乙烯电容器
.22 μF
250V
220n J 250V
MKT
电路符号
C601
字母标识：C（C后面的数字表示在电路中的顺序号）
聚苯乙烯电容器的外形多为长方体或正方体，其外表光泽有明显的标识，表层镀有漆膜

聚苯乙烯电容器的成本低、损耗小、绝缘电阻高、电容量稳定，多应用于对电容量要求精确的电路中。

2　电解电容器

目前，常见的电解电容器按材料的不同，可分为铝电解电容器和钽电解电容器两种。

（1）铝电解电容器

铝电解电容器是一种以铝作为介电材料的一类有极性电容器，根据介电材料状态的不同，分为普通铝电解电容器（液态铝质电解电容器）和固态铝电解电容器（简称固态电容器）两种，是目前电子电路中应用最广泛的电容器。图 5-9 所示为典型铝电解电容器的实物外形。

铝电解电容器的电容量较大，与无极性电容器相比绝缘电阻低、漏电流大、频率特性差，容量和损耗会随周围环境和时间的变化而变化，特别是当温度过低或过高的情况下，且长时间不用还会失效。因此，铝电解电容器仅限用于在低频、低压电路中。

另外，固态铝电解电容器采用有机半导体或导电性高分子电解质来取代传统的普通铝电解电容器中的电解液，并用环氧树脂或橡胶垫封口。因此，固态电容器的导电性比普通铝电解电容器要高，导电性受温度的影响小。

图 5-9　典型铝电解电容器的实物外形

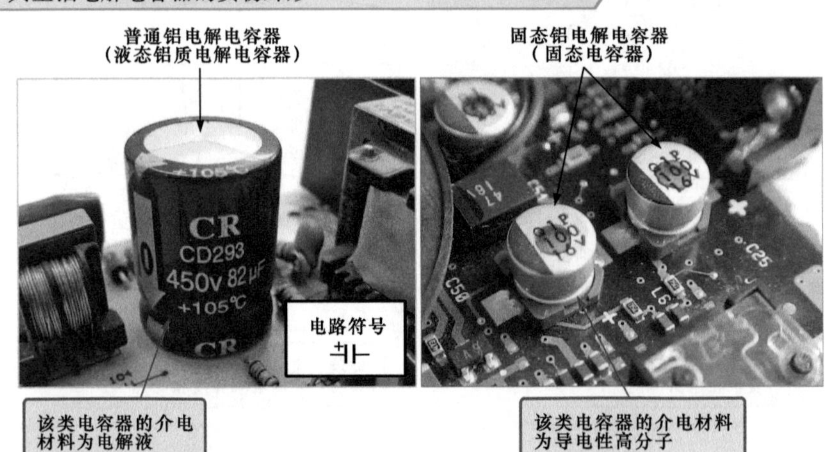
普通铝电解电容器
（液态铝质电解电容器）
固态铝电解电容器
（固态电容器）
CR
CD293
450v 82μF
+105℃
电路符号
该类电容器的介电材料为电解液
该类电容器的介电材料为导电性高分子

| 相关资料 |

铝电解电容器的规格多种多样，外形也根据制作工艺有所不同，图 5-10 所示为几种具有不同外形特点的铝电解电容器。

CD294
CD13
160V
2200μF
CD13N
450V
1000μF
焊针形铝电解电容器
螺栓形铝电解电容器
轴向铝电解电容器

图 5-10　几种具有不同外形特点的铝电解电容器

| 特别提示 |

需要注意的是，并不是所有的铝电解电容器都是有极性的，还有一种很特殊的无极性铝电解电容器，这种电容器的材料、外形与普通铝电解电容器形似，只是其引脚不区分极性，如图 5-11 所示，这种电容器实际上就是将两个同样的电解电容器背靠背封装在一起。这种电容器损耗大、可靠性低、耐压低，只能用于少数要求不高的场合。

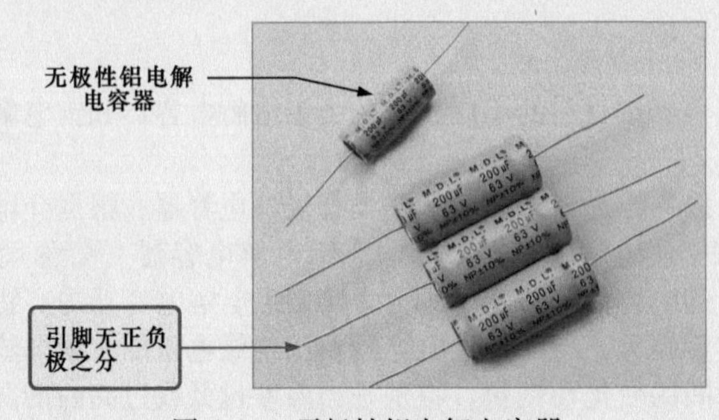
无极性铝电解电容器
引脚无正负极之分

图 5-11　无极性铝电解电容器

（2）钽电解电容器

钽电解电容器是采用金属钽作为正极材料制成的电容器，主要有固体钽电解电容器和液体钽电解电容器两种。其中，固体钽电解电容器根据安装形式的不同，又分为分立式钽电解电容器和贴片式钽电解电容器，图 5-12 所示为典型钽电解电容器的实物外形。

图 5-12　典型钽电解电容器的实物外形

固体钽电解电容器

正极是钽粉烧结块，绝缘介质为 TaO_5，负极为 MnO_2 固体电解质

液体钽电解电容器

电路符号

分立式钽电解电容器

贴片式钽电解电容器

正极是钽粉烧结块，负极为硫酸水溶液等液体电解质

钽电解电容器的温度特性、频率特性和可靠性都比铝电解电容器好，特别是它的漏电流极小、电荷储存能力好、寿命长、误差小，但价格较高，通常用于高精密的电子电路中。

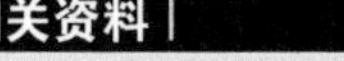

相关资料

关于电容器的漏电电流：

当电容器加上直流电压时，由于电容介质不是完全的绝缘体，因此电容器就会有漏电流产生，若漏电流过大，电容器就会发热烧坏。通常，电解电容器的漏电流会比其他类型电容器大，因此常用漏电流表示电解电容器的绝缘性能。

关于电容器的漏电电阻：

由于电容器两极之间的介质不是绝对的绝缘体，它的电阻不是无限大，而是一个有限的数值，一般很精确（如 534kΩ，652kΩ）。电容器两极之间的电阻叫作绝缘电阻，也叫作漏电电阻，大小是额定工作电压下的直流电压与通过电容器漏电流的比值。漏电电阻越小，漏电越严重。电容器漏电会引起能量损耗，这种损耗不仅影响电容器的寿命，还会影响电路的工作。因此，电容器的漏电电阻越大越好。

3 可调电容器

可调电容器是指电容量在一定范围内可调节的电容器。一般由相互绝缘的两组极片组成，其中，固定不动的一组极片称为定片，可动的一组极片称为动片，通过改变极片间相对的有效面积或片间距离，来使其电容量相应地变化。这种电容器主要用在无线电接收电路中选择信号（调谐）。

可调电容器按介质的不同可以分为空气介质和薄膜介质两种。按照结构的不同又可分为微调可调电容器、单联可调电容器、双联可调电容器和多联可调电容器。

（1）空气可调电容器

空气可调电容器的电极由两组金属片组成，其中固定不变的一组为定片，能转动的一组为动片，动片与定片之间以空气作为介质。其多应用于收音机、电子仪器、高频信号发生器、通信设备及有关电子设备中。

常见的空气可调电容器主要有空气单联可调电容器（空气单联）和空气双联可调电容器（空气双联）两种，图 5-13 所示为典型空气可调电容器的实物外形。

空气单联可调电容器由一组动片、定片组成，动片与定片之间以空气为介质。

空气双联可调电容器由两组动片、定片组成，两组动片合装在同一转轴上，可以同轴同步旋转。

图 5-13 典型空气可调电容器的实物外形

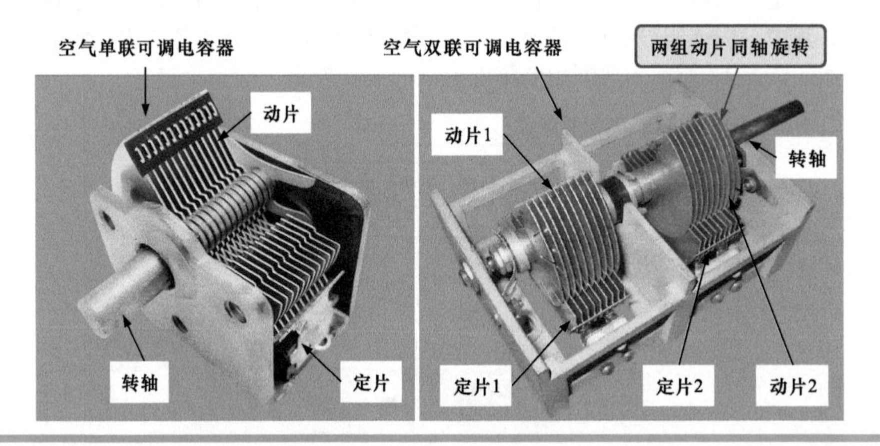
空气单联可调电容器
动片
转轴
定片
空气双联可调电容器
两组动片同轴旋转
动片1
转轴
定片1
定片2
动片2

特别提示

当转动空气可调电容器的动片使之全部旋进定片间时，其电容量为最大；反之，将动片全部旋出定片间时，电容量最小。

（2）薄膜可调电容器

薄膜可调电容器是指一种将动片与定片（动、定片均为不规则的半圆形金属片）之间加上云母片或塑料（聚苯乙烯等材料）薄膜作为介质的可调电容器，外壳为透明塑料，具有体积小、重量轻、电容量较小、易磨损的特点。

常见的薄膜可调电容器主要有单联可调电容器、双联可调电容器和四联可调电容器三种，如图 5-14 所示。

图 5-14 三种典型的薄膜可调电容器

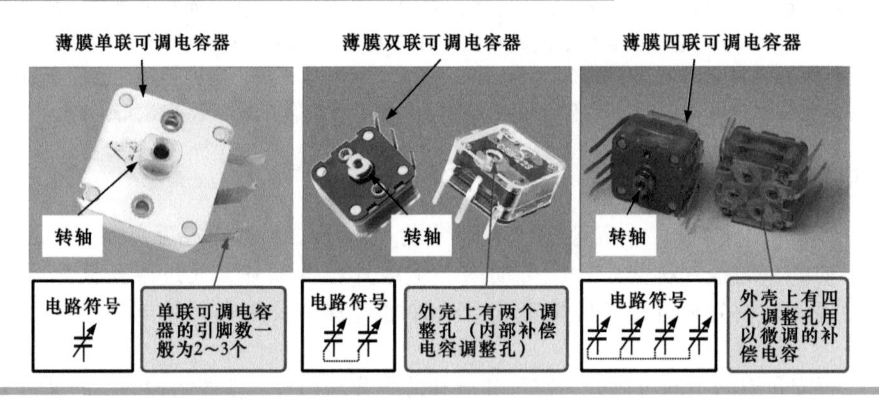
薄膜单联可调电容器
转轴
电路符号
单联可调电容器的引脚数一般为2~3个
薄膜双联可调电容器
转轴
电路符号
外壳上有两个调整孔（内部补偿电容调整孔）
薄膜四联可调电容器
转轴
电路符号
外壳上有四个调整孔用以微调的补偿电容

薄膜单联可调电容器是指仅具有一组动片、定片及介质的薄膜可调电容器，即内部只有一个可调电容器，多用于简易收音机或电子仪器中。

薄膜双联可调电容器可以简单地理解为由两个单联可调电容器组合而成，两个可调电容器都各自附带一个用以微调的补偿电容，一般从可调电容器的背部可以看到。薄膜双联可调电容器是指具有两组动片、定片及介质，且两组动片可同轴同步旋转来改变电容量的一类薄膜可调电容器，多用于晶体管收音机和有关电子仪器、电子设备中。

薄膜四联可调电容器是指具有四组动片、定片及介质，且四组动片可同轴同步旋转来改变电容量的一类薄膜可调电容器。内部有四个可调电容器，都各自附带一个用以微调的补偿电容，一般从可调电容器的背部可以看到，多用于在 AM/FM 多波段收音机中。

| 相关资料 |

通常，对于单联可调电容器、双联可调电容器和四联可调电容器的识别可以通过引脚和背部补偿电容的数量来判别。以双联可调电容器为例，图 5-15 所示为双联可调电容器的内部电路结构示意图。

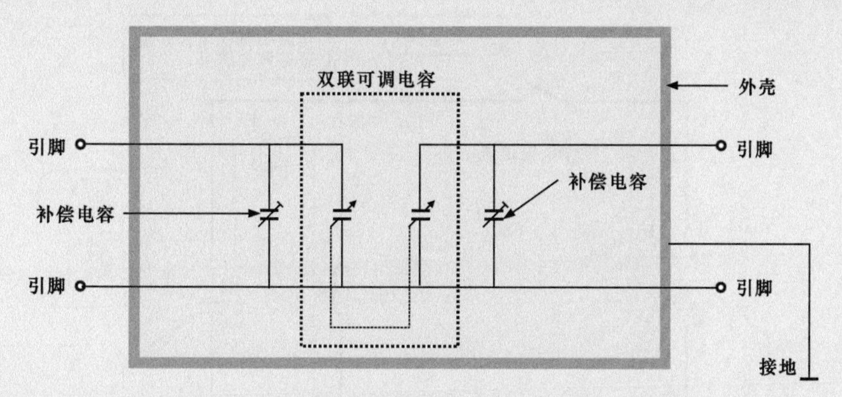

双联可调电容
外壳
引脚
引脚
补偿电容
补偿电容
引脚
引脚
接地

图 5-15　双联可调电容器的内部电路结构示意图

可以看出，双联可调电容器中的两个可调电容器都各自附带一个补偿电容，该补偿电容可以单独微调。一般从可调电容器的背部都可以补偿电容器。因此，如果是双联可调电容器则可以看到两个补偿电容，如果是四联可调电容器则可以看到四个补偿电容，而单联可调电容器则只有一个补偿电容。另外，值得注意的是，由于生产工艺的不同，可调电容器的引脚数也并不完全统一。通常，单联可调电容器的引脚数一般为 2 ~3 个（两个引脚加一个接地端），双联可调电容器的引脚数不超过 7 个，四联可调电容器的引脚数为 7 ~9 个。这些引脚除了可调电容器的引脚外，其余的引脚都为接地引脚以方便与电路进行连接。

5.1.2　电容器的功能

电容器是一种可储存电能的元件（储存电荷），它的结构非常简单，是由两个互相靠近的导体，中间夹一层不导电的绝缘介质构成的。

在现实中，将两块金属板相对平行地放置，而不相接触就构成一个最简单的电容器。如果把金属板的两端分别与电源的正、负极相连，那么接正极的金属板上的电子就会被电源的正极吸引过去；而接负极的金属板，就会从电源负极得到电子。这种现象就叫作电容器的“充电”，如图 5-16 所示。充电时，电路中有电流流动，电容器有电荷后就产生电压，当电容器所充的电压与电源的电压相等时，充电就停止。电路中就不再有电流流动，相当于开路。

图 5-16　电容器的充电过程

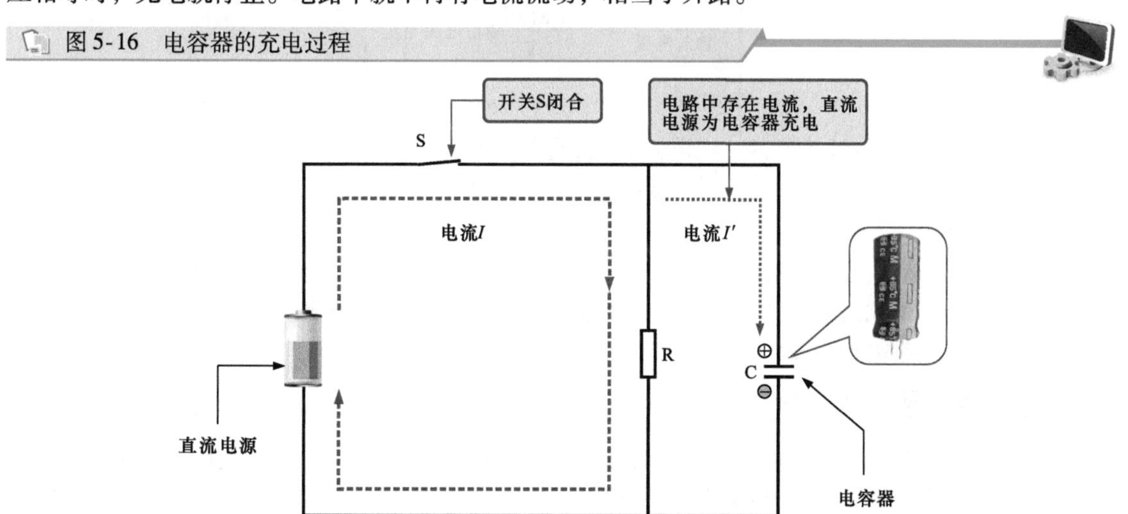

开关S闭合
电路中存在电流，直流电源为电容器充电
S
电流I
电流I′
R
C
直流电源
电容器

如果将电路中的电源断开（开关 S 断开），则在电源断开的一瞬间，电容器会通过电阻 R 放电，电路中便有电流产生，电流的方向与原充电时的电流方向相反。随着电流的流动，两极之间的电压也逐渐降低。直到两极上的正、负电荷完全消失，如图 5-17 所示。

图 5-17　电容器的放电过程

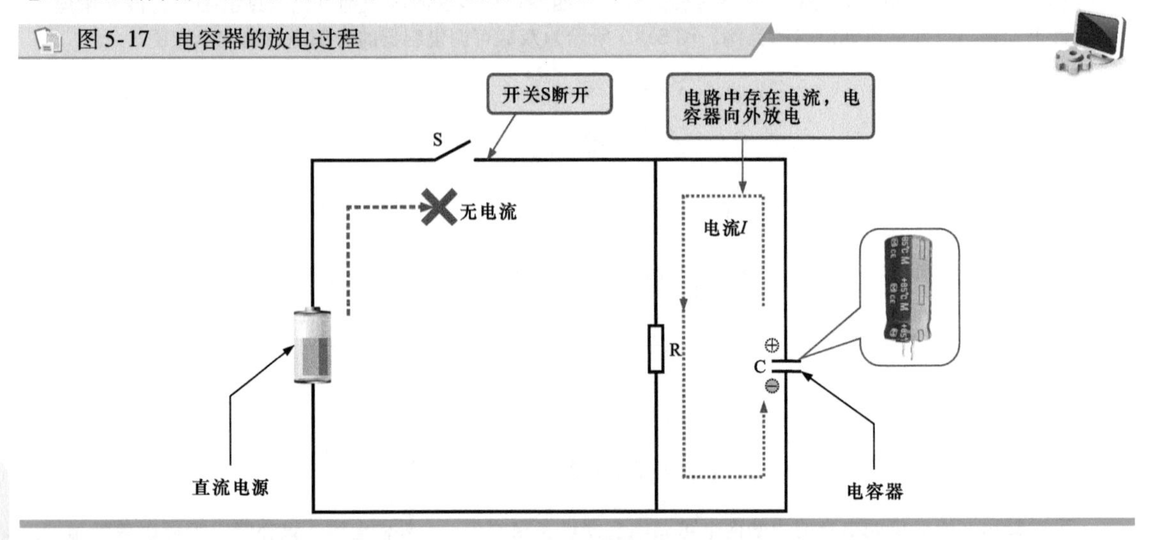
开关S断开
电路中存在电流，电容器向外放电
S
无电流
电流I
R
C
直流电源
电容器

| 特别提示 |

如果电容器的两块金属板接上交流电，由于交流电的大小和方向在不断地变化着，电容器两端也必然交替地进行充电和放电，因此电路中就不停地有电流流动，交流电可以通过电容器；由于构成电容器的两块不相接触的平行金属板之间的介质是绝缘的，直流电流不能通过电容器。

图 5-18 所示为电容器的阻抗随信号频率变化的基本工作特性示意图。从图 5-18 中可知电容器的基本特性。

图 5-18　电容器的阻抗随信号频率变化的基本工作特性示意图

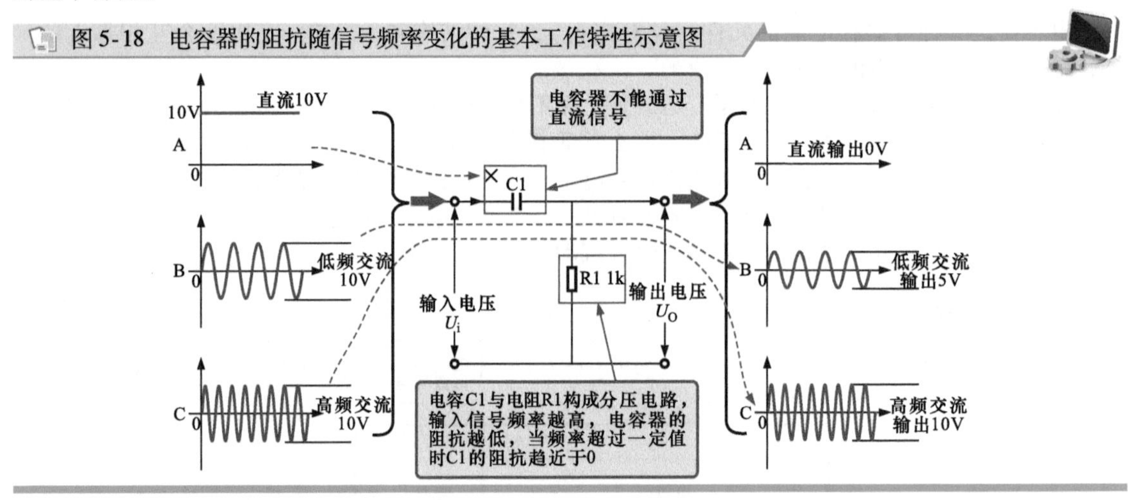
10V
直流10V
A
0
电容器不能通过直流信号
C1
B
低频交流10V
R1 1k
输入电压 U_i
输出电压 U_O
C
高频交流10V
电容C1与电阻R1构成分压电路，输入信号频率越高，电容器的阻抗越低，当频率超过一定值时C1的阻抗趋近于0
直流输出0V
低频交流输出5V
高频交流输出10V

电容器对信号的阻碍作用被称为“容抗”，电容器的容抗与所通过的信号频率有关，信号频率越高，容抗越小，因此高频信号易于通过电容器；信号频率越低，容抗越大，对于直流信号电容器的容抗为无穷大，直流不能通过电容器。

1　电容器的平滑滤波功能

电容器的平滑滤波功能表现在电容器的充放电过程中，电流波动变缓，这是电容器最基本、最突出的功能。图 5-19 所示为电容器的滤波功能示意图。

从图 5-19 中可以发现，交流电压经二极管整流后变成的直流电压为半个正弦波，波动很大。而在输出电路中加入电容器后，电压高时电容器充电，电压低时电容器放电，于是电路中原本不稳定、波动比较大的直流电压变得比较稳定、平滑。

图 5-19　电容器的滤波功能示意图

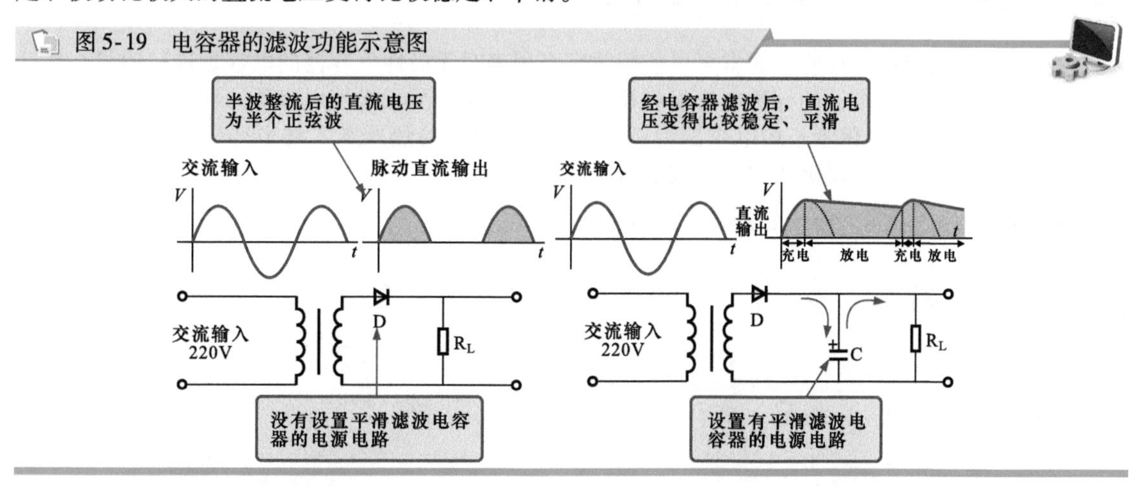
半波整流后的直流电压为半个正弦波
经电容器滤波后，直流电压变得比较稳定、平滑
交流输入
脉动直流输出
交流输入
直流输出
充电
放电
充电 放电
交流输入 220V
D
R_L
C
没有设置平滑滤波电容器的电源电路
设置有平滑滤波电容器的电源电路

2　电容器的耦合功能

电容器对交流信号阻抗较小，易于通过，而对直流信号阻抗很大，可视为断路。在放大器中，电容器常作为交流信号的输入和输出耦合器件使用，如图 5-20 所示。该电路中的电源电压 V_{CC} 经 R_C 为集电极提供直流偏压，再经 R1、R2 为基极提供偏压。直流偏压的功能是给晶体管提供工作条件和能量，使晶体管工作在线性放大状态。

图 5-20　电容器的耦合功能示意图

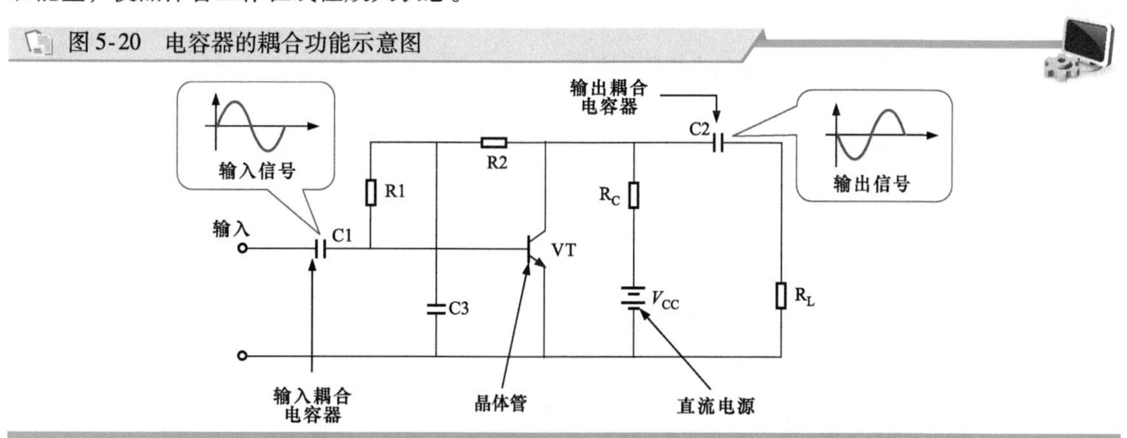
输出耦合电容器
C2
输入信号
输出信号
R2
R1
R_C
输入
C1
VT
C3
V_{CC}
R_L
输入耦合电容器
晶体管
直流电源

从该电路中可以看到，由于电容器具有隔直流的作用，因此，放大器的交流输出信号可以经耦合电容器 C2 送到负载 R_L 上，而电源的直流电压不会加到负载 R_L 上，也就是说从负载上得到的只是交流信号。电容器这种能够将交流信号传递过去的能力称为耦合功能。

5.2　电容器的检测

5.2.1　无极性电容器的检测

无极性电容器在实际应用中，通常以其电容量等基本性能参数体现其电路功能，因此，对无极性电容器进行检测，可使用数字万用表对其电容量进行粗略测量，来判断其性能大致状态，也可使用专用的电感电容测量仪对电容量进行精确测量，用来精确判断电容器的性能。

下面，将以几种典型的无极性电容器为例，分别采用数字万用表粗略测量和电感电容测量仪精确测量法进行检测训练。

1 使用数字万用表检测无极性电容器的训练

检测无极性电容器的性能，通常可以使用数字万用表对无极性电容器的电容量进行测量，然后将实测结果与无极性电容器的标称电容量相比较，即可判断待测无极性电容器的性能状态。

如图 5-21 所示，以聚苯乙烯电容器为例，首先，通过对待测聚苯乙烯电容器的标称电容量进行识读，并根据识读数值设定数字万用表的测量档位。

图 5-21 聚苯乙烯电容器电容量测量前的准备

扫一扫看视频

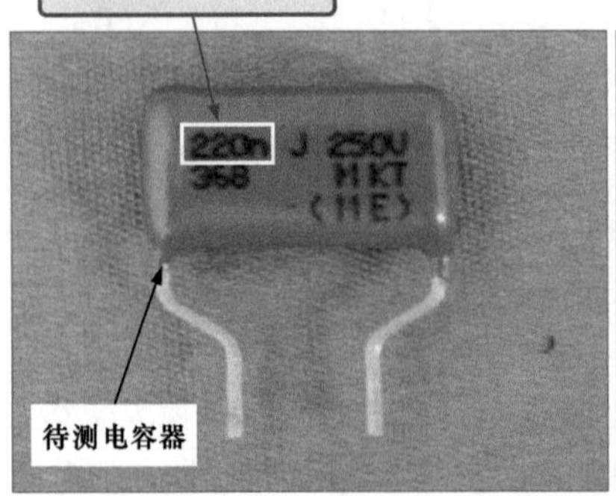
识读待测电容器的标称电容量：220nF
220n J 250V
368 MKT
待测电容器

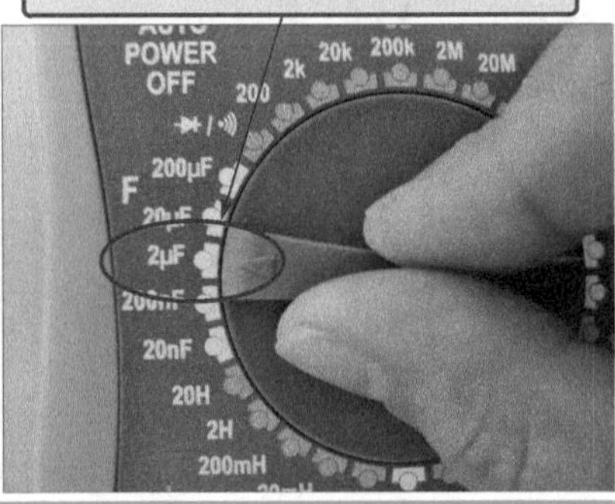
根据待测电容器的标称电容量，将万用表的量程调整至“2μF”电容测量档
POWER
OFF
200μF
2μF
20nF
20H
2H
200mH
20k
200k
2M
20M

然后，连接数字万用表的附加测试器，并将待测电容器插入附加测试器的电容测量插孔中进行检测，如图 5-22 所示。

图 5-22 聚苯乙烯电容器电容量粗略测量方法

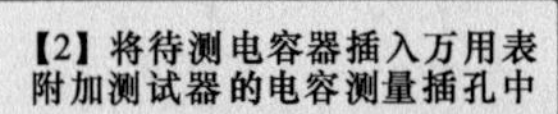
【2】将待测电容器插入万用表附加测试器的电容测量插孔中

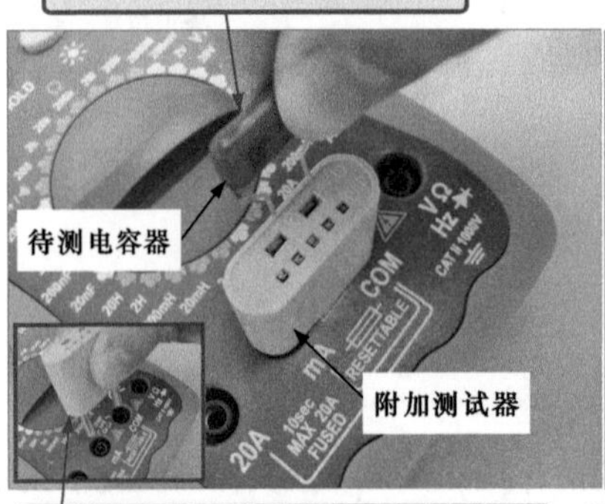
待测电容器
附加测试器
COM

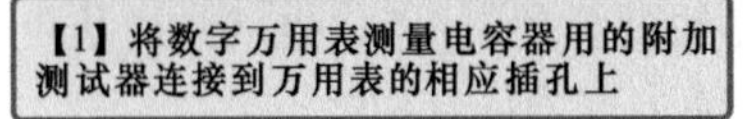
【1】将数字万用表测量电容器用的附加测试器连接到万用表的相应插孔上

【3】观察万用表表盘读出实测数值为0.231μF=231nF
.231
【4】实测该电容器的电容量为231nF，与其标称容量值基本相符，表明其性能良好

正常情况下，聚苯乙烯电容器的实测电容量值应与标称电容量值接近；若偏差较大，则说明所测电容器性能失常。

| 相关资料 |

在对无极性电容器进行检测时，根据电容器不同的电容量范围，可采取不同的检测方式。

◇ 电容量小于 10pF 电容器的检测

由于这类电容器的电容量较小，万用表进行检测时，只能大致检测其是否存在漏电、内部短路或击穿现象。检测时，可用万用表的“×10k”欧姆档检测其阻值，正常情况下应为无穷大。若检测阻值为零，则说明所测电容器漏电损坏或内部击穿。

◇ 电容量为 10pF ~0.01μF 电容器的检测

这类电容器可在连接晶体管放大元件的基础上，检测其充放电现象，即将电容器的充放电过程予以放大，然后再用万用表的“×1k”欧姆档检测，正常情况下，万用表指针应有明显摆动，说明其充放电性能正常。

◇ 电容量 0.01μF 以上电容器的检测

检测该类电容器，可直接用万用表的“×10k”欧姆档检测电容器有无充放电过程，以及内部有无短路或漏电现象。

2 使用电容测量仪检测无极性电容器的训练

一些电路设计、调整或测试环节，需要准确了解无极性电容器的具体电容量，用万用表无法测量时，应使用专用的电容测量仪对无极性电容器的电容进行检测。

如图 5-23 所示，以瓷介电容器为例，首先，通过待测瓷介电容器的标称电容量进行识读，并根据识读数值初步设定电容测量仪的相关测量档位信息。

图 5-23 待测瓷介电容器测量前的准备

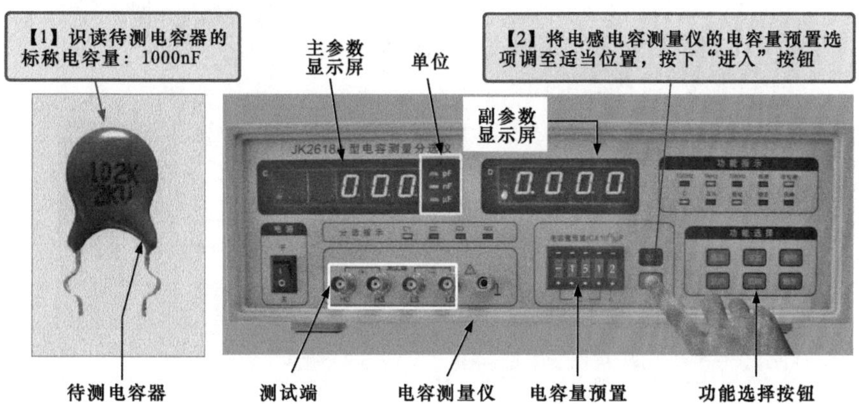
【1】识读待测电容器的标称电容量：1000nF
主参数显示屏
单位
【2】将电感电容测量仪的电容量预置选项调至适当位置，按下“进入”按钮
副参数显示屏
待测电容器
测试端
电容测量仪
电容量预置
功能选择按钮

然后，将电容测量仪的测量端子与待测瓷介电容器的两只引脚进行连接，开始测量并读取数值，如图 5-24 所示。

图 5-24 瓷介电容器电容量的精确测量方法

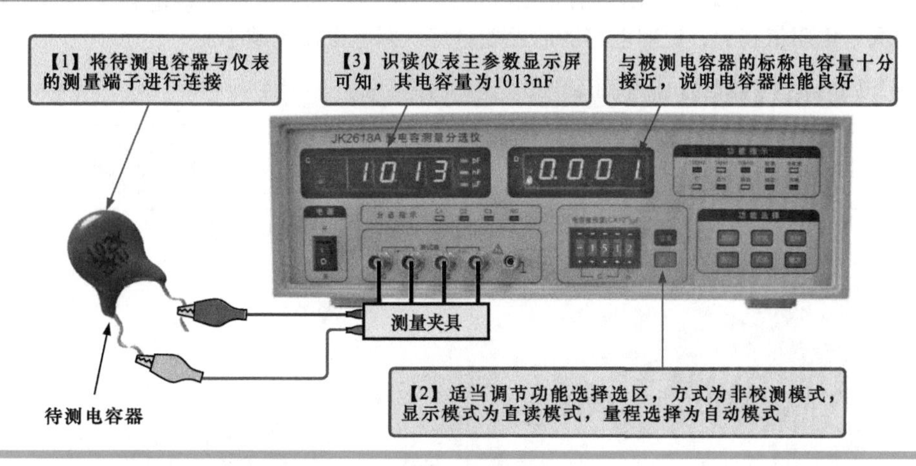
【1】将待测电容器与仪表的测量端子进行连接
【3】识读仪表主参数显示屏可知，其电容量为1013nF
与被测电容器的标称电容量十分接近，说明电容器性能良好
测量夹具
待测电容器
【2】适当调节功能选择选区，方式为非校测模式，显示模式为直读模式，量程选择为自动模式

若所测电容器显示的电容量数值等于或十分接近标称容量，可以断定该电容器正常；若所测电容器显示的电容量数值远小于标称容量，可以断定该电容器性能异常。

5.2.2 电解电容器的检测

检测电解电容器时，可使用万用表分别检测其充放电情况及电容量是否正常。

1 电解电容器充放电情况的检测方法

使用指针万用表检测有极性电解电容器，主要是使用指针万用表的欧姆档（电阻档）检测电容器的阻值（漏电电阻），根据测量过程中指针的摆动状态大致判断待测有极性电容器的性能状态。

以铝电解电容器为例，如图5-25所示，首先确定待测铝电解电容器的引脚极性，并根据电容量、耐压值等标识信息判断该电容器是否为大容量电容器，若属于大容量电容器需要进行放电操作。

图5-25 铝电解电容器漏电电阻检测前的准备

【1】根据待测铝电解电容器上的标识信息，区分其正负极引脚

100V
100μF
85°C (M)
SG
正极
负极

【2】在铝电解电容器引脚上并联一只小阻值电阻器进行放电操作

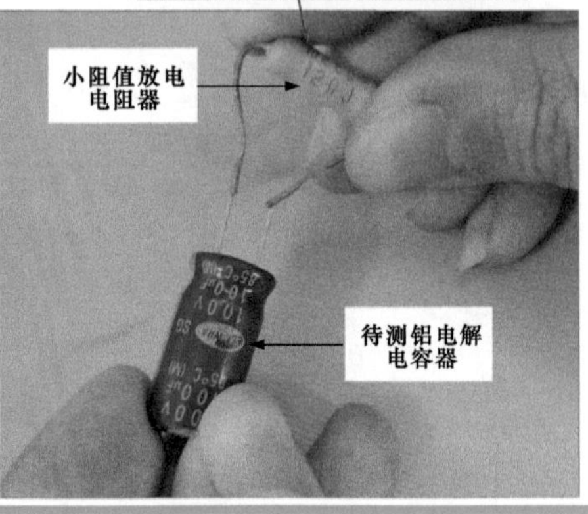
小阻值放电电阻器
待测铝电解电容器

接着，将万用表调至“×10k”欧姆档，将万用表的两只表笔分别搭在电容器的正负极上，分别检测其正、反向漏电电阻，如图5-26所示。

正常情况下，在刚接通的瞬间，万用表的指针会向右（电阻小的方向）摆动一个较大的角度。当指针摆动到最大角度后，接着指针又会逐渐向左摆回，直至指针停止在一个固定位置（一般为几百千欧），这说明该电解电容器有明显的充放电过程，所测得的阻值即为该电解电容器的正向漏电阻值，正向漏电电阻值越大，说明电容器的性能越好，漏电电流也越小。

图5-26 铝电解电容器漏电电阻的检测方法

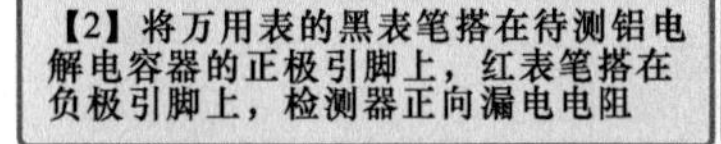
【2】将万用表的黑表笔搭在待测铝电解电容器的正极引脚上，红表笔搭在负极引脚上，检测器正向漏电电阻

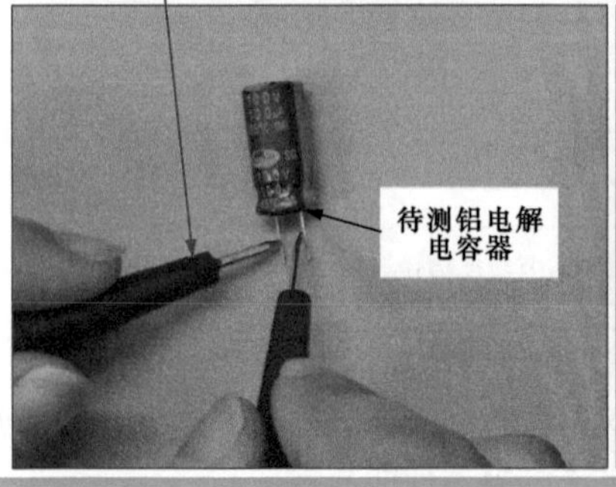
待测铝电解电容器

【1】检测时，万用表档位旋钮设置在“×10k”欧姆档

【3】正向时，万用表指针应有明显的摆动情况，最后停止在某一个固定值上

MODEL MF47-8
www.chinadse.org
全保护·遥控器检测

图 5-26　铝电解电容器漏电电阻的检测方法（续）

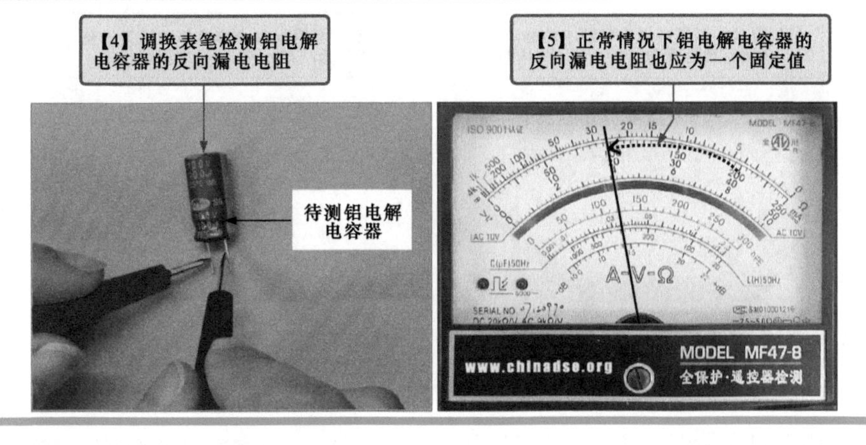
【4】调换表笔检测铝电解电容器的反向漏电电阻
【5】正常情况下铝电解电容器的反向漏电电阻也应为一个固定值
待测铝电解电容器
MODEL MF47-B
www.chinadse.org
全保护·遥控器检测

反向漏电阻值一般小于正向漏电电阻值。

若测得的电解电容器正、反向漏电电阻值较小（在几百千欧以下），则表明电解电容器的性能不良，不能使用。

若指针不摆动或摆动到电阻为零的位置后不返回，以及刚开始摆动时摆动到一定的位置后不返回，均表示电解电容器性能不良。

| 相关资料 |

通常，对有极性电容器漏电电阻进行检测时，会遇到各种情况，如图 5-27 所示，通过对不同的检测结果进行分析可以大致判断有极性电容器的损坏原因。

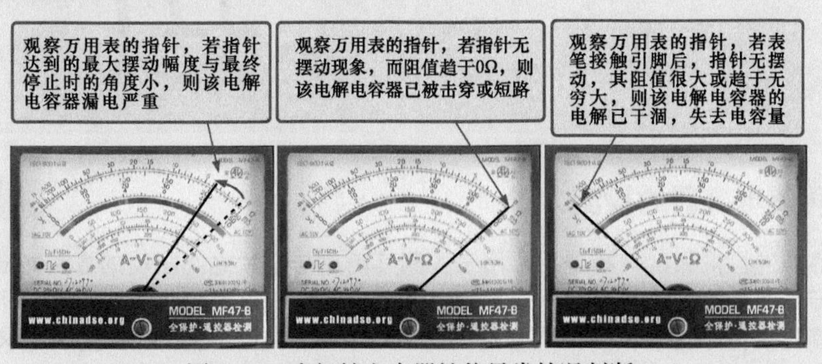
观察万用表的指针，若指针达到的最大摆动幅度与最终停止时的角度小，则该电解电容器漏电严重
观察万用表的指针，若指针无摆动现象，而阻值趋于0Ω，则该电解电容器已被击穿或短路
观察万用表的指针，若表笔接触引脚后，指针无摆动，其阻值很大或趋于无穷大，则该电解电容器的电解已干涸，失去电容量

图 5-27　有极性电容器性能异常情况判断

| 特别提示 |

通常情况下，电解电容器工作电压在 200V 以上，即使电容量比较小也需要进行放电，例如 60μF/200V 的电容器；若工作电压较低，但其电容量高于 300μF 的电容器也属于大容量电容器，例如 300μF/50V 的电容器。实际应用中常见的 1000μF/50V、60μF/400V、300μF/50V、60μF/200V 等均为大容量电解电容器。

2　电解电容器电容量的检测方法

使用数字万用表检测有极性电容器，主要是使用数字万用表的电容量测量功能对待测有极性电容器的电容量进行测量，然后将实测结果与标称值相比对，来判断电容器的性能。

以钽电解电容器为例，如图 5-28 所示，检测前，首先识读待测钽电解电容器的标称电容量，并根据选择或设定数字万用表的测量档位。

接着，用万用表电容量测量功能检测钽电解电容器的电容量即可，如图 5-29 所示。

图 5-28　钽电解电容器电容量测量前的准备工作

【1】根据待测钽电解电容器上的标示信息，识读其电容量为：10×10⁷pF=100μF
CT2
107C
L3625
R301
C127
待测钽电解电容器

【2】根据标称电容量值选择万用表档位为“200μF”电容量测量档位
AUTO POWER OFF
200μF
20μF
2μF
200nF
20nF
20H
2H
200mH
20mH
2mH
hFE

图 5-29　钽电解电容器电容量的检测方法

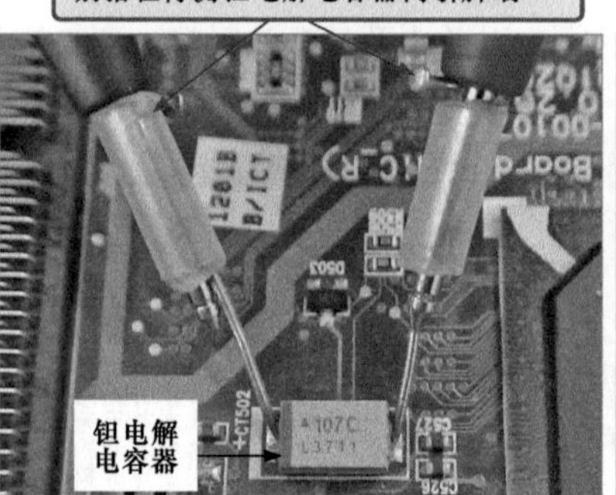
【1】将万用表的红黑表笔测试线插接在电容量测量插孔，并将两只表笔分别搭在待测钽电解电容器两引脚端
钽电解电容器

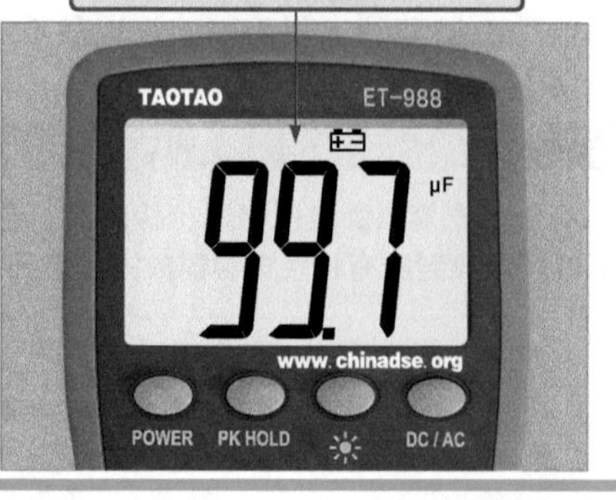
【2】实测钽电解电容器的容量值约为99.7μF，与标称值接近，说明所测钽电解电容器性能良好
TAOTAO
ET-988
99.7
μF
www.chinadse.org
POWER
PK HOLD
DC / AC

5.2.3　可调电容器的检测

对可调电容器进行检测，一般采用万用表检测其动片与定片之间阻值的方法判断性能状态。不同类型可调电容器的检测方法基本相同，下面以薄膜单联可调电容器为例进行检测训练。

检测前，首先明确薄膜单联可调电容器的定片与动片引脚，将万用表置于“×10k”欧姆档，为检测操作做好准备，如图 5-30 所示。

图 5-30　薄膜单联可调电容器检测前的准备工作

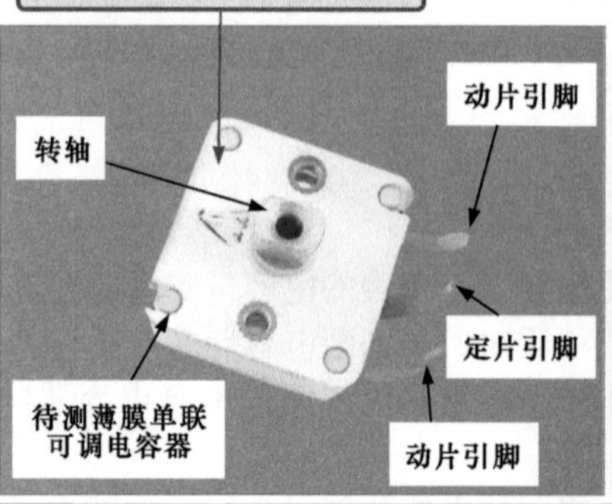
【1】明确待测薄膜单联可调电容器的定片与动片引脚
转轴
动片引脚
定片引脚
待测薄膜单联可调电容器
动片引脚

【2】调整万用表功能旋钮为“×10k”欧姆档，并进行欧姆调零操作
MODEL MF47-8

接着，将万用表的红、黑表笔分别搭在薄膜单联可调电容器的动片和定片引脚上，此时旋动薄

膜单联可调电容器的转轴，通过万用表指示状态即可判断该电容器的性能，如图 5-31 所示。

图 5-31　薄膜单联可调电容器的检测方法

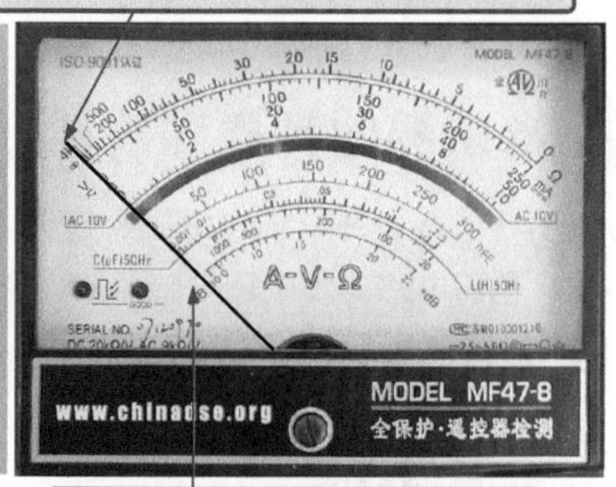
【2】转动薄膜单联可调电容器的转轴，可来回旋转几个周期
【3】正常情况下，薄膜单联可调电容器定片与动片之间的阻值应一直处于无穷大状态
动片引脚
转轴
定片引脚
A-V-Ω
MODEL MF47-B
www.chinadse.org
全保护·遥控器检测
【1】万用表的红、黑表笔分别搭在薄膜单联可调电容器的动片和定片引脚上
若薄膜单联可调电容器检测结果符合无穷大条件，则说明其性能良好

| 特别提示 |

在检测薄膜单联可调电容器的过程中，万用表指针都应在无穷大位置不动。在旋动转轴的过程中，如果出现指针有时指向零的情况，则说明动片和定片之间存在短路点；如果碰到某一角度，万用表读数不为无穷大而是出现一定阻值，说明薄膜单联可调电容器动片与定片之间存在漏电现象。

第6章 电感器的功能与识别检测

6.1 电感器的种类和功能

电感器也称为“电感元件”，它的种类较多，根据功能和应用领域的不同，大体可分为电感线圈、色环电感器、色码电感器和微调电感器四大类。

6.1.1 电感器的种类

扫一扫看视频

1 电感线圈

电感线圈是一种常见的电感器，因其能够直接看到线圈的数量和紧密程度而得名。目前，常见的电感线圈主要有空心电感线圈、磁棒电感线圈和磁环电感线圈等。

（1）空心电感线圈

空心电感线圈是由线圈绕制而成，通常线圈绕制的匝数较少，电感量小，如图 6-1 所示，常用在高频电路中，如电视机的高频调谐器。

图 6-1　空心电感线圈的实物外形

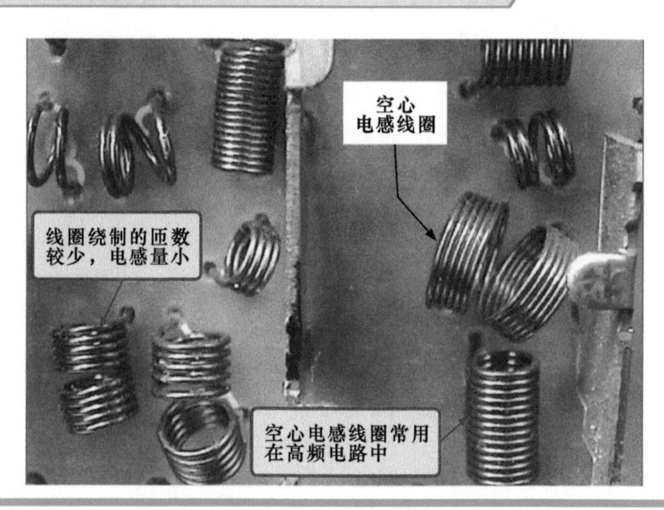

空心
电感线圈
线圈绕制的匝数
较少，电感量小
空心电感线圈常用
在高频电路中

特别提示

空心电感线圈的电感量会随着线圈之间的间隙大小而发生变化，为了防止空心线圈之间的间隙变化，调整完毕后通常用石蜡进行密封固定，这样不仅可以防止线圈的形变，同时可以有效地防止线圈因振动而变形。

（2）磁棒电感线圈

磁棒电感线圈是一种在磁棒上绕制了线圈的电感元件。这使得线圈的电感量大大增加，如图 6-2 所示。

（3）磁环电感线圈

磁环电感线圈的基本结构是在铁氧体磁环上绕制线圈，图 6-3 所示为典型磁环电感线圈的实物外形。

图 6-2　磁棒电感线圈

磁棒线圈
在磁棒上绕制了线圈
电感量随磁棒左右移动而变化，故常采用石蜡将线圈固定在磁棒上
磁棒（磁心）

图 6-3　典型磁环电感线圈的实物外形

磁环电感线圈
磁环电感线圈的电感量与线圈的匝数有关
铁氧体磁环
在铁氧体磁环上绕制线圈，可增加电感量

相关资料

磁环的大小、形状、铜线的绕制方法都对线圈的电感量有决定性的影响。改变线圈的形状和相对位置也可以微调电感量。

2　色环电感器

色环电感器的电感量固定，它是一种具有磁心的线圈，将线圈绕制在软磁性铁氧体的基体上，再用环氧树脂或塑料封装，并在其外壳上标以色环标识电感量的数值。图 6-4 所示为典型固定色环电感器的实物外形。

图 6-4　典型固定色环电感器的实物外形

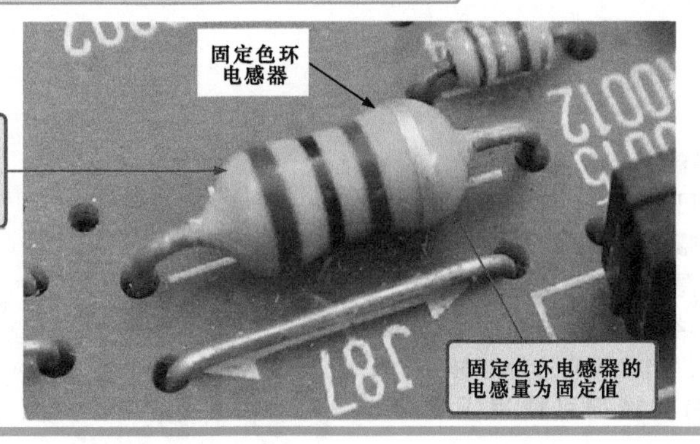
固定色环电感器
固定色环电感器采用色环标识法在表面标识出了电感器的电感量
固定色环电感器的电感量为固定值

3　色码电感器

色码电感器与固定色环电感器都属于小型的固定电感器，它是用色点标识电感量的数值。图 6-5

所示为典型色码电感器的实物外形。

图 6-5　典型色码电感器的实物外形

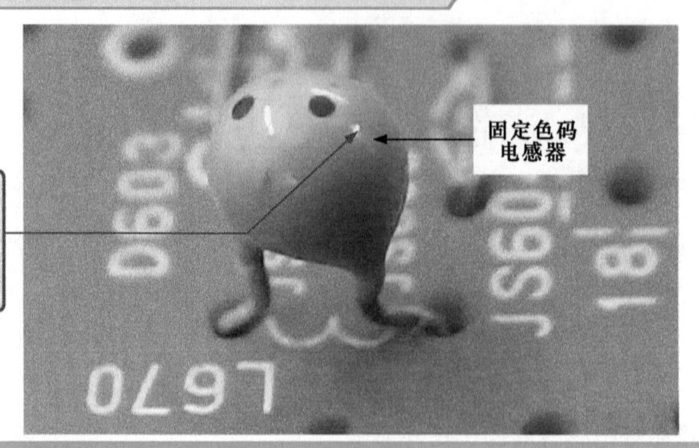
固定色码电感器采用码（点）标识法在电感器表面标识出了电感器的电感量
固定色码电感器
L670

这种电感器体积小巧，性能比较稳定。广泛应用于电视机、收录机等电子设备中的滤波、陷波、扼流及延迟线等电路中。

4　微调电感器

微调电感器是指可以调整电感量的电感器，其电路符号为“”。微调电感器一般设有屏蔽外壳，磁心上设有条形槽以便调整。图 6-6 所示为微调电感器的实物外形。

图 6-6　微调电感器的实物外形

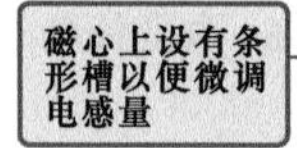
磁心上设有条形槽以便微调电感量

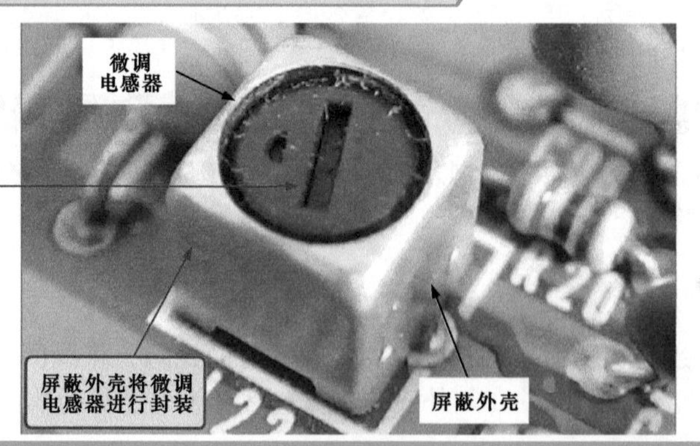
微调电感器
屏蔽外壳将微调电感器进行封装
屏蔽外壳

| 相关资料 |

微调电感器都有一个可插入的磁心，通过工具调节即可改变磁心在线圈中的位置，从而调整电感量的大小。如图 6-7 所示，值得注意的是，在调整电感器的磁心时要使用无感螺丝刀。即非铁磁性金属材料制成的螺丝刀，如塑料或竹片等材料制成的螺丝刀，有些情况可使用铜质螺丝刀。

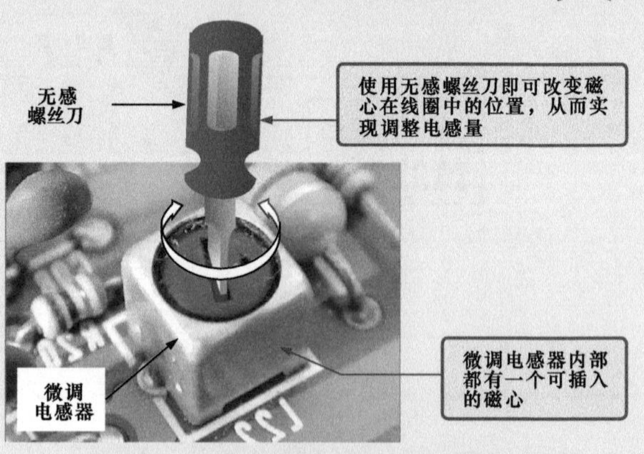
无感螺丝刀
使用无感螺丝刀即可改变磁心在线圈中的位置，从而实现调整电感量
微调电感器
微调电感器内部都有一个可插入的磁心

图 6-7　使用无感螺丝刀调整微调电感器

6.1.2 电感器的功能

电感器就是将导线绕制线圈状制成的，当电流流过时，在线圈（电感）的两端就会形成较强的磁场。由于电磁感应的作用，它会对电流的变化起阻碍作用，因此，电感对直流呈现很小的电阻（近似于短路），而对交流呈现阻抗较高，其阻抗的大小与所通过的交流信号的频率有关。同一电感元件，通过的交流电流的频率越高，则呈现的阻抗越大。

图 6-8 所示为电感器的基本工作特性示意图。

图 6-8 电感器的基本工作特性示意图

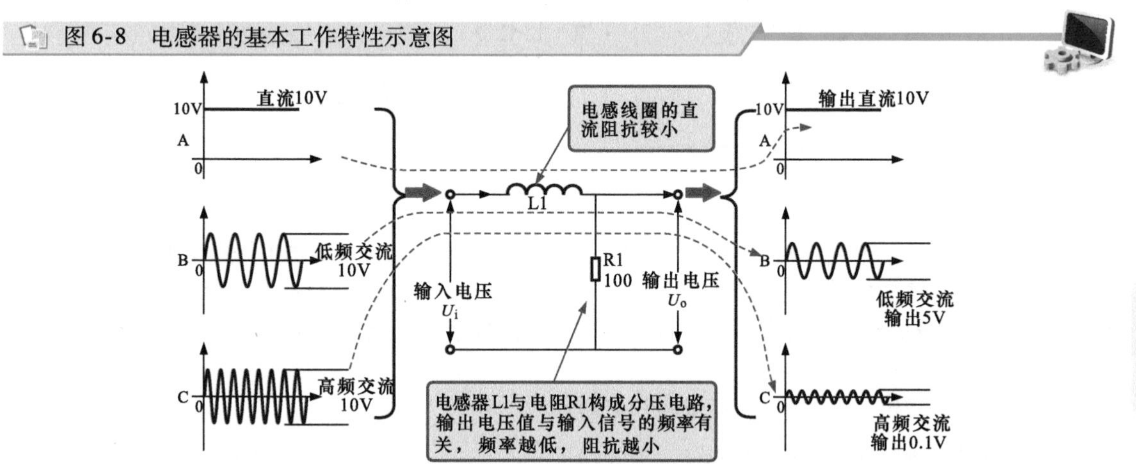

直流10V
10V
A
0
电感线圈的直流阻抗较小
输出直流10V
L1
B
低频交流 10V
R1
100
输入电压 U_i
输出电压 U_o
低频交流输出5V
C
高频交流 10V
电感器L1与电阻R1构成分压电路，输出电压值与输入信号的频率有关，频率越低，阻抗越小
高频交流输出0.1V

电感器的两个重要特性：

1）电感器对直流呈现很小的电阻（近似于短路），对交流呈现的阻抗与信号频率成正比，交流信号频率越高，电感器呈现的阻抗越大；电感器的电感量越大，对交流信号的阻抗越大。

2）电感器具有阻止其中电流变化的特性，所以流过电感的电流不会发生突变。

根据电感器的特性，在电子产品中常被作为滤波线圈、谐振线圈等。

1 电感器的滤波功能

由于电感器会对脉动电流产生反电动势，阻碍电流的变化，因此有稳定电流的作用。对交流电流其阻抗很大，但对直流电流其阻抗很小，如果将较大的电感器串接在直流电路中，就可以使电路中的交流成分阻隔在电感上，起到滤除交流的作用，如图 6-9 所示。

图 6-9 电感器滤波功能的应用

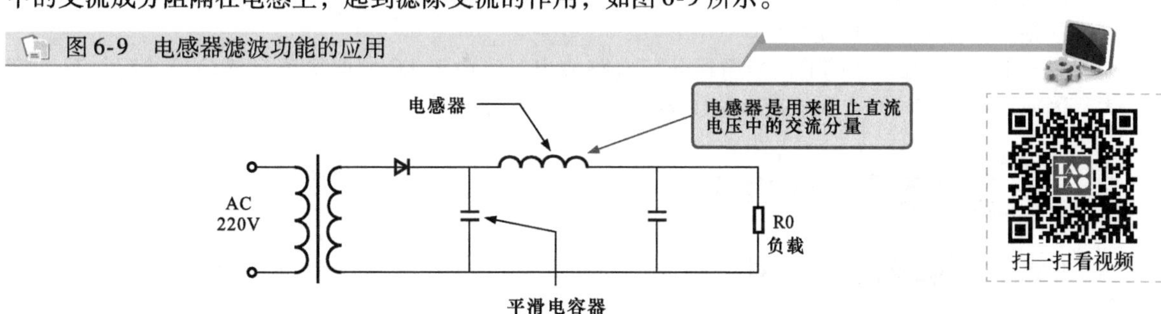

电感器
电感器是用来阻止直流电压中的交流分量
AC 220V
R0 负载
平滑电容器
扫一扫看视频

从图 6-9 中可以看到，交流 220 V 输入，经变压和整流后输出脉动直流电压，然后经电感器（扼流圈）及平滑电容器为负载供电。电路中的扼流圈实际上就是一个电感元件，它的主要作用是用来阻止直流电压中的交流分量。

2 电感器的谐振功能

电感器通常可与电容器并联构成 LC 谐振电路，其主要作用是用来选择一定频率的信号。图 6-10

所示为电感器谐振功能的应用。

图 6-10　电感器谐振功能的应用

由图 6-10 可知，天线接收空中各种频率的电磁波信号，信号经电容器 C_e 耦合到由调谐线圈 L1 和可变电容器 C_T 组成的谐振电路，经 L1 和 C_T 谐振电路的选频作用，被选的电台信号在 LC 电路中形成谐振有增强该信号电流的作用，把需要的广播节目载波信号选出并通过 L2 耦合传送到高频放大器电路。

图 6-11 所示为由电阻和 LC 并联电路构成的分压电路。

图 6-11　由电阻和 LC 并联电路构成的分压电路

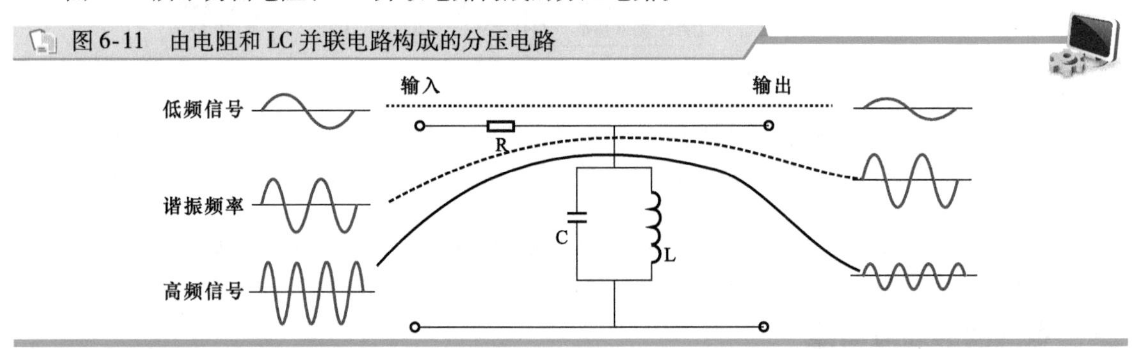
输入
输出
低频信号
谐振频率
高频信号
R
C
L

当低频信号加到输入端时，信号经过分压电路输出，由于电感 L 对低频信号的阻抗很小，因而衰减很大，输出幅度很小。

当高频信号加到输入端时，信号经过分压电路输出，由于电容 C 对高频信号的阻抗很小，因而衰减量很大，输出信号幅度很小。

当与 LC 谐振频率相同的信号通过分压电路输出时，由于 LC 并联电路对该信号的阻抗呈无穷大，因而对输入信号几乎无衰减，输出端可得到最大幅度的信号。

6.2　电感器的检测

6.2.1　电感线圈的检测

由于电感线圈电感量的可调性，在一些电路设计、调整或测试环节，通常需要了解其当前精确的电感量值或其在电路中的特性参数，因此，需借助专用的电感电容测量仪或频率特性测试仪对其进行检测。

1　使用电感电容测量仪检测电感线圈的训练

精确测量电感器的电感量一般使用专用的电感电容测量仪进行检测。具体检测方法如图 6-12 所示。

图 6-12 使用专用的电感电容测量仪精确检测电感器电感量的具体方法

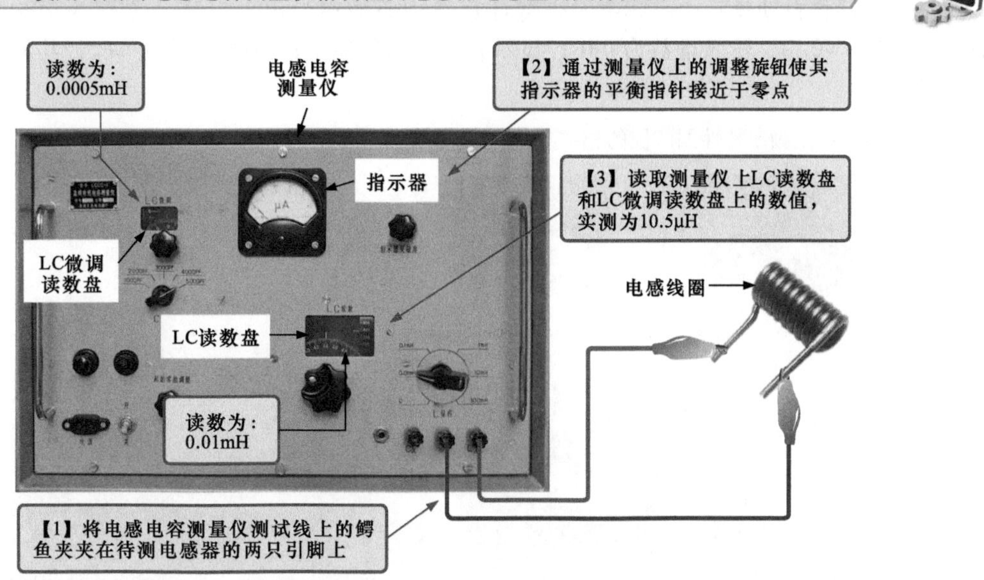
读数为：
0.0005mH
电感电容
测量仪
【2】通过测量仪上的调整旋钮使其指示器的平衡指针接近于零点
指示器
【3】读取测量仪上LC读数盘和LC微调读数盘上的数值，实测为10.5μH
LC微调
读数盘
电感线圈
LC读数盘
读数为：
0.01mH
【1】将电感电容测量仪测试线上的鳄鱼夹夹在待测电感器的两只引脚上

电感量（L）= LC 读数 + LC 微调读数 = 0.01mH + 0.0005mH = 0.0105mH = 10.5μH。

2 使用频率特性测试仪检测电感线圈的训练

使用频率特性测试仪检测电感线圈主要是使用频率特性测试仪对电感线圈与电容器构建的谐振电路（LC 谐振电路）进行频率特性的检测，然后通过检测的频率特性曲线完成对电感线圈性能的测试，这种检测方式在电子产品生产调试中十分常用。

使用频率特性测试仪对 LC 并联谐振电路进行检测时，需先将仪器的“OUTPUT”端连接谐振电路的输入端；仪器的“CHA INPUT”端连接谐振电路的输出端，如图 6-13 所示。

图 6-13 频率特性测试仪与 LC 并联谐振电路的连接

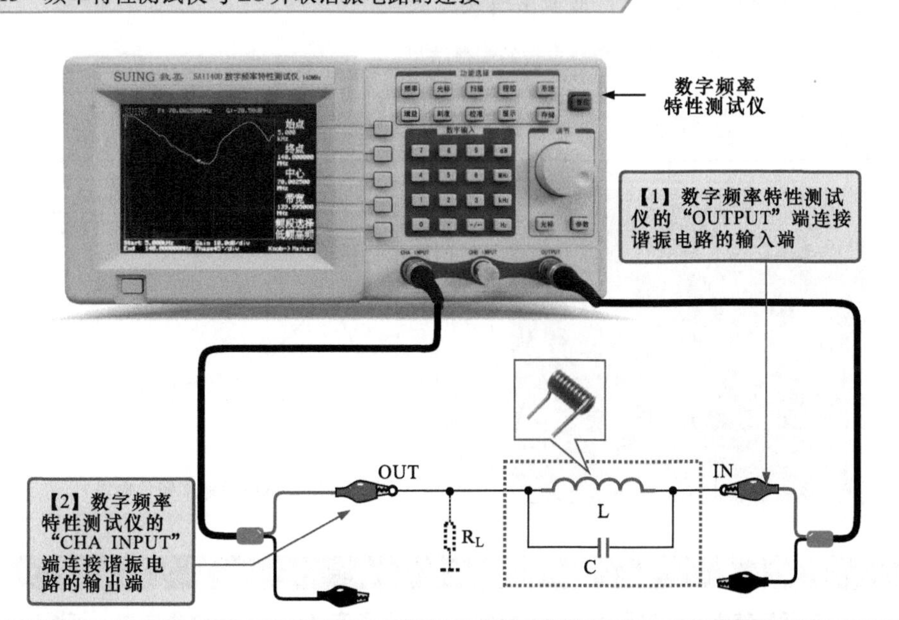
SUING
数字频率
特性测试仪
【1】数字频率特性测试仪的“OUTPUT”端连接谐振电路的输入端
OUT
IN
L
C
R_L
【2】数字频率特性测试仪的“CHA INPUT”端连接谐振电路的输出端

接着，按照电子产品功能设计要求，设定频率特性测试仪的相关参数信息，如图 6-14 所示。

根据需求将频率特性测试仪的基本参数设置为：始点频率设为5kHz，终点频率设为800kHz，仪器将自动显示中心频率及带宽计算（中心频率为402.5kHz，带宽为795kHz）；设置输出增益为-40dB，输入增益为0dB；显示方式为幅频显示；扫描类型为单次，其他参数为开机默认参数。

图6-14 设定频率特性测试仪的相关参数信息

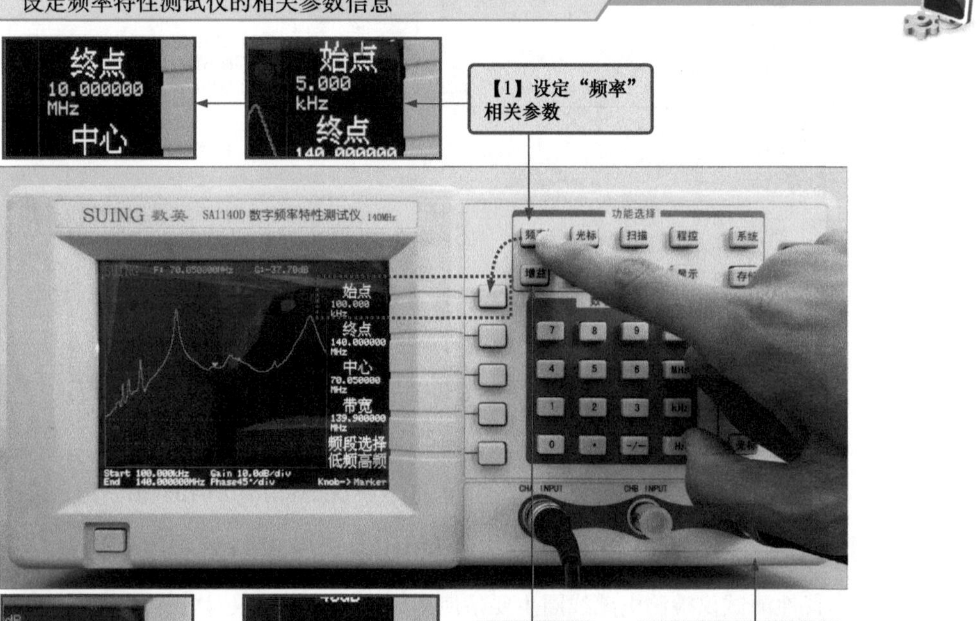

【1】设定“频率”相关参数
【2】设定“增益”相关参数
【3】根据电路设计要求，设定“扫描”“显示”等参数
终点
10.000000
MHz
中心
始点
5.000
kHz
终点
输出增益
-40dB
输入增益
0dB
SUING 数英 SA1140D 数字频率特性测试仪 140MHz

此时，频率特性测试仪的显示屏上显示当前LC谐振电路的基本频率特性参数，如图6-15所示，识读数值即可了解是否符合生产或调试要求。

图6-15 对电感器所在电路频率特性参数的测量结果

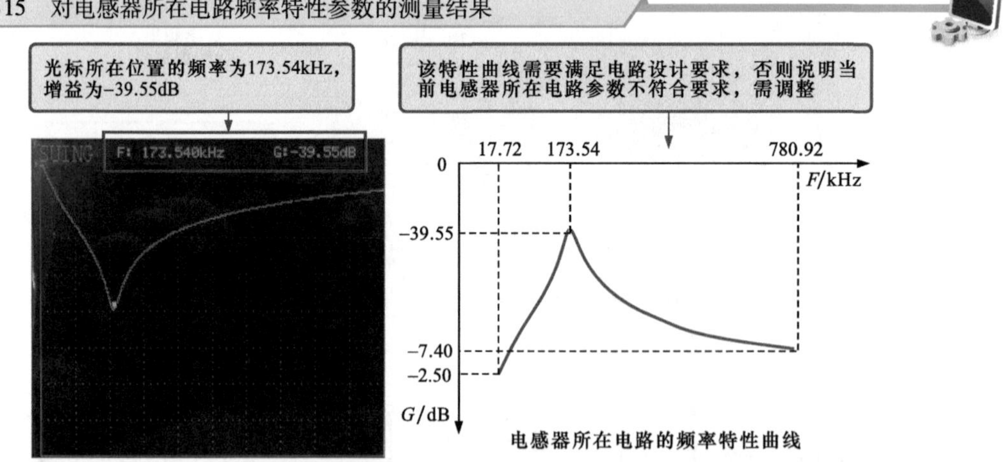

光标所在位置的频率为173.54kHz，增益为-39.55dB
该特性曲线需要满足电路设计要求，否则说明当前电感器所在电路参数不符合要求，需调整
F: 173.540kHz
G: -39.55dB
17.72
173.54
780.92
0
F/kHz
-39.55
-7.40
-2.50
G/dB
电感器所在电路的频率特性曲线

相关资料

一般来说，若频率特性测试仪显示的频率特性不符合电子产品生产、调试要求时，可通过调整电感线圈中线圈的稀疏程度来改变其电感量，使其最终符合电路设计需求，如图6-16所示，这也是设有电感器与电容器构成的谐振电路的电子产品，在调试测试中的重要参数检测环节。

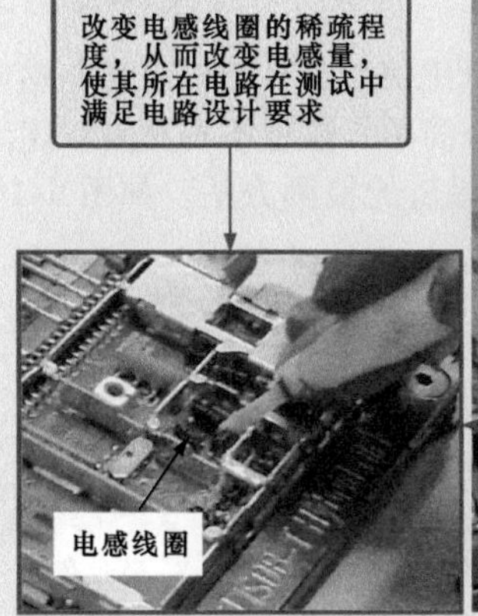
改变电感线圈的稀疏程度，从而改变电感量，使其所在电路在测试中满足电路设计要求
电感线圈

图 6-16　电感器构成电路的测试调整

6.2.2　色环电感器的检测

检测色环电感器的性能，可以使用具有电感量测量功能的万用表大致测量其电感量，并将实测结果与标称值相比对，来判断电感器的基本性能。

使用万用表检测色环电感器电感量的方法如图 6-17 所示。

图 6-17　色环电感器电感量的检测方法

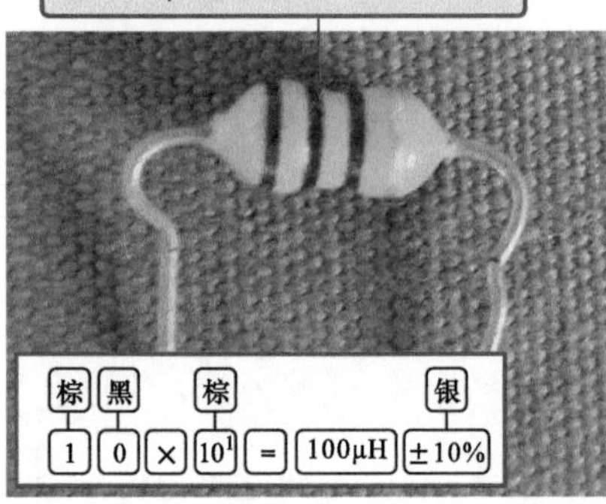
【1】根据色环电感器的标识规则，识读待测色环电感器的标称电感量：100μH±10%
棕 黑 棕 银
1 0 × 10¹ = 100μH ±10%

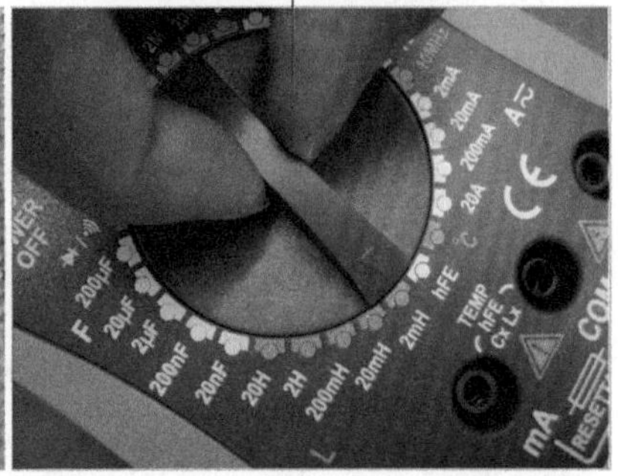
【2】根据待测电感器的电感量将万用表的量程调整至“2mH”电感测量档

扫一扫看视频

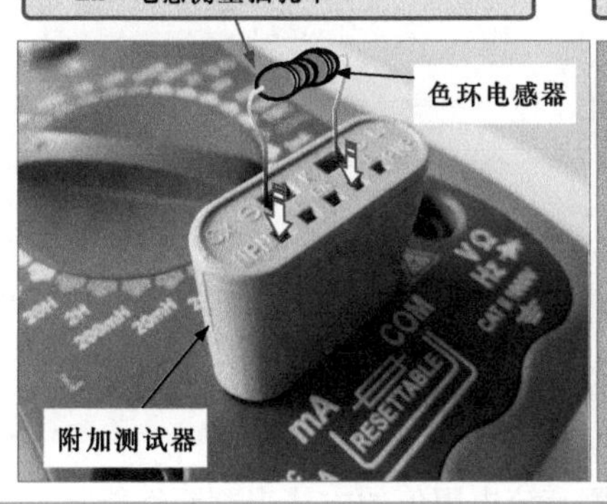
【3】连接万用表的附加测试器，并将待测电感器的引脚插入附加测试器的“Lx”电感测量插孔中
色环电感器
附加测试器

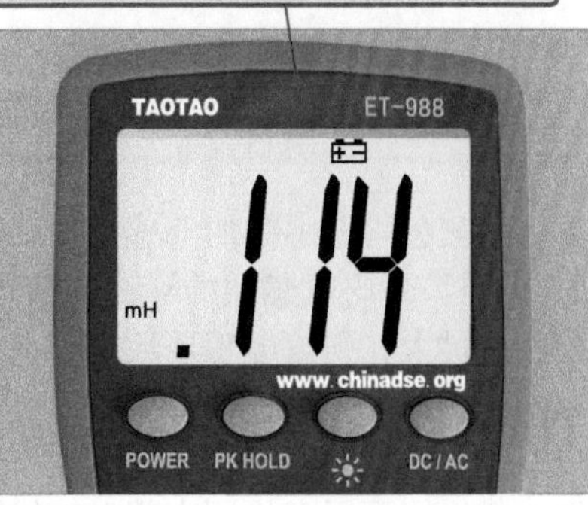
【4】观察万用表显示屏读出实测数值为0.114mH=114μH，与标称值接近，说明色环电感器性能良好
TAOTAO
ET-988
.114
mH
www.chinadse.org
POWER
PK HOLD
DC/AC

6.2.3 色码电感器的检测

色码电感器的检测方法与色环电感器相同，通常借助万用表对其直流电阻和电感量等参数进行粗略测量即可判断性能状态。由于直流电阻的检测操作十分简单，这里不再重复叙述。

下面以典型电子产品中的色码电感器为例，讲述其电感量的检测方法。如图 6-18 所示，首先对当前待测色码电感器的标称电感量进行识读。

图 6-18 识读当前待测色码电感器的电感量

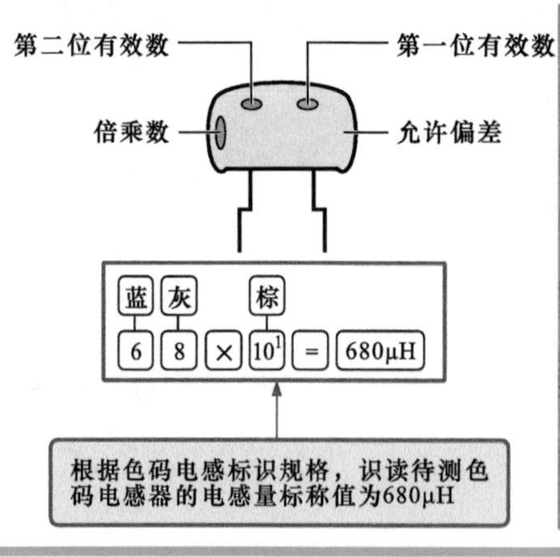
第二位有效数
第一位有效数
倍乘数
允许偏差
蓝 灰 棕
6 8 × 10¹ = 680μH
根据色码电感标识规格，识读待测色码电感器的电感量标称值为680μH

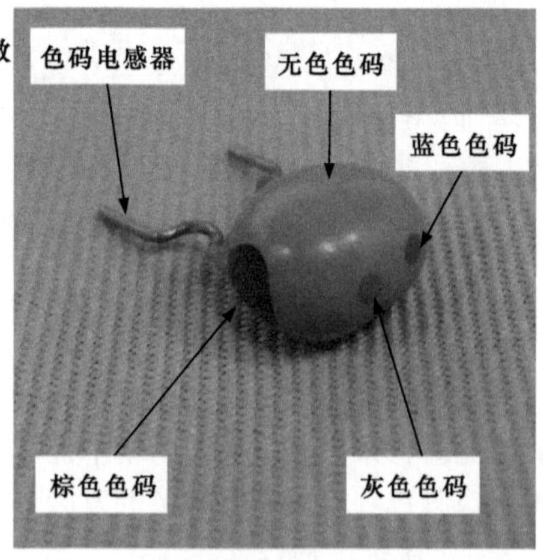
色码电感器
无色色码
蓝色色码
棕色色码
灰色色码

接下来，我们使用数字万用表（Minipa ET-988 型）对色码电感器的电感量进行检测，检测前，根据识读待测色码电感器的标称电感量，设置万用表测量档位，即将量程旋钮调整至“2mH”档，安装附加测试器后进行检测即可，如图 6-19 所示。

图 6-19 色码电感器的电感量的粗略检测方法

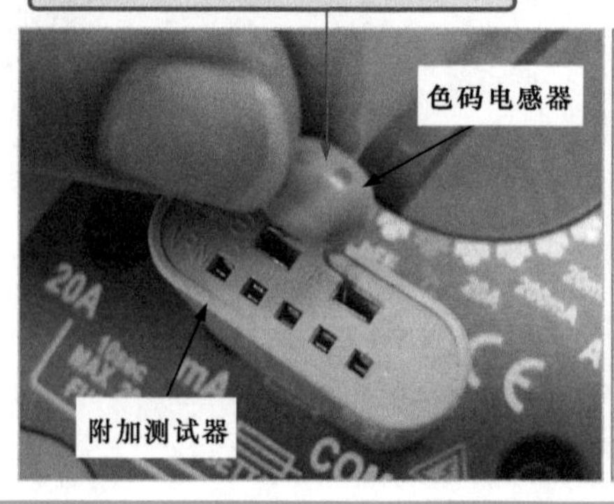
【1】连接万用表的附加测试器，并将待测电感器的引脚插入附加测试器的“Lx”电感测量插孔中
色码电感器
附加测试器

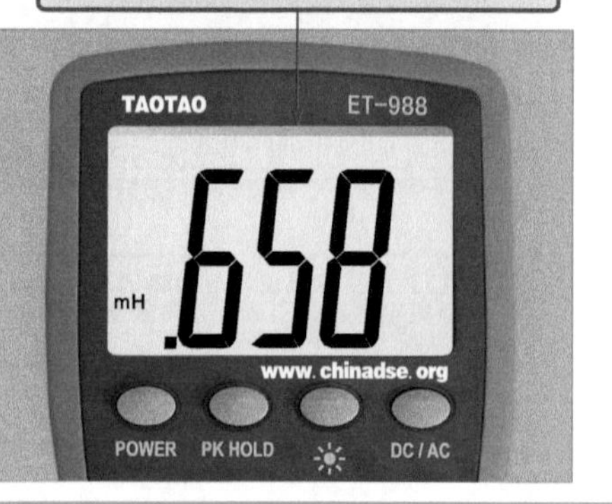
【2】观察万用表显示屏读出实测数值为0.658mH=658μH，与标称值接近，说明色码电感器性能良好
TAOTAO
ET-988
.658
mH
www.chinadse.org
POWER
PK HOLD
DC / AC

扫一扫看视频

正常情况下，检测色码电感器的电感量为“0.658mH”，根据单位换算公式 $0.658\text{mH} = 0.658 \times 10^3\mu\text{H} = 658\mu\text{H}$，若与该色码电感器的标称值基本相近或相符，表明该色码电感器正常。若测得的电感量与标称值相差过大，则该电感器性能不良。

6.2.4 微调电感器的检测

微调电感器一般采用万用表检测内部电感线圈直流电阻值的方法来判断性能状态，即用万用表的电阻档检测其内部电感线圈的阻值，正常情况下，其内部电感线圈的阻值较小，接近于0。

微调电感器的检测方法如图 6-20 所示。

图 6-20　微调电感器的检测方法

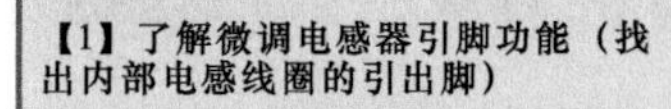
【1】了解微调电感器引脚功能（找出内部电感线圈的引出脚）

【2】将万用表档位旋钮调至“×1”欧姆档，并进行欧姆调零操作

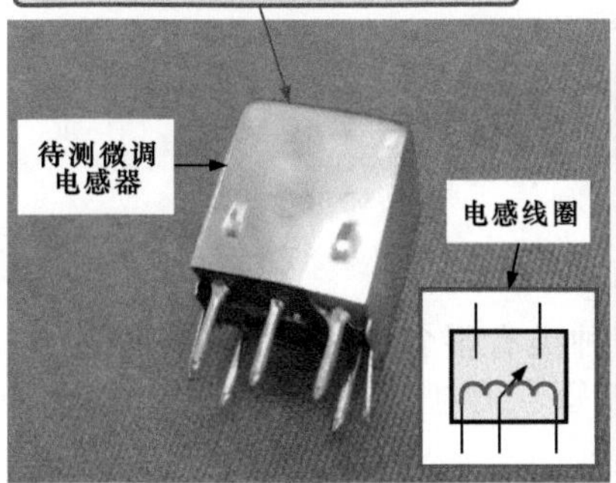
待测微调电感器
电感线圈

【3】将万用表的红、黑表笔分别搭在待测微调电感器内部电感线圈的两只引脚上

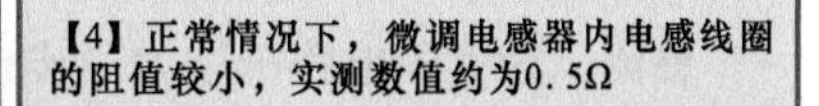
【4】正常情况下，微调电感器内电感线圈的阻值较小，实测数值约为0.5Ω

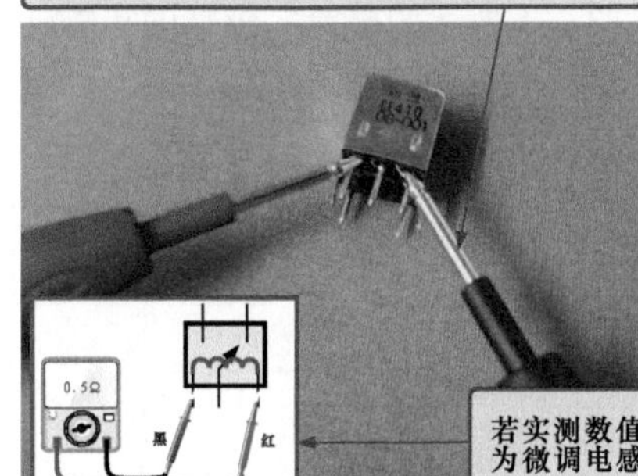
0.5Ω
黑
红

A-V-Ω
MODEL MF47-B
全保护·遥控器检测

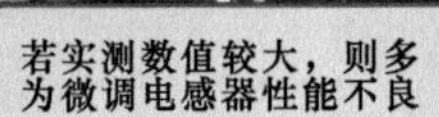
若实测数值较大，则多为微调电感器性能不良

第7章 二极管的功能与识别检测

7.1 二极管的种类和功能

7.1.1 二极管的种类

二极管是一种常用的半导体器件。二极管的种类有很多，根据实际功能的不同，可分为整流二极管、发光二极管、稳压二极管、光电二极管、检波二极管、变容二极管、双向触发二极管等。

扫一扫看视频

1 整流二极管

整流二极管的电路符号为“-▷|-”，是一种具有整流作用的二极管，即可将交流整流成直流，主要用于整流电路中，图 7-1 所示为整流二极管的实物外形。

图 7-1 整流二极管的实物外形

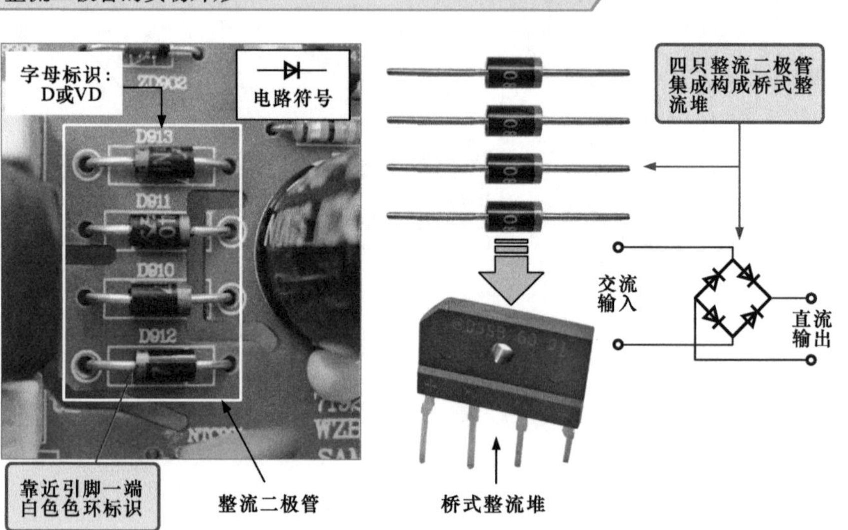

字母标识：
D或VD
电路符号
D913
D911
D910
D912
四只整流二极管集成构成桥式整流堆
交流输入
直流输出
靠近引脚一端白色色环标识
整流二极管
桥式整流堆

整流二极管的外壳封装常采用金属壳封装、塑料封装和玻璃封装三种形式。由于整流二极管的正向电流较大，所以整流二极管多为面接触型二极管，结面积大、结电容大，但工作频率低。

相关资料

面接触型二极管是指其内部 PN 结采用合金法或扩散法制成的二极管，如图 7-2a 所示，由于这种制作工艺中的 PN 结的面积较大，所以能通过较大的电流。但其工作频率较低，故常用作整流元件。

相对 PN 结接触面积较大的面接触型二极管而言，还有一种 PN 结接触面积较小的点接触型二极管（见图 7-2b），它是由一根很细的金属丝和一块 N 型半导体晶片的表面接触，使触点和半导体牢固熔接而构成 PN 结，这样制成的 PN 结面积很小，只能通过较小的电流和承受较低的反向电压，但高频特性较好。因此点接触型二极管主要用于高频和小功率的电路，或用作数字电路中的开关元件。

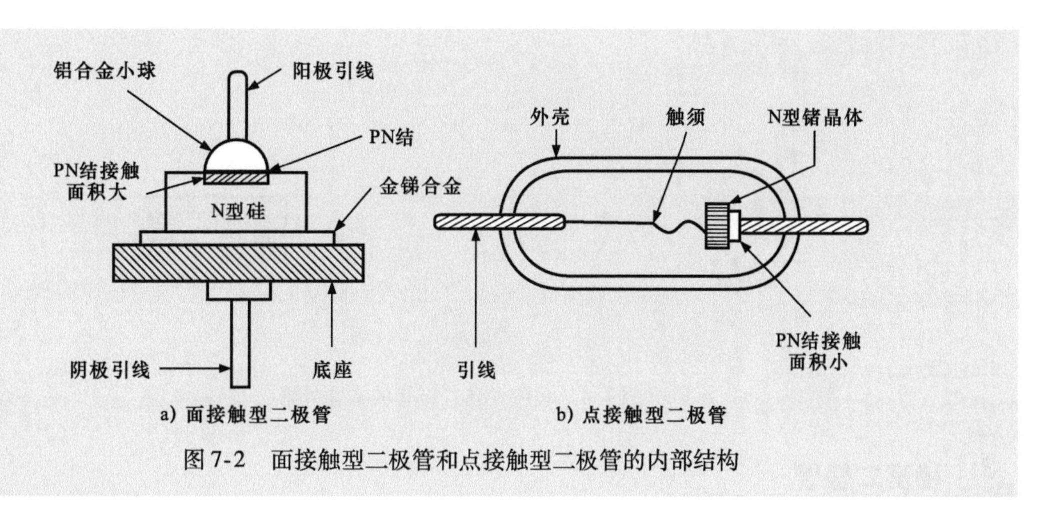
铝合金小球
阳极引线
PN结
PN结接触
面积大
N型硅
金锑合金
阴极引线
底座
外壳
触须
N型锗晶体
引线
PN结接触
面积小
a) 面接触型二极管
b) 点接触型二极管

图 7-2　面接触型二极管和点接触型二极管的内部结构

2 发光二极管

发光二极管是指在工作时能够发光的二极管，简称 LED，其电路符号为"⊸⊳|⊸"。常用于显示器件或光电控制电路中的光源。图 7-3 所示为典型发光二极管的实物外形。

图 7-3　典型发光二极管的实物外形

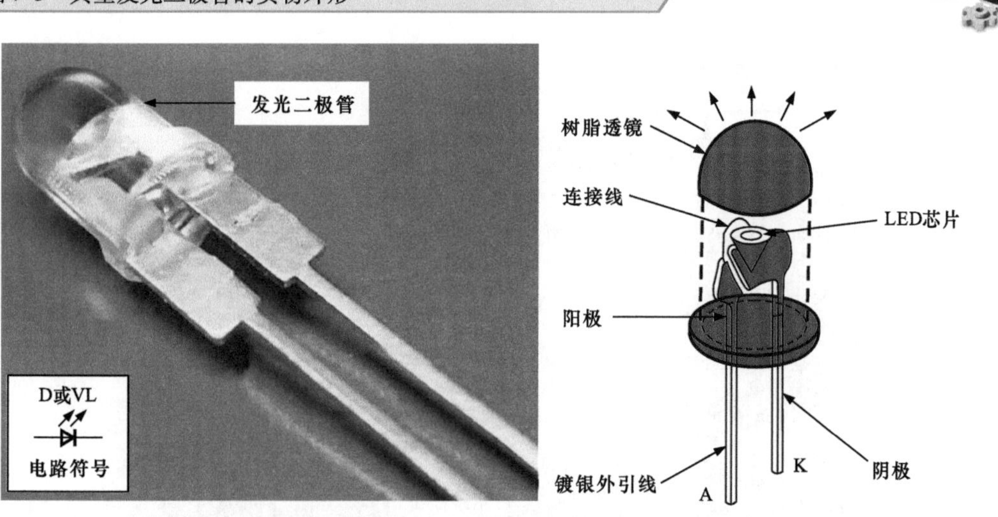
发光二极管
D或VL
电路符号
树脂透镜
连接线
LED芯片
阳极
镀银外引线
A
K
阴极

| 特别提示 |

这种二极管是一种利用正向偏置时 PN 结两侧的多数载流子直接复合释放出光能的发射器件。

| 相关资料 |

发光二极管是将电能转化为光能的器件，通常用元素周期表中的Ⅲ族和Ⅴ族元素的砷化镓、磷化镓等化合物制成。采用不同材料制成的发光二极管可以发出不同颜色的光，常见的有红光、黄光、绿光、橙光等。

发光二极管在正常工作时，处于正向偏置状态，在正向电流达到一定值时就发光。具有工作电压低、工作电流很小、抗冲击和抗振性能好、可靠性高、寿命长的特点。

除这些单色发光二极管外，还有可以发出两种颜色光的双向变色二极管和三色发光二极管。三色发光二极管能够发出红色、绿色和蓝色三种颜色的光，其实物外形如图 7-4 所示。

图 7-4　三色发光二极管的实物外形

3　稳压二极管

稳压二极管常用的电路符号为“—▷|—”或“—▷|—”，是由硅材料制成的面结合型二极管，利用PN结反向击穿时，其两端电压固定在某一数值，而基本上不随电流大小变化的特点来进行工作的，因此可达到稳压的目的。这里的反向击穿状态是正常工作状态并不损坏二极管。图7-5所示为典型稳压二极管的实物外形。

从外形上看，它与普通小功率整流二极管相似，主要有塑料封装、金属封装和玻璃封装三种封装形式。

图 7-5　典型稳压二极管的实物外形

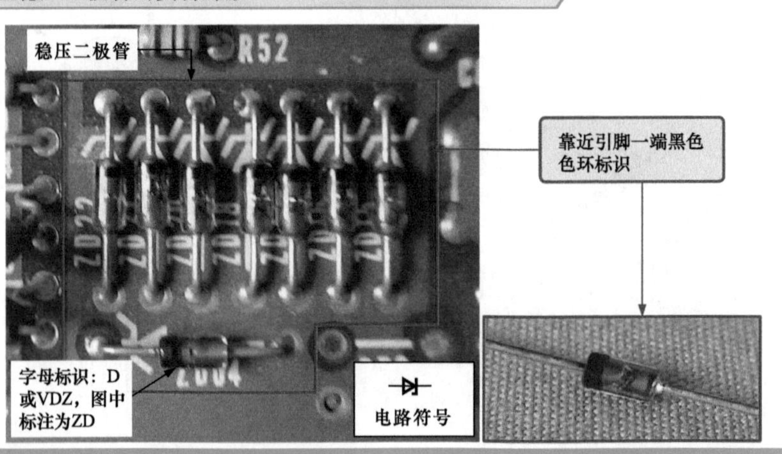
稳压二极管
R52
靠近引脚一端黑色色环标识
字母标识：D或VDZ，图中标注为ZD
电路符号

相关资料

半导体器件中，PN结具有正向导通、反向截止的特性。但对于稳压二极管来说，若反向输入电压较高，该电压足以使其内部PN结反方向也导通，这个电压称为击穿电压。

在实际应用中，当加在稳压二极管上的反向电压临近击穿电压时，二极管反向电流急剧增大，发生击穿。这时电流在很大范围内改变时，二极管两端电压基本保持不变，起到稳定电压的作用，其特性与普通二极管不同。

值得注意的是，稳压二极管在电路上应用时应串联限流电阻，即必须限制反向通过的电流，不能让稳压二极管击穿后电流无限增长，否则将立即被烧毁。

4　光电二极管

光电二极管又称为光敏二极管，它的电路符号为“—▷|—”。光电二极管的特点是当受到光照射时，其反向阻抗会随之变化（随着光照射的增强，反向阻抗会由大到小），利用这一特性，光电二

极管常用作光电传感器件使用。图 7-6 所示为典型光电二极管的实物外形。

图 7-6　典型光电二极管的实物外形

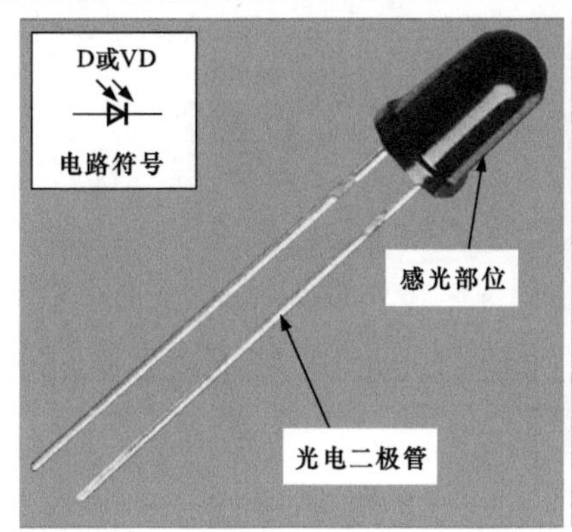
D或VD
电路符号
感光部位
光电二极管

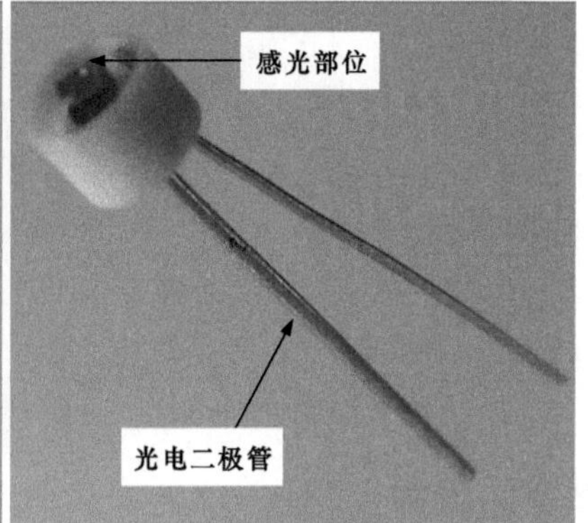
感光部位
光电二极管

5　检波二极管

检波二极管是利用二极管的单向导电性，再与滤波电容配合，可以把叠加在高频载波上的低频信号检出来的器件，其电路符号为“—▷|—”。这种二极管具有较高的检波效率和良好的频率特性，常用在收音机的检波电路中。

图 7-7 所示为检波二极管的实物外形，该类二极管多采用塑料、玻璃或陶瓷外壳，以保证良好的高频特性。

图 7-7　检波二极管的实物外形

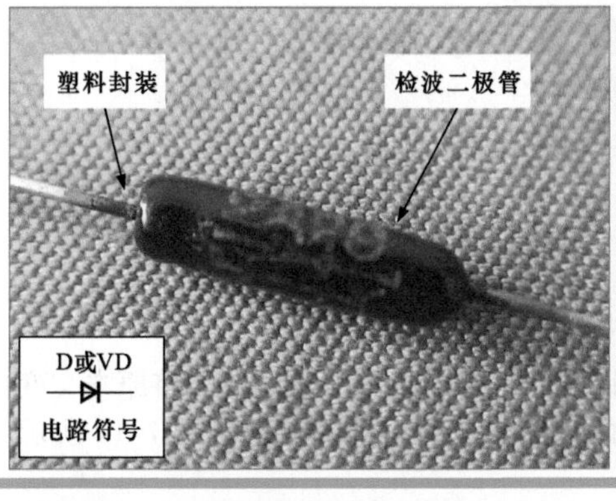
塑料封装
检波二极管
D或VD
电路符号

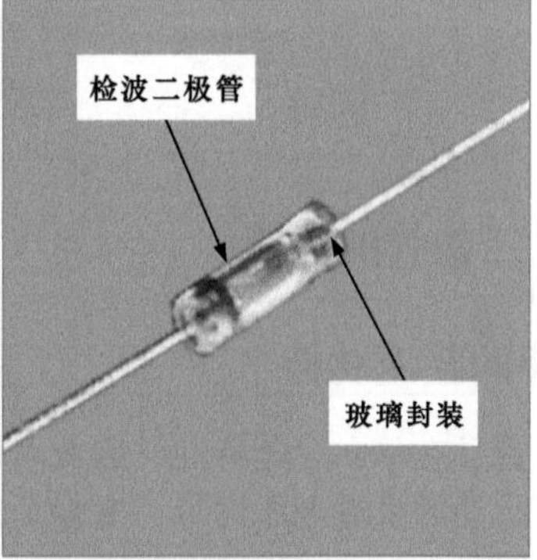
检波二极管
玻璃封装

| 相关资料 |

检波效率是检波二极管的特殊参数，它是指在检波二极管输出电路的电阻负载上产生的直流输出电压与加于输入端的正弦交流信号电压峰值之比的百分数。

6　变容二极管

变容二极管是利用 PN 结的电容随外加偏压变化而变化这一特性制成的非线性半导体元件，在电路中起电容器的作用，被广泛地用于超高频电路中的参量放大器、电子调谐及倍频器等高频和微波电路中，其电路符号为—▷|‖—。图 7-8 所示为典型变容二极管的实物外形。

| 相关资料 |

变容二极管是利用 PN 结空间能保持电荷具有电容器特性的原理制成的特殊二极管，该二极管两极之间的电容量为 3 ~ 50pF，实际上是一个电压控制的微调电容器，主要用于调谐电路。

图 7-8 典型变容二极管的实物外形

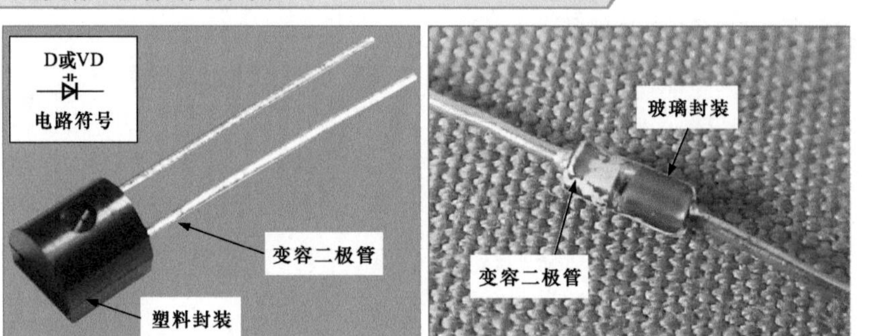
D或VD
电路符号
变容二极管
塑料封装
玻璃封装
变容二极管

7 双向触发二极管

双向触发二极管又称为二端交流器件（简称 DIAC），其电路符号为“双向触发二极管符号”。它是一种具有三层结构的对称两端半导体器件，常用来触发晶闸管，或用于过电压保护、定时、移相电路。图 7-9 所示为典型双向触发二极管的实物外形。

图 7-9 典型双向触发二极管的实物外形

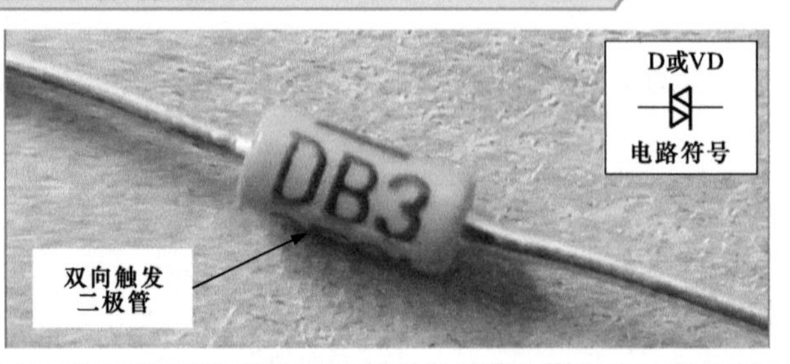
D或VD
电路符号
DB3
双向触发
二极管

7.1.2 二极管的功能

1 二极管的整流功能

由于二极管具有单向导电特性，因此可以利用二极管组成整流电路，将原本交变的交流电压信号整流成同相脉动的直流电压信号，变换后的波形小于变换前的波形。图 7-10 所示为整流二极管构成的整流电路。

图 7-10 整流二极管构成的整流电路

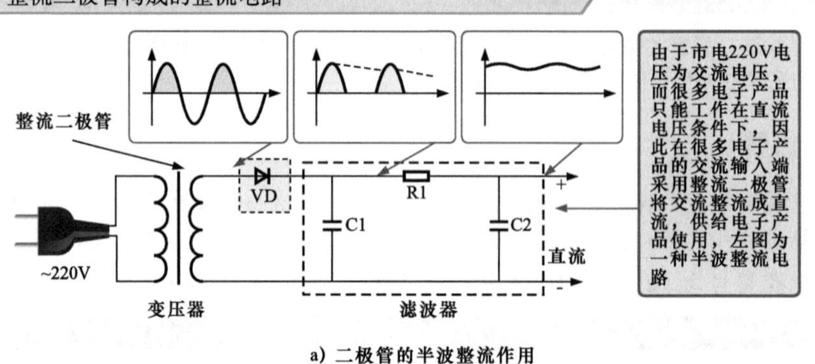
整流二极管
VD
R1
C1
C2
+
-
直流
~220V
变压器
滤波器
由于市电220V电压为交流电压，而很多电子产品只能工作在直流电压条件下，因此在很多电子产品的交流输入端采用整流二极管将交流整流成直流，供给电子产品使用，左图为一种半波整流电路

a）二极管的半波整流作用

图 7-10 整流二极管构成的整流电路（续）

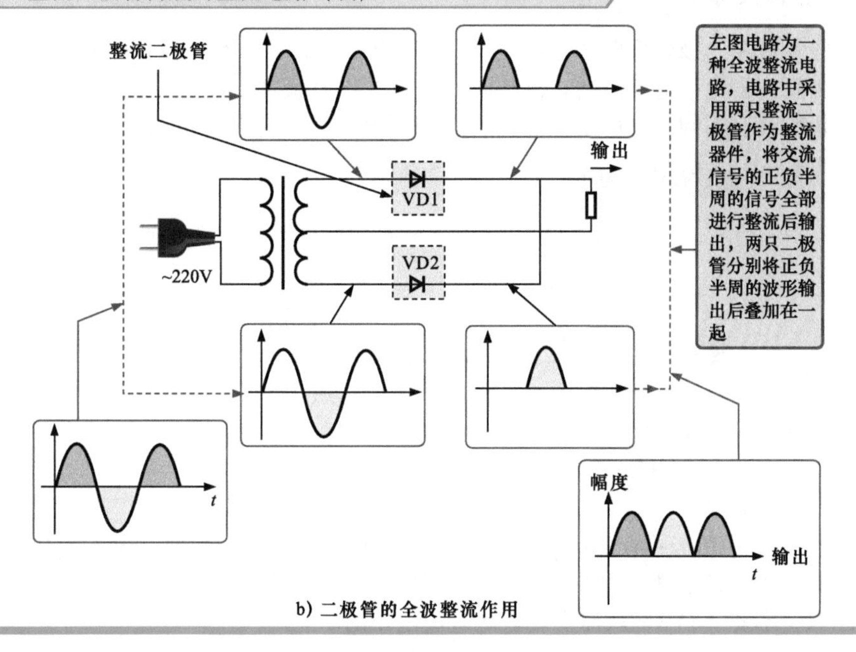
整流二极管
输出
VD1
VD2
~220V
左图电路为一种全波整流电路，电路中采用两只整流二极管作为整流器件，将交流信号的正负半周的信号全部进行整流后输出，两只二极管分别将正负半周的波形输出后叠加在一起
幅度
输出
t

b) 二极管的全波整流作用

1）半波整流电路中的二极管，由于二极管具有单向导电特性，在交流输入电压处于正半周时，二极管导通；在交流电压处于负半周时，二极管截止，因此交流电经二极管 VD 整流后就变为脉动直流电压（缺少半个周期）。然后再经 RC 滤波即可得到比较稳定的直流电压。

2）全波整流电路中的二极管，在该电路中，变压器二次绕组分别连接了两个整流二极管。变压器二次绕组以中间抽头为基准组成上下两个半波整流电路。依据二极管的功能特性。二极管 VD1 对交流电正半周电压进行整流；二极管 VD2 对交流电负半周的电压进行整流，这样最后得到两个半波整流合成的电流，称为全波整流。

| 相关资料 |

整流二极管的整流作用利用了二极管的单向导通、反向截止特性。可以将整流二极管想象成为一个只能单方向打开的闸门，将交流电流看作不同流向的水流，如图 7-11 所示。

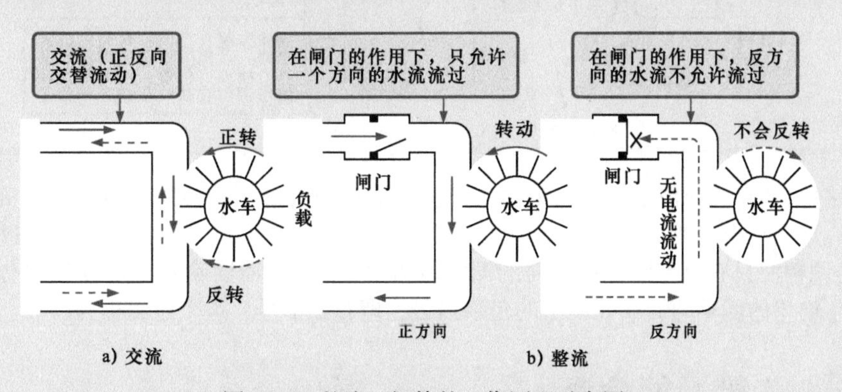
交流（正反向交替流动）
在闸门的作用下，只允许一个方向的水流流过
在闸门的作用下，反方向的水流不允许流过
正转
反转
水车
负载
闸门
转动
正方向
不会反转
无电流流动
反方向
a) 交流
b) 整流

图 7-11 整流二极管的工作原理示意图

交流是电流交替变化的电流，如水流推动水车一样，交变的水流会使水车正向、反向交替运转，如图 7-11a 所示。在水流的通道中设一闸门，正向水流时闸门打开，水流推动水车运转。如果水流反向流动时闸门自动关闭，如图 7-11b 所示。水不能反向流动，水车也不会反转。在这样的系统中水只能正向流动，这就是整流的功能。

2 二极管的稳压功能

稳压二极管是利用二极管反向击穿特性而制造的稳压器件，当给二极管外加的反向电压达到一定值时，二极管反向击穿，电流激增。但此时二极管并没有损坏，而且两极之间保持恒定的电压，不同的稳压二极管具有不同的稳压值。图 7-12 所示为由稳压二极管构成的稳压电路。

图 7-12　由稳压二极管构成的稳压电路

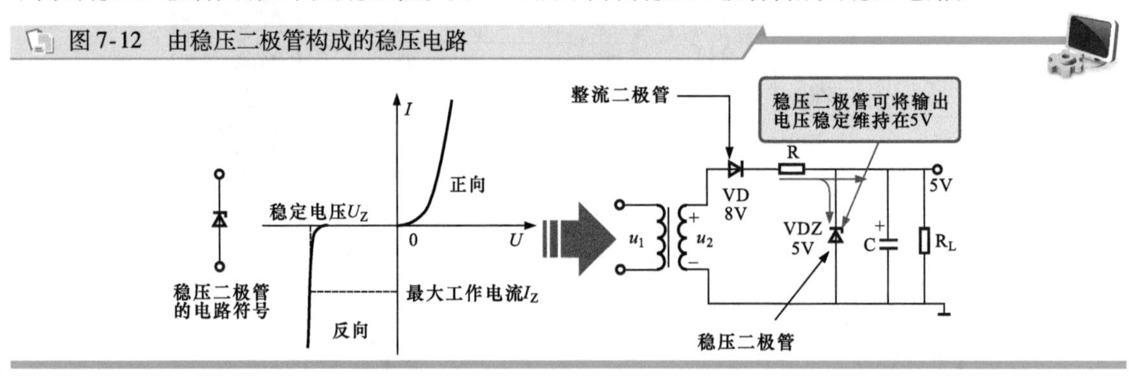

稳压二极管的电路符号
I
正向
稳定电压U_Z
0
U
最大工作电流I_Z
反向
整流二极管
稳压二极管可将输出电压稳定维持在5V
R
VD
8V
5V
u_1
u_2
VDZ
5V
C
R_L
稳压二极管

稳压二极管 VDZ 的负极接外加电压的高端，正极接外加电压的低端。当稳压二极管 VDZ 反向电压接近其击穿电压（5V）时，电流急剧增大，稳压二极管 VDZ 呈击穿状态，该状态下稳压二极管两端的电压保持不变（5V），从而实现稳定直流电压的功能。

3 二极管的检波功能

检波功能是指能够将调制在高频信号上的低频包络信号检出来的功能。检波二极管是为实现这种功能而制作的。图 7-13 所示为由检波二极管构成的检波电路。

图 7-13　由检波二极管构成的检波电路

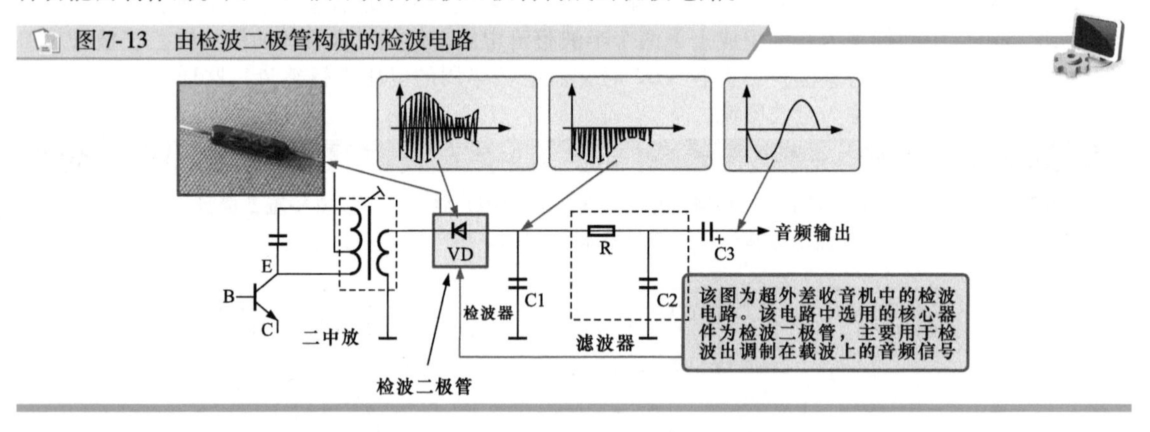

VD
R
C3
音频输出
E
B
C
二中放
检波器
C1
C2
滤波器
该图为超外差收音机中的检波电路。该电路中选用的核心器件为检波二极管，主要用于检波出调制在载波上的音频信号
检波二极管

在该电路中，VD 为检波二极管。第二中放输出的调幅波加到检波二极管 VD 的负极，由于检波二极管具有单向导电特性，其负半周调幅波通过检波二极管，正半周被截止，通过检波二极管 VD 后输出的调幅波只有负半周。负半周的调幅波再由 RC 滤波器滤除其中的高频成分，输出其中的低频成分，输出的就是调制在载波上的包络信号，即音频信号，这个过程称为检波。

7.2 二极管的检测

7.2.1 整流二极管的检测

对整流二极管检测时，可使用万用表分别对待测整流二极管的正、反向阻值及导通电压进行检测。

图 7-14 所示为待测的整流二极管。通常可使用万用表检测其引脚间正、反向阻值，根据检测

结果来判断其是否正常。

图 7-14 待测的整流二极管

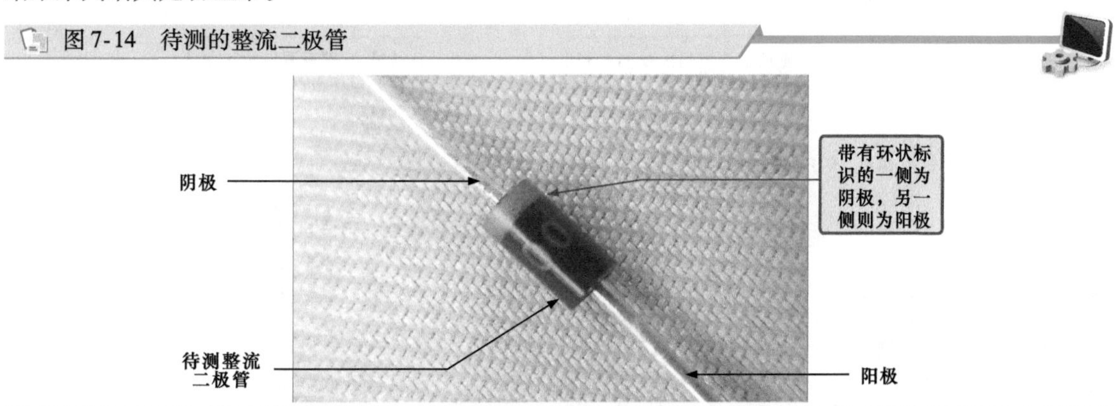
阴极
带有环状标识的一侧为阴极，另一侧则为阳极
待测整流二极管
阳极

调整好指针万用表档位后，将红、黑表笔搭在整流二极管的两引脚上，如图 7-15 所示，根据检测结果判断出整流二极管是否正常。

图 7-15 整流二极管正、反向阻值的检测方法

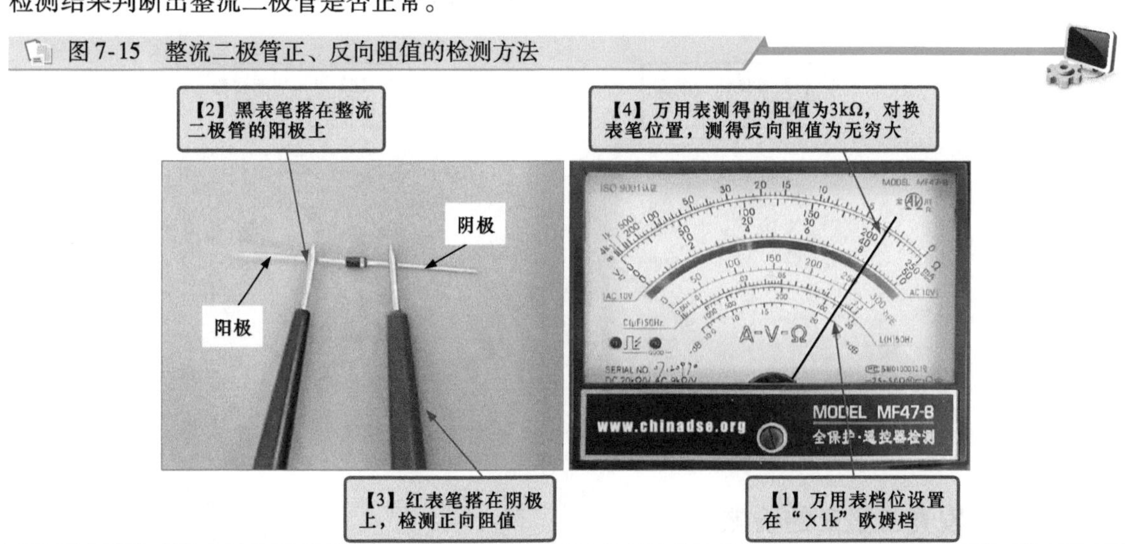
【2】黑表笔搭在整流二极管的阳极上
【4】万用表测得的阻值为3kΩ，对换表笔位置，测得反向阻值为无穷大
阴极
阳极
A-V-Ω
MODEL MF47-B
www.chinadse.org
全保护·遥控器检测
【3】红表笔搭在阴极上，检测正向阻值
【1】万用表档位设置在“×1k”欧姆档

正常情况下，整流二极管的正向阻值为几千欧姆（图 7-15 中的二极管为 3kΩ 左右），反向阻值为无穷大；若正、反向阻值都为无穷大或阻值很小，则说明该整流二极管损坏；整流二极管的正反向阻值相差越大越好，若测得的正反向阻值相近，说明该整流二极管性能不良；若指针一直不断摆动，不能停止在某一阻值上，多为该整流二极管的热稳定性不好。

| 特别提示 |

一般情况下使用指针万用表检测二极管时，黑表笔搭在二极管的阳极时，检测的是二极管正向阻值。这是由指针万用表的内部结构来决定的，其内部电池的正极连接黑表笔，电池的负极连接红表笔。根据二极管的单向导电特性，当二极管阳极加电源正极，阴极加电源负极时，是为二极管加正向电压，这样结合起来就不难理解了。

但要注意数字万用表情况正好相反，其黑表笔搭在二极管的阴极时，检测的是二极管的反向阻值。

图 7-16 所示为整流二极管导通电压的检测方法。检测时可通过数字万用表检测其导通电压，从而来判断其是否正常。

正常情况下，整流二极管有一定的正向导通电压，但没有反向导通电压。若实测整流二极管的正向导通电压在 0.2 ~ 0.3V 范围内，则说明该整流二极管为锗材料制作；若实测在 0.6 ~ 0.7V 范围内，则说明所测的整流二极管为硅材料；若测得的电压不正常，说明整流二极管不良。

图 7-16　整流二极管导通电压的检测方法

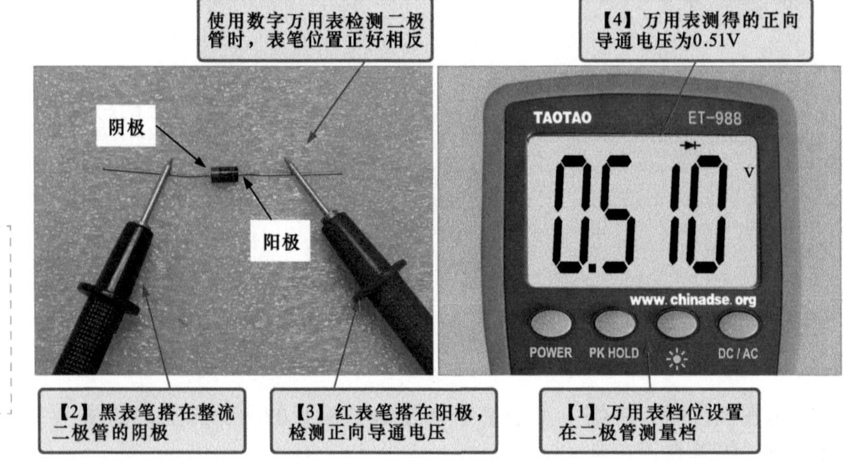
使用数字万用表检测二极管时，表笔位置正好相反
【4】万用表测得的正向导通电压为0.51V
阴极
阳极
TAOTAO
ET-988
0.510
V
www.chinadse.org
POWER
PK HOLD
DC / AC
【2】黑表笔搭在整流二极管的阴极
【3】红表笔搭在阳极，检测正向导通电压
【1】万用表档位设置在二极管测量档

扫一扫看视频

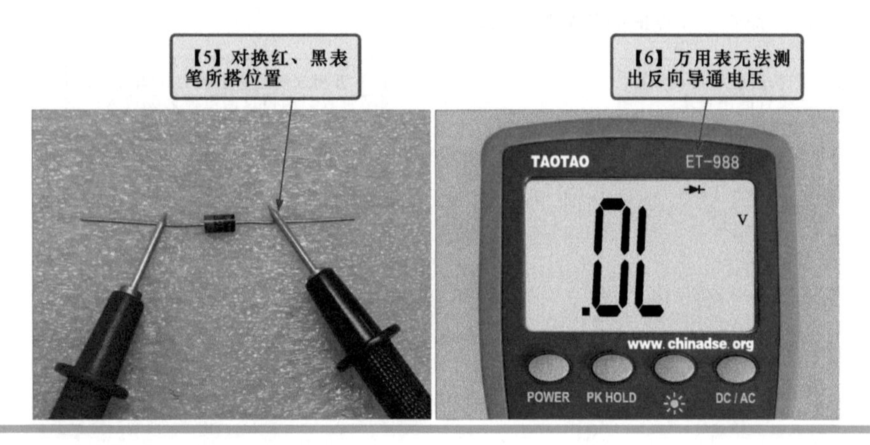
【5】对换红、黑表笔所搭位置
【6】万用表无法测出反向导通电压
TAOTAO
ET-988
.0L
V
www.chinadse.org
POWER
PK HOLD
DC / AC

7.2.2　发光二极管的检测

检测发光二极管时，可使用万用表检测其引脚间的正、反向阻值，根据检测结果来判断其是否正常。图 7-17 所示为发光二极管正向阻值的检测方法。

图 7-17　发光二极管正向阻值的检测方法

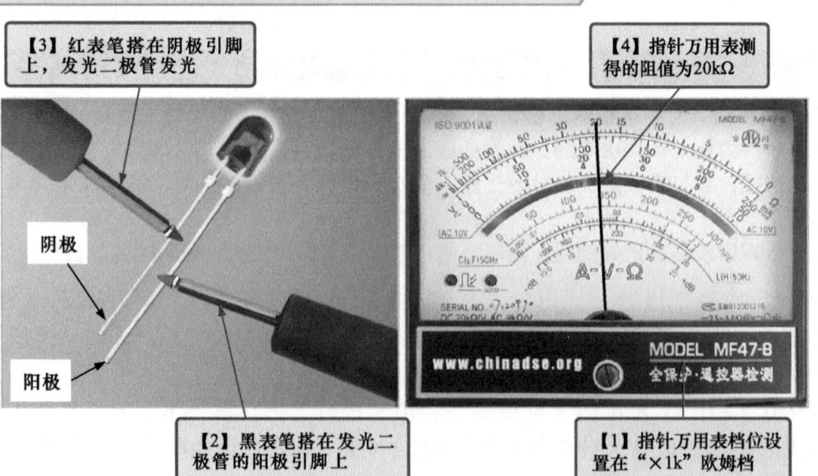
【3】红表笔搭在阴极引脚上，发光二极管发光
【4】指针万用表测得的阻值为20kΩ
阴极
阳极
www.chinadse.org
MODEL MF47-B
【2】黑表笔搭在发光二极管的阳极引脚上
【1】指针万用表档位设置在“×1k”欧姆档

图 7-18 所示为发光二极管反向阻值的检测方法。正常情况下，将指针万用表黑表笔搭阳极，红表笔搭阴极，发光二极管能发光，且有一定的正向阻值（该发光二极管约为 20kΩ），对换表笔后，发光二极管不能发光，反向阻值为无穷大；若正向阻值和反向阻值都趋于无穷大，说明发光二极管存在断路故障；若正向阻值和反向阻值都趋于 0，说明发光二极管击穿短路；若正向阻值和反向阻值都很小，可以断定该发光二极管已被击穿。

图 7-18　发光二极管反向阻值的检测方法

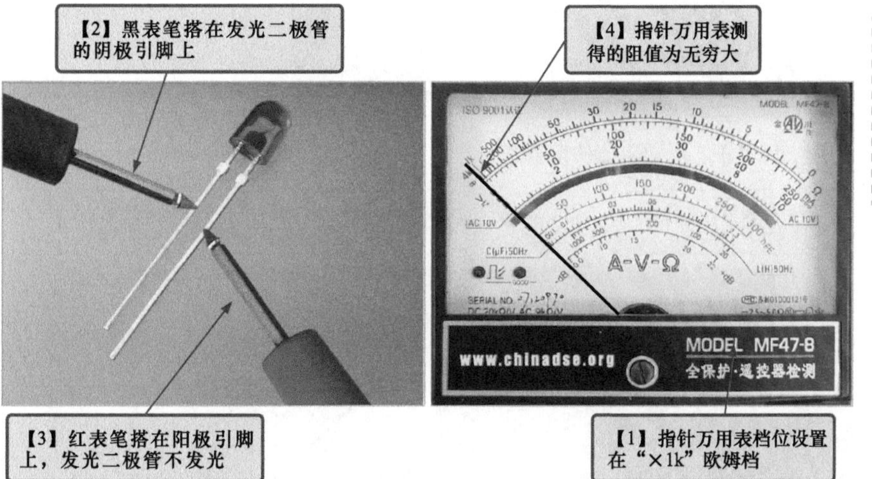
【2】黑表笔搭在发光二极管的阴极引脚上
【4】指针万用表测得的阻值为无穷大
【3】红表笔搭在阳极引脚上，发光二极管不发光
【1】指针万用表档位设置在“×1k”欧姆档
MODEL MF47-B
www.chinadse.org
全保护·遥控器检测
A-V-Ω

扫一扫看视频

特别提示

在检测发光二极管的正向阻抗时，选择不同的欧姆档量程，发光二极管所发出的光线亮度也会不同，如图 7-19 所示。通常，所选量程的输出电流越大，发光二极管的光线越亮。

“×100k”欧姆档时的亮度
“×100”欧姆档时的亮度

图 7-19　发光二极管的发光亮度

7.2.3　稳压二极管的检测

对稳压二极管进行检测时，可使用万用表分别对待测稳压二极管的正、反向阻值进行检测。

图 7-20 所示为待测的稳压二极管。通常可使用万用表检测其引脚间的正、反向阻值，根据检测结果来判断其是否正常。

检测时，将万用表的黑表笔搭在稳压二极管的阳极，红表笔搭在阴极，检测稳压二极管的正向阻值；然后将红、黑表笔对调，检测反向阻值，观察万用表的读数，如图 7-21 所示。

正常情况下，稳压二极管的正向阻抗为几千欧（该稳压二极管约为 9kΩ），反向阻抗为无穷大，若测得的阻值均为无穷大或零，说明该稳压二极管已经损坏。

图 7-20　待测的稳压二极管

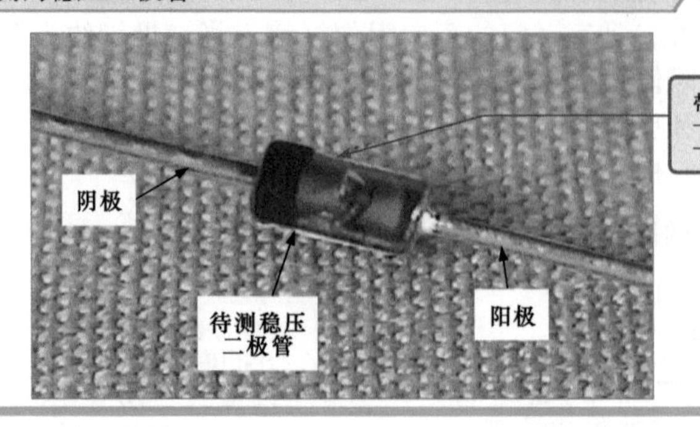
带有环状标识的一侧为阴极，另一侧则为阳极
阴极
待测稳压二极管
阳极

图 7-21　稳压二极管正、反向阻值的检测方法

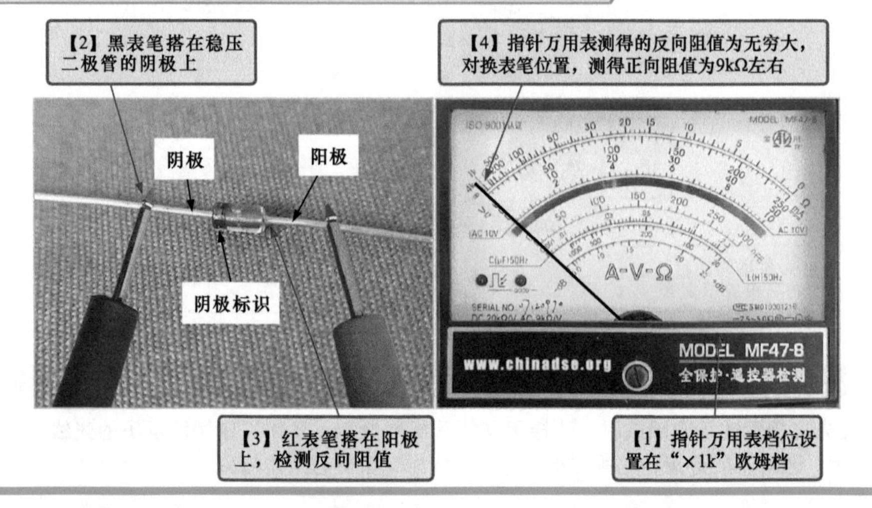
【2】黑表笔搭在稳压二极管的阴极上
【4】指针万用表测得的反向阻值为无穷大，对换表笔位置，测得正向阻值为9kΩ左右
阴极
阳极
阴极标识
MODEL MF47-B
www.chinadse.org
【3】红表笔搭在阳极上，检测反向阻值
【1】指针万用表档位设置在“×1k”欧姆档

特别提示

使用万用表检测稳压二极管的稳压值，必须在外加偏压（提供反向电流）的条件下进行。将稳压二极管（稳压值为6V）与12V供电电源、限流电阻（1kΩ）搭成图7-22所示的电路，将万用表调至“直流10V”电压档，黑表笔搭在稳压二极管的阳极，红表笔搭在稳压二极管的阴极，观察万用表所显示的电压值。

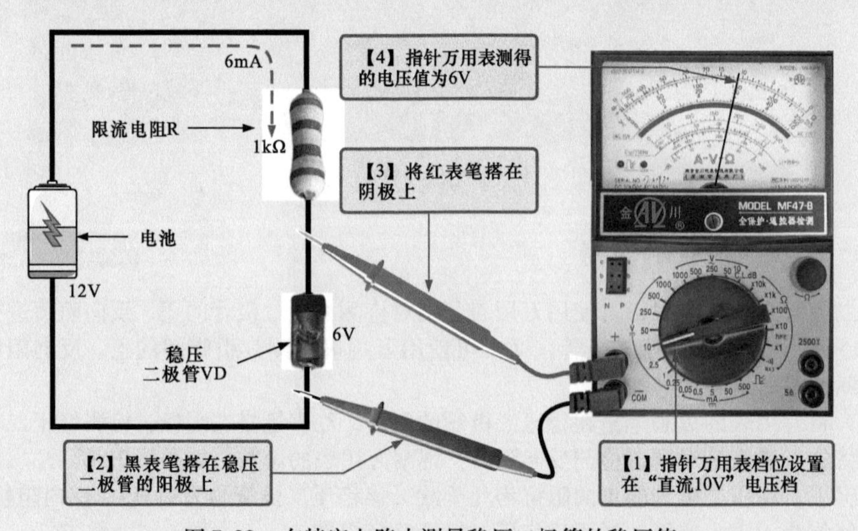
6mA
限流电阻R
1kΩ
电池
12V
6V
稳压二极管VD
【4】指针万用表测得的电压值为6V
【3】将红表笔搭在阴极上
MODEL MF47-B
【2】黑表笔搭在稳压二极管的阳极上
【1】指针万用表档位设置在“直流10V”电压档

图 7-22　在特定电路中测量稳压二极管的稳压值

正常情况下，万用表所测的电压值应与稳压二极管的额定稳压值相同，若检测的电压与稳压二极管的稳压规格不一致，说明稳压二极管不正常。

7.2.4 光电二极管的检测

根据光电二极管在不同光照条件下电阻值会发生变化的特性，使用万用表对其阻值进行检测，来判断其性能好坏。图 7-23 所示为光电二极管正向阻值的检测。

图 7-23 光电二极管正向阻值的检测

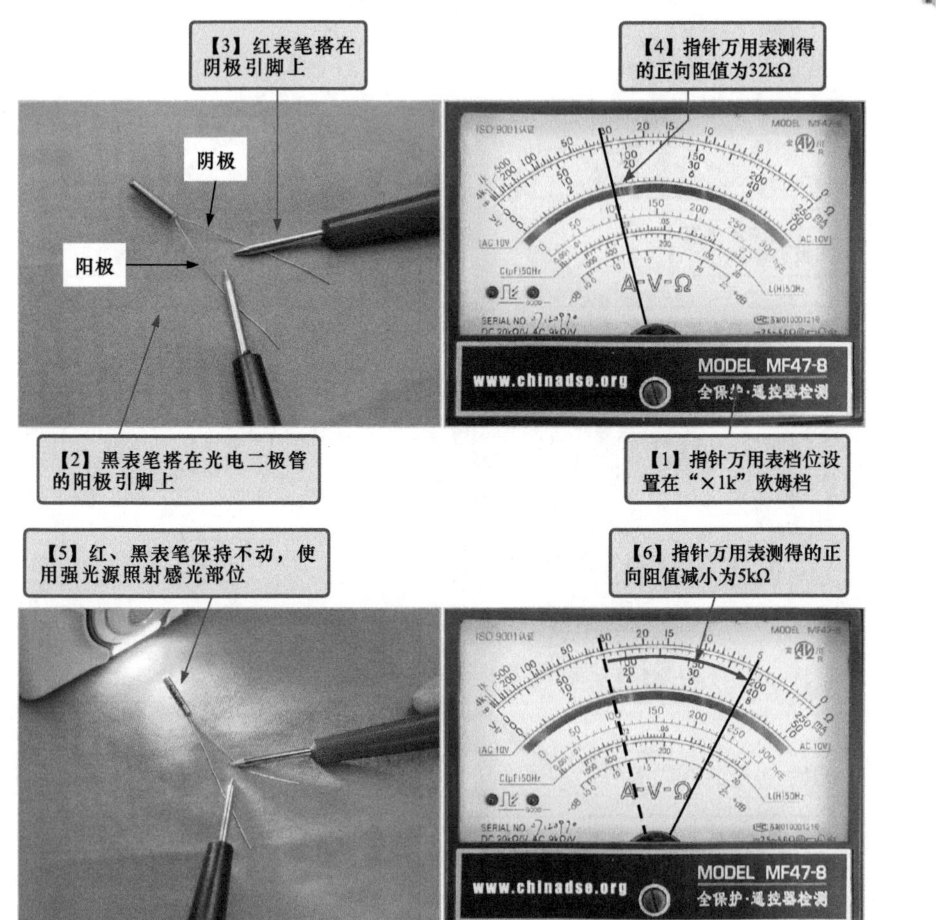
【3】红表笔搭在阴极引脚上
【4】指针万用表测得的正向阻值为32kΩ
阴极
阳极
【2】黑表笔搭在光电二极管的阳极引脚上
【1】指针万用表档位设置在“×1k”欧姆档
【5】红、黑表笔保持不动，使用强光源照射感光部位
【6】指针万用表测得的正向阻值减小为5kΩ
MODEL MF47-8
www.chinadse.org
全保护·遥控器检测

图 7-24 所示为光电二极管反向阻值的检测。光电二极管在正常光照下的阻值变化规律与普通二极管的判别规律相同，而当光电二极管在强光源下时，正向阻值和反向阻值都相应地减小；若正向阻值和反向阻值都趋于无穷大，则光电二极管存在断路故障；若正向阻值和反向阻值都趋于 0，则光电二极管击穿短路；若光电二极管经强光源照射后，其正、反向阻值没有变化或变化极小，说明光电二极管不良。

7.2.5 检波二极管的检测

检测检波二极管是否正常，可使用万用表的通断测试档（蜂鸣档）检测其正、反向阻值来进行判断，如图 7-25 所示。

通常，检波二极管可测出正向电阻值，并且万用表发出蜂鸣声；检测出的反向阻值一般为无穷大，也不能听到蜂鸣声。若检测结果与上述情况不符，说明检波二极管已损坏。

图7-24　光电二极管反向阻值的检测

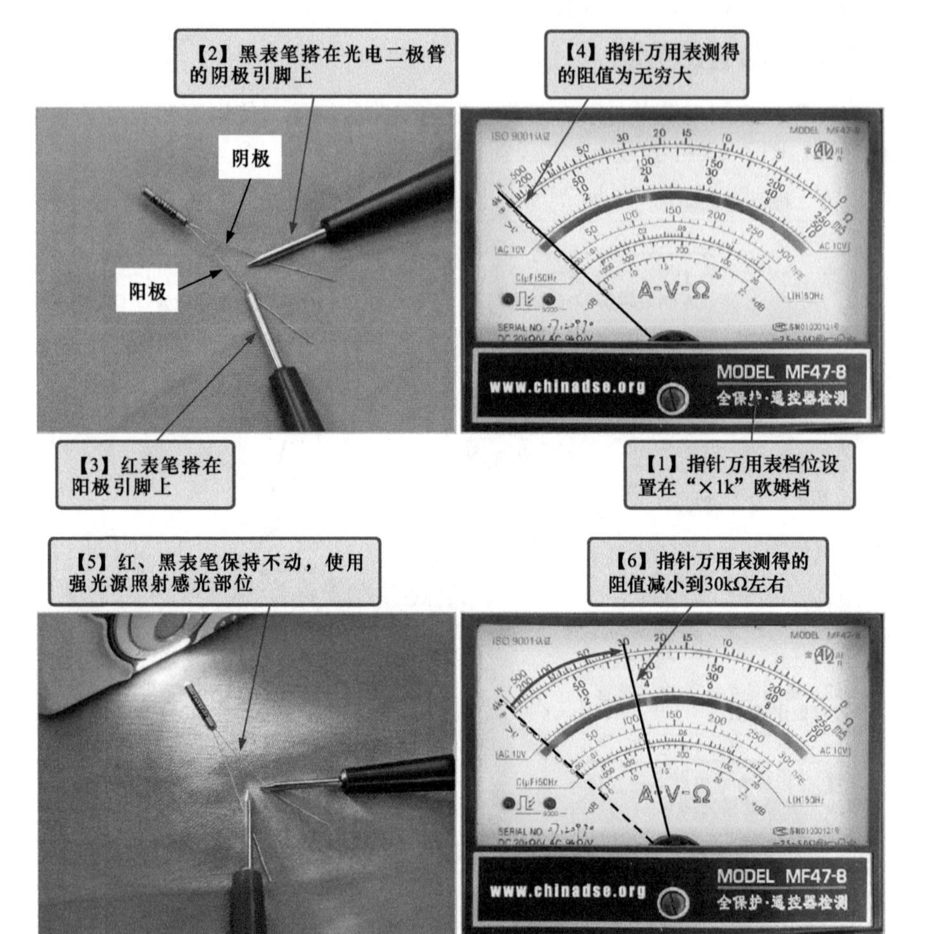
【2】黑表笔搭在光电二极管的阴极引脚上
【4】指针万用表测得的阻值为无穷大
阴极
阳极
【3】红表笔搭在阳极引脚上
【1】指针万用表档位设置在“×1k”欧姆档
【5】红、黑表笔保持不动，使用强光源照射感光部位
【6】指针万用表测得的阻值减小到30kΩ左右
MODEL MF47-B
www.chinadse.org
全保护·遥控器检测

图7-25　检波二极管的检测方法

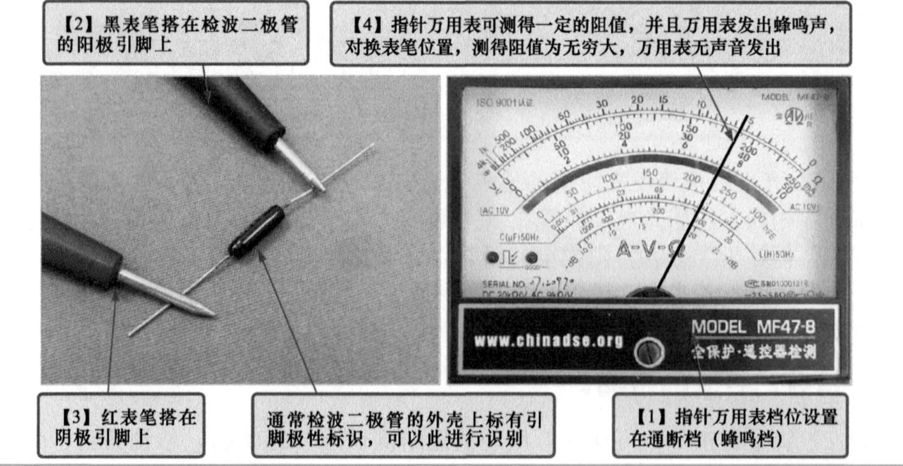
【2】黑表笔搭在检波二极管的阳极引脚上
【4】指针万用表可测得一定的阻值，并且万用表发出蜂鸣声，对换表笔位置，测得阻值为无穷大，万用表无声音发出
【3】红表笔搭在阴极引脚上
通常检波二极管的外壳上标有引脚极性标识，可以此进行识别
【1】指针万用表档位设置在通断档（蜂鸣档）
MODEL MF47-B
www.chinadse.org
全保护·遥控器检测

7.2.6　变容二极管的检测

检测变容二极管是否正常，可使用万用表检测变容二极管的正、反向阻值来判断其是否良好，

如图 7-26 所示。

图 7-26　变容二极管的正、反向阻值的检测

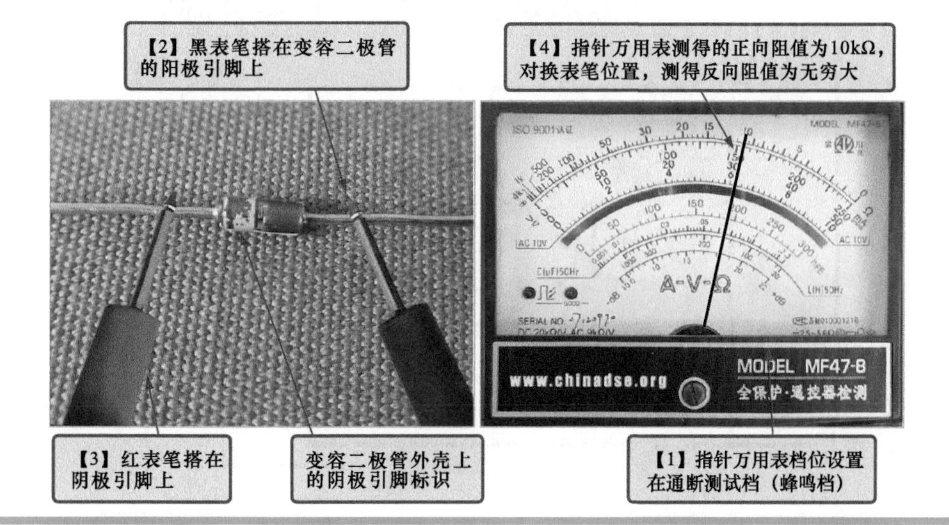
【2】黑表笔搭在变容二极管的阳极引脚上
【4】指针万用表测得的正向阻值为10kΩ，对换表笔位置，测得反向阻值为无穷大
【3】红表笔搭在阴极引脚上
变容二极管外壳上的阴极引脚标识
【1】指针万用表档位设置在通断测试档（蜂鸣档）
MODEL MF47-8
www.chinadse.org
全保护·遥控器检测
A-V-Ω

正常情况下，变容二极管有一定的正向阻值（约为 10kΩ），反向阻值为无穷大，若检测时，正向阻值和反向阻值都为无穷大或零，说明该变容二极管已损坏。

7.2.7　双向触发二极管的检测

对双向触发二极管进行检测，可使用万用表的欧姆档检测双向触发二极管的引脚间阻值，一般不需要区分其引脚极性，直接测量阻值即可，如图 7-27 所示。

图 7-27　双向触发二极管的检测

【2】红、黑表笔任意搭在双向触发二极管的两引脚上

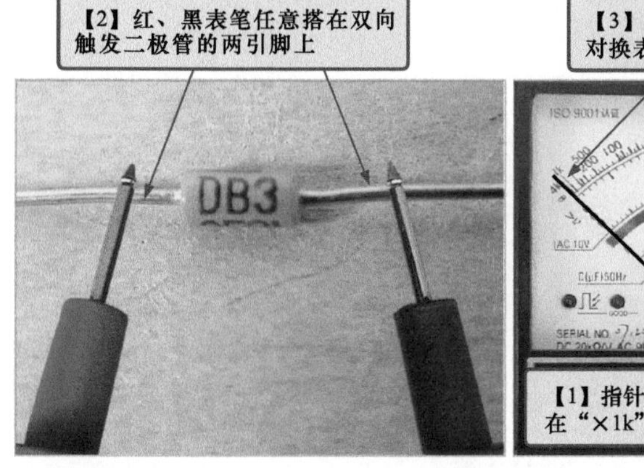
DB3

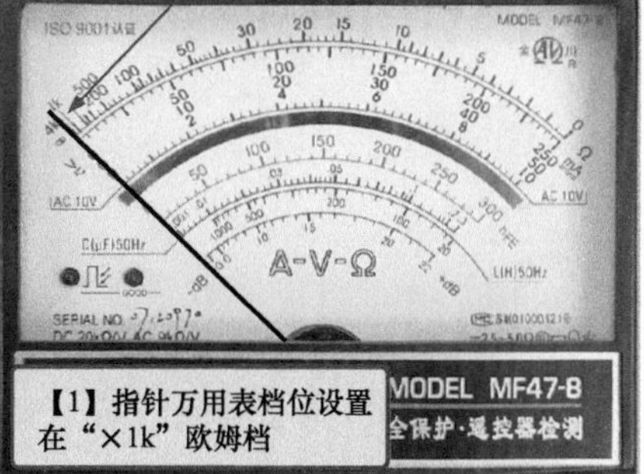
【3】指针万用表测得的阻值为无穷大，对换表笔位置，测得阻值也为无穷大
【1】指针万用表档位设置在“×1k”欧姆档
MODEL MF47-8
全保护·遥控器检测
A-V-Ω

双向触发二极管的正、反向阻值都很大，而万用表所有电阻档的内压均不足以使其导通，因此开路检测时，其正、反向阻值都为无穷大，若阻值很小或为零，说明该双向触发二极管损坏。

若双向触发二极管有断路故障，开路检测便不能判断出是否损坏，因此检测双向触发二极管时，最好将其放置于一定的电路关系中，使用数字万用表检测双向触发二极管输出电压值进行判断，如图 7-28 所示。

正常情况下，双向触发二极管导通，双向晶闸管控制极有触发信号，也会导通，因此用数字万用表可检测出约 10V 的交流电压；若无法测得电压，说明双向触发二极管存在断路故障。

图 7-28　双向触发二极管的在路检测

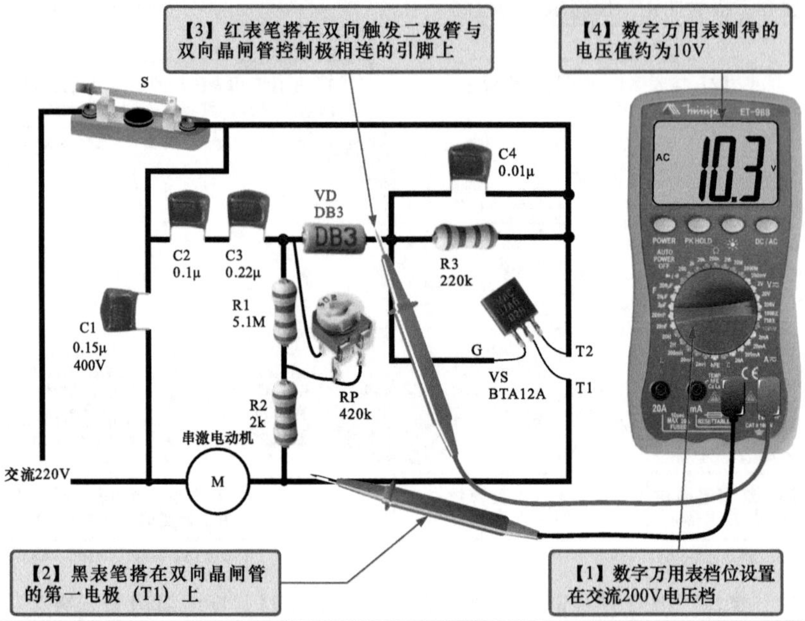

【3】红表笔搭在双向触发二极管与双向晶闸管控制极相连的引脚上

【4】数字万用表测得的电压值约为10V

【2】黑表笔搭在双向晶闸管的第一电极（T1）上

【1】数字万用表档位设置在交流200V电压档

S

C4 0.01μ

VD DB3

C2 0.1μ

C3 0.22μ

R3 220k

R1 5.1M

C1 0.15μ 400V

G

T2

VS BTA12A

T1

RP 420k

R2 2k

串激电动机

交流220V

M

第8章 晶体管的功能与识别检测

8.1 晶体管的种类与功能

8.1.1 晶体管的种类

晶体管实际上是在一块半导体基片上制作两个距离很近的 PN 结。这两个 PN 结把整块半导体分成三部分，中间部分为基极（B），两侧部分为集电极（C）和发射极（E），排列方式有 NPN 和 PNP 两种，如图 8-1 示。

图 8-1　常见晶体管的实物外形及结构

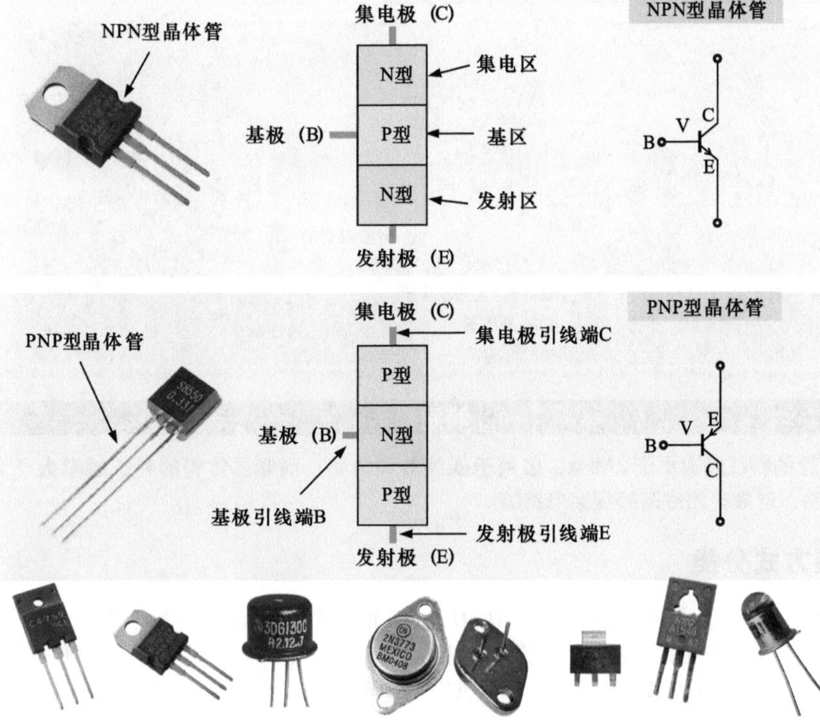

NPN型晶体管
集电极（C）
N型
集电区
基极（B）
P型
基区
N型
发射区
发射极（E）
PNP型晶体管
集电极（C）
集电极引线端C
P型
基极（B）
N型
P型
基极引线端B
发射极引线端E
发射极（E）
PNP型晶体管
B
V
E
C

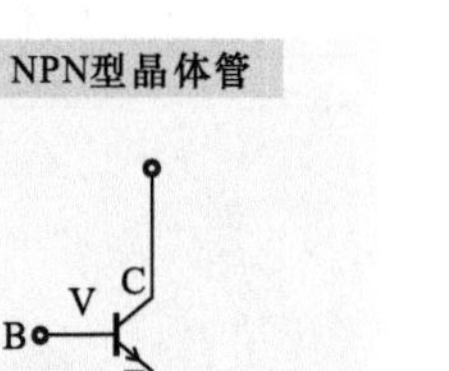

NPN型晶体管
V
C
B
E

晶体管的应用十分广泛，种类繁多，分类方式也多种多样。

1 按功率分类

根据功率不同，晶体管可分为小功率晶体管、中功率晶体管和大功率晶体管。

图 8-2 所示为三种不同功率晶体管的实物外形。

| 特别提示 |

小功率晶体管的功率一般小于 0.3W，中功率晶体管的功率一般为 0.3～1W，大功率晶体管的功率一般在 1W 以上，通常需要安装在散热片上。

图 8-2　三种不同功率晶体管的实物外形

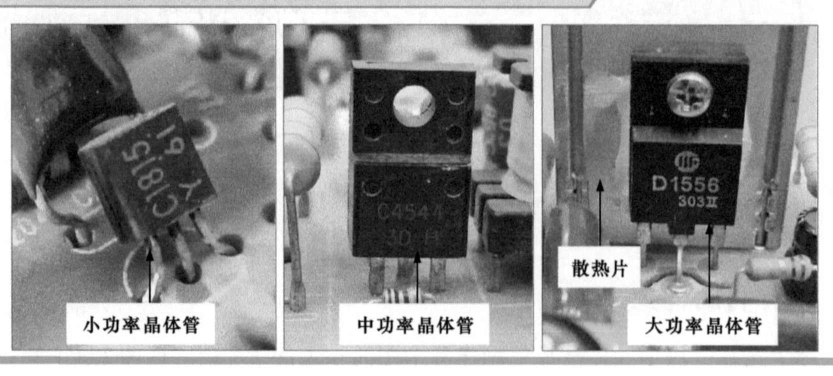
C1815
Y 61
C4544
30 H
D1556
303Ⅱ
散热片
小功率晶体管
中功率晶体管
大功率晶体管

2　按工作频率分类

根据工作频率不同，晶体管可分为低频晶体管和高频晶体管，如图 8-3 所示。

图 8-3　不同工作频率晶体管的实物外形

D1402
4C3
低频晶体管

高频晶体管
C1983
920
SME
25 V
470 μF

|特别提示|

低频晶体管的特征频率小于 3MHz，多用于低频放大电路；高频晶体管的特征频率大于 3MHz，多用于高频放大电路、混频电路或高频振荡电路等。

3　按封装方式分类

根据封装形式不同，晶体管的外形结构和尺寸有很多种，从封装材料上来说，可分为金属封装型和塑料封装型两种。金属封装型晶体管主要有 B 型、C 型、D 型、E 型、F 型和 G 型；塑料封装型晶体管主要 S-1 型、S-2 型、S-4 型、S-5 型、S-6A 型、S-6B 型、S-7 型、S-8 型、F3-04 型和 F3-04B 型，如图 8-4 所示。

4　按制作材料分类

晶体管是由两个 PN 结构成的，根据 PN 结材料的不同可分为锗晶体管和硅晶体管，如图 8-5 所示。从外形上看，这两种晶体管并没有明显的区别。

|特别提示|

不论是锗晶体管还是硅晶体管，工作原理完全相同，都有 PNP 和 NPN 两种结构类型，都有高频管和低频管、大功率管和小功率管，但由于制造材料的不同，因此电气性能有一定的差异。

◇ 锗材料制作的 PN 结正向导通电压为 0.2～0.3V，硅材料制作的 PN 结正向导通电压为 0.6～0.7V，锗晶体管发射极与基极之间的起始工作电压低于硅晶体管。

◇ 锗晶体管比硅晶体管具有较低的饱和电压降。

图 8-4　不同封装形式晶体管的实物外形

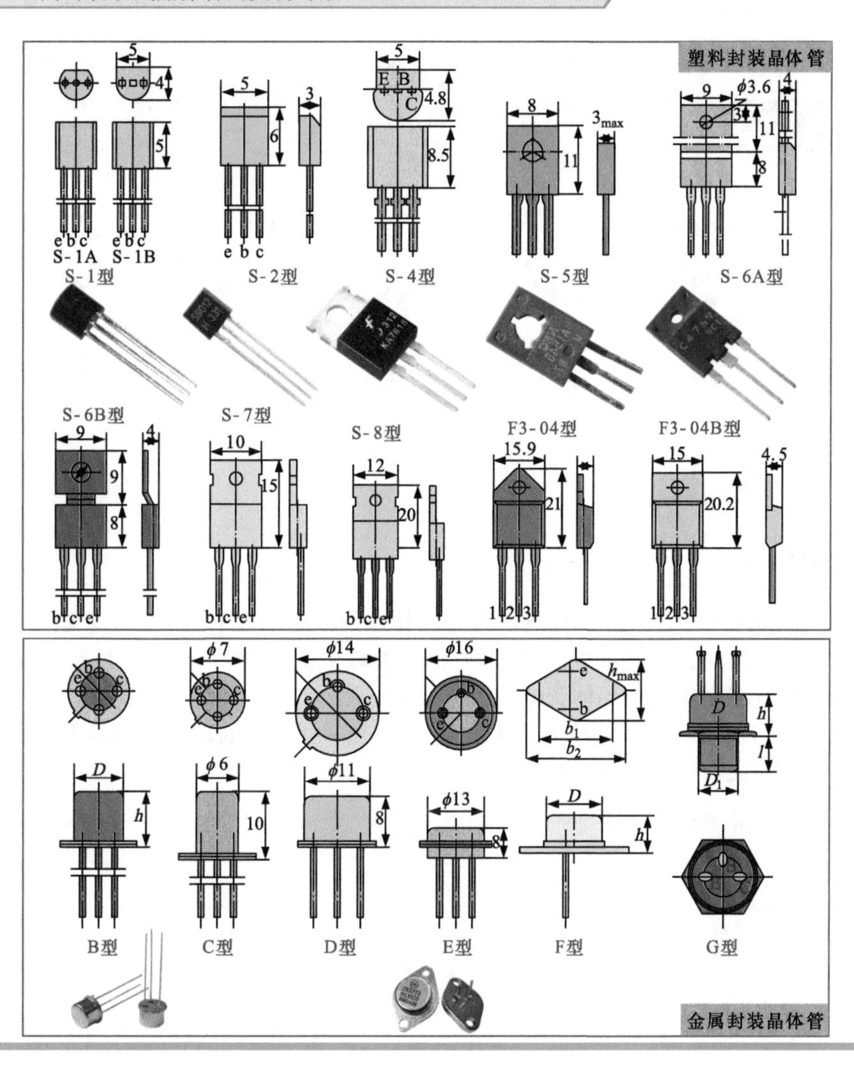
塑料封装晶体管
S-1A　S-1B
S-1型
S-2型
S-4型
S-5型
S-6A型
S-6B型
S-7型
S-8型
F3-04型
F3-04B型
B型
C型
D型
E型
F型
G型
金属封装晶体管

图 8-5　不同制作材料晶体管的实物外形

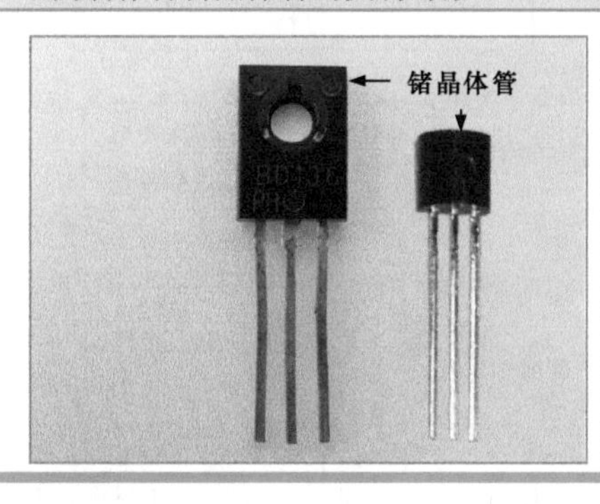
锗晶体管

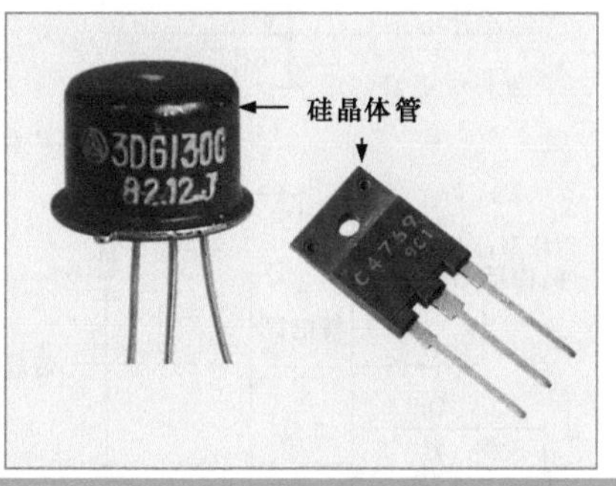
硅晶体管
3DG130C
82.12.J

5　按安装形式分类

晶体管除上述几种类型外，还可根据安装形式的不同分为分立式晶体管和贴片式晶体管，此外还有一些特殊的晶体管，如达林顿管是一种复合晶体管、光电晶体管是受光控制的晶体管，如图 8-6 所示。

图 8-6　其他类型晶体管的实物外形

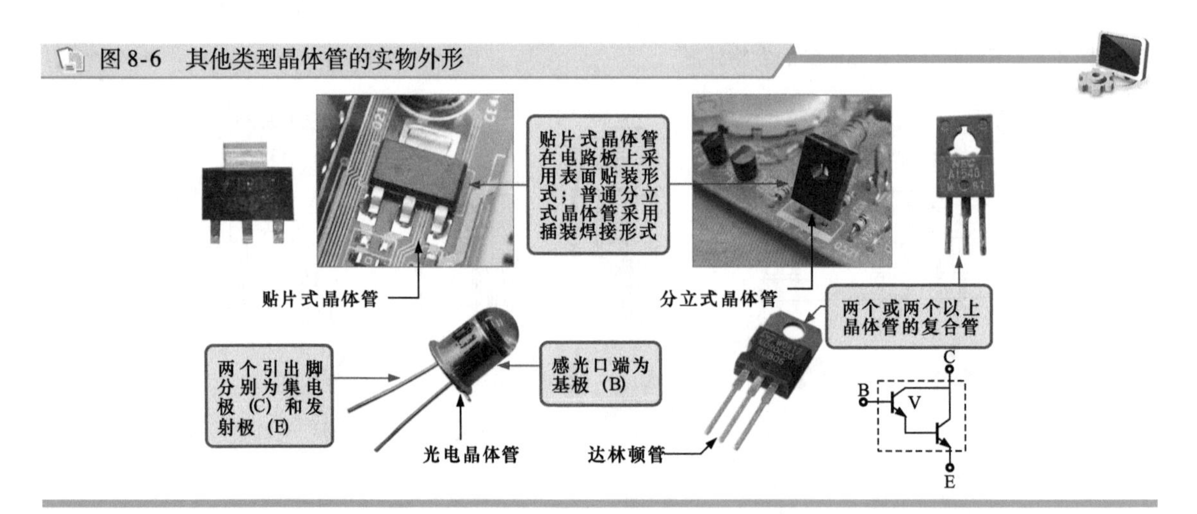
贴片式晶体管在电路板上采用表面贴装形式；普通分立式晶体管采用插装焊接形式
贴片式晶体管
分立式晶体管
两个或两个以上晶体管的复合管
两个引出脚分别为集电极（C）和发射极（E）
感光口端为基极（B）
光电晶体管
达林顿管
B
V
C
E

8.1.2　晶体管的功能

1　电流放大功能

晶体管是一种电流控制器件，晶体管必须接在相应的电路中加上电源偏压才能工作。其中集电极电流受基极电流的控制，集电极电流等于 βI_B，发射极电流 I_E 等于集电极电流和基极电流之和；集电极电流与基极电流之比即为晶体管的放大倍数 β。

晶体管最重要的功能就是电流放大，可由基极输入一个很小的电流就可控制集电极较大的电流，晶体管的电流放大功能如图 8-7 所示。

图 8-7　晶体管的电流放大功能

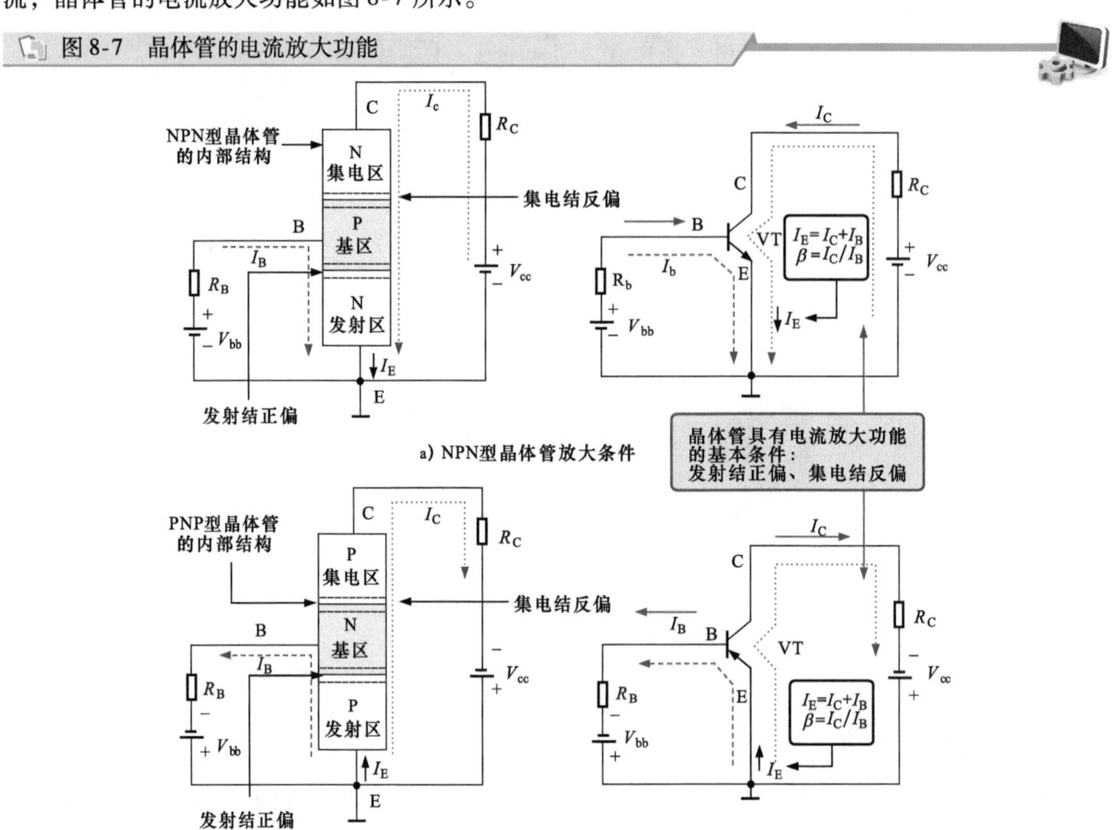
NPN型晶体管的内部结构
N
集电区
P
基区
N
发射区
集电结反偏
发射结正偏
晶体管具有电流放大功能的基本条件：发射结正偏、集电结反偏
PNP型晶体管的内部结构
P
集电区
N
基区
P
发射区
集电结反偏
发射结正偏
$I_E=I_C+I_B$
$\beta=I_C/I_B$
VT

a) NPN型晶体管放大条件

b) PNP型晶体管放大条件

| 相关资料 |

晶体管的放大作用我们可以理解为一个水闸，如图 8-8 所示。由水闸上方流下的水流我们可以将其理解为集电极（C）的电流 I_C，由水闸侧面流入的水流我们称为基极（B）电流 I_B。当 I_B 有水流流过，冲击闸门，闸门便会开启，集电极便产生放大的电流，这样水闸侧面的水流（相当于电流 I_B）与水闸上方的水流（相当于电流 I_C）就汇集到一起流下（相当于发射极 E 的电流 I_E）。

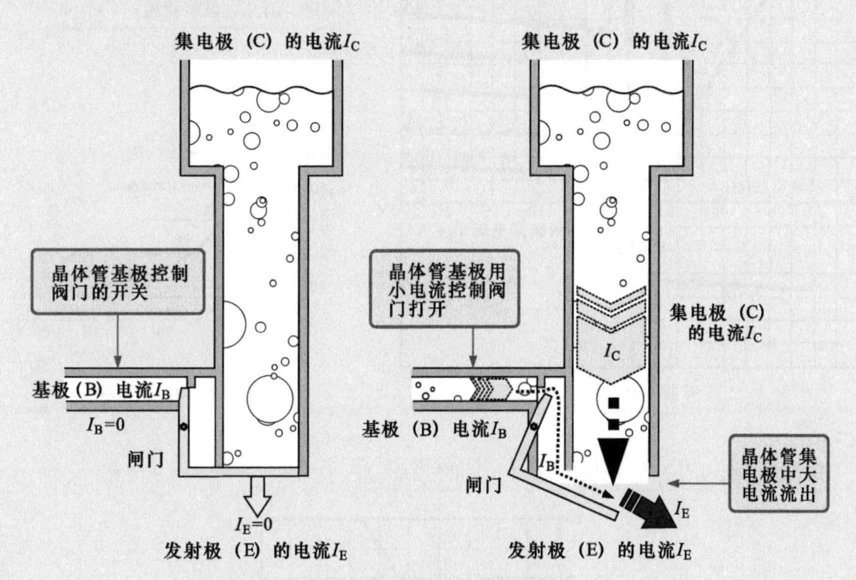
集电极（C）的电流I_C
晶体管基极控制阀门的开关
基极（B）电流I_B
I_B=0
闸门
I_E=0
发射极（E）的电流I_E
集电极（C）的电流I_C
晶体管基极用小电流控制阀门打开
集电极（C）的电流I_C
I_C
基极（B）电流I_B
I_B
闸门
晶体管集电极中大电流流出
I_E
发射极（E）的电流I_E

图 8-8　晶体管的放大原理

可以看到，水闸侧面流过很小的水流流量（相当于电流 I_B），就可以控制水闸上方（相当于电流 I_C）流下的大水流流量。这就相当于晶体管的放大作用，如果水闸侧面没有水流流过，就相当于基极电流 I_B 被切断，那么水闸闸门关闭、上方和下方就都没有水流流过，相当于集电极（C）到发射极（E）的电流被关断了。

| 特别提示 |

基极与发射极之间的 PN 结称为发射结，基区与集电极之间的 PN 结称为集电结。当 PN 结两边外加正向电压，即 P 区接外电源正极，N 区接外电源负极，这种接法又称正向偏置，简称正偏。当 PN 结两边外加反向电压，即 P 区接外电源负极，N 区接外电源正极，这种接法又称反向偏置，简称反偏。

晶体管具有放大功能的基本的条件是保证基极和发射极之间（基-射级间）加正向电压（发射结正偏），基极与集电极之间加反向电压（集电结反偏）。基极相对于发射极为正极性电压，基极相对于集电极则为负极性电压。我们从晶体管的半导体工作特性来理解，晶体管具有半导体工作特性，一般可用特性曲线来反映晶体管各极的电压与电流之间的关系，晶体管特性曲线分为输入特性曲线和输出特性曲线，如图 8-9 所示。

输入特性曲线是指当集-射极之间的电压 U_{CE}为某一常数时，输入回路中的基极（B）电流 I_B 与加在基-射极间的电压 U_{CE}之间的关系曲线。

在放大区集电极电流与基极电流的关系如图 8-10 所示，当集电极与发射极之间电压为 12V 时，两者之间成线性放大的关系，如基极电流为 20μA 时，集电极电流则为 3mA，当基极电流为 40μA 时，集电极电流增加到 6mA［放大倍数为：(6－3) mA/(40－20) μA＝150］。

在晶体管内部，U_{CE}的主要作用是保证集电结反偏。当 U_{CE}很小，不能使集电结反偏时，这时晶体管完全等同于二极管。

当 U_{CE}使集电结反偏后，集电结内电场就很强，能将扩散到基区的自由电子中的绝大部分拉入集电区。这样与 U_{CE}很小（或不存在）相比，I_B 增大了。因此，U_{CE}并不改变特性曲线的形状，只使曲线下移一段距离。

图 8-9 晶体管的特性曲线

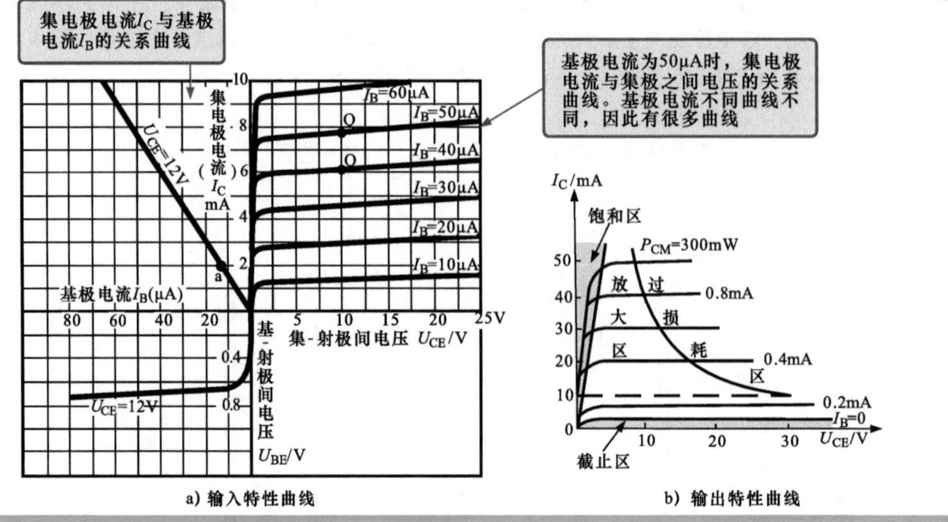

集电极电流I_C与基极电流I_B的关系曲线
基极电流为50μA时，集电极电流与集极之间电压的关系曲线。基极电流不同曲线不同，因此有很多曲线
集电极电流(I_C mA)
基极电流I_B(μA)
集-射极间电压 U_{CE}/V
基-射极间电压 U_{BE}/V
U_{CE}=12V
I_B=60μA
I_B=50μA
I_B=40μA
I_B=30μA
I_B=20μA
I_B=10μA
I_C/mA
饱和区
P_{CM}=300mW
放大区
过损耗区
0.8mA
0.4mA
0.2mA
I_B=0
截止区
U_{CE}/V

a) 输入特性曲线　　b) 输出特性曲线

图 8-10 集电极电流（I_C）与基极电流（I_B）的关系

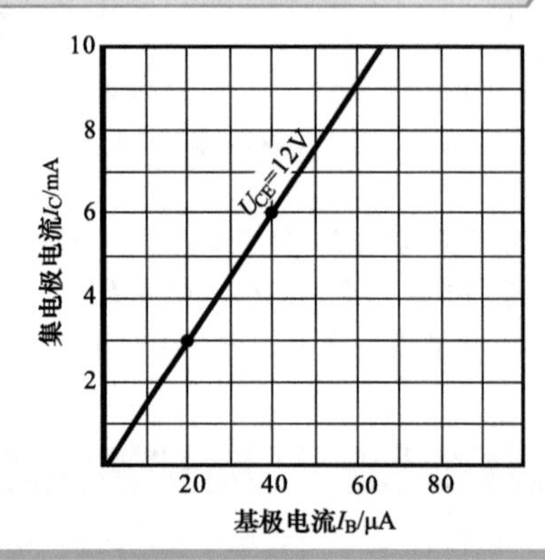

集电极电流I_C/mA
U_{CE}=12V
基极电流I_B/μA

输出特性曲线是指当基极（B）电流 I_B 为常数时，输出电路中集电极（C）电流 I_C 与集-射极间的电压 U_{CE}之间的关系曲线。集电极电流与 U_{CE}的关系曲线如图 8-11 所示。当基极电流不变时，集电极电流随 U_{CE}的变化很小，例如，当 I_B = 30μA 时，U_{CE}从 5V 变到 10V 时，I_C 稍有增加。

图 8-11 集电极电流与 U_{CE}的关系曲线

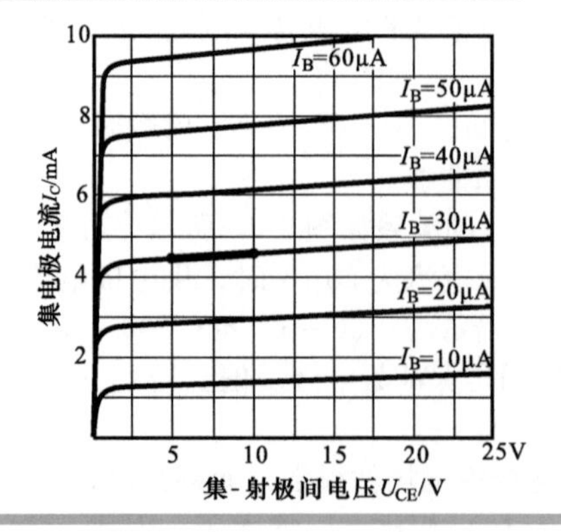

集电极电流I_C/mA
I_B=60μA
I_B=50μA
I_B=40μA
I_B=30μA
I_B=20μA
I_B=10μA
集-射极间电压U_{CE}/V

根据晶体管不同的工作状态，输出特性曲线分为 3 个工作区，参见图 8-9b。

（1）截止区

$I_B=0$ 曲线以下的区域称为截止区。$I_B=0$ 时 $I_C=I_{CEO}$，该电流称为穿透电流，其值极小，通常忽略不计。故认为此时 $I_C=0$，晶体管无电流输出，说明晶体管已截止。对于 NPN 型硅晶体管，当 $U_{BE}<0.5V$，即在导通电压以下时，晶体管就已开始截止。为了可靠截止，常使 $U_{CE}<0$。这样，发射结和集电结都处于反偏状态。此时的 U_{CE} 近似等于集电极（C）电源电压 U_C，意味着集电极（C）与发射极（E）之间开路，相当于集电极（C）与发射极（E）之间的开关断开。

（2）放大区

在放大区内，晶体管的工作特点是：发射结正偏，集电结反偏；$I_C=\beta I_B$，集电极（C）电流与基极（B）电流成正比。因此，放大区又称为线性区。

（3）饱和区

特性曲线上升和弯曲部分的区域称为饱和区，即 $U_{CE}\doteq 0$，集电极与发射极之间的电压趋近零。I_B 对 I_C 的控制作用已达最大值，晶体管的放大作用消失，晶体管的这种工作状态称为临界饱和；若 $U_{CE}<U_{BE}$，则发射结和集电结都处在正偏状态，这时的晶体管为过饱和状态。

在过饱和状态下，因为 U_{BE} 本身小于1 V，而 U_{CE} 比 U_{BE} 更小，于是可以认为 U_{CE} 近似为零。这样集电极（C）与发射极（E）短路，相当于 C 与 E 之间的开关接通。

2 开关功能

晶体管的集电极电流在一定的范围内随基极电流呈线性变化，这就是放大特性，但当基极电流高过此范围时，晶体管集电极电流会达到饱和值（导通）；而低于此范围则晶体管会进入截止状体（断路），这种导通或截止的特性，在电路中还可起到开关的作用。

图 8-12 所示为晶体管的开关功能示意图。

图 8-12　晶体管的开关功能示意图

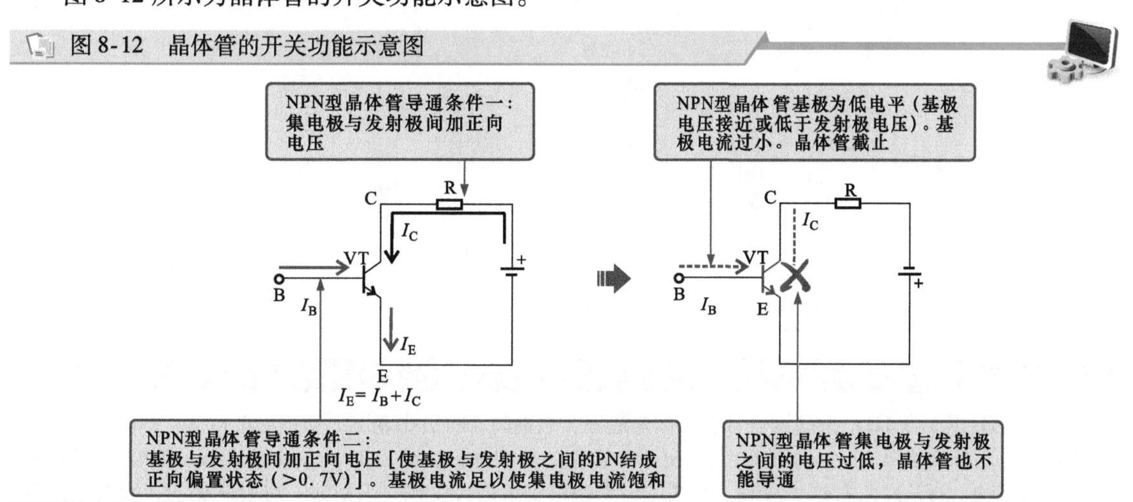
NPN型晶体管导通条件一：集电极与发射极间加正向电压
NPN型晶体管基极为低电平（基极电压接近或低于发射极电压）。基极电流过小。晶体管截止
R
C
I_C
VT
B
I_B
I_E
E
$I_E=I_B+I_C$
NPN型晶体管导通条件二：基极与发射极间加正向电压 [使基极与发射极之间的PN结成正向偏置状态（>0.7V）]。基极电流足以使集电极电流饱和
NPN型晶体管集电极与发射极之间的电压过低，晶体管也不能导通

8.2 晶体管的检测

8.2.1 晶体管引脚极性的识别

晶体管有三个电极，分别是基极（B）、集电极（C）和发射极（E）。晶体管的引脚排列位置根据品种、型号及功能的不同而不同，识别晶体管的引脚极性在测试、安装、调试等各个应用场合都十分重要。

图 8-13 所示为根据型号标识查阅引脚功能识别晶体管引脚的方法。

图 8-14 所示为根据一般规律识别塑料封装晶体管引脚的方法。

图 8-13　根据型号标识查阅引脚功能识别晶体管引脚的方法

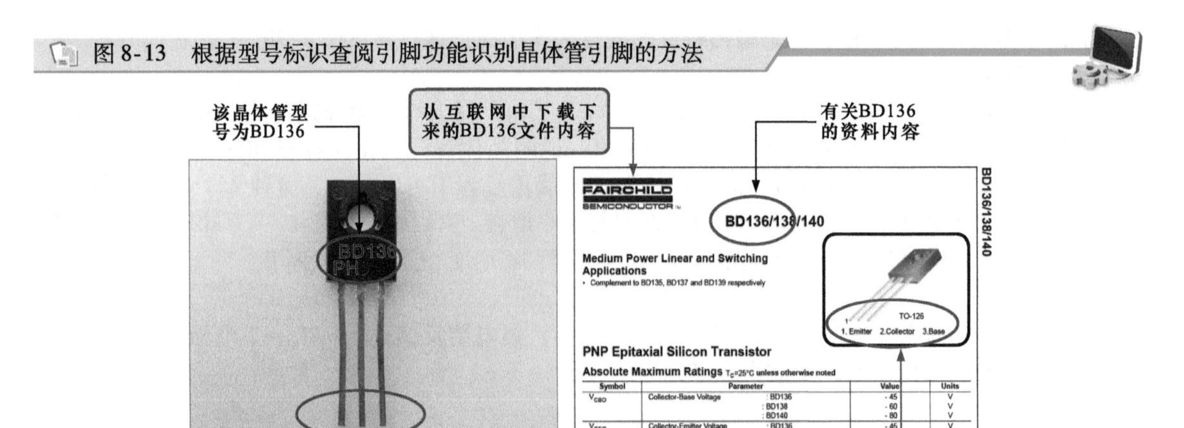
该晶体管型号为BD136
从互联网中下载下来的BD136文件内容
有关BD136的资料内容
BD136/138/140
Medium Power Linear and Switching Applications
PNP Epitaxial Silicon Transistor
Absolute Maximum Ratings
TO-126
1. Emitter 2.Collector 3.Base
根据资料识别出BD136的引脚排列，从左向右依次为E、C、B

图 8-14　根据一般规律识别塑料封装晶体管引脚的方法

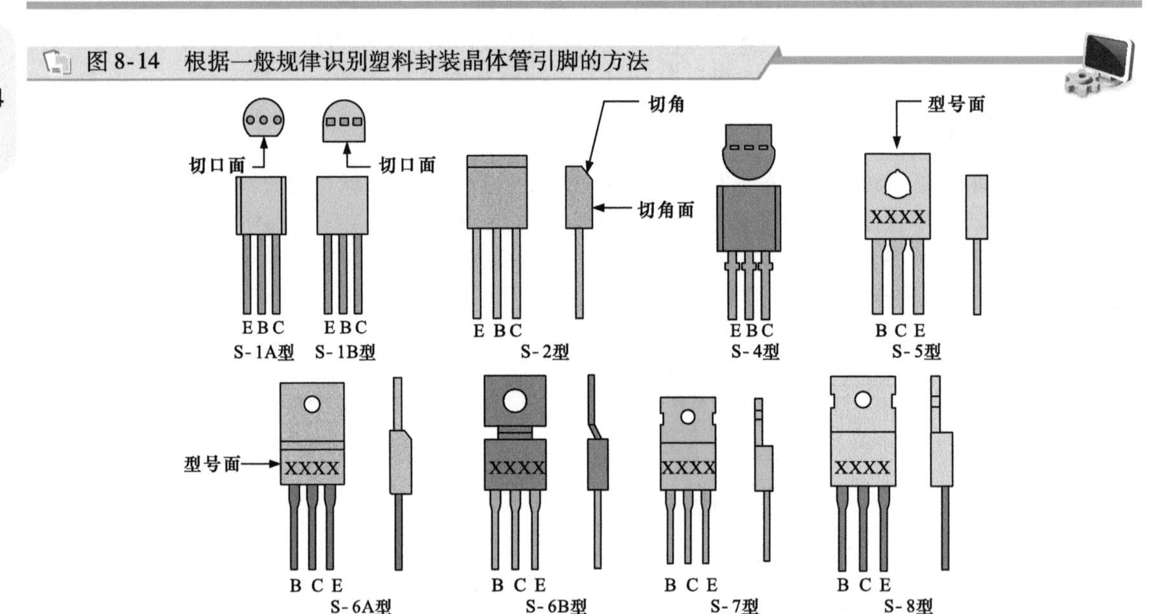
切口面
切口面
切角
切角面
型号面
型号面
E B C
E B C
E B C
E B C
B C E
S-1A型
S-1B型
S-2型
S-4型
S-5型
XXXX
B C E
S-6A型
S-6B型
S-7型
S-8型

相关资料

S-1（S-1A、S-1B）型晶体管都有半圆形底面，识别时，将引脚朝下，切口面朝自己，此时晶体管的引脚从左向右依次为 E、B、C。S-2 型为顶面有切角的块状外形，识别时，将引脚朝下，切角朝向自己，此时晶体管的引脚从左向右依次为 E、B、C。S-4 型引脚识别较特殊，识别时，将引脚朝上，圆面朝向自己，此时晶体管的引脚从左向右依次为 E、B、C。S-5 型晶体管的中间有一个三角形孔，识别时，将引脚朝下，印有型号的一面朝自己，此时从左向右依次为 B、C、E。S-6A 型、S-6B 型、S-7 型、S-8 型一般都有散热面，识别时，将引脚朝下，印有型号的一面朝自己，此时从左向右依次为 B、C、E。

图 8-15 所示为根据一般规律识别金属封装晶体管引脚的方法。

图 8-15　根据一般规律识别金属封装晶体管引脚的方法

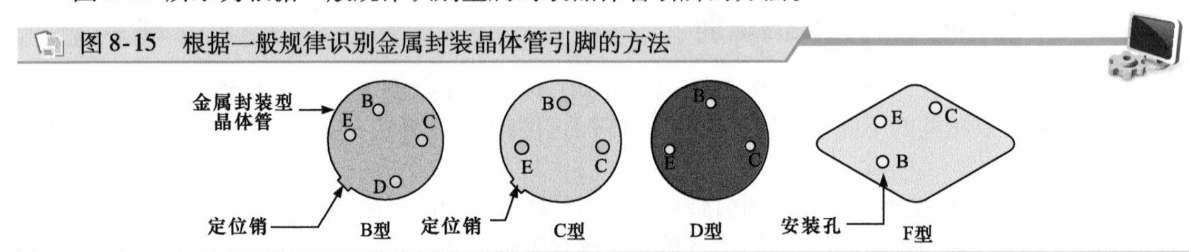
金属封装型晶体管
定位销
B型
定位销
C型
D型
安装孔
F型
B
E
C
D
B
E
C
B
E
C
E
C
B

| 相关资料 |

B 型晶体管外壳上有一个突出的定位销，将引脚朝上，从定位销开始顺时针依次为 E、B、C、D。其中，D 脚为外壳的引脚。

C 型、D 型晶体管的三只引脚呈等腰三角形，将引脚朝上，三角形底边的两引脚分别为 E、C，顶部为 B。F 型晶体管只有两只引脚，将引脚朝上，按图中方式放置，上面的引脚为 E，下面的引脚为 B，管壳为集电极。

8.2.2 NPN 型晶体管的引脚检测判别

判别 NPN 型晶体管各引脚极性时，可以使用万用表检测法对各引脚间的阻值进行检测，如图 8-16 所示，首先将万用表置于“×1k”欧姆档，并假设 NPN 型晶体管的一个引脚（中间引脚）为基极（B），将红表笔搭在假设的基极（B）引脚上，黑表笔分别搭在晶体管另外两个引脚。

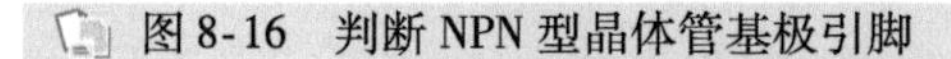

图 8-16 判断 NPN 型晶体管基极引脚

将红表笔搭在NPN型晶体管的左侧引脚

根据万用表指针的指示，当前所测得的阻值为7kΩ

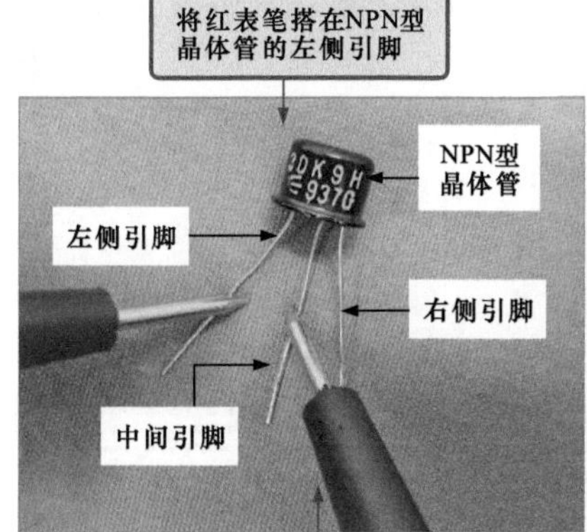
NPN型晶体管
左侧引脚
右侧引脚
中间引脚
3DK9H
9370

将黑表笔搭在NPN型晶体管的中间引脚

黑表笔保持不动，仍搭在NPN型晶体管的中间引脚，将红表笔搭在NPN型晶体管的右侧引脚

根据万用表指针的指示，当前所测得结合档位设置观察指针指向8kΩ

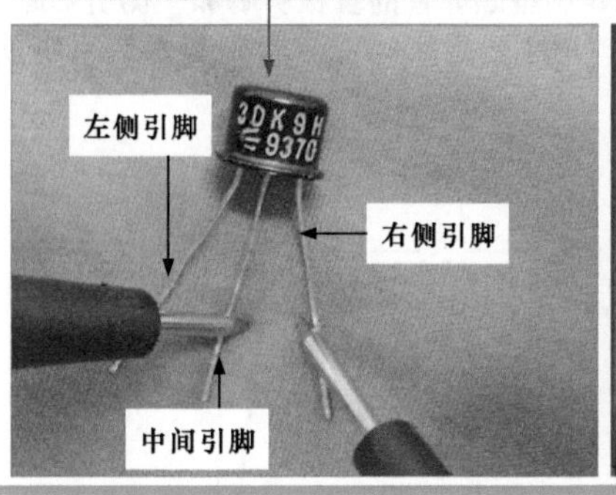
左侧引脚
右侧引脚
中间引脚
3DK9H
9370

A-V-Ω
MODEL MF47-8
www.chinadse.org
全保护·遥控器检测

扫一扫看视频

通过图 8-16 的检测，若均能够测到一定的阻抗，那么先前的假设成立，说明红表笔所搭的引脚为基极（B）。

接下来，则需要对 NPN 型晶体管的集电极和发射极引脚进行判别。判断集电极和发射极引脚的方法如图 8-17 所示，将万用表调至“×1k”欧姆档，黑表笔搭在晶体管右侧引脚上，红表笔搭在晶体管左侧引脚上，用手接触基极（B）引脚和黑表笔所接引脚，万用表指针出现摆动，摆动量计为 R_1；然后，将黑表笔搭在晶体管左侧引脚上，红表笔搭在晶体管右侧引脚上，用手接触基极（B）引脚和黑表笔所接引脚，万用表指针出现摆动，摆动量计为 R_2。

图 8-17　判断 NPN 型晶体管集电极和发射极引脚

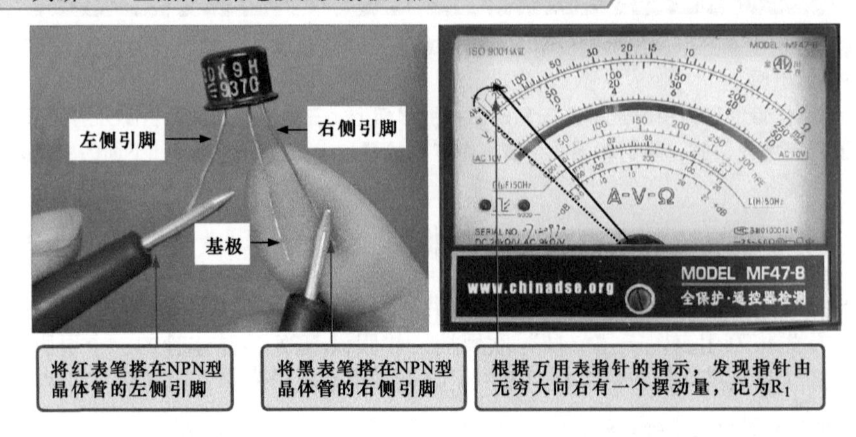
左侧引脚
右侧引脚
基极
MODEL MF47-B
www.chinadse.org
全保护·遥控器检测
A-V-Ω
将红表笔搭在NPN型晶体管的左侧引脚
将黑表笔搭在NPN型晶体管的右侧引脚
根据万用表指针的指示，发现指针由无穷大向右有一个摆动量，记为R1

左侧引脚

右侧引脚

基极

将红表笔搭在NPN型晶体管的左侧引脚

将黑表笔搭在NPN型晶体管的右侧引脚

根据万用表指针的指示，发现指针由无穷大向右有一个摆动量，记为R_2

NPN 型晶体管的发射极相对于集电极的阻抗变化量较大，根据两次测结果可知，$R_1 < R_2$，那么检测 R_2 时，黑表笔所接引脚为集电极（C），另一个引脚为发射极（E）。

| 相关资料 |

在判别集电极和发射极引脚极性时，将手接触 NPN 型晶体管的基极引脚和一侧引脚时，相当于给基极加一电阻，便有微小电流通过手指流入基极，使 NPN 型晶体管左侧引脚与右侧引脚间的阻抗发生变化。

图 8-18 所示为检测晶体管 C-E 间的阻抗。

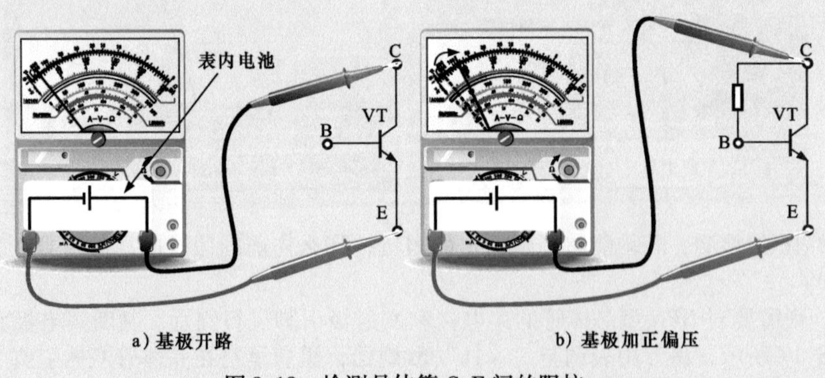
表内电池
C
VT
B
E
a）基极开路
b）基极加正偏压

图 8-18　检测晶体管 C-E 间的阻抗

检测晶体管 C-E 之间阻抗时，首先将万用表档位调至欧姆档，表笔搭到晶体管引脚上，由于万用表内由电池供电，相当于给晶体管 C-E 之间加上直流偏压，当基极开路时 C-E 之间阻抗接近无穷大。当给基极加上正偏压时（经手指的电阻），晶体管 C-E 之间的阻抗会降低，万用表指针会向右偏摆，摆幅越大表明放大倍数越大。如果调换表笔则供电极性反转，指针摆幅变小。

8.2.3 PNP 型晶体管的引脚检测判别

判别 PNP 型晶体管各引脚极性时，具体判别方法与 NPN 型晶体管的判别方法类似。判断基极引脚的方法如图 8-19 所示，首先将万用表置于“×1k”欧姆档，假设 PNP 型晶体管的中间引脚为基极（B）端，将红表笔搭在假设的基极（B）引脚上，黑表笔搭在晶体管另外两个引脚。

图 8-19 判断 PNP 晶体管基极引脚

左侧引脚
右侧引脚
中间引脚

MODEL MF47-8
www.chinadse.org
全保护·遥控器检测

将黑表笔搭在PNP型晶体管的左侧引脚

将红表笔搭在PNP型晶体管的中间引脚
根据万用表的指针指向，当前所测得的阻值为9.5kΩ

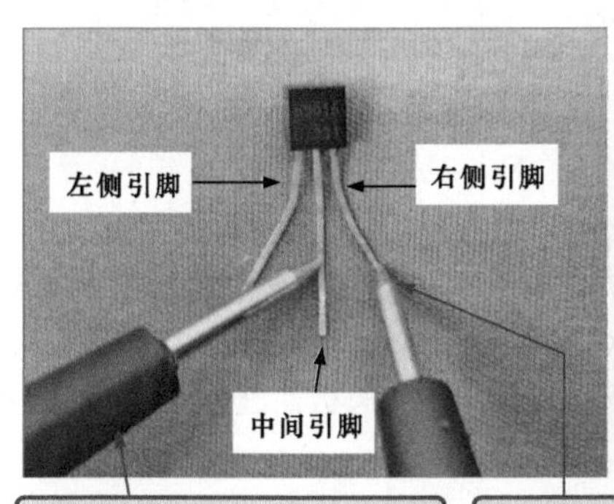
左侧引脚
右侧引脚
中间引脚

MODEL MF47-8
www.chinadse.org
全保护·遥控器检测

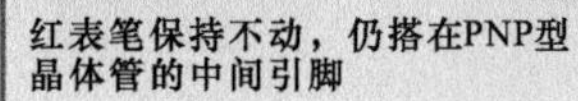
红表笔保持不动，仍搭在PNP型晶体管的中间引脚

将黑表笔搭在PNP型晶体管的左侧引脚
根据万用表的指针指向，当前所测得的阻值为9kΩ

通过以上检测，若都能够检测到一定的阻值，那么先前的假设成立，说明红表笔所搭的引脚为基极（B）。

接下来，则需要对 PNP 型晶体管的集电极和发射极引脚进行判别。判断集电极和发射极引脚的方法如图 8-20 所示，将万用表置于“×1k”欧姆档红表笔搭在 PNP 型晶体管的右侧引脚上，黑表笔搭在 PNP 型晶体管的左侧引脚上，用手接触基极（B）引脚和红表笔所接引脚，万用表指针出现摆动，摆动量记为 R_1。

然后，对换万用表的黑、红表笔，并用手接触基极（B）引脚和红表笔所接引脚，万用表指针出现摆动，摆动量记为 R_2。

PNP 型晶体管的发射极相对于集电极的阻抗变化量较大，根据两次测结果可知，$R_1 > R_2$，那么检测 R_1 时，红表笔所接引脚为集电极（C），另一个引脚为发射极（E）。

图 8-20　判断 PNP 型晶体管集电极和发射极引脚

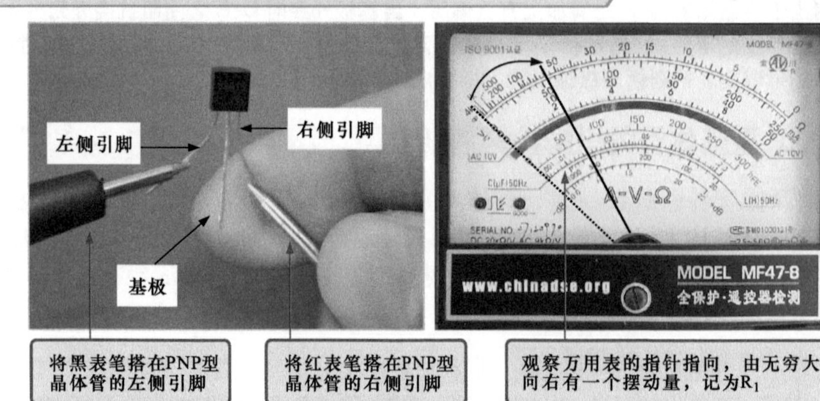
左侧引脚
右侧引脚
基极
MODEL MF47-8
www.chinadse.org
全保护·遥控器检测
将黑表笔搭在PNP型晶体管的左侧引脚
将红表笔搭在PNP型晶体管的右侧引脚
观察万用表的指针指向，由无穷大向右有一个摆动量，记为R_1

左侧引脚

右侧引脚

基极

MODEL MF47-8

www.chinadse.org

全保护·遥控器检测

将红表笔搭在PNP型晶体管的左侧引脚

将黑表笔搭在PNP型晶体管的右侧引脚

观察万用表的指针指向，由无穷大向右有一个摆动量，记为R_2

8.2.4　NPN 型晶体管好坏的检测

晶体管本身好坏的检测，通常的方法是对晶体管引脚间的阻值进行检测，即使用万用表的欧姆挡，分别检测晶体管三只引脚中两两之间的电阻值，并根据检测结果判断晶体管的好坏。

判断 NPN 型晶体管是否损坏时，可使用万用表对 NPN 型晶体管各引脚间的阻值进行检测。检测前先根据晶体管的类型，判断各引脚的极性。对待测 NPN 型晶体管的引脚极性进行识读，如图 8-21 所示。

图 8-21　对待测 NPN 型晶体管的引脚极性进行识读

明确待测NPN型晶体管三只引脚的极性

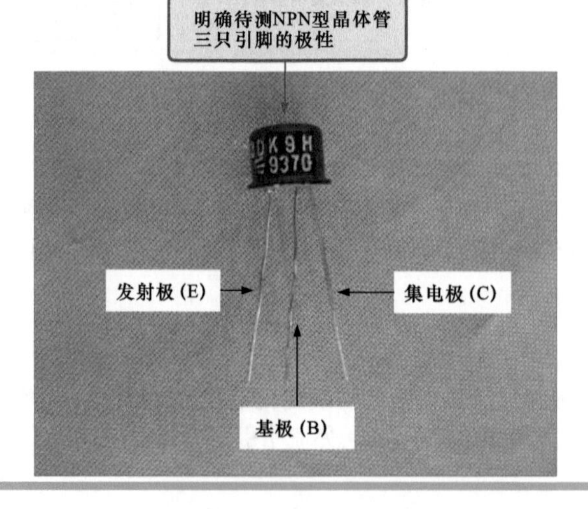
发射极 (E)
集电极 (C)
基极 (B)

接下来，调整万用表的档位至“×1k”欧姆档，并进行欧姆调零。如图 8-22 所示为调整万用表的量程及欧姆调零，为检测晶体管的检测做好准备。

图 8-22 调整万用表的量程及欧姆调零

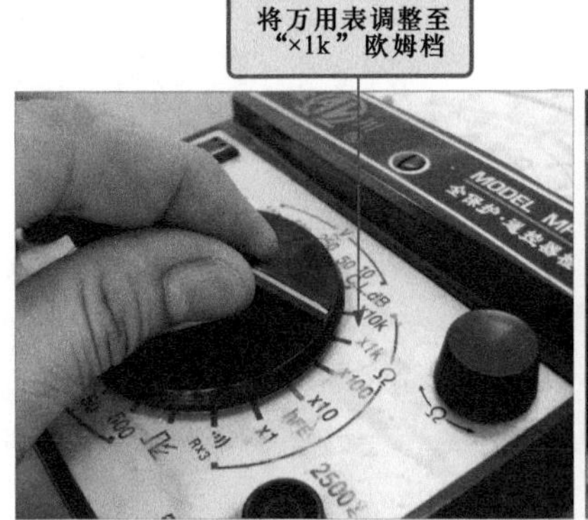
将万用表调整至
“×1k”欧姆档

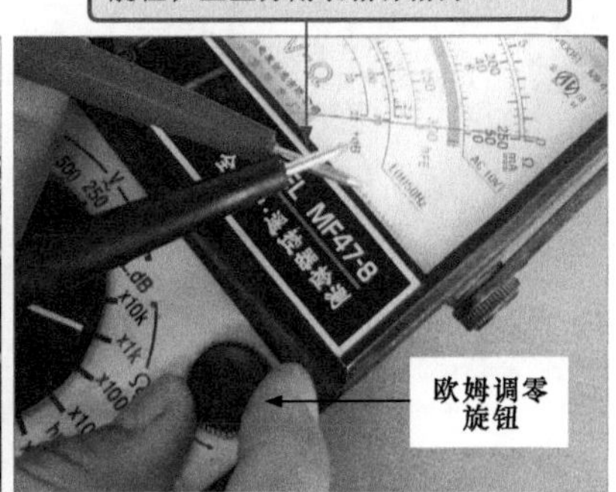
将红、黑表笔短接，旋转欧姆调零
旋钮；直至万用表指针指向 0
欧姆调零
旋钮

检测晶体管首先了解晶体管的引脚排列和等效电路，NPN 型晶体管的引脚和等效电路如图 8-23 所示。

图 8-23 NPN 型晶体管的引脚及等效电路

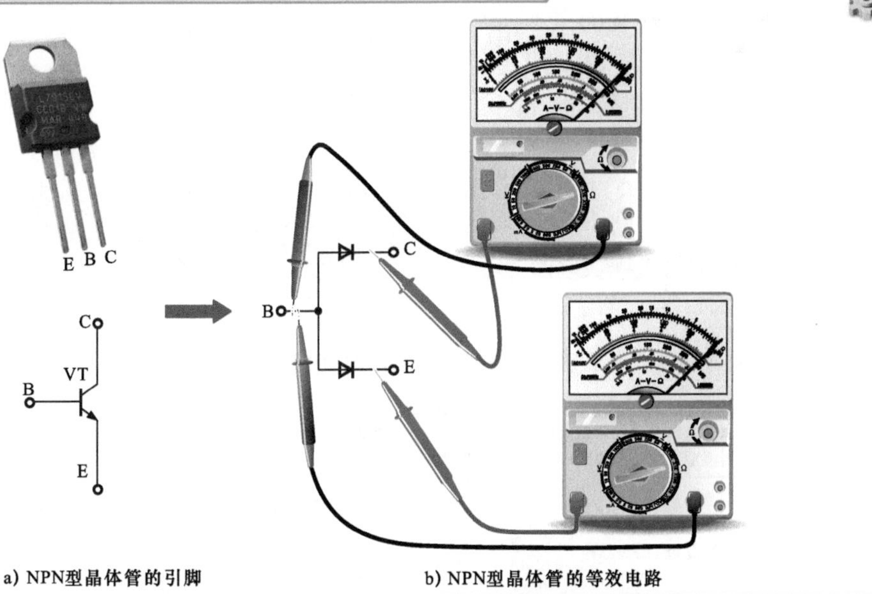
E B C
C
VT
B
E
B
C
E

a) NPN型晶体管的引脚　　b) NPN型晶体管的等效电路

检测 NPN 型晶体管的 B-E 极间阻值实际上就是检测 B-E 极间的二极管，其正向阻值为 5 ~ 10kΩ，反向阻值为无穷大。检测 B-C 极间的阻值也相当于检测 B-C 极间的二极管的阻值，正向阻值为 3 ~ 5kΩ，反向阻值为无穷大。如 B 开路则晶体管 C-E 极之间正、反向阻值均接近无穷大。

根据 NPN 型晶体管的引脚极性，先测量基极与集电极的正向阻值，如图 8-24 所示，正常情况下，应能测得为 4.5kΩ 左右的阻值。

NPN 型晶体管基极与集电极间反向阻值的检测方法如图 8-25 所示，将万用表的红、黑表笔进行对调后，检测基极与集电极的反向阻值，正常情况下，测得阻值为无穷大。

NPN 型晶体管基极与发射极间正向阻值的检测方法如图 8-26 所示，对 NPN 型晶体管的基极与发射极间的阻值进行检测，将万用表的黑表笔搭在 NPN 型晶体管的基极（B），红表笔搭在发射极（E）上，正常情况下，测得正向阻值应为 8kΩ 左右。

图 8-24　检测 NPN 型晶体管基极与集电极间的正向阻值

将黑表笔搭在NPN型晶体管的基极（B），红表笔搭在集电极（C）上，检测B-C极之间的正向阻值

实测B-C极之间的正向阻值为4.5kΩ

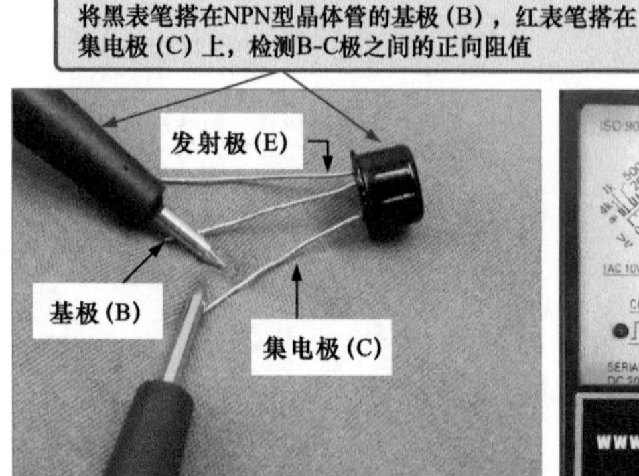
发射极 (E)
基极 (B)
集电极 (C)

MODEL MF47-B
www.chinadse.org
全保护·遥控器检测

图 8-25　检测 NPN 型晶体管基极与集电极间的反向阻值

调换表笔检测B-C极之间的反向阻值

实测B-C极之间的反向阻值为无穷大

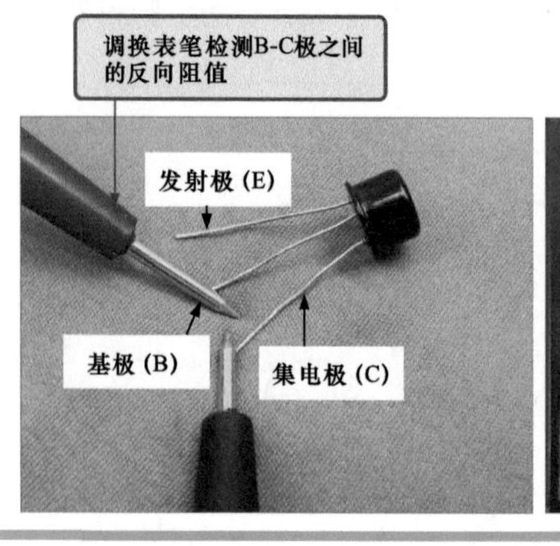
发射极 (E)
基极 (B)
集电极 (C)

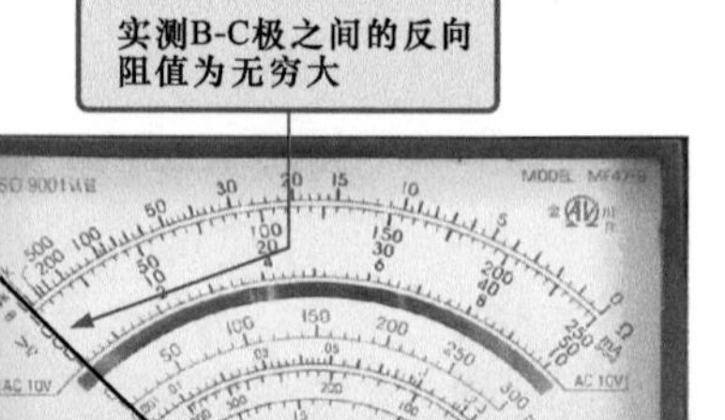
MODEL MF47-B
www.chinadse.org
全保护·遥控器检测

图 8-26　检测 NPN 型晶体管基极与发射极间的正向阻值

将黑表笔搭在NPN型晶体管的基极（B），红表笔搭在发射极（E）上，检测B-E极之间的正向阻值

实测B-E极之间的正向阻值为8kΩ，正常

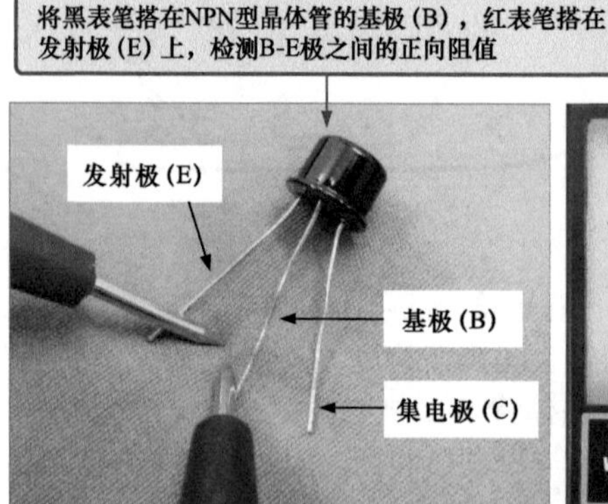
发射极 (E)
基极 (B)
集电极 (C)

MODEL MF47-B
www.chinadse.org
全保护·遥控器检测

然后将万用表的红、黑表笔进行调换，检测 NPN 型晶体管基极与发射极间的反向阻值，如图 8-27 所示，正常情况下，应能测得阻值为无穷大。

使用万用表检测 NPN 型晶体管集电极与发射极间的正、反向阻值，如图 8-28 所示，正常情况下，NPN 型晶体管集电极与发射极间的正反向阻值均为无穷大。

图 8-27　检测 NPN 型晶体管基极与发射极间的反向阻值

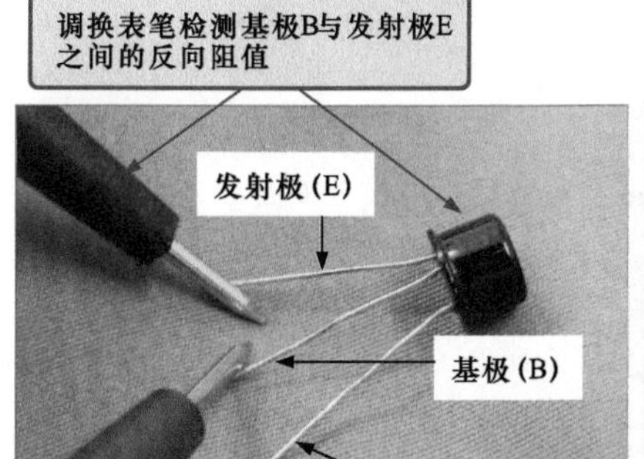
调换表笔检测基极B与发射极E之间的反向阻值
发射极 (E)
基极 (B)
集电极 (C)

实测B-E极之间的反向阻值也为无穷大
MODEL MF47-B
www.chinadse.org
全保护·遥控器检测

图 8-28　检测 NPN 型晶体管集电极与发射极间的阻值

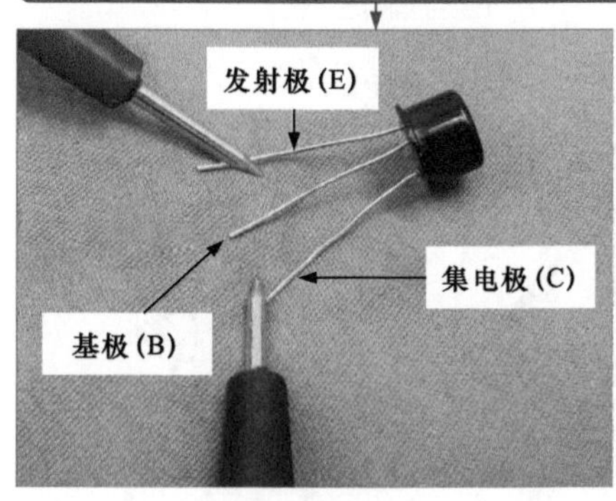
采用同样调换表笔的方法，检测NPN型晶体管集电极 (C) 与发射的极 (E) 之间的正、反向电阻值
发射极 (E)
集电极 (C)
基极 (B)

正常情况下，C-E极之间的正反向阻值均为无穷大
MODEL MF47-B
www.chinadse.org
全保护·遥控器检测

| 特别提示 |

正常情况下，NPN 型晶体管各引脚之间的正、反向阻值可总结为：黑表笔接基极测正向阻值，一般基极与集电极、基极与发射极之间的正向阻值有一定的值，且两值较接近，其他引脚间阻值均为无穷大。

8.2.5　PNP 型晶体管好坏的检测

判断 PNP 型晶体管是否损坏时，可使用万用表对 PNP 型晶体管各引脚间的阻值进行检测，从而判断当前检测的 PNP 型晶体管是否正常。检测前，应先对待测 PNP 型晶体管各引脚的极性进行识读，如图 8-29 所示。

PNP 型晶体管的引脚排列和等效电路如图 8-30 所示。

检测 PNP 型晶体管 B-E 之间和 B-C 之间的阻抗实际上是检测晶体管内两个二极管（PN 结）的阻抗，它同前述 NPN 型晶体管相比晶体管内两二极管的极性相反。

接下来，将万用表的档位调整至“×1k”欧姆档，并进行欧姆调零。然后对 PNP 型晶体管的基极与集电极间正向阻抗进行检测，如图 8-31 所示，正常情况下，PNP 型晶体管基极与集电极间的正向阻值为 9kΩ 左右。

图 8-29　对待测 PNP 型晶体管各引脚极性进行识读

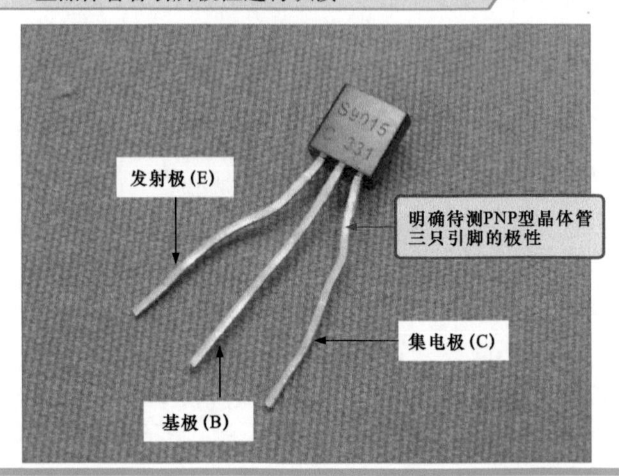

发射极 (E)
明确待测PNP型晶体管三只引脚的极性
集电极 (C)
基极 (B)

图 8-30　PNP 型晶体管的引脚排列和等效电路

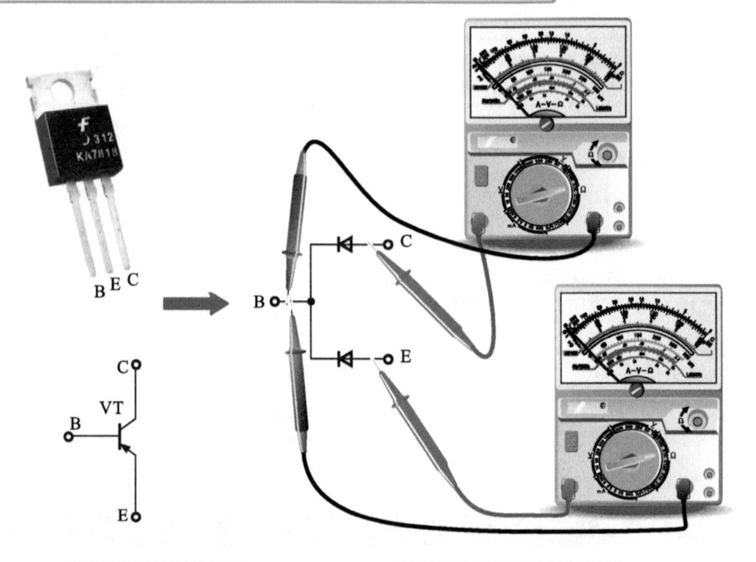

B E C
VT
B
C
E

a) PNP型晶体管的引脚　　b) PNP型晶体管的等效电路

图 8-31　对待测 PNP 型晶体管基极与集电极间正向阻值的检测

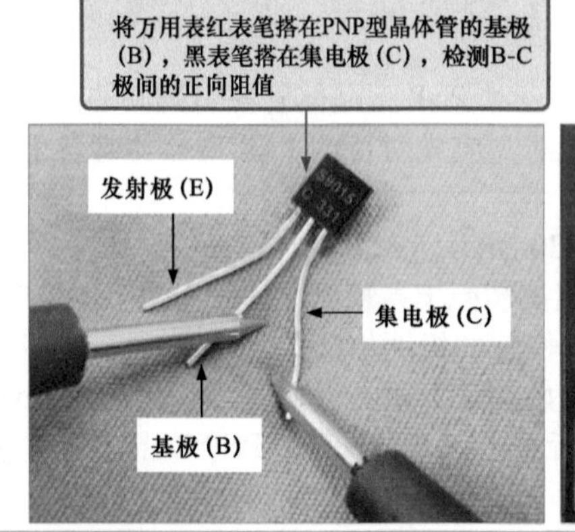

将万用表红表笔搭在PNP型晶体管的基极(B)，黑表笔搭在集电极(C)，检测B-C极间的正向阻值
发射极 (E)
集电极 (C)
基极 (B)

实测基极与集电极之间的正向阻值为9kΩ左右
www.chinadse.org
MODEL MF47-8
全保护·遥控器检测

对待测 PNP 型晶体管基极与发射极之间的正向阻值进行检测，如图 8-32 所示，将万用表的表笔分别搭在发射极（E）和基极（B）引脚上，正常情况下，应能测得 9.5kΩ 左右的阻值。

图 8-32　对待测 PNP 型晶体管基极与发射极间正向阻值的检测

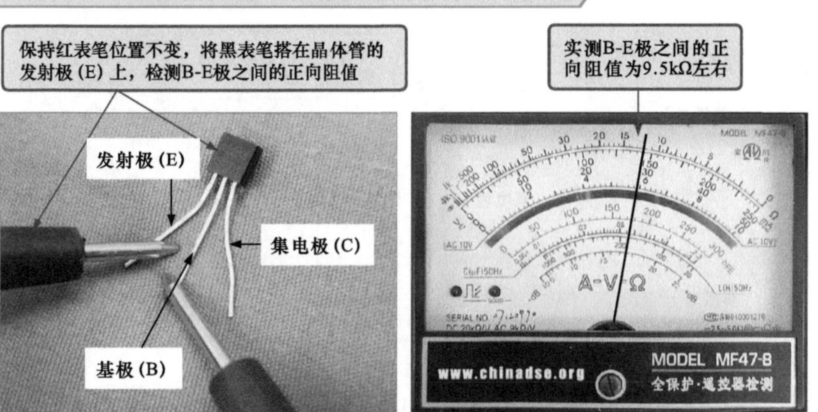
保持红表笔位置不变，将黑表笔搭在晶体管的发射极(E)上，检测B-E极之间的正向阻值
实测B-E极之间的正向阻值为9.5kΩ左右
发射极(E)
集电极(C)
基极(B)
MODEL MF47-B
www.chinadse.org
全保护·遥控器检测

接下来，对基极与发射极、集电极间的反向阻值进行检测，如图 8-33 所示，正常情况下，基极与发射极、集电极间的反向阻值应为无穷大。

图 8-33　对待测 PNP 型晶体管基极与发射极、集电极间反向阻值的检测

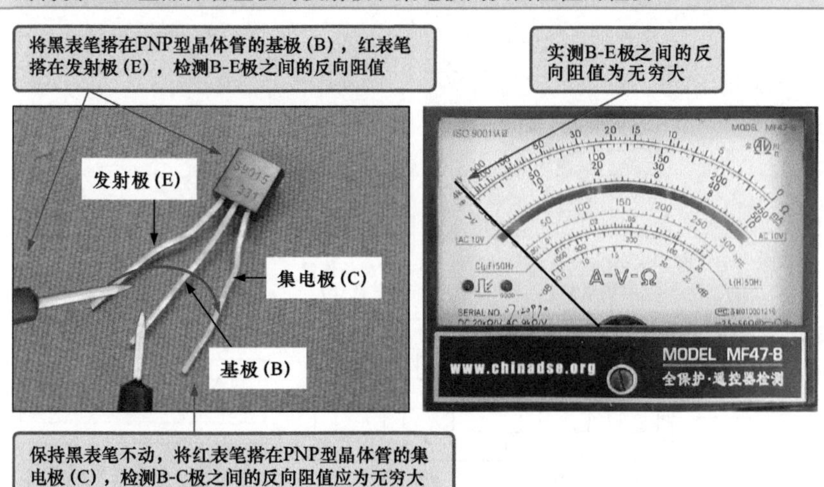
将黑表笔搭在PNP型晶体管的基极(B)，红表笔搭在发射极(E)，检测B-E极之间的反向阻值
实测B-E极之间的反向阻值为无穷大
发射极(E)
集电极(C)
基极(B)
保持黑表笔不动，将红表笔搭在PNP型晶体管的集电极(C)，检测B-C极之间的反向阻值应为无穷大
MODEL MF47-B
www.chinadse.org
全保护·遥控器检测

| 特别提示 |

正常情况下，PNP 晶体管各引脚之间的正反向阻值应为：红表笔接基极测正向阻值，一般基极与集电极、基极与发射极之间的正向阻值有一定的值，其他引脚间阻值均为无穷大。

8.2.6　晶体管放大能力的检测

晶体管的放大能力是其最基本的性能之一，可检测和判断晶体管的放大能力，万用表设有晶体管检测插孔，专门用于测量晶体管的放大倍数。

下面我们以 PNP 型晶体管为例，介绍晶体管放大能力的检测。确定待测 PNP 型晶体管的引脚极性并调整万用表的量程。如图 8-34 所示，首先确定待测 PNP 型晶体管的引脚名称，并将万用表的量程调整至“hFE”档（即晶体管放大倍数档）。

接下来，我们借助数字万用表的附加测试器对晶体管的放大能力进行检测，如图 8-35 所示，将待测 PNP 型晶体管插入附加测试器的晶体管检测插孔中，并根据数字万用表上的指数字显示，

可以读出当前被测 PNP 型晶体管的放大倍数为 212。

图 8-34　确定待测 PNP 型晶体管的引脚极性并调整万用表的量程

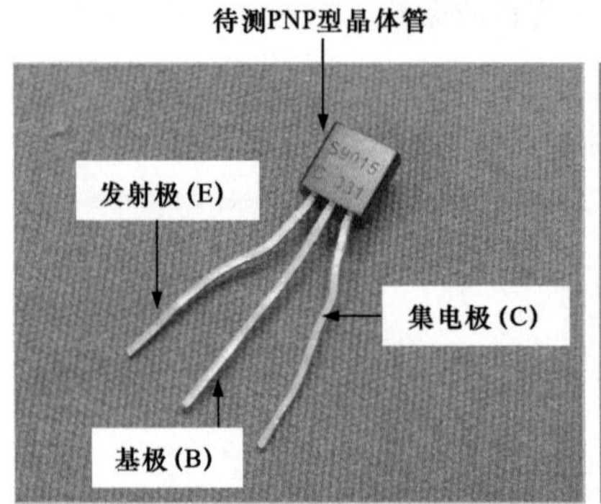
待测PNP型晶体管
发射极 (E)
集电极 (C)
基极 (B)

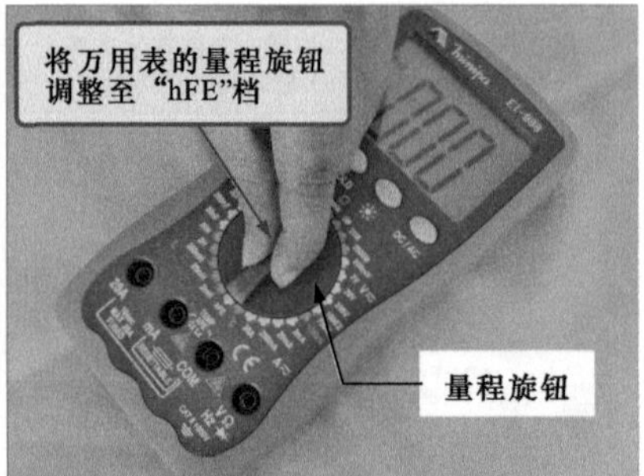
将万用表的量程旋钮
调整至"hFE"档
量程旋钮

图 8-35　借助数字万用表的附加测试器检测 PNP 型晶体管的放大倍数

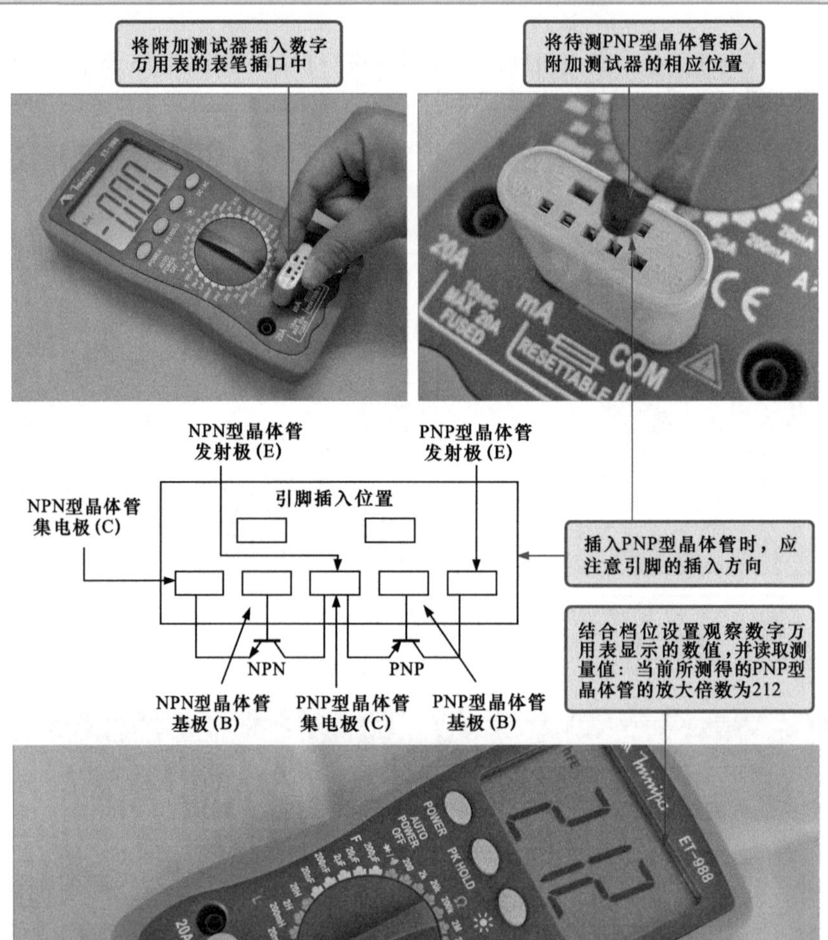
将附加测试器插入数字
万用表的表笔插口中
将待测PNP型晶体管插入
附加测试器的相应位置
NPN型晶体管
发射极 (E)
PNP型晶体管
发射极 (E)
NPN型晶体管
集电极 (C)
引脚插入位置
插入PNP型晶体管时，应
注意引脚的插入方向
NPN
PNP
NPN型晶体管
基极 (B)
PNP型晶体管
集电极 (C)
PNP型晶体管
基极 (B)
结合档位设置观察数字万
用表显示的数值，并读取测
量值：当前所测得的PNP型
晶体管的放大倍数为212

扫一扫看视频

第9章 场效应晶体管的功能与识别检测

9.1 场效应晶体管的种类和功能

场效应晶体管（Field-Effect Transistor）简称FET，是一种具有PN结结构的半导体器件，具有输入阻抗高、噪声小、热稳定性好、便于集成等特点，但容易被静电击穿。

9.1.1 场效应晶体管的种类

场效应晶体管是一种典型的电压控制型半导体器件，它有三只引脚，分别为漏极（D）、源极（S）、栅极（G），分别对应晶体管的集电极（C）、发射极（E）、基极（B）。由于场效应晶体管的源极（S）和漏极（D）在结构上是对称的，因此在实际使用时有一些可以互换。

根据结构的不同，场效应晶体管可分为两大类：结型场效应晶体管（JFET）和绝缘栅型场效应晶体管（MOSFET），如图9-1所示。

图9-1 场效应晶体管的实物外形

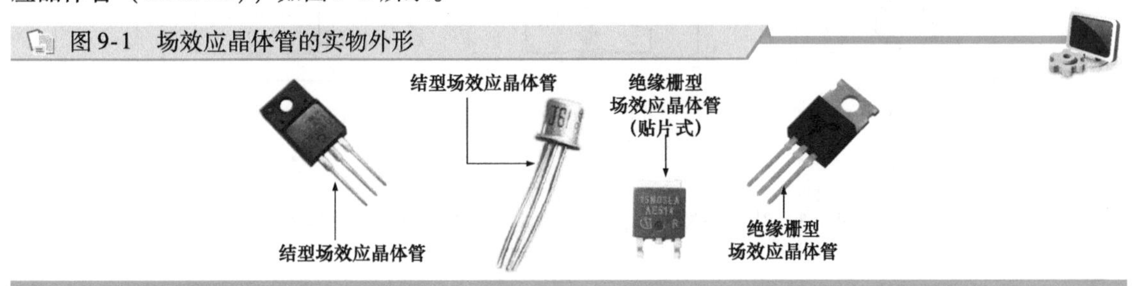
结型场效应晶体管
绝缘栅型
场效应晶体管
（贴片式）
结型场效应晶体管
绝缘栅型
场效应晶体管

1 结型场效应晶体管（JFET）

结型场效应晶体管（JFET）是在一块N型（或P型）半导体材料两边制作P型（或N型）区，从而形成PN结所构成的。如图9-2所示，结型场效应晶体管是利用沟道两边的耗尽层宽窄，来改变沟道的导电特性，从而控制漏极电流的。因此，结型场效应晶体管按导电沟道可分为N沟道和P沟道两种。

图9-2 结型场效应晶体管的实物外形及内部结构

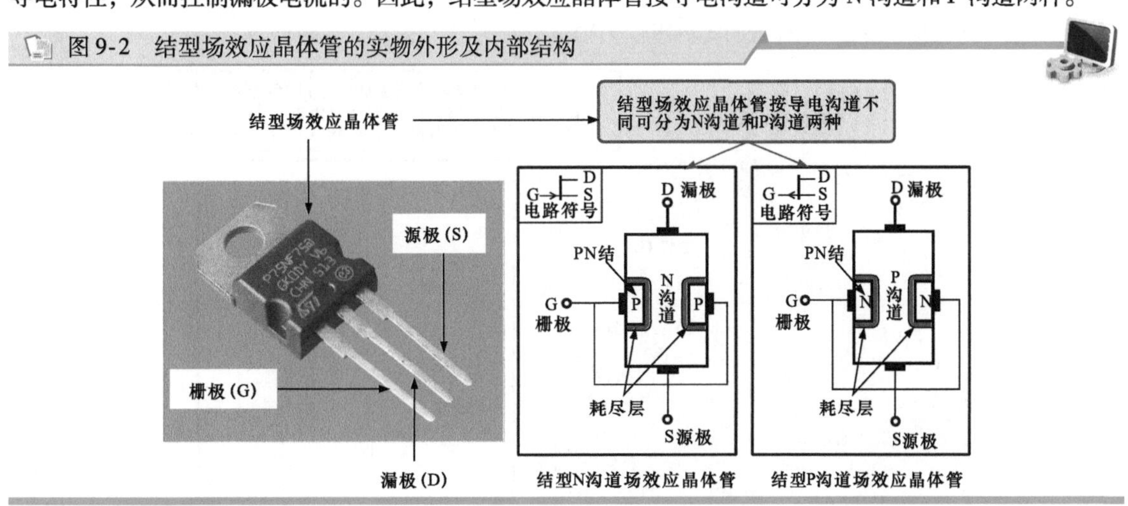
结型场效应晶体管
结型场效应晶体管按导电沟道不同可分为N沟道和P沟道两种
源极(S)
栅极(G)
漏极(D)
电路符号
D漏极
PN结
N沟道
G栅极
耗尽层
S源极
P沟道
结型N沟道场效应晶体管
结型P沟道场效应晶体管

结型场效应晶体管一般应用于音频放大器的差分输入电路以及各种调制、放大、阻抗变换、稳流、限流、自动保护等电路中。

| 相关资料 |

图 9-3 所示为结型场效应晶体管实现放大功能的基本工作原理。当 G、S 间不加反向电压时（即 $U_{GS}=0$），PN 结（图中阴影部分）的宽度窄，导电沟道宽，沟道电阻小，I_D 电流大；当 G、S 间加负电压时，PN 结的宽度增加，导电沟道宽度减小，沟道电阻增大，I_D 电流变小；当 G、S 间负向电压进一步增加时，PN 结宽度进一步加宽，两边 PN 结合拢（称夹断），没有导电沟道，即沟道电阻很大，电流 I_D 为 0。

我们把导电沟道刚被夹断的 U_{GS} 值称为夹断电压，用 U_P 表示。可见结型场效应晶体管在某种意义上是一个用电压控制的可变电阻。

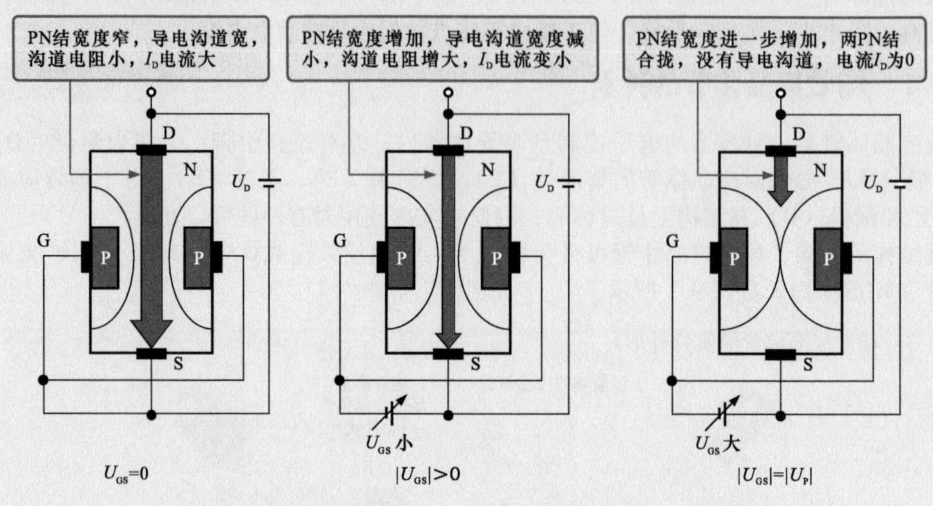
PN结宽度窄，导电沟道宽，沟道电阻小，I_D电流大
PN结宽度增加，导电沟道宽度减小，沟道电阻增大，I_D电流变小
PN结宽度进一步增加，两PN结合拢，没有导电沟道，电流I_D为0
D
N
G
P
P
S
U_D
U_{GS}小
U_{GS}大
$U_{GS}=0$
$|U_{GS}|>0$
$|U_{GS}|=|U_P|$

图 9-3 结型场效应晶体管实现放大功能的基本工作原理

2 绝缘栅型场效应晶体管（MOSFET）

绝缘栅型场效应晶体管（MOSFET）由金属、氧化物、半导体材料制成，通常简称为 MOS 场效应晶体管或 MOS 管。绝缘栅型场效应晶体管是利用感应电荷的多少，改变沟道导电特性来控制漏极电流的。图 9-4 所示为绝缘栅型场效应晶体管的实物外形及内部结构。绝缘栅型场效应晶体管按其工作方式的不同可分为耗尽型和增强型，同时又都有 N 沟道及 P 沟道两种。

图 9-4 绝缘栅型场效应晶体管的实物外形及内部结构

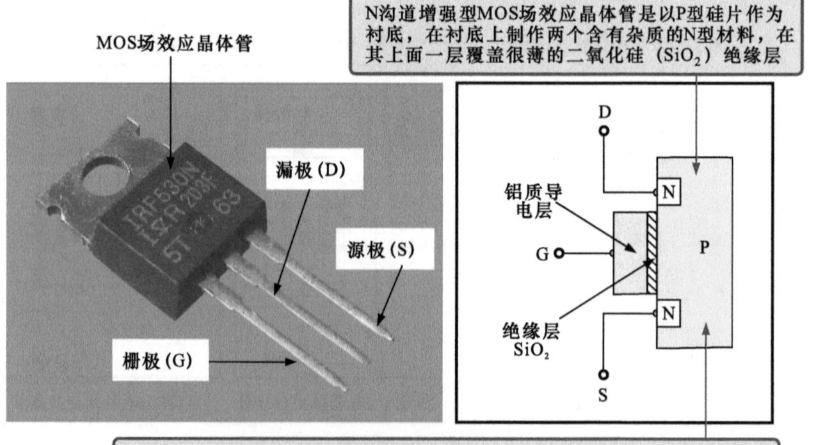
MOS场效应晶体管
N沟道增强型MOS场效应晶体管是以P型硅片作为衬底，在衬底上制作两个含有杂质的N型材料，在其上面一层覆盖很薄的二氧化硅（SiO_2）绝缘层
漏极 (D)
源极 (S)
栅极 (G)
IRF530N
D
N
铝质导电层
G
P
N
绝缘层 SiO_2
S
在两个N型材料上引出两个铝电极，分别称为漏极 (D) 和源极 (S)，在两极中间的二氧化硅绝缘层上制作一层铝质导电层，该导电层为栅极 (G)

图 9-4 绝缘栅型场效应晶体管的实物外形及内部结构（续）

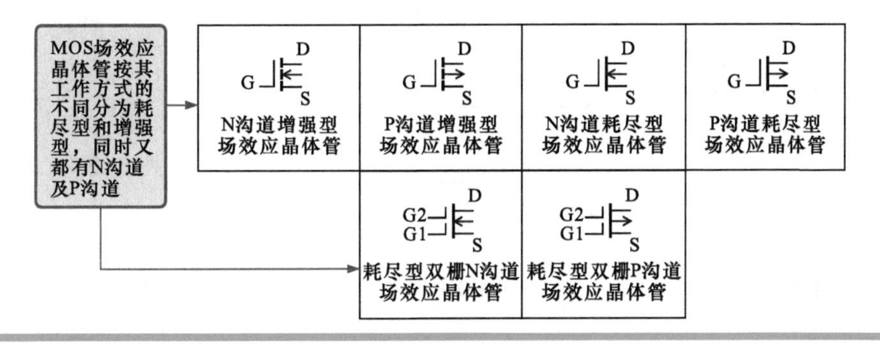
MOS场效应晶体管按其工作方式的不同分为耗尽型和增强型，同时又都有N沟道及P沟道
D
G
S
N沟道增强型场效应晶体管
P沟道增强型场效应晶体管
N沟道耗尽型场效应晶体管
P沟道耗尽型场效应晶体管
G2
G1
耗尽型双栅N沟道场效应晶体管
耗尽型双栅P沟道场效应晶体管

绝缘栅型场效应晶体管一般应用于音频功率放大、开关电源、逆变器、电源转换器、镇流器、充电器、电动机驱动、继电器驱动等电路中。

| 相关资料 |

电磁炉中的 IGBT 是不是场效应晶体管呢?

绝缘栅双极型晶体管（Insulated Gate Bipolar Transistor，IGBT）是一种高压、高速的大功率半导体器件，图 9-5 所示为 IGBT 的外形、电路符号及等效电路。

IGBT 并不是场效应晶体管，实际上它是由晶体管和场效应晶体管复合构成的。

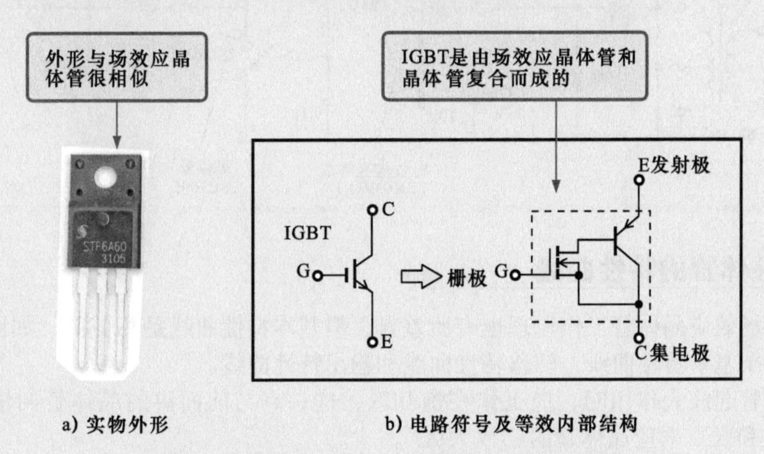
外形与场效应晶体管很相似
IGBT是由场效应晶体管和晶体管复合而成的
STF6A60
3105
IGBT
C
G
E
栅极
E发射极
C集电极
a) 实物外形
b) 电路符号及等效内部结构

图 9-5 IGBT 的外形、电路符号及等效电路

9.1.2 场效应晶体管的功能

1 场效应晶体管的放大功能

场效应晶体管的功能与晶体管相似，可用来制作信号放大器、振荡器和调制器等。由场效应晶体管组成的放大器基本结构有 3 种：共源极（S）放大器、共栅极（G）放大器和共漏极（D）放大器，如图 9-6 所示。

场效应晶体管是一种电压控制器件，栅极（G）不需要控制电流，只要有一个控制电压就可以控制漏极（D）和源极（S）之间的电流。

场效应晶体管具有输入阻抗高和噪声低的特点，因此，由场效应晶体管构成的放大电路常应用于小信号高频放大器中，例如收音机的高频放大器、电视机的高频放大器等。图 9-7 所示是一种简单的收音机电路，该电路中的场效应晶体管用来对天线接收的信号进行高频放大。

图 9-6　由场效应晶体管构成的 3 种放大器的基本结构

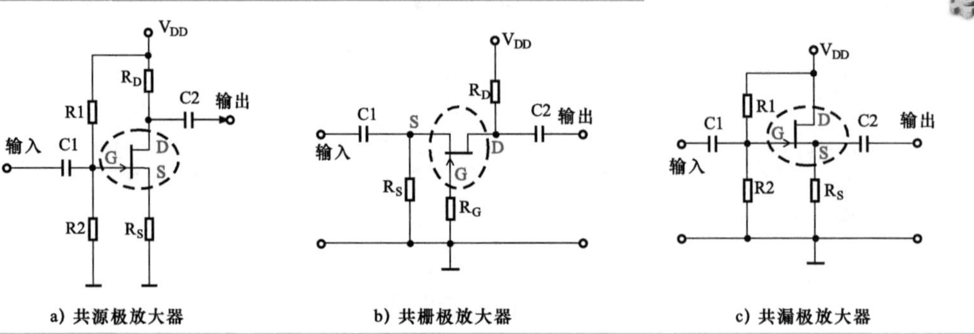

VDD
RD
R1
C2 输出
输入 C1
G
D
S
R2
RS
a) 共源极放大器
C1
S
输入
RS
RD
C2 输出
D
G
RG
b) 共栅极放大器
R1
C1
输入
R2
G
D
S
C2 输出
RS
c) 共漏极放大器

图 9-7　场效应晶体管在收音机电路中的放大功能

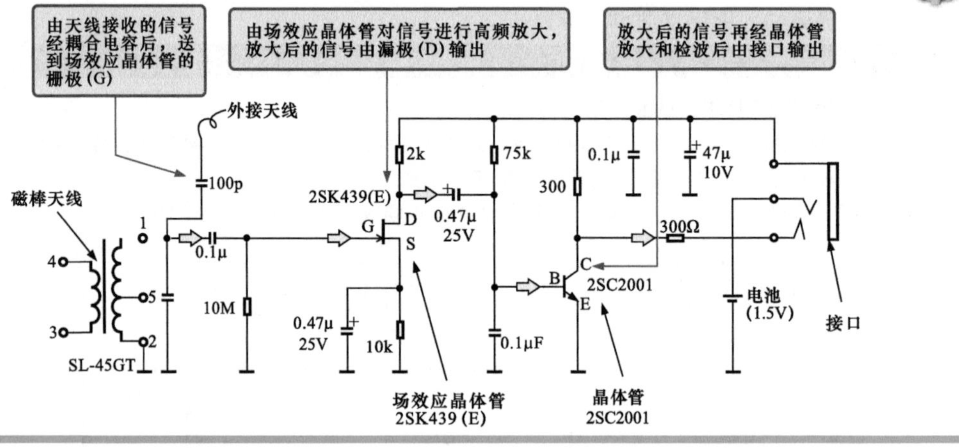

由天线接收的信号经耦合电容后，送到场效应晶体管的栅极 (G)
由场效应晶体管对信号进行高频放大，放大后的信号由漏极 (D) 输出
放大后的信号再经晶体管放大和检波后由接口输出
外接天线
100p
磁棒天线
SL-45GT
0.1μ
10M
2SK439(E)
2k
0.47μ 25V
10k
75k
0.1μF
0.1μ
300
47μ 10V
300Ω
2SC2001
电池 (1.5V)
接口
场效应晶体管 2SK439 (E)
晶体管 2SC2001

2　场效应晶体管的特性曲线

不同类型的场效应晶体管工作原理也有所差异，但基本特性曲线是相似的，如图 9-8 所示。场效应晶体管的两个基本特性曲线：转移特性曲线和输出特性曲线。

场效应晶体管起放大作用时，应工作在饱和区，这一点与前面讲的晶体管叫法不同。但要注意，此处的“饱和区”对应晶体管的“放大区”。

图 9-8　场效应晶体管的两个基本特性曲线

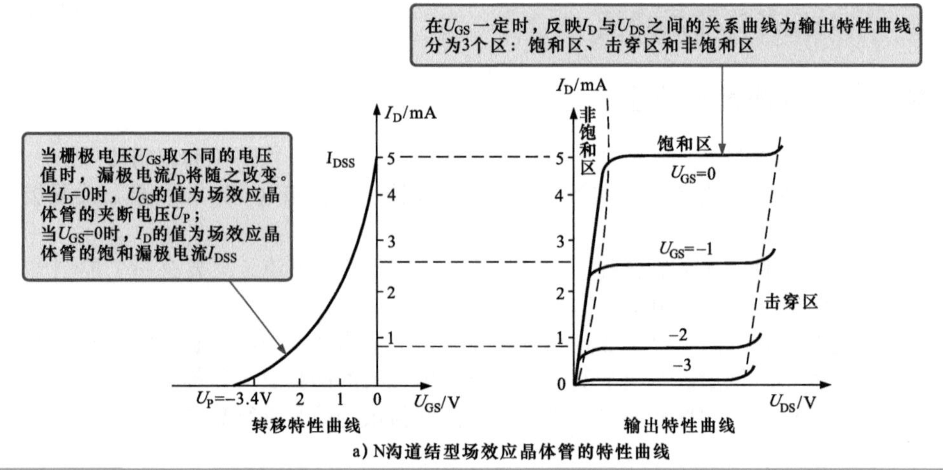

在UGS一定时，反映ID与UDS之间的关系曲线为输出特性曲线。分为3个区：饱和区、击穿区和非饱和区
当栅极电压UGS取不同的电压值时，漏极电流ID将随之改变。当ID=0时，UGS的值为场效应晶体管的夹断电压UP；当UGS=0时，ID的值为场效应晶体管的饱和漏极电流IDSS
ID/mA
IDSS
UP=-3.4V
UGS/V
转移特性曲线
非饱和区
饱和区
UGS=0
UGS=-1
击穿区
-2
-3
UDS/V
输出特性曲线

a) N沟道结型场效应晶体管的特性曲线

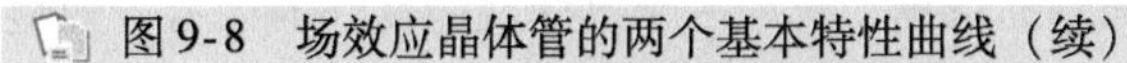

图 9-8 场效应晶体管的两个基本特性曲线（续）

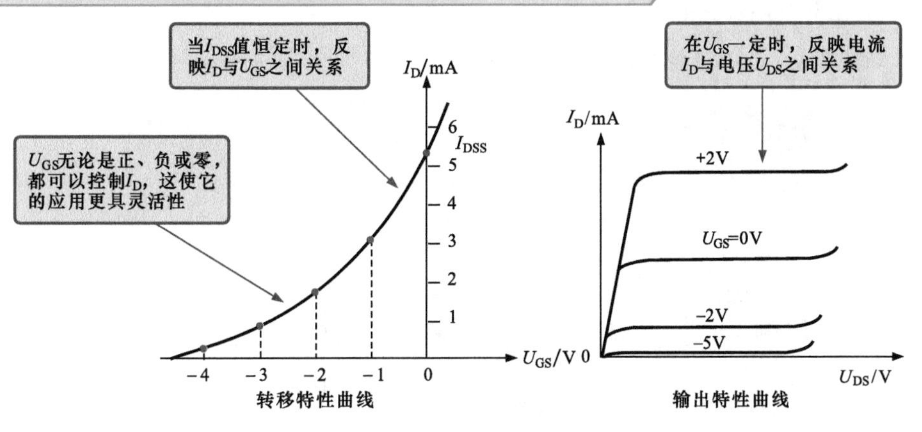
当I_{DSS}值恒定时，反映I_D与U_{GS}之间关系
U_{GS}无论是正、负或零，都可以控制I_D，这使它的应用更具灵活性
在U_{GS}一定时，反映电流I_D与电压U_{DS}之间关系
I_D/mA
I_{DSS}
U_{GS}/V
+2V
U_{GS}=0V
−2V
−5V
U_{DS}/V
转移特性曲线
输出特性曲线

b) N沟道耗尽型MOS场效应晶体管的特性曲线

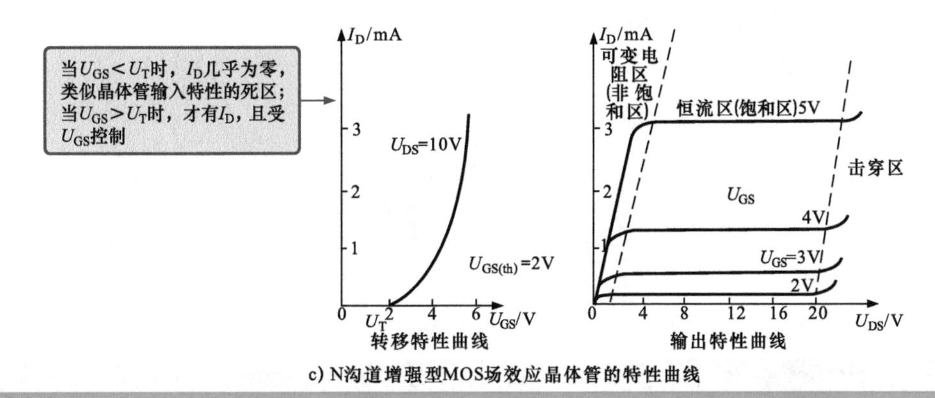
当U_{GS}<U_T时，I_D几乎为零，类似晶体管输入特性的死区；当U_{GS}>U_T时，才有I_D，且受U_{GS}控制
I_D/mA
U_{DS}=10V
$U_{GS(th)}$=2V
U_T
U_{GS}/V
可变电阻区(非饱和区)
恒流区(饱和区)5V
击穿区
U_{GS}
4V
U_{GS}=3V
2V
U_{DS}/V
转移特性曲线
输出特性曲线

c) N沟道增强型MOS场效应晶体管的特性曲线

9.2 场效应晶体管的检测

9.2.1 结型场效应晶体管的检测

场效应晶体管的放大能力是最基本的性能之一，一般可使用指针万用表粗略测量场效应晶体管是否具有放大能力。

图 9-9 所示为结型场效应晶体管放大能力的检测方法。

图 9-9 结型场效应晶体管放大能力的检测方法

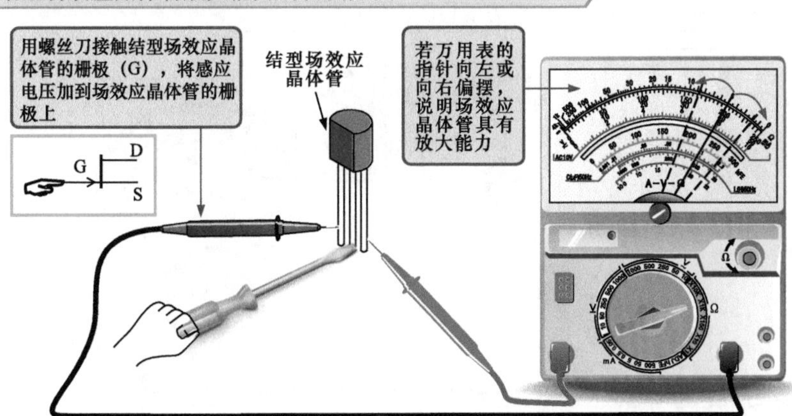
用螺丝刀接触结型场效应晶体管的栅极（G），将感应电压加到场效应晶体管的栅极上
结型场效应晶体管
若万用表的指针向左或向右偏摆，说明场效应晶体管具有放大能力
G
D
S

根据结型场效应晶体管放大能力的检测方法和判断依据，选取一个已知性能良好的结型场效应晶体管，检测方法和判断步骤如图 9-10 所示。

图 9-10　结型场效应晶体管放大能力的检测操作

扫一扫看视频

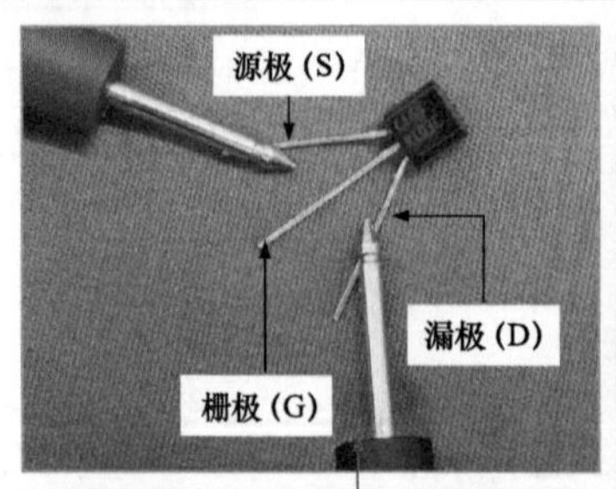
源极（S）
漏极（D）
栅极（G）
【1】将万用表的量程按钮调至“×1k”欧姆档，将黑表笔搭在结型场效应晶体管的漏极（D），红表笔搭在源极（S）

MODEL MF47-8
www.chinadse.org
【2】观察万用表的指针位置可知，当前测量值为5kΩ

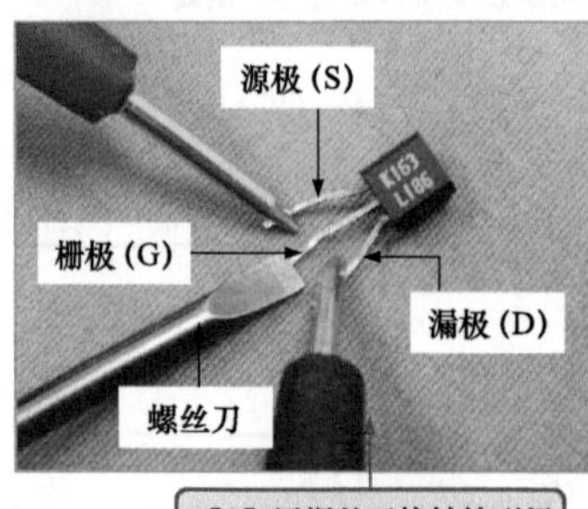
源极（S）
栅极（G）
漏极（D）
螺丝刀

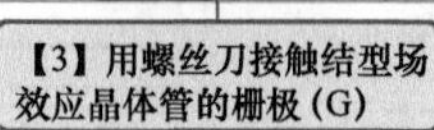
【3】用螺丝刀接触结型场效应晶体管的栅极（G）

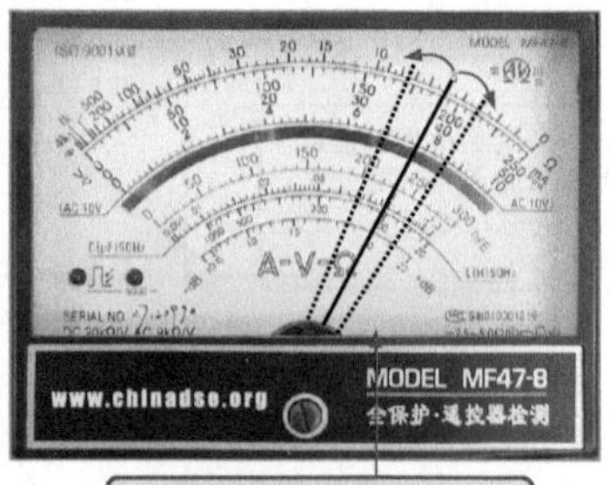
MODEL MF47-8
www.chinadse.org
【4】可看到指针产生一个较大的摆动（向左或向右）

特别提示

在正常情况下，万用表指针摆动的幅度越大，表明结型场效应晶体管的放大能力越好；反之，表明放大能力越差。若螺丝刀接触栅极（G）时指针不摆动，则表明结型场效应晶体管已失去放大能力。

测量一次后再次测量，指针可能不动，正常，可能是因为在第一次测量时，G、S 之间的结电容积累了电荷。为能够使万用表的指针再次摆动，可在测量后短接一下 G、S。

9.2.2　绝缘栅型场效应晶体管的检测

绝缘栅型场效应晶体管放大能力的检测方法与结型场效应晶体管放大能力的检测方法相同。需要注意的是，为避免人体感应电压过高或人体静电使绝缘栅型场效应晶体管击穿，检测时尽量不要用手触碰绝缘栅型场效应晶体管的引脚，可借助螺丝刀碰触栅极引脚完成检测，如图 9-11 所示。

图 9-11　绝缘栅型场效应晶体管放大能力的检测方法

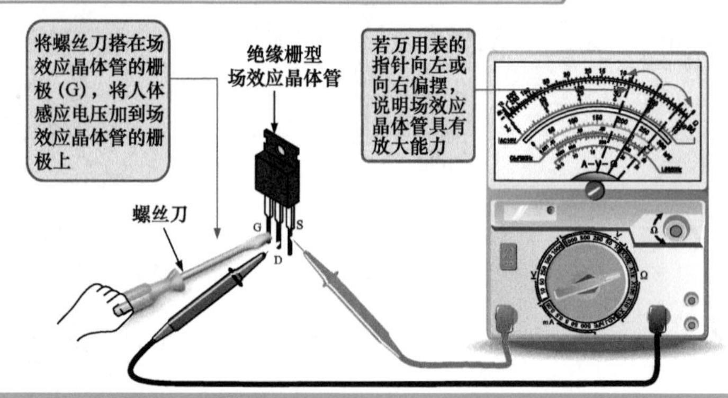
将螺丝刀搭在场效应晶体管的栅极（G），将人体感应电压加到场效应晶体管的栅极上
绝缘栅型场效应晶体管
若万用表的指针向左或向右偏摆，说明场效应晶体管具有放大能力
螺丝刀
G
S
D

第10章 IGBT的功能与识别检测

10.1 IGBT的结构和功能

10.1.1 IGBT的结构

IGBT是绝缘栅双极型晶体管（Insulated Gate Bipolar Transistor）的简称，该器件是一种高压、高速的大功率半导体器件。

常见的IGBT分为带有阻尼二极管和不带有阻尼二极管的。它有3个极，分别为栅极（G，也称控制极）、集电极（C）和发射极（E）。

图10-1为IGBT的实物外形与电路符号。

图10-1 IGBT的实物外形与电路符号

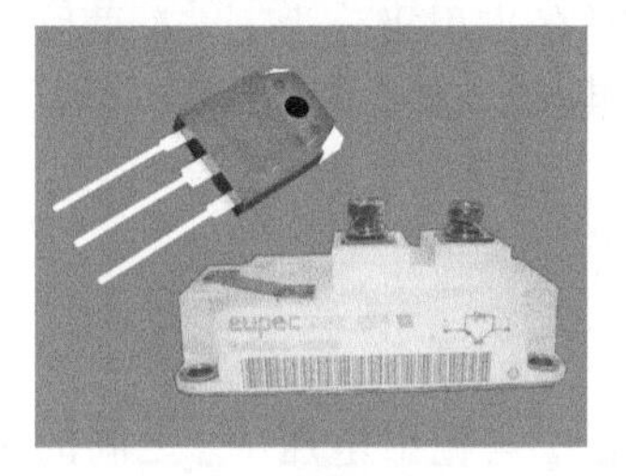

a) IGBT实物外形

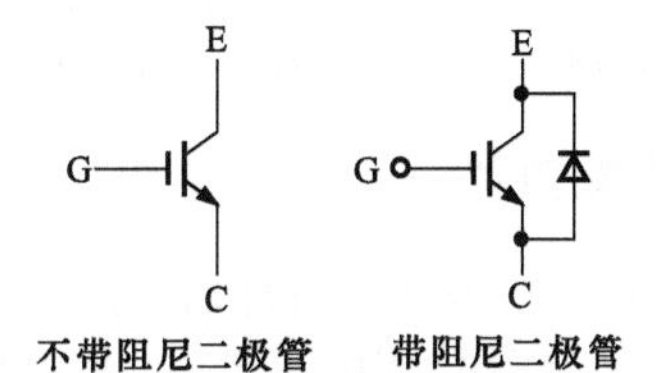
E
G
C
不带阻尼二极管
E
G
C
带阻尼二极管

b) IGBT电路符号

图10-2为IGBT的内部结构和等效电路。

图10-2 IGBT的内部结构和等效电路

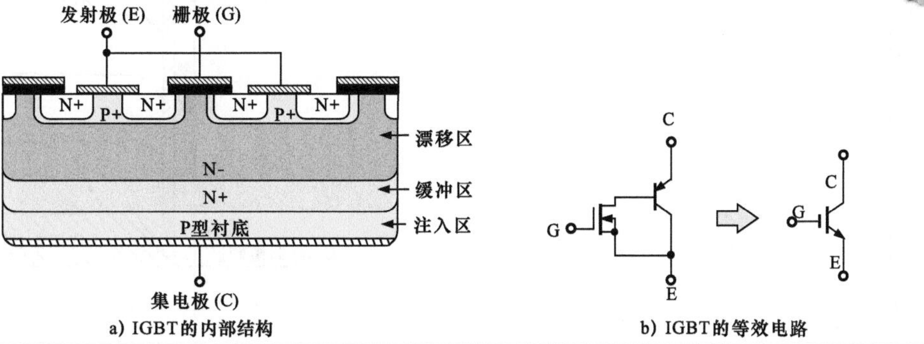
发射极(E)
栅极(G)
N+
P+
N+
N+
P+
N+
漂移区
N-
N+
缓冲区
P型衬底
注入区
集电极(C)
C
G
E
C
G
E

a) IGBT的内部结构　　b) IGBT的等效电路

IGBT的结构是以P型硅片作为衬底，在衬底上有缓冲区N+和漂移区N-，在漂移区上有P+层，在其上部有两个含有很多杂质的N型材料，在P+层上分有发射极（E），在两个P+层中间位栅极（G），在该IGBT的底部为集电极（C）。它的等效电路相当于N沟道的MOS场效应晶体管与晶体管复合而成的。

10.1.2 IGBT的功能

1 IGBT的工作原理

图10-3所示为IGBT的工作原理。

图 10-3　IGBT 的工作原理

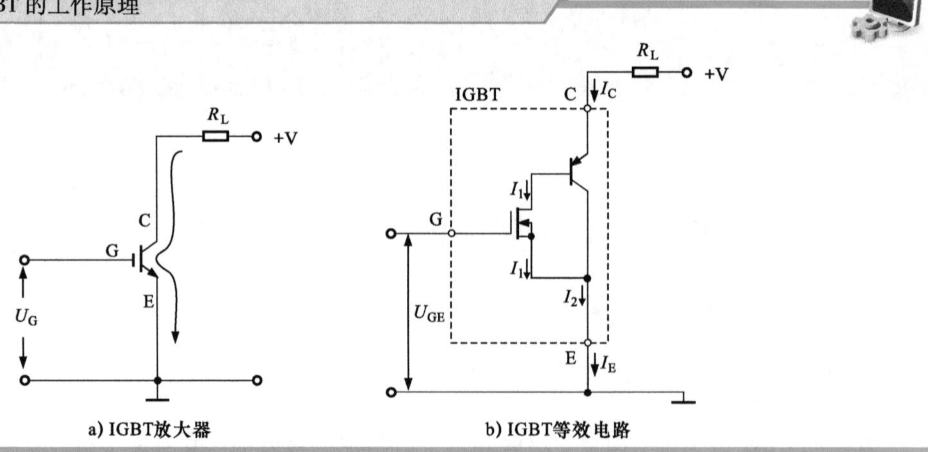

R_L
+V
C
G
E
U_G
a) IGBT放大器
IGBT
C
I_C
I_1
G
I_1
I_2
U_{GE}
E
I_E
b) IGBT等效电路

IGBT 是由 PNP 型晶体管和 N 沟道 MOS 管的复合体。驱动电压给 IGBT 的 G 极和 E 极提供 U_{GE} 电压，电源 + V 经 R_L 为 IGBT 的 C 极与 E 极提供 U_C、U_E 电压，当开关闭合时，U_{GE}端的电压大于开关区电压（2 ~ 6V），IGBT 内部 MOS 管内有导电沟道产生，MOS 管 D、S 极之间导通，为晶体管提供电流使其导通，当电流 I_c 流入 IGBT 管后，经晶体管的发射极分为 I_1、I_2 两路，I_1 电流流入 MOS 管，I_2 电流从晶体管的集电极流出，I_1、I_2 会合成 I_E 电流，这时说明 IGBT 导通。若当开关断开后，电压 U_{GE}为 0，MOS 管内的沟道消失，IGBT 截止。

2　IGBT 的特性曲线

图 10-4 所示为 IGBT 的转移特性曲线。

IGBT 的转移特性曲线体现的是 IGBT 集电极电流 I_C 与栅射电压 U_{GE}之间的关系。当开启电压 U_{GE}（th）是 IGBT 能实现电导调制而导通的最低栅-射极电压，随温度升高而略有下降。

图 10-5 所示为 IGBT 的输出特性曲线。

图 10-4　IGBT 的转移特性曲线　　图 10-5　IGBT 的输出特性曲线

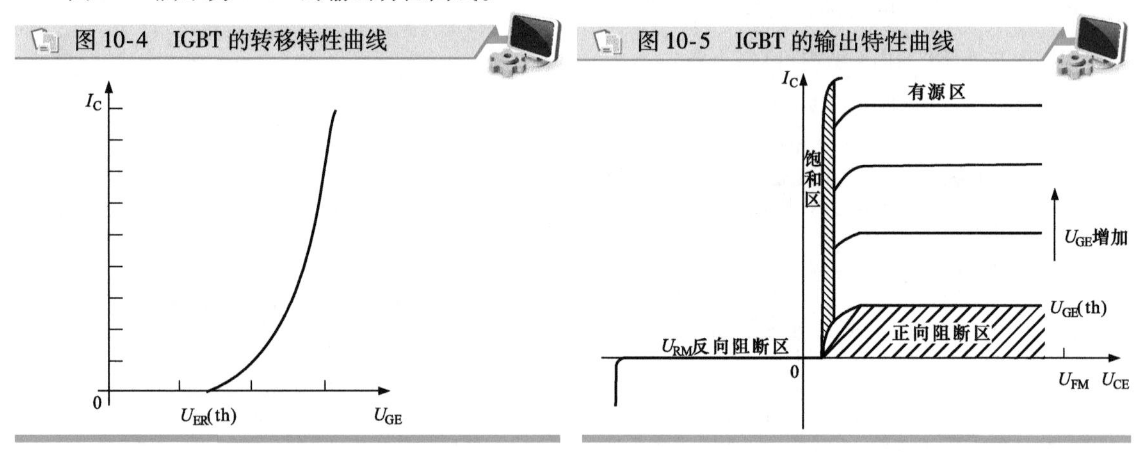

I_C
0
U_{ER}(th)
U_{GE}
I_C
有源区
饱和区
U_{GE}增加
U_{GE}(th)
正向阻断区
U_{RM}反向阻断区
0
U_{FM}
U_{CE}

IGBT 的输出特性的曲线可以看该曲线示意栅极发出的电压为参考值，电流 I_C 与集射极间的电压 U_{CE}的变化关系。该输出曲线特征分为正向阻断区、有源区、饱和区、反向阻断区。当电压 U_{CE} <0 时，该 IGBT 为反向阻断工作状态。

3　IGBT 的功能特点

结合 IGBT 的工作原理和工作特性可知，IGBT 受电压控制，饱和电压降小，耐压高，在电路中主要起到电路开关的作用。

例如，在电磁炉中门控管的主要作用是控制炉盘线圈的电流，在调频脉冲信号的驱动下使流过炉盘线圈的电流形成高速开关电流，并使炉盘线圈与并联电容器形成高压谐振。

10.2 IGBT 的检测方法

10.2.1 IGBT 引脚极性的判别

判断 IGBT 引脚极性可通过识别 IGBT 型号对照查找其技术手册，根据手册识别引脚极性；若 IGBT 安装在电路板上则可通过对应电路图确认引脚极性。另外，还可通过万用表检测引脚阻值的方法判断引脚极性。

借助万用表判断 IGBT 引脚极性，即用万用表检测待测 IGBT 两两引脚之间的阻值，根据测量结果进行判断，如图 10-6 所示。

图 10-6 借助万用表判断 IGBT 引脚极性的方法

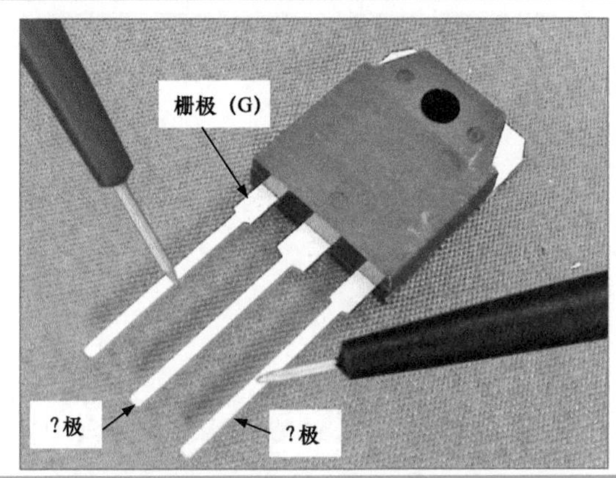
栅极（G）
?极
?极

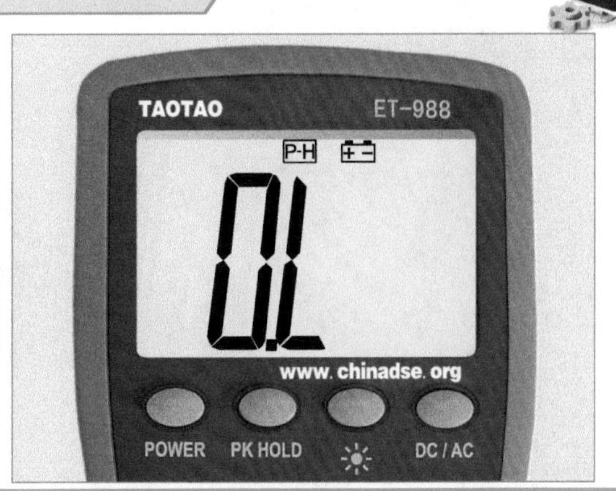
TAOTAO
ET-988
P-H
0.L
www.chinadse.org
POWER
PK HOLD
DC / AC

借助万用表检测 IGBT 两两引脚间阻值时，首先将万用表档位旋钮调至“×10k”欧姆档，将万用表的红、黑表笔分别搭在任意连个引脚上，当测得某一引脚与其他两个引脚阻值均为无穷大，调换表笔后该引脚与其他两个引脚的阻值仍为无穷大，见图 10-6，则说明此引脚为栅极（G）。

确定栅极（G）后，其余两个引脚再次用万用表检测阻值，若测得阻值为无穷大，调换表笔后测量阻值较小，则在测量阻值较小的一次中，红表笔所搭引脚为集电极（C），黑表笔所搭引脚为发射极（E）。

经实际检测并结合上述判断依据，图 10-6 所测 IGBT 引脚极性从左到右依次为栅极（G）、集电极（C）和发射极（E）。

10.2.2 IGBT 性能的检测

判断 IGBT 性能好坏，一般可借助指针万用表进行。检测前首先将指针万用表的功能旋钮调至“×10k”欧姆档，检测方法如图 10-7 所示。

检测时，将万用表的黑表笔搭在集电极（C），红表笔搭在发射极（E），万用表的指针指示在无穷大，此时用手指同时碰触一下栅极（G）和集电极（C），在正常情况下，IGBT 栅极相对于发射极为高电平时，IGBT 导通，万用表指针摆向阻值较小的方向，并指示在某一位置。然后再用手指同时触及栅极（G）和发射极（E），在正常情况下，IGBT 被阻断，万用表指针回零。

若检测不符合上述情况，则多为 IGBT 损坏。需要注意的是，检测时应将指针万用表的档位旋钮调至“×10k”欧姆档进行检测，这是因为指针万用表采用“×10k”欧姆档测量时，其内部为 9V 电池供电，而其他档位量程均采用 1.5V 供电，无法满足 IGBT 的工作条件，IGBT 不能导通，无法判断 IGBT 性能好坏。

图 10-7 IGBT性能的检测方法

集电极(C)
发射极(E)

ISO 9001认证
A-V-Ω
MODEL MF47-8
全保护·遥控器检测

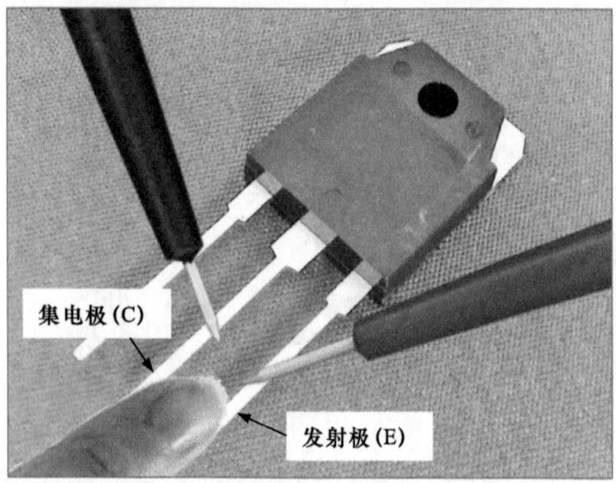
集电极(C)
发射极(E)

ISO 9001认证
A-V-Ω
MODEL MF47-8
全保护·遥控器检测

第 11 章 晶闸管的功能与识别检测

11.1 晶闸管的种类和功能

11.1.1 晶闸管的种类

晶闸管是晶体闸流管的简称，它是一种可控整流器件，旧称可控硅，其可通过很小的电流来控制“大闸门”，因此，常作为电动机驱动控制及调速控制，电流通断、调压、控温等的控制器件，广泛应用于电子电器产品、工业控制及自动化生产领域。

晶闸管是由 P 型和 N 型半导体交替叠合成 P-N-P-N 四层而构成的，图 11-1 所示为几种典型晶闸管的实物外形以及电路符号。其三个引出电极分别是阳极（A）、阴极（K）和控制极（G，又称门极）。

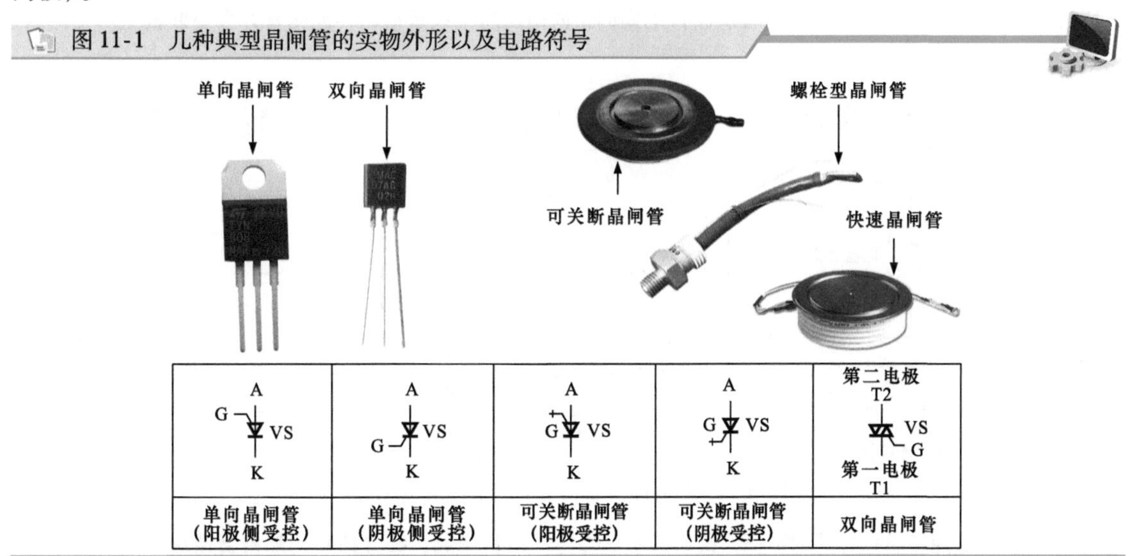

单向晶闸管
双向晶闸管
可关断晶闸管
螺栓型晶闸管
快速晶闸管
A
G
VS
K
第二电极
T2
第一电极
T1
单向晶闸管（阳极侧受控）
单向晶闸管（阴极侧受控）
可关断晶闸管（阳极受控）
可关断晶闸管（阴极受控）
双向晶闸管

图 11-1　几种典型晶闸管的实物外形以及电路符号

1 单向晶闸管

单向晶闸管是 P-N-P-N 四层、三个 PN 结的结构，它被广泛应用于可控整流、交流调压、逆变器和开关电源电路中。单向晶闸管阳极（A）与阴极（K）之间加有正向电压，同时门极（G）与阴极间加上所需的正向触发电压时，方可被触发导通。图 11-2 所示为单向晶闸管的实物外形。

| 特别提示 |

单向晶闸管导通的条件是：阳极 A 与阴极 K 之间加有正向电压，同时门极 G 接收到正向触发信号。

图 11-2　单向晶闸管的实物外形

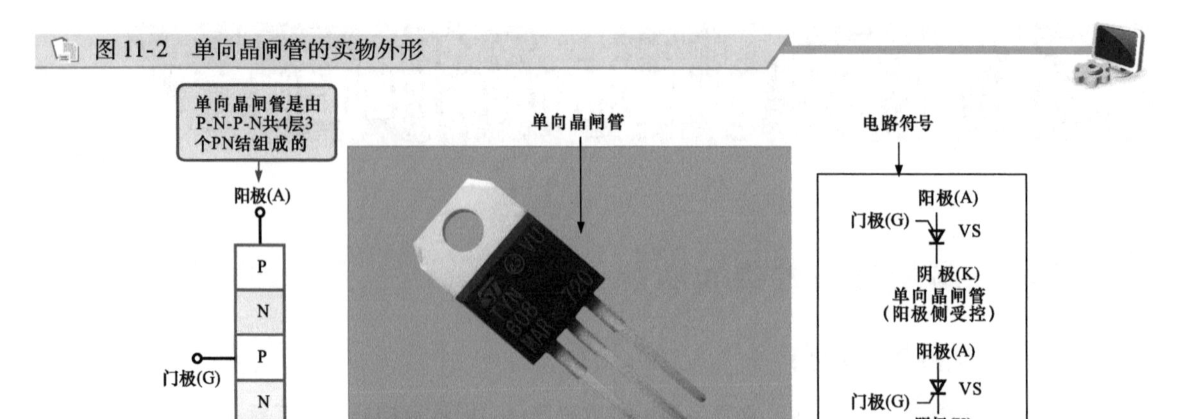
单向晶闸管是由
P-N-P-N共4层3
个PN结组成的
阳极(A)
P
N
P
N
门极(G)
阴极(K)
单向晶闸管
电路符号
阳极(A)
门极(G)
VS
阴极(K)
单向晶闸管
(阳极侧受控)
阳极(A)
门极(G)
VS
阴极(K)
单向晶闸管
(阴极侧受控)

相关资料

单向晶闸管导通后内阻很小，管压降很低，即使其控制极的触发信号消失，晶闸管仍维持导通状态；只有当触发信号消失，同时阳极 A 与阴极 K 之间的正向电压消失或反向时，晶闸管才会阻断截止。工作原理如图 11-3 所示。

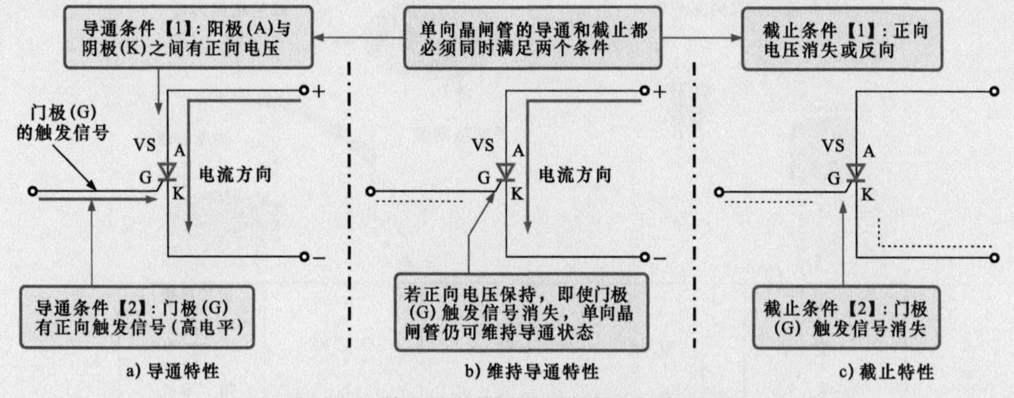
导通条件【1】：阳极(A)与
阴极(K)之间有正向电压
单向晶闸管的导通和截止都
必须同时满足两个条件
截止条件【1】：正向
电压消失或反向
门极(G)
的触发信号
VS
A
G
K
电流方向
导通条件【2】：门极(G)
有正向触发信号(高电平)
若正向电压保持，即使门极
(G)触发信号消失，单向晶
闸管仍可维持导通状态
截止条件【2】：门极
(G) 触发信号消失
a) 导通特性
b) 维持导通特性
c) 截止特性

图 11-3　单向晶闸管的导通与截止阻断原理

单向晶闸管能够维持导通的特征，我们要从它的内部结构说起，在介绍单向晶闸管概念时提到，单向晶闸管是由 P-N-P-N 共四层三个 PN 结组成的，结合前文所讲的晶体管的内部结构，我们可以将单向晶闸管等效地看成一个 PNP 型晶体管和一个 NPN 型晶体管的交错结构，如图 11-4 所示。

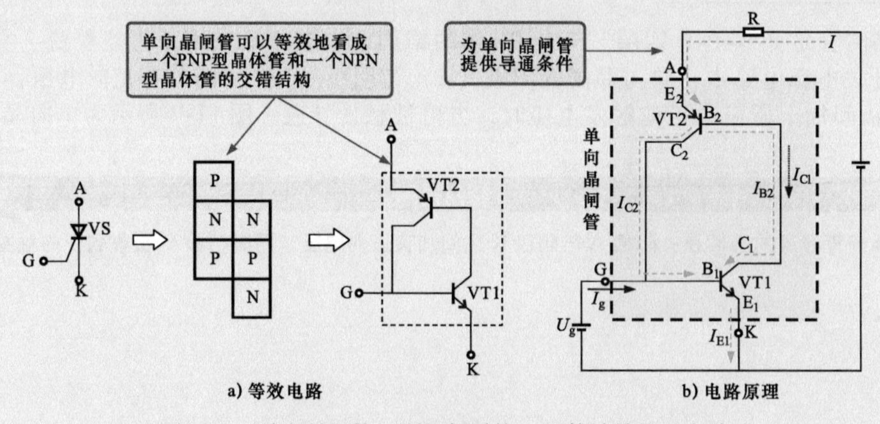
单向晶闸管可以等效地看成
一个PNP型晶体管和一个NPN
型晶体管的交错结构
为单向晶闸管
提供导通条件
A
VS
G
K
P
N
N
P
P
N
VT2
VT1
R
I
E2
B2
C2
IC1
IB2
IC2
C1
B1
E1
Ig
Ug
IE1
单向晶闸管
a) 等效电路
b) 电路原理

图 11-4　单向晶闸管（阴极侧受控）的等效结构及电路

当给单向晶闸管阳极（A）和阴极（K）之间加正向电压时，晶体管 VT1 和 VT2 都承受正向电压，两晶体管都无基极电流而截止，则 AK 间截止。如果这时在门极（G）加上较小的正向控制电压 U_g（触发信号），则有控制电流 I_g 送入 VT1 的基极。经过放大，VT1 的集电极便有 $I_{C1}=\beta_1 I_g$ 的电流。此电流就是 VT2 的基极电流，经 VT2 放大，VT2 的集电极便有 $I_{C2}=\beta_1\beta_2 I_g$ 的电流流过。而该电流又送入 VT1 的基极，如此反复很快进入饱和，两个晶体管很快便导通，即晶闸管导通，VT1 和 VT2 互相提供基极电流，该电流比触发电流大得多，因而即使触发信号消失，单向晶闸管仍能保持导通状态。

2 双向晶闸管

双向晶闸管旧称双向可控硅，属于 N-P-N-P-N 五层半导体器件，有第一电极（T1）、第二电极（T2）、门极（G）3 个电极，在结构上相当于两个单向晶闸管反极性并联。双向晶闸管的实物外形如图 11-5 所示。

图 11-5　双向晶闸管的实物外形

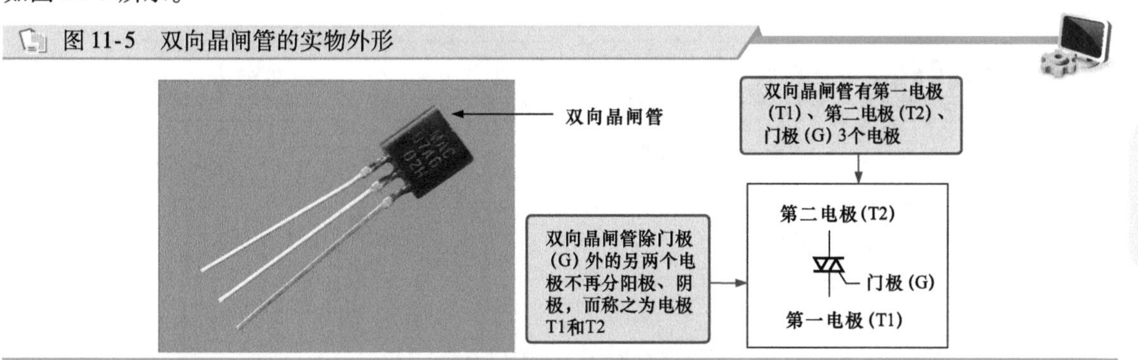
双向晶闸管
双向晶闸管有第一电极（T1）、第二电极（T2）、门极（G）3个电极
第二电极（T2）
门极（G）
第一电极（T1）
双向晶闸管除门极（G）外的另两个电极不再分阳极、阴极，而称之为电极T1和T2

与单向晶闸管不同的是，双向晶闸管可以双向导通，可允许两个方向有电流流过，常用在交流电路调节电压、电流，或用作交流无触点开关。

| 特别提示 |

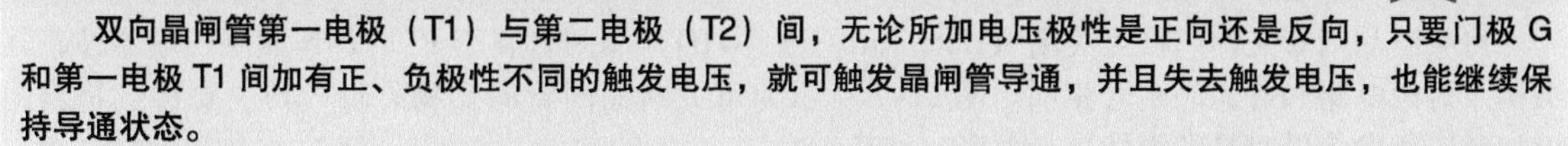

双向晶闸管第一电极（T1）与第二电极（T2）间，无论所加电压极性是正向还是反向，只要门极 G 和第一电极 T1 间加有正、负极性不同的触发电压，就可触发晶闸管导通，并且失去触发电压，也能继续保持导通状态。

当第一电极 T1、第二电极 T2 电流减小至小于维持电流或 T1、T2 间的电压极性改变且没有触发电压时，双向晶闸管才会截止，此时只有重新送入触发电压方可导通。

| 相关资料 |

双向晶闸管的导通及截止特性如图 11-6 所示。

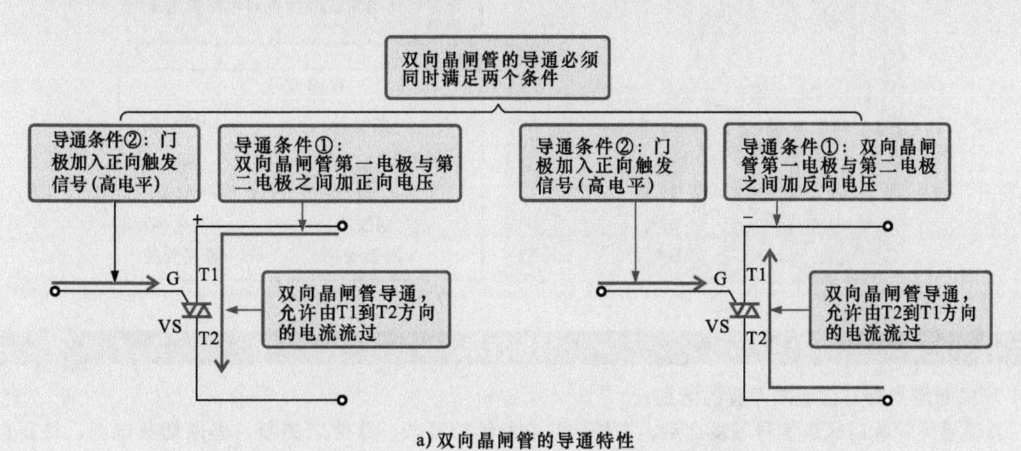
双向晶闸管的导通必须同时满足两个条件
导通条件②：门极加入正向触发信号（高电平）
导通条件①：双向晶闸管第一电极与第二电极之间加正向电压
导通条件②：门极加入正向触发信号（高电平）
导通条件①：双向晶闸管第一电极与第二电极之间加反向电压
+
G
T1
VS
T2
双向晶闸管导通，允许由T1到T2方向的电流流过
−
G
T1
VS
T2
双向晶闸管导通，允许由T2到T1方向的电流流过

a) 双向晶闸管的导通特性

图 11-6　双向晶闸管的导通及截止特性

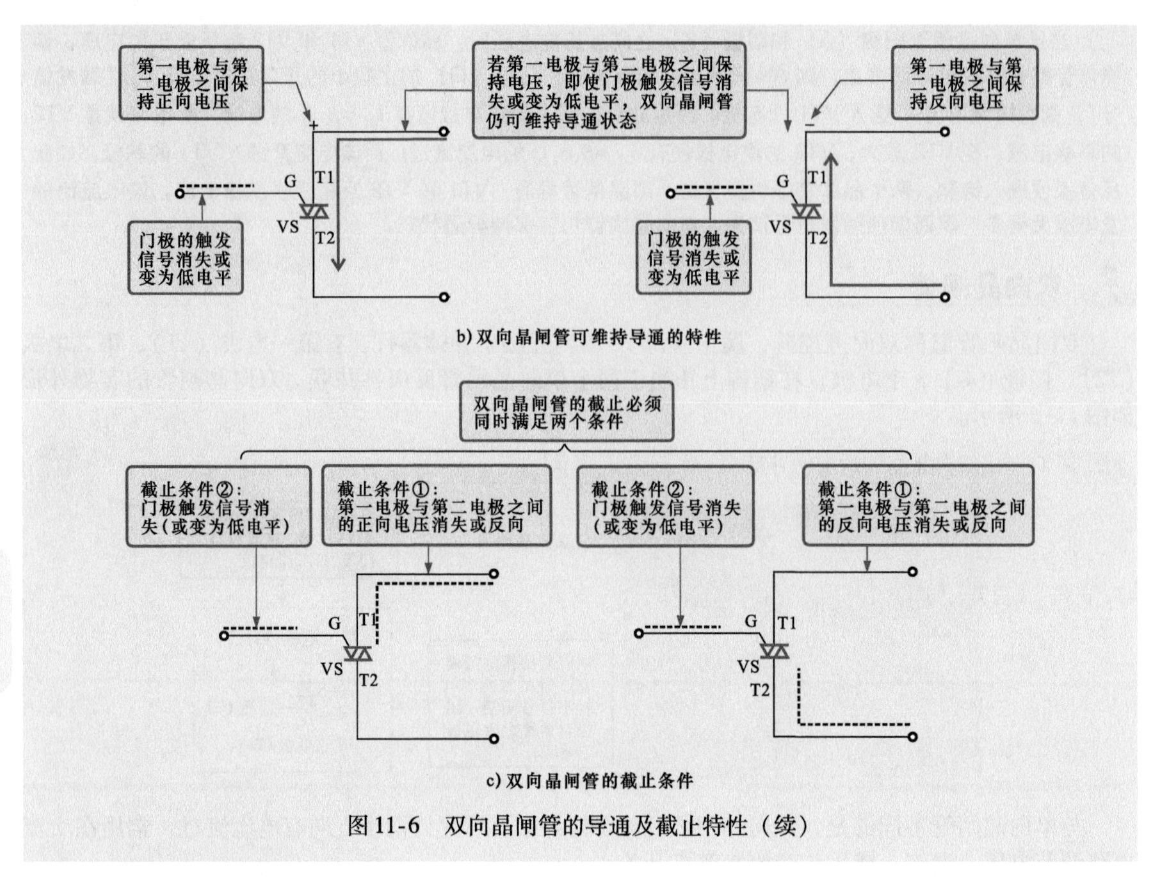
第一电极与第二电极之间保持正向电压
若第一电极与第二电极之间保持电压，即使门极触发信号消失或变为低电平，双向晶闸管仍可维持导通状态
第一电极与第二电极之间保持反向电压
G
T1
VS
T2
门极的触发信号消失或变为低电平
门极的触发信号消失或变为低电平
双向晶闸管的截止必须同时满足两个条件
截止条件②：门极触发信号消失（或变为低电平）
截止条件①：第一电极与第二电极之间的正向电压消失或反向
截止条件②：门极触发信号消失（或变为低电平）
截止条件①：第一电极与第二电极之间的反向电压消失或反向

b) 双向晶闸管可维持导通的特性

c) 双向晶闸管的截止条件

图 11-6　双向晶闸管的导通及截止特性（续）

3 可关断晶闸管

可关断晶闸管又称门极可关断（Gate Turn-Off，GTO）晶闸管属于 P-N-P-N 四层三端器件，其结构及等效电路和普通晶闸管相同。图 11-7 所示为可关断晶闸管的实物外形，其主要特点是当门极加负向触发信号时晶闸管能自行关断。

图 11-7　可关断晶闸管的实物外形

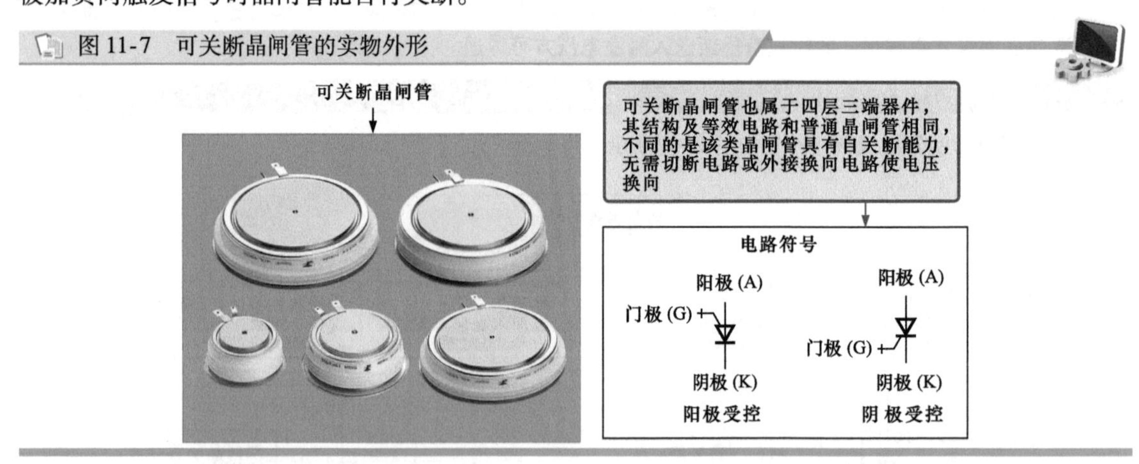
可关断晶闸管
可关断晶闸管也属于四层三端器件，其结构及等效电路和普通晶闸管相同，不同的是该类晶闸管具有自关断能力，无需切断电路或外接换向电路使电压换向
电路符号
阳极 (A)
门极 (G)
阴极 (K)
阳极受控
阳极 (A)
门极 (G)
阴极 (K)
阴极受控

特别提示

可关断晶闸管与普通晶闸管的区别：

普通晶闸管靠门极正信号触发之后，撤掉信号亦能维持通态。欲使之关断，必须切断电源，使正向电流低于维持电流，或施以反向电压强行关断。这就需要增加换向电路，不仅使设备的体积重量增大，而且会降低效率，产生波形失真和噪声。

可关断晶闸管克服了上述缺陷，它既保留了普通晶闸管耐压高、电流大等优点，还具有了自关断能力，使用更方便，是理想的高压、大电流开关器件。大功率可关断晶闸管已广泛用于变频调速、逆变电源等领域。

4 快速晶闸管

快速晶闸管是可以在 400Hz 以上频率工作的晶闸管，其开通时间为 4 ~ 8μs，关断时间为 10 ~ 60μs。

快速晶闸管是一个 PNPN 四层三端器件，其符号与普通晶闸管一样，它不仅要有良好的静态特性，更要有良好的动态特性。主要用于较高频率的整流、斩波、逆变和变频电路。图 11-8 所示为典型快速晶闸管的实物外形。

图 11-8　典型快速晶闸管的实物外形

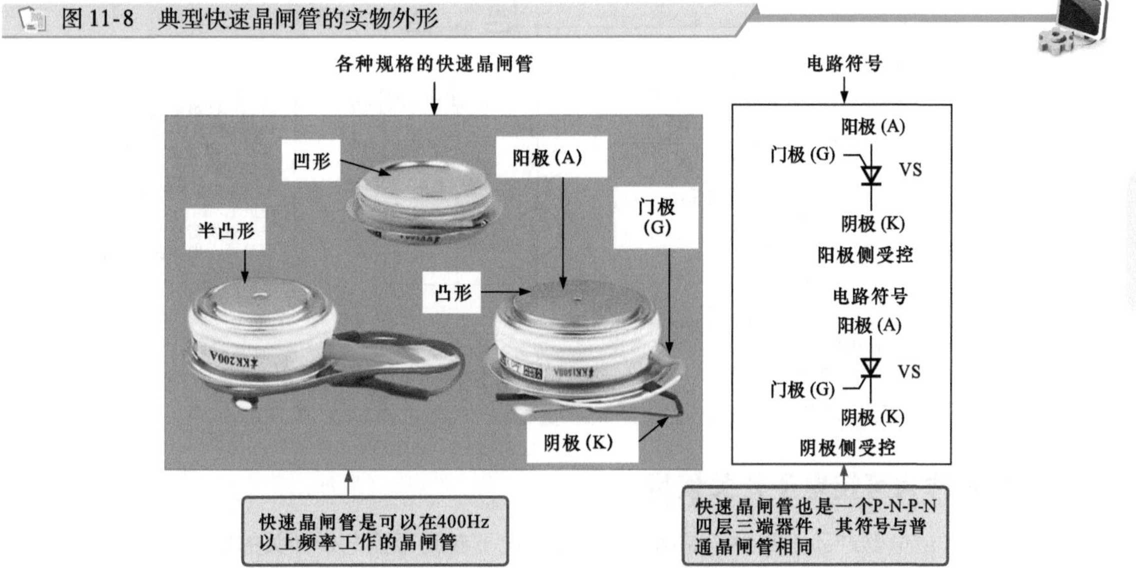
各种规格的快速晶闸管
凹形
阳极 (A)
门极 (G)
半凸形
凸形
阴极 (K)
电路符号
阳极 (A)
门极 (G)
VS
阴极 (K)
阳极侧受控
电路符号
阳极 (A)
VS
门极 (G)
阴极 (K)
阴极侧受控
快速晶闸管是可以在400Hz以上频率工作的晶闸管
快速晶闸管也是一个P-N-P-N四层三端器件，其符号与普通晶闸管相同

5 螺栓型晶闸管

螺栓型晶闸管与普通单向晶闸管相同，只是封装形式不同。这种结构只是便于安装在散热片上，工作电流较大的晶闸管多采用这种结构形式。图 11-9 所示为典型螺栓型晶闸管的实物外形。

图 11-9　典型螺栓型晶闸管的实物外形

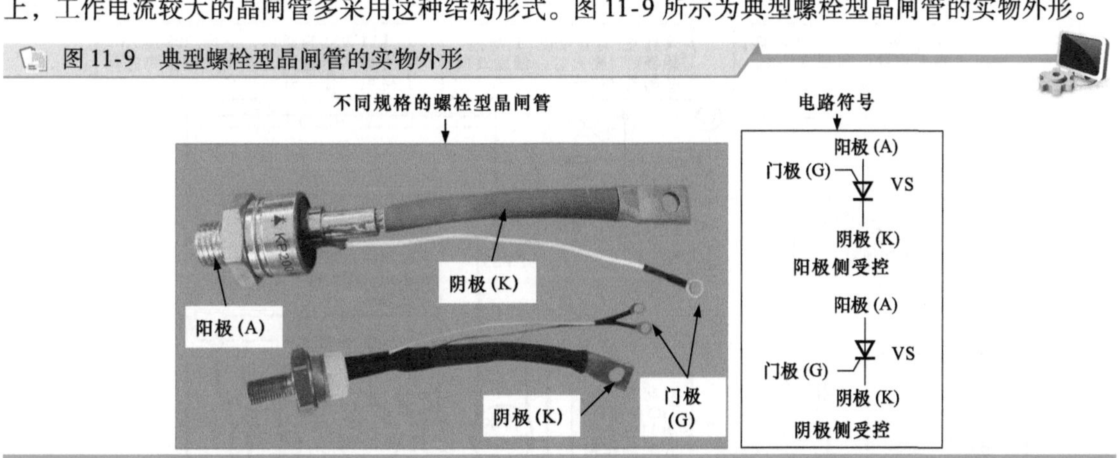
不同规格的螺栓型晶闸管
阳极 (A)
阴极 (K)
阴极 (K)
门极 (G)
电路符号
阳极 (A)
门极 (G)
VS
阴极 (K)
阳极侧受控
阳极 (A)
VS
门极 (G)
阴极 (K)
阴极侧受控

11.1.2 晶闸管的功能

由于晶闸管有可控整流特性，因此是固态继电器中的主要器件，有时固态继电器也直接使用晶闸管，它触发后相当于整流二极管。主要特点是通过小电流实现高电压、高电流的开关控制，在实

际应用中主要作为可控整流器件和可控电子开关使用。

1 晶闸管作为可控整流器件使用

图 11-10 所示为晶闸管构成的典型调速电路。晶闸管与触发电路构成调速电路，使供给电动机的电流具有可调性。

图 11-10 晶闸管构成的典型调速电路

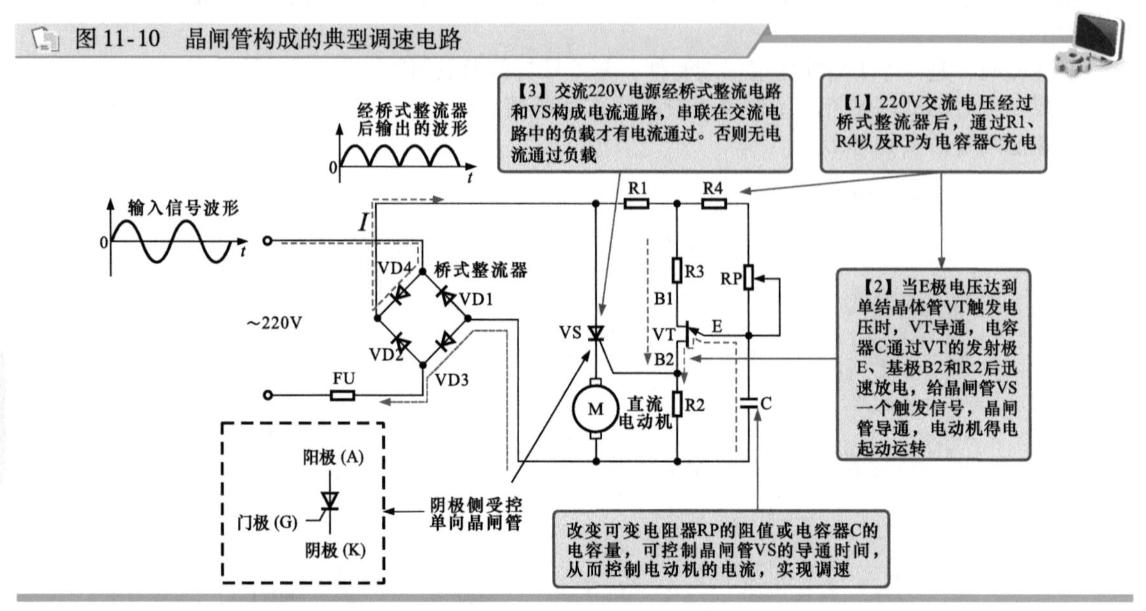
经桥式整流器后输出的波形
【3】交流220V电源经桥式整流电路和VS构成电流通路，串联在交流电路中的负载才有电流通过。否则无电流通过负载
【1】220V交流电压经过桥式整流器后，通过R1、R4以及RP为电容器C充电
输入信号波形
桥式整流器
~220V
VD1 VD2 VD3 VD4
FU
R1 R4 R3 RP R2 C
B1 B2 E VT VS
M 直流电动机
【2】当E极电压达到单结晶体管VT触发电压时，VT导通，电容器C通过VT的发射极E、基极B2和R2后迅速放电，给晶闸管VS一个触发信号，晶闸管导通，电动机得电起动运转
阳极 (A)
门极 (G)
阴极 (K)
阴极侧受控单向晶闸管
改变可变电阻器RP的阻值或电容器C的电容量，可控制晶闸管VS的导通时间，从而控制电动机的电流，实现调速

2 晶闸管作为可控电子开关使用

在很多电子或电器产品电路中，晶闸管在大多情况下起到可控电子开关的作用，即在电路中由其自身的导通和截止来控制电路接通、断开。

图 11-11 所示为晶闸管在某品牌洗衣机的排水系统中的典型应用。在该电路中由晶闸管控制洗衣机排水电磁阀能否接通 220 V 电源，进而控制排水状态。

图 11-11 晶闸管作为可控电子开关的典型应用

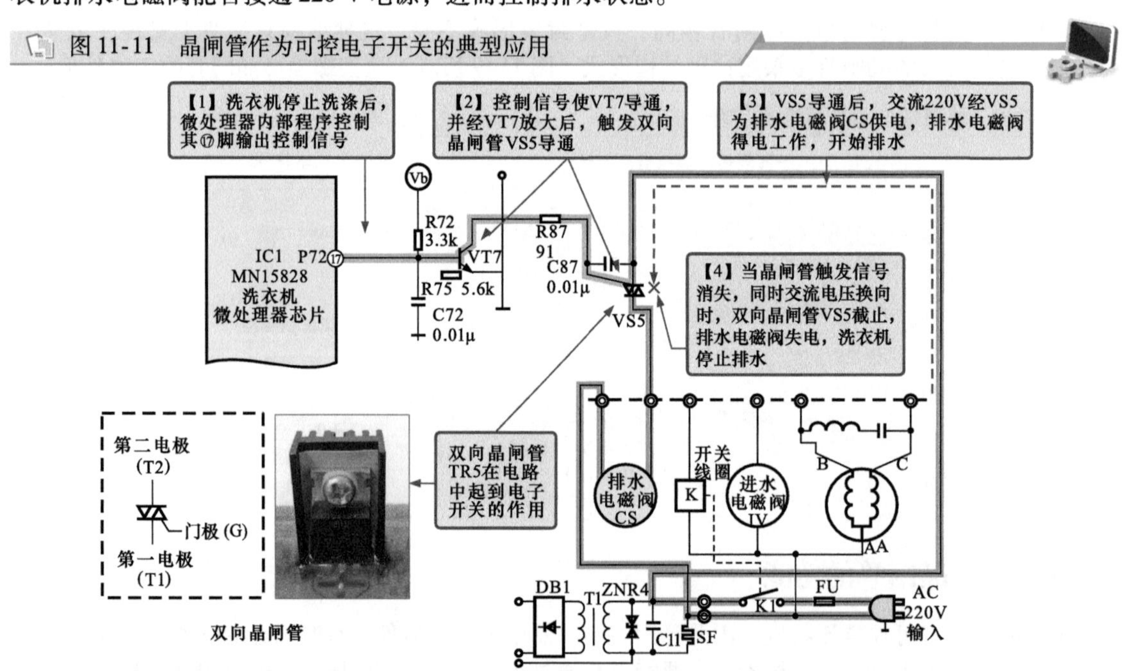
【1】洗衣机停止洗涤后，微处理器内部程序控制其⑰脚输出控制信号
【2】控制信号使VT7导通，并经VT7放大后，触发双向晶闸管VS5导通
【3】VS5导通后，交流220V经VS5为排水电磁阀CS供电，排水电磁阀得电工作，开始排水
IC1 P72⑰
MN15828
洗衣机
微处理器芯片
R72 3.3k
R75 5.6k
C72 0.01μ
VT7
R87 91
C87 0.01μ
VS5
【4】当晶闸管触发信号消失，同时交流电压换向时，双向晶闸管VS5截止，排水电磁阀失电，洗衣机停止排水
第二电极 (T2)
门极 (G)
第一电极 (T1)
双向晶闸管
双向晶闸管TR5在电路中起到电子开关的作用
排水电磁阀 CS
开关线圈 K
进水电磁阀 IV
B C AA
DB1 T1 ZNR4 C11 SF K1 FU
AC 220V 输入

11.2 晶闸管的检测

11.2.1 单向晶闸管引脚极性的判别

在各种类型的晶闸管中，有些晶闸管引脚极性有明显的区别，识别比较简单；有些晶闸管三只引脚外形完全相同，识别很困难，这里简单介绍几种常用的引脚识别方法，为下面对晶闸管进行检测训练做好准备。

1 根据型号标识查阅引脚功能识别

对于普通单向晶闸管、双向晶闸管等各引脚外形无明显特征的晶闸管，目前主要根据其型号信息查阅相关资料进行识读。即首先识别出晶闸管的型号后，查阅半导体手册或在互联网上搜索该型号集成电路的引脚功能，如图 11-12 所示。

图 11-12 根据晶闸管的型号标识在互联网上查阅引脚功能

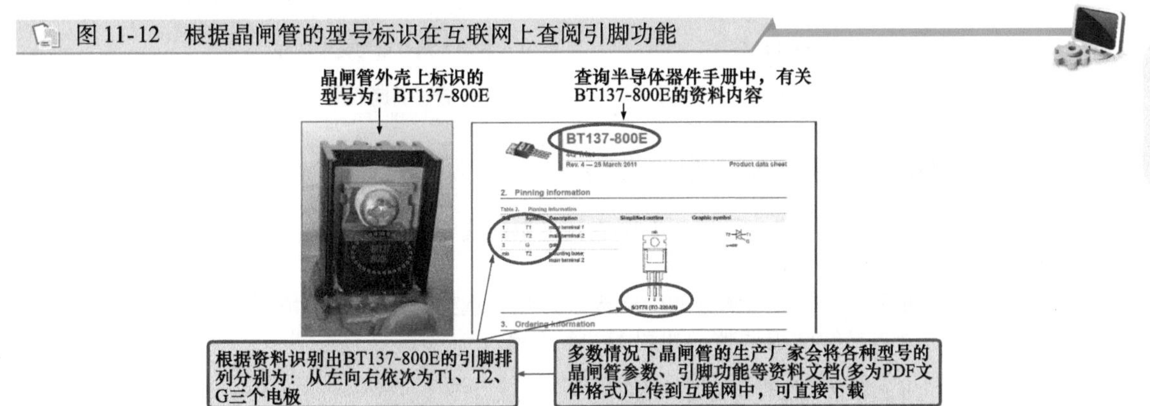
晶闸管外壳上标识的
型号为：BT137-800E
查询半导体器件手册中，有关
BT137-800E的资料内容
BT137-800E
2. Pinning information
3. Ordering information
根据资料识别出BT137-800E的引脚排列分别为：从左向右依次为T1、T2、G三个电极
多数情况下晶闸管的生产厂家会将各种型号的晶闸管参数、引脚功能等资料文档(多为PDF文件格式)上传到互联网中，可直接下载

2 根据电路板上的标识或电路符号进行识别

识别安装在电路板上的晶闸管的引脚进行时，可观察电路板上晶闸管的周围或背面焊接面上有无标识信息，根据标识信息很容易识别引脚极性。也可以根据晶闸管所在电路，找到对应的电路图，根据图纸中的电路符号识别引脚极性，如图 11-13 所示。

图 11-13 根据电路板上的标识或电路符号识别晶闸管引脚极性

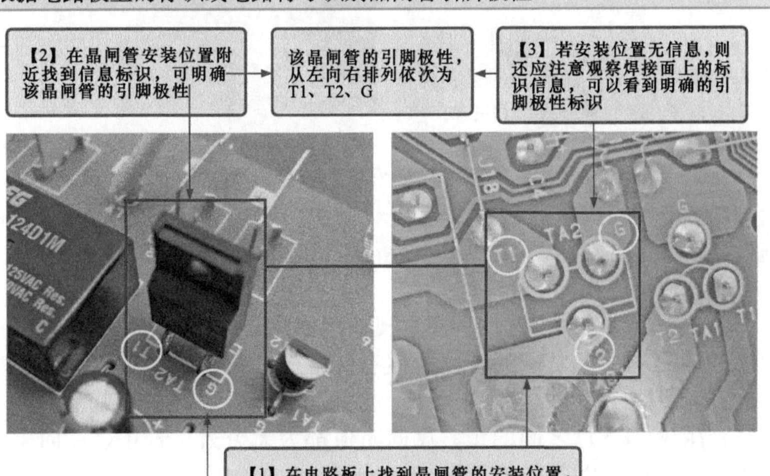
【2】在晶闸管安装位置附近找到信息标识，可明确该晶闸管的引脚极性
该晶闸管的引脚极性，从左向右排列依次为T1、T2、G
【3】若安装位置无信息，则还应注意观察焊接面上的标识信息，可以看到明确的引脚极性标识
T1
TA2
G
【1】在电路板上找到晶闸管的安装位置，并对应找到焊接面该晶闸管的引脚焊点

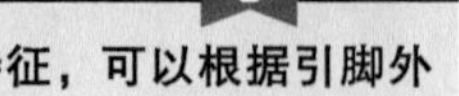

特别提示

在常见的几种晶闸管中，快速晶闸管和螺栓型晶闸管的引脚具有很明显的外形特征，可以根据引脚外形特性进行识别。

其中，快速晶闸管中间的金属环引出线为门极（G），平面端为阳极（A），另一端为阴极（K）；螺栓型普通晶闸管的螺栓一端为阳极（A），较细的引线端为门极（G），较粗的引线端为阴极（K），如图11-14所示。

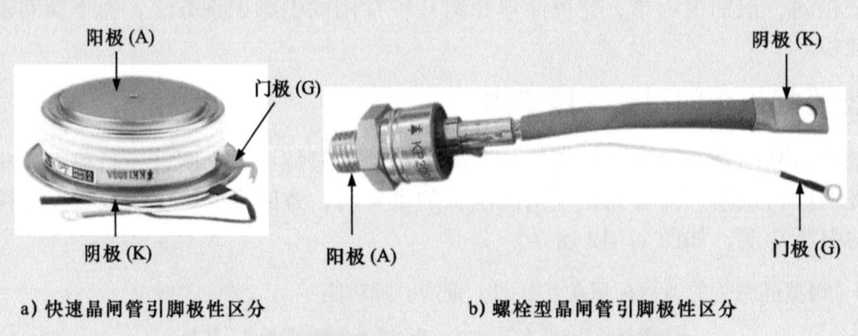
阳极(A)
门极(G)
阴极(K)
阴极(K)
阳极(A)
门极(G)
a）快速晶闸管引脚极性区分
b）螺栓型晶闸管引脚极性区分

图11-14　根据引脚外形特征识别晶闸管引脚极性

11.2.2　单向晶闸管常规性能的检测

检测单向晶闸管的常规性能，可使用万用表测量单向晶闸管各引脚之间的阻值，通过测量结果值即可判别单向晶闸管是否正常。

检测前，首先明确待测单向晶闸管的引脚极性，然后选择万用表测量量程（一般将万用表置于“×1k”欧姆档），并进行零欧姆调整，如图11-15所示。

图11-15　单向晶闸管常规性能检测前的准备

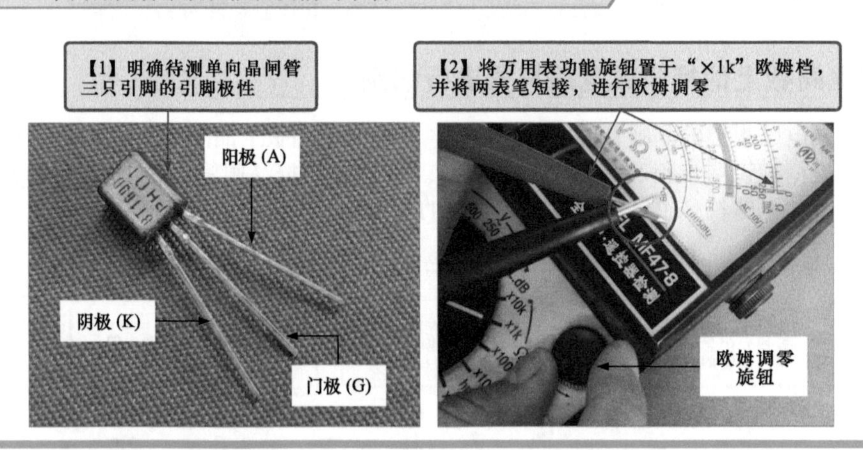
【1】明确待测单向晶闸管三只引脚的引脚极性
阳极(A)
阴极(K)
门极(G)
【2】将万用表功能旋钮置于“×1k”欧姆档，并将两表笔短接，进行欧姆调零
MF47-8
欧姆调零旋钮

接下来，用万用表分别检测单向晶闸管G极与K极、G极与A极、K极与A极之间的正、反向阻值，并根据检测结果进行判断，如图11-16所示（以检测G极与K极引脚间正反向阻值为例，其他两组引脚的检测方法与之相同）。

正常情况下，单向晶闸管各引脚之间的正、反向阻值应满足以下规律：

1）门极（G）与阴极（K）之间的正向阻值有一定的数值，反向阻值则为无穷大。若正、反向阻值相等或接近，说明门极（G）与阴极（K）之间的PN结已失去控制能力。

2）门极（G）与阳极（A）之间的正、反向阻值都为无穷大。若正、反向阻值较小，说明门极（G）与阳极（A）之间的PN结性能不良。

3）阴极（K）与阳极（A）之间的正、反向阻值都为无穷大。否则，说明晶闸管已损坏。

图 11-16 单向晶闸管阻值的检测方法

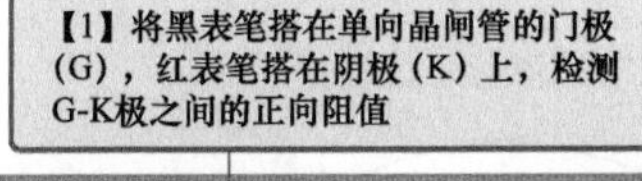
【1】将黑表笔搭在单向晶闸管的门极(G)，红表笔搭在阴极(K)上，检测G-K极之间的正向阻值

【2】正常情况下，测得G-K极之间的正向阻值应为一个固定值(约为9.4kΩ)

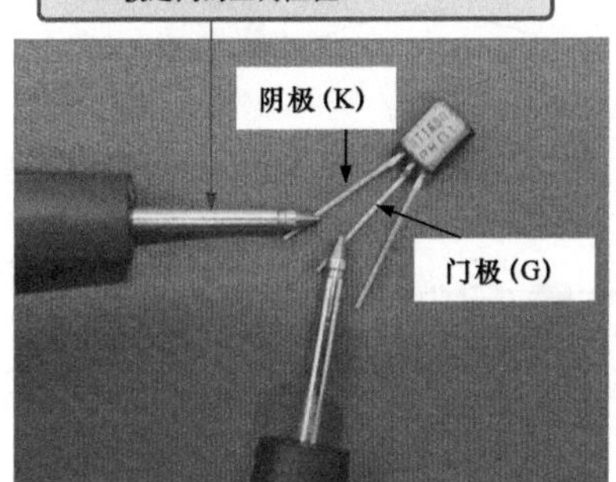
阴极(K)
门极(G)

A-V-Ω
www.chinadse.org
MODEL MF47-8
全保护·遥控器检测

【3】调换表笔检测G-K极之间的反向阻值

【4】正常情况下，测得G-K极之间的反向阻值为无穷大

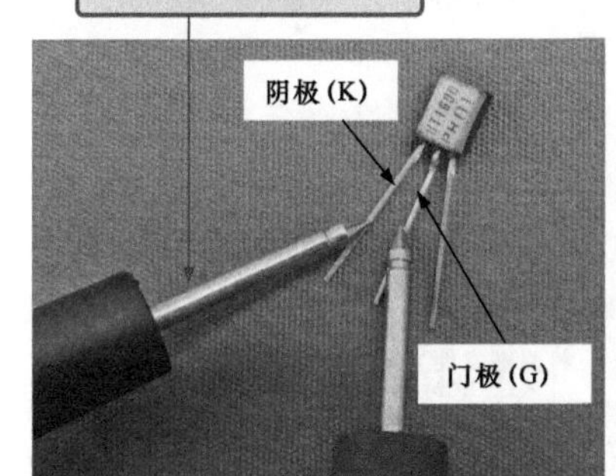
阴极(K)
门极(G)

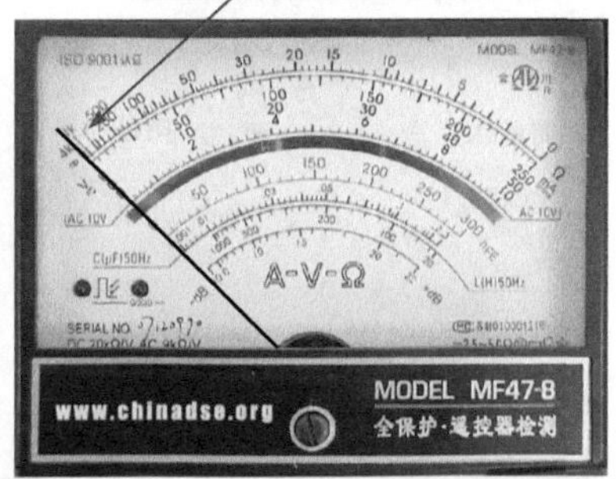
A-V-Ω
www.chinadse.org
MODEL MF47-8
全保护·遥控器检测

| 特别提示 |

图 11-16 中，测晶闸管为阴极侧受控单向晶闸管，这种晶闸管与阳极侧受控单向晶闸管的内部结构所有不同，实际测试阻值结果的规律也有些区别（G 极与 A 极之间有一定阻值），但正常情况下，检测单向晶闸管各引脚间阻值时，应只有一个值为固定值，其他均为无穷大。

若在路检测，由于十分有可能会受到外围元器件的影响，实测结果没有十分明显的规律，因此一般若怀疑电路板上的晶闸管异常时，应将晶闸管从电路板上拆下后再进行检测。

| 相关资料 |

根据晶闸管引脚间阻值的测试规律，还可以作为引脚极性的区分方法，即用万用表测量晶闸管任意两脚间的阻值，仅当黑表笔接 G 极，红表笔接 K 极时，电阻呈低阻值，对其他情况电阻值均为无穷大。由此可迅速判定 G、K 极，剩下的就是 A 极。

11.2.3 单向晶闸管触发能力的检测

单向晶闸管的触发能力是单向晶闸管重要的特性之一，也是影响单向晶闸管性能的重要因素。因此，还可以通过检测单向晶闸管的触发能力来实现对单向晶闸管性能的检测。

检测单向晶闸管的触发能力时需要为其提供触发条件，一般可用万用表进行检测，即可作为检测仪表，又可利用内电压为晶闸管提供触发条件，如图 11-17 所示。

单向晶闸管触发能力的具体检测方法如图 11-18 所示。

正常情况下，用万用表检测单向晶闸管的触发能力应满足以下规律：

1）将万用表的红表笔搭在单向晶闸管阴极（K）上，黑表笔搭在阳极（A）上，所测电阻值应为无穷大。

图 11-17　检测单向晶闸管触发能力的示意图

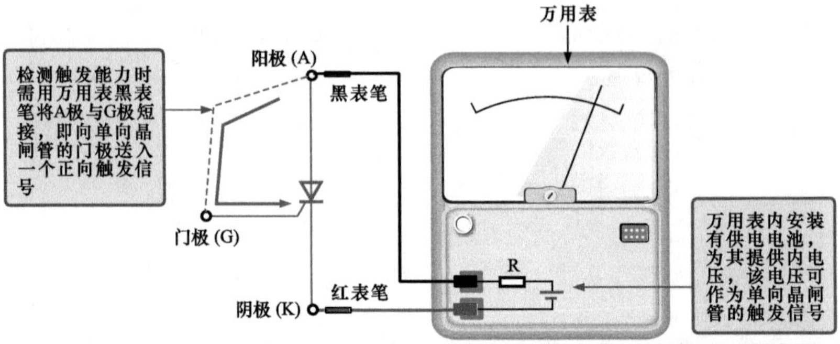

万用表

检测触发能力时需用万用表黑表笔将A极与G极短接，即向单向晶闸管的门极送入一个正向触发信号

阳极 (A)

黑表笔

门极 (G)

阴极 (K)

红表笔

R

万用表内安装有供电电池，为其提供内电压，该电压可作为单向晶闸管的触发信号

图 11-18　单向晶闸管触发能力的检测方法

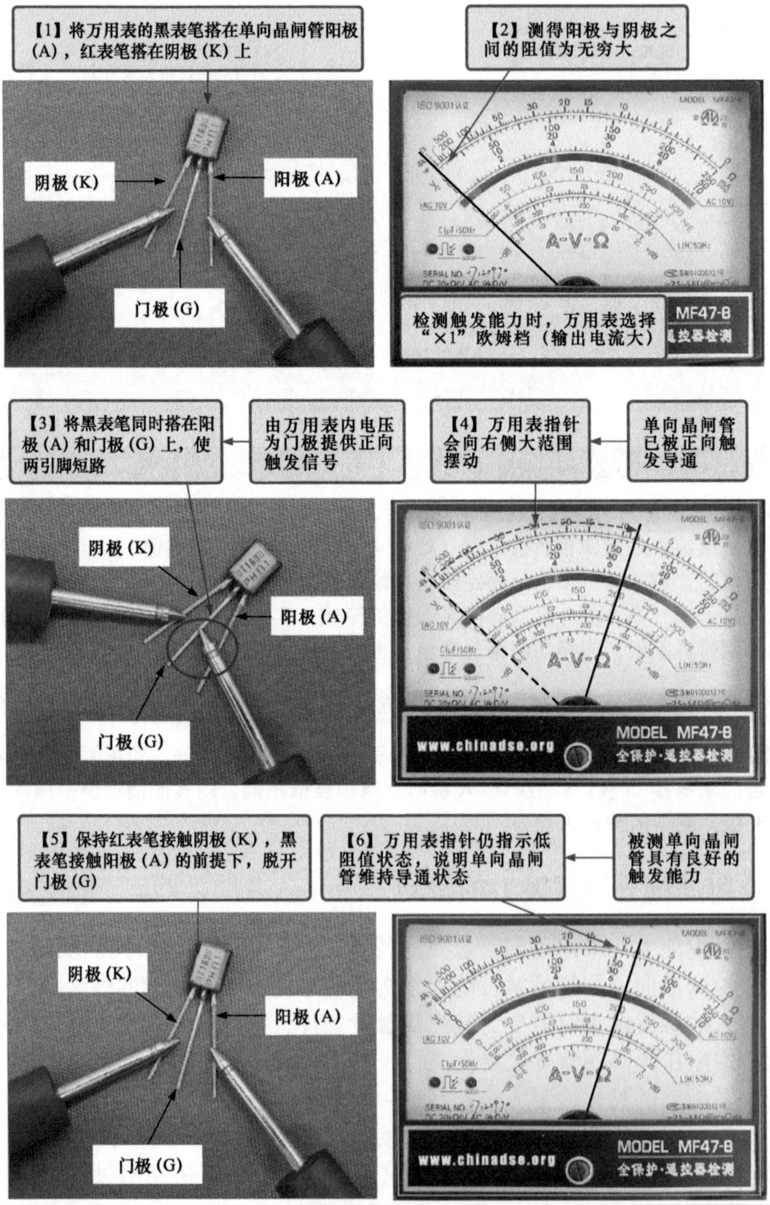

【1】将万用表的黑表笔搭在单向晶闸管阳极 (A)，红表笔搭在阴极 (K) 上

【2】测得阳极与阴极之间的阻值为无穷大

阴极 (K)

阳极 (A)

门极 (G)

检测触发能力时，万用表选择“×1”欧姆档（输出电流大）

MF47-B

【3】将黑表笔同时搭在阳极 (A) 和门极 (G) 上，使两引脚短路

由万用表内电压为门极提供正向触发信号

【4】万用表指针会向右侧大范围摆动

单向晶闸管已被正向触发导通

阴极 (K)

阳极 (A)

门极 (G)

MODEL MF47-B

www.chinadse.org

【5】保持红表笔接触阴极 (K)，黑表笔接触阳极 (A) 的前提下，脱开门极 (G)

【6】万用表指针仍指示低阻值状态，说明单向晶闸管维持导通状态

被测单向晶闸管具有良好的触发能力

阴极 (K)

阳极 (A)

门极 (G)

MODEL MF47-B

www.chinadse.org

2）用黑表笔接触 A 极的同时，也接触门极（G），加上正向触发信号，如果万用表指针向右偏转到低阻值，即表明晶闸管已经导通。

3）将黑表笔脱开门极（G），只接触阳极（A）极，如果万用表指针仍指示低阻值状态，说明单向晶闸管处于维持导通状态，即被测单向晶闸管具有触发能力。

11.2.4 双向晶闸管常规性能的检测

用万用表检测双向晶闸管常规性能的方法与单向晶闸管的检测方法基本相同，只是测量结果有所不同。

首先明确双向晶闸管的引脚极性后，将万用表置于“×1k”欧姆档，并进行欧姆调零后，用万用表的红黑表笔分别检测单向晶闸管 G 极与 T1 极、G 极与 T2 极、T1 极与 T2 极之间的正反向阻值，如图 11-19 所示（以检测 G 极与 T1 极之间正、反向阻值为例，其他两组引脚的检测方法与之相同）。

图 11-19　双向晶闸管常规性能的检测训练

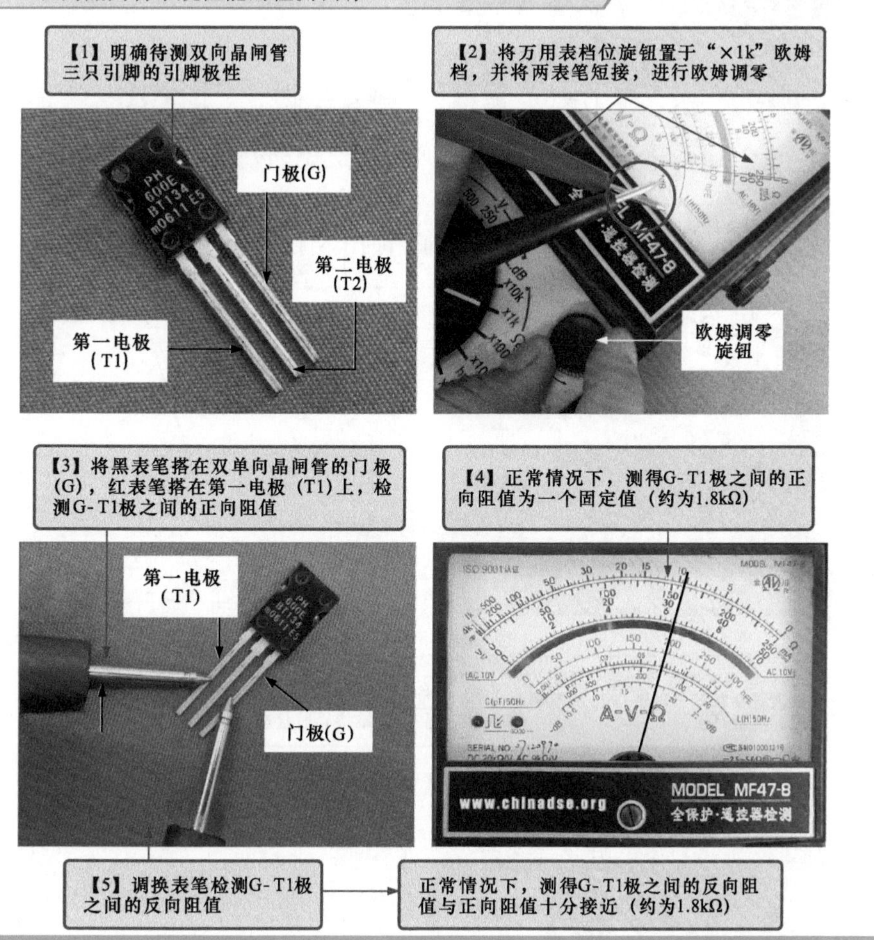
【1】明确待测双向晶闸管三只引脚的引脚极性
门极(G)
第二电极(T2)
第一电极(T1)
【2】将万用表档位旋钮置于“×1k”欧姆档，并将两表笔短接，进行欧姆调零
欧姆调零旋钮
【3】将黑表笔搭在双单向晶闸管的门极(G)，红表笔搭在第一电极(T1)上，检测G-T1极之间的正向阻值
第一电极(T1)
门极(G)
【4】正常情况下，测得G-T1极之间的正向阻值为一个固定值（约为1.8kΩ）
MODEL MF47-8
www.chinadse.org
全保护·遥控器检测
【5】调换表笔检测G-T1极之间的反向阻值
正常情况下，测得G-T1极之间的反向阻值与正向阻值十分接近（约为1.8kΩ）

正常情况下，双向晶闸管各引脚之间的正、反向阻值应满足以下规律。

1）门极（G）与第一电极（T1）之间的正、反向阻值有一定的数值并且比较接近。若正、反向阻值趋于零或无穷大，说明该晶闸管已损坏。

2）门极（G）与第二电极（T2）之间的正、反向阻值都为无穷大。若正、反向阻值较小，说明双向晶闸管有漏电或击穿短路的情况。

3）第一电极（T1）与第二电极（T2）之间的阻值都为无穷大。否则，说明双向晶闸管已损坏。

11.2.5 双向晶闸管触发能力的检测

检测双向晶闸管的触发能力与单向晶闸管触发能力的方法基本相同，只是所测晶闸管引脚极性不同。

双向晶闸管触发能力的检测方法如图 11-20 所示。

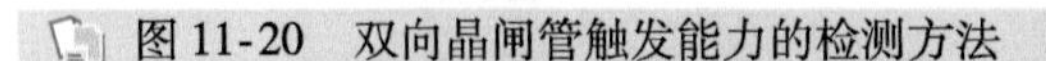
图 11-20 双向晶闸管触发能力的检测方法

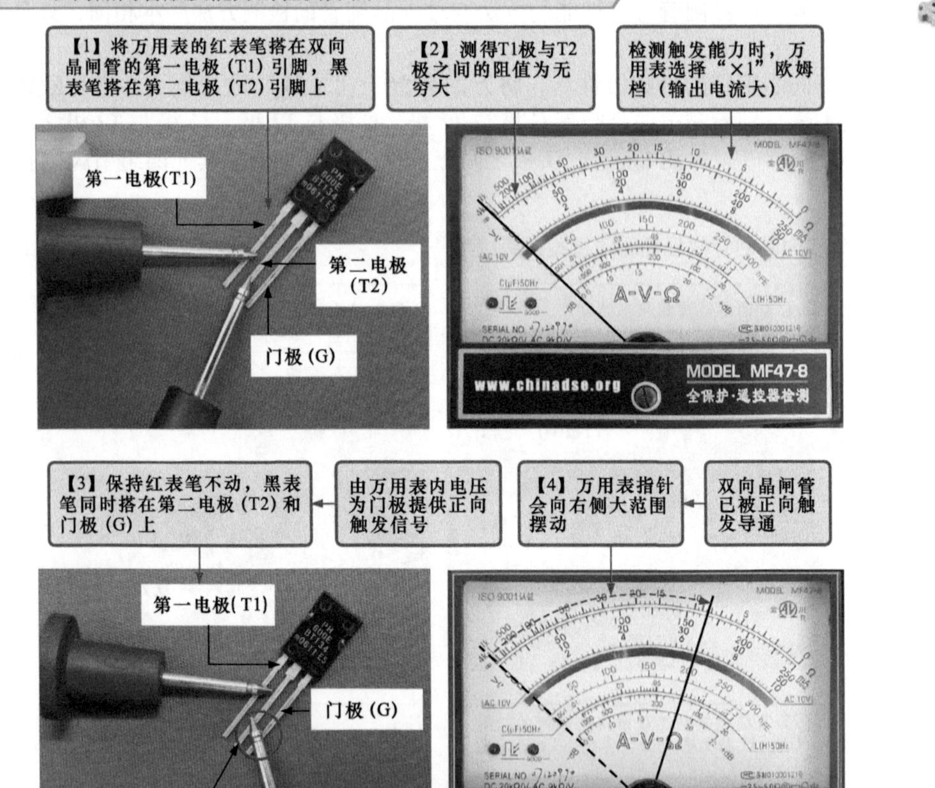

【1】将万用表的红表笔搭在双向晶闸管的第一电极（T1）引脚，黑表笔搭在第二电极（T2）引脚上
【2】测得T1极与T2极之间的阻值为无穷大
检测触发能力时，万用表选择“×1”欧姆档（输出电流大）
第一电极(T1)
第二电极(T2)
门极 (G)
MODEL MF47-8
www.chinadse.org
全保护·遥控器检测
【3】保持红表笔不动，黑表笔同时搭在第二电极（T2）和门极（G）上
由万用表内电压为门极提供正向触发信号
【4】万用表指针会向右侧大范围摆动
双向晶闸管已被正向触发导通
第一电极(T1)
门极 (G)
第二电极(T2)
MODEL MF47-8
www.chinadse.org
全保护·遥控器检测

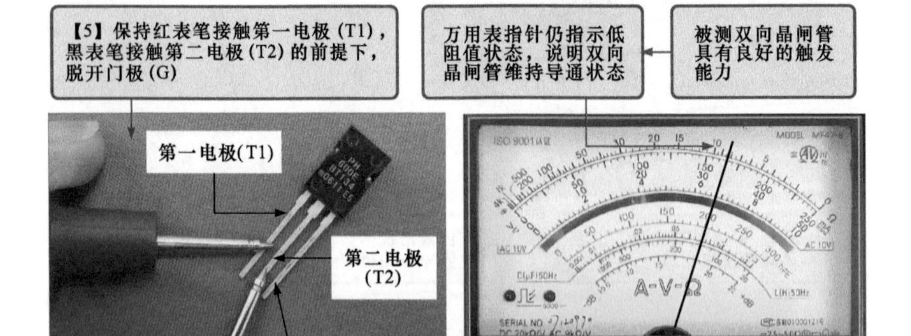

【5】保持红表笔接触第一电极（T1），黑表笔接触第二电极（T2）的前提下，脱开门极（G）
万用表指针仍指示低阻值状态，说明双向晶闸管维持导通状态
被测双向晶闸管具有良好的触发能力
第一电极(T1)
第二电极(T2)
门极 (G)
MODEL MF47-8
www.chinadse.org
全保护·遥控器检测

正常情况下，用万用表检测双向晶闸管的触发能力应满足以下规律。

1）万用表的红表笔搭在双向晶闸管的第一电极（T1）上，黑表笔搭在第二电极（T2）上，测得阻值应为无穷大。

2）然后将黑表笔同时搭在第二电极（T2）和门极（G）上，使两引脚短路，即加上触发信号，这时万用表指针会向右侧大范围摆动，说明双向晶闸管已导通（导通方向：T2→T1）。

3）若将表笔对换后进行检测，发现万用表指针向右侧大范围摆动，说明双向晶闸管另一方向也导通（导通方向：T1→T2）。

4）最后黑表笔脱开 G 极，只接触第一电极（T1），万用表指针仍指示低阻值状态，说明双向晶闸管维持通态，即被测双向晶闸管具有触发能力。

第12章 集成电路的功能与识别检测

12.1 集成电路的种类和功能

12.1.1 集成电路的种类

集成电路（Integrated Circuits，IC）是利用半导体工艺将众多电子元器件或众多单元电路全部集成一起，通过特殊工艺制作在半导体材料或绝缘基板上，并封装在特制的外壳中，成为具备一定功能的完整电路。图12-1所示为典型集成电路的实物外形。

图12-1 典型集成电路的实物外形

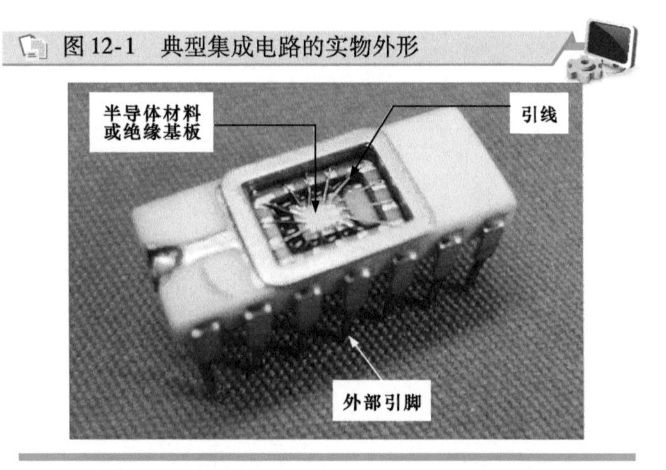

半导体材料
或绝缘基板
引线
外部引脚

集成电路具有体积小、重量轻、性能好、功耗小、电路稳定等特点，它的出现使整机电路简化，安装调整也比较简便，而且可靠性也大大提高，故而集成电路广泛地使用在各种电子电器产品中。

相关资料

集成电路的种类很多，且各自有不同的性能特点，不同的划分标准可以有多种具体的分类，具体分类见表12-1。

表12-1 集成电路具体分类

分类标准	名　称	特　点
按功能分类	模拟集成电路	模拟集成电路用以产生、放大和处理各种模拟电信号。使用的信号频率范围从直流一直到最高的上限频率，电路内部使用大量不同种类的元器件，结构和制作工艺极其复杂。由于电路功能不同，其电路结构、工作原理相对多变。目前，在家电维修中或一般性电子制作中，所遇到的主要是模拟信号，因此接触最多的是模拟集成电路
	数字集成电路	数字集成电路用以产生、放大和处理各种数字电信号，内部电路结构一般可由“与”“或”“非”逻辑门构成
按制作工艺分类	半导体集成电路	半导体集成电路采用半导体工艺技术，在硅基片上制作包括电阻、电容、晶体管、二极管等元器件构成具有某种电路功能的集成电路
	膜集成电路	膜集成电路是在玻璃或陶瓷片等绝缘物体上，以“膜”的形式制作电阻、电容等无源器件构成的，有厚膜集成电路和薄膜集成电路之分
	混合集成电路	混合集成电路是在无源膜电路上外加半导体集成电路或分立元件的二极管、晶体管等有源器件构成的

（续）

分类标准	名　　称	特　　点
按集成度分类	小规模集成电路	集成 1 ~ 10 等效门/片或 10 ~ 10^2 元器件/片的数字电路
	中规模集成电路	集成 10 ~ 10^2 等效门/片或 10^2 ~ 10^3 元器件/片的数字电路
	大规模集成电路	集成 10^2 ~ 10^4 等效门/片或 10^3 ~ 10^5 元器件/片的数字电路
	超大规模集成电路	集成 10^4 以上等效门/片或 10^5 以上元器件/片的数字电路
按导电类型分类	双极性集成电路	频率特性好，但功耗较大，而且制作工艺复杂
	单极性集成电路	工作速度低，但输入阻抗高，功耗小，制作工艺简单，易于大规模集成

集成电路的种类繁多，功能多样，根据集成电路的外形和封装形式的不同，常见的有金属壳（CAN）封装集成电路、单列直插式封装（SIP）集成电路、双列直插式封装（DIP）集成电路、扁平封装（PFP、QFP）集成电路、插针网格阵列封装（PGA）集成电路、球栅阵列（BGA）封装集成电路、引线塑料封装（PLCC）集成电路、芯片级封装（CSP）集成电路、多芯片模块（MCM）封装集成电路等类别。

1　金属壳（CAN）封装集成电路

顾名思义，金属壳（CAN）封装集成电路就是将电路部分封装在金属壳中的方式，其外形如图 12-2 所示。这种集成电路形状多为金属圆帽形，引脚较少，功能较为单一，安装及代换都十分方便。

图 12-2　金属壳（CAN）封装集成电路实物外形

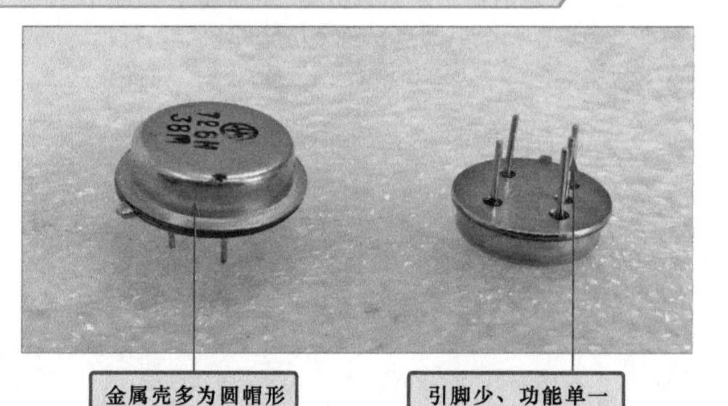
金属壳多为圆帽形
引脚少、功能单一

扫一扫看视频

| 特别提示 |

金属壳封装集成电路的圆形金属帽上通常会有一个突起来明确引脚①的位置，如图 12-3 所示，将集成电路引脚朝上，从突起端起，顺时针方向依次对应引脚②、③、④……

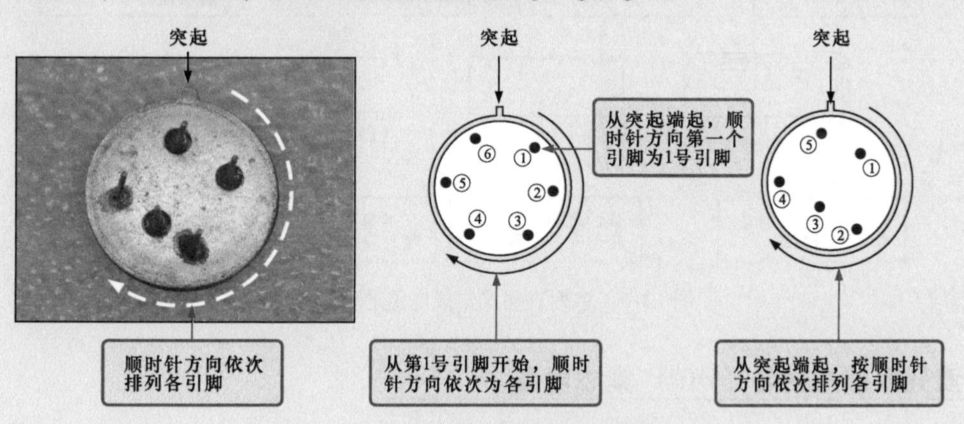
突起
突起
突起
从突起端起，顺时针方向第一个引脚为1号引脚
⑥ ① ② ③ ④ ⑤
⑤ ① ④ ③ ②
顺时针方向依次排列各引脚
从第1号引脚开始，顺时针方向依次为各引脚
从突起端起，按顺时针方向依次排列各引脚

图 12-3　金属壳封装集成电路的引脚排列

2 单列直插式封装（SIP）集成电路

单列直插式封装英文为Single In-line Package，缩写为SIP，该封装类型集成电路的引脚只有一列，并且引脚数较少（3～16只），内部电路相对比较简单。这种集成电路造价较低，安装方便。小型的集成电路多采用这种封装形式。图12-4所示为典型单列直插式封装（SIP）集成电路实物外形。

图12-4　典型单列直插式封装（SIP）集成电路实物外形

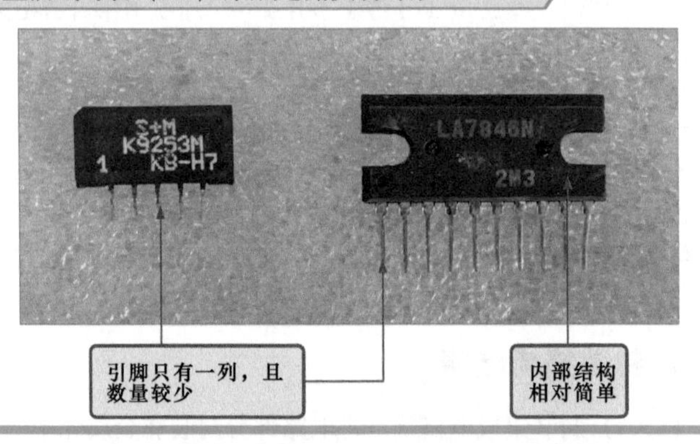
S+M
K9253M
1 KB-H7
LA7848N
2M3
引脚只有一列，且数量较少
内部结构相对简单

| 特别提示 |

单列直插式集成电路的左侧有特殊的标志来明确引脚①的位置，如图12-5所示，标志有可能是一个小圆凹坑、一个小缺角、一个小色点、一个小圆点、一个小半圆缺等。有标志一端往往是起始引脚，可以顺着引脚排列的位置，依次对应引脚为②、③、④……

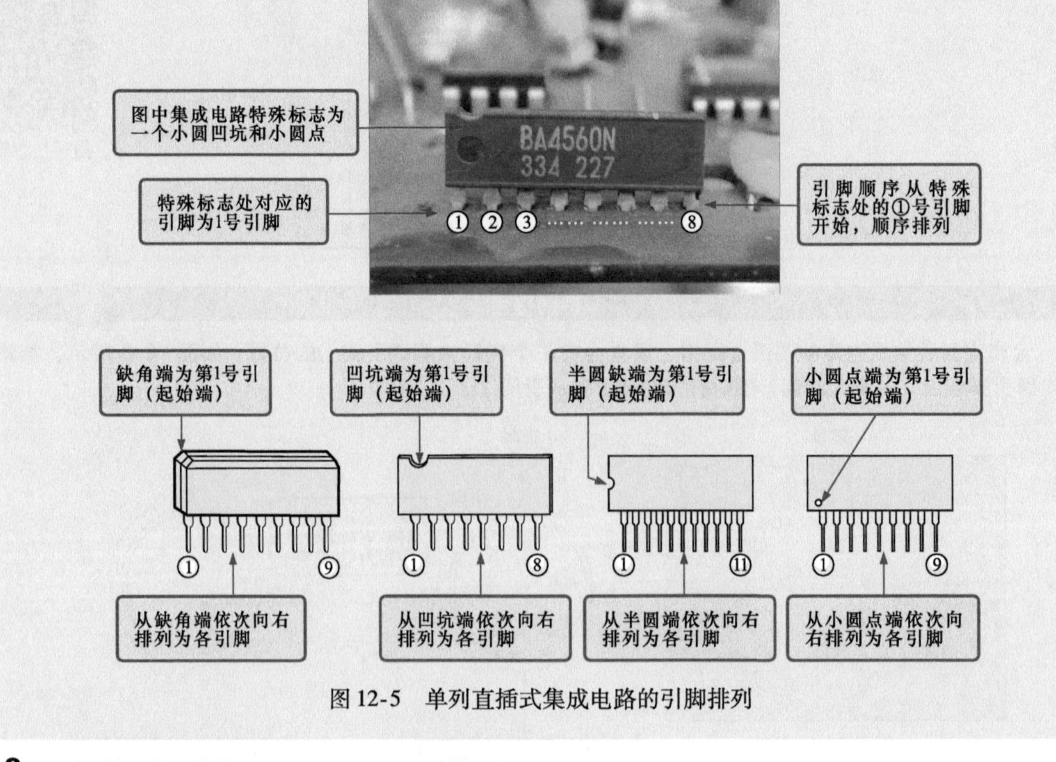
图中集成电路特殊标志为一个小圆凹坑和小圆点
BA4560N
334 227
特殊标志处对应的引脚为1号引脚
① ② ③ …… …… …… ⑧
引脚顺序从特殊标志处的①号引脚开始，顺序排列
缺角端为第1号引脚（起始端）
凹坑端为第1号引脚（起始端）
半圆缺端为第1号引脚（起始端）
小圆点端为第1号引脚（起始端）
① ⑨
① ⑧
① ⑪
① ⑨
从缺角端依次向右排列为各引脚
从凹坑端依次向右排列为各引脚
从半圆端依次向右排列为各引脚
从小圆点端依次向右排列为各引脚

图12-5　单列直插式集成电路的引脚排列

3 双列直插式封装（DIP）集成电路

双列直插式封装英文为Dual In-line Package，缩写为DIP，该封装类型集成电路的引脚有两列，引脚数一般不超过100只，且多为长方形结构，电路结构较为复杂。大多数中小规模集成电路均采用这种封

装形式，在家用电子产品中十分常见。图 12-6 所示为双列直插式封装（DIP）集成电路实物外形。

图 12-6　双列直插式封装（DIP）集成电路实物外形

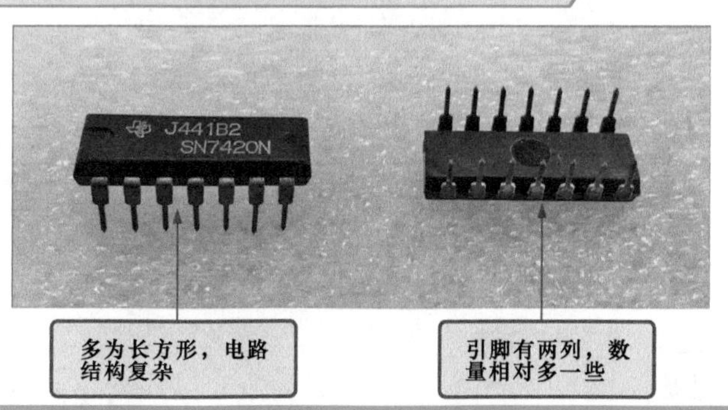
J441B2
SN7420N
多为长方形，电路结构复杂
引脚有两列，数量相对多一些

| 特别提示 |

双列直插式集成电路的左侧有特殊的标志来明确引脚①的位置，如图 12-7 所示。一般来讲，标志置于左侧，其下方的引脚就是引脚①，标记的上方往往是最后一个引脚。标记有可能是一个小圆凹坑、一个小色点、条状标记、一个小半圆缺等。引脚①往往是起始引脚，可以顺着引脚排列的位置，依次对应引脚为②、③、④……

圆坑上方表示最后一个引脚
特殊标志为一个小圆凹坑
圆坑下方表示1号引脚
引脚顺序从特殊标记处的①号引脚开始，逆时针方向沿集成电路一圈,各引脚顺序排列
小圆凹坑端为第1号引脚（起始端）
小半圆缺下端的第一根引脚为第1号引脚（起始端）
没有任何引脚标记，则将印有型号的一面朝上正向放置，左侧下端第一个引脚为1号引脚
型号朝上正向放置
从1号引脚开始逆时针方向沿集成电路一圈，各引脚依次排列
从1号引脚开始逆时针方向沿集成电路一圈，各引脚依次排列
从1号引脚开始逆时针方向沿集成电路一圈，各引脚依次排列

图 12-7　双列直插式集成电路的引脚排列

4　扁平封装（PFP、QFP）集成电路

扁平封装英文为 Plastic Flat Package 或 Quad Flat Package，缩写为 PFP 或 QFP。扁平封装型集成电路的引脚端子从封装外壳的侧面引出，呈 L 字形，引脚数一般在 100 只以上。芯片引脚很细，引脚之间间隙很小，主要采用表面贴装工艺焊接在电路板上。一般大规模或超大型集成电路都采用这种封装形式。图 12-8 所示为典型扁平封装（PFP、QFP）集成电路实物外形。

图 12-8　典型扁平封装（PFP、QFP）集成电路实物外形

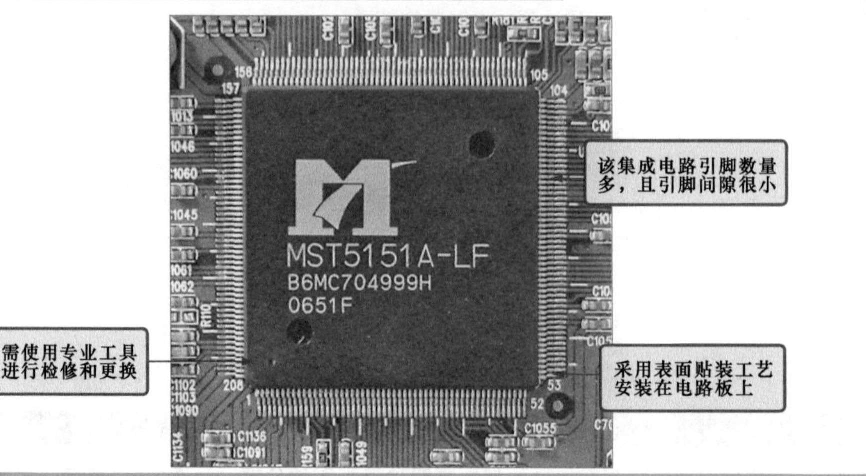

该集成电路引脚数量多，且引脚间隙很小
需使用专业工具进行检修和更换
采用表面贴装工艺安装在电路板上
MST5151A-LF
B6MC704999H
0651F

这种集成电路在数码产品中十分常见，其功能强大，集成度高，体积较小，但检修和更换都较为困难（需使用专业工具）。

特别提示

扁平封装集成电路四周都有引脚，其中位于集成电路的左侧一角有特殊的标志来明确引脚①的位置，如图 12-9所示。一般来讲，标志下方的引脚就是引脚①，标记的左侧往往是最后一个引脚。标记有可能是一个小圆凹坑、一个小色点等。引脚①往往是起始引脚，可以顺着引脚排列的位置，依次对应引脚为②、③、④……

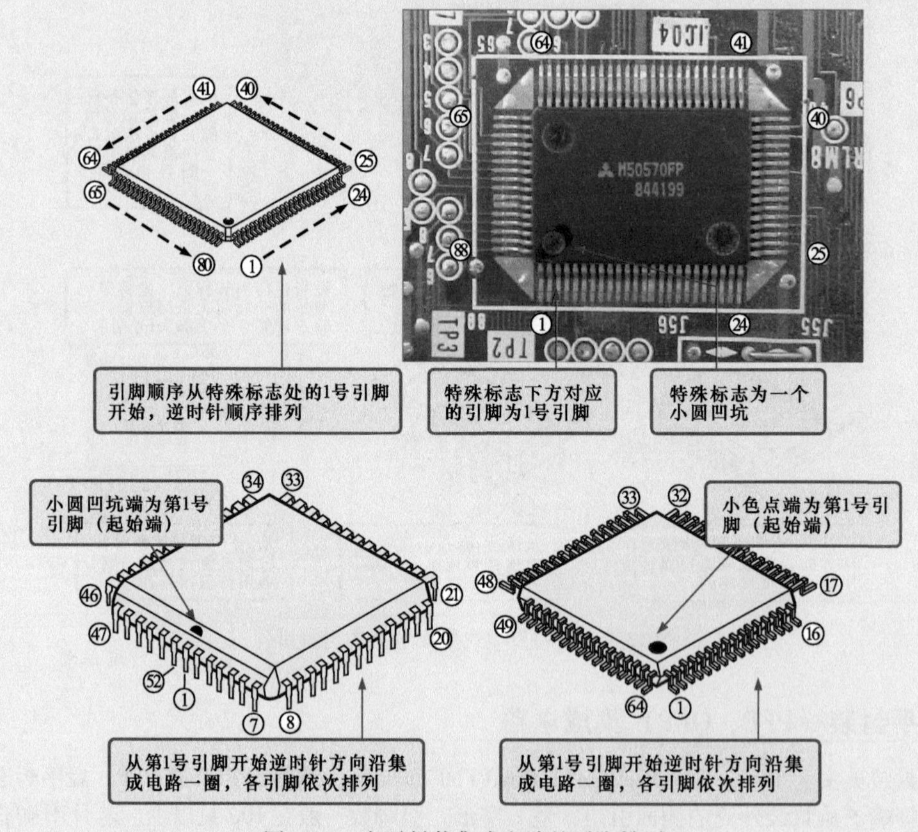

引脚顺序从特殊标志处的1号引脚开始，逆时针顺序排列
特殊标志下方对应的引脚为1号引脚
特殊标志为一个小圆凹坑
M50570FP
844199
小圆凹坑端为第1号引脚（起始端）
小色点端为第1号引脚（起始端）
从第1号引脚开始逆时针方向沿集成电路一圈，各引脚依次排列
从第1号引脚开始逆时针方向沿集成电路一圈，各引脚依次排列

图 12-9　扁平封装集成电路的引脚排列

5 插针网格阵列（PGA）封装集成电路

插针网格阵列英文为 Pin Grid Array，缩写为 PGA，该封装类型集成电路在芯片的内外有多个方阵形的插针，每个方阵形插针沿芯片的四周间隔一定距离排列。根据引脚数量的多少，可以围成 2～5 圈，如图 12-10 所示。这种集成电路多应用于高智能化的数字产品中，例如计算机的 CPU 多采用针脚插入型封装形式。

图 12-10 插针网格阵列（PGA）封装集成电路实物外形

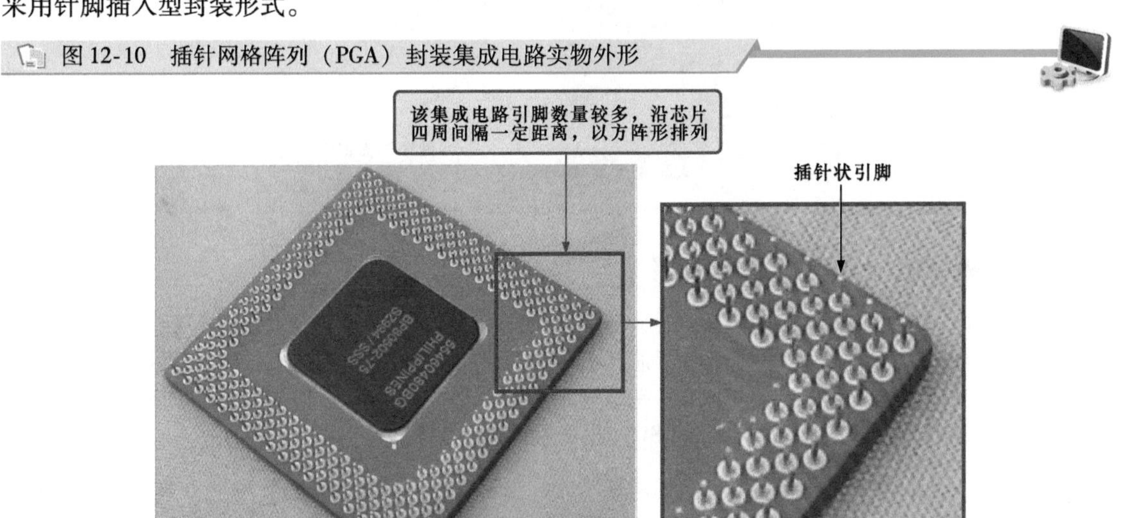
该集成电路引脚数量较多，沿芯片四周间隔一定距离，以方阵形排列
插针状引脚

6 球栅阵列（BGA）封装集成电路

球栅阵列英文为 Ball Grid Array，缩写为 BGA，该封装类型集成电路的引脚为球形端子，而不是用针脚，引脚数一般大于 208 只，采用表面贴装工艺焊接在电路板上。广泛应用在小型数码产品之中，如新型手机的信号处理集成电路、计算机主板上的南/北桥芯片、计算机 CPU 等。图 12-11 所示为典型球栅阵列封装（BGA）集成电路的实物外形。

图 12-11 典型球栅阵列封装（BGA）集成电路实物外形

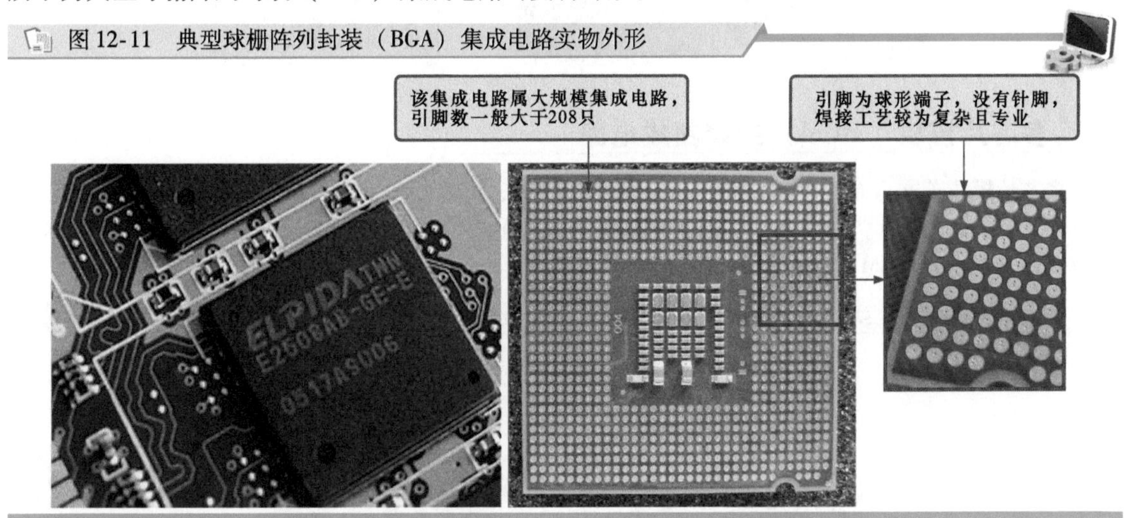
该集成电路属大规模集成电路，引脚数一般大于208只
引脚为球形端子，没有针脚，焊接工艺较为复杂且专业

7 引线塑料封装（PLCC）集成电路

引线塑料封装英文为 Plastic Leaded Chip Carrier，缩写为 PLCC，引线塑料封装是指在集成电路的四个侧面都设有电极焊盘而无引脚的表面贴装型封装。图 12-12 所示为典型引线塑料封装（PLCC）

集成电路实物外形。

图 12-12　典型引线塑料封装（PLCC）集成电路实物外形

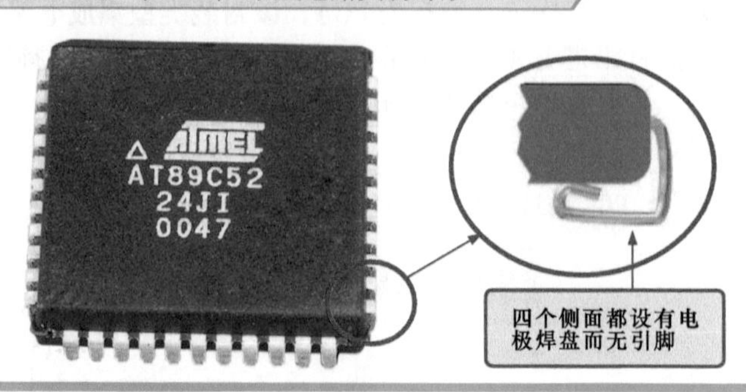
AT89C52
24JI
0047
四个侧面都设有电极焊盘而无引脚

8　芯片级封装（CSP）集成电路

芯片级封装英文为 Chip Scale Package，缩写为 CSP，该封装类型集成电路是一种采用超小型表面贴装型封装形式的集成电路，它减小了芯片封装外形的尺寸，封装后的集成电路边长不大于内部芯片的 1.2 倍。其引脚都在封装体下面，有球形端子、焊凸点端子、焊盘端子、框架引线端子等多种形式。图 12-13 所示为芯片级封装（CSP）集成电路实物外形。

图 12-13　芯片级封装（CSP）集成电路实物外形

内存条中的CSP芯片

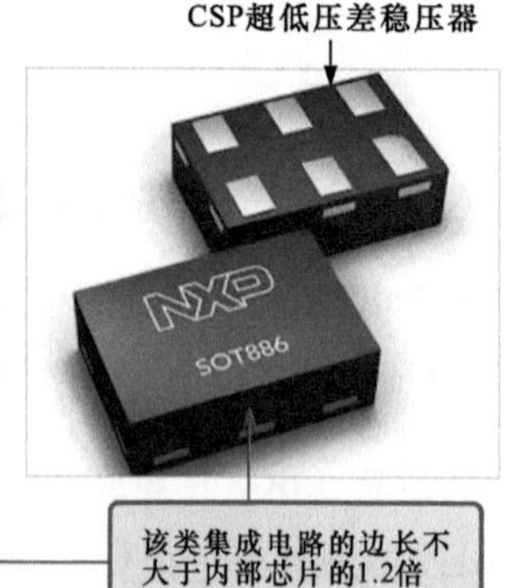
CSP超低压差稳压器
NXP
SOT886
该类集成电路的边长不大于内部芯片的1.2倍

9　多芯片模块（MCM）封装集成电路

多芯片模块英文为 Multi-Chip Module，缩写为 MCM，该封装类型集成电路是将多个高集成度、高性能、高可靠性的芯片，在高密度多层互联基板上用表面贴装技术制成的电子模块系统。图 12-14 所示为多芯片模块（MCM）封装集成电路实物外形。

图 12-14　多芯片模块（MCM）封装集成电路实物外形

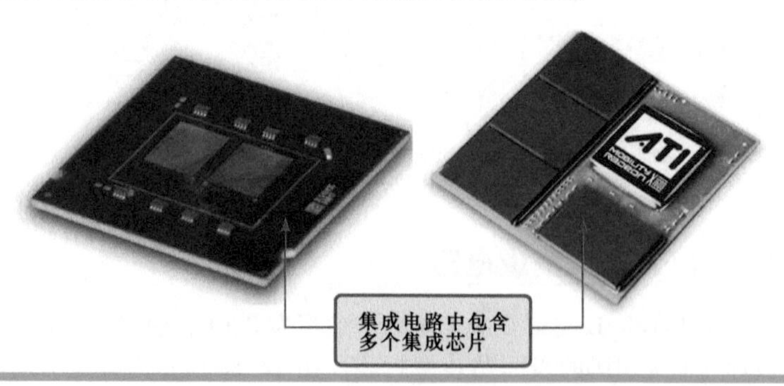
ATI
集成电路中包含多个集成芯片

| 相关资料 |

多芯片模块封装集成电路价格昂贵，主要应用于航天和军事领域中。此外该封装技术也常与其他封装技术（如 DIP、QFP、BGA）相结合，制成一些低成本的集成电路，例如主板上的集成芯片。

12.1.2 集成电路的功能

集成电路是采用特殊工艺将单元电路的电阻器、电容器、电感器和半导体器件等集成到一个芯片上的电路。它可以将一个单元电路或由多个单元电路构成的组合电路集于一体。小规模集成电路可集成数十个至上百个元器件，中规模集成电路可集成数千个元器件，大规模集成电路可集成数万个元器件、超大规模集成电路可集成几千万乃至数亿个元器件。常见的集成电路有各种放大器、稳压器、信号处理电路、逻辑电路以及微处理器电路等。

1 集成运算放大器的应用

集成运算放大器是常用的电路之一，它可以组成直流/交流信号放大器，也可以组成电压比较器、转换器、限幅器等电路。图 12-15 所示为影碟机中应用的 SF4558 运算放大器作为音频功率放大器的实例。激光头读取光盘信号经放大，解调和解码处理后会恢复出数字音频信号、数字音频信号再经 D/A 转换器变成音频信号，音频信号最后经 SF4558 放大后输出。

图 12-15 影碟机中应用的 SF4558 运算放大器作为音频功率放大器的实例

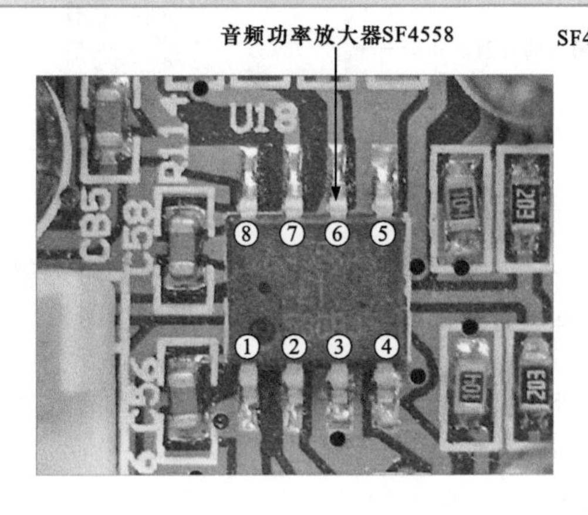
音频功率放大器SF4558
U18
8
7
6
5
1
2
3
4
CB5
C58
C56

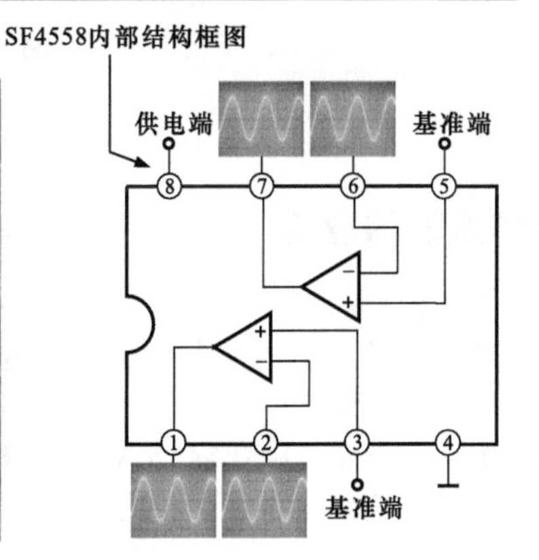
SF4558内部结构框图
供电端
基准端
8
7
6
5
1
2
3
4
基准端

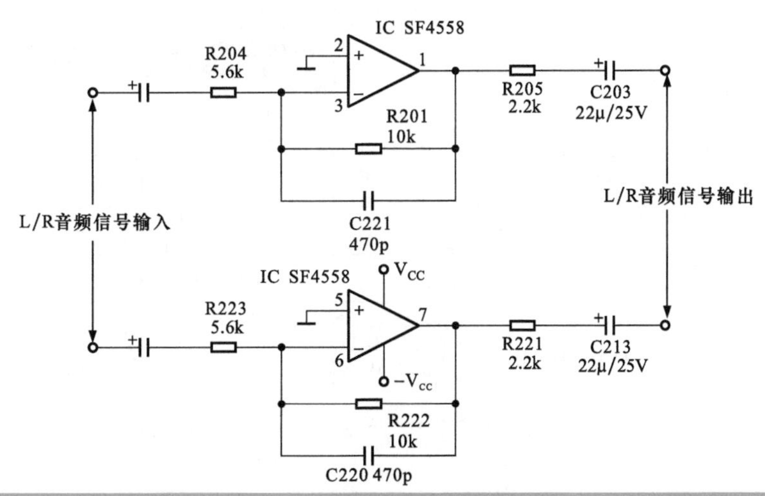
IC SF4558
R204
5.6k
R205
2.2k
C203
22μ/25V
R201
10k
C221
470p
L/R音频信号输入
L/R音频信号输出
IC SF4558
V_{CC}
R223
5.6k
R221
2.2k
C213
22μ/25V
$-V_{cc}$
R222
10k
C220 470p

图 12-16 所示为彩色电视机中应用的具有放大功能的集成电路作为音频功率放大器。模拟音频信号经音频功率放大器放大后，驱动两个扬声器发声。

图 12-16　彩色电视机中应用的具有放大功能的集成电路作为音频功率放大器

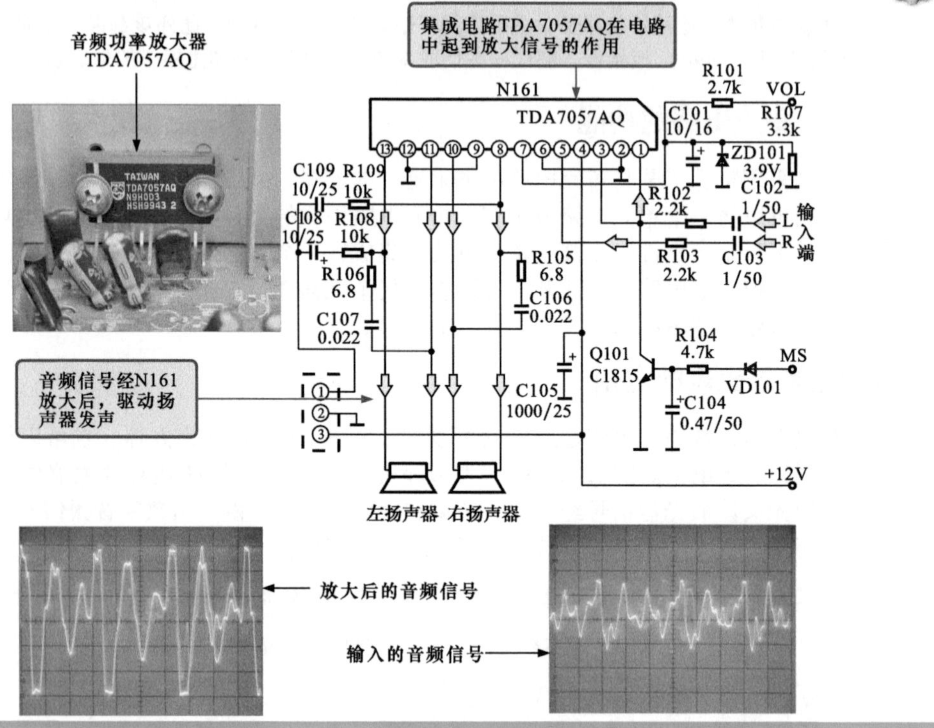

音频功率放大器
TDA7057AQ
集成电路TDA7057AQ在电路中起到放大信号的作用
N161
TDA7057AQ
R101
2.7k
VOL
C101
10/16
R107
3.3k
ZD101
3.9V
C102
C109 R109
10/25 10k
R102
2.2k
1/50
C108 R108
10/25 10k
输入端
R105
6.8
R103
2.2k
C103
1/50
R106
6.8
C106
0.022
C107
0.022
R104
4.7k
MS
Q101
C1815
VD101
音频信号经N161放大后，驱动扬声器发声
C105
1000/25
C104
0.47/50
+12V
左扬声器 右扬声器
放大后的音频信号
输入的音频信号

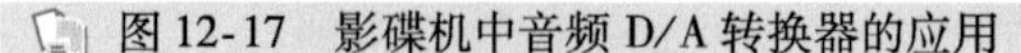

2　集成转换器的应用

转换器用来将模拟和数字信号进行相互转换，通常将模拟信号转换为数字信号的集成电路称为A/D 转换器，将数字信号转换为模拟信号的集成电路称为 D/A 转换器。这些电路根据应用环境也都制成了系列的集成电路。

图 12-17 所示为影碟机中音频 D/A 转换器的应用，该 D/A 转换器可将输入的数字音频信号转换，为模拟音频信号输出，再经音频功率放大器送往扬声器中发出声音。

图 12-17　影碟机中音频 D/A 转换器的应用

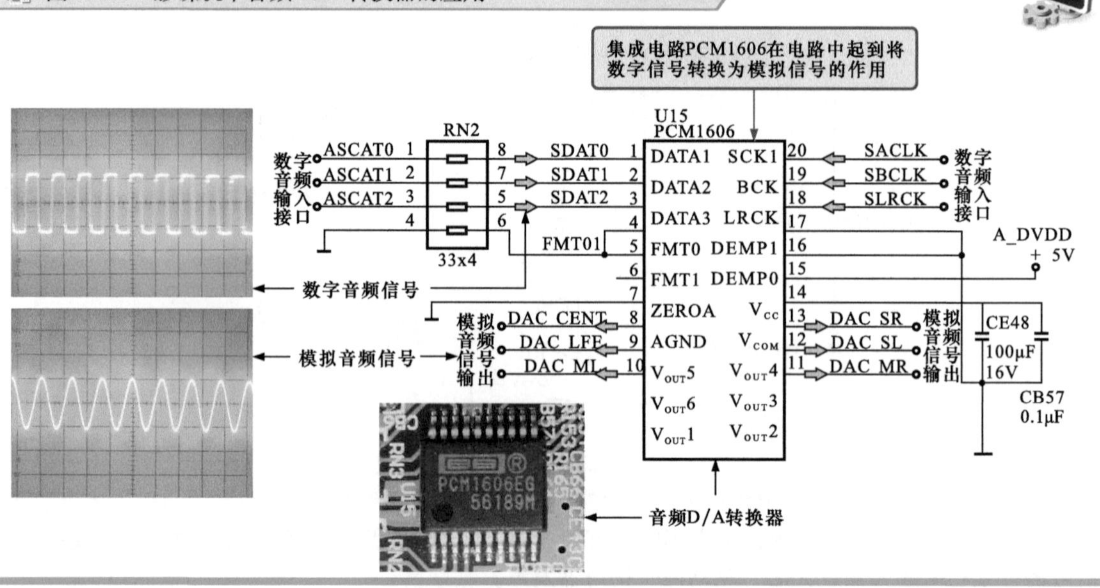

集成电路PCM1606在电路中起到将数字信号转换为模拟信号的作用
U15
PCM1606
RN2
33x4
数字音频输入接口
ASCAT0
ASCAT1
ASCAT2
SDAT0
SDAT1
SDAT2
FMT01
DATA1 SCK1
DATA2 BCK
DATA3 LRCK
FMT0 DEMP1
FMT1 DEMP0
ZEROA VCC
AGND VCOM
VOUT5 VOUT4
VOUT6 VOUT3
VOUT1 VOUT2
SACLK
SBCLK
SLRCK
A_DVDD
+ 5V
数字音频信号
模拟音频信号
模拟音频信号输出
DAC CENT
DAC LFE
DAC ML
DAC SR
DAC SL
DAC MR
CE48
100μF
16V
CB57
0.1μF
PCM1606EG
56189M
音频D/A转换器

| 相关资料 |

除了上述功能外，集成电路可作为控制器件（微处理器）应用于各种控制电路中，还可作为信号处理器应用于各种信号处理电路中，或作为开关振荡集成电路应用于开关电源电路中。

12.2 集成电路的检测

12.2.1 集成电路对地阻值的检测

集成电路的电阻检测法是指在断电或开路状态下，用万用表的电阻档检测集成电路各引脚的正、反向对地阻值，并与标准值（集成电路技术手册中标有的标准值）进行对照判断。

下面我们以一种典型双列直插式封装集成电路——KA3842A 开关振荡集成电路为例，介绍具体的检测方法。

1 查询 KA3842A 各引脚功能及参数

查询相关资料，确定待测 KA3842A 的引脚功能以及各引脚的标准检测参数，如图 12-18 所示。

图 12-18 KA3842A 各引脚的功能对应关系

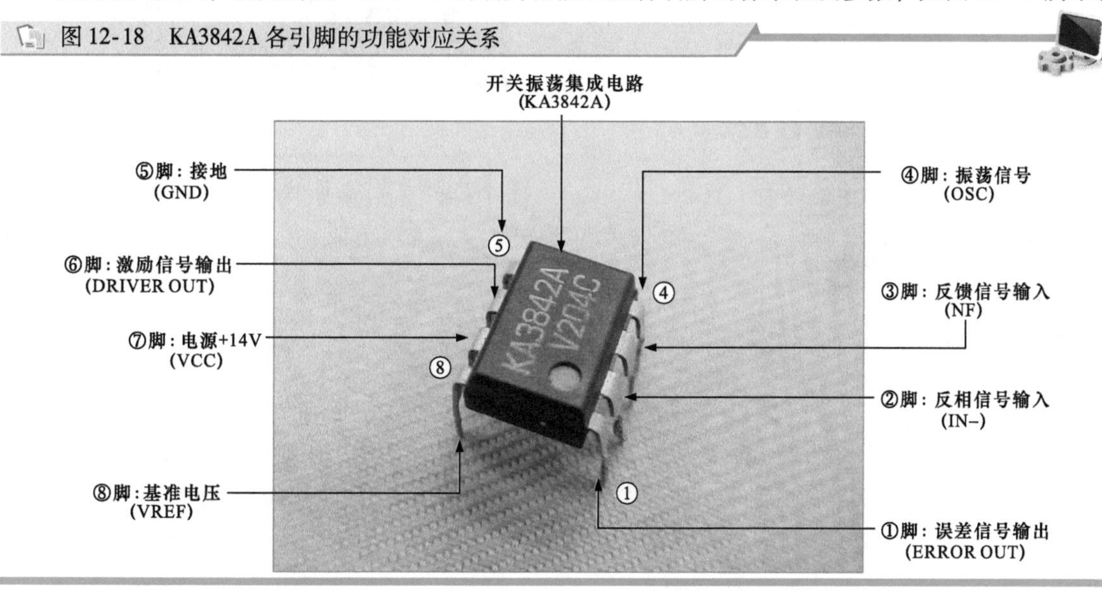
开关振荡集成电路
(KA3842A)
⑤脚：接地
(GND)
④脚：振荡信号
(OSC)
⑥脚：激励信号输出
(DRIVER OUT)
③脚：反馈信号输入
(NF)
⑦脚：电源+14V
(VCC)
②脚：反相信号输入
(IN–)
⑧脚：基准电压
(VREF)
①脚：误差信号输出
(ERROR OUT)
KA3842A
V204C

KA3842A 的标准检测参数见表 12-2。

表 12-2 KA3842A 的标准检测参数

引脚号	英文缩写	集成电路引脚功能	反向电阻/kΩ（红表笔接地）	正向电阻/kΩ（黑表笔接地）	直流电压/V
①	ERROR OUT	误差信号输出	15	8.9	2.1
②	IN –	反相信号输入	10.5	8.4	2.5
③	NF	反馈信号输入	1.9	1.9	0.1
④	OSC	振荡信号	11.9	8.9	2.4
⑤	GND	接地	0	0	0
⑥	DRIVER OUT	激励信号输出	14.4	8.4	0.7
⑦	VCC	电源 +14V	∞	5.4	14.5
⑧	VREF	基准电压	3.9	3.9	5

2 检测 KA3842A 各引脚对地阻值

以 KA3842A 的①脚对地阻值的测量为例。检测前，先将指针万用表的档位调至“×1k”欧姆档，并进行欧姆调零。将红表笔搭在⑤脚（接地）上，黑表笔搭在①脚上，测量①脚反向对地阻值；然后将表笔对换，黑表笔搭在⑤脚（接地）上，红表笔搭在①脚上，测量①脚正向对地阻值，如图 12-19 所示。

图 12-19 测量 KA3842A 的①脚对地阻值

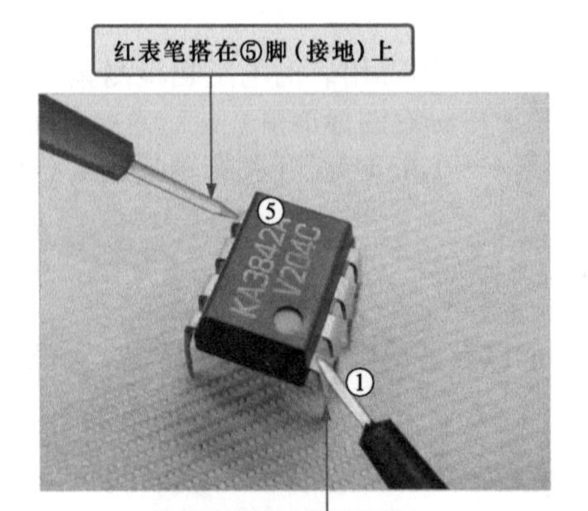
红表笔搭在⑤脚（接地）上
将黑表笔搭在①脚上

观察指针指向，并根据档位设置读取测量值：当前所测得的对地阻值为15kΩ
MODEL MF47-8
www.chinadse.org
全保护·遥控器检测

扫一扫看视频

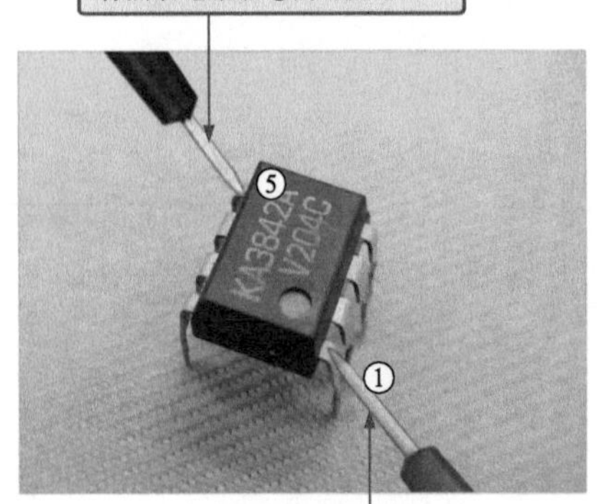
将黑表笔搭在⑤脚（接地）上
红表笔搭在①脚上

观察指针指向，并根据档位设置读取测量值：当前所测得的对地阻值为8.9kΩ
MODEL MF47-8
www.chinadse.org
全保护·遥控器检测

用同样的方法对 KA3842A 其他引脚的对地阻值进行测量，并将测量数据与表 12-2 中的标准值进行比较。

若测量结果与标准值基本相同，说明 KA3842A 正常；若发现某一引脚或多个引脚的测量结果与标准值相差较大，说明 KA3842A 损坏。

| 特别提示 |

一般情况下，在路检测对地阻值时，有可能受到外围元器件的影响，使测量结果出现偏差，这时应分别检测独立集成电路各引脚对地阻值以及集成电路在路时的对地阻值。

| 相关资料 |

电阻法检测集成电路确实要求要有标准值进行对照才能对检测结果做出判断，如果无法找到集成电路的手册资料，可以找一台与所测机器型号相同的、正常的机器作为参照，通过实测相同部位的集成电路各引脚阻值作为对照，若所测集成电路与对照机器中集成电路引脚的对地阻值相差很大，则多为所测集成电路损坏。

另外，也可以换一种测试方法（如后文将要介绍的电压检测法、信号检测法）对集成电路进行检测。

12.2.2 集成电路电压的检测

集成电路的电压检测法是指在给集成电路通电，但不输入信号（使之处于静态工作状态），用万用表的直流电压档检测集成电路各引脚或主要引脚的直流工作电压值，并与集成电路手册中标准值进行对比，进而判断集成电路或相关外围电路元器件有无异常。

下面我们以一种典型双列直插式封装集成电路——LM324 运算放大器为例，介绍具体的检测方法。

1 查询 LM324 各引脚功能及参数

查询相关资料，确定待测 LM324 的引脚功能以及各引脚的标准检测参数，如图 12-20 所示。

图 12-20 运算放大器（LM324）各引脚的功能对应关系

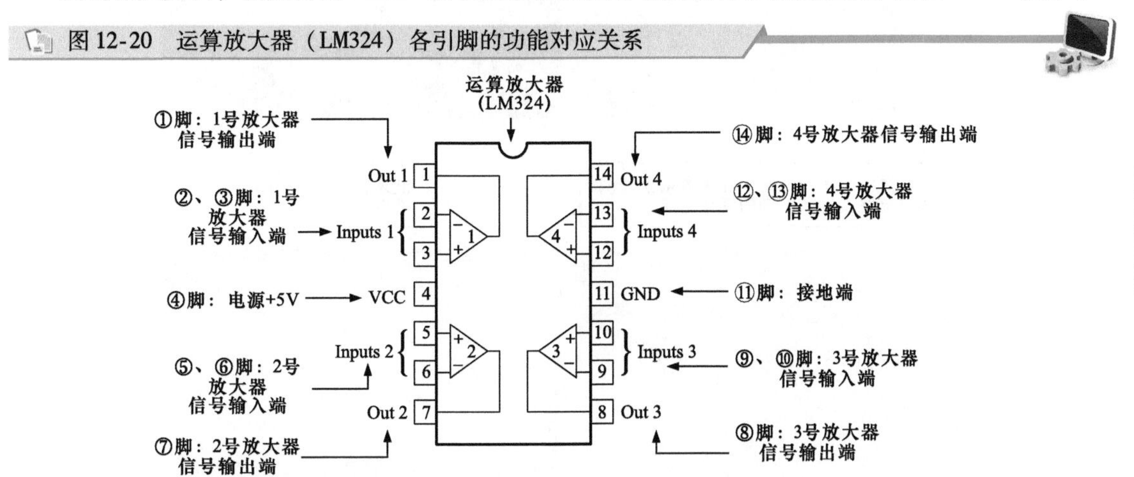
运算放大器
(LM324)
①脚：1号放大器
信号输出端
②、③脚：1号
放大器
信号输入端
④脚：电源+5V
⑤、⑥脚：2号
放大器
信号输入端
⑦脚：2号放大器
信号输出端
Out 1
Inputs 1
VCC
Inputs 2
Out 2
Out 4
Inputs 4
GND
Inputs 3
Out 3
⑭脚：4号放大器信号输出端
⑫、⑬脚：4号放大器
信号输入端
⑪脚：接地端
⑨、⑩脚：3号放大器
信号输入端
⑧脚：3号放大器
信号输出端

LM324 的标准电压检测参数见表 12-3。

表 12-3 运算放大器（LM324）的标准电压检测参数

引脚号	英文缩写	集成电路引脚功能	直流电压/V	引脚号	英文缩写	集成电路引脚功能	直流电压/V
①	Out 1	1 号放大器信号输出端	0	⑧	Out 3	3 号放大器信号输出端	0
②	Inputs 1（-）	1 号放大器信号输入端（-）	2.2	⑨	Inputs 3（-）	3 号放大器信号输入端（-）	0.6
③	Inputs 1（+）	1 号放大器信号输入端（+）	2.1	⑩	Inputs 3（+）	3 号放大器信号输入端（+）	0.5
④	VCC	电源 +5V	5.1	⑪	GND	接地端	0
⑤	Inputs 2（+）	2 号放大器信号输入端（+）	2.3	⑫	Inputs 4（+）	4 号放大器信号输入端（+）	4.4
⑥	Inputs 2（-）	2 号放大器信号输入端（-）	2.0	⑬	Inputs 4（-）	4 号放大器信号输入端（-）	2.1
⑦	Out 2	2 号放大器信号输出端	4.1	⑭	Out 4	4 号放大器信号输出端	4.1

2 检测 LM324 各引脚直流电压

将指针万用表的档位调至“直流 10V”电压档，黑表笔搭在⑪脚（接地端）上，红表笔依次搭在其他各引脚上，对 LM324 各引脚的直流电压进行检测，如图 12-21 所示。

图 12-21　测量 LM324 各引脚直流电压

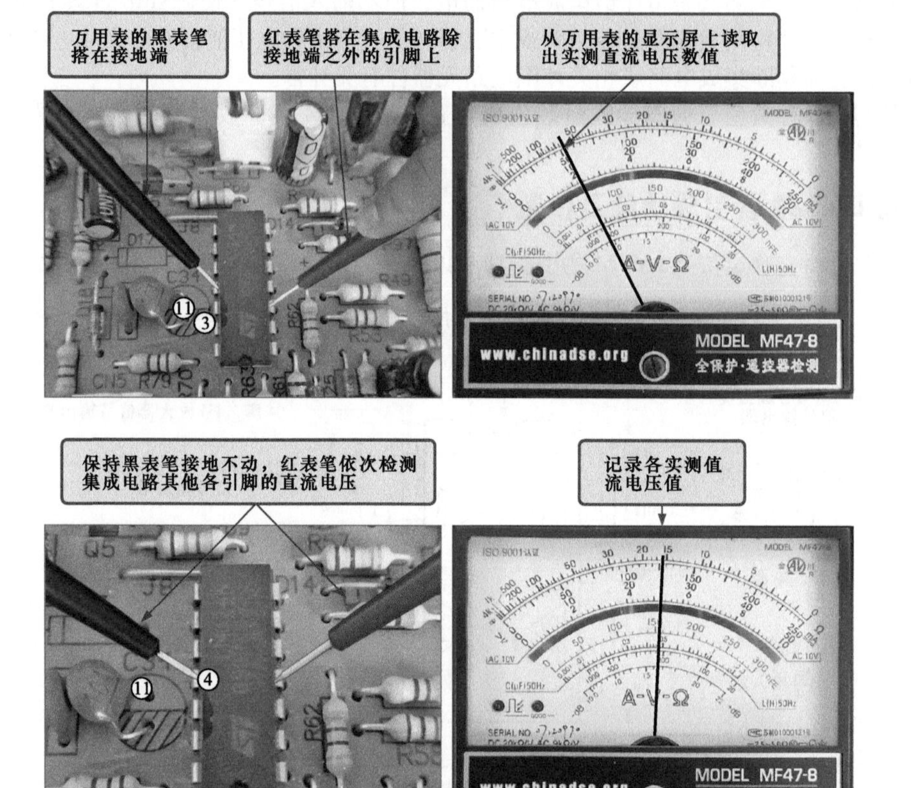
万用表的黑表笔搭在接地端
红表笔搭在集成电路除接地端之外的引脚上
从万用表的显示屏上读取出实测直流电压数值
⑪
③
MODEL MF47-8
www.chinadse.org
全保护·遥控器检测
保持黑表笔接地不动，红表笔依次检测集成电路其他各引脚的直流电压
记录各实测值流电压值
⑪
④
MODEL MF47-8
www.chinadse.org
全保护·遥控器检测

将实际测量数据与表 12-3 中的标准值进行比较：若测量结果与标准值基本相同，说明 LM324 正常；若发现某一引脚或多个引脚的测量结果与标准值相差较大，不能轻易认为集成电路故障，应首先排除外围元器件是否异常。

| 相关资料 |

集成电路的接地引脚对地直流电压应为零，若实测不是 0V，说明集成电路出现两种情况。一种是对地引脚的印制线开裂，从而造成对地引脚与地线之间断开；另一种情况是集成电路对地引脚存在虚焊或假焊情况。

12.2.3　集成电路信号的检测

集成电路的信号检测法是指将集成电路置于实际的工作环境中，或搭建测试电路模拟实际工作条件，并向集成电路输入指定信号，然后用示波器检测输入、输出端信号波形来判断好坏。

下面以一种典型单列直插式封装集成电路——TDA7057AQ 音频功率放大器为例，介绍具体的检测方法。

1　查询 TDA7057AQ 各引脚功能及参数

查询相关资料，确定待测 TDA7057AQ 的引脚功能以及各引脚的标准检测参数，如图 12-22 所示。

图 12-22 TDA7057AQ 各引脚的功能对应关系

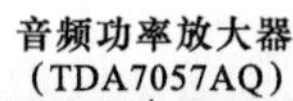

音频功率放大器
(TDA7057AQ)
TAIWAN
TDA7057AQ
N9A0R1
HSH9916 2
④脚：电源+12V
③脚：左声道
音频信号输入
⑩脚：右声道
音频信号输出
⑪脚：左声道
音频信号输出
⑤脚：右声道
音频信号输入
⑥脚：接地

TDA7057AQ 的引脚功能参数见表 12-4。

表 12-4 TDA7057AQ 的引脚功能参数

引脚号	英 文 缩 写	集成电路引脚功能	反向电阻/kΩ（红表笔接地）	正向电阻/kΩ（黑表笔接地）	直流电压/V
①	L VOL CON	左声道音量控制信号	0.78	0.78	0.5
②	NC	空脚	∞	∞	0
③	L IN	左声道音频信号输入	27	12	2.4
④	VCC	电源+12V	40.2	5	12
⑤	R IN	右声道音频信号输入	150	11.4	2.5
⑥	GND	接地	0	0	0
⑦	R VOL CON	右声道音量控制信号	0.78	0.78	0.5
⑧	R OUT	右声道音频信号输出	30.1	8.4	5.6
⑨	GND	接地（功放电路）	0	0	0
⑩	R OUT	右声道音频信号输出	30.1	8.4	5.6
⑪	L OUT	左声道音频信号输出	30.2	8.4	5.7
⑫	GND	接地	0	0	0
⑬	L OUT	左声道音频信号输出	30.1	8.4	5.7

2 检测 TDA7057AQ 输入/输出引脚信号

首先使用指针万用表对音频功率放大器④脚的供电电压进行测量，如图 12-23 所示，确保 TDA7057AQ 符合正常的工作条件。

图 12-23　检测 TDA7057AQ 的供电电压

扫一扫看视频

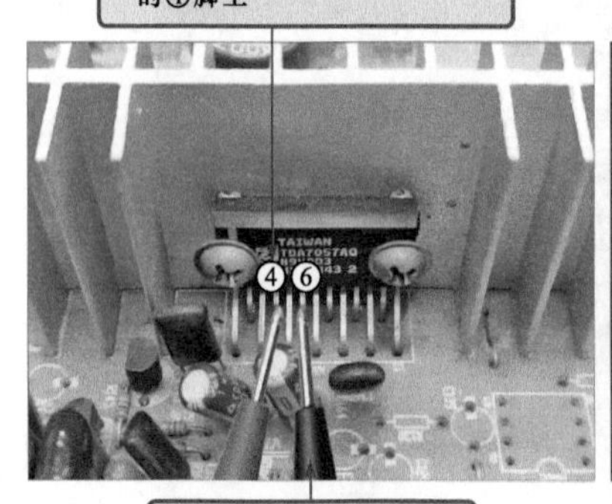
红表笔搭在音频功率放大器的④脚上
万用表的黑表笔搭在接地端（⑥脚）
④ ⑥

观察指针指向，并根据档位设置读取测量值：当前所测得的直流电压值为12V
www.chinadse.org
MODEL MF47-8
全保护·遥控器检测

在工作状态下，使用示波器对 TDA7057AQ ③脚的音频输入信号进行测量，如图 12-24 所示。

图 12-24　测量 TDA7057AQ 的③脚信号波形

将示波器接地夹接地，探头搭在③脚上（左声道音频输入）
TAIWAN
TDA7057AQ
N9A0R1
HSH9916 2
③

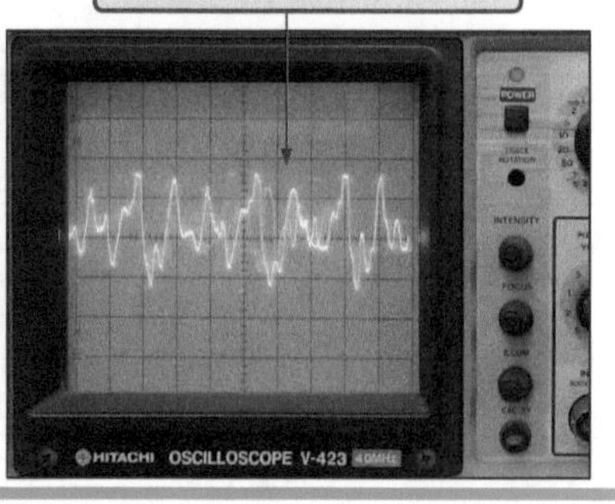
示波器上会显示当前检测到的音频信号输入波形
HITACHI OSCILLOSCOPE V-423

然后，使用示波器对 TDA7057AQ⑪脚的音频输出信号进行测量，如图 12-25 所示。

图 12-25　TDA7057AQ 的⑪脚信号波形

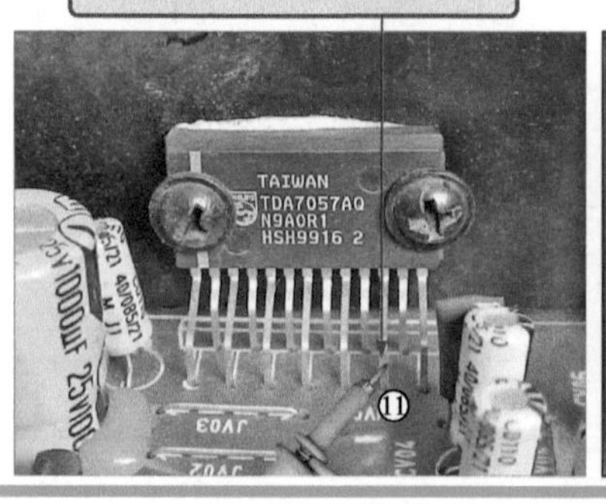
将示波器接地夹接地，探头搭在⑪脚上（左声道音频输出）
TAIWAN
TDA7057AQ
N9A0R1
HSH9916 2
⑪

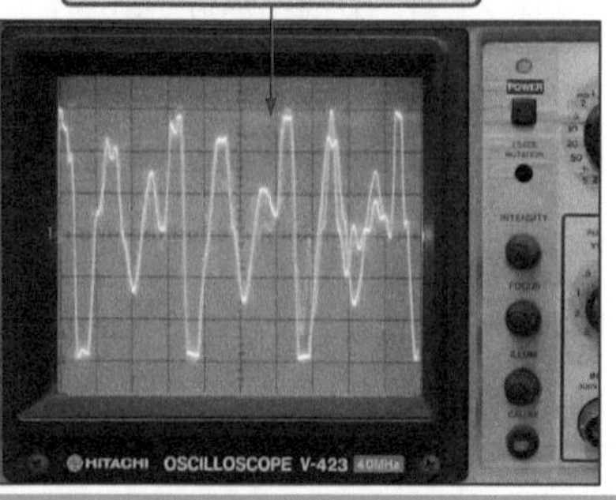
示波器上会显示当前检测到的放大后的音频信号波形
HITACHI OSCILLOSCOPE V-423

使用示波器再对音频功率放大器的⑤脚、⑩脚进行测量（右声道音频输入、输出信号），检测的过程中：若音频功率放大器的供电电压正常，说明该集成电路符合正常工作条件；若检测的输入信号正常，输出信号也正常，说明该集成电路能够正常工作；若输出信号不正常，而供电电压和输入信号都正常，说明该集成电路本身损坏。

第13章 电器部件的功能与检测

13.1 扬声器的功能与检测

13.1.1 扬声器的功能

扬声器俗称喇叭，是音响系统中不可缺少的重要部件，能够将电信号转换为声波信号。图13-1所示为扬声器的结构。

图13-1 扬声器的结构

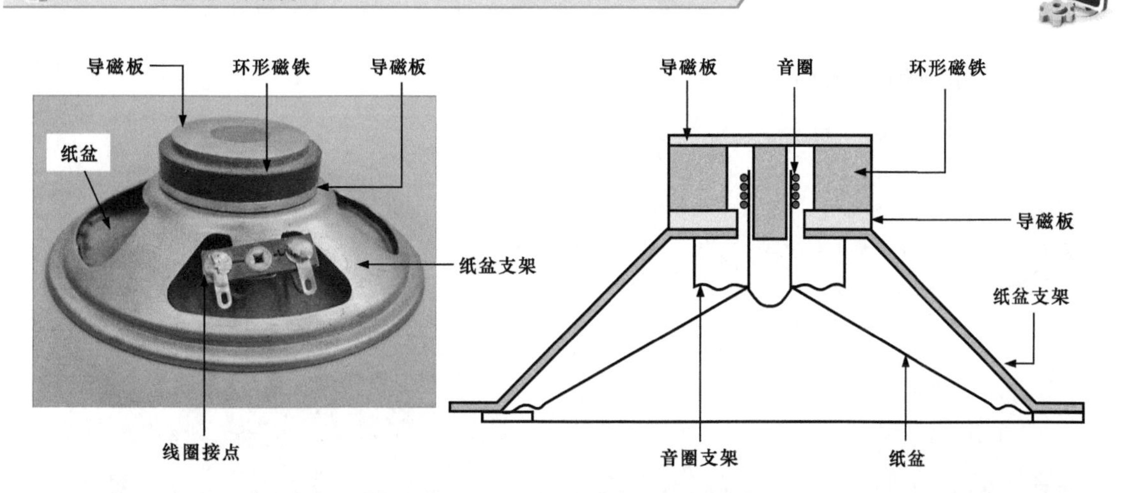
导磁板
环形磁铁
导磁板
纸盆
纸盆支架
线圈接点
导磁板
音圈
环形磁铁
导磁板
纸盆支架
音圈支架
纸盆

| 相关资料 |

音圈是用漆包线绕制而成的，圈数很少，通常只有几十圈，故阻抗很小。音圈的引出线平贴着纸盆，并用胶水粘在纸盆上。纸盆是由特制的模压纸制成的，在中心加有防尘罩，防止灰尘和杂物进入磁隙，影响振动效果。

当扬声器的音圈通入音频电流后，音圈在电流的作用下产生交变的磁场，并在环形磁铁内形成的磁场中振动。由于音圈产生磁场的大小和方向随音频电流的变化不断改变，因此音圈会在磁场内产生振动。由于音圈和纸盆相连，因此音圈带动纸盆振动，从而引起空气振动并发出声音。

13.1.2 扬声器的检测

使用万用表检测扬声器时，可通过检测扬声器的阻值来判断扬声器是否损坏。检测前，应先了解待测扬声器的标称交流阻抗，为检测提供参照标准，如图13-2所示。

图13-3所示为扬声器的检测方法。

值得注意的是，扬声器上的标称值8Ω是该扬声器在有正常交流信号驱动时所呈现的阻值，即交流阻值；用万用表检测时，所测的阻值为直流阻值。在正常情况下，直流阻值应接近且小于交流阻值。

若所测阻值为零或无穷大，则说明扬声器已损坏，需要更换。

图 13-2　了解待测扬声器的标称交流阻抗

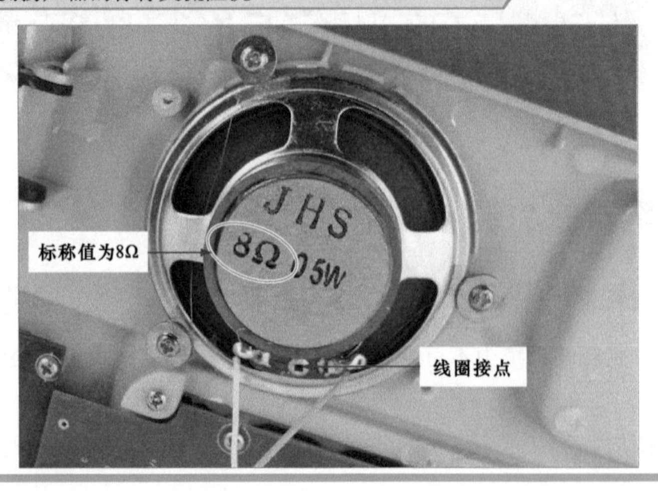
JHS
8Ω 05W
标称值为8Ω
线圈接点

图 13-3　扬声器的检测方法

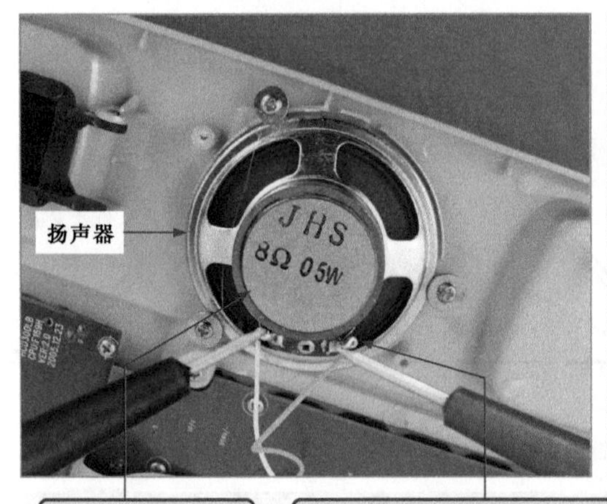
JHS
8Ω 05W
扬声器

ET-988
7.5
Ω
POWER
PK HOLD
DC / AC

【1】将万用表的量程旋钮调至欧姆档

【2】将万用表的红、黑表笔分别搭在待测扬声器线圈的两个接点上，检测线圈的阻值

【3】测得的阻值为7.5Ω，略小于标称值，正常

特别提示

如果扬声器性能良好，则在检测时，将万用表的一只表笔搭在线圈的一个接点上，当另一只表笔触碰线圈的另一个接点时，扬声器会发出“咔咔”声；如果扬声器损坏，则不会有声音发出。此外，若扬声器出现线圈粘连或卡死、纸盆损坏等情况，则用万用表检测是判别不出来的，必须通过试听音响效果才能判别。

13.2 蜂鸣器的功能与检测

13.2.1 蜂鸣器的功能

蜂鸣器从结构上可分为压电式蜂鸣器和电磁式蜂鸣器。压电式蜂鸣器是由陶瓷材料制成的。电磁式蜂鸣器是由电磁线圈构成的。蜂鸣器从工作原理上可分为无源蜂鸣器和有源蜂鸣器。无源蜂鸣器内部无振荡源，必须有驱动信号才能发声。有源蜂鸣器内部有振荡源，只要外加直流电压即可发声。

图 13-4 所示为常见蜂鸣器的实物外形及电路图形符号。

图 13-4　常见蜂鸣器的实物外形及电路图形符号

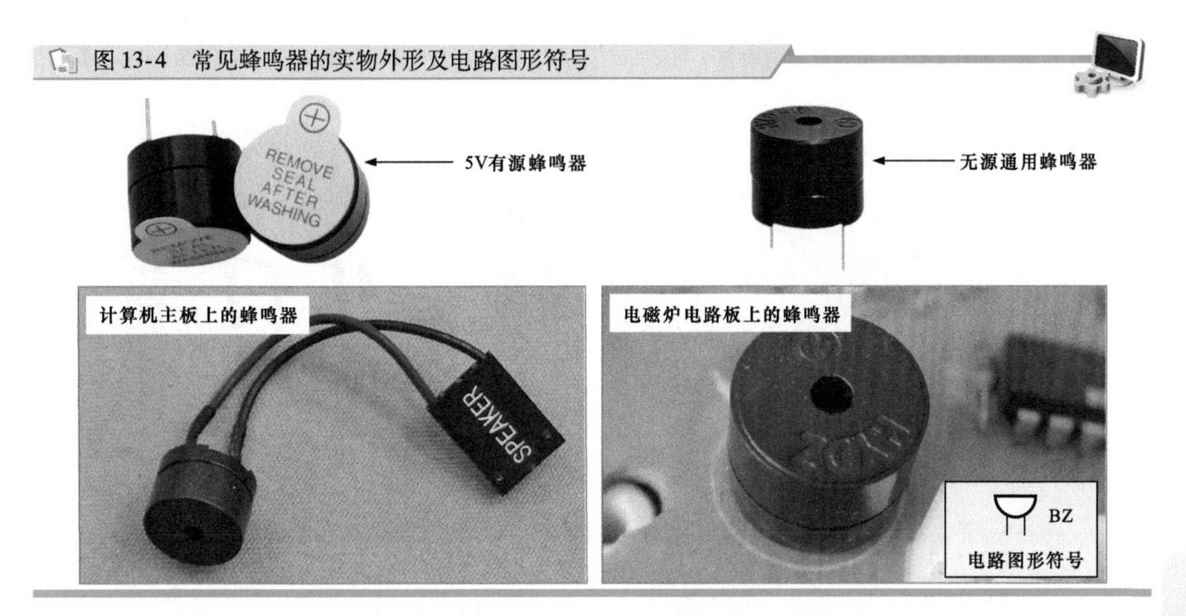
REMOVE SEAL AFTER WASHING
5V有源蜂鸣器
无源通用蜂鸣器
计算机主板上的蜂鸣器
SPEAKER
电磁炉电路板上的蜂鸣器
BZ
电路图形符号

蜂鸣器主要作为发声器件广泛应用在各种电子产品中。例如，图 13-5 所示为简易门窗防盗报警电路。该电路主要是由振动传感器 CS01 及其外围元器件构成的。在正常状态下，CS01 的输出端为低电平信号输出，继电器不工作；当 CS01 受到撞击时，其内部电路将振动信号转化为电信号并由输出端输出高电平，使继电器 KA 吸合，控制蜂鸣器发出警示声音，引起人们的注意。

图 13-5　简易门窗防盗报警电路

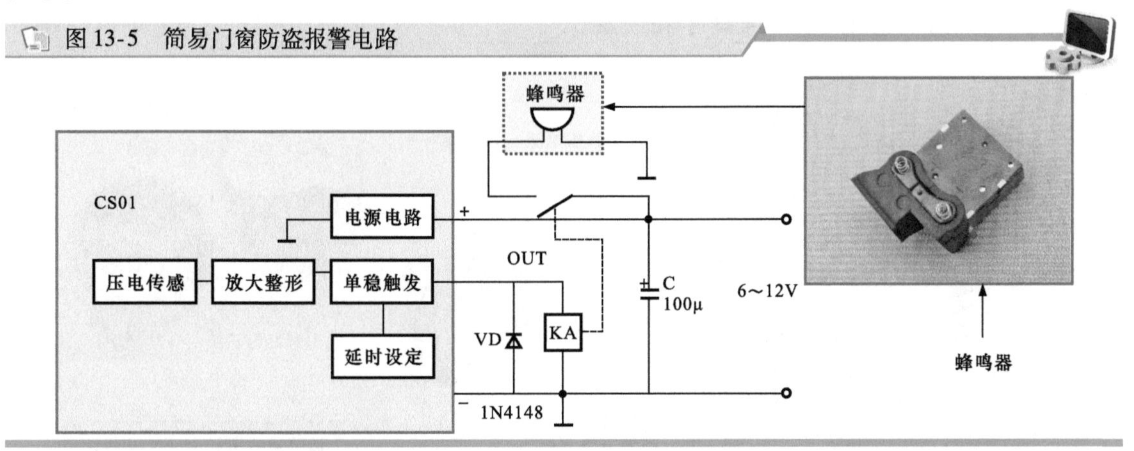
蜂鸣器
CS01
电源电路
+
OUT
压电传感
放大整形
单稳触发
延时设定
VD
KA
C
100μ
6～12V
−
1N4148
蜂鸣器

13.2.2　蜂鸣器的检测

判断蜂鸣器好坏的方法有两种：一种是借助万用表检测阻值判断好坏，这种方法操作简单方便；另一种是借助直流稳压电源供电听声音的方法判断好坏，这种方法准确可靠。

1　万用表检测蜂鸣器

在检测蜂鸣器前，首先根据待测蜂鸣器上的标志识别出正、负极引脚，为蜂鸣器的检测提供参照标准。下面使用数字万用表对蜂鸣器进行检测，将数字万用表的功能旋钮调至欧姆档，检测方法如图 13-6 所示。

在正常情况下，蜂鸣器正、负极引脚间的阻值应为一个固定值（一般为 8Ω 或 16Ω），当表笔接触引脚端的一瞬间或间断接触蜂鸣器的引脚端时，蜂鸣器会发出“吱吱”的声响。若测得引脚间的阻值为无穷大、零或未发出声响，则说明蜂鸣器已损坏。

图 13-6　使用数字万用表检测蜂鸣器

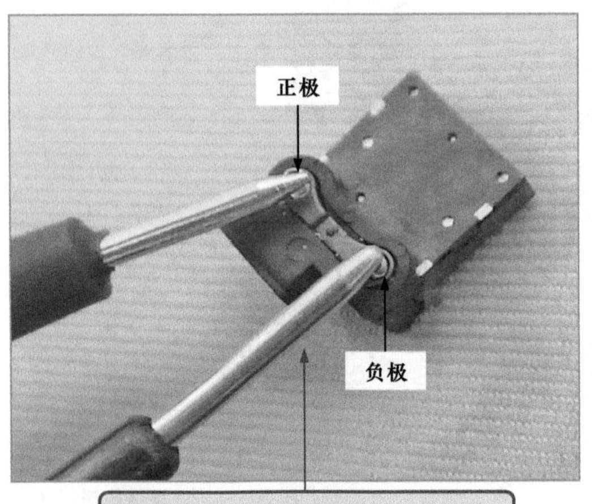
正极
负极

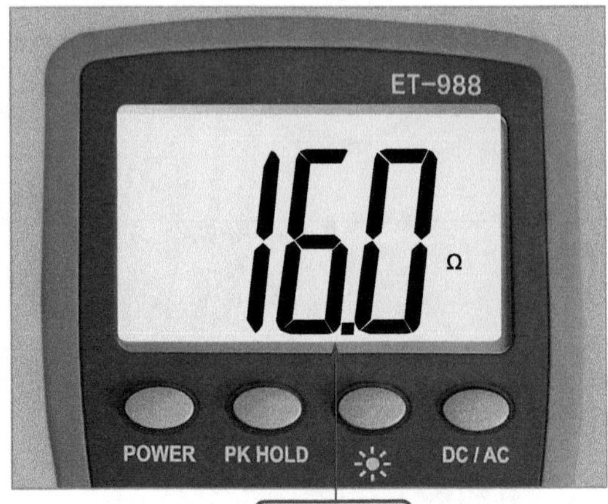
ET-988
16.0
Ω
POWER
PK HOLD
DC / AC

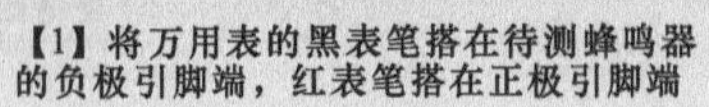
【1】将万用表的黑表笔搭在待测蜂鸣器的负极引脚端，红表笔搭在正极引脚端

【2】实测阻值为16Ω

2　直流稳压电源检测蜂鸣器

图 13-7 所示为借助直流稳压电源检测蜂鸣器的方法。

图 13-7　借助直流稳压电源检测蜂鸣器的方法

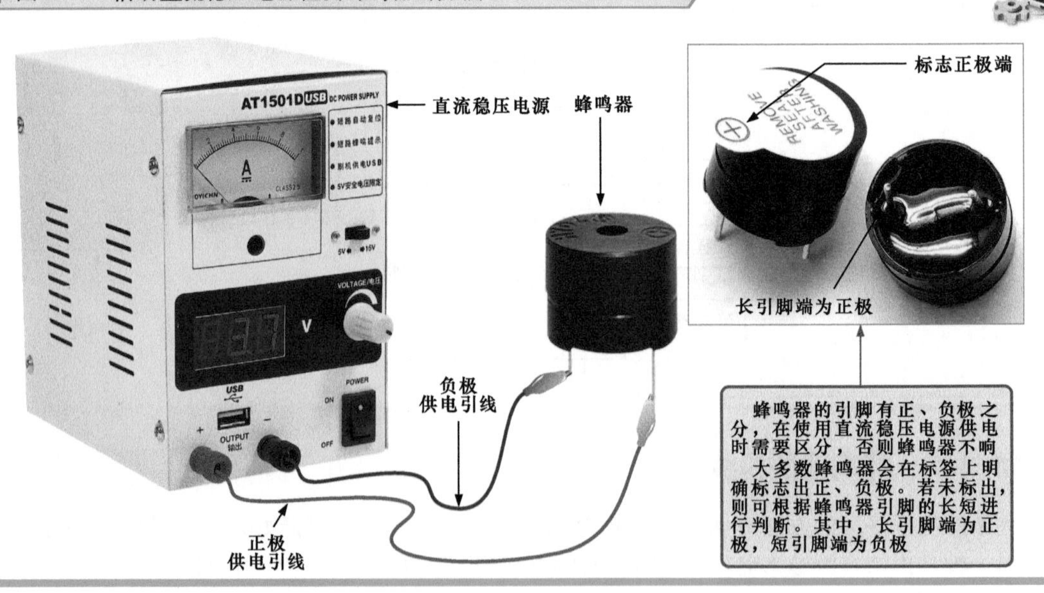
AT1501D USB DC POWER SUPPLY
直流稳压电源
蜂鸣器
标志正极端
长引脚端为正极
A
V
POWER
OUTPUT
输出
负极
供电引线
正极
供电引线
蜂鸣器的引脚有正、负极之分，在使用直流稳压电源供电时需要区分，否则蜂鸣器不响
大多数蜂鸣器会在标签上明确标志出正、负极。若未标出，则可根据蜂鸣器引脚的长短进行判断。其中，长引脚端为正极，短引脚端为负极

直流稳压电源用于为蜂鸣器提供直流电压。首先将直流稳压电源的正极与蜂鸣器的正极（蜂鸣器的长引脚端）连接，负极与蜂鸣器的负极（蜂鸣器的短引脚端）连接。检测时，将直流稳压电源通电，并从低到高调节直流稳压电源的输出电压（不能超过蜂鸣器的额定电压），通过观察蜂鸣器的状态判断性能好坏。

在正常情况下，借助直流稳压电源为蜂鸣器供电时，蜂鸣器能发出声响，且随着供电电压的升高，声响变大；随着供电电压的降低，声响变小。若实测时不符合，则多为蜂鸣器失效或损坏，此时一般选用同规格型号的蜂鸣器代换即可。

13.3 数码显示器的功能与检测

13.3.1 数码显示器的功能

数码显示器实际上是一种数字显示器件，又可称为 LED 数码管，是电子产品中常用的显示器件。常见的数码管主要有 1 位数码管和多位数码管，如图 13-8 所示。

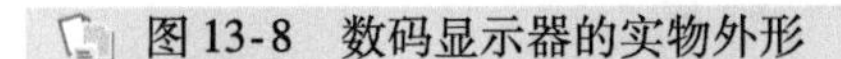

图 13-8 数码显示器的实物外形

3621BS..

3631BH

3641BS

1位数码显示管　2位数码显示管　3位数码显示管　4位数码显示管

数码显示器用多个发光二极管组成笔段显示相应的数字或图像，用 DP 表示小数点。图 13-9 所示为数码显示器的引脚排列和连接方式。

图 13-9 数码显示器的引脚排列和连接方式

10
6
1
5
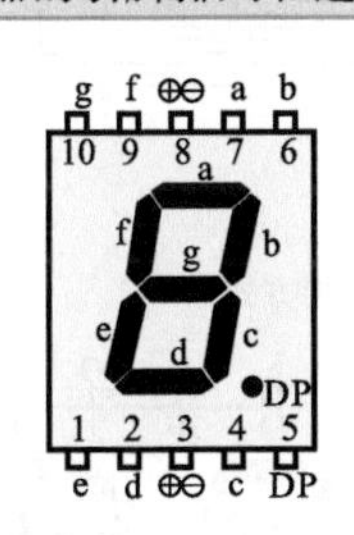
g f ⊕⊖ a b
10 9 8 7 6
a
f
g
b
e
d
c
DP
1 2 3 4 5
e d ⊕⊖ c DP
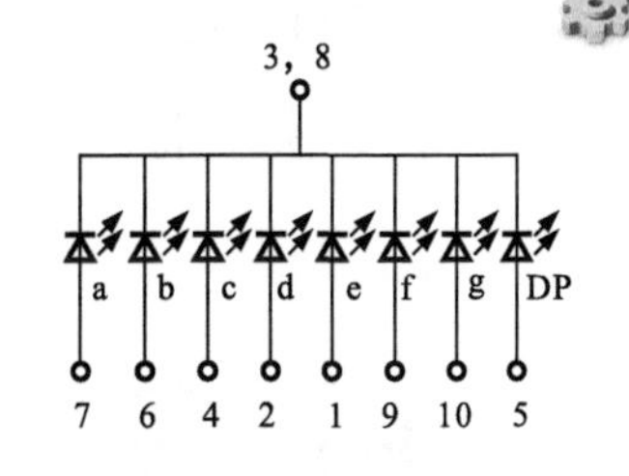
3，8
a b c d e f g DP
7 6 4 2 1 9 10 5

引脚排列　共阳极连接方式　共阴极连接方式

a) 1位数码显示管引脚排列和引脚连接方式

10
6
1
5
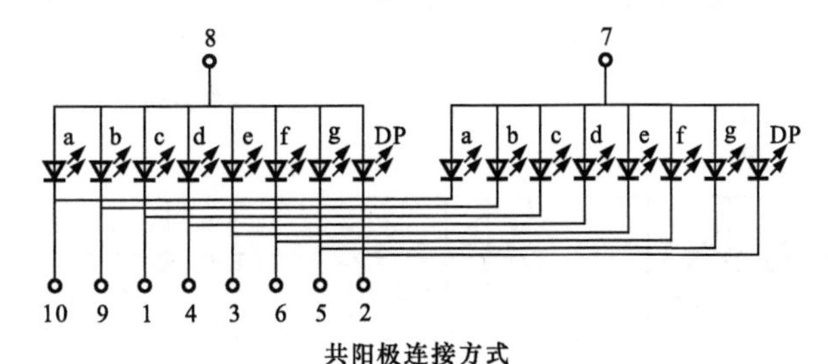
8
7
a b c d e f g DP
10 9 1 4 3 6 5 2

共阳极连接方式

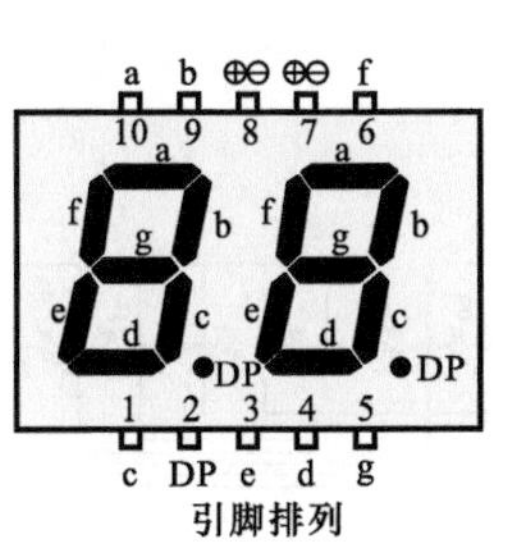
a b ⊕⊖ ⊕⊖ f
10 9 8 7 6
a
f
g
b
e
d
c
DP
1 2 3 4 5
c DP e d g
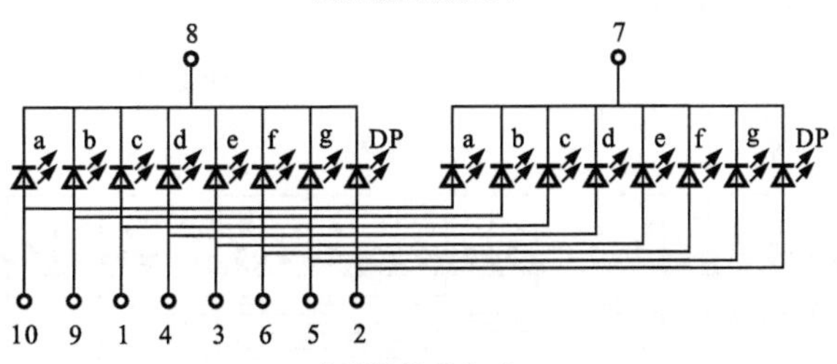
8
7
a b c d e f g DP
10 9 1 4 3 6 5 2

引脚排列　共阴极连接方式

b) 2位数码显示管引脚排列和引脚连接方式

图 13-9　数码显示器的引脚排列和连接方式（续）

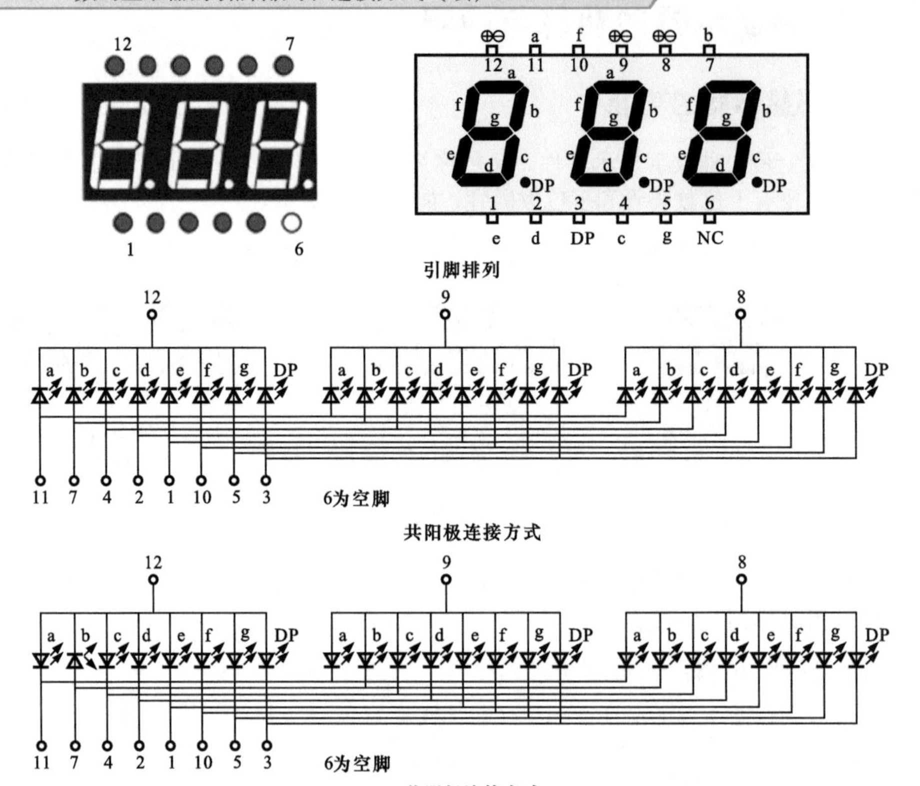
12
7
1
6
a
f
b
g
e
c
d
DP
e
d
DP
c
g
NC
引脚排列
11
7
4
2
1
10
5
3
6为空脚
共阳极连接方式
6为空脚
共阴极连接方式

c) 3位数码显示管引脚排列和引脚连接方式

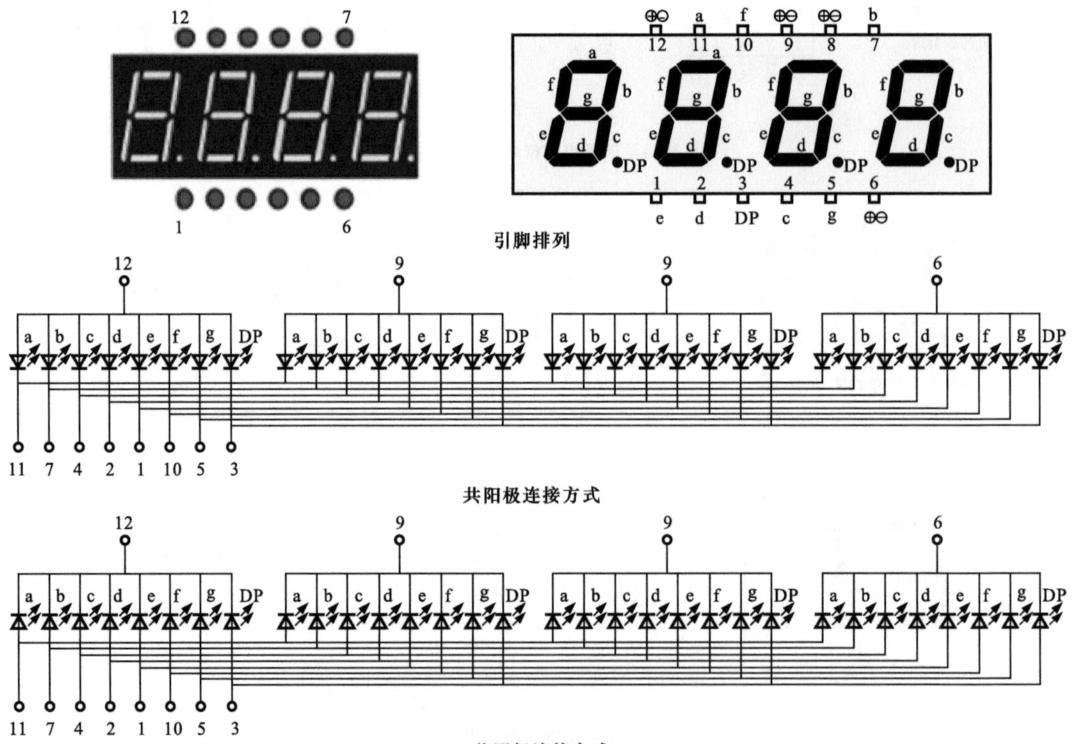
12
7
1
6
e
d
DP
c
g
引脚排列
11
7
4
2
1
10
5
3
共阳极连接方式
共阴极连接方式

d) 4位数码显示管引脚排列和引脚连接方式

13.3.2 数码显示器的检测

数码显示器一般可借助万用表检测。检测时，可通过检测相应笔段的阻值来判断数码显示器是否损坏。检测之前，应首先了解待测数码显示器各笔段所对应的引脚。图 13-10 所示为待测数码显示器的引脚排列。

图 13-10 待测数码显示器的引脚排列

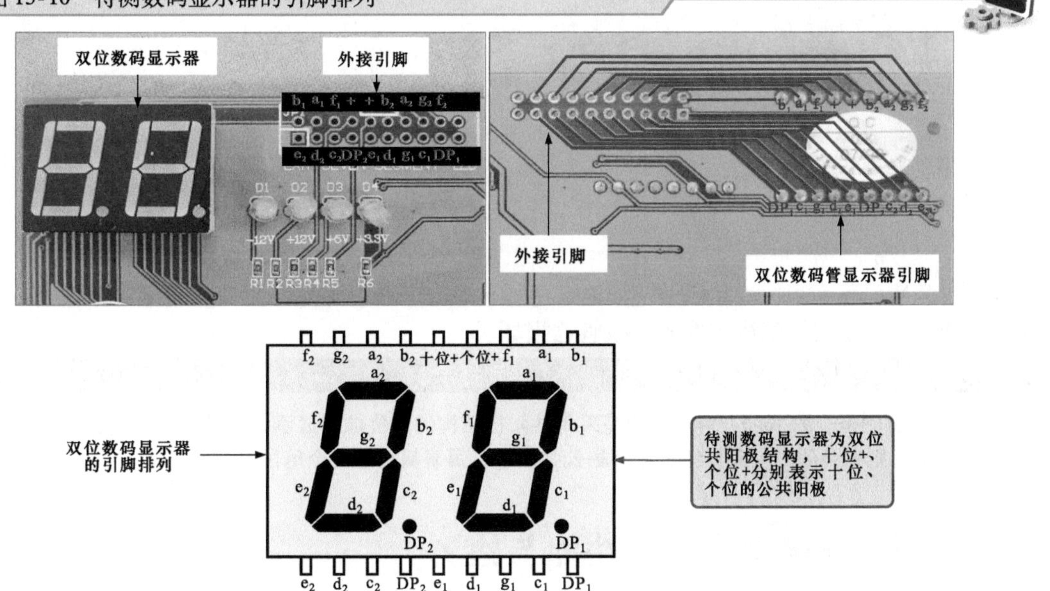

双位数码显示器
外接引脚
外接引脚
双位数码管显示器引脚
双位数码显示器的引脚排列
待测数码显示器为双位共阳极结构，十位+、个位+分别表示十位、个位的公共阳极

图 13-11 所示为双位数码显示器的检测方法。

图 13-11 双位数码显示器的检测方法

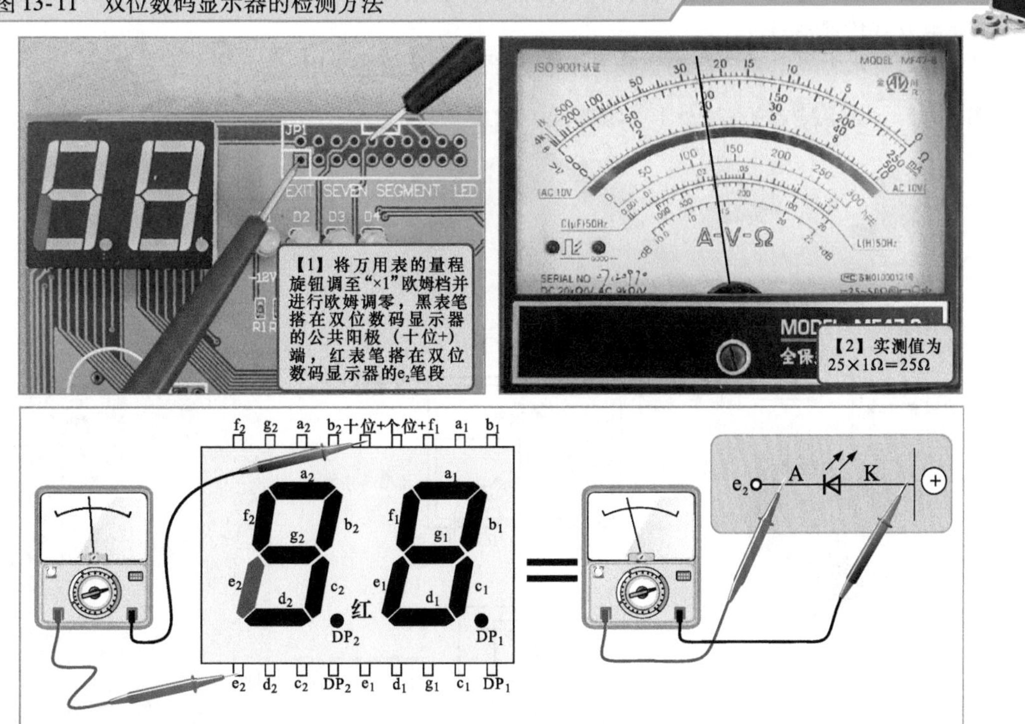

【1】将万用表的量程旋钮调至“×1”欧姆档并进行欧姆调零，黑表笔搭在双位数码显示器的公共阳极（十位+）端，红表笔搭在双位数码显示器的e₂笔段
【2】实测值为 25×1Ω=25Ω
红

图 13-11　双位数码显示器的检测方法（续）

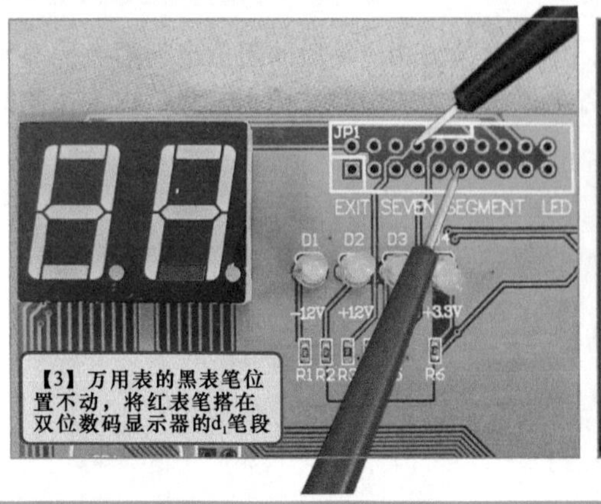
【3】万用表的黑表笔位置不动，将红表笔搭在双位数码显示器的d_1笔段

【4】实测值为
23×1Ω=23Ω

在正常情况下，当检测相应的笔段时，笔段应发光，且有一定的阻值；若笔段不发光或阻值为无穷大或零，均说明该笔段的发光二极管已损坏。

特别提示

需要注意的是，图 13-11 中检测的是采用共阳极结构的双位数码显示器，若为采用共阴极结构的双位数码显示器，则在检测时，应将红表笔接触公共阴极，黑表笔接触各个笔段。

13.4　光电耦合器的功能与检测

13.4.1　光电耦合器的功能

光电耦合器是一种光电转换元器件，其内部实际上是由一个光电晶体管和一个发光二极管构成的，以光电方式传递信号。

图 13-12 所示为光电耦合器的实物外形、内部结构及功能应用。

图 13-12　光电耦合器的实物外形、内部结构及功能应用

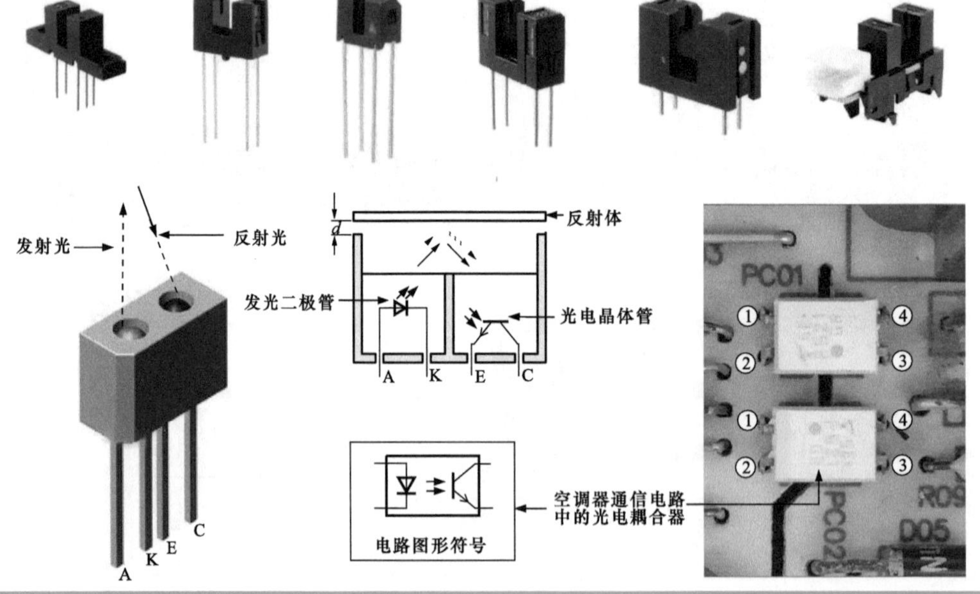
发射光
反射光
反射体
d
发光二极管
光电晶体管
A
K
E
C
电路图形符号
空调器通信电路中的光电耦合器
PC01
PC02
①
②
③
④

13.4.2 光电耦合器的检测

光电耦合器一般可通过分别检测二极管侧和光电晶体管侧的正、反向阻值来判断内部是否存在击穿短路或断路情况。

图 13-13 所示为光电耦合器的检测方法。

图 13-13　光电耦合器的检测方法

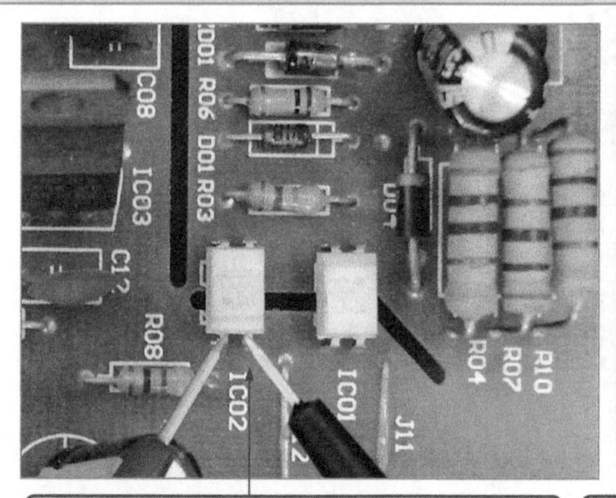
C08
IC03
R06
D01
R03
R08
IC02
IC01
R04
R07
R10
J11

ISO 9001认证
A-V-Ω
MODEL MF47-8
www.chinadse.org
全保护·遥控器检测

【2】红、黑表笔分别搭在光电耦合器的1脚和2脚，即检测内部发光二极管两个引脚间的正、反向阻值

【3】可测得正向有一定阻值，反向阻值趋于无穷大

【1】将万用表的功能旋钮调至欧姆档，并进行欧姆调零

在正常情况下，若不存在外围元器件的影响（可将光电耦合器从电路板上取下），则光电耦合器内部发光二极管侧的正向应有一定的阻值，反向阻值应为无穷大；光电晶体管侧的正、反向阻值都应为无穷大。

13.5 小型变压器的功能与检测

13.5.1 小型变压器的功能

变压器可利用电磁感应原理传递电能或传输交流信号。在电子产品中，常见的变压器为小型变压器，如各种电子产品电源电路中的降压变压器、开关变压器等。

变压器是将两组或两组以上的线圈绕制在同一骨架或同一铁心上制成的。图 13-14 所示为电子产品中常见的小型变压器的实物外形及内部结构。

图 13-14　电子产品中常见的小型变压器的实物外形及内部结构

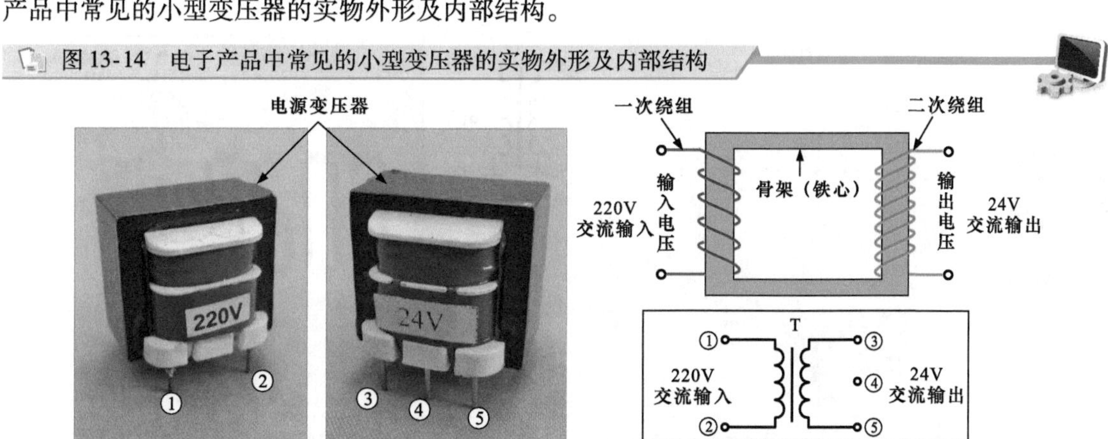
电源变压器
220V
24V
①
②
③
④
⑤
一次绕组
二次绕组
骨架（铁心）
220V
交流输入
输入电压
输出电压
24V
交流输出
T
①
②
③
④
⑤
220V
交流输入
24V
交流输出

提升或降低交流电压是小型变压器在电路中的主要功能，如图 13-15 所示。

图 13-15　小型变压器的电压变换功能

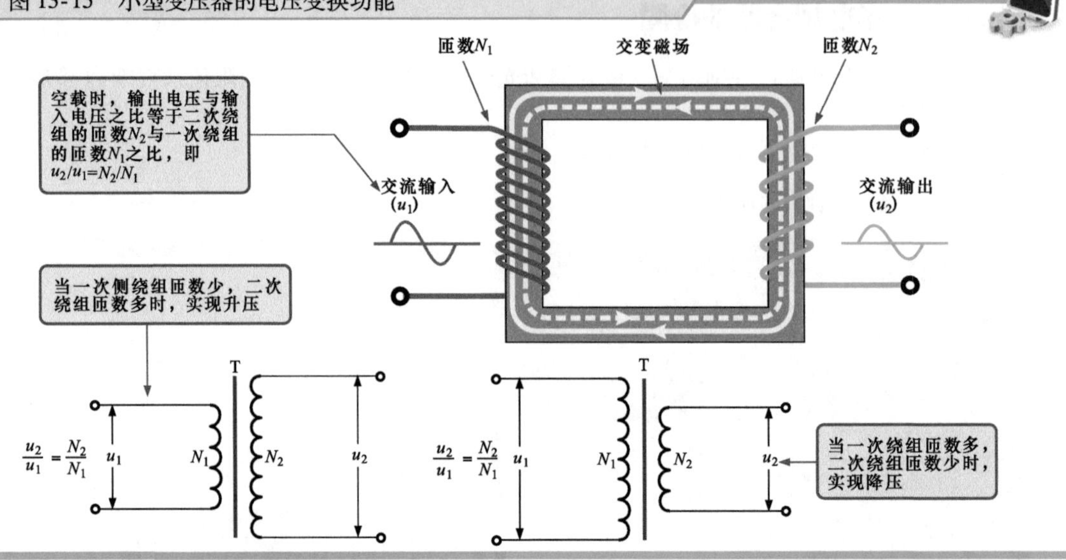
匝数N_1
交变磁场
匝数N_2
空载时，输出电压与输入电压之比等于二次绕组的匝数N_2与一次绕组的匝数N_1之比，即$u_2/u_1=N_2/N_1$
交流输入(u_1)
交流输出(u_2)
当一次侧绕组匝数少，二次绕组匝数多时，实现升压
T
$\frac{u_2}{u_1}=\frac{N_2}{N_1}$
当一次绕组匝数多，二次绕组匝数少时，实现降压

13.5.2　小型变压器的检测

通常情况下，对变压器的检测可以采取两种方法：一种方法是使用万用表欧姆档开路检测变压器绕组的阻值；另一种方法是在路检测变压器输入、输出端的电压。

1　变压器绕组阻值的检测方法

检测变压器绕组阻值主要包括对一次绕组和二次绕组自身阻值的检测、绕组与绕组之间绝缘电阻的检测、绕组与铁心或外壳之间绝缘电阻的检测三个方面，在检测变压器绕组阻值之前，应首先区分待测变压器的绕组引脚，然后分别对各绕组的阻值进行测量。

图 13-16 所示为变压器绕组阻值的检测方法。

2　变压器输入、输出电压的检测方法

变压器的主要功能就是电压变换，因此在正常情况下，若输入电压正常，则应输出变换后的电压。使用万用表检测时，可通过检测输入、输出电压来判断变压器是否损坏。

图 13-16　变压器绕组阻值的检测方法

扫一扫看视频

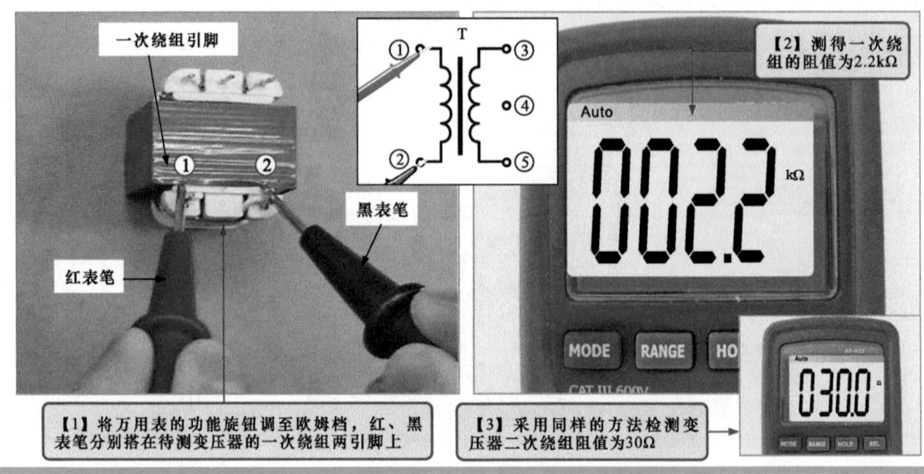
一次绕组引脚
黑表笔
红表笔
T
【2】测得一次绕组的阻值为2.2kΩ
Auto
002.2 kΩ
MODE
RANGE
030.0
【1】将万用表的功能旋钮调至欧姆档，红、黑表笔分别搭在待测变压器的一次绕组两引脚上
【3】采用同样的方法检测变压器二次绕组阻值为30Ω

图 13-16　变压器绕组阻值的检测方法（续）

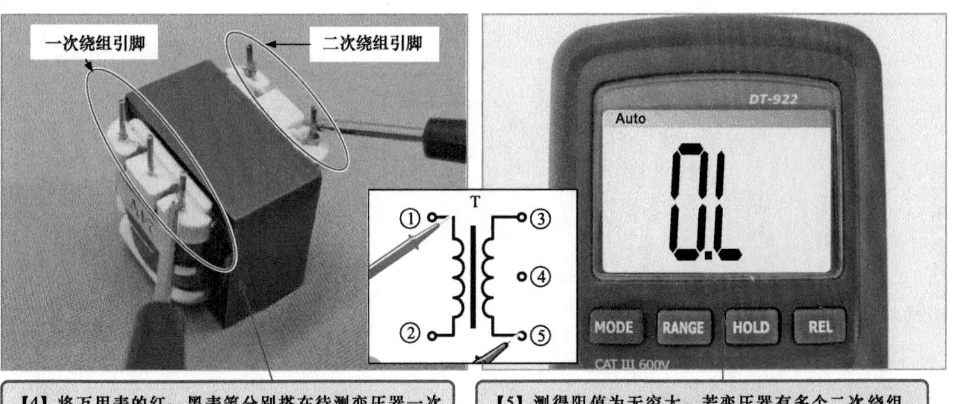
一次绕组引脚
二次绕组引脚
T
①
②
③
④
⑤
DT-922
Auto
0.L
MODE
RANGE
HOLD
REL
【4】将万用表的红、黑表笔分别搭在待测变压器一次绕组和二次绕组的任意两引脚上，检测绕组间的阻值
【5】测得阻值为无穷大。若变压器有多个二次绕组，则应依次检测每个二次绕组与一次绕组之间的阻值

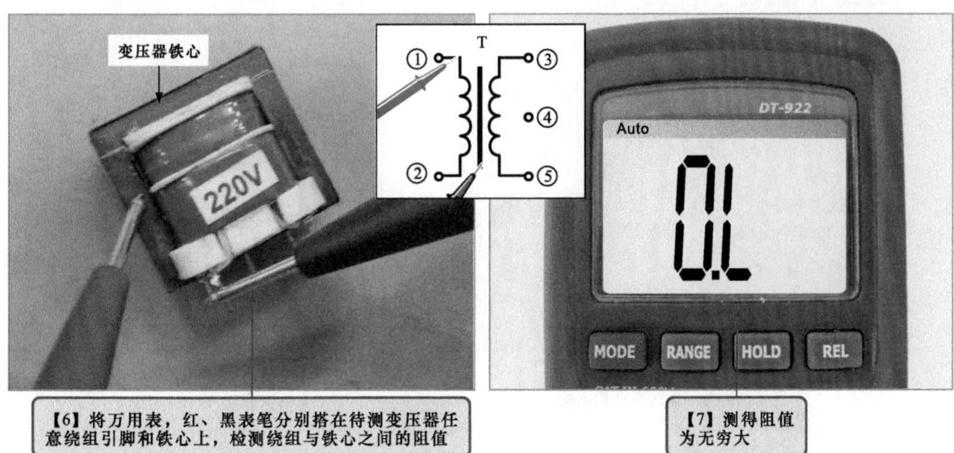
变压器铁心
220V
T
①
②
③
④
⑤
DT-922
Auto
0.L
MODE
RANGE
HOLD
REL
【6】将万用表，红、黑表笔分别搭在待测变压器任意绕组引脚和铁心上，检测绕组与铁心之间的阻值
【7】测得阻值为无穷大

首先将变压器置于实际工作环境中或搭建测试电路模拟实际工作环境，并向变压器输入交流电压，然后用万用表分别检测输入、输出电压来判断变压器的好坏。在检测之前，需要区分待测变压器的输入、输出引脚，了解输入、输出电压值，为变压器的检测提供参照标准。

图 13-17 所示为变压器输入、输出电压的检测方法。

图 13-17　变压器输入、输出电压的检测方法

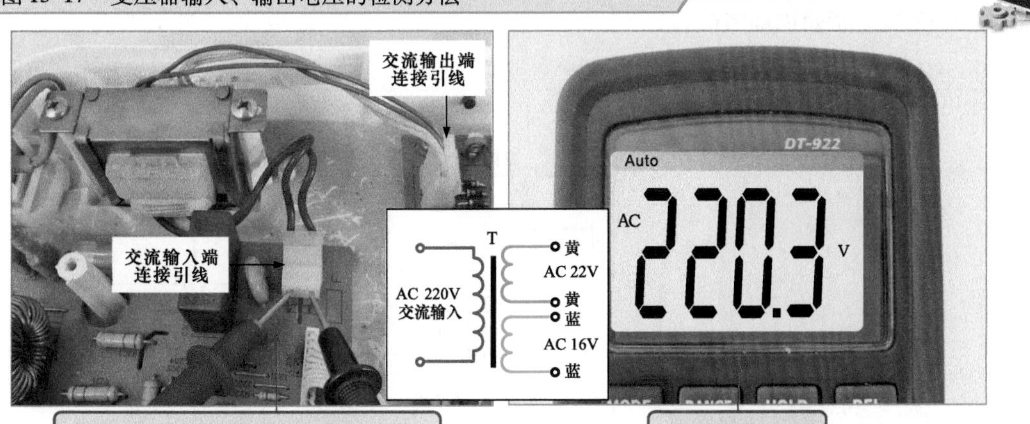
交流输出端
连接引线
交流输入端
连接引线
T
AC 220V
交流输入
黄
AC 22V
黄
蓝
AC 16V
蓝
DT-922
Auto
AC
220.3
V
【1】将万用表的功能旋钮调至交流电压档，红、黑表笔分别搭在待测变压器的输入端
【2】实测输入电压为交流220.3V

图 13-17　变压器输入、输出电压的检测方法（续）

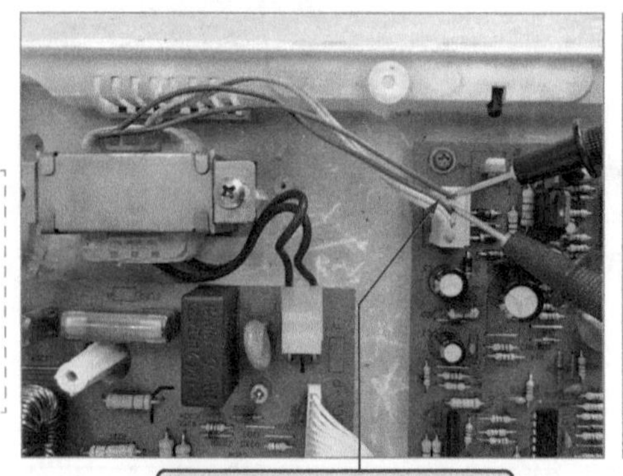
【3】将万用表的红、黑表笔分别搭在待测变压器的蓝色输出端

DT-922
Auto
AC
016.1
V
【4】实测输出电压为交流16.1V

扫一扫看视频

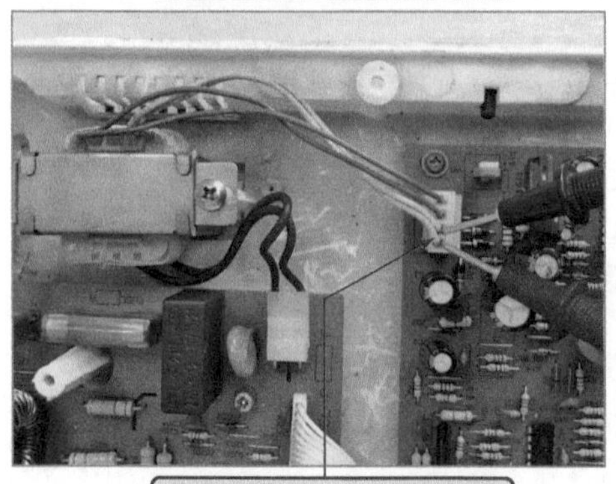
【5】将万用表的红、黑表笔分别搭在待测变压器的黄色输出端

DT-922
Auto
AC
022.4
V
【6】实测输出电压为交流22.4V

13.6 霍尔元件的功能与检测

13.6.1 霍尔元件的功能

霍尔元件是将放大器、温度补偿电路及稳压电源集成在一个芯片上的元器件。图 13-18 所示为霍尔元件的实物外形及内部结构。

图 13-18　霍尔元件的实物外形及内部结构

A44E
426

a) 实物外形

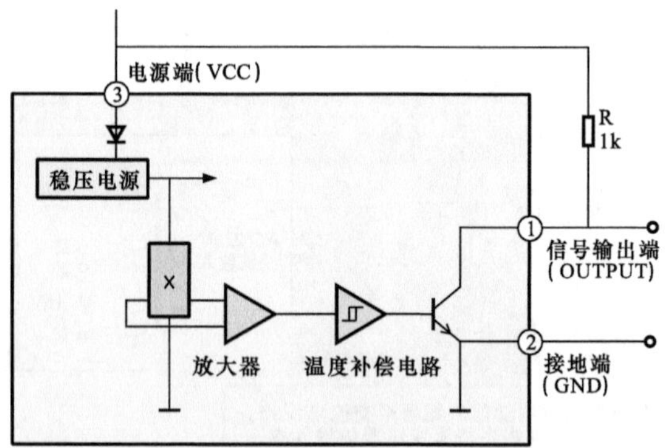
电源端(VCC)
3
R
1k
稳压电源
1
信号输出端
(OUTPUT)
放大器
温度补偿电路
2
接地端
(GND)

b) 内部结构

霍尔元件是一种锑铟半导体元器件。图 13-19 所示为霍尔元件的电路图形符号和等效电路。

图 13-19 霍尔元件的电路图形符号和等效电路

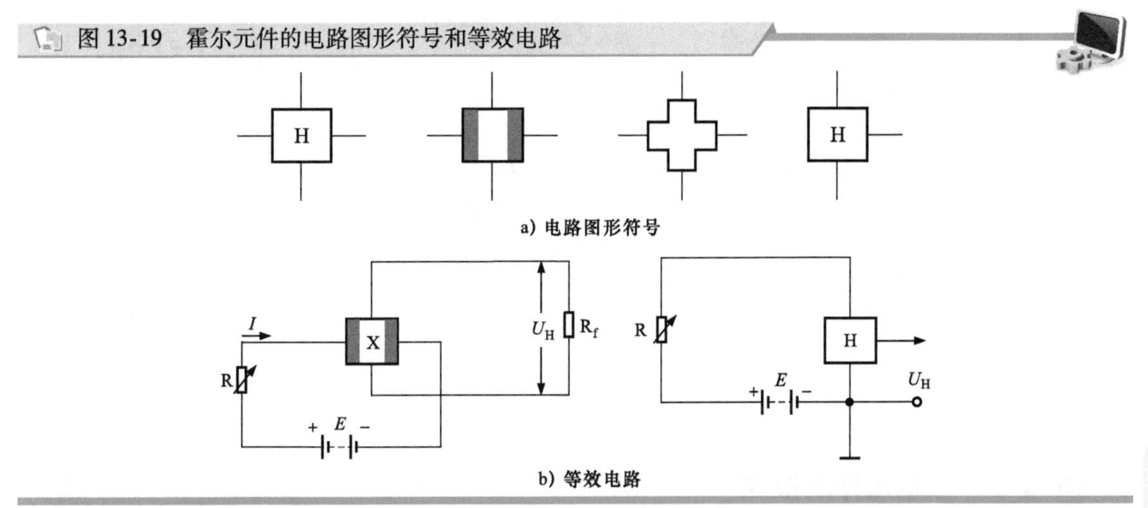
H
H
I
X
U_H
R_f
R
E
R
H
E
U_H

a) 电路图形符号

b) 等效电路

| 特别提示 |

霍尔元件在外加偏压的条件下，受到磁场的作用会有电压输出，输出电压的极性和强度与外加磁场的极性和强度有关。用霍尔元件制作的磁场传感器被称为霍尔传感器，为了增大输出信号的幅度，通常将放大电路与霍尔元件集成在一起，制成三端元器件或四端元器件，为实际应用提供了极大的方便。

霍尔元件常用的接口电路如图 13-20 所示。它可以与晶体管、晶闸管、二极管、TTL 电路和 MOS 电路等配接，应用非常便利。

图 13-20 霍尔元件常用的接口电路

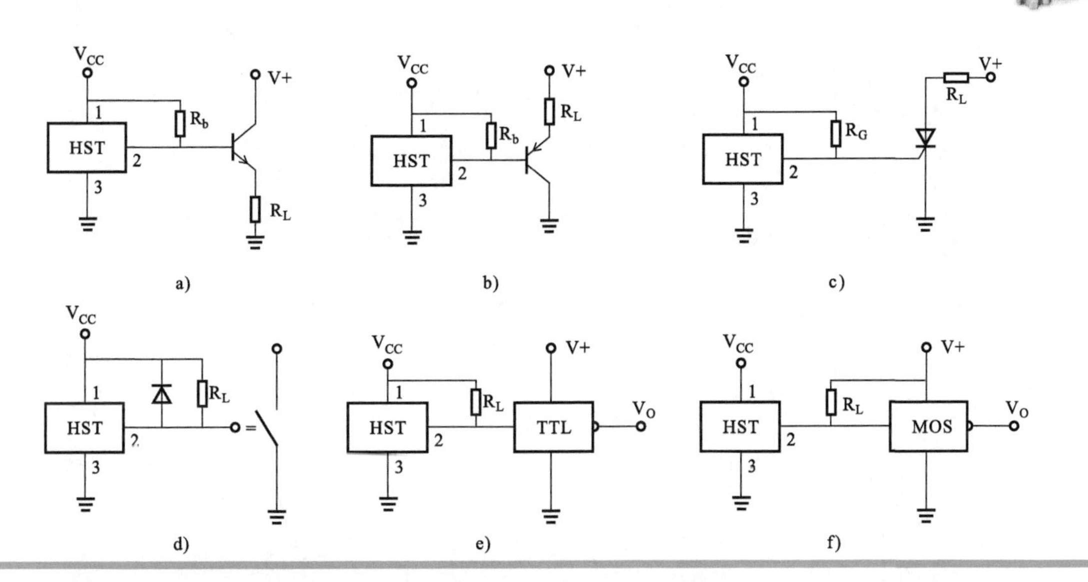
V_{CC}
V+
HST
R_b
R_L
R_G
TTL
MOS
V_O
a)
b)
c)
d)
e)
f)

霍尔元件可以检测磁场的极性，并将磁场的极性变成电信号的极性，主要应用于需要检测磁场的场合，例如在电动自行车无刷电动机、调速转把中均有应用。

无刷电动机定子绕组必须根据转子磁极的方位切换电流方向，以使转子连续旋转，因此在无刷电动机内必须设置一个转子磁极位置的传感器。这种传感器通常采用霍尔元件。图 13-21 所示为霍尔元件在电动自行车无刷电动机中的应用。

图 13-21　霍尔元件在电动自行车无刷电动机中的应用

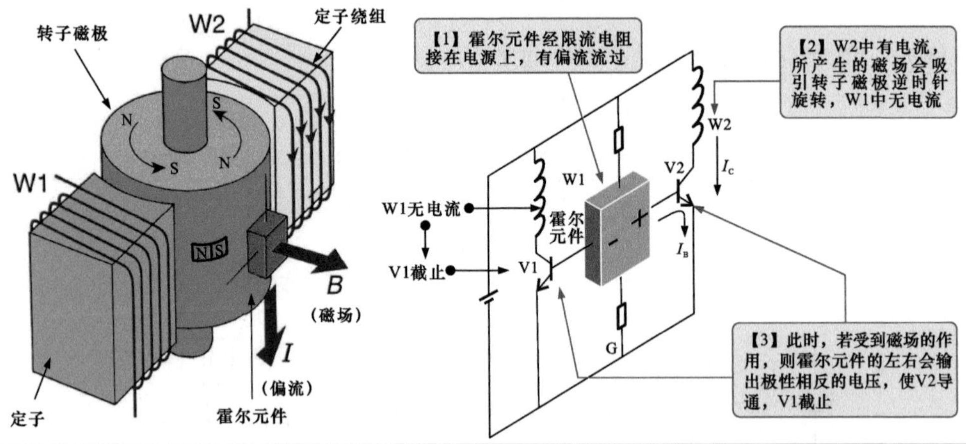
转子磁极
W2
定子绕组
W1
N
S
S
N
N|S
B
(磁场)
I
(偏流)
定子
霍尔元件
【1】霍尔元件经限流电阻接在电源上，有偏流流过
【2】W2中有电流，所产生的磁场会吸引转子磁极逆时针旋转，W1中无电流
W1
W2
V2
I_C
霍尔元件
W1无电流
V1截止
V1
I_B
G
【3】此时，若受到磁场的作用，则霍尔元件的左右会输出极性相反的电压，使V2导通，V1截止

13.6.2　霍尔元件的检测

判断霍尔元件是否正常时，可使用万用表分别检测霍尔元件引脚间的阻值，以电动自行车调速转把中的霍尔元件为例，其检测方法如图 13-22 所示。

图 13-22　霍尔元件的检测方法

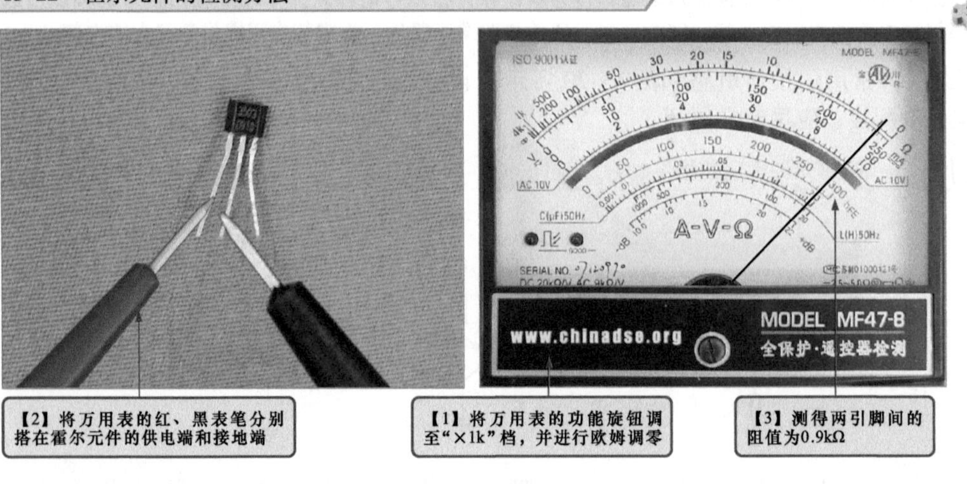
A-V-Ω
MODEL MF47-8
www.chinadse.org
全保护·遥控器检测
【2】将万用表的红、黑表笔分别搭在霍尔元件的供电端和接地端
【1】将万用表的功能旋钮调至“×1k”档，并进行欧姆调零
【3】测得两引脚间的阻值为0.9kΩ

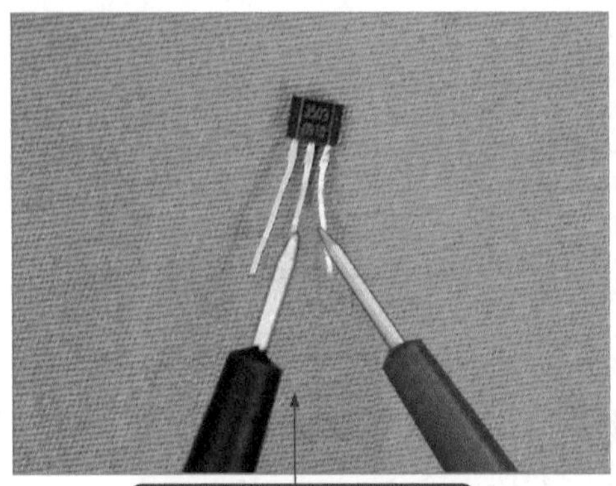

A-V-Ω
MODEL MF47-8
www.chinadse.org
全保护·遥控器检测
【5】测得两引脚间的阻值为8.7kΩ

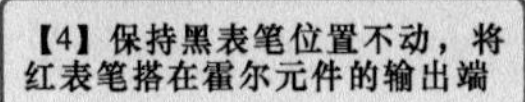
【4】保持黑表笔位置不动，将红表笔搭在霍尔元件的输出端

拆卸焊接“演习”篇

第14章 焊接工具的特点与使用

14.1 焊接工具的特点

14.1.1 电烙铁的特点

电烙铁是电子整机装配人员用于各类电子整机产品的手工焊接、补焊、维修及更换元器件最常用的工具之一。

电烙铁主要分为直热式电烙铁、感应式电烙铁、恒温式电烙铁和吸锡式电烙铁等。

（1）直热式电烙铁

直热式电烙铁又可以分为内热式和外热式两种。其中，内热式电烙铁是手工焊接中最常用的焊接工具。

1）内热式电烙铁。内热式电烙铁由烙铁头、烙铁芯、连接杆、手柄、接线柱和电源线等部分组成，如图14-1所示。内热式电烙铁的烙铁芯安装在烙铁头的里面，因而其热效率较高（高达80%~90%），烙铁头升温比外热式快，通电2min后即可使用；相同功率时的温度高、体积小、重量轻、耗电低、热效率高。

图14-1 内热式电烙铁的实物外形

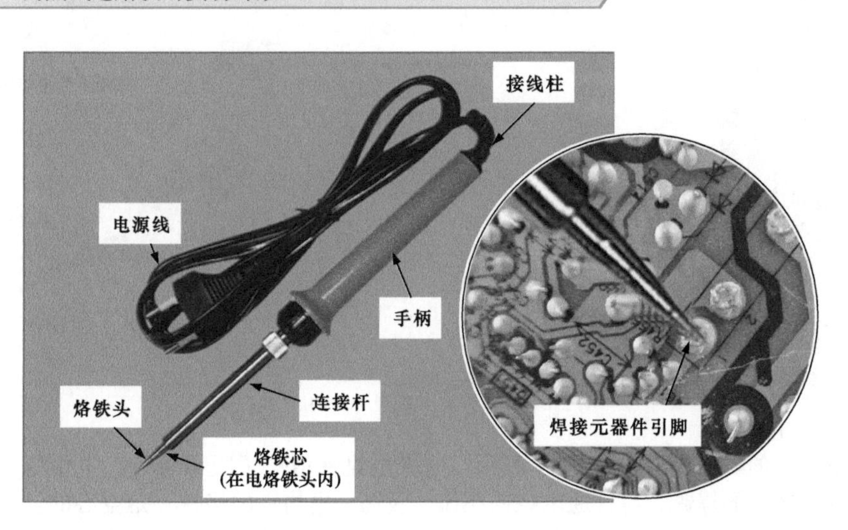
接线柱
电源线
手柄
连接杆
烙铁头
烙铁芯
(在电烙铁头内)
焊接元器件引脚

由于该电烙铁烙铁头为圆斜面通用型，故适合初学者进行点焊练习。一般电子产品电路板装配多选用 35 W 以下功率的电烙铁。

2）外热式电烙铁。外热式电烙铁是由烙铁头、烙铁芯、连接杆、手柄、电源线、插头及紧固螺钉等部分组成的，但烙铁头和烙铁芯的结构与内热式电烙铁不同。

如图 14-2 所示，外热式电烙铁的烙铁头安装在烙铁芯的里面，即产生热能的烙铁芯在烙铁头外面。

图 14-2　外热式电烙铁的实物外形

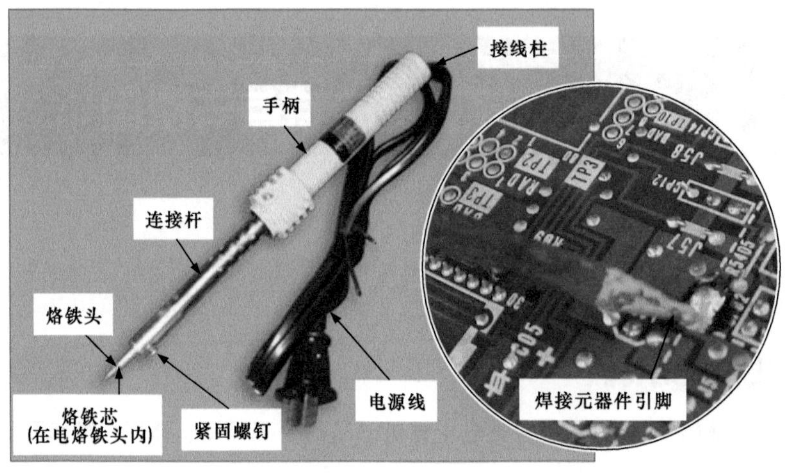
接线柱
手柄
连接杆
烙铁头
烙铁芯
(在电烙铁头内)
紧固螺钉
电源线
焊接元器件引脚

（2）恒温式电烙铁

恒温电烙铁的烙铁头温度可以控制，烙铁头可以始终保持在某一设定的温度。根据控制方式的不同，可分为电控恒温电烙铁和磁控恒温电烙铁两种。

恒温式电烙铁的实物外形如图 14-3 所示。恒温电烙铁采用断续加热，耗电少，升温快，在焊接过程中焊锡不易氧化，可减少虚焊，提高焊接质量，烙铁头也不会产生过热现象，使用寿命较长。

图 14-3　恒温式电烙铁的实物外形

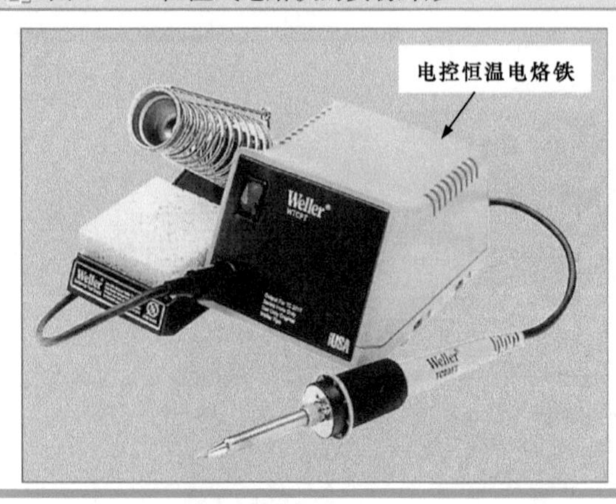
电控恒温电烙铁
Weller

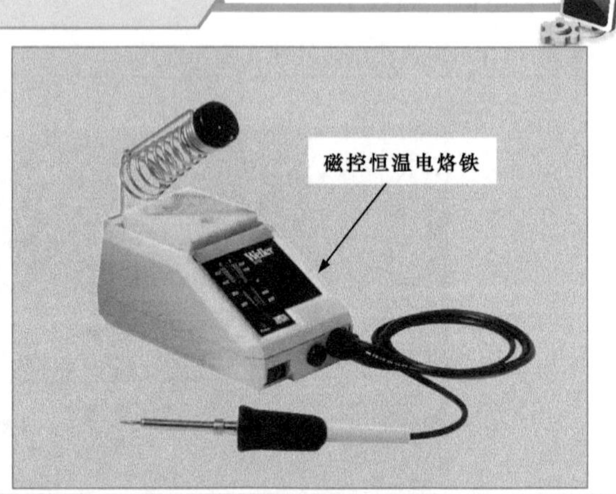
磁控恒温电烙铁

（3）吸锡式电烙铁

吸锡式电烙铁的实物外形如图 14-4 所示。这种电烙铁增添了吸锡装置，主要用于在取下元器件后吸去焊盘上多余的焊锡，与普通电烙铁相比，吸锡式电烙铁的烙铁头是空心的。

图 14-4 吸锡式电烙铁的实物外形

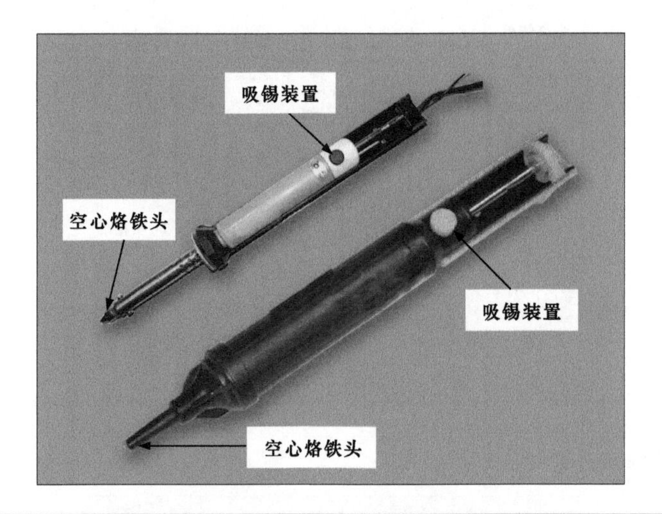
吸锡装置
空心烙铁头
吸锡装置
空心烙铁头

| 相关资料 |

根据被焊接产品的要求，还有防静电电烙铁及自动送锡电烙铁等。为适应不同焊接物表面的需要，通常烙铁头也有不同的形状，有凿形、锥形、圆面形、圆尖锥形和半圆沟形等，如图 14-5 所示。

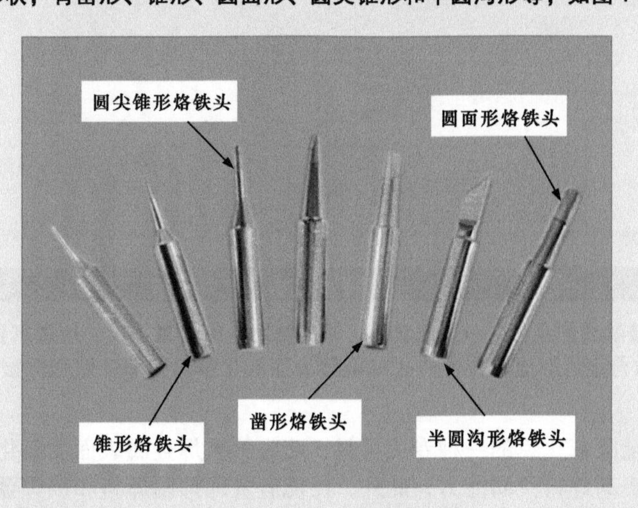
圆尖锥形烙铁头
圆面形烙铁头
锥形烙铁头
凿形烙铁头
半圆沟形烙铁头

图 14-5 烙铁头的实物外形

14.1.2 热风焊机的特点

热风焊机专门用来拆焊、焊接贴片式元器件。图 14-6 所示为热风焊机的实物外形。热风焊机的焊枪嘴可以根据需要焊接的贴片式元器件的不同进行选择。

14.1.3 焊料的特点

焊料是易熔金属，熔点低于被焊金属，它的作用是在熔化时能在被焊金属表面形成合金，从而将被焊金属连接到一起。焊料按成分可分为锡铅焊料、银焊料、铜焊料等。在一般电子产品装配中主要使用锡铅焊料，俗称焊锡。

图 14-7 所示为焊锡丝的实物外形。

图 14-6 热风焊机的实物外形

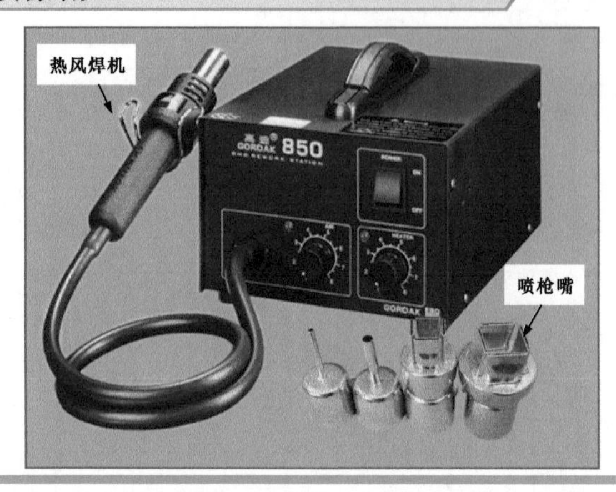
热风焊机
GORDAK 850
POWER
HEATER
喷枪嘴

图 14-7 焊锡丝的实物外形

特别提示

金属表面与空气接触后都会生成一层氧化膜，温度越高，氧化越厉害。这层氧化膜在焊接时会阻碍焊锡的浸润，影响焊接点合金的形成。在没有去掉金属表面氧化膜时，即使勉强焊接，也很容易出现虚焊、假焊现象。

助焊剂就是用于清除氧化膜的一种专用材料，能去除被焊金属表面的氧化物与杂质、增强焊料与金属表面的活性、提高焊料浸润能力，此外，还能有效地抑制焊料和被焊金属继续被氧化，促使焊料流动，提高焊接速度。所以在焊接过程中一定要使用助焊剂，它是保证焊接顺利进行，获得良好导电性，具有足够机械强度和清洁美观的高质量焊点必不可少的辅助材料。

图 14-8 所示为常用的助焊剂，有焊膏、焊粉、松香等。

图 14-8 常用的助焊剂

14.2 焊接工具的使用

14.2.1 电烙铁的使用

手工烙铁焊接是利用烙铁加热被焊金属件和锡铅等焊料，被熔化的焊料润湿已加热的金属表面使其形成合金，焊料凝固后使被焊金属件连接起来的一种焊接工艺，简称锡焊。

1 握拿电烙铁的正确姿势

正确握拿电烙铁是进行锡焊操作的第一步。通常，握拿电烙铁有三种方式，分别是握笔式、反握式和正握式三种。

（1）握笔式

握笔式的握拿方式如图 14-9 所示，这种姿势比较容易掌握，但长时间操作比较容易疲劳，烙铁容易抖动，影响焊接效果，一般适用于小功率烙铁和热容量小的被焊件。

图 14-9　握笔式

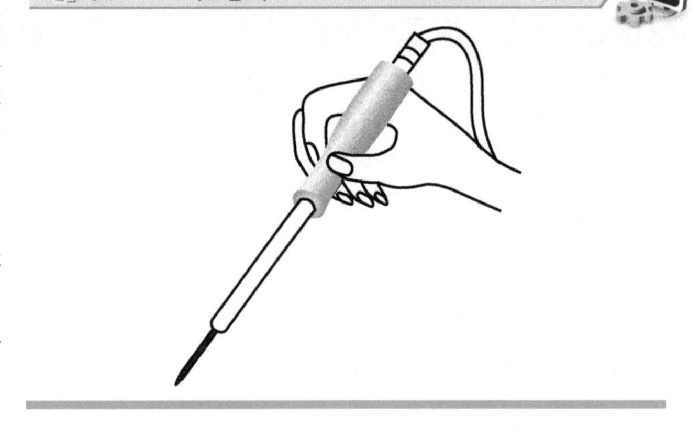

（2）反握式

反握式的握拿方式如图 14-10 所示，反握式是将电烙铁柄握在手掌内，烙铁头在小指侧，这种握法的特点是比较稳定，长时间操作不易疲劳，适用于较大功率的电烙铁。

（3）正握式

正握式的握拿方式如图 14-11 所示，正握式是将电烙铁柄握在手掌内，与反握式不同的是其拇指靠近烙铁头，这种握法适于中等功率烙铁或带弯砂电烙铁的操作。

图 14-10　反握式

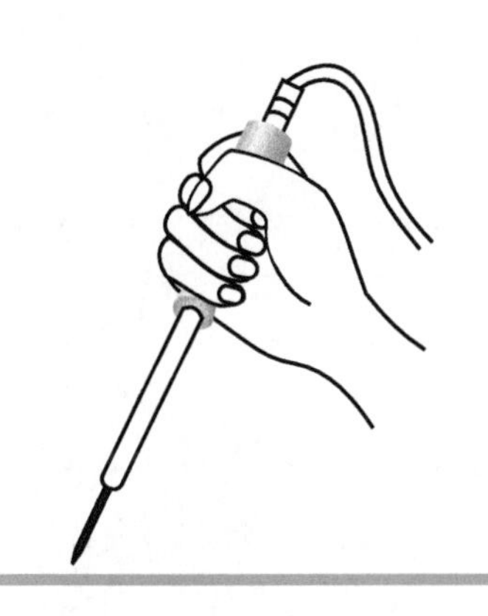

图 14-11　正握式

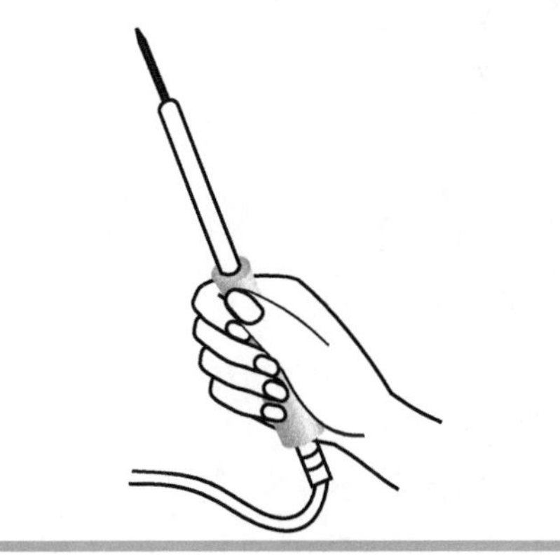

2 握拿焊锡丝的正确姿势

焊锡丝的握拿方式分为连续握拿式和断续握拿式两种。

（1）连续握拿式

连续握拿式如图 14-12 所示，用大拇指和食指拿住焊锡丝，其余三指将焊锡丝握于手心，利用五指相互配合将焊锡丝连续向前送到焊点。这种方法适用于成卷（或筒）焊锡丝的焊接。

(2) 断续握拿式

断续握拿式如图 14-13 所示，将焊锡丝置于虎口间，用大拇指、食指和中指夹住。这用方法使用于小段焊锡丝的手工焊接。

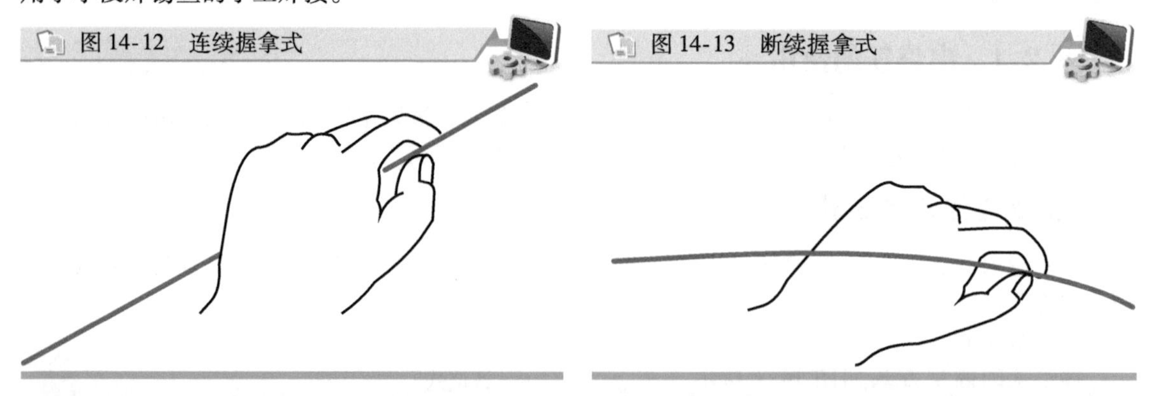

图 14-12 连续握拿式

图 14-13 断续握拿式

| 特别提示 |

焊剂加热挥发出的化学物质对人体是有害的，操作者头部和电烙铁的距离应保持在 30cm 以上，需要长时间的锡焊时一定要准备好保护措施。焊锡丝在焊接时需要加热且焊锡丝具有热导性，因此在握拿焊锡丝时要注意手不要太靠近焊锡丝的加热部分，以免烫伤。

3 锡焊操作

图 14-14 所示为手工焊接时的要求。操作人员的头部与电烙铁应保持在 30cm 以上，环境保持通风。右手握住电烙铁，可采用握笔式、反握式或正握式，其中，握笔式是最常见的姿势。

图 14-14 手工焊接时的要求

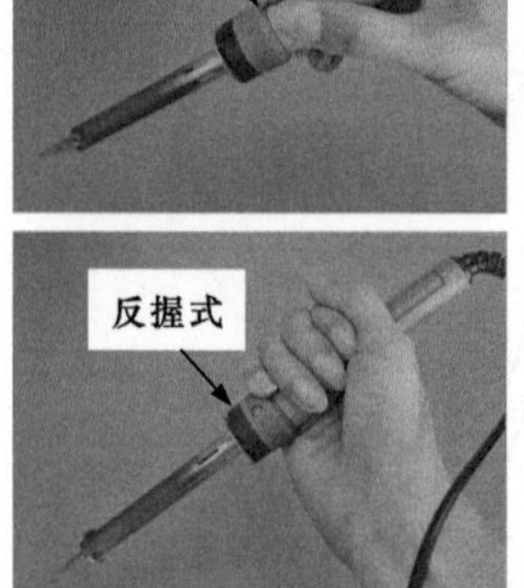
握笔式
反握式

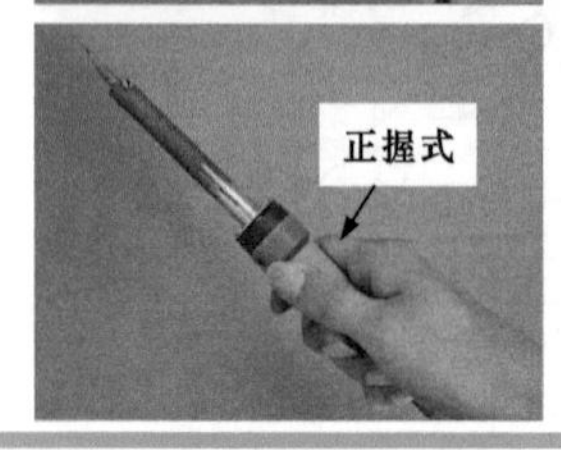
正握式

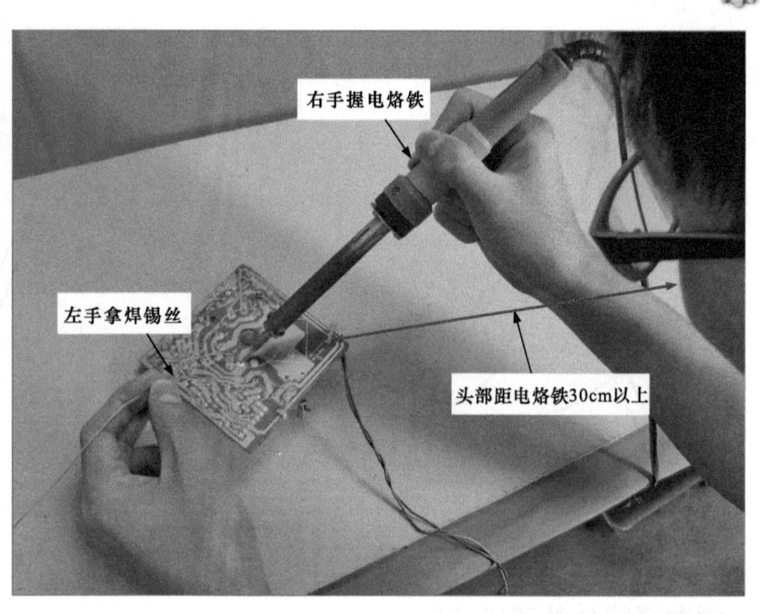
右手握电烙铁
左手拿焊锡丝
头部距电烙铁30cm以上

(1) 准备施焊

将被焊件、焊锡丝和电烙铁等工具准备好，并且保证烙铁头清洁，并通电加热。左手拿焊锡丝，右手握经过预上锡的电烙铁，如图 14-15 所示。

图 14-15 准备施焊

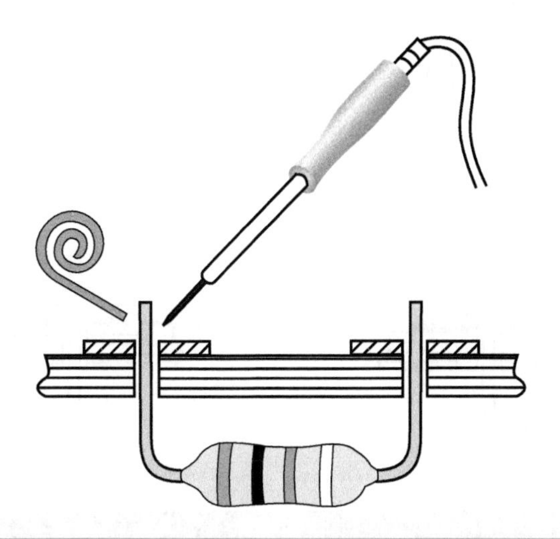

| 特别提示 |

焊接时烙铁头长期处于高温状态并长期接触助焊剂等物质，其表面很容易氧化而形成一层黑色杂质，出现隔热效应，使烙铁头失去加热作用。因此在使用后要将烙铁头用一块湿布或湿海绵擦拭干净，以防烙铁头受到污染，影响电烙铁的使用，如图 14-16 所示。

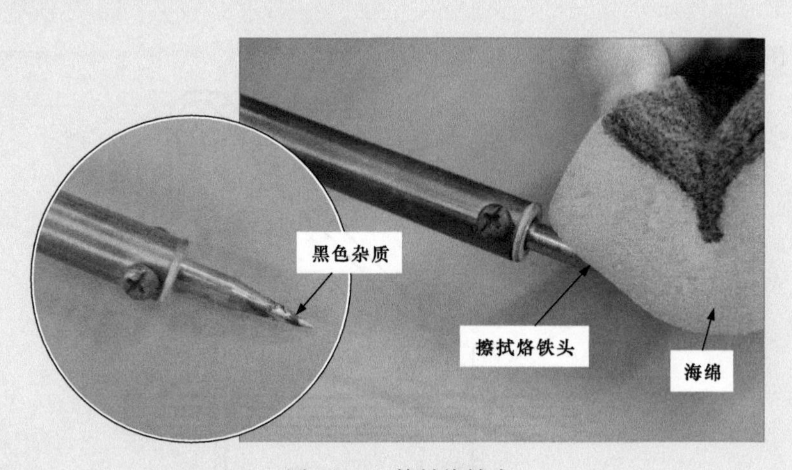
黑色杂质
擦拭烙铁头
海绵

图 14-16 擦拭烙铁头

（2）加热焊件

将烙铁头接触焊接点，使焊接部位均匀受热，且元器件的引脚和印制板上的焊盘都需要均匀受热，如图 14-17 所示。

烙铁头对焊点不要施加力量或加热时间过长，否则会引发高温损伤元器件，高温会使焊点表面的焊剂挥发严重，塑料、电路板等材质受热变形，焊料过多焊点性能变质等不良后果。

（3）熔化焊料

焊点温度达到需求后，将焊丝置于焊点部位，即被焊件上烙铁头对称的一侧，而不是直接加在烙铁头上，焊料开始熔化并润湿焊点，如图 14-18 所示。

图 14-17　加热焊件　　图 14-18　熔化焊料

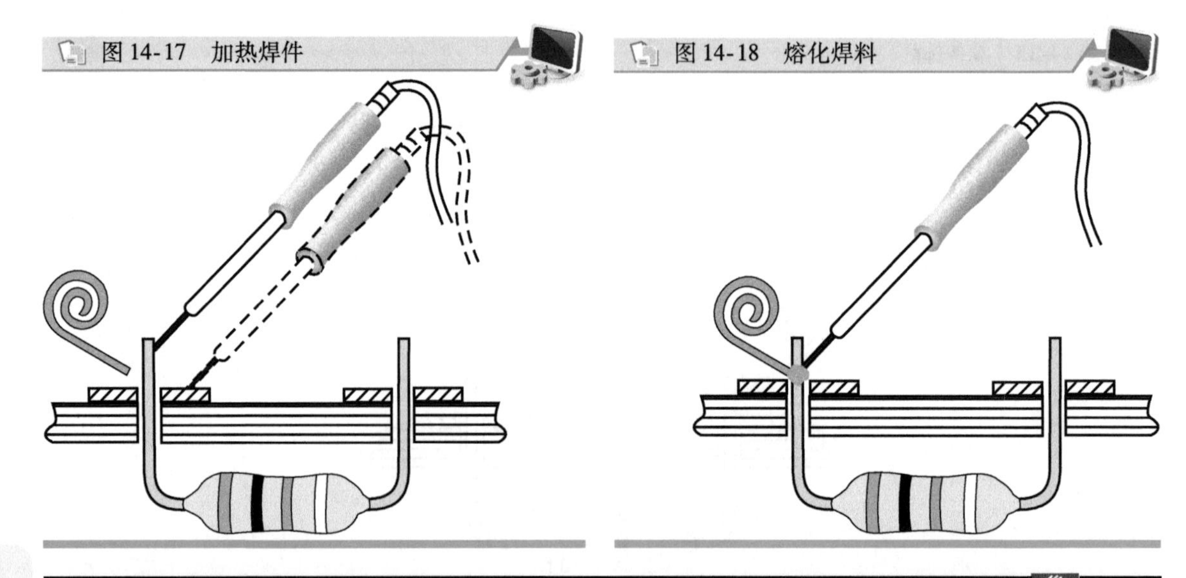

特别提示

烙铁头温度比焊料熔化温度高 50℃较为适宜。加热温度过高，也会引发由于焊剂没有足够的时间在被焊面上漫流而过早挥发失效；焊料熔化速度过快也会影响焊剂作用等不良后果。

(4) 移开焊锡丝

当熔化的焊锡丝达到一定量后将焊丝移开，熔化的焊锡不能过多也不能过少，如图 14-19 所示。

图 14-19　移开焊锡丝

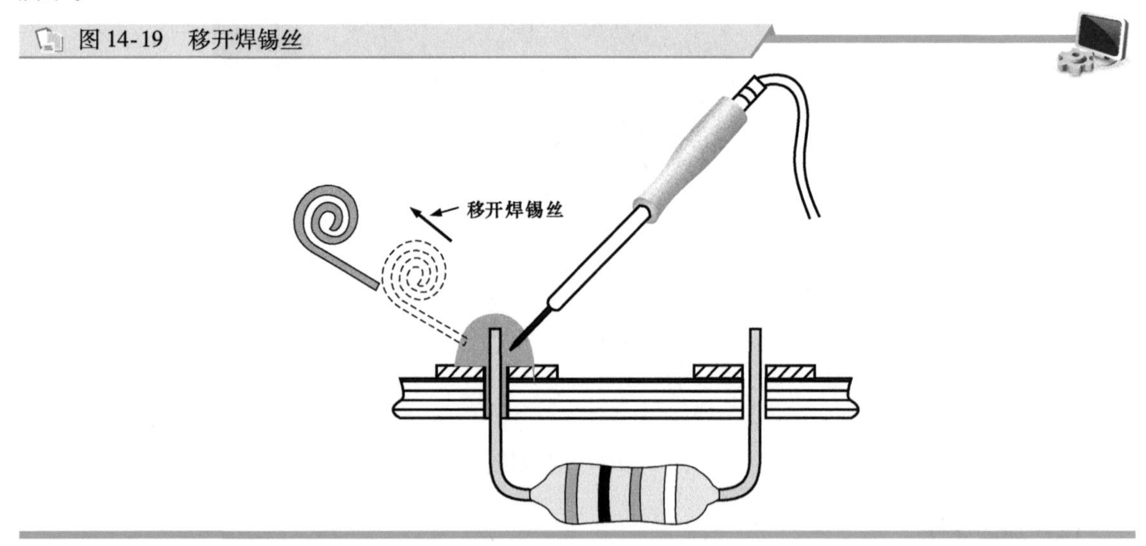
移开焊锡丝

特别提示

焊锡量要合适，过量的焊锡不但会造成成本浪费，而且增加了焊接时间，减缓了工作速度，还容易造成电路板或元器件的短路。焊锡过少不能形成牢固地结合，降低焊点强度，造成导线脱落等不良后果。

(5) 撤离电烙铁

当焊锡完全润湿焊点，扩散范围达到要求后，撤离电烙铁。移开烙铁的方向应该与电路板呈大致 45°的方向，撤离速度不能太慢。正确撤离电烙铁的方法如图 14-20 所示。此时焊点圆滑、饱满，烙铁头不会带走太多的焊料。

图 14-20　撤离电烙铁

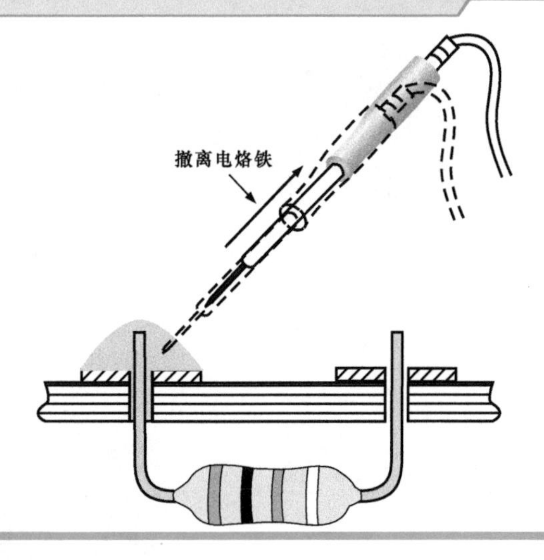
撤离电烙铁

14.2.2　热风焊机的使用

在焊接贴片式元器件或集成电路时，通常使用热风焊机来完成焊接操作。

1　使用热风焊机前的准备

扫一扫看视频

（1）选择喷嘴

在使用热风焊机前，首先要确保热风焊机放置环境干净整洁，不可有任何易燃易爆的物品，保证工作环境通风良好，应先根据待焊接的元器件选择合适的喷嘴，如图 14-21 所示。

图 14-21　根据待焊接的元器件选择合适的喷嘴

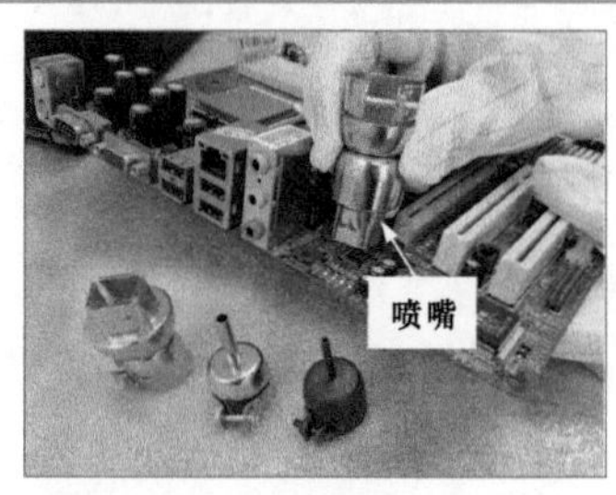
喷嘴

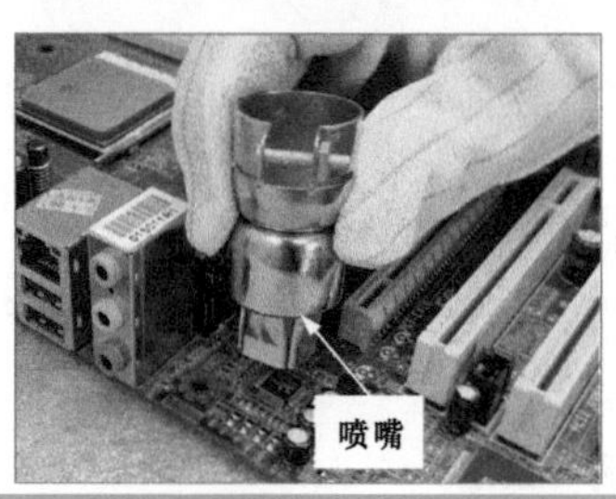
喷嘴

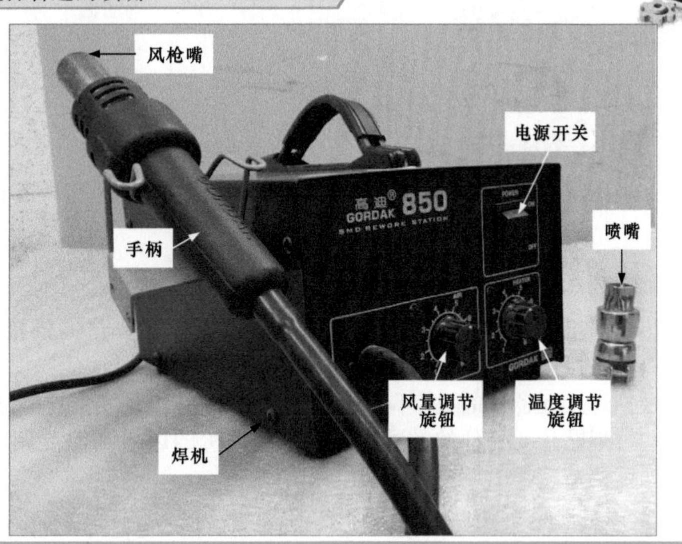
风枪嘴
电源开关
高迪
GORDAK 850
手柄
喷嘴
风量调节旋钮
温度调节旋钮
焊机

（2）安装喷嘴

选择好喷嘴后，按图 14-22 所示将喷嘴安装在风枪嘴上。

（3）开机预热

喷嘴安装完毕，将热风焊机的电源插头插到插座中，用手拿起热风焊枪，然后打开电源开关，如图 14-23 所示。机器起动后，注意不要将焊枪的枪嘴靠近人体或可燃物。

图 14-22　做好焊接的准备

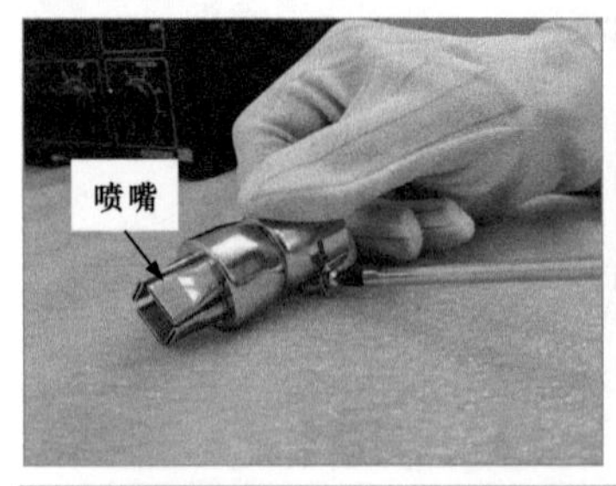
喷嘴

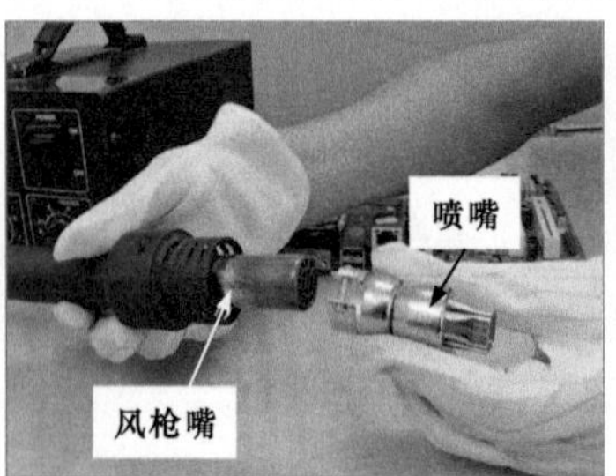
喷嘴
风枪嘴

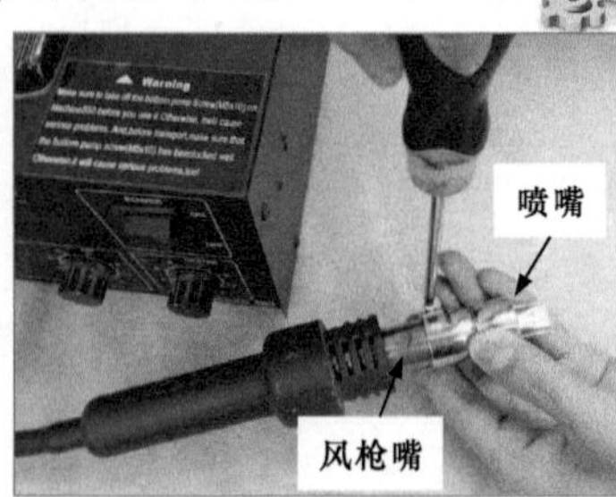
喷嘴
风枪嘴

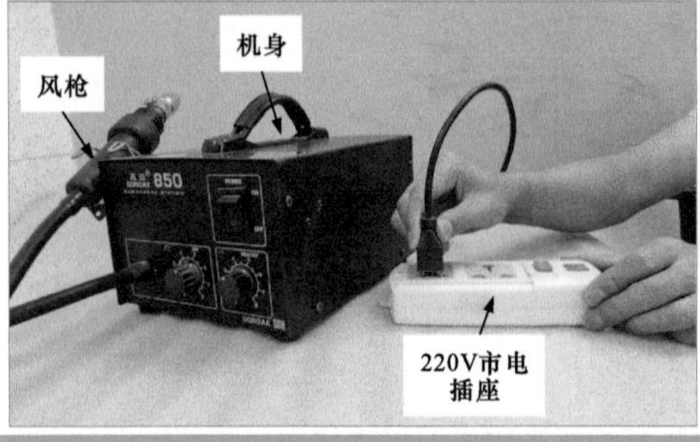
机身
风枪
220V市电
插座

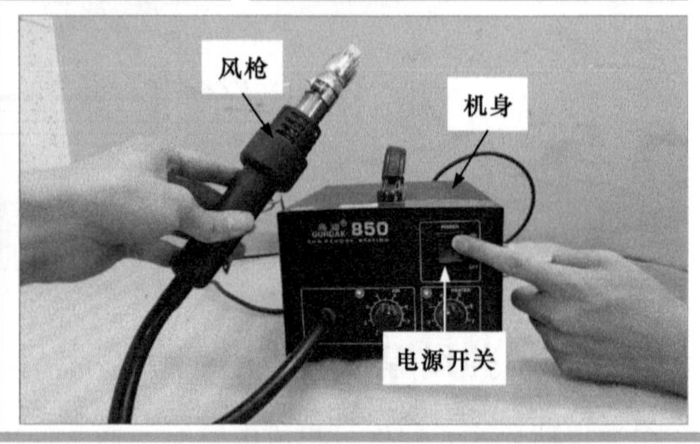
风枪
机身
电源开关

图 14-23　通电开机

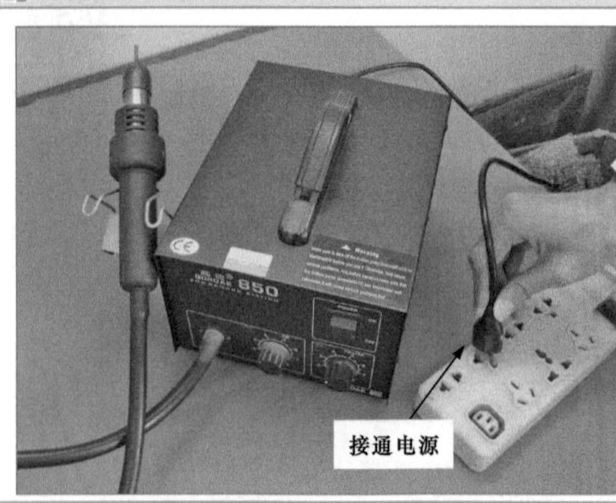
接通电源

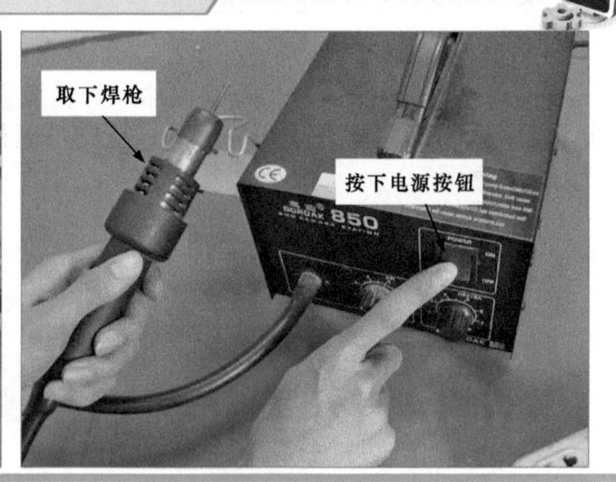
取下焊枪
按下电源按钮

2　使用热风焊机进行焊接

热风焊机焊接前的准备工作完成后就可以进行具体的焊接了，在使用热风焊机进行焊接操作时，一般可按照以下操作进行。

根据焊接元器件的类型调节热风焊机的风量和温度，具体操作如图 14-24 所示。

待拆焊贴片元器件的类型不同，热风焊机的风量和温度调节范围不同。表 14-1 为热风焊机风量和温度调节旋钮的调节位置。

表 14-1　热风焊机风量和温度调节旋钮的调节位置

待拆焊贴片元器件	风量调节旋钮	温度调节旋钮
贴片式分立式元器件	1 ~ 2	5 ~ 6
双列贴片式集成电路芯片	4 ~ 5	5 ~ 6
四面贴片式集成电路芯片	3 ~ 4	5 ~ 6

图 14-24 根据焊接元器件的类型调节热风焊机的风量和温度

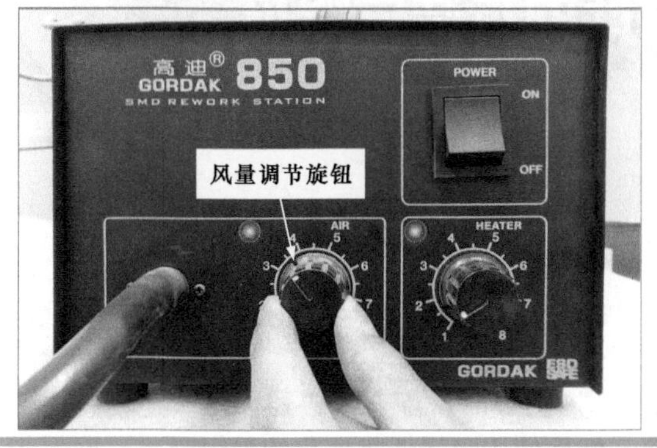
高迪® 850
GORDAK
SMD REWORK STATION
POWER
ON
OFF
风量调节旋钮
AIR
HEATER
GORDAK

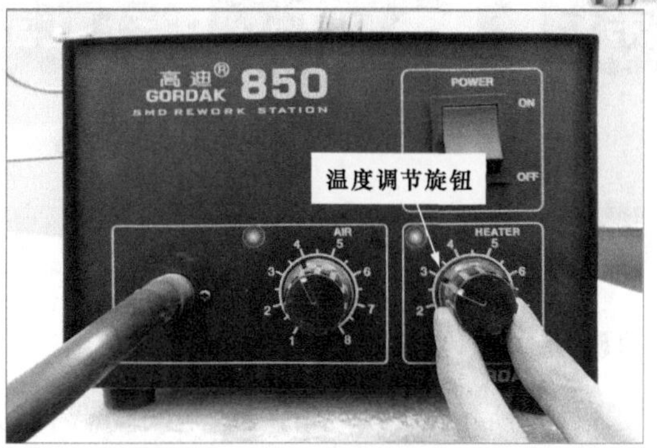
高迪® 850
GORDAK
SMD REWORK STATION
POWER
ON
OFF
温度调节旋钮
AIR
HEATER

热风焊机的风量和温度调整好后，打开电源开关，待风枪嘴达到拆焊温度后，便可将风枪嘴直接对准待焊（拆焊）元器件，并来回移动风枪嘴完成焊接或拆焊操作，具体操作示意如图 14-25 所示。

图 14-25 使用热风焊机完成焊接操作

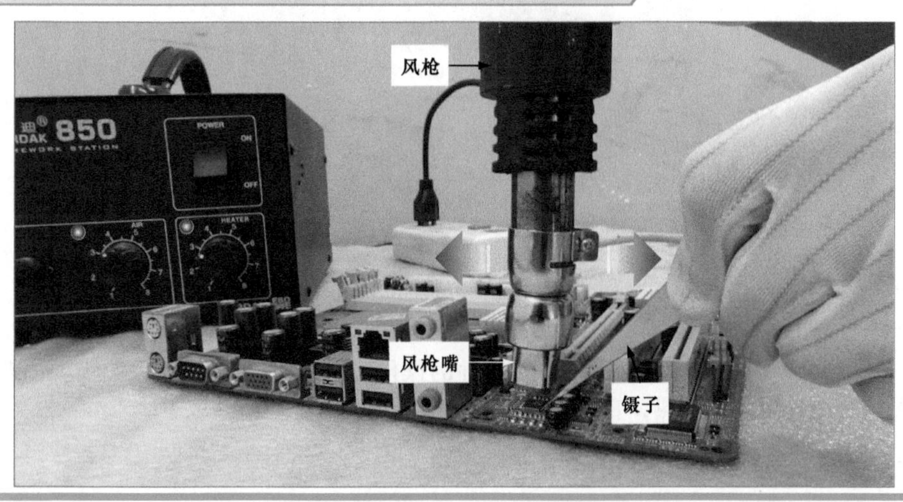
风枪
850
风枪嘴
镊子

| 特别提示 |

在焊接过程中，要时刻确保风枪嘴与焊接元件之间的安全距离，风枪嘴不可离元器件过近，也不可使风枪嘴长时间停留在元器件表面，否则易造成元器件烧损。

第15章 电子元器件的拆装与焊接

15.1 电子元器件的拆装

15.1.1 电子元器件的拆焊

图 15-1 所示为使用电烙铁拆焊电子元器件的操作。拆焊时常配合吸锡器使用。先使用电烙铁对待拆焊元器件引脚处的焊点加热，直至焊点热熔，然后使用吸锡器将熔化的焊锡吸除，确保带拆焊元器件引脚周围无焊锡粘连，即可将待拆焊元器件取下。

图 15-1 使用电烙铁拆焊电子元器件的操作

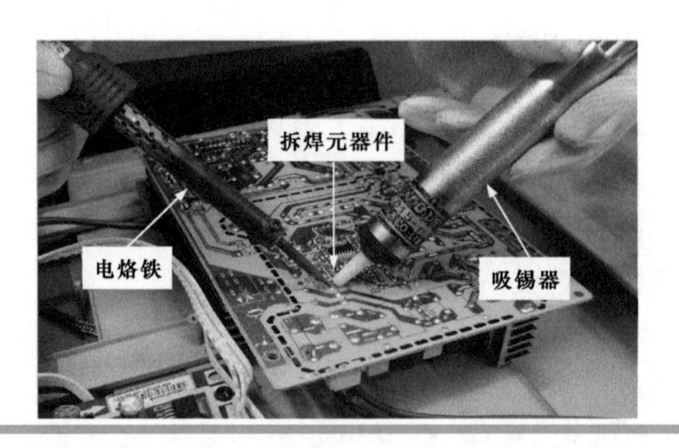
拆焊元器件
电烙铁
吸锡器

图 15-2 所示为使用热风焊机拆焊贴片元器件的操作。拆焊时，将热风焊机的焊枪嘴垂直于贴片元器件的焊接处往复均匀加热，直至焊点热熔，即可将待拆焊元器件取下。

图 15-2 使用热风焊机拆焊贴片元器件的操作

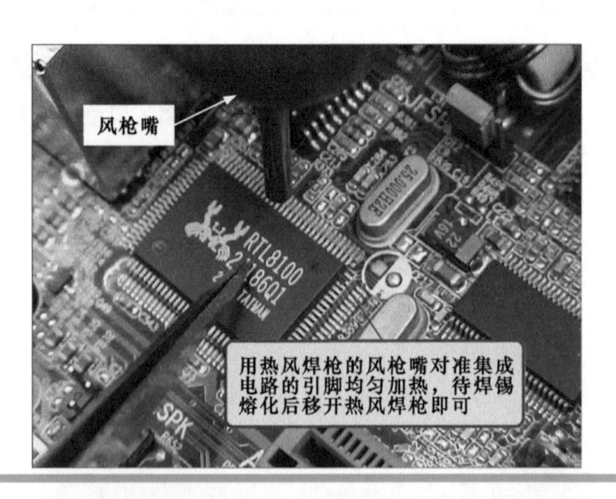
风枪嘴
RTL8100
用热风焊枪的风枪嘴对准集成电路的引脚均匀加热，待焊锡熔化后移开热风焊枪即可
SPK

| 特别提示 |

若焊料过多，则需要吸走多余的焊料，如图 15-3 所示。先将细铜丝浸泡在松香中，然后将其放置到集成电路的一排引脚上，一边用电烙铁加热铜丝，一边拉动铜丝以吸走焊锡。

对铜丝进
行加热
拖拉蘸有松香的铜丝
以吸走多余的焊料

图 15-3 吸走多余焊料

15.1.2 电子元器件的安装要求

1 清洁引脚

电子元器件在安装前，应先将引脚擦拭干净，如果元器件引脚表面有氧化层，那么最好选用细砂布抛光。

图 15-4 所示为电子元器件引脚清洁操作示意图。使用蘸有酒精的软布对引脚进行擦拭可以去除引脚表面的氧化层，以便在焊接时容易上锡。若是元器件的引脚已有镀层，则可以根据使用情况不再进行清洁。

图 15-4 电子元器件引脚清洁操作示意图

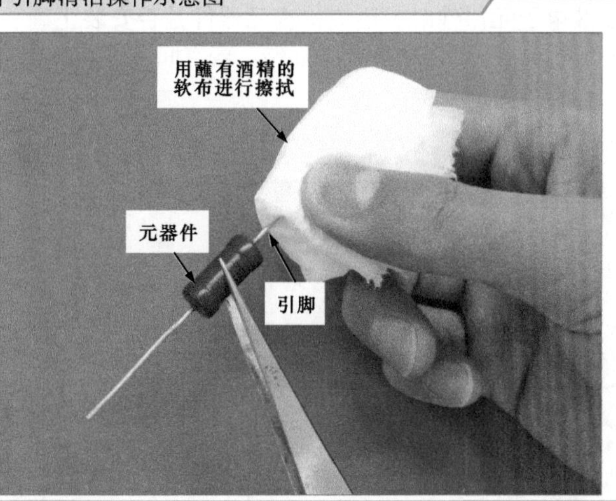
用蘸有酒精的
软布进行擦拭
元器件
引脚

2 固定元器件

在插装元器件前，应先插装那些需要机械固定的元器件配件，如功率器件的散热片、支架、卡子等，然后再插装需要固定的元器件。在安装电子元器件时，不可以用手直接触碰元器件引脚或印制电路板上的铜箔。

3 按顺序安装电子元器件

接下来在安装电子元器件时，应按一定的次序进行安装，先安装较低层小功率的卧式电子元器件，然后安装立式元器件以及大功率的卧式元器件。将这些安装完成后，再安装可变元器件和易损坏的元器件，最后安装带散热器的元器件和特殊元器件，即按照先轻后重、先里后外、先低后高的原则进行安装。

特别提示

除此之外，在对电子元器件进行安装时，应做到整齐、美观、稳固的原则，应插装到位，不可以有明显的倾斜和变形现象，同时各元器件之间应留有一定的距离，方便焊接和有利于散热。如图 15-5 所示，通常情况下，元器件外壳之间的距离应小于 0.5mm，引线焊盘间隔要大于 2mm。

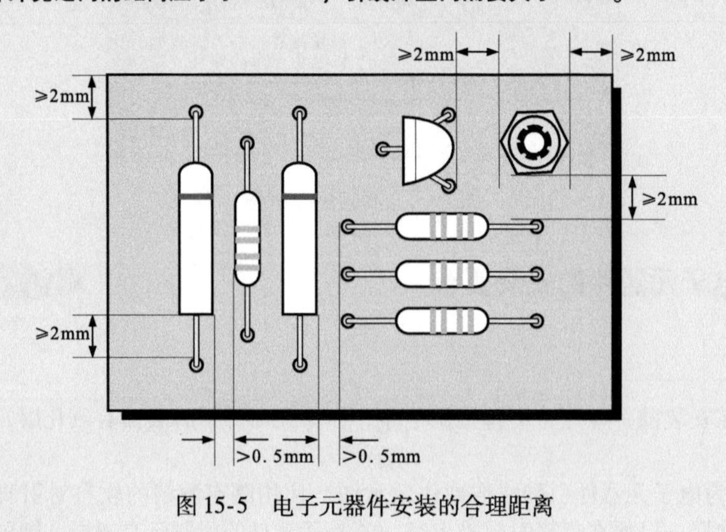
≥2mm
≥2mm
≥2mm
≥2mm
≥2mm
>0.5mm
>0.5mm

图 15-5　电子元器件安装的合理距离

4　正确安装元器件

如图 15-6 所示，安装电子元器件时，还应检查元器件是否安装正确、是否有损伤，其极性是否与电路板上的丝印进行安装，不可以插反或是插错。若空间位置有限制，则应尽量将电子元器件放在丝印范围内。

图 15-6　正确安装元器件

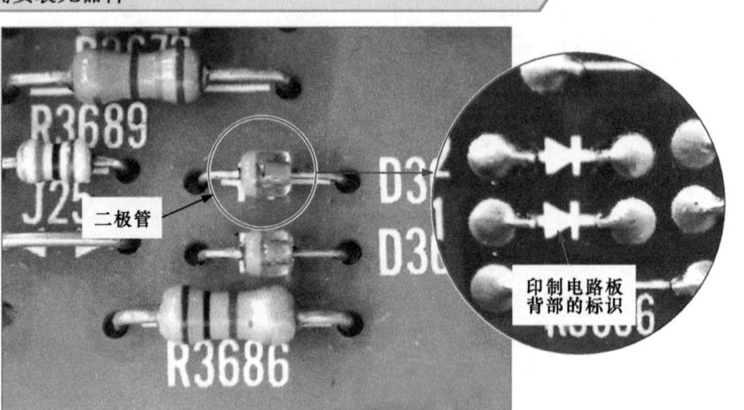
R3689
二极管
D3
D3
印制电路板背部的标识
R3686

5　加工元器件引脚

如图 15-7 所示，在电子元器件安装的过程中，若需要对电子元器件的引线部分进行操作，则应注意不可以直接在根部进行弯曲，由于制造工艺的原因，其根部很容易折断，一般应留有 1.5mm 的距离，而且弯曲时的圆角半径 R 要大于引脚直径的两倍，并且弯曲后的两根引脚要与元器件自身垂直。

图 15-7　电子元器件引脚的弯曲

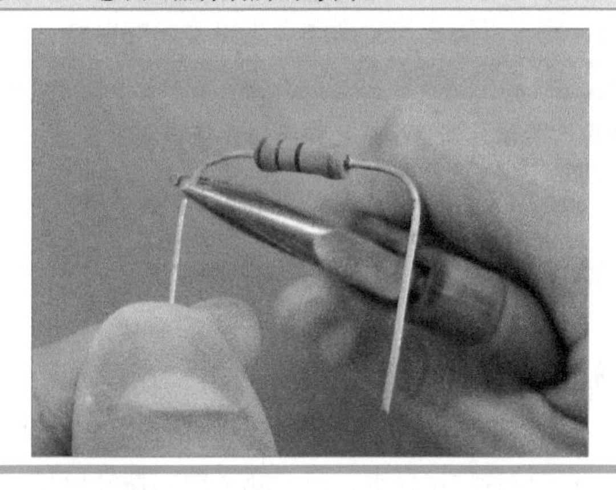

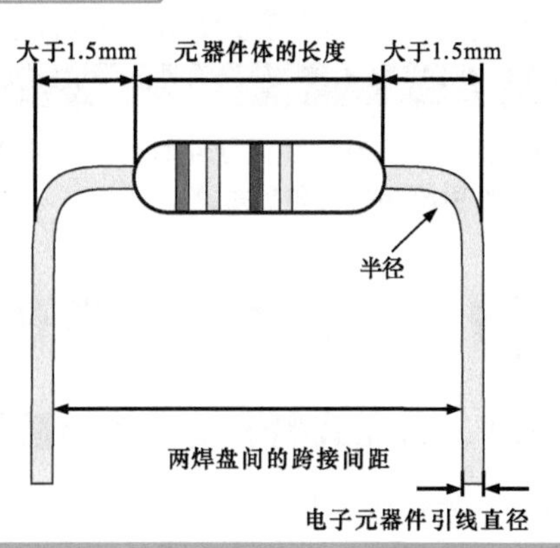
大于1.5mm
元器件体的长度
大于1.5mm
半径
两焊盘间的跨接间距
电子元器件引线直径

6 按标识安装元器件

如图 15-8 所示，为了易于辨认，在安装电子元器件时，各种电子元器件的标识、型号以及数值等信息应朝上或是朝外安装，以利于焊接和检修时查看元器件的型号数据。

图 15-8　根据标识安装电子元器件

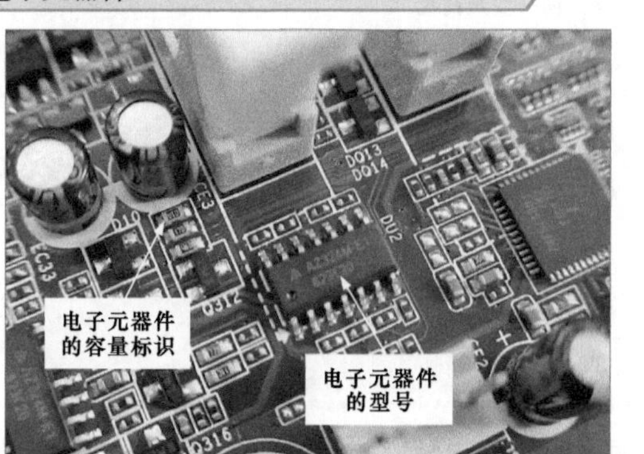
电子元器件
的容量标识
电子元器件
的型号

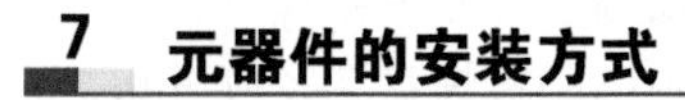

7 元器件的安装方式

根据元器件安装环境的限制，元器件可以采用立式安装或是卧式安装。

如图 15-9 所示，元器件立式安装时，要与电路板垂直；卧式安装时，要与电路板平行或贴伏在电路板上。

图 15-9　元器件的安装方式

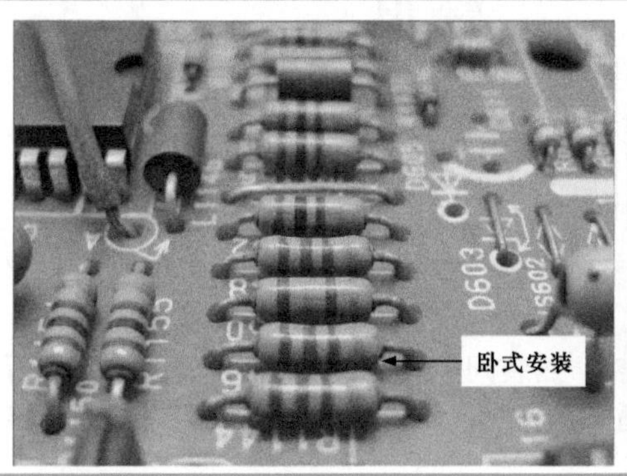
卧式安装

立式安装

对于工作频率不太高的元器件，这两种安装方式均可以采用；对于工作频率较高的元器件，最好是采用卧式安装，这样可以使引线尽可能短一些，以防止产生高频寄生电容影响电路。

特别提示

值得注意的是，在安装元器件时，若需要保留较长的元器件引线，则必须要在引线上套上绝缘套管，以防止元器件引脚相碰而导致短路。

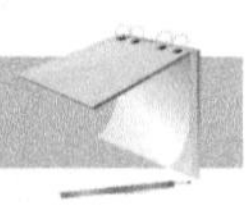

15.2 分立式电子元器件的焊接

15.2.1 分立式电子元器件的插装

分立式元器件按照其安装工序的不同，应先进行插装操作，插装完成后再对其进行焊接操作。

如图 15-10 所示，分立式元器件的安装高度应符合规定要求，同一规格的元器件应尽量安装在同一高度上。

图 15-10 插装高度示意图

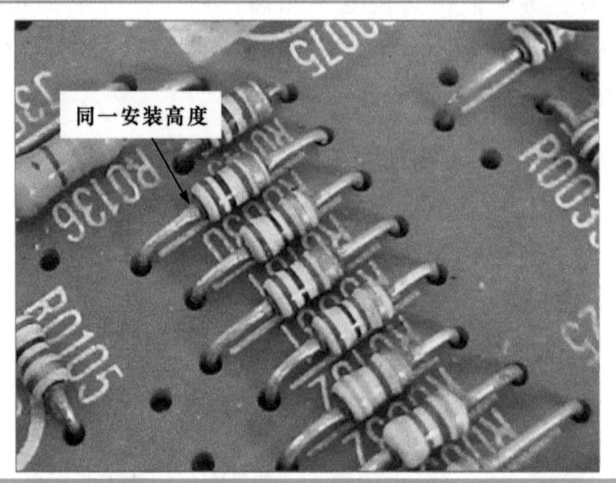
同一安装高度

分立式元器件的插装顺序一般为先低后高，先轻后重，先易后难，先一般元器件后特殊元器件。

元器件外壳与引脚不得相碰，要保证 1mm 左右的安全间隙，无法保证时，应套绝缘套管。

图 15-11 所示为正确的引脚插装示意图。元器件的引脚直径与印制电路板焊盘孔径应有 0.2～0.4 mm 的合理间隙。

图 15-11 正确的引脚插装示意图

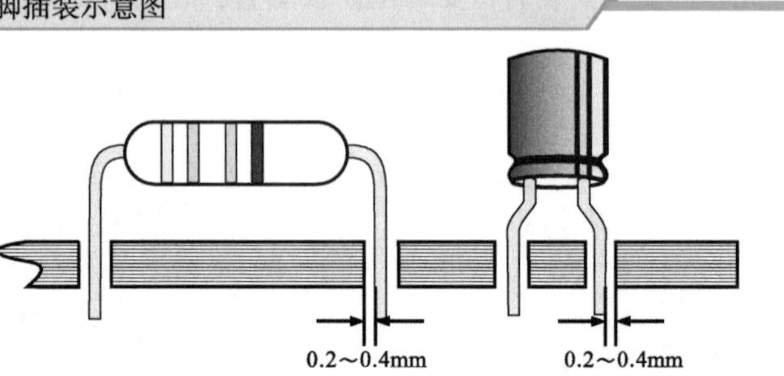
0.2～0.4mm
0.2～0.4mm

（1）贴板插装

贴板插装就是将元器件贴紧印制电路板面插装，插装间隙在 1mm 左右，如图 15-12 所示。贴板插装稳定性好，插装简单，但不利于散热，不适合高发热元器件的插装。双面焊接的电路板尽量不要采用该方式插装。

图 15-12 贴板插装

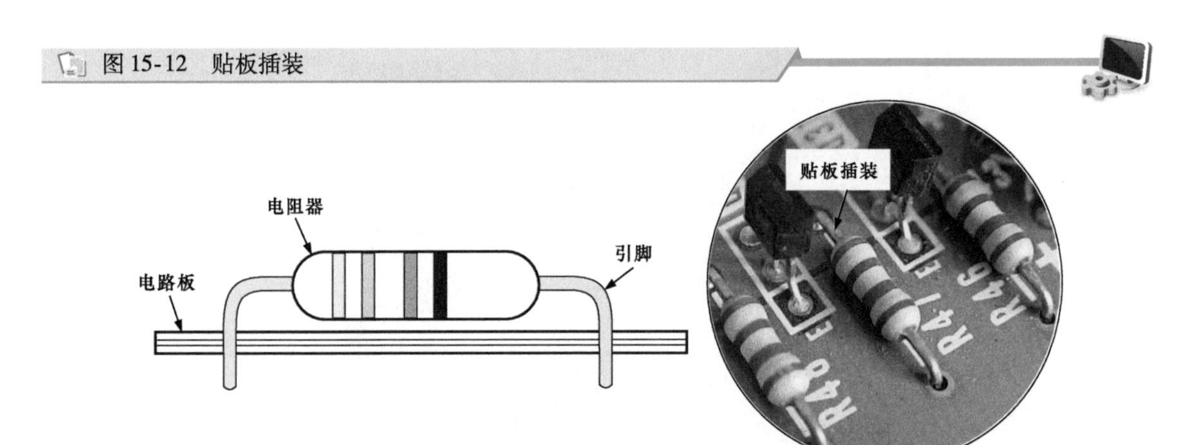
电阻器
引脚
电路板
贴板插装

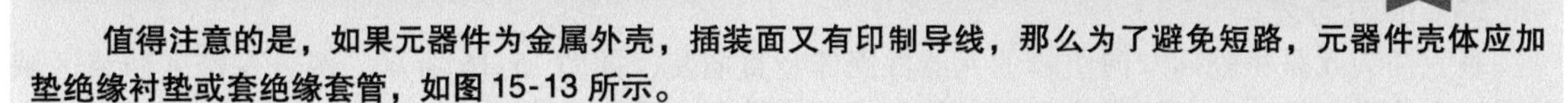

| 特别提示 |

值得注意的是，如果元器件为金属外壳，插装面又有印制导线，那么为了避免短路，元器件壳体应加垫绝缘衬垫或套绝缘套管，如图 15-13 所示。

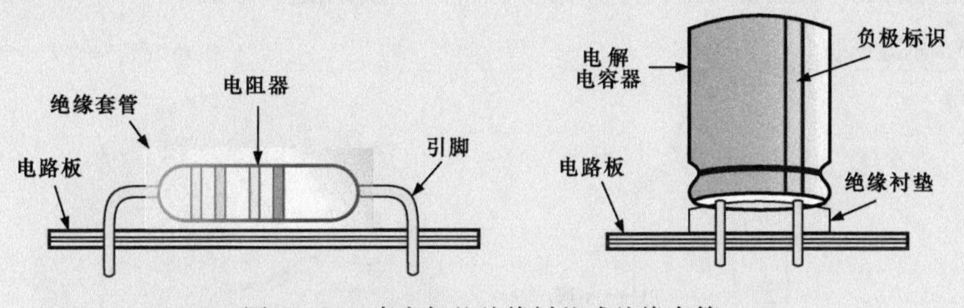
绝缘套管
电阻器
引脚
电路板
电解
电容器
负极标识
电路板
绝缘衬垫

图 15-13 壳底加垫绝缘衬垫或绝缘套管

（2）悬空插装

悬空插装就是元器件壳体与印制电路板面有一定距离的插装，插装间隙在 3 ~ 8 mm 左右，如图 15-14所示，发热元器件、怕热元器件一般都采用悬空插装方式。

图 15-14 悬空插装

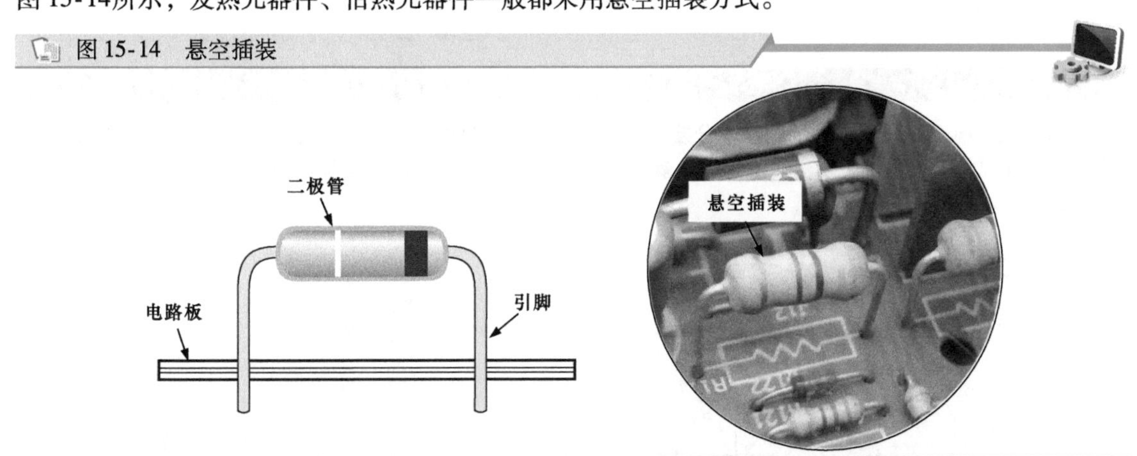
二极管
电路板
引脚
悬空插装

| 特别提示 |

怕热元器件为了防止在引脚焊接时，大量的热量被传递，可以在引脚上套上套管，如图 15-15 所示，以阻隔热量的传导。

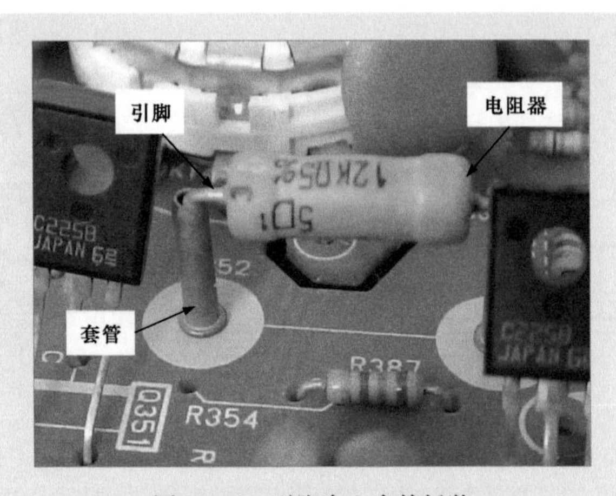
引脚
电阻器
套管
12K05%
5D1
C2258
JAPAN
R387
R354
0351

图 15-15　引脚套上套管插装

（3）垂直插装

垂直插装就是将轴向双向引脚的元器件壳体竖直插装，如图 15-16 所示，部分高密度插装区域采用该方法进行插装，但重量大且引脚较细的元器件不宜采用这种形式。

图 15-16　垂直插装

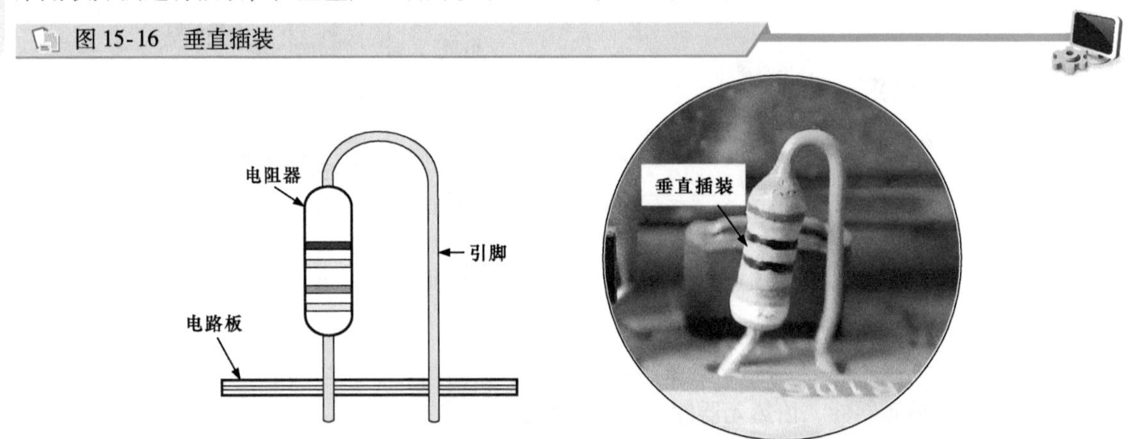
电阻器
引脚
电路板
垂直插装

| 特别提示 |

垂直插装时，短引脚的一端壳体十分接近电路板，引脚焊接时，大量的热量会被传递，为了避免高温损坏元器件，可以采用衬垫或套管以阻隔热量的传导，如图 15-17 所示，这样的措施还可以防止元器件发生倾斜。

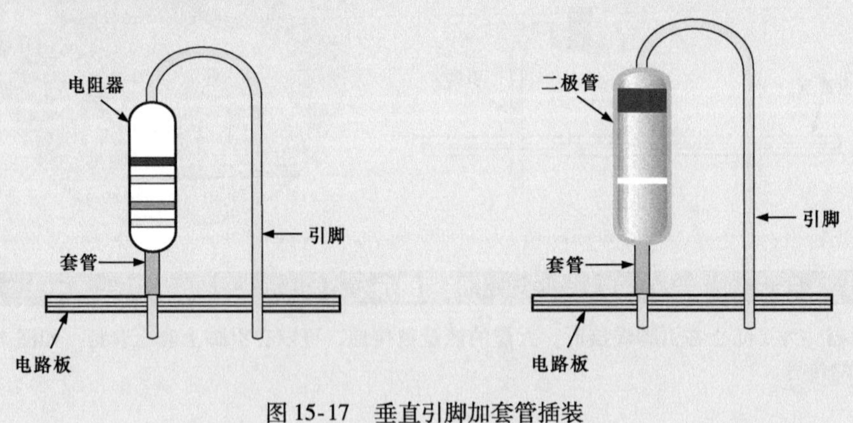
电阻器
引脚
套管
电路板
二极管
引脚
套管
电路板

图 15-17　垂直引脚加套管插装

(4) 嵌入式插装

嵌入式插装俗称埋头插装，就是将元器件部分壳体埋入印制电路板嵌入孔内，如图 15-18 所示，一些需要防振保护的元器件可以采用该方式安装，从而增强元器件的抗振性，降低插装高度。

(5) 支架固定插装

支架固定插装就是用支架将元器件固定在印制电路板上，如图 15-19 所示，一些小型继电器、变压器、扼流圈等重量较大的元器件采用该方式安装，从而增强元器件在电路板上的牢固性。

图 15-18 嵌入式插装　　图 15-19 支架固定插装

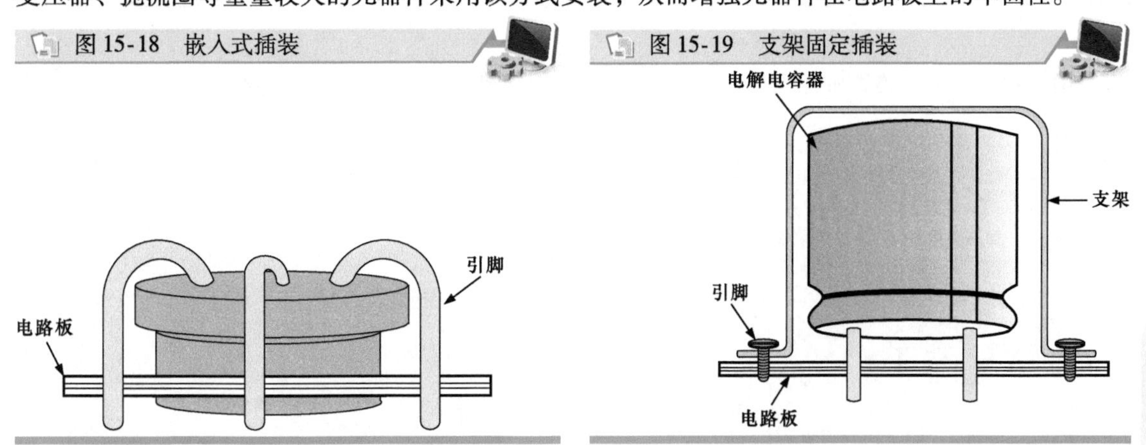
引脚
电路板
电解电容器
支架
引脚
电路板

(6) 弯折插装

弯折插装就是在插装高度有特殊限制时，将元器件引脚垂直插入电路板插孔后，壳体再朝水平方向弯曲，如图 15-20 所示，这样可以适当降低插装高度。

图 15-20 弯折插装

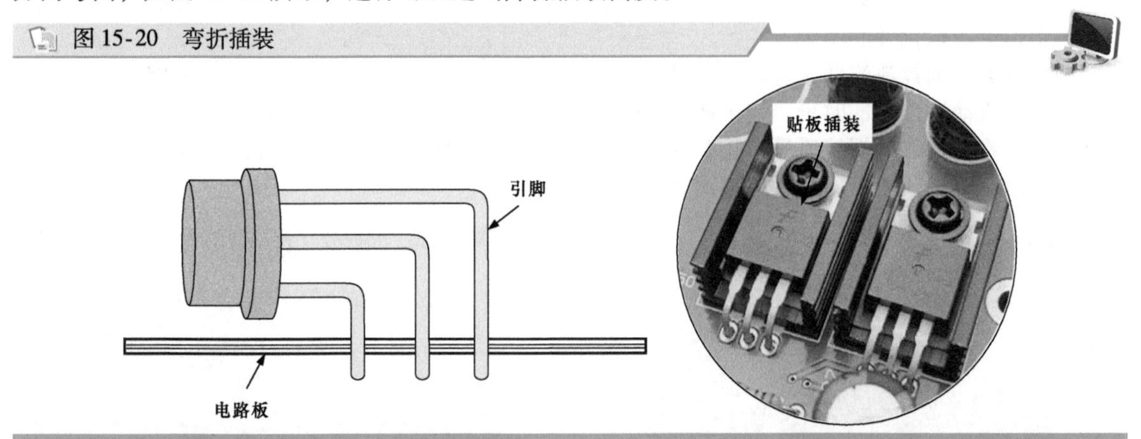
引脚
电路板
贴板插装

| 特别提示 |

为了防止部分重量较大的元器件歪斜、引脚受力过大而折断，弯折后应采取绑扎、粘固等措施，如图 15-21所示，以增强元器件的稳固性。

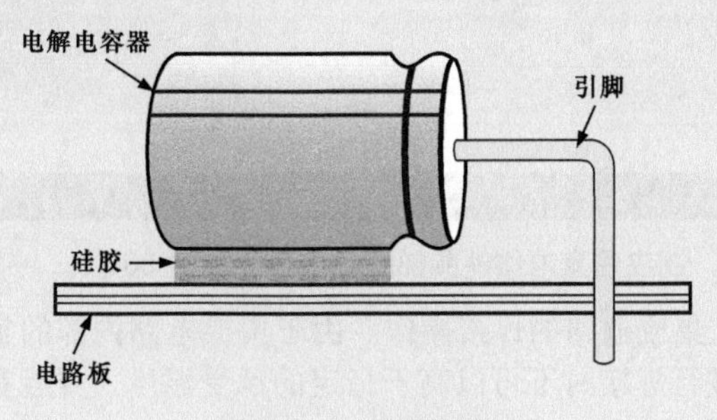
电解电容器
引脚
硅胶
电路板

图 15-21 粘固插装

15.2.2 分立式电子元器件的焊接

将分立式电子元器件插装到位后，即可使用电烙铁完成焊接操作。图 15-22 所示为使用电烙铁加热电子元器件的焊接引脚。

待电烙铁加热完成后，接下来需要熔化焊料。如图 15-23 所示，将焊接点加热到一定温度后，用焊锡丝触碰焊接处，熔化适量的焊料，焊锡丝应从烙铁头的对称侧加入，而不是直接加在烙铁头上。

图 15-22 使用电烙铁加热焊件

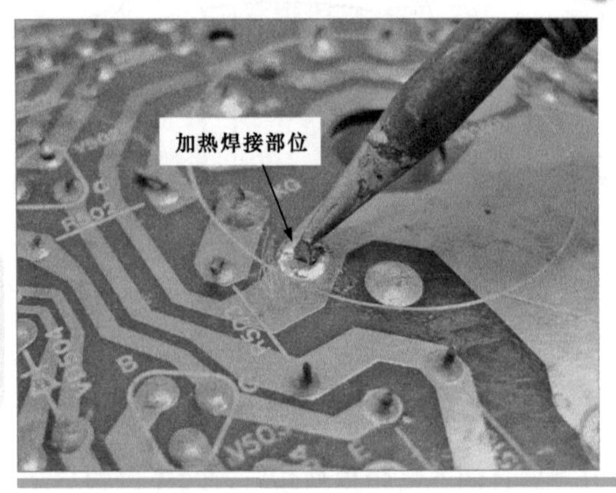
加热焊接部位

图 15-23 对焊料进行熔化

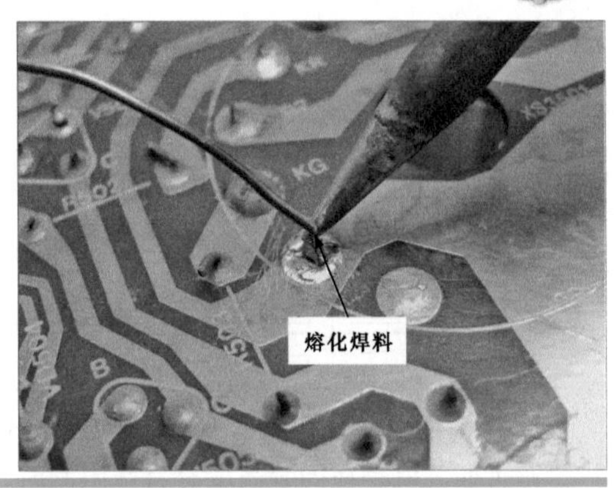
熔化焊料

当焊点温度达到需求后，电烙铁蘸取少量助焊剂，将焊锡丝置于焊点部位，如图 15-24 所示，电烙铁将焊锡丝熔化并润湿焊点。

当焊接点上的焊料流散接近饱满，助焊剂尚未完全挥发时，也就是焊接点上的温度最适当、焊锡最光亮、流动性最强的时刻，应迅速拿开烙铁头，如图 15-25 所示。移开烙铁头的时间、方向和速度，决定着焊接点的焊接质量。正确的方法是先慢后快，烙铁头沿 45°角方向移动，并在将要离开焊接点时快速往回一带，然后迅速离开焊接点。

图 15-24 移开焊锡丝

移开焊锡丝

图 15-25 完成分立元器件的焊接

移开电烙铁

| 特别提示 |

在进行上述焊接过程中，还应注意电烙铁头部的温度不要超过 300℃，一般选用小型圆锥烙铁头。

图 15-26 所示为分立式集成电路的焊接操作。由于集成电路内部的集成度较高，所以为了避免热量过高而损坏，在对其进行焊接时不可以高于指定的承受温度，并且在焊接时，速度要快，以免高温损坏集成电路。

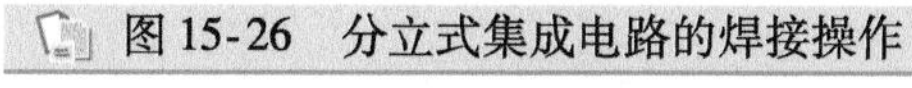

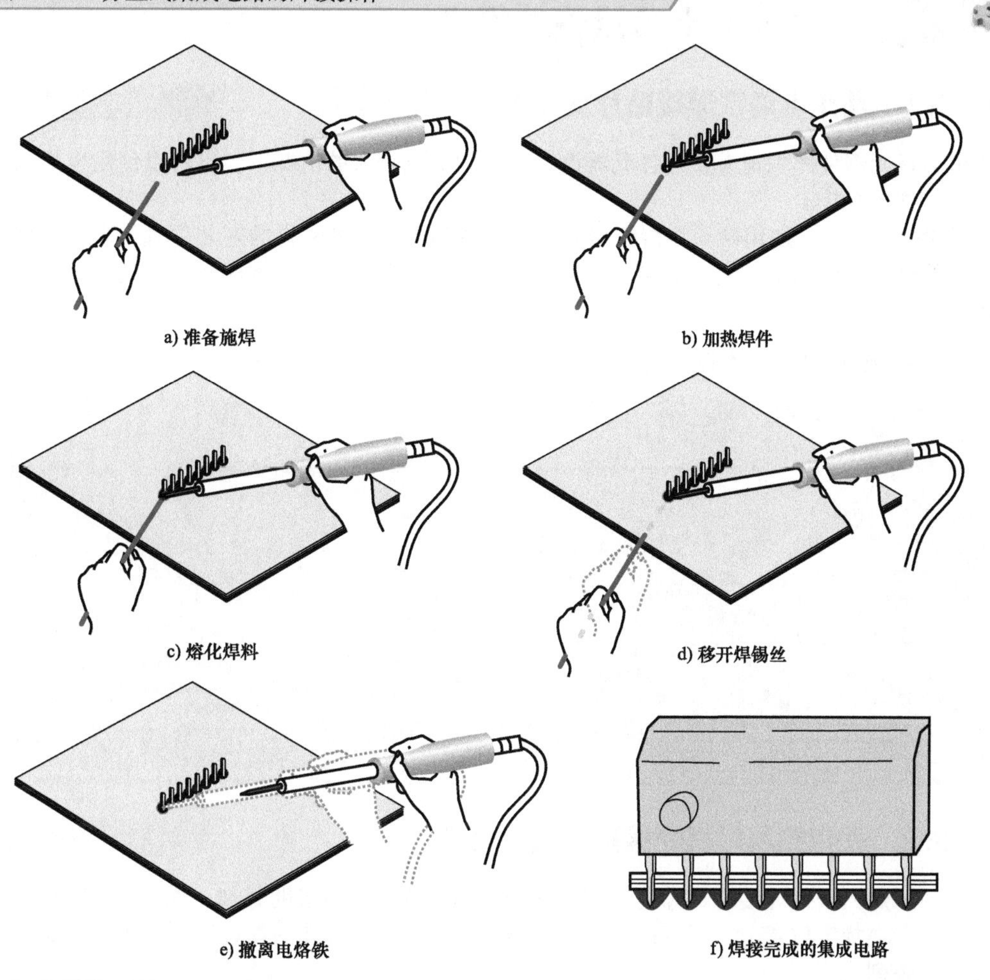
a) 准备施焊　b) 加热焊件　c) 熔化焊料　d) 移开焊锡丝　e) 撤离电烙铁　f) 焊接完成的集成电路

由于目前很多集成电路引脚较为密集，因此多会采用热风焊机进行焊接，如图 15-27 所示，在焊接时应使用镊子夹住需要焊接的集成电路，并将热风焊机的枪口悬空放置在元器件的引脚上。

图 15-27　采用热风焊机进行焊接

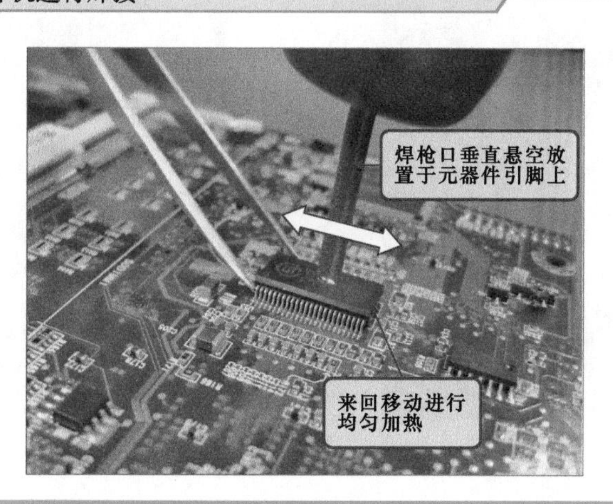
焊枪口垂直悬空放置于元器件引脚上
来回移动进行均匀加热

15.3 贴片式电子元器件的焊接

15.3.1 使用电烙铁焊接贴片式元器件

在电路板元器件体积稍大，且各元器件之间的间隔也较大的情况下，也可以使用电烙铁完成对贴片式元器件的焊接。

如图 15-28 所示，使用镊子将待焊接元器件放置到位，注意引脚的安装位置，不要放错。然后对贴片元器件另一侧的引脚进行焊接，用烙铁头蘸取少量助焊剂，将焊锡丝置于引脚部位，熔化少量焊锡覆盖住焊点即可。

图 15-28 使用电烙铁进行焊接

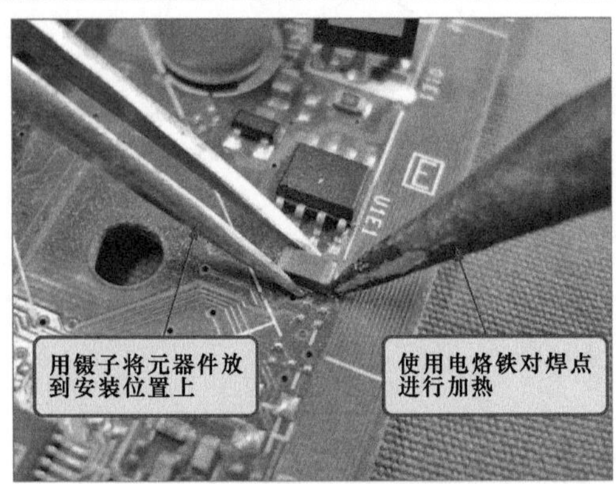
用镊子将元器件放到安装位置上
使用电烙铁对焊点进行加热

熔化少量焊锡焊接另一侧引脚

15.3.2 使用热风焊机焊接贴片式元器件

使用热风焊机进行焊接时，应先在焊接元器件的位置上涂一层助焊剂，如图 15-29 所示，然后将元器件放置在规定位置上，可用镊子微调元器件的位置。若焊点的焊锡过少，则可先熔化一些焊锡再涂抹助焊剂。

当热风焊机预热完成后，将焊枪垂直悬空置于元器件引脚上方，对引脚进行加热，加热过程中，焊枪嘴在各引脚间做往复移动，均匀加热各引脚，如图 15-30 所示。当引脚焊料熔化后，先移开热风焊枪，待焊料凝固后，再移开镊子即可。

图 15-29 涂抹助焊剂

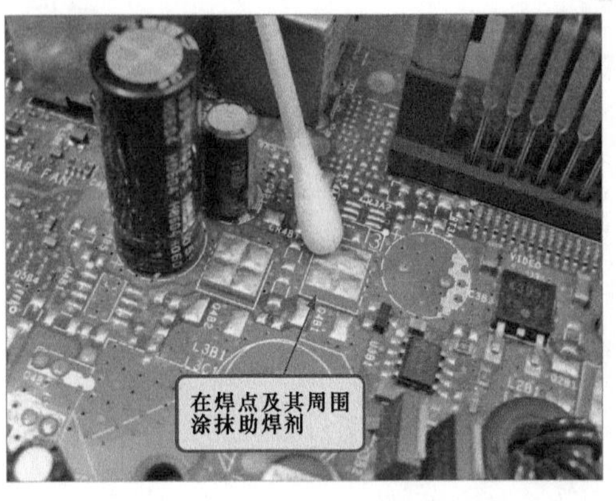
在焊点及其周围涂抹助焊剂

图 15-30 焊接贴片式元器件

焊枪垂直悬空，与元器件保持一定距离
均匀加热各引脚

15.3.3 自动化贴装电子元器件

自动化贴装电子元器件时，首先使用点胶机点胶，然后由自动贴片机完成自动化统一贴装。

在安装贴片集成电路时，应先对印制电路板进行点胶操作。如图 15-31 所示，通常情况下对印制电路板点胶时采用点胶机进行操作。

图 15-31 使用点胶机对印制电路板进行点胶操作

印制
电路板

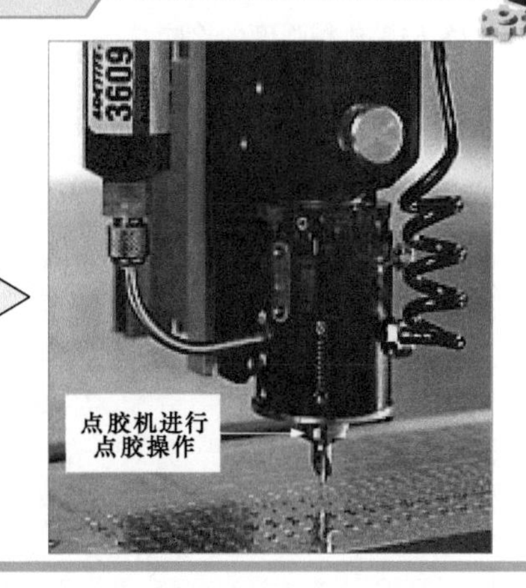
3609
点胶机进行
点胶操作

印制电路板完成点胶操作后，接下来需要将其放置到贴片机中，通过贴片机来完成贴片集成电路的安装。

将需要安装的贴片集成电路放置到贴片机的元器件放置盒中，如图 15-32 所示，通过贴片机对集成电路进行安装。

图 15-32 通过贴片机安装贴片集成电路

贴片机安装元器件

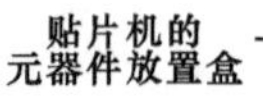
贴片机的
元器件放置盒

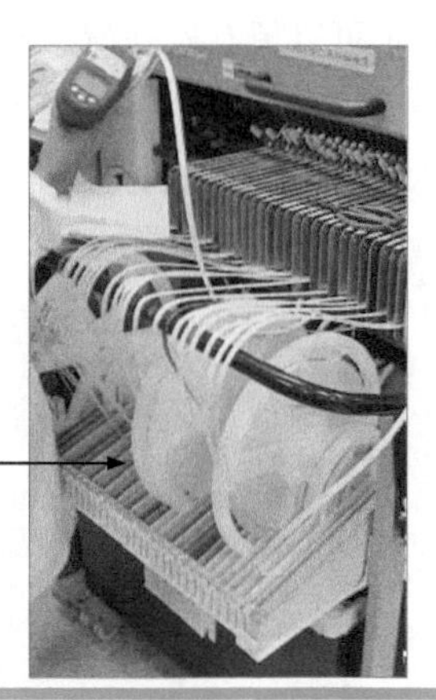

15.4 电子元器件焊接质量的检验

对常用电子元器件的焊接质量进行检验时，主要是对其电气性能、机械强度和焊点质量三方面进行检验。

15.4.1 分立式电子元器件焊接质量的检验

1 电气性能

电子元器件焊接完成后，高质量的焊点应是焊料与工件金属界面形成牢固的合金层，才可以保证良好的导电性能。若将焊料堆附在工件金属的表面，则会形成虚焊的情况，从而影响导电性能。

2 机械强度

焊点的作用是连接两个或两个以上的元器件，要使其接触良好，焊点必须要具有一定的机械强度，即元器件引脚与焊点之间的连接牢固程度，如图 15-33 所示，其拔出力越大，表明该焊点的机械强度越高。

图 15-33 机械强度的检验

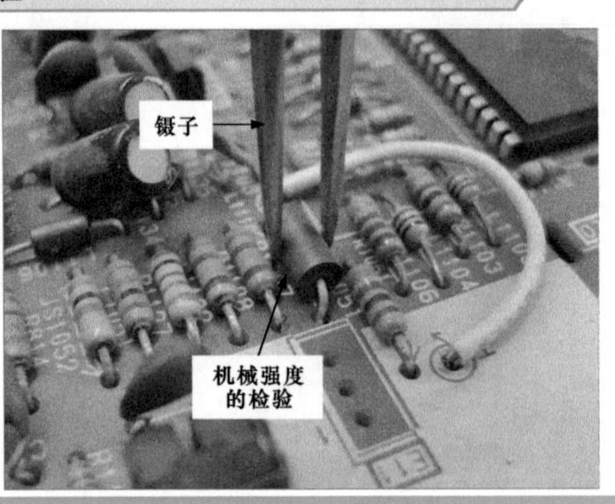
镊子
机械强度
的检验

3 焊点质量

焊接质量检验时，通常包括焊点表面的检验以及焊点形状的检验。

(1) 焊点表面的检验

较好的焊点，其表面应光亮且色泽均匀，如图 15-34 所示，应没有裂纹、针孔以及夹渣的现象，并且不可以留有松香渍，尤其是焊剂的有害残留物质，如果不及时清除，则酸性物质会腐蚀元器件引脚、接点及印制电路，从而造成漏电甚至短路等故障，带来严重隐患。

图 15-34 焊点表面的检验

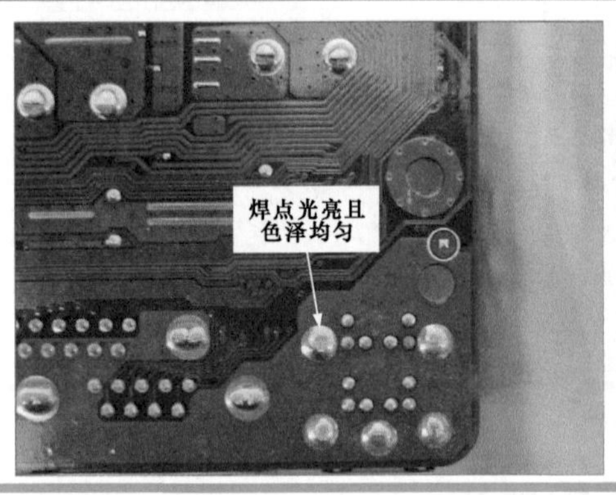
焊点光亮且
色泽均匀

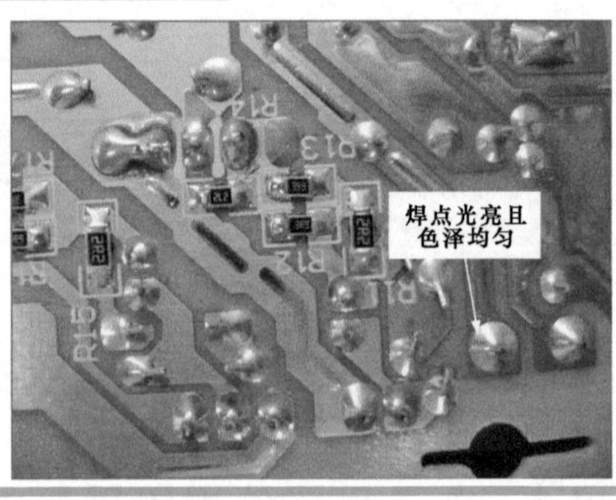
焊点光亮且
色泽均匀

(2) 焊点形状的检验

焊接完成后，其焊点的外形不应存有毛刺、空隙等现象，这样不仅不美观，还会为电子产品带来隐患，尤其是在高压电路的部分，若存有毛刺现象，则其尖端很可能会产生放电现象而损坏电子设备。

图 15-35 所示为锡焊的标准焊点形状。若焊点上的焊料过少，则不仅会降低机械强度，而且由于表面氧化层逐渐加深，还会导致焊点早期失效。若焊点上的焊料过多，则不仅会增加成本，还容易造成焊点桥连（短路），也会掩盖焊接缺陷，所以焊点上的焊料要适量。印制电路板焊接时，焊料布满焊盘，外形以焊接导线为中心，匀称、呈裙形拉开，焊料的连接面呈半弓形凹面，焊料与焊件交界平滑，接触角尽可能小。

图 15-35 锡焊的标准焊点形状

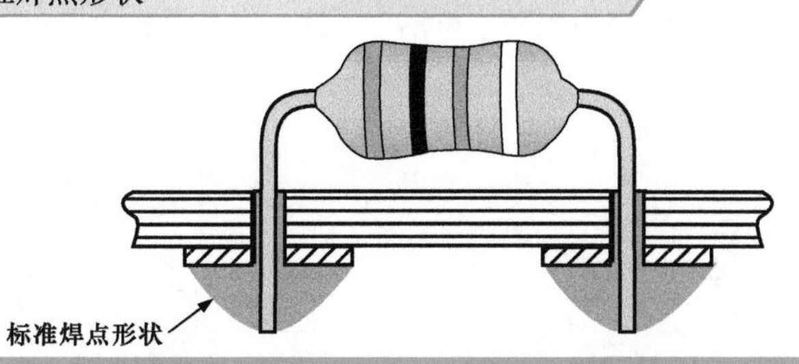
标准焊点形状

| 相关资料 |

图 15-36 所示为不合格的几种焊接实物外形。

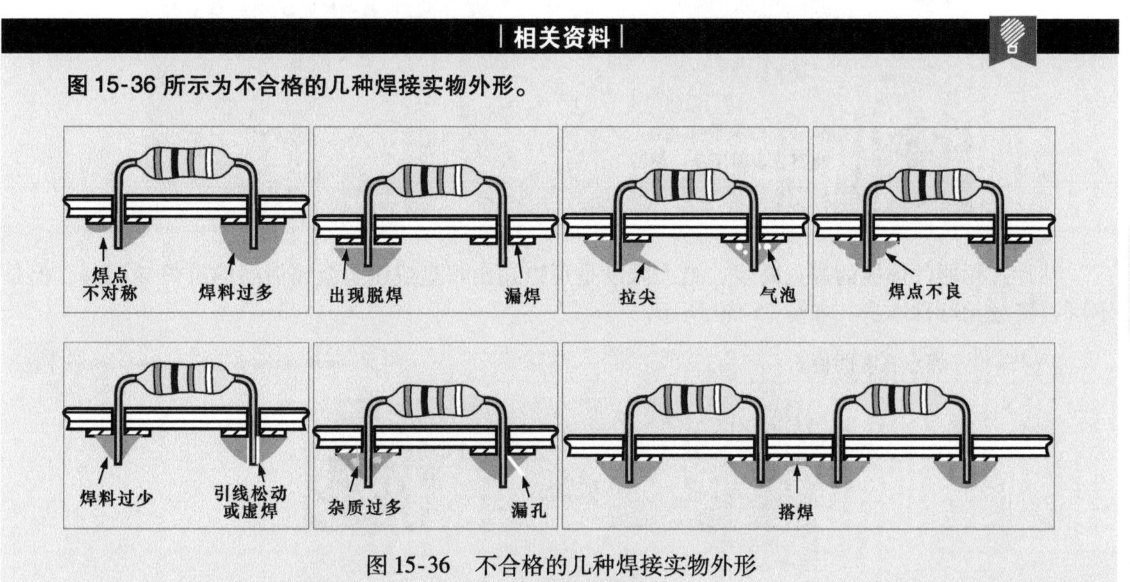
焊点
不对称
焊料过多
出现脱焊
漏焊
拉尖
气泡
焊点不良
焊料过少
引线松动
或虚焊
杂质过多
漏孔
搭焊

图 15-36 不合格的几种焊接实物外形

15.4.2 贴片式电子元器件焊接质量的检验

检验贴片元器件的焊接质量时，主要是检测其焊点的质量是否合格，以及其焊接的位置是否正确等，其次还应注意常用元器件中会出现的各种问题。

1 焊点质量的检验

如图 15-37 所示，对贴片式元器件的焊点进行检验时，主要检验其焊点润湿度是否良好，焊料在焊点表面的铺展是否均匀连续，焊点是否牢固可靠，并且连接角不应大于 90°。

图 15-37 贴片式元器件焊点角度的检验

焊点
C7
R3
C8
B3
C5
R2
C4
C6

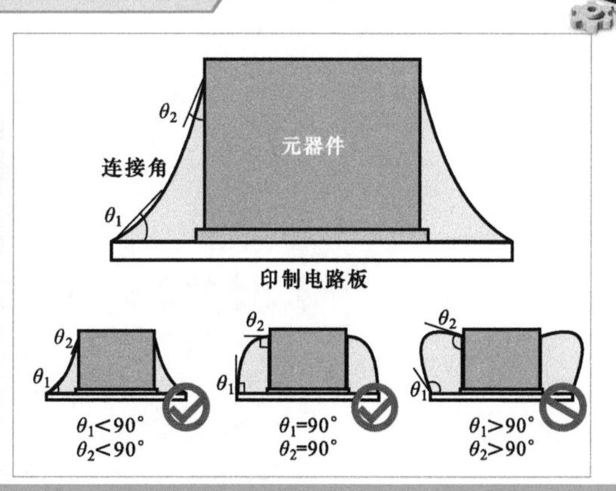
θ2
连接角
θ1
元器件
印制电路板
θ1<90°
θ2<90°
θ1=90°
θ2=90°
θ1>90°
θ2>90°

对焊接完成的电路板表面进行检查，电路板应干净、整洁。

如图 15-38 所示，焊接后的电路板表面应整洁、干净，尤其是在电路板的裸铜区不应存在锡焊。

图 15-38　检验合格的电路板

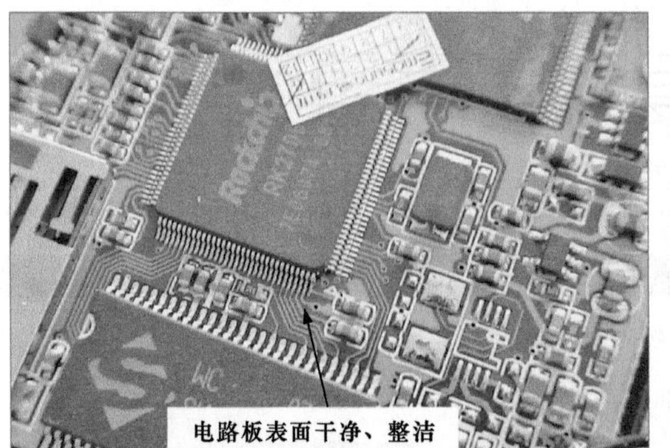
电路板表面干净、整洁

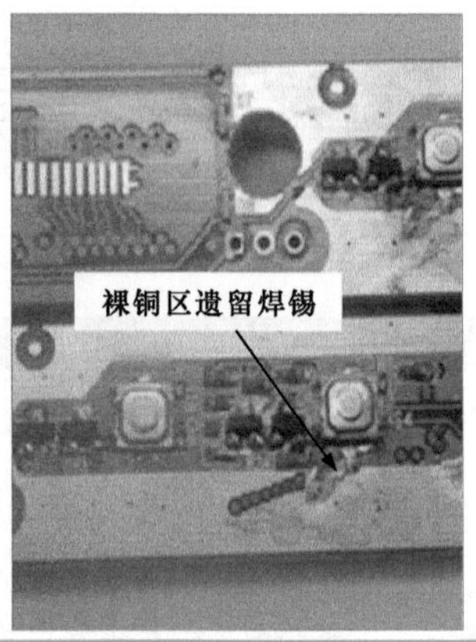
裸铜区遗留焊锡

贴片式元器件焊接的焊点高度，最大限度是可以超出焊盘或压至金属镀层的可焊端顶部，但是不可以接触元器件本身，如图 15-39 所示。

图 15-39　焊点高度的检验

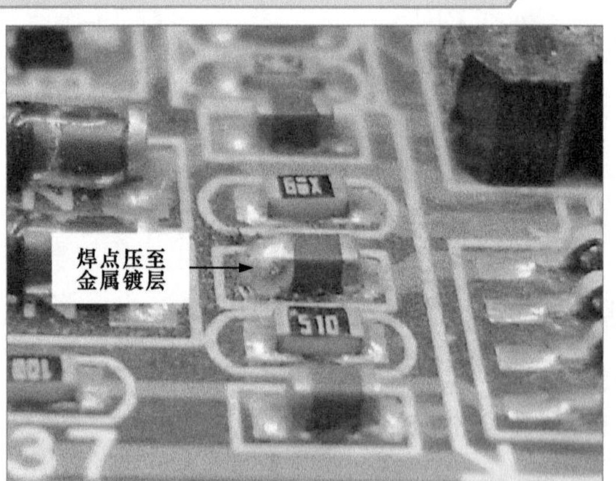
焊点压至
金属镀层
510

在检验贴片式元器件焊接质量时，若其引脚的焊锡延伸至元器件引脚的弯折处，但不影响贴片式元器件的正常工作，则也可以看作正常的焊接操作，如图 15-40 所示。

图 15-40　贴片式元器件引脚弯折处的焊接

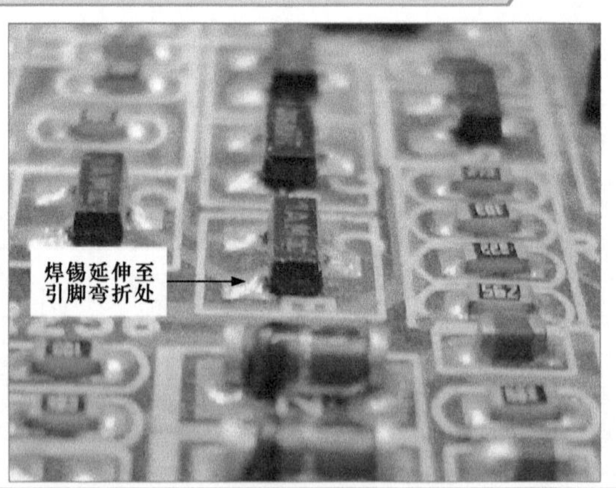
焊锡延伸至
引脚弯折处

2 焊点位置的检验

检验贴片式元器件的引脚焊接部分时，应重点查看元器件的引脚与焊盘是否相符。

如图 15-41 所示，如果元器件引脚焊接部分与焊盘有脱离，但还有一定面积的重叠，则该贴片式元器件的焊接位置还是可以通过的。

图 15-41 引脚焊接与焊盘的位置

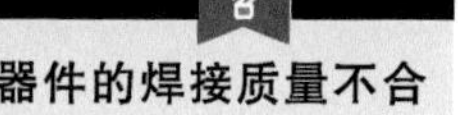

元器件偏移

| 特别提示 |

若贴片式元器件与焊盘之间的偏移较大，如图 15-42 所示，则表明该贴片式元器件的焊接质量不合格，需要进行重新焊接。

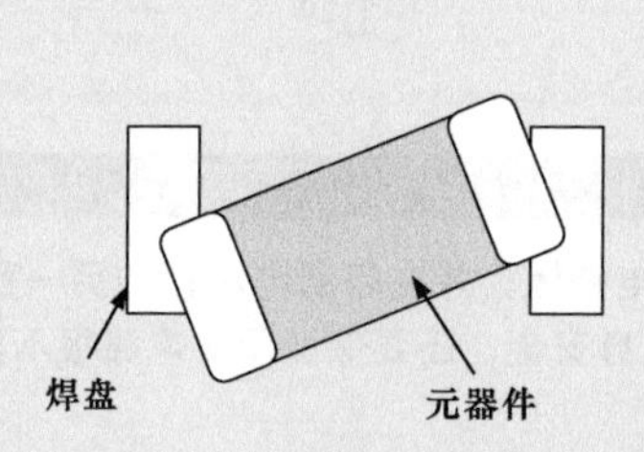
焊盘
元器件

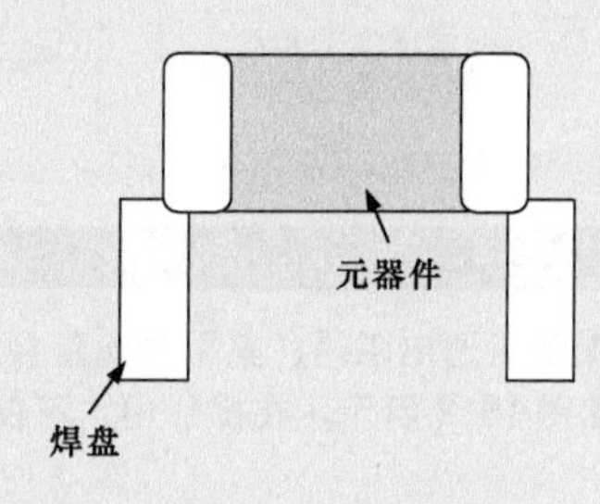
元器件
焊盘

图 15-42 焊接质量不合格的贴片式元器件

另外，还要检查贴片式元器件的铜箔有无翘起现象，如果出现翘起现象，则也表明贴片式元器件焊接不良。

第16章 电子元器件的代换技巧

16.1 电阻器的选用代换

16.1.1 普通电阻器的选用与代换

在代换时，应尽可能选用同型号的普通电阻器，若无法找到同型号的普通电阻器，则所代换的普通电阻器的标称阻值与损坏的普通电阻器标称阻值的差值越小越好。

图16-1所示为普通电阻器的选用与代换。

图16-1 普通电阻器的选用与代换

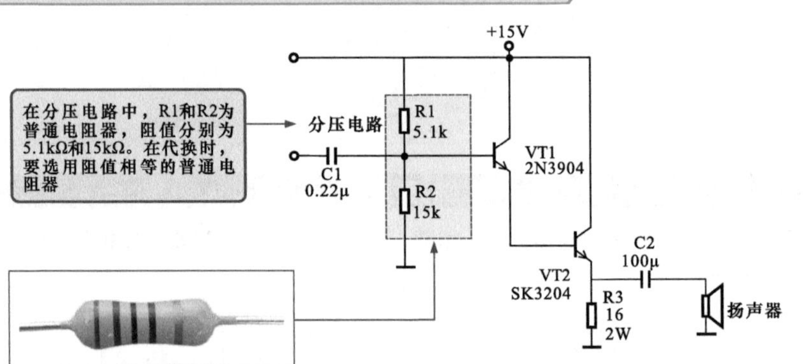

+15V
在分压电路中，R1和R2为普通电阻器，阻值分别为5.1kΩ和15kΩ。在代换时，要选用阻值相等的普通电阻器
分压电路
R1
5.1k
R2
15k
C1
0.22μ
VT1
2N3904
VT2
SK3204
C2
100μ
R3
16
2W
扬声器

| 相关资料 |

对于插接焊装的普通电阻器，其引脚通常会穿过印制电路板，并在印制电路板的另一面（背面）焊接固定，代换操作如图16-2所示。在操作中，不仅要确保人身安全，还要保证印制电路板不要因拆装普通电阻器而损坏。

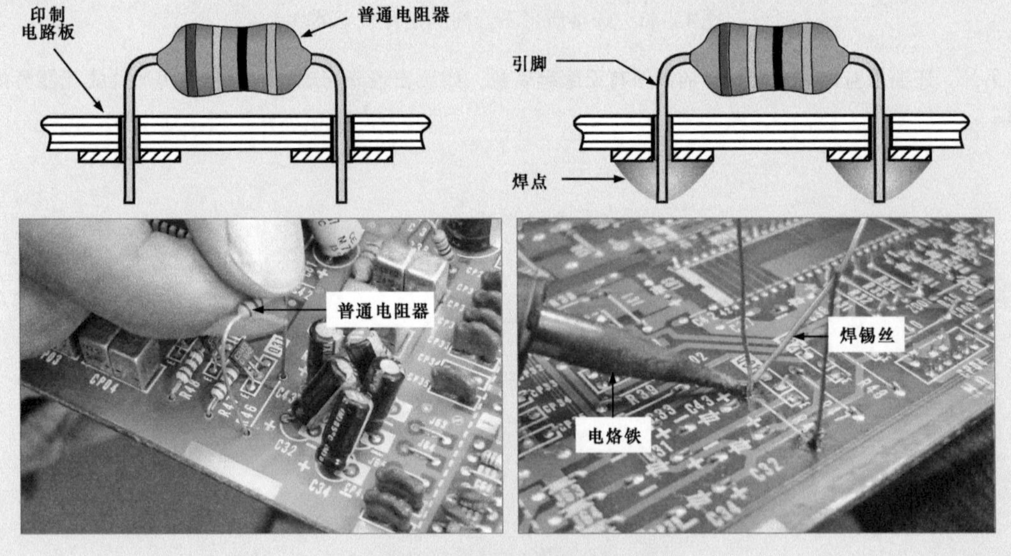

印制
电路板
普通电阻器
引脚
焊点
普通电阻器
焊锡丝
电烙铁

图16-2 普通电阻器的代换操作

16.1.2 熔断电阻器的选用与代换

熔断电阻器的选用与代换原则和普通电阻器的选用与代换原则相同。图 16-3 所示为限流保护电路中熔断电阻器的选用与代换。

图 16-3 限流保护电路中熔断电阻器的选用与代换

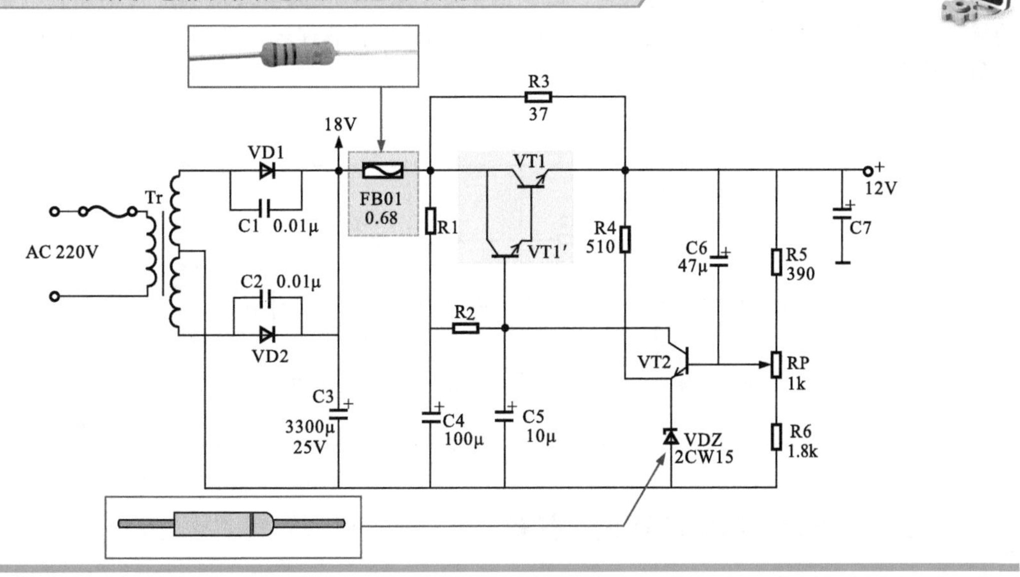

R3
37
18V
VD1
VT1
12V
Tr
FB01
0.68
R1
R4
510
C7
AC 220V
C1 0.01μ
VT1′
C6
47μ
R5
390
C2 0.01μ
R2
VD2
VT2
RP
1k
C3
3300μ
25V
C4
100μ
C5
10μ
VDZ
2CW15
R6
1.8k

在图 16-3 中，FB01 为线绕电阻器（熔断电阻器），阻值为 0.68Ω。代换时，要选用阻值相等的线绕电阻器。线绕电阻器主要起限流作用，流过的电流较大，功率也较大（5W），与电容配合具有滤波作用。如果负载过大，则 FB01 会熔断，从而起保护作用。

16.1.3 热敏电阻器的选用与代换

若热敏电阻器损坏，则应选用同型号的热敏电阻器进行代换，特别要注意热敏电阻器的类型，正确区分正温度系数热敏电阻器和负温度系数热敏电阻器，避免代换后无法实现电路功能，甚至导致电路中的其他元器件损坏。图 16-4 所示为温度检测报警电路中热敏电阻器的选用与代换。

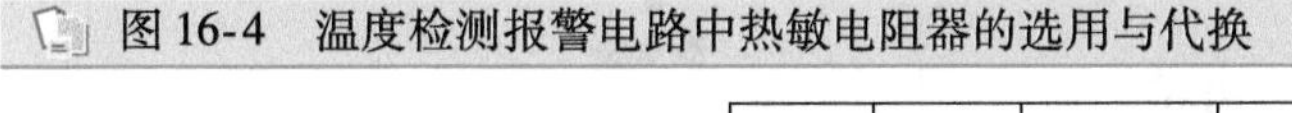

图 16-4 温度检测报警电路中热敏电阻器的选用与代换

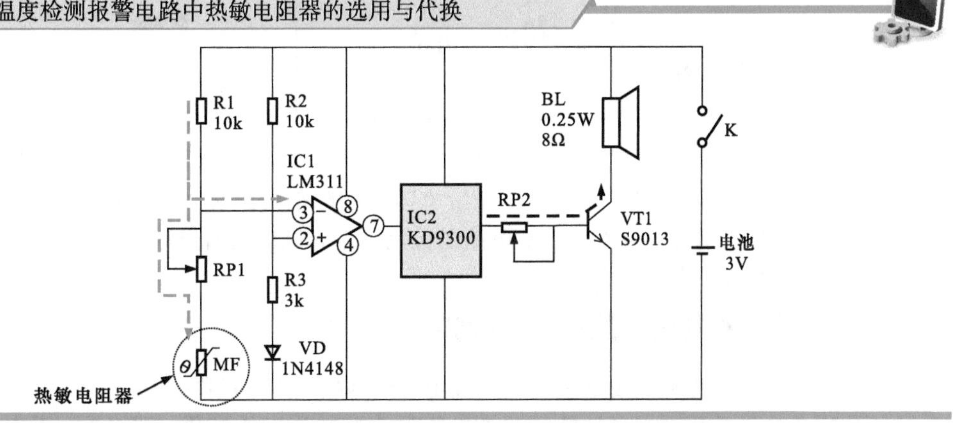

R1
10k
R2
10k
IC1
LM311
BL
0.25W
8Ω
K
IC2
KD9300
RP2
VT1
S9013
电池
3V
RP1
R3
3k
VD
1N4148
MF
热敏电阻器

图 16-4 是一种温度检测报警电路，采用灵敏度较高的正温度系数热敏电阻器作为核心检测器件，当所感知的温度超出预定的范围时，便可进行报警提示。若热敏电阻器损坏，则应选用规格、型号完全一致的热敏电阻器进行代换。若无法找到规格、型号完全一致的热敏电阻器，则可选用阻值变化范围与损坏的热敏电阻器相近的热敏电阻器进行代换。

相关资料

图 16-4 所示电路由热敏电阻器 MF、电压比较器 IC1 和音效电路 IC2 等部分构成。当外界温度降低时，MF 可感知温度变化，阻值减小，加到 IC1③脚的直流电压会下降，⑦脚电压上升，IC2 被触发而发出音频信号，经 VT1 放大后，驱动 BL 发出报警提示。

图 16-5 所示为小功率电暖气电路。该电路主要用来实现由外界环境温度自动控制电路的启/停功能，一般选用负温度系数热敏电阻器作为感知元器件。若其损坏，则应选择规格相同、类型一致的负温度系数热敏电阻器进行代换。

图 16-5　小功率电暖气电路

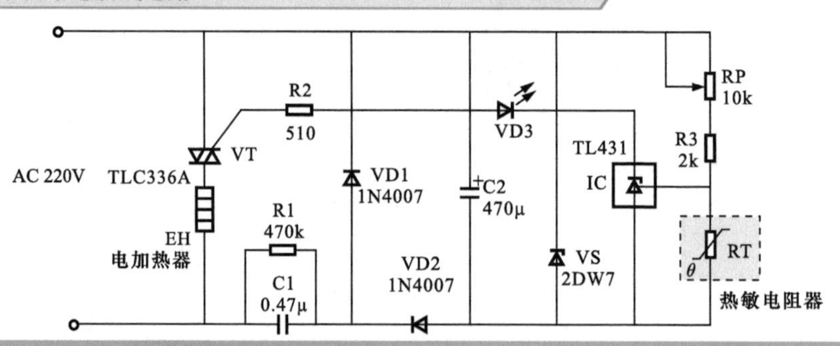
R2
510
VD3
RP
10k
R3
2k
TL431
IC
VT
AC 220V
TLC336A
VD1
1N4007
C2
470μ
R1
470k
EH
电加热器
VD2
1N4007
VS
2DW7
RT
θ
C1
0.47μ
热敏电阻器

16.1.4　光敏电阻器的选用与代换

若光敏电阻器损坏，则应选用与原光敏电阻器感知光源类型一致的光敏电阻器进行代换。

图 16-6 所示为光控开关电路中光敏电阻器的选用与代换。

图 16-6　光控开关电路中光敏电阻器的选用与代换

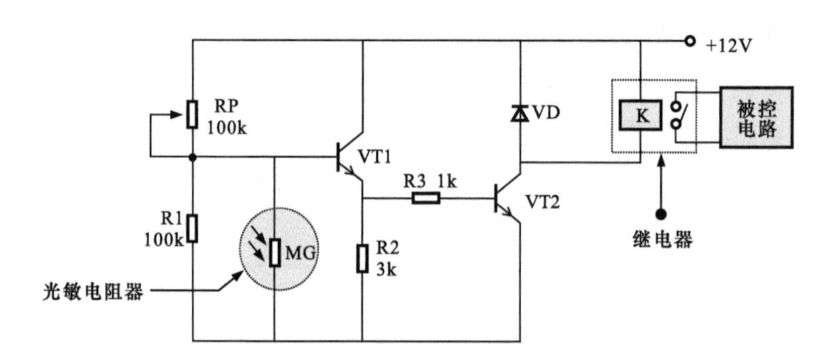
+12V
RP
100k
VD
K
被控电路
VT1
R3 1k
VT2
R1
100k
MG
R2
3k
光敏电阻器
继电器

在图 16-6 中，当光照强度降低时，光敏电阻器的阻值会增大，使 VT1、VT2 相继导通，继电器得电，其常开触点闭合，从而实现对电路的控制。若光敏电阻器损坏，则要选用阻值变化范围相同或相近的可见光光敏电阻器进行代换。

16.1.5　湿敏电阻器的选用与代换

图 16-7 所示为湿度检测及指示电路中湿敏电阻器的选用与代换。

在图 16-7 中，选用对湿度敏感的湿敏电阻器来感知湿度的变化，可及时、准确地反映环境湿度。当环境湿度较小时，湿敏电阻器 MS 的电阻值增大，VT1 基极处于低电平状态，VT1 截止，VT2 因基极电压上升而导通，红色发光二极管点亮；当环境湿度增加时，MS 的电阻值减小，使 VT1 饱和导通，VT2 截止，红色发光二极管熄灭。若湿敏电阻器损坏，则应尽可能选用同型号的湿敏电阻器进行代换。

图 16-7　湿度检测及指示电路中湿敏电阻器的选用与代换

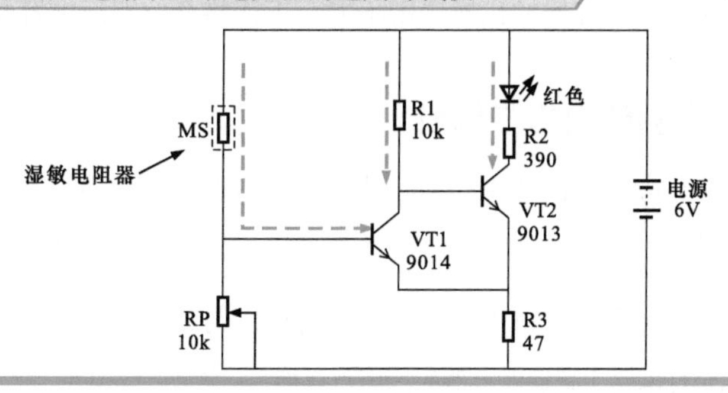

湿敏电阻器
MS
R1
10k
红色
R2
390
VT2
9013
VT1
9014
电源
6V
RP
10k
R3
47

16.1.6　气敏电阻器的选用与代换

若气敏电阻器损坏，则应尽可能选用同型号的气敏电阻器进行代换。若无法找到同型号的气敏电阻器，则至少应选用检测气体类型相同的气敏电阻器，且其尺寸及额定电压、功率、电流等应符合电路要求。

图 16-8 所示为油烟机控制电路中气敏电阻器的选用与代换。

图 16-8　油烟机控制电路中气敏电阻器的选用与代换

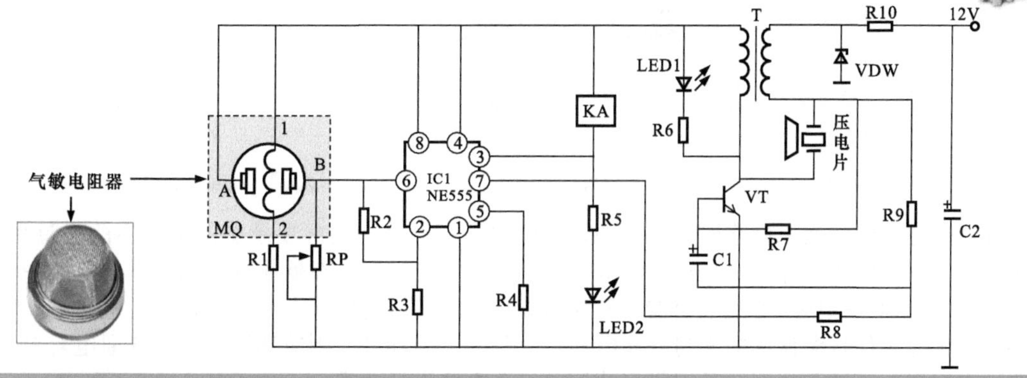

气敏电阻器
MQ
R1
RP
R2
R3
R4
IC1
NE555
KA
R5
LED2
LED1
R6
T
R10
12V
VDW
压电片
VT
R7
C1
R9
C2
R8

图 16-8 中，MQ 为气敏电阻器，型号为 211。若损坏，则应尽量选用型号相同的气敏电阻器进行代换。

16.1.7　可调电阻器的选用与代换

可调电阻器的选用与代换原则和普通电阻器的选用与代换原则相同。图 16-9 所示为电池充电电路中可调电阻器的选用与代换。

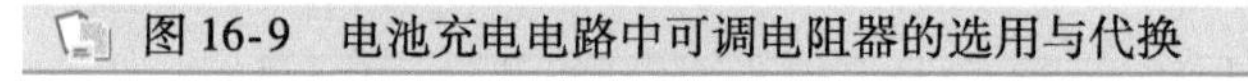

图 16-9　电池充电电路中可调电阻器的选用与代换

16.2　电容器的选用代换

若电容器损坏，则应代换损坏的电容器。代换电容器时，要遵循基本的代换原则。

电容器的代换原则：在代换之前，要选用符合要求的电容器；在代换过程中，要保证安全可靠，防止二次故障。不同类型电容器的代换原则不同，下面将介绍普通电容器、电解电容器及可变电容器的选用与代换。

16.2.1 普通电容器的选用与代换

在代换普通电容器时，应尽可能选用同型号的普通电容器进行代换，若无法找到同型号的普通电容器，则所选用普通电容器的标称电容量与损坏普通电容器的电容量相差越小越好，额定工作电压应为实际工作电压的 1.2～1.3 倍。

图 16-10 所示为自动调光台灯电路中普通电容器的选用与代换。

图 16-10 自动调光台灯电路中普通电容器的选用与代换

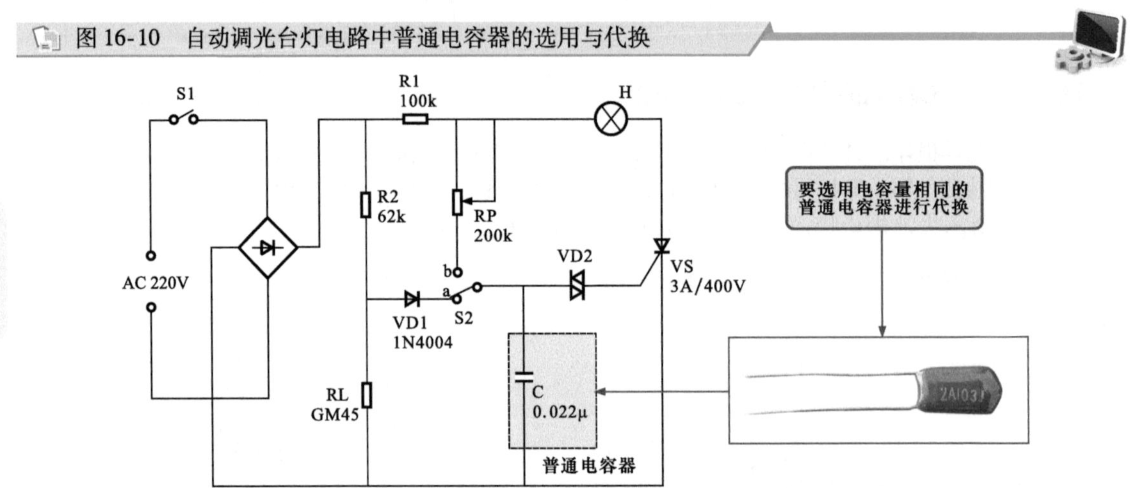
S1
R1
100k
H
R2
62k
RP
200k
AC 220V
b
a
S2
VD2
VS
3A/400V
VD1
1N4004
RL
GM45
C
0.022μ
普通电容器
要选用电容量相同的普通电容器进行代换
ZAI03

普通电容器的代换原则除以上几点外，还应注意在电路中实际要承受的电压不能超过耐压值，优先选用绝缘电阻大、介质损耗小、漏电电流小的普通电容器，在低频耦合和去耦合电路中，按计算值选用容量稍大一些的普通电容器；若为高温环境，则应选用具有耐高温特性的电容器；若为潮湿环境，则应选用抗湿性好的密封普通电容器；若为低温环境，则应选用耐寒的普通电容器；选用的普通电容器，其体积、形状及引脚尺寸均应符合电路设计要求。

16.2.2 电解电容器的选用与代换

电解电容器的选用与代换原则与普通电容器相同。图 16-11 所示为助听器电路中铝电解电容器的选用与代换。

图 16-11 助听器电路中铝电解电容器的选用与代换

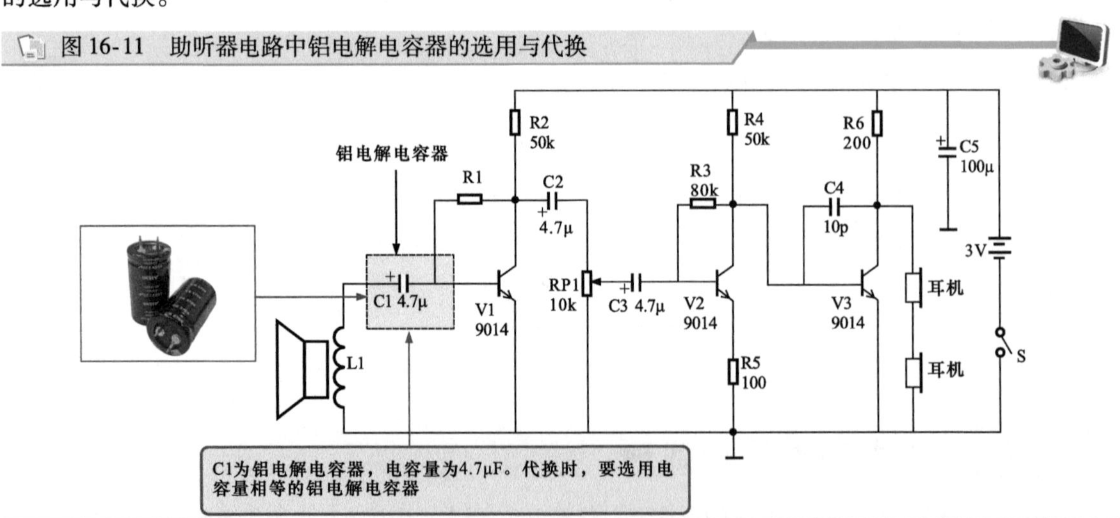
铝电解电容器
R1
R2
50k
C2
4.7μ
R4
50k
R3
80k
R6
200
C4
10p
C5
100μ
3V
C1 4.7μ
V1
9014
RP1
10k
C3 4.7μ
V2
9014
V3
9014
耳机
耳机
L1
R5
100
S
C1为铝电解电容器，电容量为4.7μF。代换时，要选用电容量相等的铝电解电容器

16.2.3 可变电容器的选用与代换

可变电容器的选用与代换原则与普通电容器相同。图 16-12 所示为 AM 收音机高频信号放大电路中可变电容器的选用与代换。

图 16-12 AM 收音机高频信号放大电路中可变电容器的选用与代换

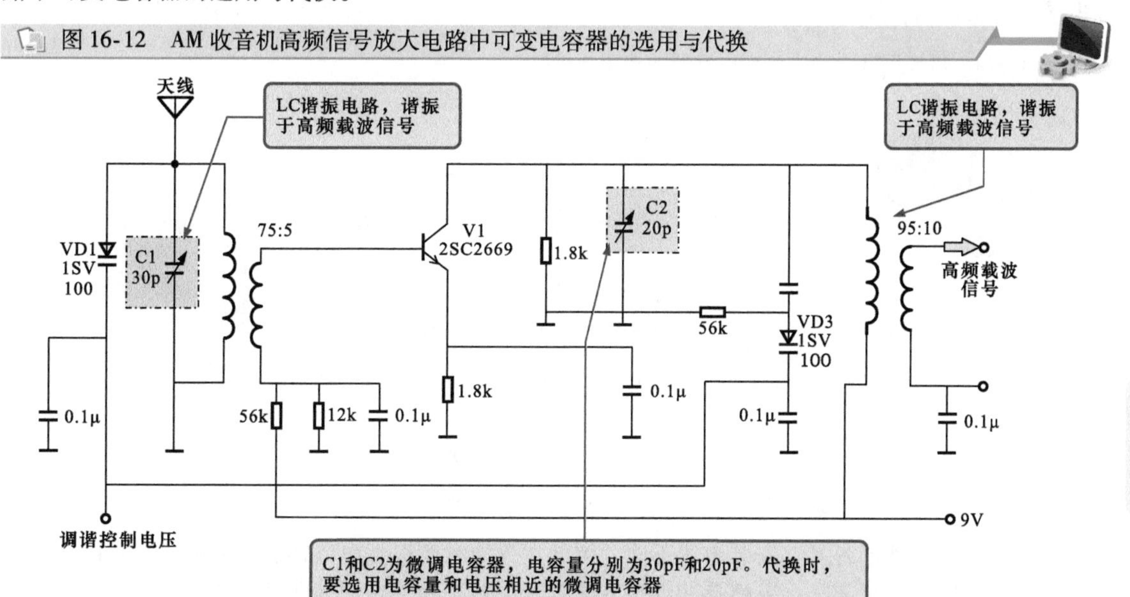
天线
LC谐振电路，谐振于高频载波信号
LC谐振电路，谐振于高频载波信号
VD1
1SV
100
C1
30p
75:5
V1
2SC2669
1.8k
C2
20p
56k
VD3
1SV
100
95:10
高频载波信号
0.1μ
56k
12k
0.1μ
1.8k
0.1μ
0.1μ
0.1μ
调谐控制电压
9V
C1和C2为微调电容器，电容量分别为30pF和20pF。代换时，要选用电容量和电压相近的微调电容器

16.3 电感器的选用代换

16.3.1 普通电感器的选用与代换

在代换普通电感器时，应尽可能选用同型号的普通电感器进行代换，若无法找到同型号的普通电感器，则要选用标称电感量和额定电流与损坏的电感器相近的普通电感器，且外形和尺寸也应符合要求。

图 16-13 所示为彩色电视机预中放电路中普通电感器的选用与代换。

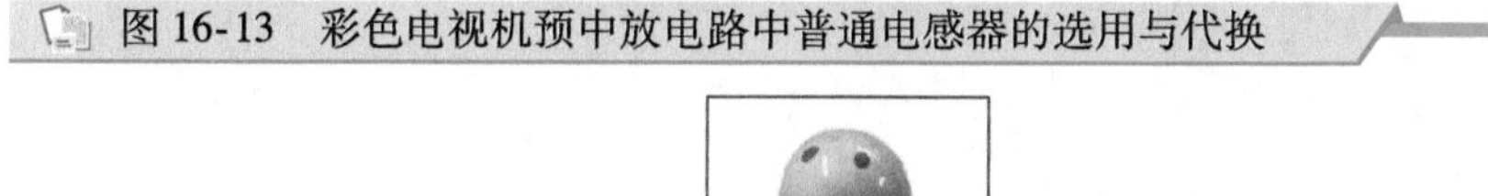
图 16-13 彩色电视机预中放电路中普通电感器的选用与代换

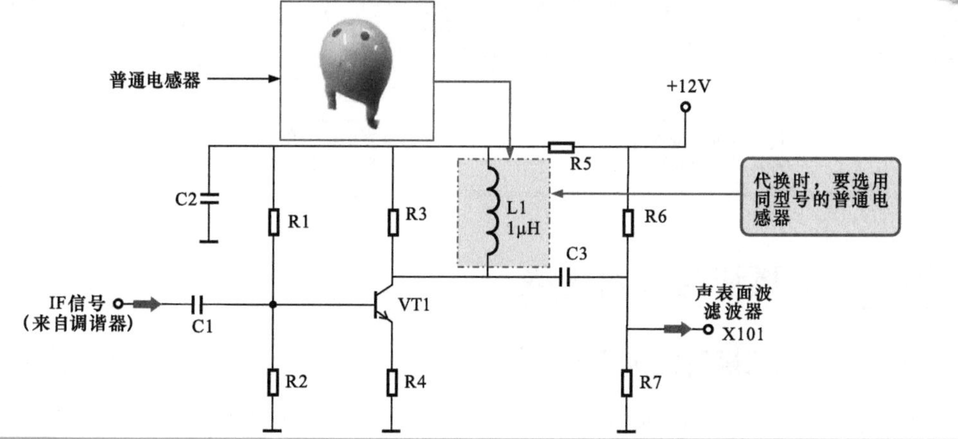
普通电感器
+12V
R5
C2
R1
R3
L1
1μH
R6
代换时，要选用同型号的普通电感器
C3
IF信号
（来自调谐器）
C1
VT1
声表面波滤波器
X101
R2
R4
R7

16.3.2 可变电感器的选用与代换

在代换可变电感器时，应尽可能选用同型号的可变电感器代换，若无法找到同型号的可变电感器，则要选用尺寸相近的可变电感器，并且外形也应符合要求。图 16-14 所示为可调振荡电路中可变电感器的选用与代换。

图 16-14 可调振荡电路中可变电感器的选用与代换

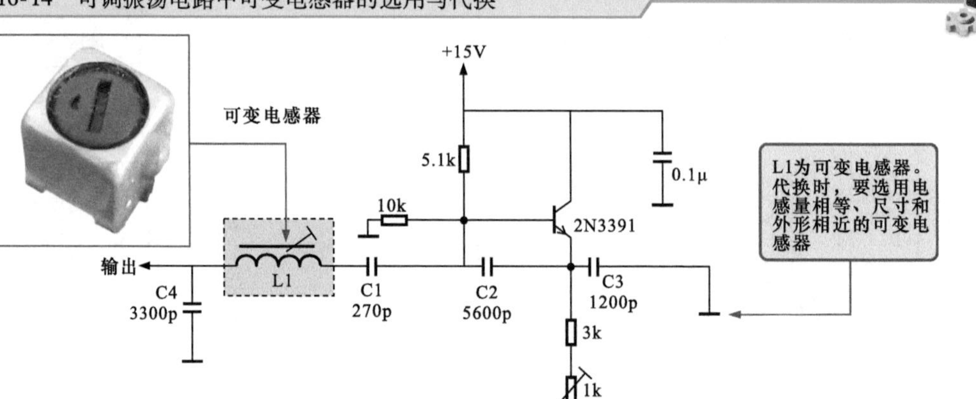

可变电感器
+15V
5.1k
0.1μ
10k
2N3391
L1为可变电感器。代换时，要选用电感量相等、尺寸和外形相近的可变电感器
输出
L1
C4
3300p
C1
270p
C2
5600p
C3
1200p
3k
1k

由于电感器的外形各异，安装方式不同，因此在代换时要根据电路特点及电感器自身的特性来选择正确、稳妥的焊接方法。电感器的焊接方法有表面贴装和插接焊接两种方法。

采用表面贴装的电感器体积普遍较小，常用在元器件密集的数码产品电路中。在拆卸和焊接时，最好使用热风焊枪，在加热的同时用镊子夹持、固定或挪动电感器，如图 16-15 所示。

图 16-15 表面贴装电感器的拆卸和焊接方法

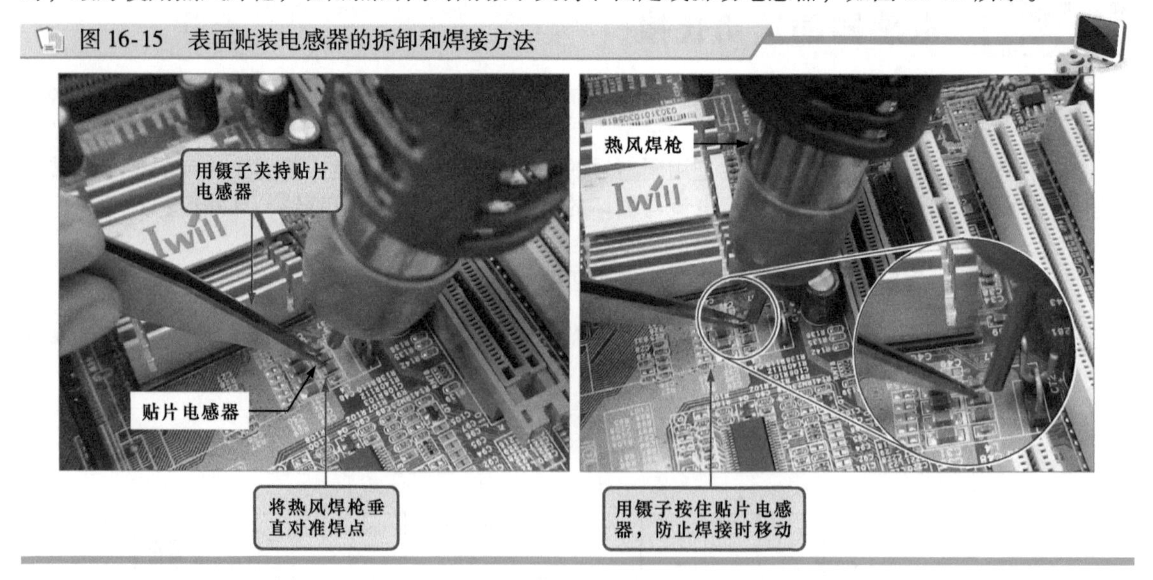

用镊子夹持贴片电感器
贴片电感器
将热风焊枪垂直对准焊点
热风焊枪
用镊子按住贴片电感器，防止焊接时移动

16.4 二极管的选用代换

16.4.1 整流二极管的选用与代换

选用与代换整流二极管时，应根据电路的工作频率和工作电压选择反向峰值电压、最大整流电流、最大反向工作电流、截止频率、反向恢复时间等符合电路设计要求的整流二极管进行代换。

整流二极管的选用与代换如图 16-16 所示。

图 16-16　整流二极管的选用与代换

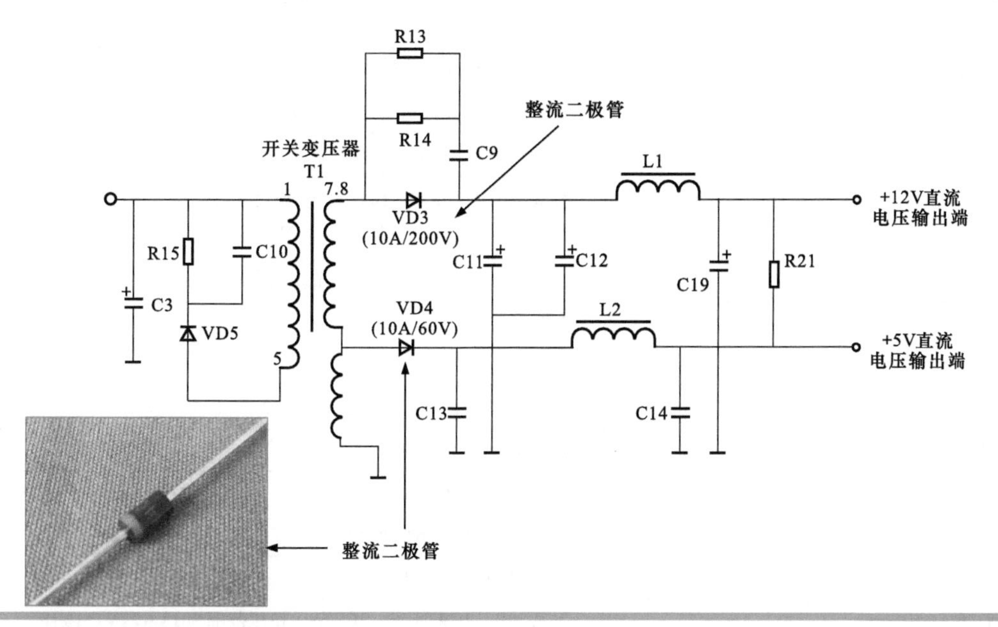
R13
R14
C9
整流二极管
开关变压器
T1
1
7.8
L1
+12V直流
电压输出端
VD3
(10A/200V)
R15
C10
C11
C12
C19
R21
C3
VD5
VD4
(10A/60V)
L2
+5V直流
电压输出端
5
C13
C14
整流二极管

在图 16-16 中，VD3 和 VD4 为整流二极管，额定电流为 10A。其中，VD3 的额定电压为 200V，VD4 的额定电压为 60V。若损坏，则在选用与代换时，应选择额定电流、额定电压大于或等于上述参数的整流二极管进行代换。

16.4.2　稳压二极管的选用与代换

选用与代换稳压二极管时，要注意所选稳压二极管的稳定电压值应与应用电路的基准电压值相同，最大稳定电流应高于应用电路最大负载电流的 50%，动态电阻应尽量小（动态电阻越小，稳压性能越好），且功率应符合电路的设计要求。

图 16-17 所示为稳压二极管的选用与代换。

图 16-17　稳压二极管的选用与代换

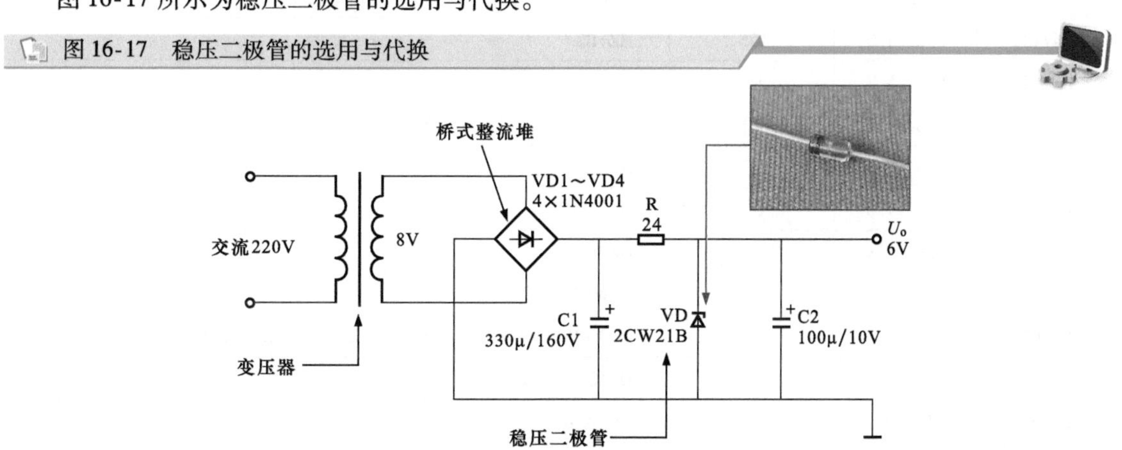
桥式整流堆
VD1～VD4
4×1N4001
R
24
交流220V
8V
U_o
6V
C1
330μ/160V
VD
2CW21B
C2
100μ/10V
变压器
稳压二极管

在图 16-17 中，VD 为稳压二极管，型号为 2CW21B。交流 220V 电压经变压器降压后输出 8V 交流低电压，经桥式整流堆输出约 11V 的直流电压，再经 C1 滤波，R、VD 稳压，C2 滤波后，输出 6V 直流稳定电压。若稳压二极管损坏，则应尽量选择同类型、同型号的稳压二极管进行代换。

常用 1N 系列稳压二极管型号及可代换型号见表 16-1。

表 16-1　常用 1N 系列稳压二极管型号及可代换型号

型号	额定电压/V	最大工作电流/mA	可代换型号
1N708	5.6	40	BWA54、2CW28（5.6V）
1N709	6.2	40	2CW55/B（硅稳压二极管）、BWA55/E
1N710	6.8	36	2CW55A、2CW105（硅稳压二极管：6.8V）
1N711	7.5	30	2CW56A（硅稳压二极管）、2CW28（硅稳压二极管）、2CW106（稳压范围为 7.0～8.8V：选 7.5V）
1N712	8.2	30	2CW57/B、2CW106（稳压范围为 7.0～8.8V：选 8.2V）
1N713	9.1	27	2CW58A/B、2CW74
1N714	10	25	2CW18、2CW59/A/B
1N715	11	20	2CW76、2DW 12F、BS31-12
1N716	12	20	2CW61/A、2CW77/A
1N717	13	18	2CW62/A、2DW21G
1N718	15	16	2CW112（稳压范围为 13.5～17V：选 15V）、2CW78A
1N719	16	15	2CW63/A/B、2DW12H
1N720	18	13	2CW20B、2CW64/B、2CW68（稳压范围为 18～21V：选 18V）
1N721	20	12	2CW65（稳压范围为 20～24V：选 20V）、2DW12I、BWA65
1N722	22	11	2CW20C、2DW12J
1N723	24	10	WCW116、2DW13A
1N724	27	9	2CW20D、2CW68、BWA68/D
1N725	30	13	2CW119（稳压范围为 29～33V：选 30V）
1N726	33	12	2CW120（稳压范围为 32～36V：选 33V）
1N727	36	11	2CW120（稳压范围为 32～36V：选 36V）
1N728	39	10	2CW121（稳压范围为 35～40V：选 39V）
1N748	3.8～4.0	125	HZ4B2
1N752	5.2～5.7	80	HZ6A
1N753	5.8～6.1	80	2CW132（稳压范围为 5.5～6.5V）
1N754	6.3～6.8	70	H27A
1N755	7.1～7.3	65	HZ7.5EB
1N757	8.9～9.3	52	HZ9C
1N962	9.5～11	45	2CW137（稳压范围为 10.0～11.8V）
1N963	11～11.5	40	2CW138（稳压范围为 11.5～12.5V）、HZ12A-2
1N964	12～12.5	40	HZ12C-2、MA1130TA
1N969	21～22.5	20	RD245B
1N4240A	10	100	2CW108（稳压范围为 9.2～10.5V：选 10V）、2CW109（稳压范围为 10.0～11.8V）、2DW5
1N4724A	12	76	2DW6A、2CW110（稳压范围为 11.5～12.5V：选 12V）
1N4728	3.3	270	2CW101（稳压范围为 2.5～3.6V：选 3.3V）
1N4729	3.6	252	2CW101（稳压范围为 2.5～3.6V：选 3.6V）

（续）

型号	额定电压/V	最大工作电流/mA	可代换型号
1N4729A	3.6	252	2CW101（稳压范围为2.5～3.6V：选3.6V）
1N4730A	3.9	234	2CW102（稳压范围为3.2～4.7V：选3.9V）
1N4731	4.3	217	2CW102（稳压范围为3.2～4.7V：选4.3V）
1N4731A	4.3	217	2CW102（稳压范围为3.2～4.7V：选4.3V）
1N4732/A	4.7	193	2CW102（稳压范围为3.2～4.7V：选4.7V）
1N4733/A	5.1	179	2CW103（稳压范围为4.0～5.8V：选5.1V）
1N4734/A	5.6	162	2CW103（稳压范围为4.0～5.8V：选5.6V）
1N4735/A	6.2	146	1W6V2、2CW104（稳压范围为5.5～6.5V：选6.2V）
1N4736/A	6.8	138	1W6V8、2CW104（稳压范围为5.5～6.5V：选6.5V）
1N4737/A	7.5	121	1W7V5、2CW105（稳压范围为6.2～7.5V：选7.5V）
1N4738/A	8.2	110	1W8V2、2CW106（稳压范围为7.0～8.8V：选8.2V）
1N4739/A	9.1	100	1W9V1、2CW107（稳压范围为8.5～9.5V：选9.1V）
1N4740/A	10	91	2CW286-10V、B563-10
1N4741/A	11	83	2CW109（稳压范围为10.0～11.8V：选11V）、2DW6
1N4742/A	12	76	2CW110（稳压范围为11.5～12.5V：选12V）、2DW6A
1N4743/A	13	69	2CW111（稳压范围为12.2～14V：选13V）、2DW6B、BWC114D
1N4744/A	15	57	2CW112（稳压范围为13.5～17V：选15V）、2DW6D
1N4745/A	16	51	2CW112（稳压范围为13.5～17V：选16V）、2DW6E
1N4746/A	18	50	2CW113（稳压范围为16～19V：选18V）、1W18V
1N4747/A	20	45	2CW114（稳压范围为18～21V：选20V）、BWC115E
1N4748/A	22	41	2CW115（稳压范围为20～24V：选22V）、1W22V
1N4749/A	24	38	2CW116（稳压范围为23～26V：选24V）、1W24V
1N4750/A	27	34	2CW117（稳压范围为25～28V：选27V）、1W27V
1N4751/A	30	30	2CW118（稳压范围为27～30V：选30V）、1W30V、2DW19F
1N4752/A	33	27	2CW119（稳压范围为29～33V：选33V）、1W33V
1N4753	36	13	2CW120（稳压范围为32～36V：选36V）、1/2W36V
1N4754	39	12	2CW121（稳压范围为35～40V：选39V）、1/2W39V
1N4755A	43	12	2CW122（43V）、1/2W43V
1N4756	47	10	2CW122（47V）、1/2W47V
1N4757	51	9	2CW123（51V）、1/2W51V
1N4758	56	8	2CW124（56V）、1/2W56V
1N4759	62	8	2CW124（62V）、1/2W62V
1N4760	68	7	2CW125（68V）、1/2W68V
1N4761	75	6.7	2CW126（75V）、1/2W75V
1N4762	82	6	2CW126（82V）、1/2W82V
1N4763	91	5.6	2CW127（91V）、1/2W91V
1N4764	100	5	2CW128（100V）、1/2W100V

（续）

型号	额定电压/V	最大工作电流/mA	可代换型号
1N5226/A	3.3	138	2CW51（稳压范围为2.5~3.6V：选3.3V）、2CW5226
1N5227/A/B	3.6	126	2CW51（稳压范围为2.5~3.6V：选3.6V）、2CW5227
1N5228/A/B	3.9	115	2CW52（稳压范围为3.2~4.5V：选3.9V）、2CW5228
1N5229/A/B	4.3	106	2CW52（稳压范围为3.2~4.5V：选4.3V）、2CW5229
1N5230/A/B	4.7	97	2CW53（稳压范围为4.0~5.8V：选4.7V）、2CW5230
1N5231/A/B	5.1	89	2CW53（稳压范围为4.0~5.8V：选5.1V）、2CW5231
1N5232/A/B	5.6	81	2CW103（稳压范围为4.0~5.8V：选5.6V）、2CW5232
1N5233/A/B	6	76	2CW104（稳压范围为5.5~6.5V：选6V）、2CW5233
1N5234/A/B	6.2	73	2CW104（稳压范围为5.5~6.5V：选6.2V）、2CW5234
1N5235/A/B	6.8	67	2CW105（稳压范围为6.2~7.5V：选6.8V）、2CW5235

16.4.3 发光二极管的选用与代换

选用与代换发光二极管时，所选用发光二极管的额定电流应大于电路中的最大允许电流，并应根据要求选择发光颜色，同时根据安装位置选择形状和尺寸。

图16-18所示为发光二极管的选用与代换。

图16-18 发光二极管的选用与代换

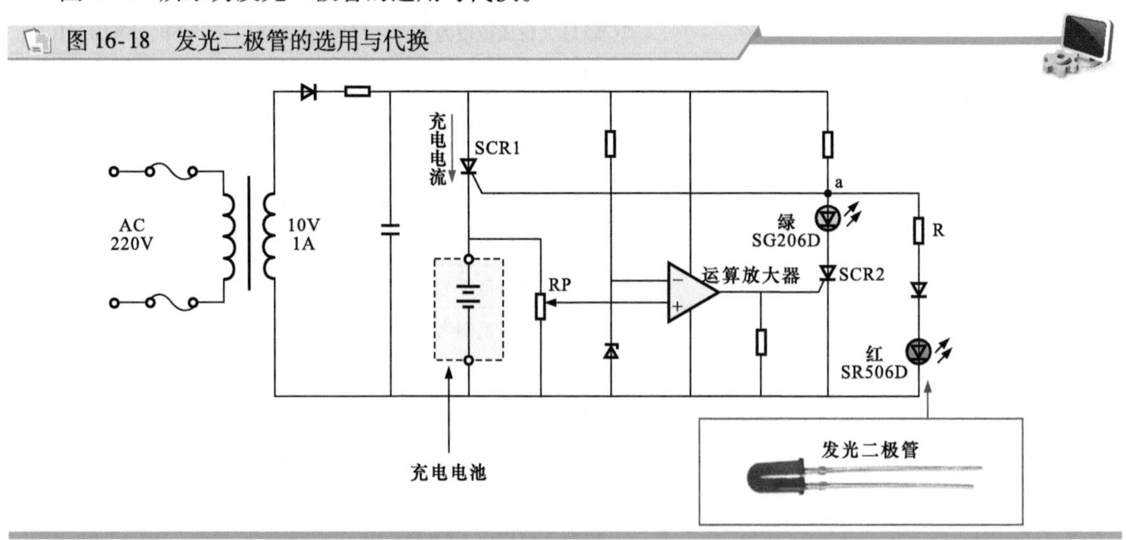
AC
220V
10V
1A
充电电流
SCR1
a
绿
SG206D
R
RP
运算放大器
SCR2
红
SR506D
充电电池
发光二极管

在图16-18中，交流220V电压经变压器后输出10V交流电压，经整流滤波后形成直流电压，分别加到晶闸管SCR1和显示控制电路，触发晶闸管给充电电池充电，a点电压上升，红色发光二极管有电流，发光表示开始充电。当充电到达额定值时，充电电池两端的电压上升，使电位器RP的滑片电压上升，运算放大器的正（+）端电压上升，输出高电平使晶闸管SCR2导通，绿色发光二极管发光，a点电压下降，停止充电，红色发光二极管熄灭。通常，发光二极管是可以通用的，在选用与代换时，应注意外形、尺寸及发光颜色要与设计要求相匹配。

一般普通绿色、黄色、红色、橙色发光二极管的工作电压为2V左右；白色发光二极管的工作电压通常大于2.4V；蓝色发光二极管的工作电压通常大于3.3V。

16.4.4 开关二极管的选用与代换

选用与代换开关二极管时，应注意所选开关二极管的正向电流、最高反向电压、反向恢复时间等应满足应用电路的要求。例如，在收录机、电视机及其他电子设备的开关电路中（包括检波电路），常选用 2CK、2AK 系列小功率开关二极管；在彩色电视机高速开关电路中，可选用 1N4148、1N4151、1N4152 等开关二极管；在录像机、彩色电视机的电子调谐器等开关电路中，可选用 MA165、MA166、MA167 型高速开关二极管。

图 16-19 所示为电视机调谐器及中频电路中开关二极管的选用与代换。

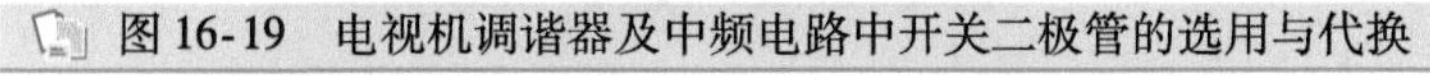
图 16-19　电视机调谐器及中频电路中开关二极管的选用与代换

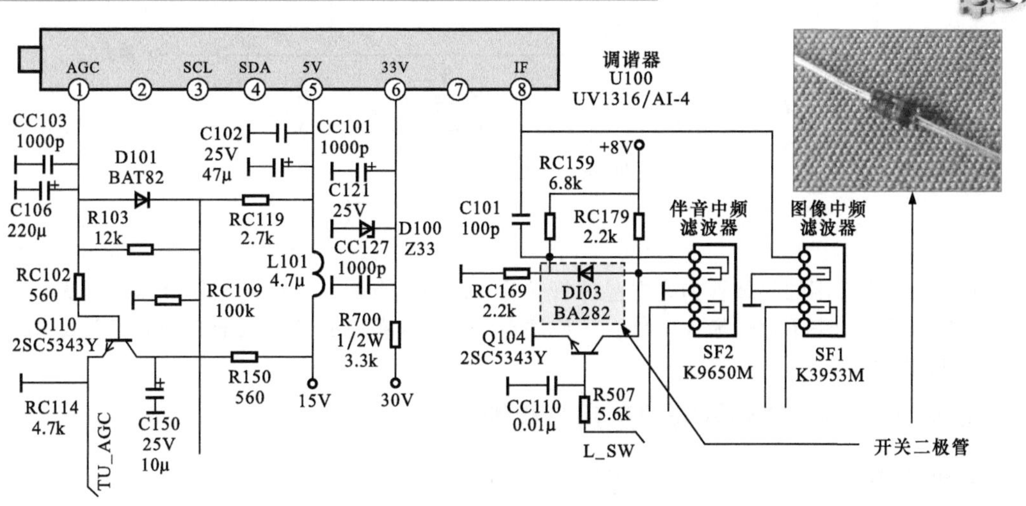
AGC
SCL
SDA
5V
33V
IF
调谐器
U100
UV1316/AI-4
CC103
1000p
C106
220μ
D101
BAT82
C102
25V
47μ
CC101
1000p
C121
25V
RC119
2.7k
R103
12k
RC102
560
RC109
100k
L101
4.7μ
CC127
1000p
D100
Z33
Q110
2SC5343Y
R150
560
R700
1/2W
3.3k
RC114
4.7k
C150
25V
10μ
TU_AGC
15V
30V
+8V
RC159
6.8k
C101
100p
RC179
2.2k
RC169
2.2k
DI03
BA282
Q104
2SC5343Y
CC110
0.01μ
R507
5.6k
L_SW
伴音中频
滤波器
SF2
K9650M
图像中频
滤波器
SF1
K3953M
开关二极管

在图 16-19 中，D103 为 BA282 型号的开关二极管。经查阅相关资料，BA282 为 P 型锗材料高频大功率管（$f>3$MHz，$P_{CM}>1$W）。在声表面波滤波器前级，通常会选用一个开关二极管作为开关控制器件，代换时应注意极性，以保证电路的性能。

代换时，应尽量选用同型号、同类型的开关二极管。若没有同型号的开关二极管，则应选用各项参数均匹配的开关二极管。若选用不当，则不仅会损坏新代换的开关二极管，还可能对应用电路或设备造成损伤。

16.5 晶体管的选用代换

晶体管是电子设备中应用最广泛的元器件之一。损坏时，应尽量选用型号、类型完全相同的晶体管代换，或者选择各种参数能够与应用电路相匹配的晶体管代换。

在选用晶体管时，在能满足整机要求放大参数的前提下，不要选用直流放大系数 h_{EF} 过大的晶体管，以防产生自激。此外，选用时还需要区分 NPN 型和 PNP 型，并根据使用场合和电路性能选用合适类型的晶体管，如应用于前置放大电路，多选用放大倍数较大的晶体管，集电极最大允许电流 I_{CM} 应大于 2～3 倍的工作电流，集电极与发射极反向击穿电压应至少大于或等于电源电压，集电极最大允许耗散功率（P_{CM}）应至少大于或等于电路的输出功率（P_0）。特征频率 f_T 应满足 $f_T\geqslant 3f$（工作频率）：中波收音机振荡器的最高频率为 2MHz 左右，则晶体管的特征频率应不低于 6MHz；调频收音机的最高振荡频率为 120Hz 左右，则晶体管的特征频率不应低于 360MHz；电视机中 VHF 频段的最高振荡频率为 250MHz 左右，则晶体管的特征频率不应低于 750MHz。

16.5.1 NPN 型晶体管的选用与代换

图 16-20 所示为调频（FM）收音机高频放大电路（共基极放大电路）中晶体管的选用与代换。

图 16-20 中选用的晶体管 2SC2724 是有三个或两个 PN 结的 NPN 型晶体管。由天线接收天空中的信号后，分别经 LC 组成的串联谐振电路和 LC 并联谐振电路调谐后输出所需的高频信号，经耦合电容 C1 后送入晶体管的发射极，由晶体管 2SC2724 放大，在集电极输出电路中设有 LC 谐振电路，与高频

输入信号谐振起选频作用。代换时，应注意晶体管的类型和型号，所选用的晶体管必须为同类型。

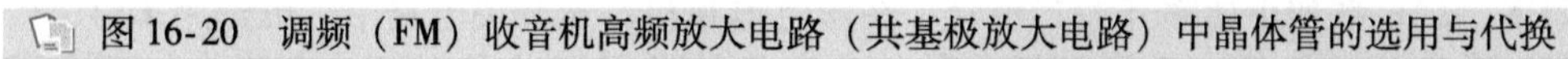
图 16-20 调频（FM）收音机高频放大电路（共基极放大电路）中晶体管的选用与代换

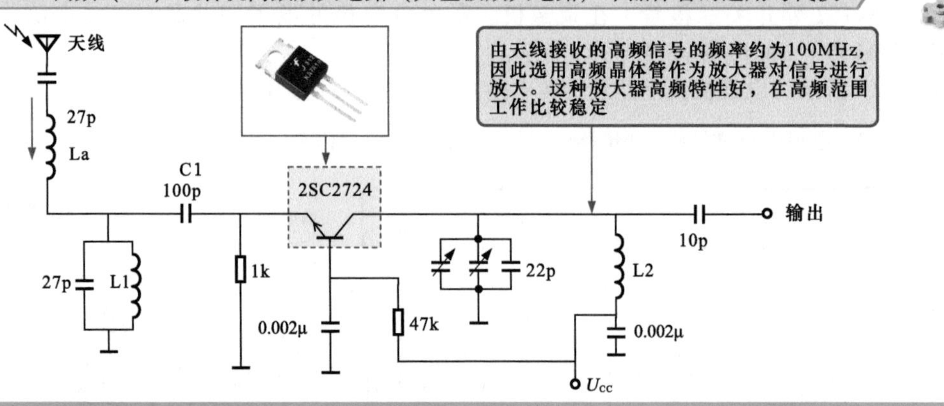
天线
27p
La
C1
100p
2SC2724
由天线接收的高频信号的频率约为100MHz，因此选用高频晶体管作为放大器对信号进行放大。这种放大器高频特性好，在高频范围工作比较稳定
输出
10p
27p
L1
1k
0.002μ
47k
22p
L2
0.002μ
U_{CC}

另外，若所选用的晶体管为光电晶体管，除应注意电参数，如最高工作电压、最大集电极电流和最大允许耗散功率不超过最大值外，还应注意光谱响应范围必须与入射光的光谱类型相匹配，以获得最佳的特性。

16.5.2 PNP 型晶体管的选用与代换

图 16-21 所示为音频放大电路中晶体管的选用与代换。

图 16-21 音频放大电路中晶体管的选用与代换

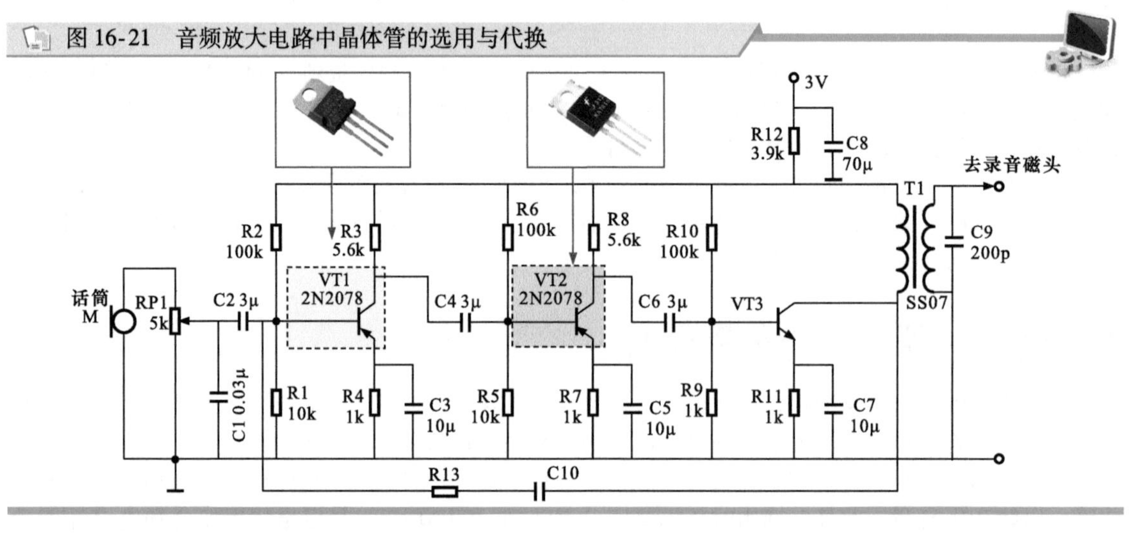
3V
R12
3.9k
C8
70μ
去录音磁头
T1
C9
200p
SS07
R2
100k
R3
5.6k
R6
100k
R8
5.6k
R10
100k
VT1
2N2078
VT2
2N2078
VT3
话筒
M
RP1
5k
C2 3μ
C4 3μ
C6 3μ
C1 0.03μ
R1
10k
R4
1k
C3
10μ
R5
10k
R7
1k
C5
10μ
R9
1k
R11
1k
C7
10μ
R13
C10

图 16-21 中，VT1、VT2 选用的晶体管为 2N2078，该晶体管为有两个 PN 结的 PNP 型晶体管。该放大电路是小型录音机的音频信号放大电路，话筒信号经电位器 RP1 后加到 VT1 上，经三级放大后加到变压器 T1 的一次绕组上，经变压器后送往录音磁头。同时，VT3 的集电极输出经 R13、C10 反馈到 VT1 的基极，可改善放大电路的频率特性。代换时，应注意选用同类型、同性能参数的晶体管。

不同种类晶体管的内部参数不同，代换时，应尽量选用同型号的晶体管，若代换时无法找到同型号的晶体管，则可用其他型号的晶体管进行代换。

常用晶体管的代换型号见表 16-2。

表 16-2 常用晶体管的代换型号

型号	类型	I_{CM}/A	U_{BEO}/V	代换型号
3DG9011	NPN	0.3	50	2N4124、CS9011、JE9011
9011	NPN	0.1	50	LM9011、SS9011

（续）

型号	类型	I_{CM}/A	U_{BEO}/V	代换型号
9012	PNP	0.5	25	LM9012
9013	NPN	0.5	40	LM9013
3DG9013	NPN	0.5	40	CS9013、JE9013
9013LT1	NPN	0.5	40	C3265
9014	NPN	0.1	50	LM9014、SS9014
9015	PNP	0.1	50	LM9015、SS9015
TEC9015	PNP	0.15	50	BC557、2N3906
9016	NPN	0.25	30	SS9016
3DG9016	NPN	0.025	30	JE9016
8050	NPN	1.5	40	SS8050
8050LT1	NPN	1.5	40	KA3265
ED8050	NPN	0.8	50	BC337
8550	PNP	15	40	LM8550、SS8550
SDT85501	PNP	10	60	3DK104C
SDT85502	PNP	10	80	3DK104D
8550LT1	PNP	1.5	40	KA3265
2SA1015	PNP	0.15	50	BC117、BC204、BC212、BC213、BC251、BC257、BC307、BC512、BC557、CG1015、CG673
2SC1815	NPN	0.15	60	BC174、BC182、BC184、BC190、BC384、BC414、BC546、DG458、DG1815
2SC945	NPN	0.1	50	BC107、BC171、BC174、BC182、BC183、BC190、BC207、BC237、BC382、BC546、BC547、BC582、DG945、2N2220、2N2221、2N2222、3DG120B、3DG4312
2SA733	NPN	0.1	50	BC177、BC204、BC212、BC213、BC251、BC257、BC307、BC513、BC557、3CG120C、3CG4312
2SC3356	NPN	0.1	20	2SC3513、2SC3606、2SC3829
2SC3838K	NPN	0.1	20	BF517、BF799、2SC3015、2SC3016、2SC3161
BC807	PNP	0.5	45	BC338、BC537、BC635、3DK14B
BC817	NPN	0.5	45	BCX19、BCW65、BCX66
BC846	NPN	0.1	65	BCV71、BCV72
BC847	NPN	0.1	45	BCW71、BCW72、BCW81
BC848	NPN	0.1	30	BCW31、BCW32、BCW33、BCW71、BCW72、BCW81
BC848-W	NPN	0.1	30	BCW31、BCW32、BCW33、BCW71、BCW72、BCW81、2SC4101、2SC4102、2SC4117
BC856	PNP	0.1	50	BCW89
BC856-W	PNP	0.1	50	BCW89、2SA1507、2SA1527
BC857	PNP	0.1	50	BCW69、BCW70、BCW89
BC857-W	PNP	0.1	50	BCW69、BCW70、BCE89、2SA1507、2SA1527
BC858	PNP	0.1	30	BCW29、BCW30、BCW69、BCW70、BCW89
BC858-W	PNP	0.1	30	BCW29、BCW30、BCW69、BCW70、BCW89、2SA1507、2SA1527
MMBT3904	NPN	0.1	60	BCW72、3DG120C
MMBT3906	PNP	0.2	60	BCW70、3DG120C
MMBT2222	NPN	0.6	60	BCX19、3DG120C

（续）

型号	类型	I_{CM}/A	U_{BEO}/V	代换型号
MMBT2222A	NPN	0.6	60	3DK10C
MMBT5401	PNP	0.5	150	3CA3F
MMBTA92	PNP	0.1	300	3CG180H
MMUN2111	NPN	0.1	50	UN2111
MMUN2112	NPN	0.1	50	UN2112
MMUN2113	NPN	0.1	50	UN2113
MMUN2211	NPN	0.1	50	UN2211
MMUN2212	NPN	0.1	50	UN2212
MMUN2213	NPN	0.1	50	UN2213
UN2111	NPN	0.1	50	FN1A4M、DTA114EK、RN2402、2SA1344
UN2112	NPN	0.1	50	FN1F4M、DTA124EK、RN2403、2SA1342
UN2113	NPN	0.1	50	FN1L4M、DTA144EK、RN2404、2SA1341
UN2211	NPN	0.1	50	DTC114EK、FA1A4M、RN1402、2SC3398
UN2212	NPN	0.1	50	DTC124EK、FA1F4M、RN1403、2SC3396
UN2213	NPN	0.1	50	DTC144EK、FA1L4M、RN1404、2SC3395

16.6 场效应晶体管的选用代换

16.6.1 场效应晶体管的代换原则及注意事项

场效应晶体管的代换原则就是在代换前，保证所选用场效应晶体管的规格符合产品要求；在代换过程中，要尽量采用最稳妥的代换方式，确保拆装过程安全可靠，防止造成二次故障，力求代换后的场效应晶体管能够良好、长久、稳定地工作。

1）场效应晶体管的种类比较多，在电路中的工作条件各不相同，在代换时要注意类别和型号的差异，不可任意代换。

2）场效应晶体管在保存和检测时应注意防静电，以免被击穿。

3）代换时，应注意场效应晶体管的型号及引脚排列顺序。

不同类型场效应晶体管的适用电路和选用注意事项见表16-3。

表16-3 不同类型场效应晶体管的适用电路和选用注意事项

类　型	适用电路	选用注意事项
结型场效应晶体管	音频放大器的差分输入电路及调制、放大、阻抗变换、稳压、限流、自动保护等电路	◇ 选用场效应晶体管时应重点考虑主要参数应符合电路需求 ◇ 当选用大功率场效应晶体管时，应注意最大耗散功率应达到放大器输出功率的0.5～1倍，漏-源极击穿电压应为放大器工作电压的2倍以上 ◇ 场效应晶体管的高度、尺寸应符合电路需求 ◇ 结型场效应晶体管的源极和漏极可以互换 ◇ 音频功率放大器推挽输出用MOS大功率场效应晶体管的各项参数要匹配
MOS场效应晶体管	音频功率放大、开关电源、逆变器、电源转换器、镇流器、充电器、电动机驱动、继电器驱动等电路	
双极型场效应晶体管	彩色电视机的高频调谐器电路、半导体收音机的变频器等高频电路	

16.6.2 场效应晶体管的代换方法

1 插接焊装场效应晶体管的代换方法

对插接焊装的场效应晶体管进行代换时，应采用电烙铁、吸锡器和焊锡丝等进行拆焊和焊接操作，如图 16-22 所示。

图 16-22 插接焊装场效应晶体管的代换方法

吸锡器
电烙铁
【1】用电烙铁加热场效应晶体管各引脚焊点，并用吸锡器吸走熔化的焊锡
镊子
电烙铁
【2】同时用镊子夹住场效应晶体管
镊子
【3】用镊子取下场效应晶体管
代换的场效应晶体管
拆下的场效应晶体管
【4】拆下的场效应晶体管和代换的场效应晶体管
焊锡丝
电烙铁
【5】使用电烙铁将焊锡丝熔化在场效应晶体管的引脚上
焊锡丝
电烙铁
【6】待焊锡熔化后，先抽离焊锡丝，再抽离电烙铁

2 表面贴装场效应晶体管的代换方法

对于表面贴装的场效应晶体管，需使用热风焊枪、镊子等进行拆卸和焊装。将热风焊枪的温度调节旋钮调至 4 ~ 5 档，风速调节旋钮调至 2 ~ 3 档，打开电源开关预热后，即可进行拆卸和焊装操作，如图 16-23 所示。

图 16-23　表面贴装场效应晶体管的代换方法

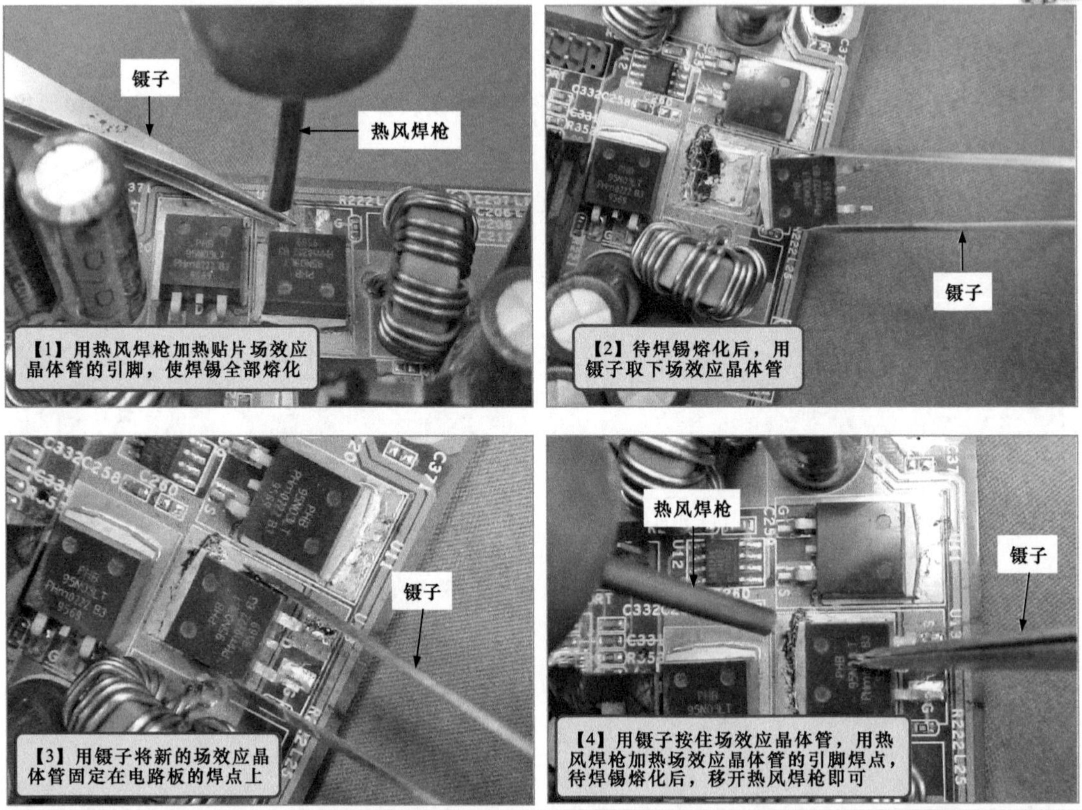

镊子
热风焊枪
【1】用热风焊枪加热贴片场效应晶体管的引脚，使焊锡全部熔化

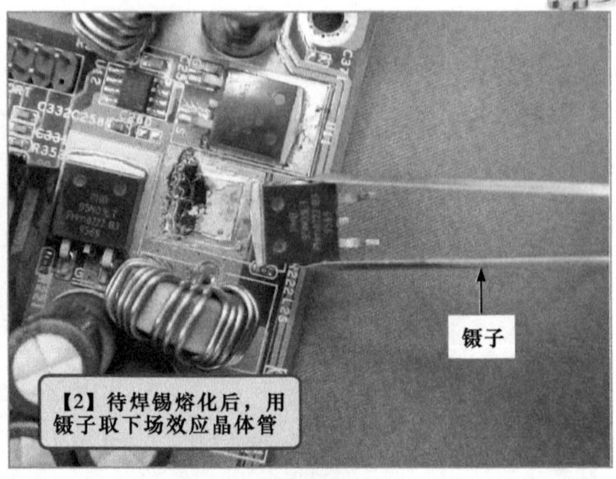
镊子
【2】待焊锡熔化后，用镊子取下场效应晶体管

镊子
【3】用镊子将新的场效应晶体管固定在电路板的焊点上

热风焊枪
镊子
【4】用镊子按住场效应晶体管，用热风焊枪加热场效应晶体管的引脚焊点，待焊锡熔化后，移开热风焊枪即可

相关资料

在更换场效应晶体管时，了解场效应晶体管的参数信息十分关键，常见场效应晶体管的型号及相关参数见表 16-4。

表 16-4　常见场效应晶体管的型号及相关参数

型号	沟道	$U_{(BR)DSS}$/V	I_{DS}/A	功率/W	类　型
IRFU020	N	50	15	42	MOS 场效应晶体管
IRFPG42	N	1000	4	150	MOS 场效应晶体管
IRFPF40	N	900	4.7	150	MOS 场效应晶体管
IRFP9240	P	200	12	150	MOS 场效应晶体管
IRFP9140	P	100	19	150	MOS 场效应晶体管
IRFP460	N	500	20	250	MOS 场效应晶体管
IRFP450	N	500	14	180	MOS 场效应晶体管
IRFP440	N	500	8	150	MOS 场效应晶体管
IRFP353	N	350	14	180	MOS 场效应晶体管
IRFP350	N	400	16	180	MOS 场效应晶体管
IRFP340	N	400	10	150	MOS 场效应晶体管
IRFP250	N	200	33	180	MOS 场效应晶体管
IRFP240	N	200	19	150	MOS 场效应晶体管

（续）

型号	沟道	$U_{(BR)DSS}$/V	I_{DS}/A	功率/W	类　型
IRFP150	N	100	40	180	MOS 场效应晶体管
IRFP140	N	100	30	150	MOS 场效应晶体管
IRFP054	N	60	65	180	MOS 场效应晶体管
IRFI744	N	400	4	32	MOS 场效应晶体管
IRFI730	N	400	4	32	MOS 场效应晶体管
IRFD9120	N	100	1	1	MOS 场效应晶体管
IRFD123	N	80	1.1	1	MOS 场效应晶体管
IRFD120	N	100	1.3	1	MOS 场效应晶体管
IRFD113	N	60	0.8	1	MOS 场效应晶体管
IRFBE30	N	800	2.8	75	MOS 场效应晶体管
IRFBC40	N	600	6.2	125	MOS 场效应晶体管
IRFBC30	N	600	3.6	74	MOS 场效应晶体管
IRFBC20	N	600	2.5	50	MOS 场效应晶体管
IRFS9630	P	200	6.5	75	MOS 场效应晶体管
IRF9630	P	200	6.5	75	MOS 场效应晶体管
IRF9610	P	200	1	20	MOS 场效应晶体管
IRF9541	P	60	19	125	MOS 场效应晶体管
IRF9531	P	60	12	75	MOS 场效应晶体管
IRF9530	P	100	12	75	MOS 场效应晶体管
IRF840	N	500	8	125	MOS 场效应晶体管
IRF830	N	500	4.5	75	MOS 场效应晶体管
IRF740	N	400	10	125	MOS 场效应晶体管
IRF730	N	400	5.5	75	MOS 场效应晶体管
IRF720	N	400	3.3	50	MOS 场效应晶体管
IRF640	N	200	18	125	MOS 场效应晶体管
IRF630	N	200	9	75	MOS 场效应晶体管
IRF610	N	200	3.3	43	MOS 场效应晶体管
IRF541	N	80	28	150	MOS 场效应晶体管
IRF540	N	100	28	150	MOS 场效应晶体管
IRF530	N	100	14	79	MOS 场效应晶体管
IRF440	N	500	8	125	MOS 场效应晶体管
IRF230	N	200	9	79	MOS 场效应晶体管
IRF130	N	100	14	79	MOS 场效应晶体管
BUZ20	N	100	12	75	MOS 场效应晶体管
BUZ11A	N	50	25	75	MOS 场效应晶体管
BS170	N	60	0.3	0.63	MOS 场效应晶体管

16.7 晶闸管的选用代换

16.7.1 晶闸管的代换原则及注意事项

在代换晶闸管之前，要保证所代换晶闸管的规格符合要求；在代换过程中，要注意安全可靠，防止造成二次故障，力求代换后的晶闸管能够良好、长久、稳定地工作。

1）代换晶闸管时要注意反向耐压、允许电流和触发信号的极性。

2）反向耐压高的晶闸管可以代换反向耐压低的晶闸管。

3）允许电流大的晶闸管可以代换允许电流小的晶闸管。

4）触发信号的极性应与触发电路对应。

晶闸管的类型较多，不同类型晶闸管的参数不同，若晶闸管损坏，则最好选用同型号的晶闸管代换。不同类型晶闸管的适用电路和选用注意事项见表16-5。

表16-5　不同类型晶闸管的适用电路和选用注意事项

类　型	适用电路	选用注意事项
单向晶闸管	交/直流电压控制、可控硅整流、交流调压、逆变电源、开关电源保护等电路	◇ 选用晶闸管时应重点考虑额定峰值电压、额定电流、正向压降、门极触发电流及触发电压、控制极触发电压与触发电流、开关速度等参数 ◇ 一般选用晶闸管的额定峰值电压和额定电流均应高于工作电路中的最大工作电压和最大工作电流的1.5~2倍 ◇ 所选用晶闸管的触发电压与触发电流一定要小于实际应用中的数值 ◇ 所选用晶闸管的尺寸、引脚长度应符合应用电路的要求 ◇ 选用双向晶闸管时，还应考虑浪涌电流参数符合电路要求 ◇ 一般在直流电路中可以选用普通晶闸管或双向晶闸管；在用直流电源接通和断开来控制功率的直流电路中，开关速度快、频率高，需选用高频晶闸管 ◇ 值得注意的是，在选用高频晶闸管时，要特别注意高温下和室温下的耐压值，大多数高频晶闸管在高温下的关断时间为室温下关断时间的2倍多
双向晶闸管	交流开关、交流调压、交流电动机线性调速、灯具线性调光及固态继电器、固态接触器等电路	
逆导晶闸管	电磁炉、电子镇流器、超声波、超导磁能存储系统及开关电源等电路	
光控晶闸管	光电耦合器、光探测器、光报警器、光计数器、光电逻辑电路及自动生产线的运行键控等电路	
门极可关断晶闸管	交流电动机变频调速、逆变电源及各种电子开关等电路	

16.7.2　晶闸管的代换方法

晶闸管一般直接焊接在电路板上，代换时，可借助电烙铁、吸锡器、焊锡丝等进行拆卸和焊接操作。

图16-24所示为晶闸管的代换方法。由图可知，晶闸管的代换包括拆卸和焊接两个环节。代换时，首先将电烙铁通电，待预热完毕，再配合吸锡器、焊锡丝等进行拆卸和焊接操作。

图16-24　晶闸管的代换方法

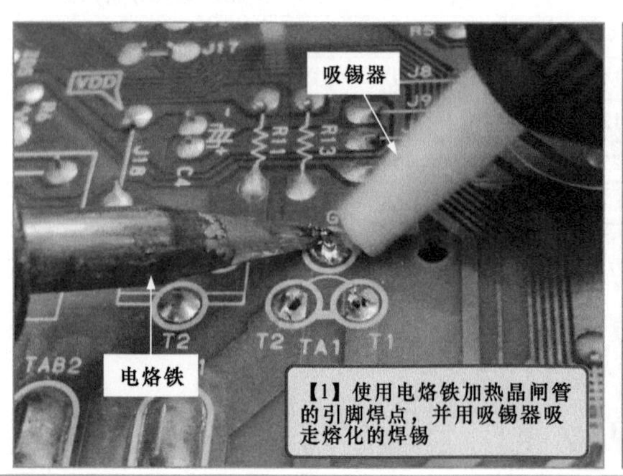
吸锡器
电烙铁
【1】使用电烙铁加热晶闸管的引脚焊点，并用吸锡器吸走熔化的焊锡

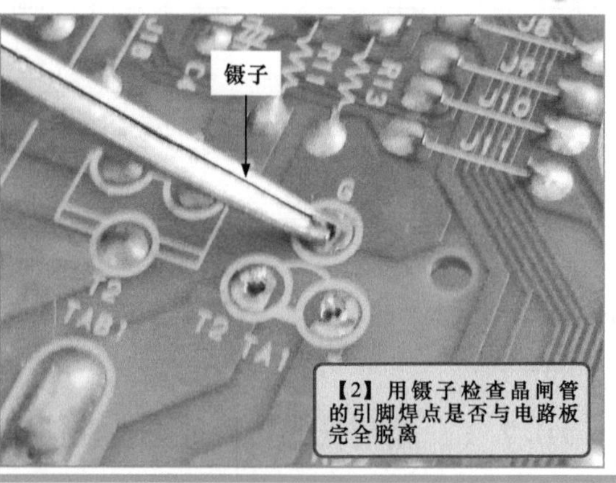
镊子
【2】用镊子检查晶闸管的引脚焊点是否与电路板完全脱离

图 16-24　晶闸管的代换方法（续）

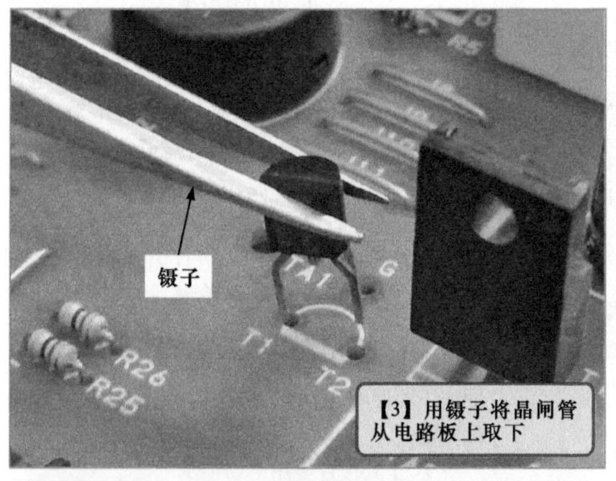
镊子
【3】用镊子将晶闸管从电路板上取下

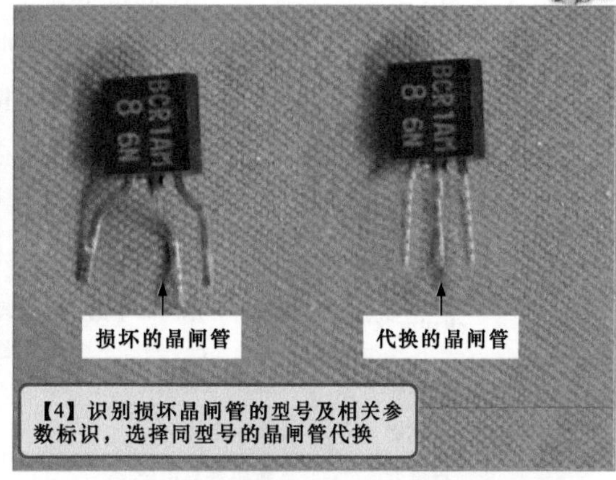
BCR1AM 8 6M
BCR1AM 8 6M
损坏的晶闸管
代换的晶闸管
【4】识别损坏晶闸管的型号及相关参数标识，选择同型号的晶闸管代换

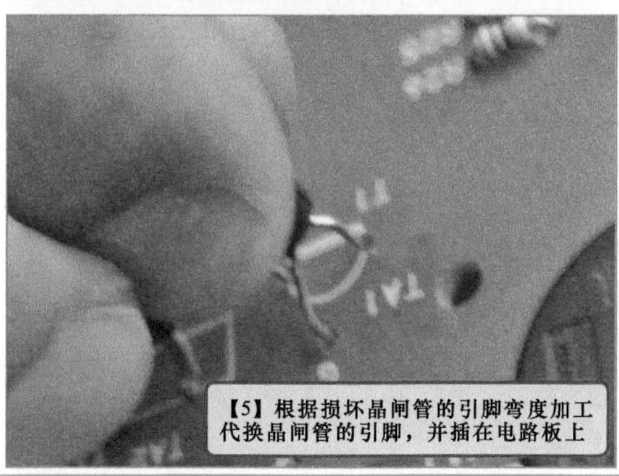
【5】根据损坏晶闸管的引脚弯度加工代换晶闸管的引脚，并插在电路板上

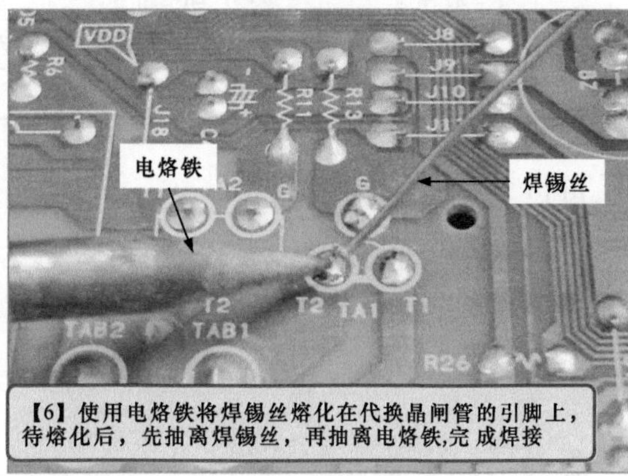
电烙铁
焊锡丝
【6】使用电烙铁将焊锡丝熔化在代换晶闸管的引脚上，待熔化后，先抽离焊锡丝，再抽离电烙铁,完 成焊接

16. 8　集成电路的选用代换

16. 8. 1　集成电路的代换原则及注意事项

集成电路的代换原则是在代换之前，要保证所代换集成电路的规格符合产品要求；在代换过程中，要注意安全，防止造成二次故障，力求代换后的集成电路能够良好、长久、稳定地工作。

1）使用同一型号的集成电路代换时，要注意方向不要搞错，否则通电时会被烧毁。

2）使用不同型号的集成电路代换时，要求相应的引脚功能完全相同，内部电路和相关参数可稍有差异。

不同类型集成电路的适用电路和选用注意事项见表 16-6。

16. 8. 2　集成电路的代换方法

由于集成电路的形态各异，安装方式也各不相同，因此在代换时一定要注意方法，要根据电路的特点及集成电路的自身特性来选择正确、稳妥的代换方法。通常，集成电路都是采用焊装的形式固定在电路板上的，从焊装的形式上看，主要可以分为插接焊装和表面贴装两种形式。

1　插接焊装集成电路的代换方法

对于插接焊装的集成电路，其引脚通常会穿过电路板，在电路板的另一面（背面）。

进行焊接固定是应用最广泛的一种安装方式。代换这类集成电路时，通常采用电烙铁、吸锡器和焊锡丝等进行拆焊和焊接操作，如图 16-25 所示。

表 16-6　不同类型集成电路的适用电路和选用注意事项

<table>
<tr><th colspan="2">类　　型</th><th>适 用 电 路</th><th>选用注意事项</th></tr>
<tr><td rowspan="4">模拟集成电路</td><td>三端稳压器</td><td>各种电子产品的电源稳压电路</td><td rowspan="9">◇ 需严格根据电路要求选择，例如电源电路是选用串联型还是开关型、输出电压是多少、输入电压是多少等都是选择时需要重点考虑的
◇ 需要了解各种性能，重点考虑类型、参数、引脚排列等是否符合应用电路要求
◇ 应查阅相关资料，了解各引脚的功能、应用环境、工作温度等可能影响到的因素是否符合要求
◇ 根据不同的应用环境，应选用不同的封装形式，即使参数功能完全相同，也应视实际情况而定
◇ 尺寸应符合应用电路需求
◇ 基本工作条件，如工作电压、功耗、最大输出功率等主要参数应符合电路要求</td></tr>
<tr><td>集成运算放大器</td><td>放大、振荡、电压比较、模拟运算、有源滤波等电路</td></tr>
<tr><td>时基集成电路</td><td>信号发生、波形处理、定时、延时等电路</td></tr>
<tr><td>音频信号处理集成电路</td><td>各种音像产品中的声音处理电路</td></tr>
<tr><td rowspan="5">数字集成电路</td><td>门电路</td><td>数字电路</td></tr>
<tr><td>触发器</td><td>数字电路</td></tr>
<tr><td>存储器</td><td>数码产品电路</td></tr>
<tr><td>微处理器</td><td>各种电子产品中的控制电路</td></tr>
<tr><td>编程器</td><td>程控设备</td></tr>
</table>

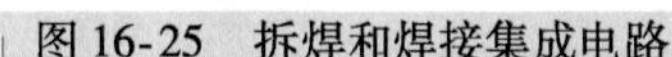
图 16-25　拆焊和焊接集成电路

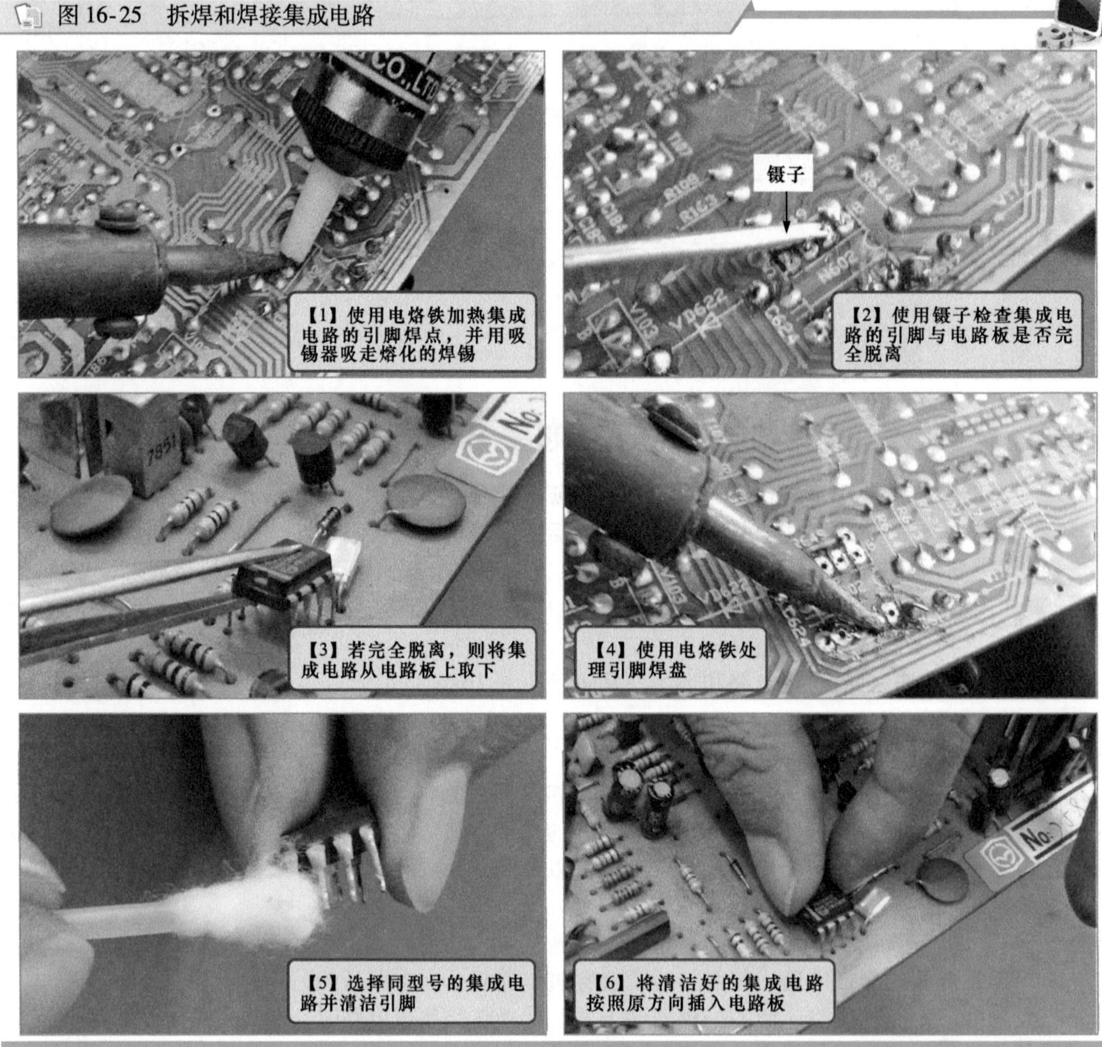
【1】使用电烙铁加热集成电路的引脚焊点，并用吸锡器吸走熔化的焊锡
镊子
【2】使用镊子检查集成电路的引脚与电路板是否完全脱离
【3】若完全脱离，则将集成电路从电路板上取下
【4】使用电烙铁处理引脚焊盘
【5】选择同型号的集成电路并清洁引脚
【6】将清洁好的集成电路按照原方向插入电路板

图 16-25　拆焊和焊接集成电路（续）

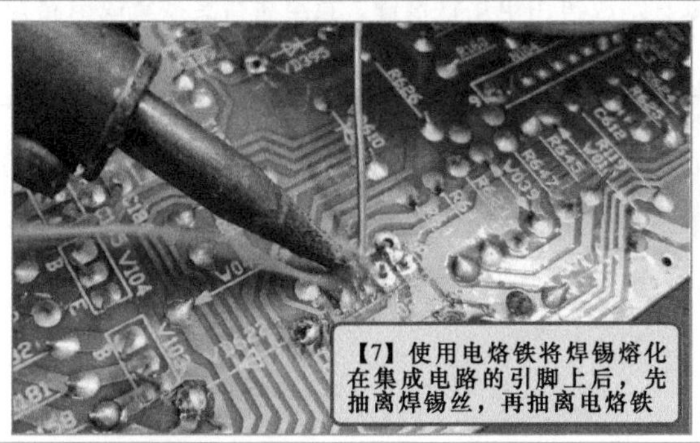
【7】使用电烙铁将焊锡熔化在集成电路的引脚上后，先抽离焊锡丝，再抽离电烙铁

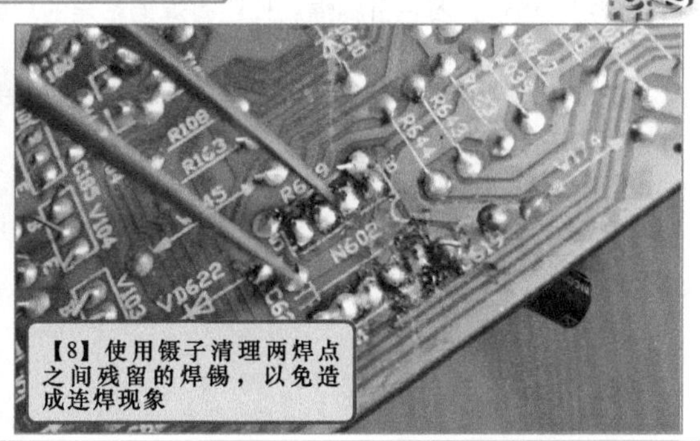
【8】使用镊子清理两焊点之间残留的焊锡，以免造成连焊现象

2　表面贴装集成电路的代换方法

对于表面贴装的集成电路，则需使用热风焊枪、镊子等进行拆焊和焊接，将热风焊枪的温度调节旋钮调至 5 ~ 6 档，风速调节旋钮调至 4 ~ 5 档，打开电源开关预热后，即可进行拆焊和焊接操作，如图 16-26 所示。

图 16-26　表面贴装集成电路的拆焊和焊接操作

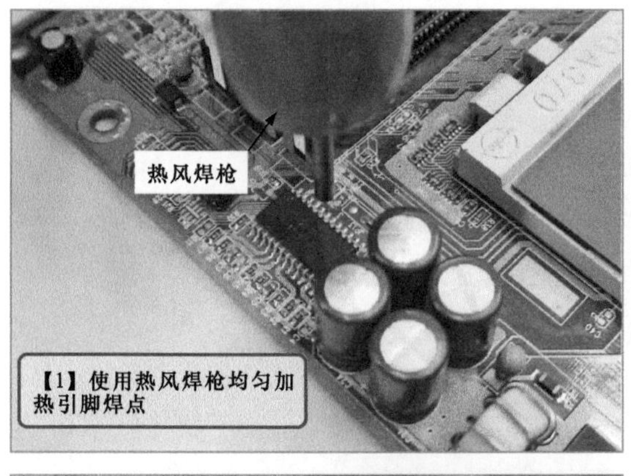
热风焊枪
【1】使用热风焊枪均匀加热引脚焊点

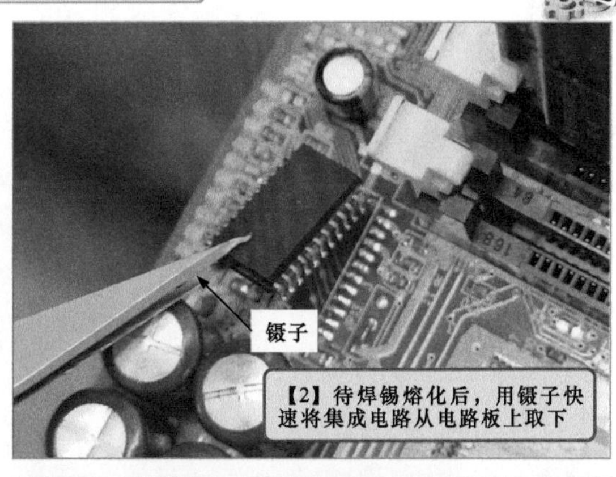
镊子
【2】待焊锡熔化后，用镊子快速将集成电路从电路板上取下

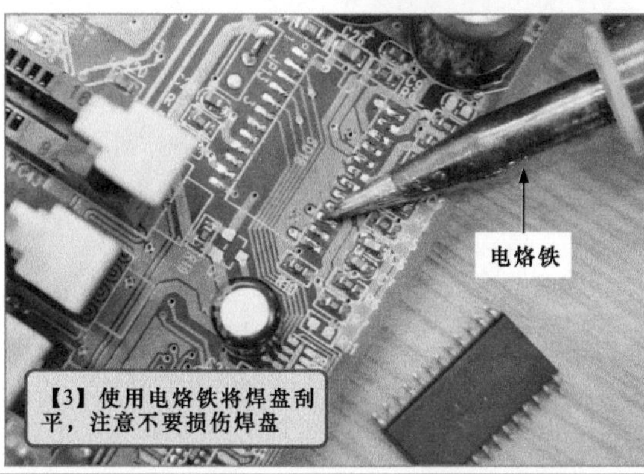
电烙铁
【3】使用电烙铁将焊盘刮平，注意不要损伤焊盘

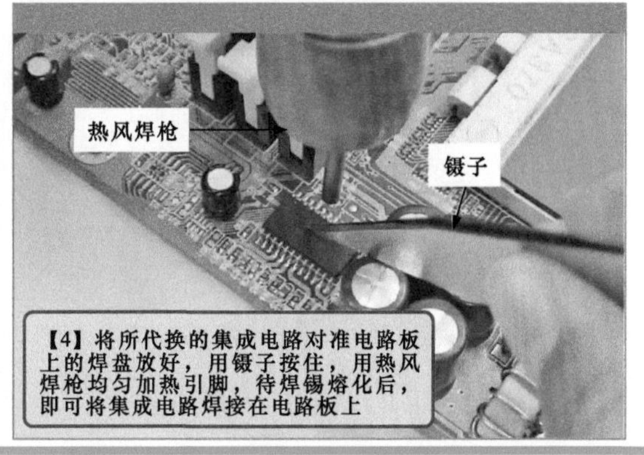
热风焊枪
镊子
【4】将所代换的集成电路对准电路板上的焊盘放好，用镊子按住，用热风焊枪均匀加热引脚，待焊锡熔化后，即可将集成电路焊接在电路板上

| 相关资料 |

在集成电路代换操作中，在拆焊之前，应首先对操作环境进行检查，确保操作环境干燥、整洁，确保操作平台稳固、平整，确保电路板或设备处于断电、冷却状态。

操作前，操作者应对自身进行放电，以免因静电击穿电路板上的元器件。

拆焊时，应确认集成电路引脚处的焊锡被彻底清除后，才能小心地将集成电路从电路板上取下，取下时，一定要谨慎，若在引脚焊点处还有焊锡粘连的现象，则应再用电烙铁清除，直至将待更换集成电路稳妥取下，切不可硬拔。

拆下后，用酒精对焊孔进行清洁，若焊孔处有未去除的焊锡，则可用平头电烙铁刮平焊孔处的焊锡，为焊接集成电路做好准备。

在焊接时，要保证焊点整齐、漂亮，不能有连焊、虚焊等现象，以免造成元器件的损坏。

值得注意的是，对于引脚较密集的集成电路，采用手工焊接的方法容易造成引脚连焊，一般在条件允许的情况下要使用贴片机进行焊接。

综合应用“杀敌”篇

第17章 电动自行车维修实例精选

17.1 电动自行车充电器维修检测实例

17.1.1 电动自行车充电器中的主要元器件

将充电器的外壳拆开后，即可以看到充电器内部的电路板及散热风扇，以及安装在充电器电路板上的多种电子元器件，如图17-1所示。

图17-1 充电器的内部结构图

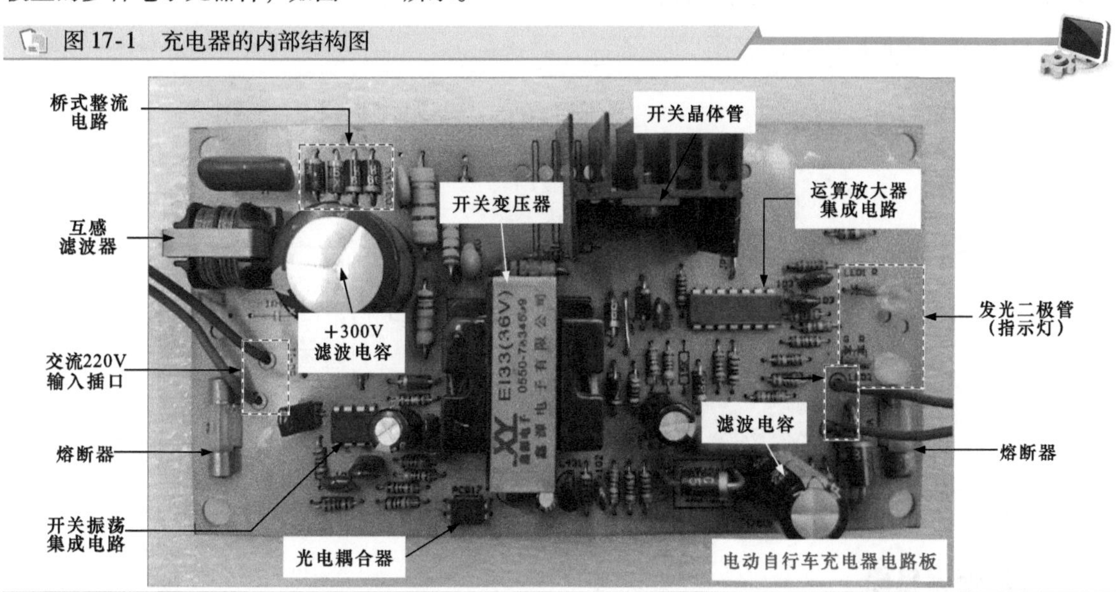

桥式整流电路
开关晶体管
运算放大器集成电路
开关变压器
互感滤波器
发光二极管（指示灯）
+300V滤波电容
交流220V输入插口
滤波电容
熔断器
熔断器
开关振荡集成电路
光电耦合器
电动自行车充电器电路板

由图中可知，充电器电路板主要是由熔断器、互感滤波器、桥式整流电路、+300V滤波电容、开关振荡集成电路、开关晶体管、开关变压器、运算放大器集成电路、光电耦合器、发光二极管（指示灯）等元器件构成的。

1 熔断器

熔断器俗称保险丝，通常安装在电路中，用以保护电路中的元器件不被过高的电流损坏。当充电器电路发生短路或异常时，电流会不断升高，而升高的电流有可能损坏电路中的某些重要元器件，甚至可能烧毁电路。这时熔断器会在电流异常升高到一定的程度时，自身熔断使电路切断，从而起到保护电路的作用，图 17-2 所示为充电器中熔断器的实物外形。

图 17-2　充电器中熔断器的实物外形

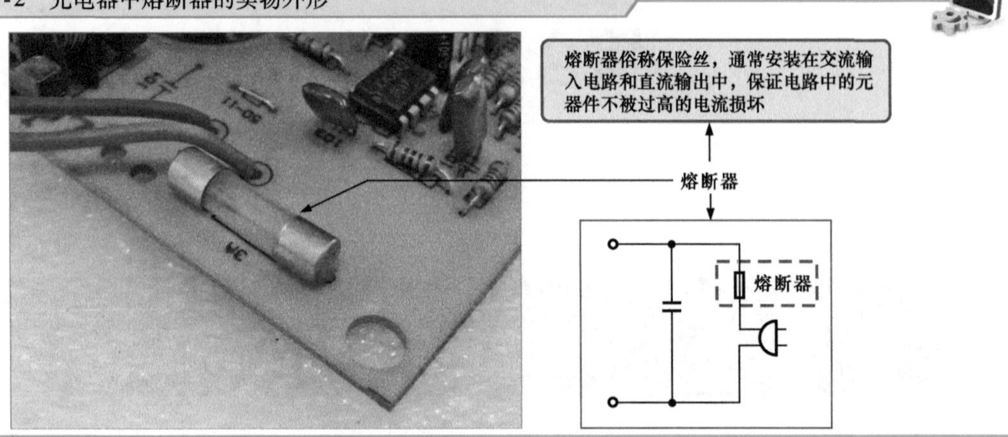
熔断器俗称保险丝，通常安装在交流输入电路和直流输出中，保证电路中的元器件不被过高的电流损坏
熔断器
熔断器

在充电器电路中，熔断器通常被安装在交流 220V 输入电路和直流输出电路中，以确保充电过程中不会因为电流过大而对充电器或蓄电池造成损伤。

2　互感滤波器

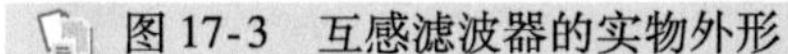

互感滤波器由四组线圈对称绕制而成，它的功能是通过互感作用消除外围电路的干扰脉冲，保护开关电源电路正常工作，同时使电路中产生的脉冲信号不会对其他电子设备造成干扰。其实物外形如图 17-3 所示。在电路中，互感滤波器通常用字母“L”表示，有时也用“T 表示”。

图 17-3　互感滤波器的实物外形

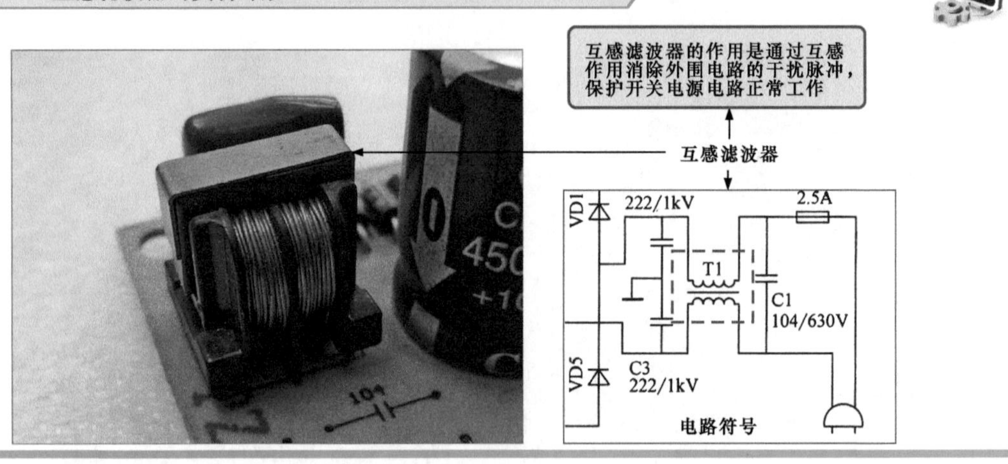
互感滤波器的作用是通过互感作用消除外围电路的干扰脉冲，保护开关电源电路正常工作
互感滤波器
VD1
222/1kV
2.5A
T1
C1
104/630V
VD5
C3
222/1kV
电路符号

3　桥式整流电路

桥式整流电路的作用是将交流 220V 电压整流后输出约 +300V 的直流电压。通常，该电路由四个整流二极管桥式连接，如图 17-4 所示。

4　滤波电容

滤波电容采用铝电解电容，它主要用来对桥式整流电路输出的 +300V 直流电压进行滤波，该电容的外形如图 17-5 所示。它在电路中体积较大，很容易找到。

电容在电路中常用字母“C”表示。电解电容器具有正、负极性，电容器外壳上标有“ - ”的浅色标识一侧引脚为负极，用以连接电路的低电位或接地端。

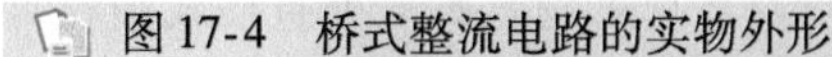

图 17-4 桥式整流电路的实物外形

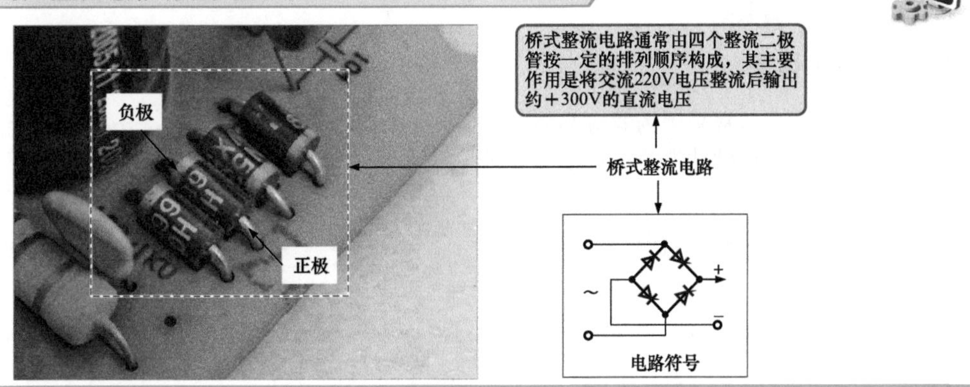
负极
正极
桥式整流电路通常由四个整流二极管按一定的排列顺序构成，其主要作用是将交流220V电压整流后输出约+300V的直流电压
桥式整流电路
电路符号

图 17-5 +300V 滤波电容的实物外形

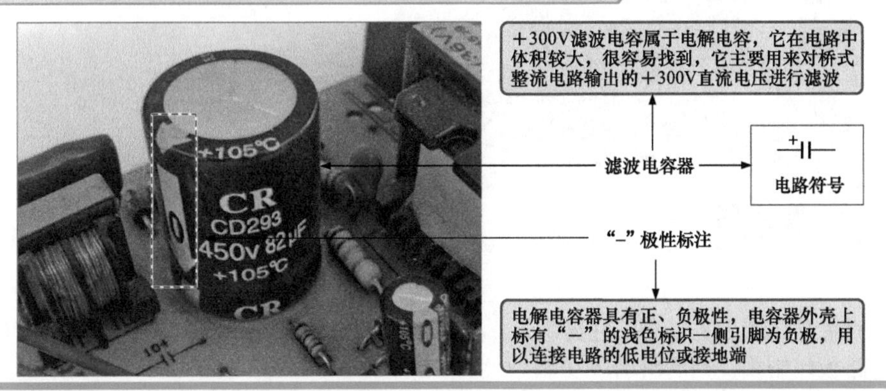
+105℃
CR
CD293
450V 82μF
+105℃
+300V滤波电容属于电解电容，它在电路中体积较大，很容易找到，它主要用来对桥式整流电路输出的+300V直流电压进行滤波
滤波电容器
电路符号
"–" 极性标注
电解电容器具有正、负极性，电容器外壳上标有"–"的浅色标识一侧引脚为负极，用以连接电路的低电位或接地端

| 相关资料 |

电容量的单位是"法拉"，简称"法"，用字母"F"表示。在实际电路中还有"微法"（用"μF"表示），"纳法"（用"nF"表示）或皮法（用"pF"表示），它们之间的换算关系是：$1F=10^6\mu F=10^9nF=10^{12}pF$。

5 开关振荡集成电路

充电器中的开关振荡集成电路是将开关振荡电路和控制电路集成在一起的芯片，是用于产生开关脉冲，脉冲信号经开关晶体管后去驱动开关变压器，图 17-6 所示为开关振荡集成电路的实物外形。

图 17-6 开关振荡集成电路的实物外形

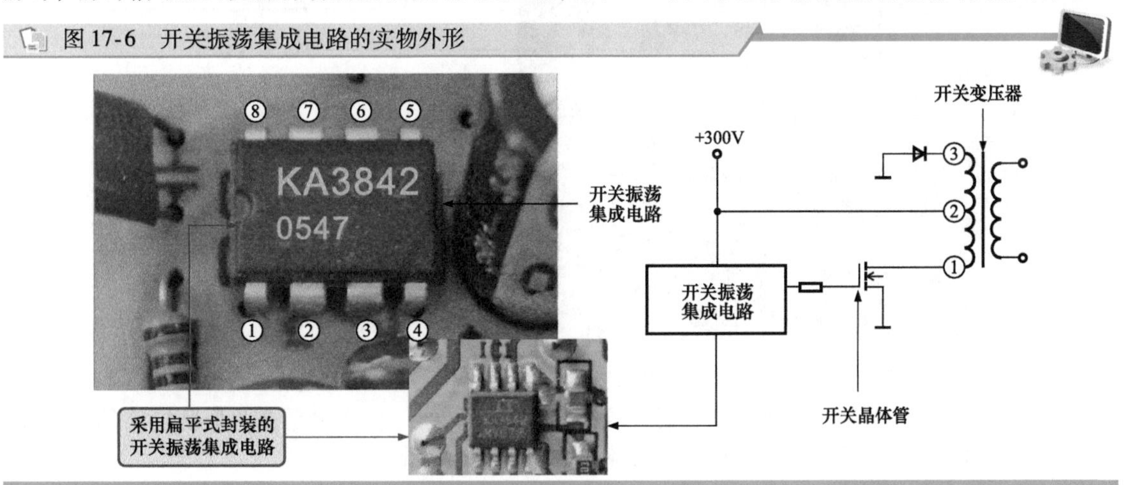
⑧ ⑦ ⑥ ⑤
KA3842
0547
① ② ③ ④
开关振荡集成电路
采用扁平式封装的开关振荡集成电路
开关变压器
+300V
开关振荡集成电路
开关晶体管

由图中可知，该充电器中的开关振荡集成电路型号为 KA3842，它采用 8 脚双列直插式塑料封装形式（或扁平封装式）

6 开关晶体管

在充电器中，通常采用场效应晶体管或普通晶体管作为开关晶体管。开关晶体管在充电器中主要是将直流电流变成脉冲电流，由于它工作在高反压和大电流等环境下，需要将其安装在散热片上，如图 17-7 所示。

图 17-7　开关晶体管的实物外形

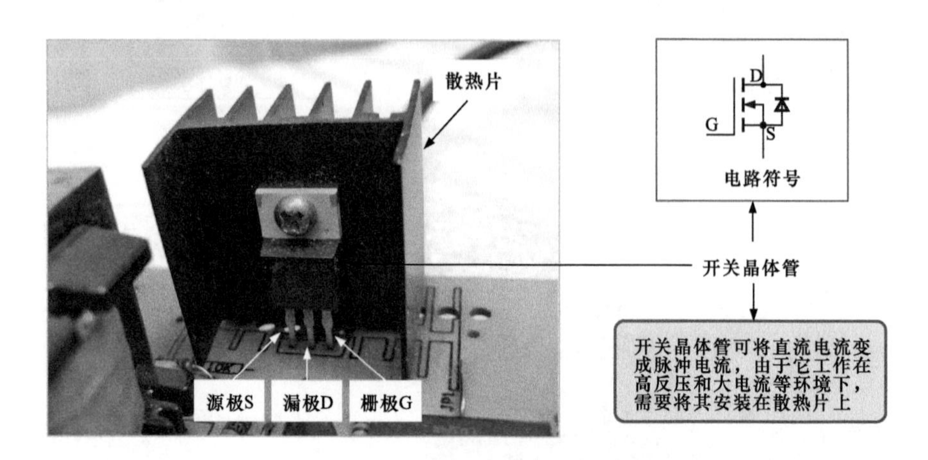
散热片
D
G
S
电路符号
开关晶体管
开关晶体管可将直流电流变成脉冲电流，由于它工作在高反压和大电流等环境下，需要将其安装在散热片上
源极S
漏极D
栅极G

通常，开关晶体管上是不会标注源极 S、漏极 D 和栅极 G 的，需要进行判别时，可根据对应电路图以及电路板印制线，判断出引脚功能。

7 开关变压器

开关变压器是一种脉冲变压器，可将高频高压脉冲变成多组高频低压脉冲，其工作频率较高，一般为 1～50kHz，如图 17-8 所示。

图 17-8　开关变压器的实物外形

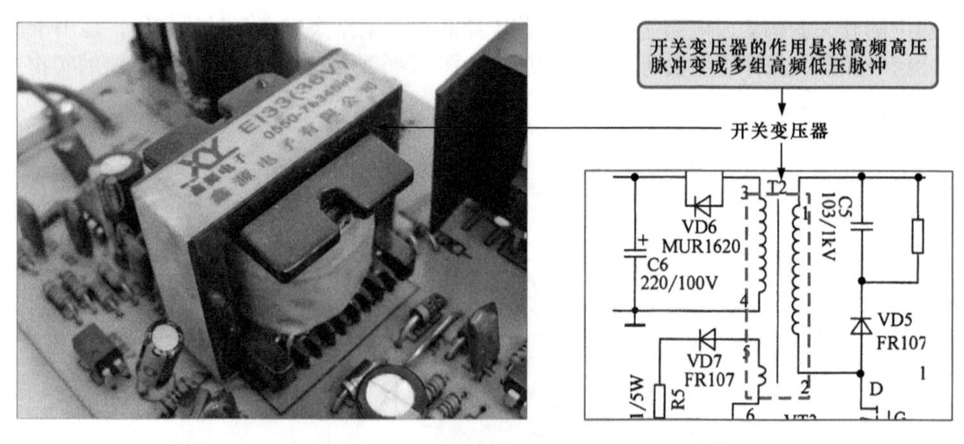
开关变压器的作用是将高频高压脉冲变成多组高频低压脉冲
开关变压器
EI33(36V)
T2
VD6
MUR1620
C6
220/100V
C5
103/1kV
VD5
FR107
VD7
FR107
R5
1/5W
D

开关变压器是开关电源电路中具有明显特征的器件，它的一次绕组是开关振荡电路的一部分，二次侧输出的脉冲信号经整流滤波后变成直流电压，为蓄电池充电。

8 运算放大器集成电路

在充电器中通常采用运算放大器集成电路（LM324N）作为温度、电压检测控制电路，用于监测充电器在充电过程中其电压值的上升情况，防止充电电压在超过其额定电压后，充电器仍继续向蓄电池充电，从而导致蓄电池过充，对蓄电池内部造成损伤，如图 17-9 所示。

图 17-9 运算放大器集成电路的实物外形

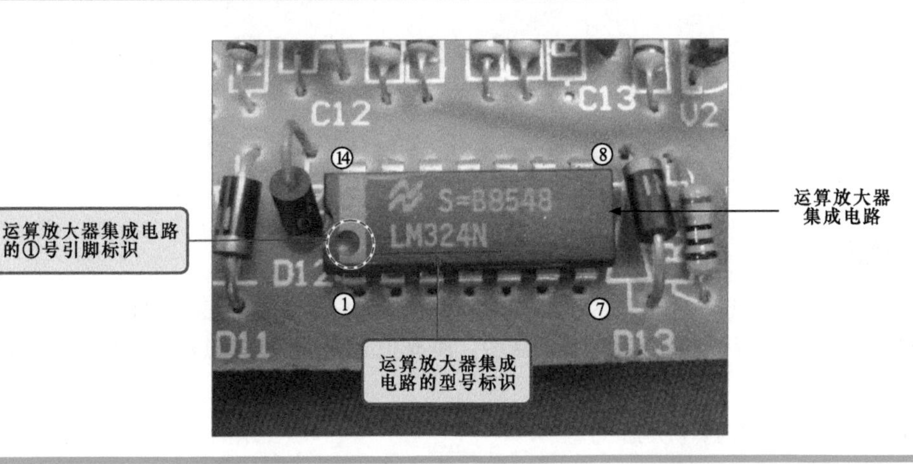
C12
C13
V2
⑭
⑧
S=B8548
LM324N
运算放大器
集成电路
运算放大器集成电路
的①号引脚标识
D12
①
⑦
D11
D13
运算放大器集成
电路的型号标识

运算放大器集成电路 LM324N 是具有 14 个引脚的集成电路，其内部设有 4 个运算放大器，这四个运算放大器可分别独立使用，也可叠加使用。

9 光电耦合器

光电耦合器主要用来将开关电源电路输出电压的误差反馈信号送到开关振荡集成电路中，开关振荡集成电路根据此信号，对输出电压进行调整。图 17-10 所示为充电器中光电耦合器的实物外形。

图 17-10 充电器中光电耦合器的实物外形

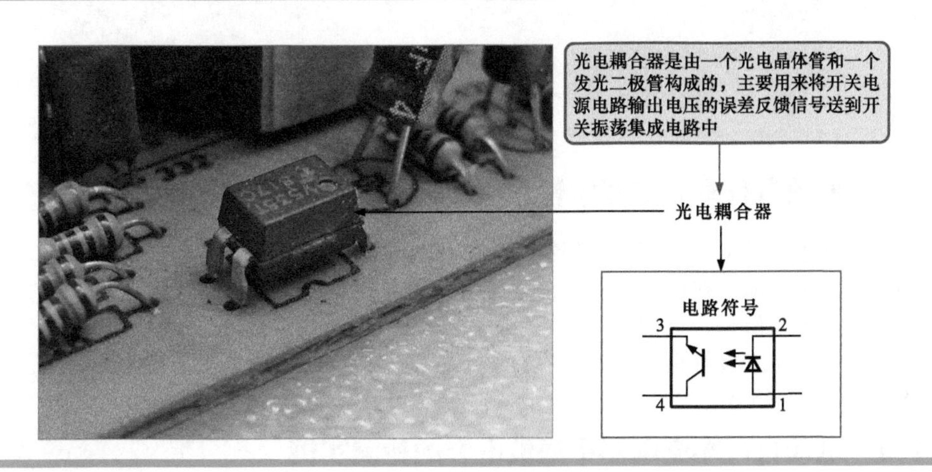
光电耦合器是由一个光电晶体管和一个发光二极管构成的，主要用来将开关电源电路输出电压的误差反馈信号送到开关振荡集成电路中
光电耦合器
电路符号
3
2
4
1

10 发光二极管

在充电器电路中采用发光二极管作为充电器的电源和状态指示灯。通常情况下，当充电器加电进行充电时，其电源指示灯为绿色，充电指示灯为红色；当充电结束，充电器进入涓流充电阶段时，其充电指示灯变为绿色，如图 17-11 所示。

图 17-11　发光二极管的实物外形

电源指示灯
充电指示灯
在充电器电路中，采用发光二极管作为充电器的电源和充电指示灯

11　散热风扇

目前，很多电动自行车充电器的内部都单独设有风扇装置，其主要作用是当充电器进行高压充电时，对其电路板进行散热，降低内部温度，使充电器性能更加稳定。其实物外形如图 17-12 所示。

图 17-12　散热风扇的实物外形

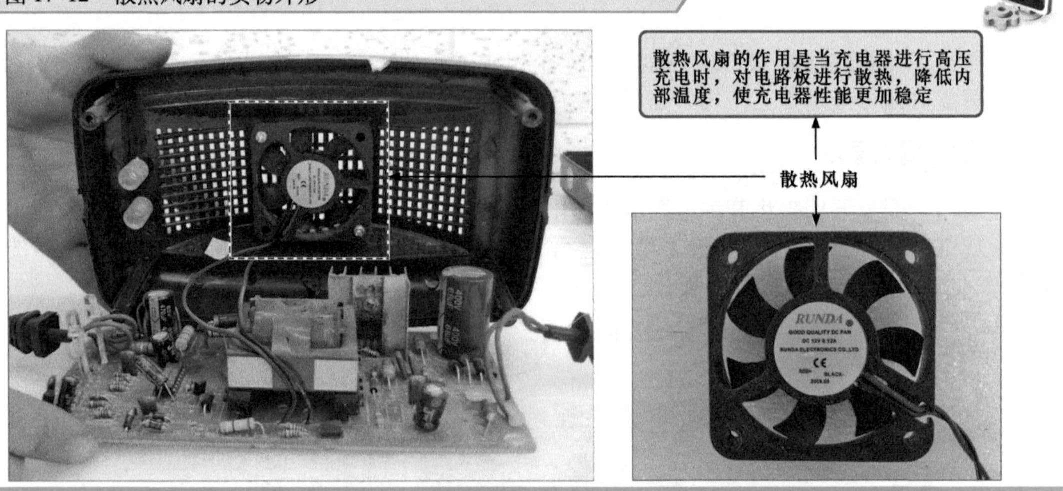
散热风扇的作用是当充电器进行高压充电时，对电路板进行散热，降低内部温度，使充电器性能更加稳定
散热风扇
RUNDA

17.1.2　电动自行车充电器中桥式整流电路的检测实例

桥式整流电路主要是将交流 220V 整流后输出 +300V 的直流电压值，若该部分损坏，将会造成充电器无输出电压的故障。在检测桥式整流电路时，可分别对四个整流二极管进行检测，即检测整流二极管的正、反向阻值是否正常。

正常情况下，整流二极管正向导通，应有一定的阻值；反向截止，阻值应为无穷大。整流二极管的检测方法如图 17-13 所示。

17.1.3　电动自行车充电器中滤波电容的检测实例

滤波电容器是将桥式整流电路输出的 +300V 电压进行滤波，若桥式整流电路正常，而 +300V 电压不正常时，则需要对该滤波电容进行检测。

一般正常情况下，滤波电容器的阻值在几千欧姆左右，若测得阻值为几十欧姆或几百欧姆，则表明该滤波电容器已损坏或老化。

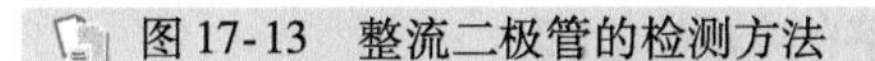

图 17-13　整流二极管的检测方法

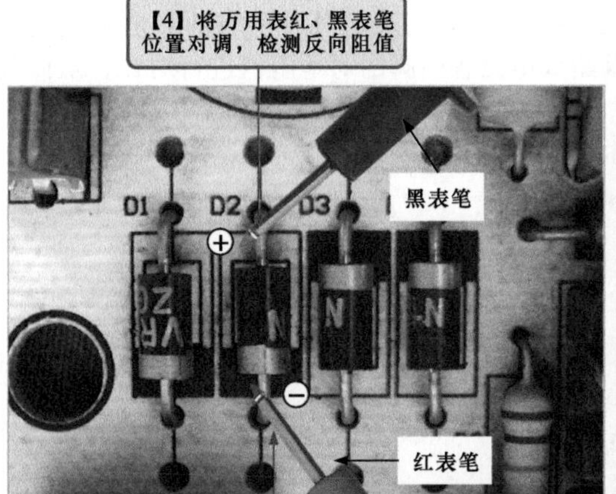

【4】将万用表红、黑表笔位置对调，检测反向阻值
黑表笔
红表笔
【2】将万用表黑表笔搭在二极管阳极，红表笔搭在二极管阴极，检测正向阻值

【5】经检测二极管的反向阻值为无穷大
【3】经检测二极管的正向阻值为6.5kΩ
MODEL MF47-8
www.chinadse.org
全保护·遥控器检测
【1】将万用表量程调至“×1k”欧姆档

滤波电容器的检测方法如图 17-14 所示。

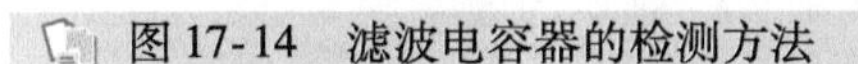

图 17-14　滤波电容器的检测方法

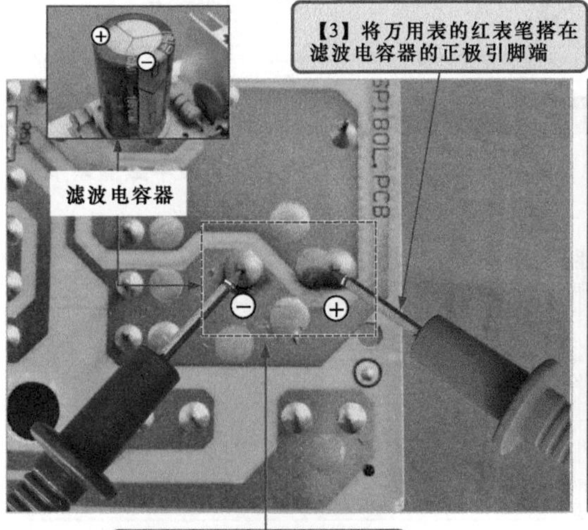

【3】将万用表的红表笔搭在滤波电容器的正极引脚端
滤波电容器
【2】将万用表的黑表笔搭在滤波电容器的负极引脚端

【4】正常情况下，测得滤波电容器的阻值为5kΩ
MODEL MF47-8
www.chinadse.org
全保护·遥控器检测
【1】将万用表量程调至“×1k”欧姆档

| 特别提示 |

在通电情况下检测滤波电容器，有可能会接触到交流 220V 电压，会对人身安全和电路板本身造成损伤，可连接隔离变压器后再进行检测操作。

| 相关资料 |

检测滤波电容器时，还可在开通电源的情况下，测量滤波电容两端电压是否约为 300V。

在正常情况下，若测得滤波电容的电压约为 +300V，表明前级电路正常；若经检测其电压值不正常，表明交流 220V 输入电路或桥式整流电路部分出现问题，应重点检查。另外，若滤波电容漏电严重也会引起输出不正常的故障，可在不通电的情况下，利用万用表判断其性能的好坏。

17.1.4 电动自行车充电器中开关振荡集成电路的检测实例

若怀疑开关振荡集成电路损坏，可在断电状态下，使用万用表对其各引脚的对地阻值进行检测，然后将检测各引脚的对地阻值与正常开关振荡集成电路各引脚的对地阻值进行对比，从而判断开关振荡集成电路是否正常。

开关振荡集成电路的检测方法如图 17-15 所示。

图 17-15 开关振荡集成电路的检测方法

扫一扫看视频

【4】将万用表红、黑表笔位置对调，检测①脚的反向对地阻值
IC1
⑧ ⑦ ⑥ ⑤
KA3842
MV0715
① ② ③ ④
【2】将万用表黑表笔搭在开关振荡集成电路的接地端(⑤脚)，红表笔依次搭在各个引脚端(以①脚为例)

【5】正常情况下，测得①脚的反向对地阻值为8kΩ
【3】正常情况下，测得①脚的正向对地阻值为6.6kΩ
MODEL MF47-8
www.chinadse.org
全保护·遥控器检测
【1】将万用表量程调至“×1k”欧姆档

| 提　示 |

正常情况下，测得开关振荡集成电路各引脚对地阻值，见表 17-1。若测量结果与表中数值差别较大，说明该开关振荡集成电路已损坏。

表 17-1 开关振荡集成电路 KA3842 各引脚对地阻值

引脚号	正向阻值（黑表笔接地）/kΩ	反向阻值（红表笔接地）/kΩ	引脚号	正向阻值（黑表笔接地）/kΩ	反向阻值（红表笔接地）/kΩ
①	6.6	8	⑤	0	0
②	0	0	⑥	6.4	7.5
③	0.3	0.3	⑦	5	∞（外接电容器）
④	7.4	12	⑧	3.7	3.8

17.1.5 电动自行车充电器中开关晶体管的检测实例

经排查，若怀疑电动自行车充电器中的开关晶体管损坏时，可在断电状态下，使用万用表检测开关晶体管三个引脚间的阻值是否正常。开关晶体管（CS7N60）引脚间的阻值见表 17-2，若测量结果与表中数值差别较大，说明该开关晶体管已损坏。

开关晶体管的检测方法如图 17-16 所示。

表 17-2 开关场效应晶体管各引脚间的阻值对照表

红表笔	黑表笔	阻值/kΩ	红表笔	黑表笔	阻值/kΩ
栅极（G）	漏极（D）	∞（外接电容）	源极（S）	栅极（G）	7.3
漏极（D）	栅极（G）	15.8	漏极（D）	源极（S）	4.3
栅极（G）	源极（S）	5.2	源极（S）	漏极（D）	∞（外接电容）

图 17-16　开关晶体管的检测方法

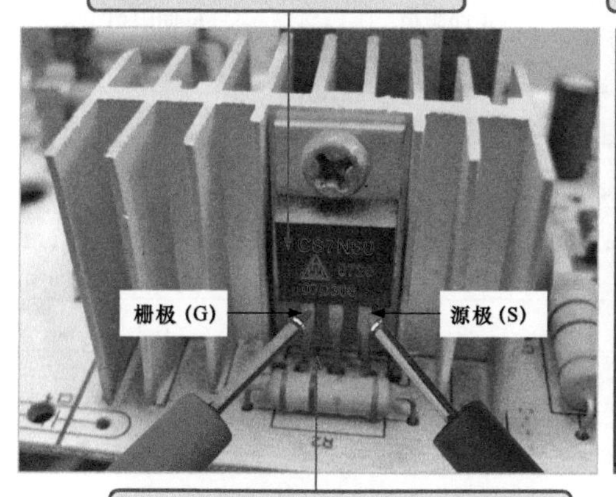
【4】将万用表红、黑表笔位置对调，检测源极与栅极间反向阻值
栅极（G）
源极（S）
【2】将万用表黑表笔搭在开关晶体管的源极（S），红表笔搭在开关晶体管的栅极（G）

【5】正常情况下，可测得7.3kΩ的阻值

【3】正常情况下，可测得5.2kΩ的阻值
MODEL MF47-8
www.chinadse.org
全保护·遥控器检测
【1】将万用表量程调至"×1k"欧姆档

扫一扫看视频

| 相关资料 |

如果检测开关场效应晶体管漏极和源极之间的正、反向阻值偏差较大，不能直接判断该管损坏，可能是由外围元器件引起的偏差，此时应将该管引脚焊点断开或焊下，在开路的状态下，利用上述方法再次检测，若测量结果仍不正常则可判断该管可能击穿损坏。

17.1.6　电动自行车充电器中运算放大器集成电路的检测实例

运算放大器集成电路（AS324M-E1）主要用来检测电压以及充电器的工作状态，当怀疑运算放大器集成电路损坏时，可在断电状态下，对其各引脚的正、反向阻值进行检测。

运算放大器集成电路的检测方法如图 17-17 所示。

图 17-17　运算放大器集成电路的检测方法

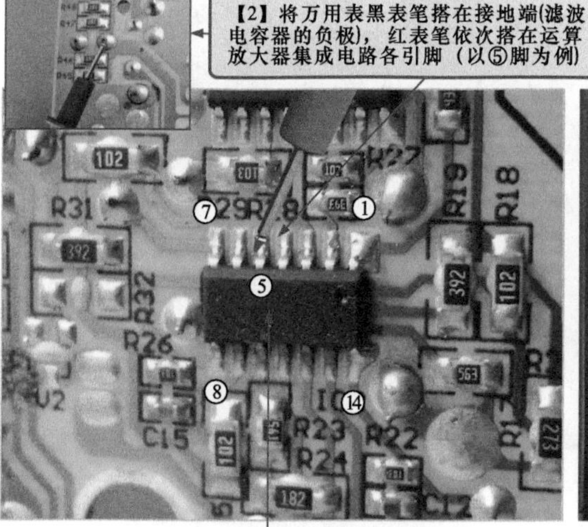
【2】将万用表黑表笔搭在接地端(滤波电容器的负极)，红表笔依次搭在运算放大器集成电路各引脚（以⑤脚为例）
【4】将万用表红、黑表笔位置对调，检测⑤脚的对地阻值

【5】正常情况下，测得⑤脚的反向阻值为17kΩ
【3】正常情况下，测得⑤脚的正向阻值为8.8kΩ
MODEL MF47-8
www.chinadse.org
全保护·遥控器检测
【1】将万用表量程调至"×1k"欧姆档

运算放大器集成电路（AS324M-E1）各引脚正、反向阻值，见表 17-3。若测量结果与表中数值差别较大，说明该运算放大器集成电路已损坏。

表 17-3　运算放大器集成电路（AS324M-E1）各引脚正、反向阻值

引脚号	正向阻值（黑表笔接地）/kΩ	反向阻值（红表笔接地）/kΩ	引脚号	正向阻值（黑表笔接地）/kΩ	反向阻值（红表笔接地）/kΩ
①	9.4	37.5	⑧	9	56
②	0.7	0.7	⑨	0.5	0.5
③	0.7	0.7	⑩	0.7	0.7
④	5	13.7	⑪	0	0
⑤	8.8	17	⑫	1.7	1.5
⑥	9	56	⑬	0.7	0.7
⑦	9.4	56	⑭	9.3	55

17.2 电动自行车控制器维修检测实例

17.2.1 电动自行车控制器中的主要元器件

图 17-18 为典型电动自行车无刷电动机控制器的电路板。

图 17-18　典型电动自行车无刷电动机控制器的电路板

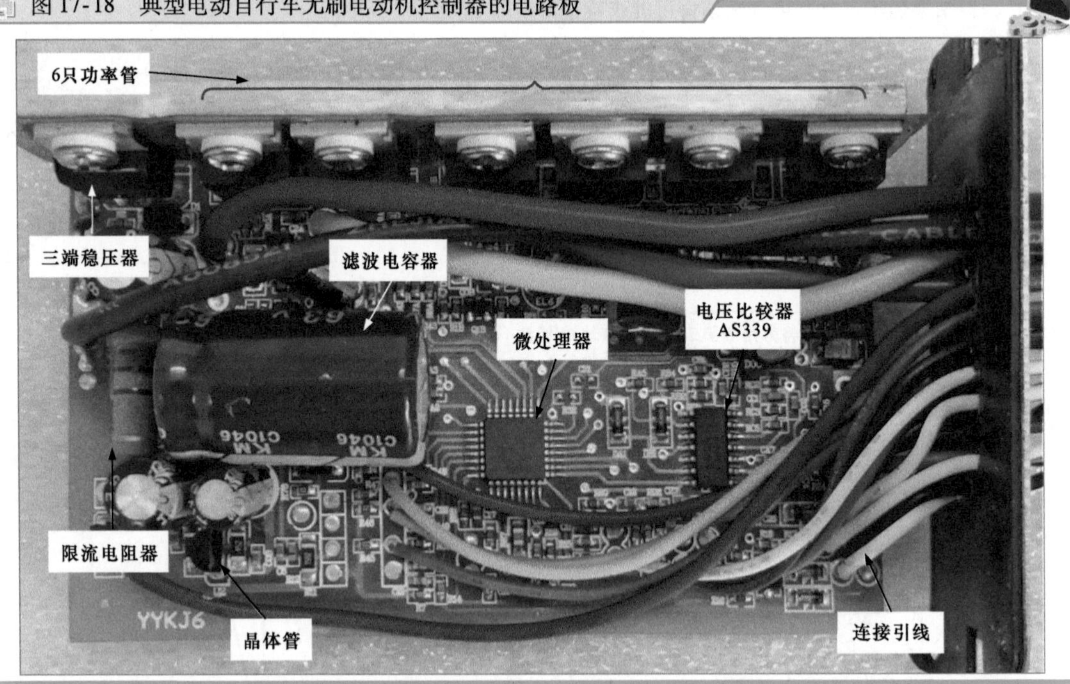
6只功率管
三端稳压器
滤波电容器
电压比较器
AS339
微处理器
限流电阻器
晶体管
连接引线
YYKJ6

从图中可以看到，电动机控制器电路主要由微处理器、电压比较器、稳压器件、功率管（MOS管）、三端稳压器和限流电阻器等元器件构成的。

1 微处理器

在图 17-18 所示电动机控制器中，采用了型号为 STM8S 的微处理器，图 17-19 所示为该芯片的实物外形及引脚排列。

图 17-19 微处理器 STM8S 的实物外形及引脚排列

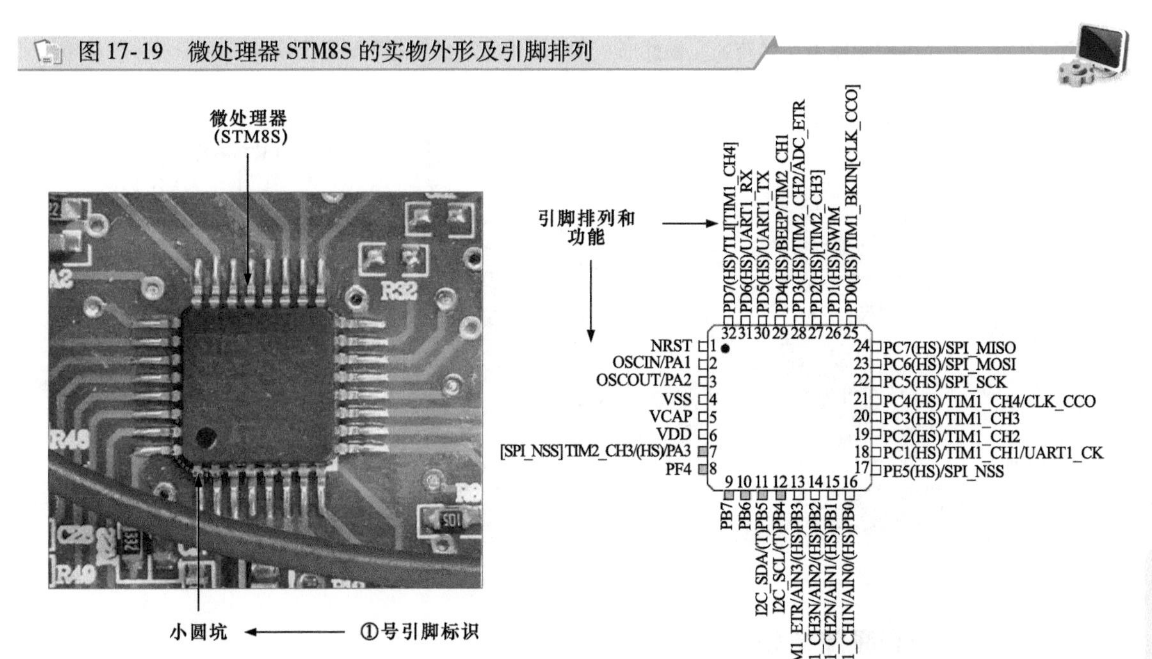
微处理器
(STM8S)
引脚排列和
功能
小圆坑
①号引脚标识
NRST
OSCIN/PA1
OSCOUT/PA2
VSS
VCAP
VDD
[SPI_NSS]TIM2_CH3/(HS)PA3
PF4
PC7(HS)/SPI_MISO
PC6(HS)/SPI_MOSI
PC5(HS)/SPI_SCK
PC4(HS)/TIM1_CH4/CLK_CCO
PC3(HS)/TIM1_CH3
PC2(HS)/TIM1_CH2
PC1(HS)/TIM1_CH1/UART1_CK
PE5(HS)/SPI_NSS
PD7(HS)/TLI[TIM1_CH4]
PD6(HS)/UART1_RX
PD5(HS)/UART1_TX
PD4(HS)/BEEP/TIM2_CH1
PD3(HS)/TIM2_CH2/ADC_ETR
PD2(HS)[TIM2_CH3]
PD1(HS)/SWIM
PD0(HS)/TIM1_BKIN[CLK_CCO]
PB7
PB6
I2C_SDA/(T)PB5
I2C_SCL/(T)PB4
TIM1_ETR/AIN3/(HS)PB3
TIM1_CH3N/AIN2/(HS)PB2
TIM1_CH2N/AIN1/(HS)PB1
TIM1_CH1N/AIN0/(HS)PB0

2 电压比较器

在该控制器中，采用的电压比较器为 AS339 M-E1，其功能、内部结构与 LM339 完全相同，如图 17-20 所示。

图 17-20 电动机控制器中电压比较器为 AS339 M-E1 外形及内部结构

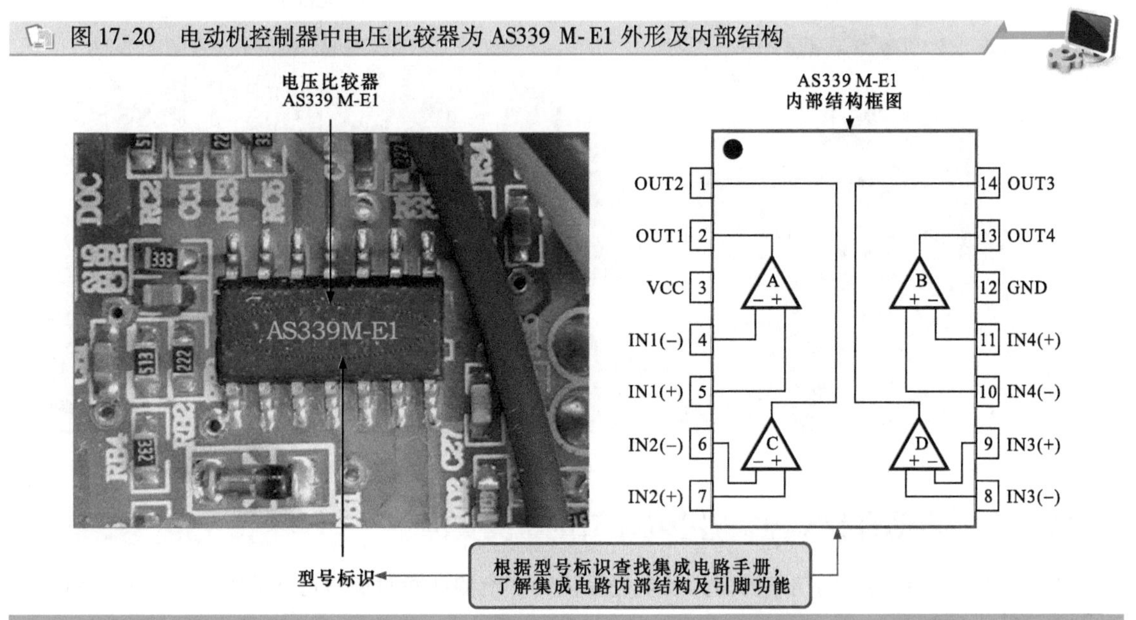
电压比较器
AS339 M-E1
AS339M-E1
AS339 M-E1
内部结构框图
OUT2
OUT1
VCC
IN1(−)
IN1(+)
IN2(−)
IN2(+)
OUT3
OUT4
GND
IN4(+)
IN4(−)
IN3(+)
IN3(−)
型号标识
根据型号标识查找集成电路手册，
了解集成电路内部结构及引脚功能

该电压比较器与外围电路构成 PWM 信号产生电路，用于产生锯齿波脉冲和 PWM 调制信号等。

3 功率管

在电动机控制器中通常采用 6 个型号完全相同的功率管（场效应晶体管）构成功率输出电路（见图 17-21），用于驱动无刷电动机起动和运转。

图 17-21　电动机控制器中功率管的实物外形

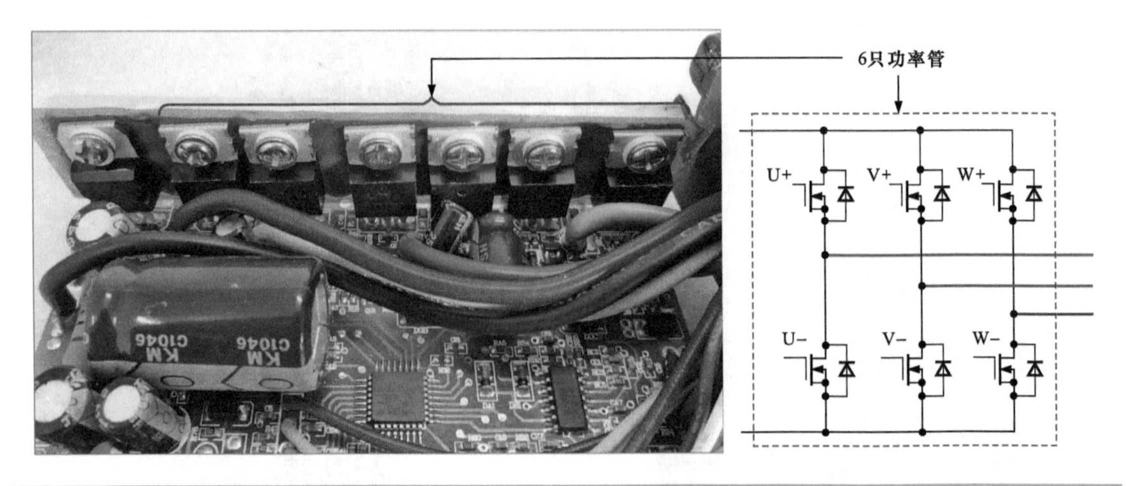
6只功率管
U+
V+
W+
U−
V−
W−

4 三端稳压器和限流电阻器

当蓄电池通电后，送到控制器内的工作电压首先经三端稳压器和限流电阻器进行限流和稳压，然后再为其他元器件送去所需的直流电压，如图 17-22 所示。

图 17-22　三端稳压器和限流电阻器的实物外形

三端稳压器
LM317

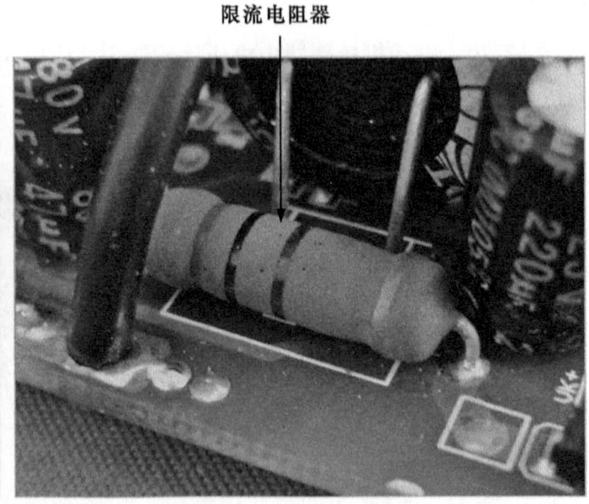
限流电阻器

17.2.2　电动自行车控制器中功率管的检测实例

电动自行车控制器中的功率管多为场效应晶体管，检测该管时通常可在断电状态下检测引脚间阻值的方法进行判断。

电动自行车控制器中功率管（场效应晶体管）的检修方法如图 17-23 所示。

正常情况下，检测任意两个引脚间电阻值时，应能测到两组约几千欧姆的数值，其余均趋于无穷大。若不满足该检测结果，或测得某组数值为零，则该晶体管可能已经损坏，应选用相同规格参数和型号的 MOS 管（场效应晶体管）进行更换。

图 17-23 电动自行车控制器中功率管（场效应晶体管）的检修方法

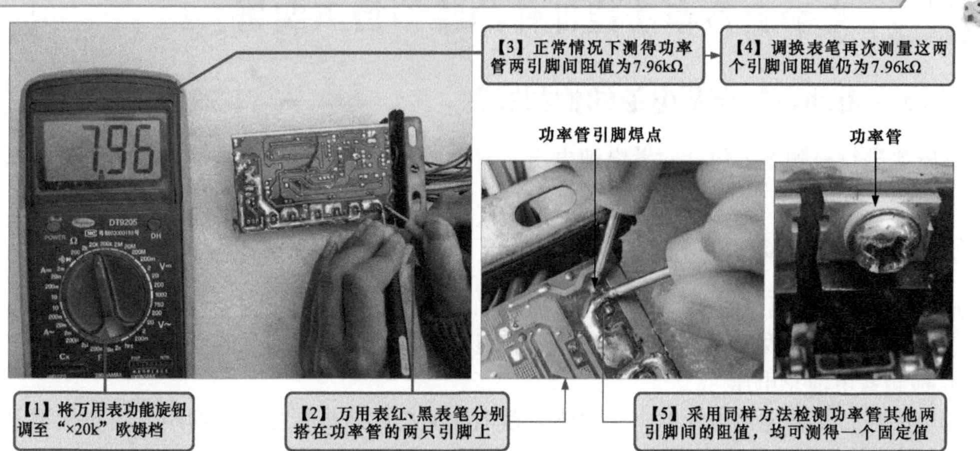
【3】正常情况下测得功率管两引脚间阻值为7.96kΩ
【4】调换表笔再次测量这两个引脚间阻值仍为7.96kΩ
功率管引脚焊点
功率管
7.96
【1】将万用表功能旋钮调至“×20k”欧姆档
【2】万用表红、黑表笔分别搭在功率管的两只引脚上
【5】采用同样方法检测功率管其他两引脚间的阻值，均可测得一个固定值

| 提　　示 |

值得注意的是，由于电动自行车控制器中多采用几个功率管进行工作，对该管进行检测时可采用比较法进行判断，若一排功率管中，其中一只与其他检测结果偏差较大，则可能是该晶体管已经损坏。

17.2.3 电动自行车控制器中三端稳压器的检测实例

电动自行车控制器中的稳压器件主要是将电池电压进行稳压后，输出电路板上其他器件正常工作所需要的直流电压。若检测该器件输入电压正常，而输出不正常或无输出时，则表明该器件损坏。

电动自行车控制器中通常采用的稳压器主要有 LM317、7805、7806、7812、7815 等，其检测方法基本相同。下面以 LM317 为例介绍其检测方法。

电动自行车控制器中三端稳压器 LM317 的检测方法如图 17-24 所示。

图 17-24 电动自行车控制器中三端稳压器的检测方法

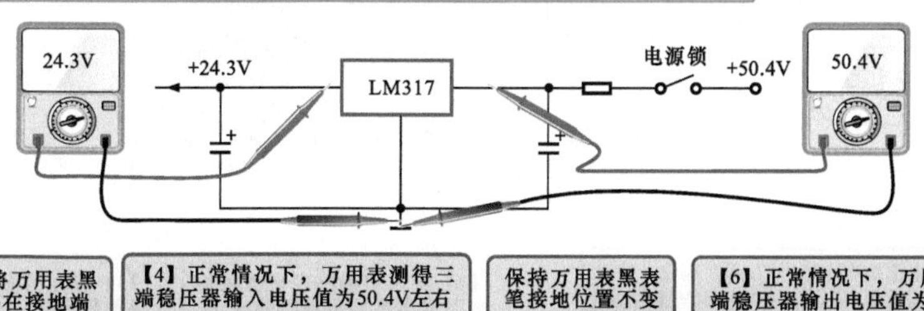
24.3V
+24.3V
LM317
电源锁
+50.4V
50.4V

扫一扫看视频

【2】将万用表黑表笔搭在接地端
【4】正常情况下，万用表测得三端稳压器输入电压值为50.4V左右
保持万用表黑表笔接地位置不变
【6】正常情况下，万用表测得三端稳压器输出电压值为24.3V左右

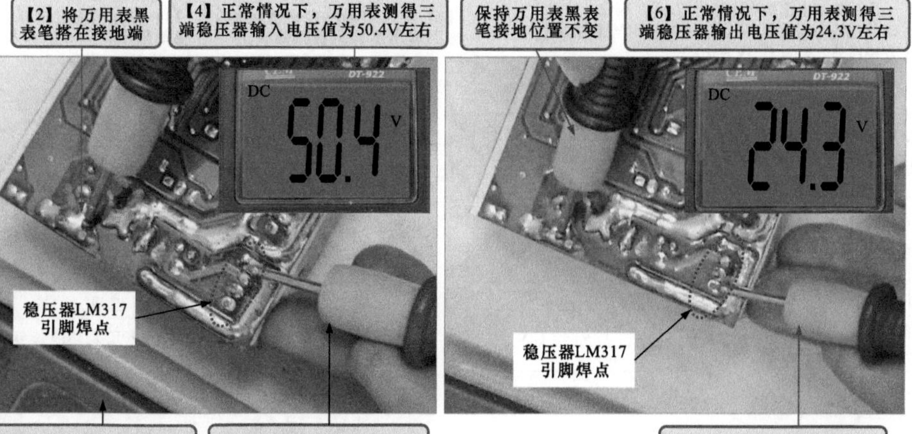
DC
50.4
V
DT-922
24.3
稳压器LM317引脚焊点
【1】将万用表功能旋钮调至“直流250V”电压档
【3】将万用表红表笔搭在三端稳压器的电压输入端
【5】将万用表红表笔搭在三端稳压器的电压输出端

17.3 电动自行车功能部件的维修检测实例

17.3.1 电动自行车蓄电池的检测实例

对蓄电池进行检测主要包括对蓄电池电压、蓄电池容量的测量，以及蓄电池安全阀和电解液的检查等。

1 蓄电池电压的检测方法

蓄电池的性能状态主要体现在容量和电压上，因此可先用万用表测量蓄电池总电压、单体蓄电池电压、负载电压以及内部单格电池电压，然后根据电压高低来快速判断电池性能的好坏。

（1）检测蓄电池总电压

检测电动自行车蓄电池电压时，一般先对蓄电池的总电压进行检测，即用万用表检测蓄电池输出端子上的电压值。

蓄电池总电压的检测方法如图 17-25 所示。

图 17-25　蓄电池总电压的检测方法

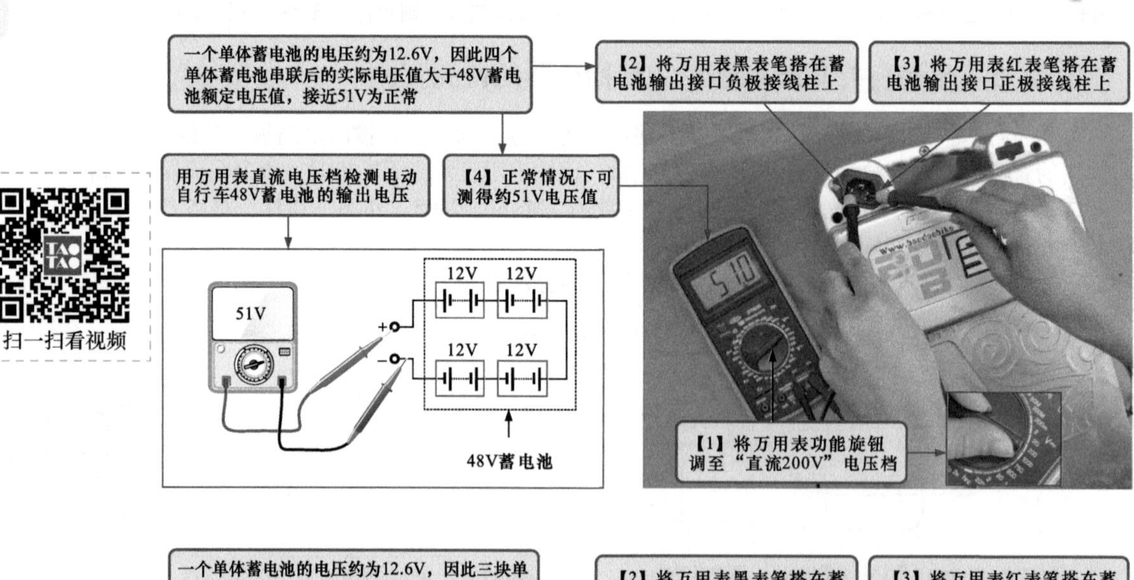

一个单体蓄电池的电压约为12.6V，因此四个单体蓄电池串联后的实际电压值大于48V蓄电池额定电压值，接近51V为正常
【2】将万用表黑表笔搭在蓄电池输出接口负极接线柱上
【3】将万用表红表笔搭在蓄电池输出接口正极接线柱上
用万用表直流电压档检测电动自行车48V蓄电池的输出电压
【4】正常情况下可测得约51V电压值
51V
12V
12V
12V
12V
48V蓄电池
【1】将万用表功能旋钮调至“直流200V”电压档
扫一扫看视频

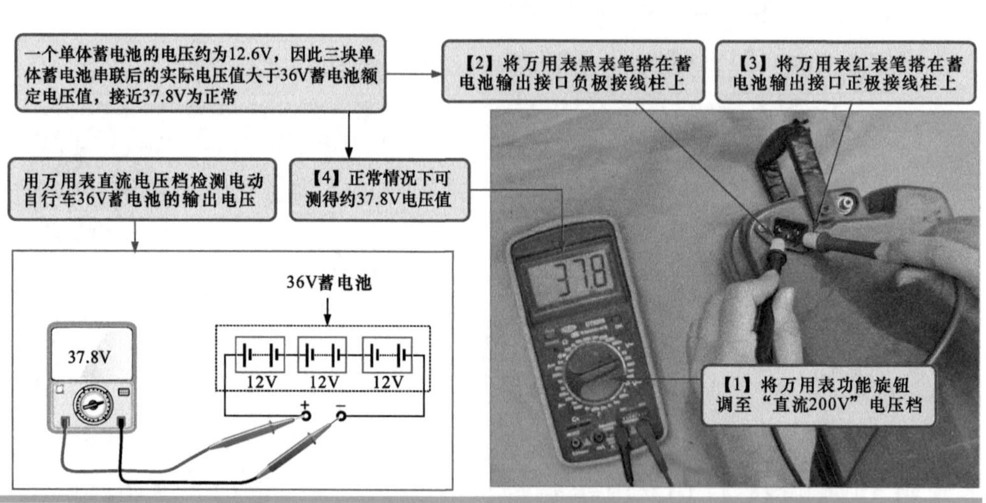

一个单体蓄电池的电压约为12.6V，因此三块单体蓄电池串联后的实际电压值大于36V蓄电池额定电压值，接近37.8V为正常
【2】将万用表黑表笔搭在蓄电池输出接口负极接线柱上
【3】将万用表红表笔搭在蓄电池输出接口正极接线柱上
用万用表直流电压档检测电动自行车36V蓄电池的输出电压
【4】正常情况下可测得约37.8V电压值
36V蓄电池
37.8V
12V
12V
12V
【1】将万用表功能旋钮调至“直流200V”电压档

将数字万用表量程调至直流电压档，黑表笔搭在电池盒电源接口的负极上，红表笔搭在正极上。

| 提　示 |

正常空载情况下，36V 蓄电池电压应在 36～40.5V 之间（实测为 37.8V）；48V 蓄电池电压应在 48～54V 之间（实测电压为 51V）。

用万用表直接检测蓄电池空载电压只能粗略据判断蓄电池总电压是偏低还是偏高，不能直接说明电量的高低和蓄电池的好坏。一般来说，若蓄电池电压明显偏高或偏低，说明内部单体蓄电池可能有一个或多个电池异常。

（2）检测单体蓄电池电压

将蓄电池盒打开，使用万用表通过对单体蓄电池电压的检测，可找出不良的单体蓄电池。

单体蓄电池电压的检测方法如图 17-26 所示。

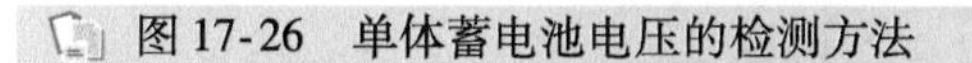

图 17-26　单体蓄电池电压的检测方法

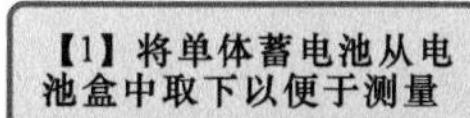
【1】将单体蓄电池从电池盒中取下以便于测量

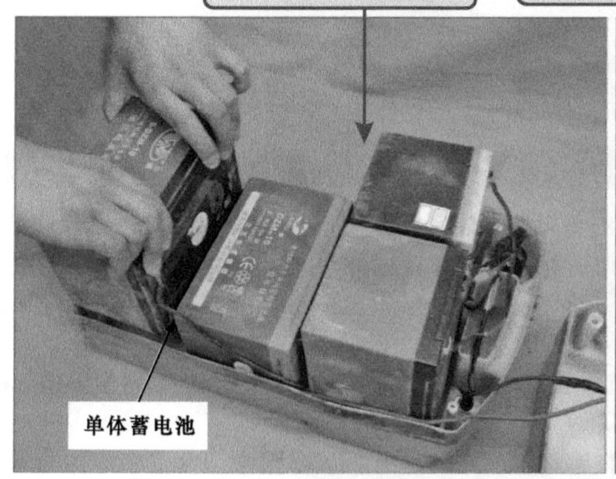
单体蓄电池

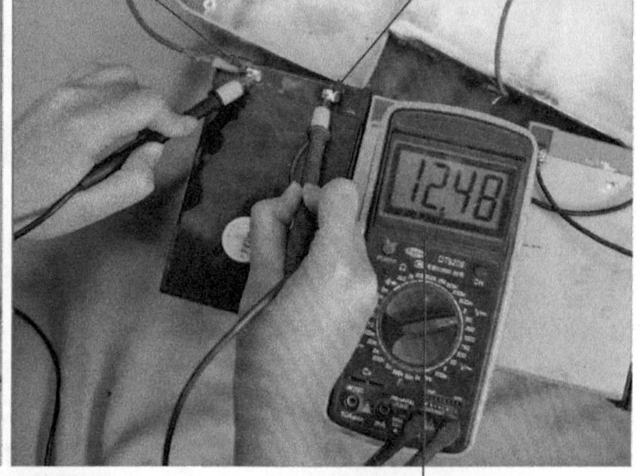
【2】将万用表拨至电压档，再将黑表笔搭在单体蓄电池的负极柱上
【3】将万用表红表笔搭在单体蓄电池的正极柱上
12.48
一个单体蓄电池内由6个单格电池构成，每格电池电压为2.1V，6个单格电池串联后构成的单格电池电压接近12.6V为正常
【4】正常情况下可测得约12.48V电压值

正常情况下，几个蓄电池的电压应保持一致，其电压值应在 10.5～13.5V 之间。如果测得电压值低于 10.5V，说明这块电池可能存在短路的可能；如果电压超过 13.5V，说明电池失水比较严重，可能还有硫化发生。

| 特别提示 |

值得注意的是，利用万用表测蓄电池空载电压的方法，一般只能简单进行初步判断电池的好坏，而且在检测蓄电池总电压时，应尽量不要在刚刚充满电时进行，刚充满电的蓄电池电压一般会偏高一些。

根据维修经验，若电动自行车的蓄电池使用一会儿后或充好电后静置过数小时，测量其总电压为 48V 或稍高（对于 48V 蓄电池来说），一般可认为电池正常；若只能达到 46V 或以下，则表示可能其内部有一个电池不良，此时，逐个检测单体蓄电池的电压，电压过低的单体蓄电池为损坏的电池。

另外，还可通过对蓄电池的充电时间来初步判断电池的好坏：若在蓄电池中，有一个单体蓄电池不良（四个单体蓄电池中仅仅一个为 10V，一般低于 10.8V 或无电压即为损坏），其总电压能达到 46V 时，充电器一般仍能显示充满并显示绿灯，只是充电时间需要延长 0.5～1h（有轻度过充电的危害）；当有两个以上单体蓄电池不良时，用充电器给低于 46V 的电池充电，一般充电池不能显示充满状态，且不能由红灯转为绿灯。

（3）检测单体蓄电池的负载电压

在万用表直接检测空载蓄电池时实际测得电压值为其虚电压，若要准确检测蓄电池的好坏，应检查加有负载情况下的电压。因此，测量蓄电池电压通常还有一种简便和快捷的方法，即利用蓄电池检测仪进行检测。

单体蓄电池负载电压的检测方法如图 17-27 所示。

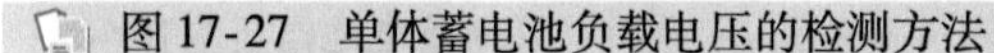
图 17-27　单体蓄电池负载电压的检测方法

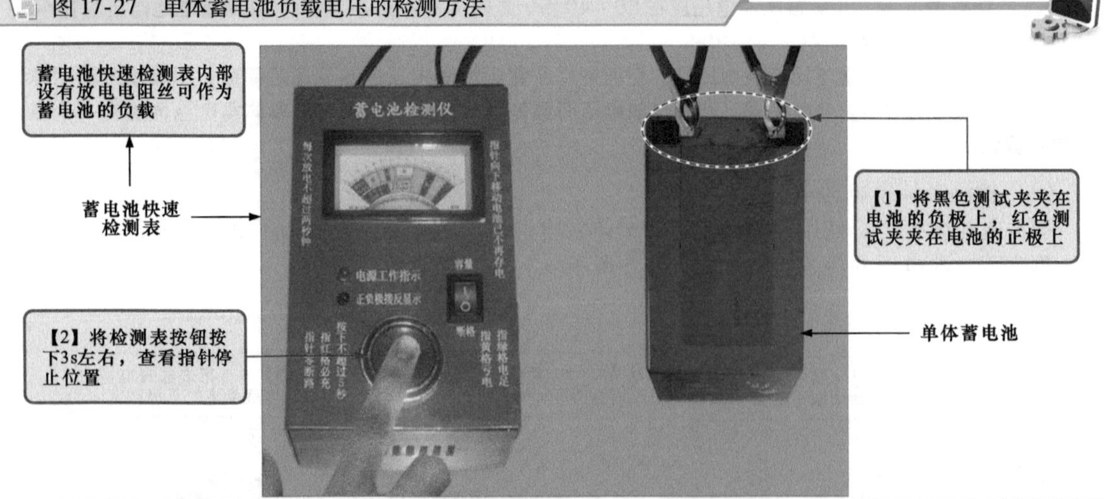
蓄电池快速检测表内部设有放电电阻丝可作为蓄电池的负载
蓄电池快速检测表
【2】将检测表按钮按下3s左右，查看指针停止位置
蓄电池检测仪
【1】将黑色测试夹夹在电池的负极上，红色测试夹夹在电池的正极上
单体蓄电池

| 相关资料 |

蓄电池的电压值是其重要的性能参数，通常标识在蓄电池的外壳上。

标称电压值是指蓄电池正负极之间的电势差，该值由蓄电池内部极板材料的电极电位和内部电解液的浓度决定。当环境温度、使用时间和工作状态变化时，单体蓄电池的输出电压略有变化。此外，蓄电池的输出电压与蓄电池的剩余电量也有一定关系。

通常，单格铅酸电池的标称电压值约为 2.1V，单体镍镉电池的标称电压约为 1.3V，单体镍氢电池的标称电压为 1.2V，单体锂离子蓄电池的标称电压为 3.6V。

如果将 6 个单格铅酸蓄电池串联后组合成一个单体铅酸蓄电池就得到 12.6V 的电压，三个这样的单体蓄电池便构成了我们常见的 37.8V 电动自行车用蓄电池（即常见的 36V 蓄电池）；同样，四个 12.6V 的单体蓄电池便构成了一个 50.4V 的电动自行车用蓄电池（即常见的 48V 蓄电池）。

（4）蓄电池单格电池的检测方法

从前面介绍的铅酸蓄电池的结构和原理可以了解到，电动自行车的铅酸蓄电池由多个单体蓄电池构成，每个单体蓄电池由 6 格电池串联构成，每格单电池正常时电压约为 2V。了解和掌握单格电池电压的检测方法，对于排查单体蓄电池中的故障单格电池，以及后面的修复工作非常重要。

铅酸蓄电池中单格电池通常采用外延法进行检测，即在单体蓄电池内两个单格电池的跨桥焊接位置拧入自攻螺钉，以此引出极柱电流，外接上灯泡或电压表进行检测，其检测原理如图 17-28 所示。

图 17-28　单格电池电压的检测原理

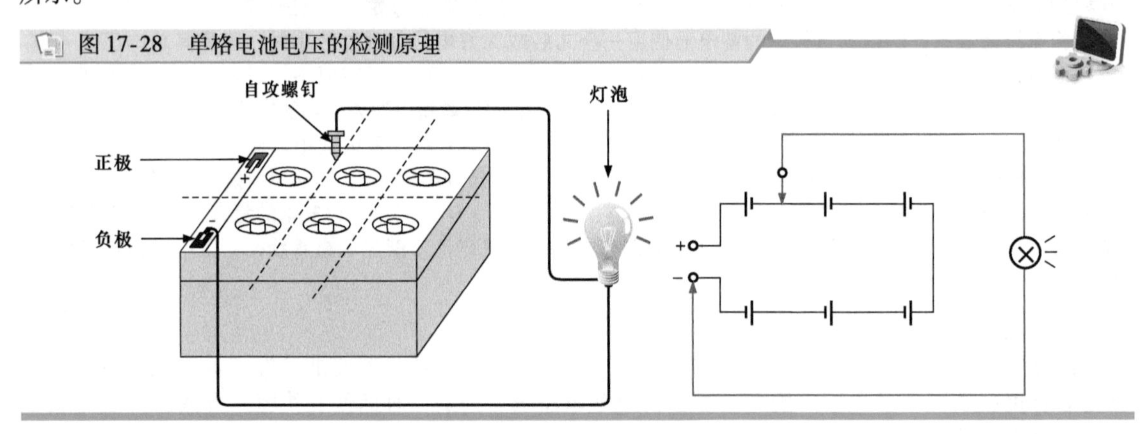
自攻螺钉
灯泡
正极
负极
+
-

实际检测时，通常先以 3 格为一组进行检测，即首先在电池 6 格中间的跨桥焊接位置拧入自攻

螺钉，分别判断靠近负极的 3 格电压和靠近正极的 3 格是否正常，缩小故障范围后，再对有异常的一组进行检测，直到检测出故障的某一个单格。

蓄电池单格电池电压的检测方法如图 17-29 所示。

图 17-29 蓄电池单格电池电压的检测方法

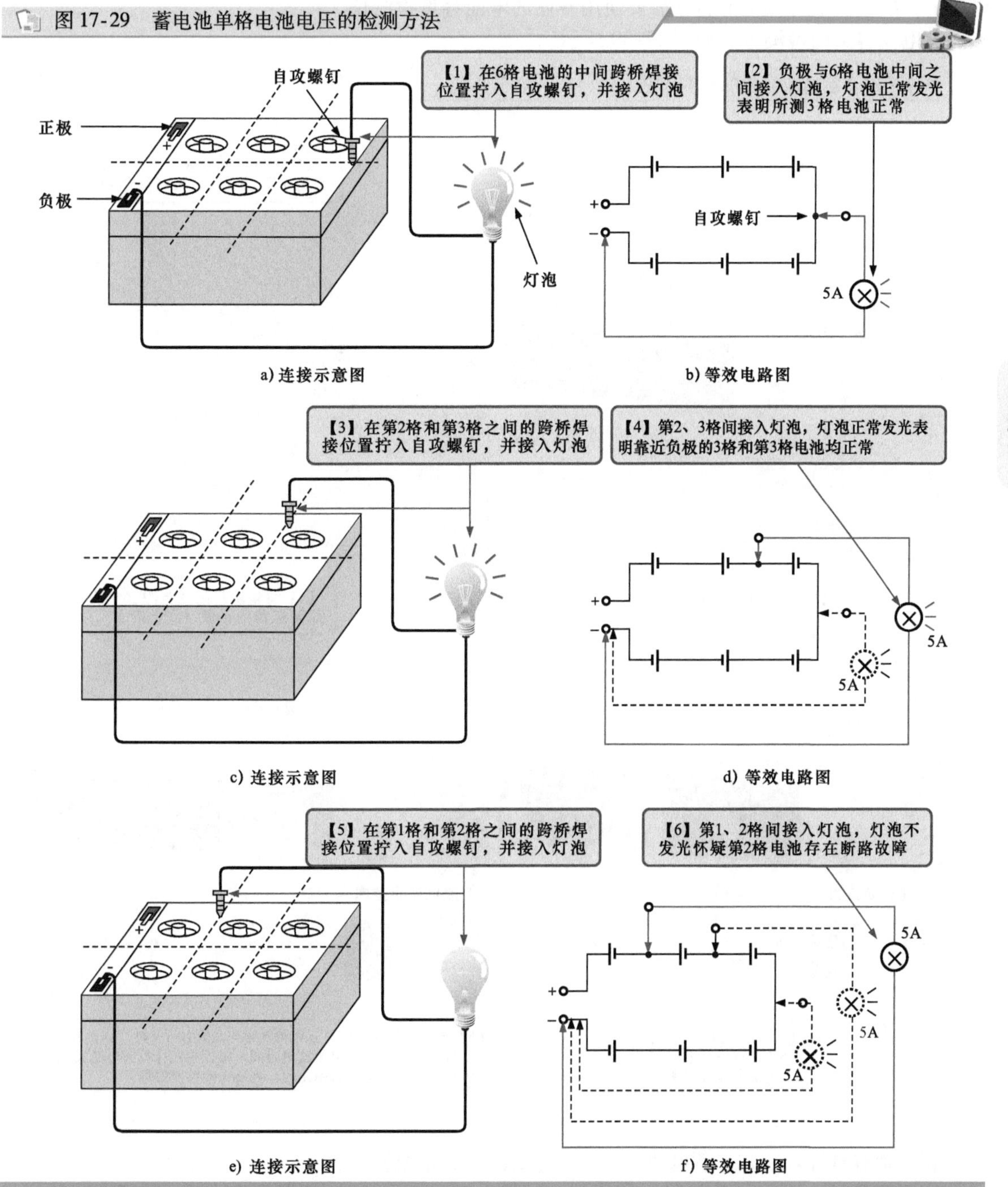

自攻螺钉
【1】在6格电池的中间跨桥焊接位置拧入自攻螺钉，并接入灯泡
【2】负极与6格电池中间之间接入灯泡，灯泡正常发光表明所测3格电池正常
正极
负极
灯泡
自攻螺钉
5A
a) 连接示意图
b) 等效电路图
【3】在第2格和第3格之间的跨桥焊接位置拧入自攻螺钉，并接入灯泡
【4】第2、3格间接入灯泡，灯泡正常发光表明靠近负极的3格和第3格电池均正常
5A
5A
c) 连接示意图
d) 等效电路图
【5】在第1格和第2格之间的跨桥焊接位置拧入自攻螺钉，并接入灯泡
【6】第1、2格间接入灯泡，灯泡不发光怀疑第2格电池存在断路故障
5A
5A
5A
e) 连接示意图
f) 等效电路图

| 特别提示 |

检修蓄电池时，常会遇到“蓄电池短路”这一故障。这里，蓄电池短路的故障是指单格电池内出现短路。无论一只蓄电池在充足电或亏电状态，一旦端电压数值比正常数值低 2V 左右时，即可确认有单格电池出现短路故障。由于蓄电池的总电压下降 2V，还会将造成充电时充电阶段不转换，进而导致其他正常的蓄电池因过充而损坏。

2 蓄电池容量的检测方法

蓄电池的容量是反映电池的实际放电能力的关键参数，通过对蓄电池容量的检测可准确判断出电池的性能，一般检测电池容量需要使用专业的电池容量检测仪。

蓄电池容量的检测方法如图 17-30 所示。

图 17-30　蓄电池容量的检测方法

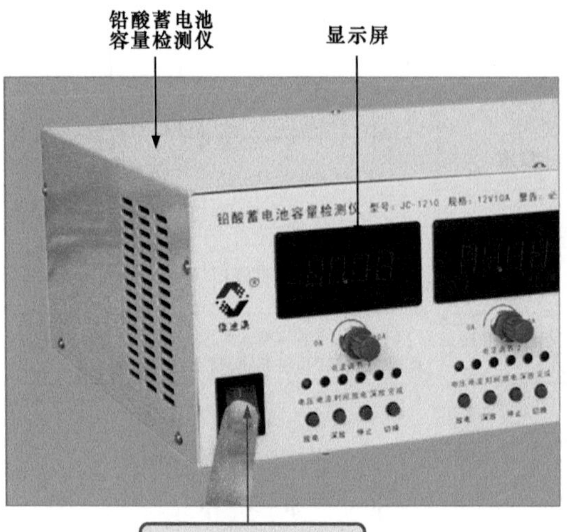
铅酸蓄电池
容量检测仪
显示屏
铅酸蓄电池容量检测仪
【1】接通电源，按下测试仪的电源开关

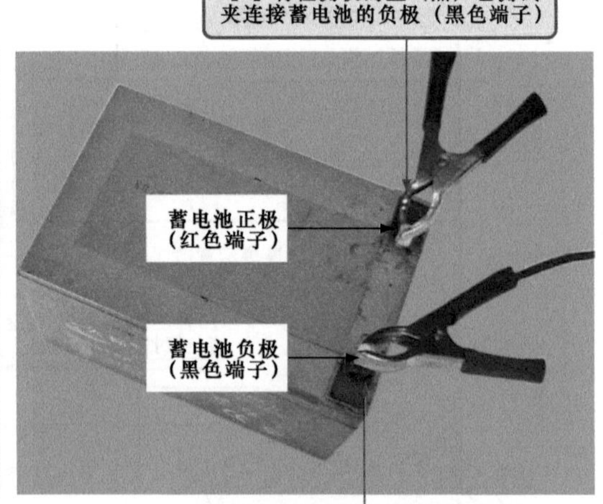
【2】将检测仪的蓝（黑）色测试夹连接蓄电池的负极（黑色端子）
蓄电池正极（红色端子）
蓄电池负极（黑色端子）
【3】将检测仪的红色测试夹连接蓄电池的正极（红色端子）

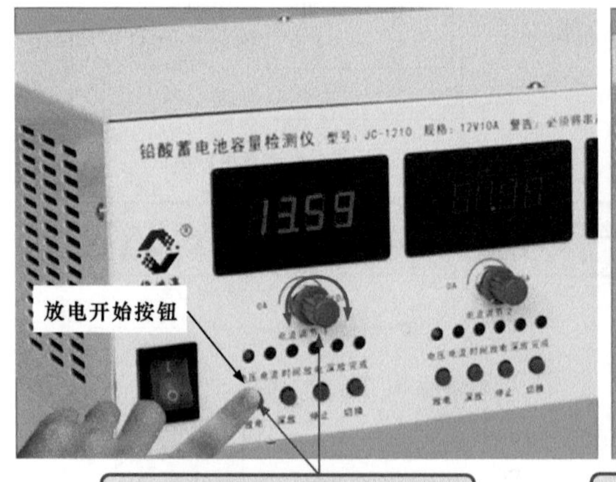
铅酸蓄电池容量检测仪
13.59
放电开始按钮
【4】转动放电波段调节开关，选择放电电流为5A（蓄电池标称容量为10Ah），按下放电按钮开始放电

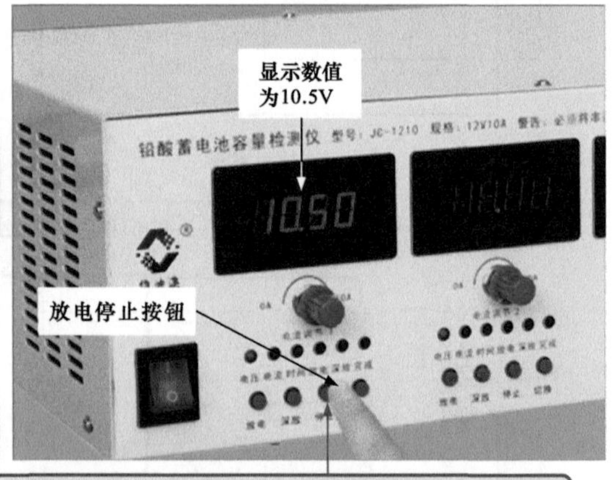
显示数值为10.5V
10.50
放电停止按钮
【5】当检测仪显示屏显示电池放电电压到10.5 V时，停止放电，按下停止按钮，记录放电时间，根据公式计算蓄电池实际容量，并与标称容量相比较，判断电池性能好坏

蓄电池容量计算公式：蓄电池容量 = 放电时间 × 放电电流

实际测量时，放电电流为 5A，记录放电时间为 2h（2 小时），根据公式计算，其蓄电池的容量为：蓄电池容量 = 5A × 2h = 10Ah（工作电流为 5A 的情况下，可使用 2h）。与标称电池容量 10Ah 相同，表明该电池容量正常，电池本身性能良好。

若在实际测量时，放电时间为 1.2h，那么该蓄电池当前实际容量为：蓄电池实际容量 = 5A × 1.2h = 6Ah。实测蓄电池容量为标称容量的 60%（60% 以下需进行修复），电池性能不良，需要立即为维护和修复。

| 相关资料 |

蓄电池容量就是蓄电池中可以使用的电量，它以放电电流（A，安培）和放电时间（h，小时）的乘积表示（Ah）。电池容量是把充足电的蓄电池，以一定的电流放电到规定的停止电压，用放电电流乘以所用时间得出的。通过该数据，在相同的条件下，放电时间越长的电流其容量越大。目前，电动自行车的蓄电池容量一般是 10Ah、12Ah，以 5A 电流可放电 2h 和 2.4h。

17.3.2 电动自行车车灯的检测实例

电动自行车的车灯是一种照明指示装置，主要用于为驾驶者提供照明并起到提示他人的作用。

电动自行车车灯的供电线路很简单，通常由电动自行车左、右车把上的控制开关控制车灯的开关开启或闭合，如图 17-31 所示。

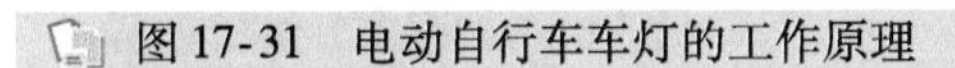

图 17-31 电动自行车车灯的工作原理

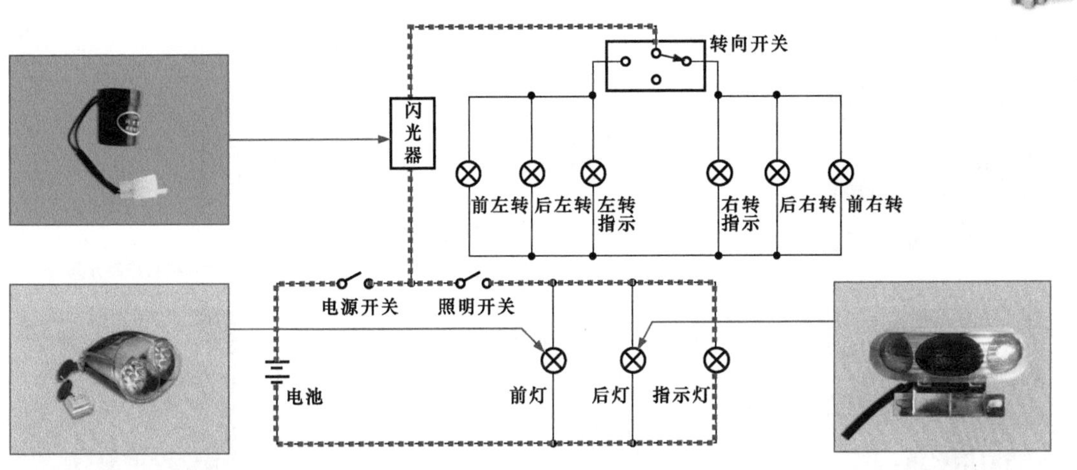
转向开关
闪光器
前左转
后左转
左转指示
右转指示
后右转
前右转
电源开关
照明开关
电池
前灯
后灯
指示灯

从图中可以看出，电动自行车的车灯电路主要采用并联方式进行连接，并通过照明开关按钮以及左右转向开关进行控制。在照明电路中，当电动自行车接通电源后，其电压到达照明开关按钮，一旦行驶时按下开关，整个电路形成闭合回路，前、后灯将亮起，实现照明功效。

在指示灯电路中，一旦电源接通，其电压将被送到闪光器和三位开关上，此时，该开关将根据行车人的相关操作，实现左、右指示灯的功能。当打开左指示灯开关时，使其左侧指示灯闭合形成回路，从而使左指示灯亮起；其右指示灯的原路与其相同；而当将左、右转向开关处于中间位置时，则使三位开关处于打开状态，电路开路，从而关闭指示灯。

若怀疑车灯损坏时，应先将电动自行车通电后，开启车灯电源检查车灯是否正常，若照明不正常，则应对开关、灯泡以及连接引线等进行检修。

车灯的检修方法如图 17-32 所示。

17.3.3 电动自行车喇叭的检测实例

电动自行车的喇叭（标准术语称为扬声器）是一种提醒装置，通常与转向灯安装在一起，称为三合一喇叭，即可以实现报警、转向和提醒功能。

三合一喇叭有五根线，分别是电源正极（红）、电源负极（黑）、喇叭（黄）、电门锁（蓝）、转向开关（棕/灰）。关闭电门锁后按喇叭，即可启动报警系统使电动车进入报警状态。典型三合一喇叭的电路见图 17-33 所示。

图 17-32　车灯的检修方法

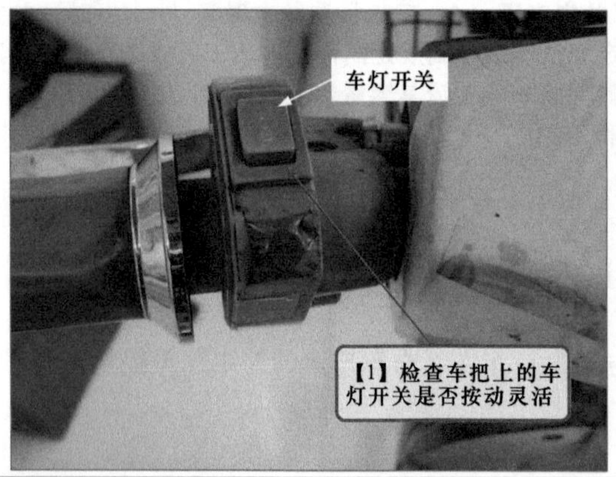
车灯开关
【1】检查车把上的车灯开关是否按动灵活

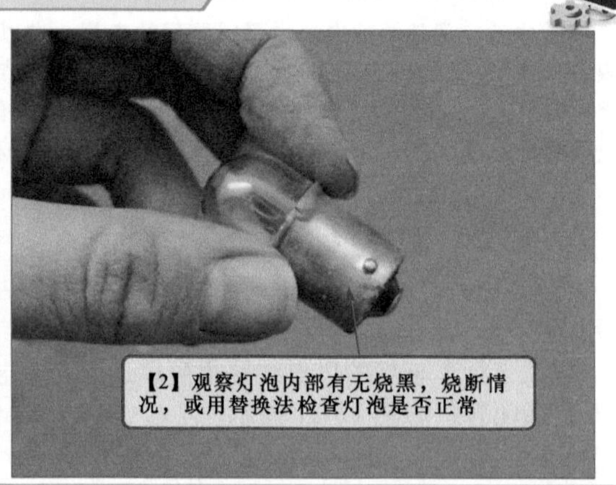
【2】观察灯泡内部有无烧黑，烧断情况，或用替换法检查灯泡是否正常

图 17-33　典型三合一喇叭的电路

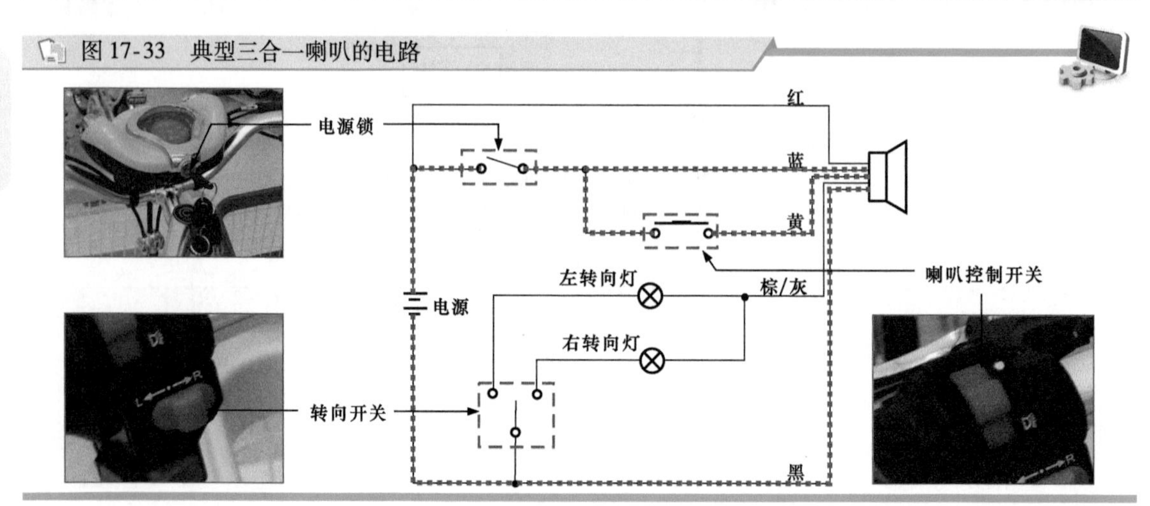
电源锁
红
蓝
黄
喇叭控制开关
左转向灯
棕/灰
电源
右转向灯
转向开关
黑

电动自行车喇叭的工作原理是：当电动自行车加电后，由电池输出的电压首先加到电动自行车喇叭的控制开关上，使其处于工作状态。当按下开关后，其电源电压输入喇叭，使其发出声响。

电动自行车的喇叭一般安装在电动自行车的前外壳内，靠近大灯的位置。其检修方法十分简单，因为引起喇叭不响的原因主要有喇叭自身故障和电源电路故障两方面。

喇叭的检修方法如图 17-34 所示。

图 17-34　喇叭的检修方法

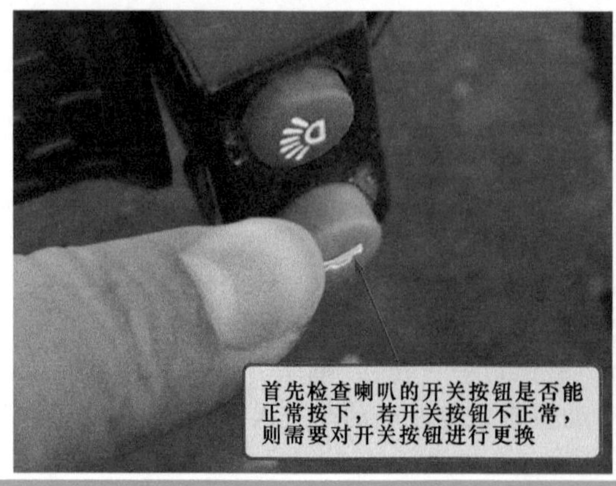
首先检查喇叭的开关按钮是否能正常按下，若开关按钮不正常，则需要对开关按钮进行更换

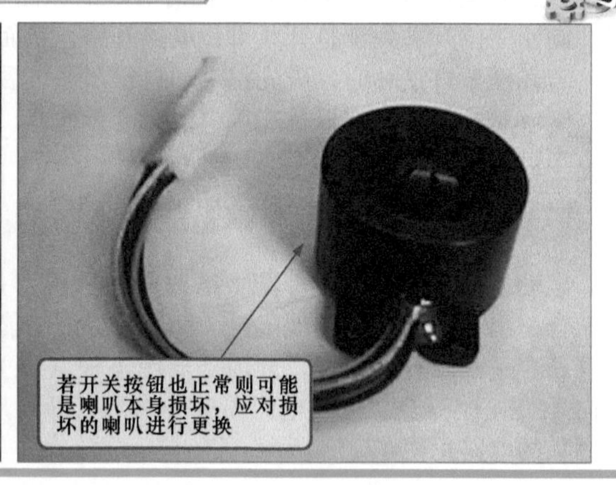
若开关按钮也正常则可能是喇叭本身损坏，应对损坏的喇叭进行更换

17.3.4 电动自行车助力传感器的检测实例

电动自行车的助力传感器是一种感应器件，又被称为 1∶1 助力器或 1 +1 助力器，它主要是用来实现在人力骑电动自行车时帮助人体省力的器件。

在使用助力对电动自行车骑行的过程中，若无法感到助力在起作用时，可初步怀疑是内部的助力传感器出现故障，应对助力传感器进行检修。

检修助力传感器时，应先对连接插件进行检测，若连接插件正常，则应对助力传感器的磁钢以及安装位置等进行检修。

助力传感器的检修方法如图 17-35 所示。

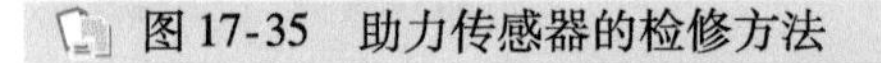
图 17-35 助力传感器的检修方法

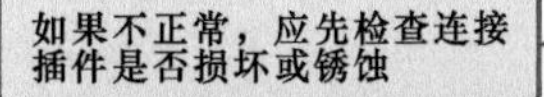
如果不正常，应先检查连接插件是否损坏或锈蚀

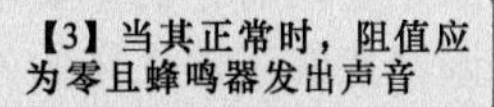
【3】当其正常时，阻值应为零且蜂鸣器发出声音

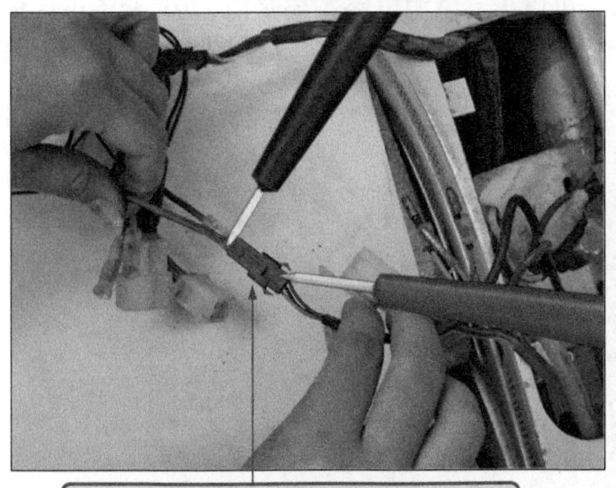

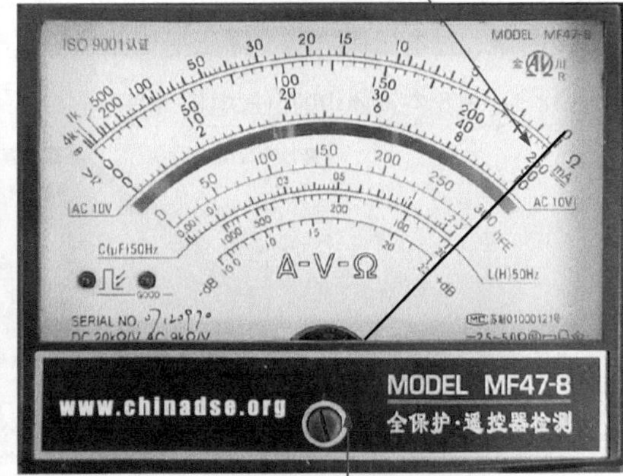
MODEL MF47-8
www.chinadse.org
全保护·遥控器检测
A-V-Ω

【2】将万用表的红、黑表笔分别搭在电动自行车助力传感器连接插件的两个引脚
【1】将万用表量程调至蜂鸣档

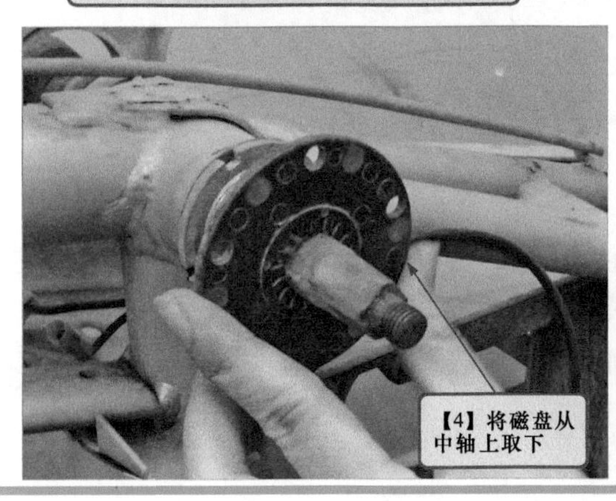
【4】将磁盘从中轴上取下

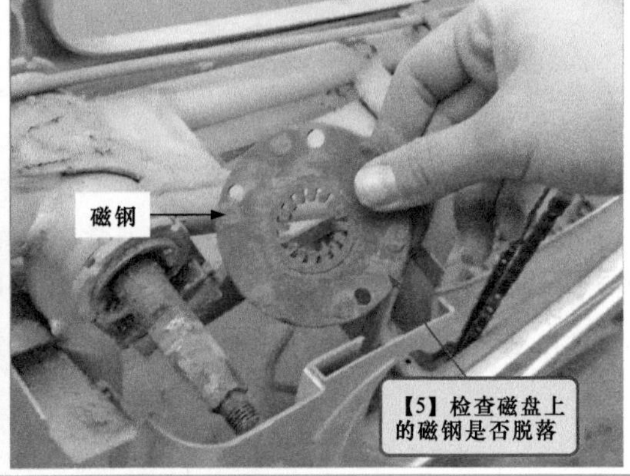
磁钢
【5】检查磁盘上的磁钢是否脱落

第18章 空调器维修实例精选

18.1 空调器电源电路维修检测实例

18.1.1 空调器电源电路中的主要元器件

电源电路是空调器中的重要电路，为空调器中的各种电气部件、电子元器件提供交、直流工作电压，是空调器能够正常工作的先决条件。

图18-1所示为典型空调器中的电源电路。从图中可以出，电源电路主要是由220V交流电压输入接口、熔断器、过电压保护器、降压变压器、桥式整流电路、滤波电容器、三端稳压器等部分构成的。

图18-1 典型空调器中的电源电路

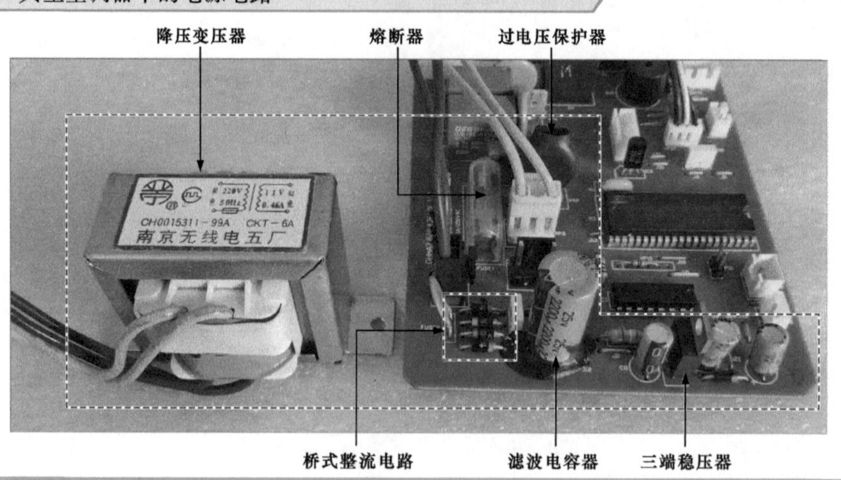

降压变压器
熔断器
过电压保护器
桥式整流电路
滤波电容器
三端稳压器
南京无线电五厂

1 熔断器

熔断器是电源电路中的保护器件，通常串接在交流220V输入电路中，起到保护电路安全运行的作用，图18-2所示为典型空调器电源电路中熔断器的实物外形。

图18-2 典型空调器电源电路中熔断器的实物外形

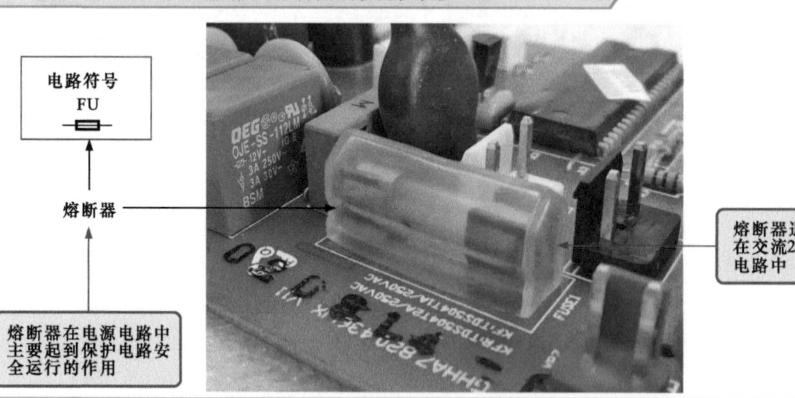

电路符号
FU
熔断器
熔断器在电源电路中主要起到保护电路安全运行的作用
熔断器通常串接在交流220V输入电路中

| 特别提示 |

当空调器的电路发生故障或异常时，电流会不断升高，而过高的电流有可能损坏电路中的某些重要器件，甚至可能烧毁电路。而熔断器会在电流异常升高到一定强度时，靠自身熔断来切断电路，从而起到保护电路的目的。

2 过电压保护器

电源电路中的过电压保护器实际是一只压敏电阻器，在电路中的电压达到或者超过过电压保护器的临界值时，其阻值会急剧变小，这样就会使熔断器迅速熔断，起到保护电路的作用。图 18-3 所示为典型空调器电源电路中过电压保护器的实物外形。

图 18-3 典型空调器电源电路中过电压保护器的实物外形

U
电路符号
熔断器
过电压保护器实际是一个压敏电阻器
过电压保护器

3 降压变压器

降压变压器是空调器电源电路中的关键器件，通常独立安装在电路支撑板卡槽内，通过引线及插件与电源电路其他部分关联。

降压变压器在电路中起到降压作用，将交流 220V 电压降为交流低压。图 18-4 所示为典型空调器电源电路中降压变压器的实物外形及相关参数。

图 18-4 典型空调器电源电路中降压变压器的实物外形及相关参数

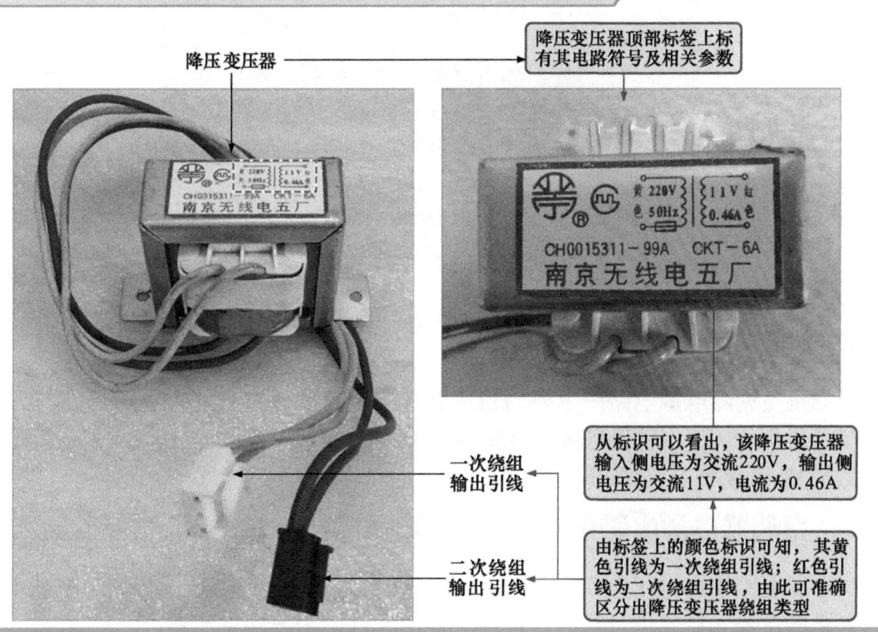
降压变压器
降压变压器顶部标签上标有其电路符号及相关参数
黄 220V
色 50Hz
11V 红
0.46A 色
CH0015311－99A CKT－6A
南京无线电五厂
一次绕组输出引线
二次绕组输出引线
从标识可以看出，该降压变压器输入侧电压为交流220V，输出侧电压为交流11V，电流为0.46A
由标签上的颜色标识可知，其黄色引线为一次绕组引线；红色引线为二次绕组引线，由此可准确区分出降压变压器绕组类型

4 桥式整流电路

桥式整流电路是电源电路中用于将交流电整流为直流电的关键器件。桥式整流电路是由四只整流二极管桥接而成，图 18-5 所示为其实物外形。

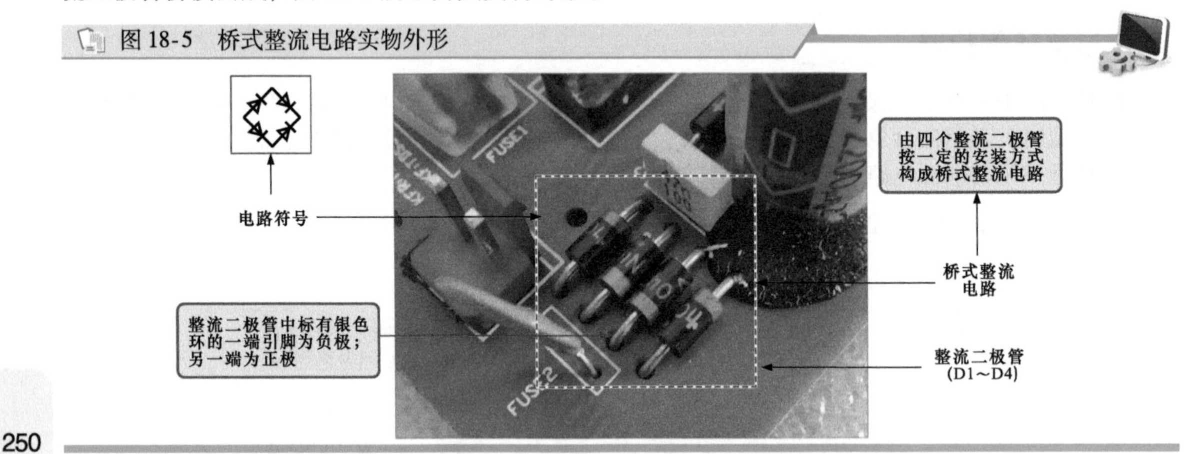
由四个整流二极管
按一定的安装方式
构成桥式整流电路
电路符号
桥式整流
电路
整流二极管中标有银色
环的一端引脚为负极；
另一端为正极
整流二极管
(D1～D4)

图 18-5 桥式整流电路实物外形

5 滤波电容器

滤波电容器也是空调器电源电路中不可缺少的元件之一，该电容器的体积较大，引脚有正负极之分，安装在桥式整流电路附近，在电路板中很容易辨认。

滤波电容器在电路主要起到平滑滤波的作用，将电路中整流后的直流电压进行滤波处理，进而消除交流分量，为电路提供稳定的直流电压，图 18-6 所示为典型空调器电源电路中滤波电容器的实物外形。

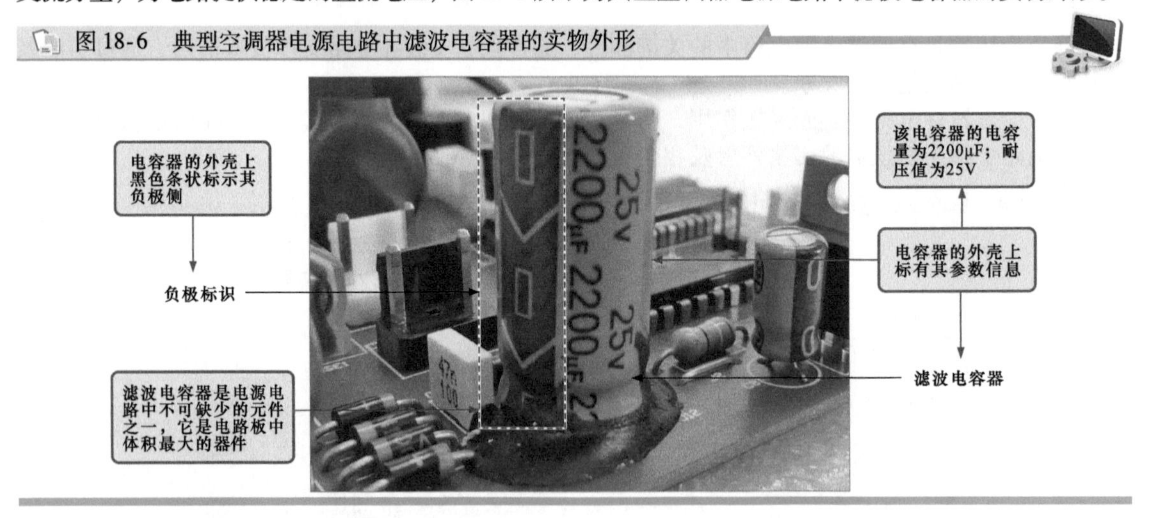
电容器的外壳上
黑色条状标示其
负极侧
负极标识
滤波电容器是电源电
路中不可缺少的元件
之一，它是电路板中
体积最大的器件
该电容器的电容
量为2200μF；耐
压值为25V
电容器的外壳上
标有其参数信息
滤波电容器
25V
2200μF

图 18-6 典型空调器电源电路中滤波电容器的实物外形

6 三端稳压器

三端稳压器是空调器电源电路中重要的稳压器件，该器件通常有三个引脚，分别为输入端、输出端和接地端（见图 18-7），用于将桥式整流电路输出的直流电压稳定后输出另一数值（大多是将 12V 电压稳定为 5V 电压输出），为需要的器件供电。

18.1.2 空调器电源电路中三端稳压器的检测实例

若经检测电源电路输出电压为 0V，且排除负载短路故障后，应顺着电源供电电路的信号流向逐一对电源电路的主要元器件进行检测，首当其冲的元件即为三端稳压器。

图 18-7　三端稳压器的实物外形及引脚功能

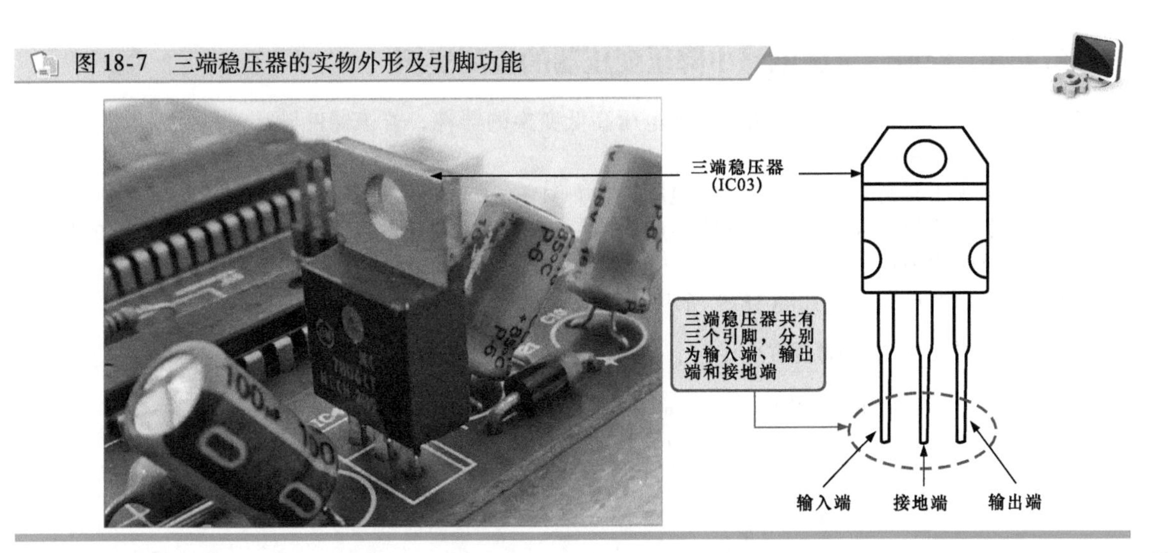
三端稳压器
(IC03)
三端稳压器共有三个引脚，分别为输入端、输出端和接地端
输入端
接地端
输出端

三端稳压器用于将 +12V 直流电压稳压为 +5V 直流电压，若该器件损坏，将导致电源电路无 5V 电压输出，相应需要 5V 电压供电的所有器件都将不能正常工作。

检测三端稳压器是否正常，通常可用万用表的电压档检测其输入和输出端的电压值，若输入电压正常，无输出，则说明三端稳压器损坏，应使用同型号器件进行更换。

三端稳压器的检测方法如图 18-8 所示。

图 18-8　三端稳压器的检测方法

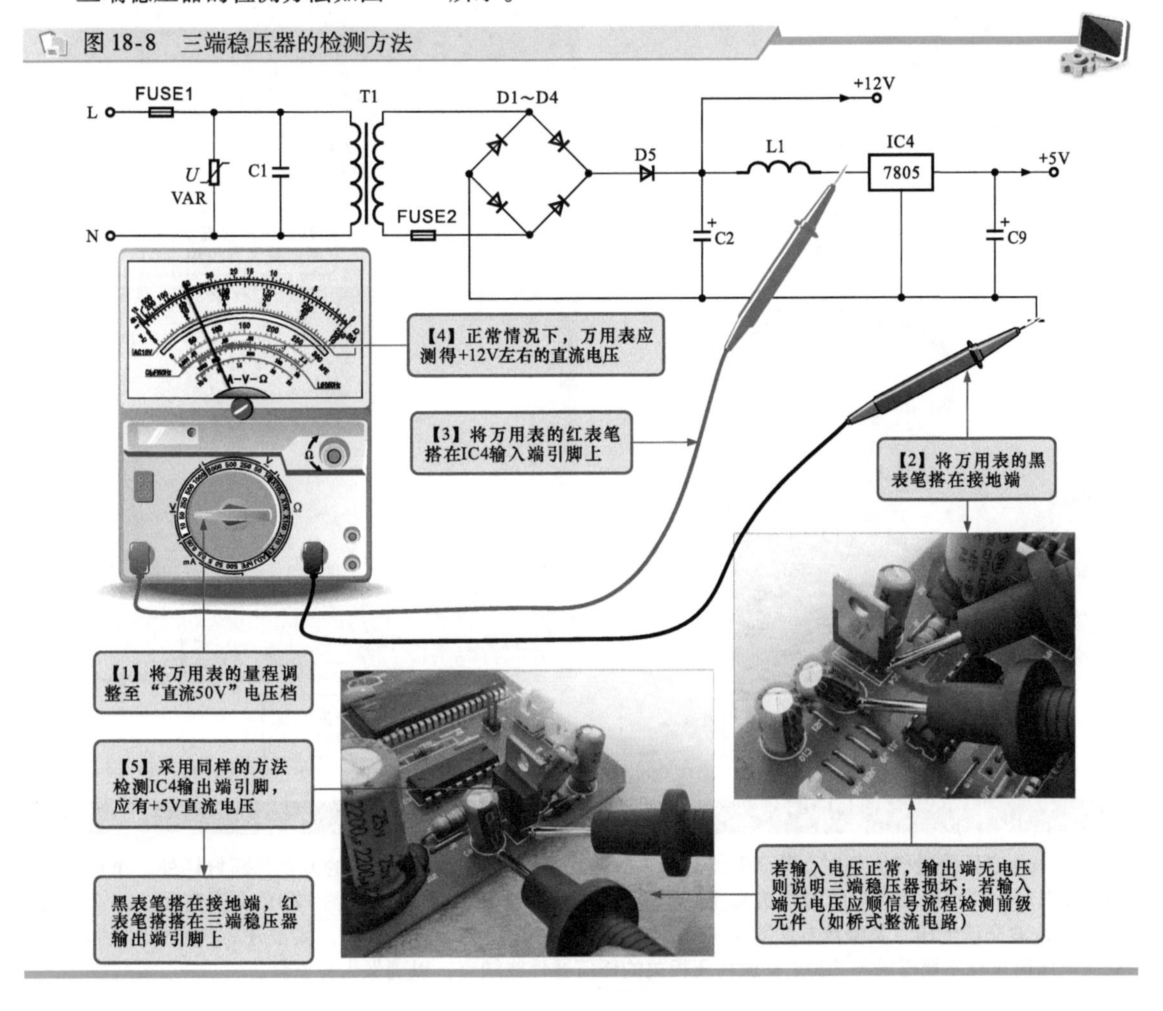
FUSE1
L
N
U
VAR
C1
T1
FUSE2
D1～D4
D5
+12V
L1
IC4
7805
+5V
C2
C9
【4】正常情况下，万用表应测得+12V左右的直流电压
【3】将万用表的红表笔搭在IC4输入端引脚上
【2】将万用表的黑表笔搭在接地端
【1】将万用表的量程调整至“直流50V”电压档
【5】采用同样的方法检测IC4输出端引脚，应有+5V直流电压
黑表笔搭在接地端，红表笔搭搭在三端稳压器输出端引脚上
若输入电压正常，输出端无电压则说明三端稳压器损坏；若输入端无电压应顺信号流程检测前级元件（如桥式整流电路）

18.1.3 空调器电源电路中降压变压器的检测实例

降压变压器是空调器电源电路中实现电压高低变换的器件，若该器件异常，将导致电源电路无输出，空调器不工作的故障。

检测降压变压器时，多采用万用表电阻档检测其一、二次绕组端阻值的方法判断好坏。正常情况下，降压变压器的一次绕组和二次绕组应均有一定阻值，若出现阻值无穷大或阻值为零的情况，均表明降压变压器损坏。

降压变压器的检测方法如图 18-9 所示。

图 18-9 降压变压器的检测方法

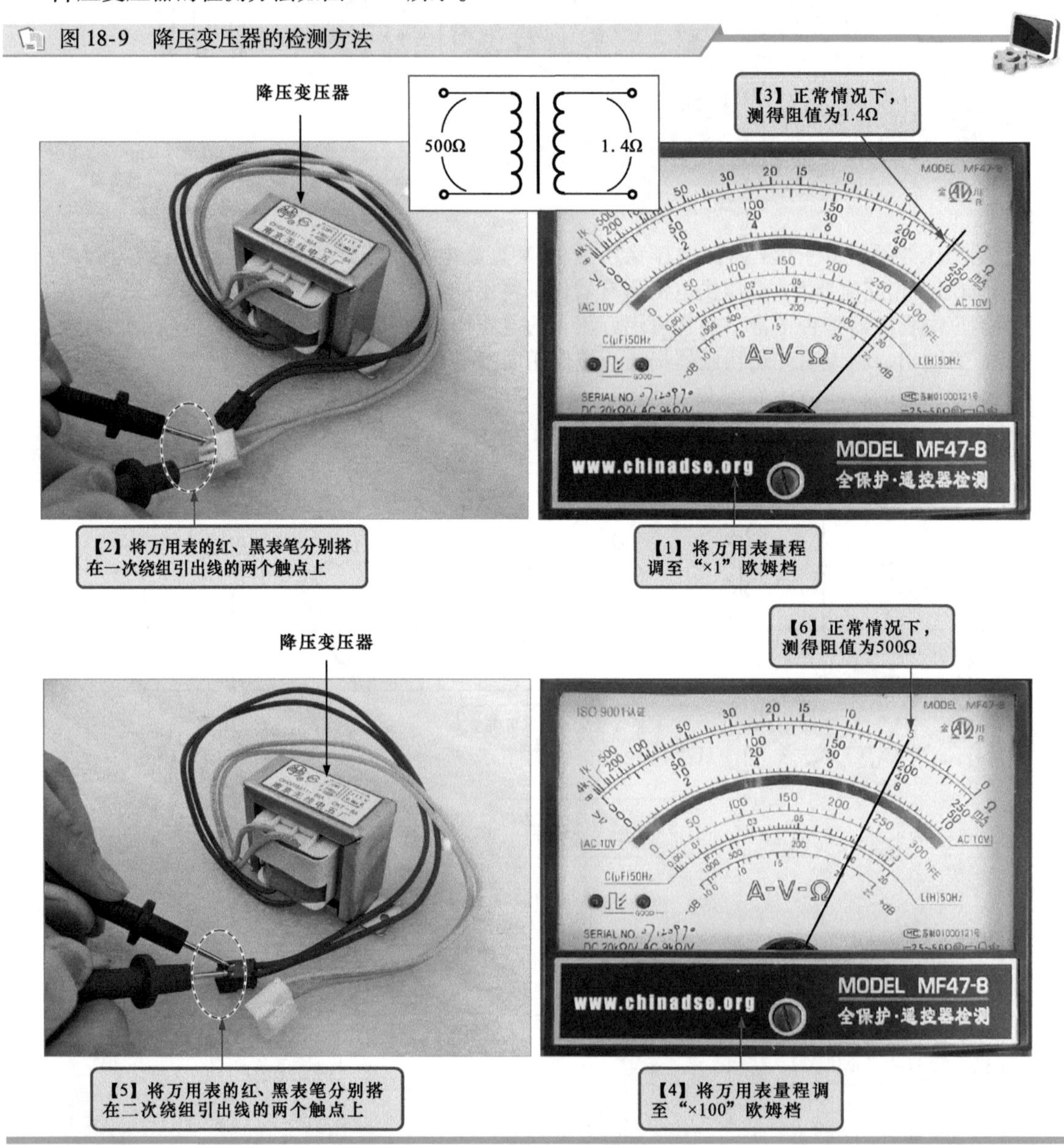

降压变压器
500Ω
1.4Ω
【3】正常情况下，测得阻值为1.4Ω
MODEL MF47-B
www.chinadse.org
全保护·遥控器检测
【2】将万用表的红、黑表笔分别搭在一次绕组引出线的两个触点上
【1】将万用表量程调至“×1”欧姆档
降压变压器
【6】正常情况下，测得阻值为500Ω
【5】将万用表的红、黑表笔分别搭在二次绕组引出线的两个触点上
【4】将万用表量程调至“×100”欧姆档

相关资料

对降压变压器进行检测时，除了采用万用表测一次绕组和二次绕组阻值的方法判断好坏外，也可用万用表测其一、二次侧交流电压的方法判断好坏。正常情况下，其一次侧应有约 220V 交流高压，二次侧应有 11V 左右交流低压。其检测方法与前面三端稳压器、桥式整流堆方法相同。需要注意的是，检测 220V 交流电压时人身不要碰触与 220V 交流电压相关的任何器件或触点，以确保人身安全。

18.2 空调器主控电路维修检测实例

18.2.1 空调器主控电路中的主要元器件

主控电路是空调器整机的控制核心。空调器的起动运行、温度变化、模式切换、状态显示、出风方向等都是由该电路进行控制的。

空调器主控电路的核心部件是一只大规模集成电路，该集成电路通常称为微处理器（CPU），微处理器外围设置有陶瓷谐振器、反相器等特征元件。另外，还通过接口插件连接着遥控接收电路、室内机风扇电动机、温度传感器、操作显示电路等部分。

图 18-10 所示为典型空调器中的主控电路部分。

图 18-10 典型空调器中的主控电路部分

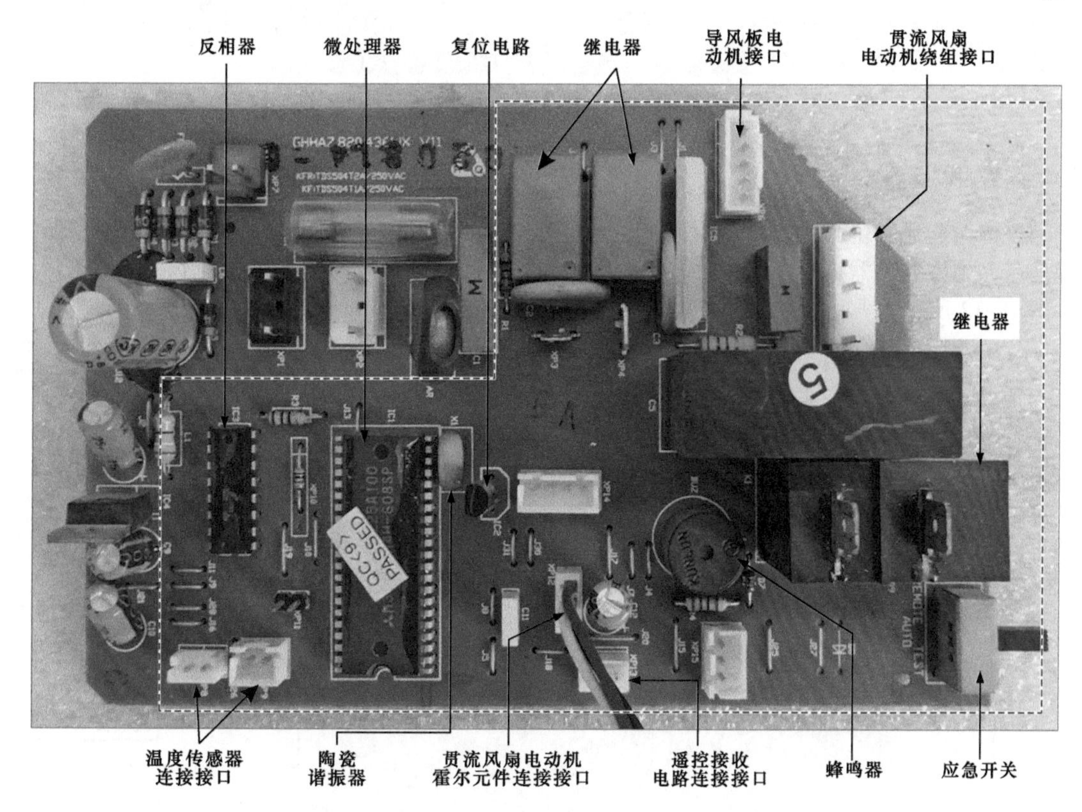
反相器
微处理器
复位电路
继电器
导风板电动机接口
贯流风扇电动机绕组接口
继电器
温度传感器连接接口
陶瓷谐振器
贯流风扇电动机霍尔元件连接接口
遥控接收电路连接接口
蜂鸣器
应急开关

从图中可以看到，空调器主控电路主要是由微处理器、陶瓷谐振器、复位电路、反相器、温度传感器、继电器以及各种功能部件接口等部分构成的。这些部件协同工作，实现接收遥控指令、传感器感测信息，识别指令和信息，输出控制指令，完成整机控制的基本功能。

1 微处理器

微处理器是控制电路中的核心器件，又称为 CPU，内部集成有运算器、控制器、存储器和输入输出接口电路等，主要用来对人工指令信号和传感器检测信号进行识别处理，并将其转换为相应的控制信号，对空调器整机进行控制。图 18-11 所示为典型空调器主控电路中微处理器的实物外形。

图 18-11 典型空调器主控电路中微处理器的实物外形

微处理器表面的数字和字母
集成电路表面上的数字和字母标示集成电路的型号，通过该型号可查询集成电路手册找到其内部结构或相关引脚功能及参数
225A100
M38503M4H-608SP
微处理器IC1 (M38503M4H-608SP)
微处理引脚旁边安装有陶瓷谐振器（微处理器工作条件之一）
42
22
1
21

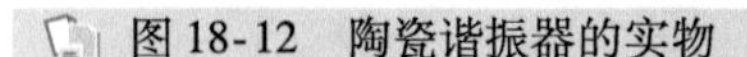

2 陶瓷谐振器

陶瓷谐振器通常位于微处理器附近，主要用来和微处理器内部的振荡电路构成时钟振荡器产生时钟信号，为微处理器提供工作条件，使整机控制、数据处理等过程保持相对同步的状态。

图 18-12 所示为典型空调器主控电路中的陶瓷谐振器实物。

图 18-12 陶瓷谐振器的实物

安装在微处理器旁边，直接与微处理引脚相连
微处理器
陶瓷谐振器一般为3只引脚，一只引脚接地，另外两只引脚与微处理器连接
4.00G
QC<9>
PASSED
振荡电路
CPU
陶瓷谐振器 X1
陶瓷谐振器主要用于与微处理器内部的振荡电路配合构成时钟振荡器，为微处理器提供时钟信号

3 复位电路

复位电路主要用来为微处理器提供复位信号，该信号也是微处理器的基本工作条件之一。

图 18-13 所示为典型空调器主控电路中的复位电路部分，该电路通常也位于微处理器附近，大多由一只晶体管和外围阻容元器件构成。

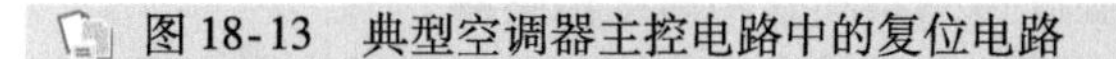

图 18-13 典型空调器主控电路中的复位电路

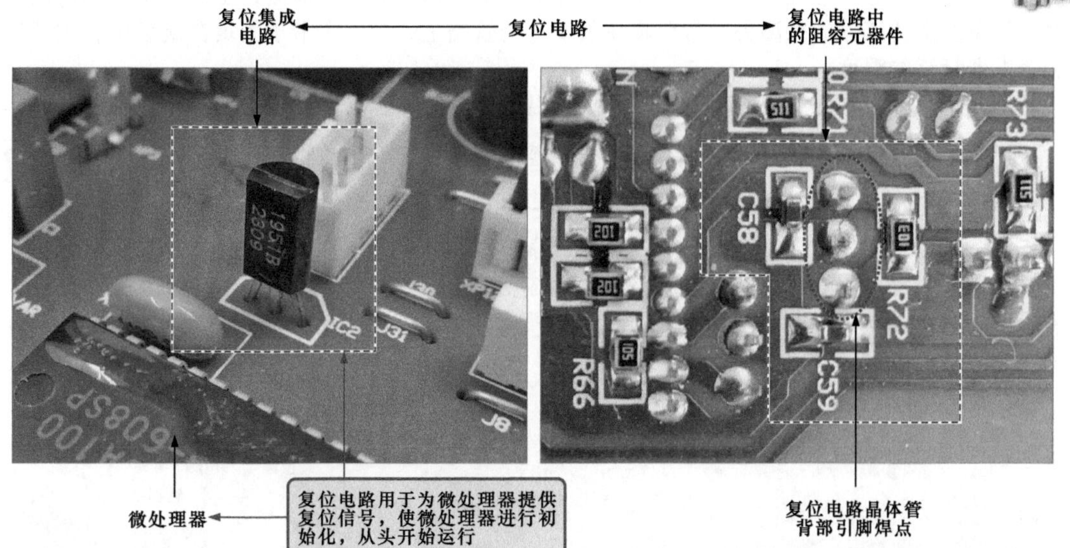
复位集成电路
复位电路
复位电路中的阻容元器件
微处理器
复位电路用于为微处理器提供复位信号，使微处理器进行初始化，从头开始运行
复位电路晶体管背部引脚焊点

| 相关资料 |

复位电路是为微处理器提供启动信号的电路，它通过对电源供电电压的监测产生一个复位信号。控制电路开始工作时，电源电路输出 +5V 电压为微处理器（CPU）供电，+5V 电压的建立有一个由 0 到 5V 的上升过程，如果在上升过程中 CPU 开始工作，会因电压不足导致程序紊乱。复位电路实际上是一个延迟供电电路，当电源电压由 0 上升到 4.3V 以上时，才输出复位信号，此时 CPU 才开始启动程序进入工作状态。

4 反相器

反相器是一种信号反相放大器，用于将微处理器输出的控制信号进行反相放大，从而实现对主控电路中继电器、蜂鸣器和风扇电动机等器件的控制。

图 18-14 所示为典型空调器主控电路中反相器的实物外形。

图 18-14 典型空调器主控电路中反相器的实物外形

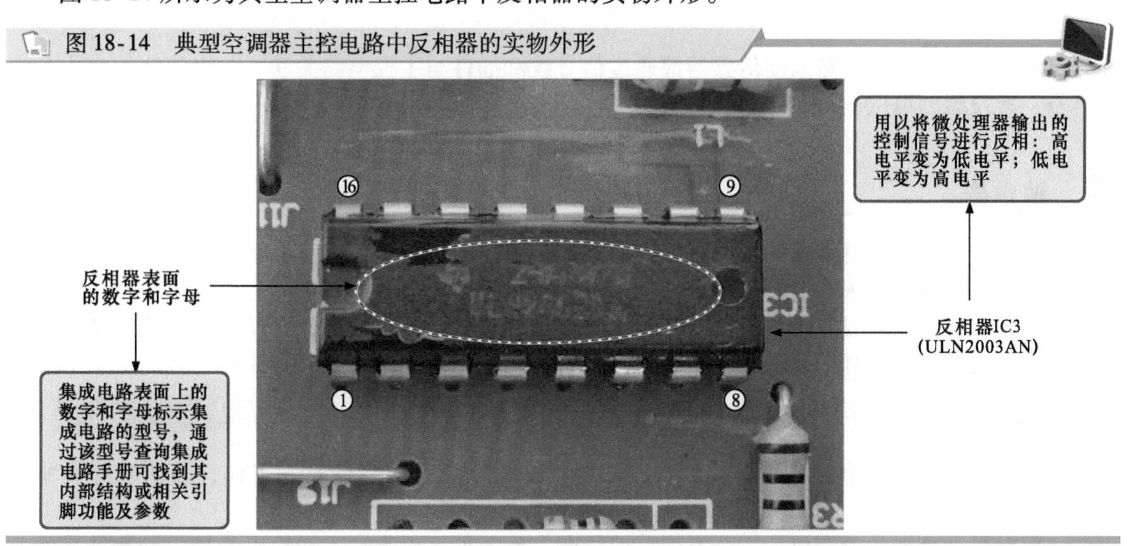
⑯
⑨
①
⑧
用以将微处理器输出的控制信号进行反相：高电平变为低电平；低电平变为高电平
反相器表面的数字和字母
集成电路表面上的数字和字母标示集成电路的型号，通过该型号查询集成电路手册可找到其内部结构或相关引脚功能及参数
反相器IC3
(ULN2003AN)

5 温度传感器

温度传感器是指对温度进行感应，并将感应到的温度变化情况转换为电信号的功能部件。在空

调器室内机中，通常设有两个温度传感器，即室内温度传感器和管路温度传感器。

室内温度传感器的感温头通常安装在蒸发器的表面，即进风口的前侧，主要用于检测房间内的温度；管路温度传感器的感温头通常贴装在蒸发器的管路上，由一个卡子固定在铜管中，主要用于检测蒸发器管路的温度。

图 18-15 所示为典型空调器室内机中的室内温度传感器和管路温度传感器实物外形。

图 18-15　典型空调器室内机中的室内温度传感器和管路温度传感器实物外形

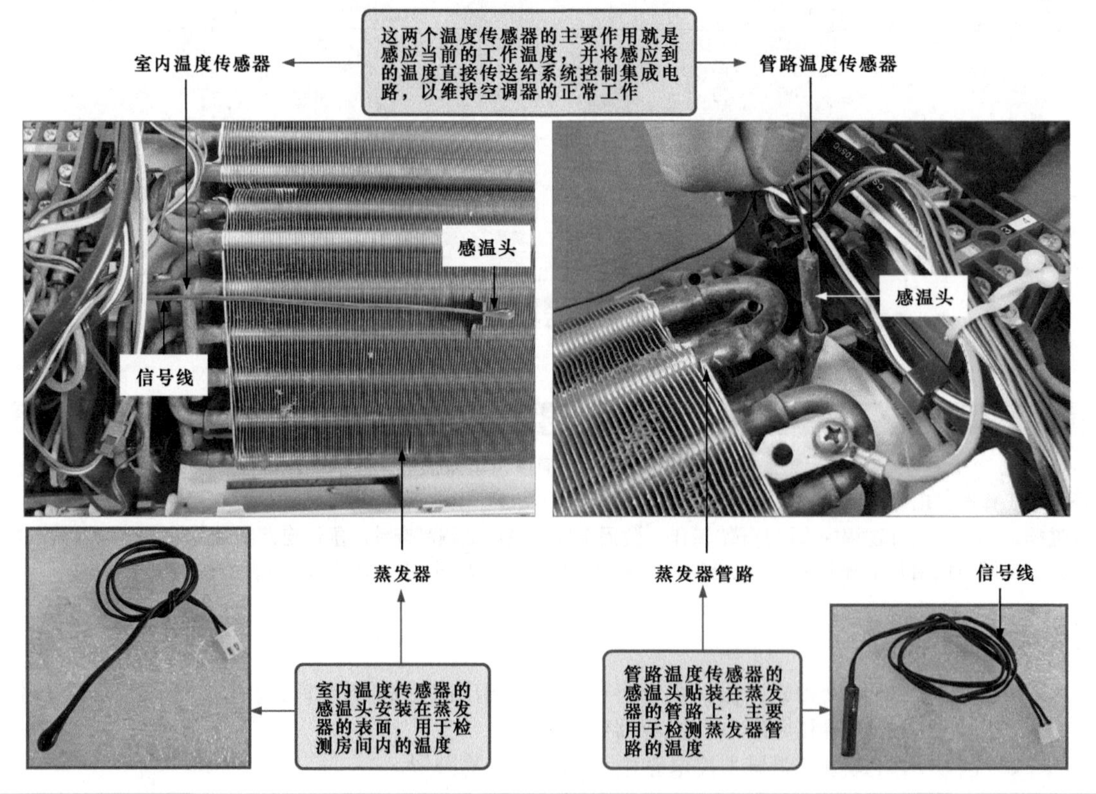
室内温度传感器
这两个温度传感器的主要作用就是感应当前的工作温度，并将感应到的温度直接传送给系统控制集成电路，以维持空调器的正常工作
管路温度传感器
感温头
信号线
感温头
蒸发器
蒸发器管路
信号线
室内温度传感器的感温头安装在蒸发器的表面，用于检测房间内的温度
管路温度传感器的感温头贴装在蒸发器的管路上，主要用于检测蒸发器管路的温度

室内温度传感器和管路温度传感器都通过信号线和插件与主控电路关联，并将感测的室内的温度信号、蒸发器的温度信号，送入微处理器中，经微处理运算调节，从而决定空调器的当前运行状态。

6　继电器

在空调器中，主控电路微处理器对空调器内的风扇电动机、压缩机、电磁四通阀等功能部件的控制都是通过继电器实现的。

图 18-16 所示为典型空调器主控电路板中的继电器实物外形。从图中可以看到，该空调器中共包含 3 个继电器，分别对压缩机、室外机轴流风扇电动机和电磁四通阀进行控制。

18.2.2　空调器主控电路中微处理器的检测实例

微处理器是空调器中的核心部件，若该部件损坏将直接导致空调器不工作、控制功能失常等故障。

一般对微处理器的检测包括三个方面，即检测工作条件、检测输入和输出信号。检测结果的判断依据为：在工作条件均正常的前提下，输入信号正常，而无输出或输出信号异常，则说明微处理器本身损坏。

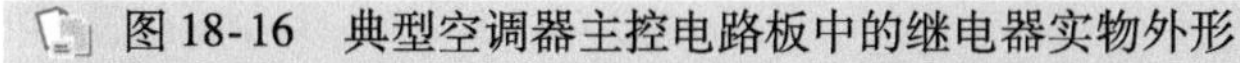
图 18-16　典型空调器主控电路板中的继电器实物外形

在微处理器的控制下，对轴流风扇电动机的通断电状态进行控制
轴流风扇电动机继电器
压缩机继电器
电磁四通阀继电器
在微处理器的控制下，对压缩机通断电状态进行控制
在微处理器的控制下，对电磁四通阀的通断电状态进行控制

对微处理器进行检测时，首先要弄清楚待测微处理器各引脚的功能，再找到相关参数值对应的引脚号进行检测。

1　微处理器工作条件的检测方法

微处理器正常工作需要满足一定的工作条件，其中包括直流供电电压、复位信号和时钟信号等，图 18-17 为微处理器 IC1（M38503M4H-608SP）工作条件相关引脚检测点。当怀疑空调器控制功能异常时，可对微处理器这些引脚的参数进行检测，判断微处理器的工作条件是否满足需求。

图 18-17　微处理器 IC1 工作条件相关引脚检测点

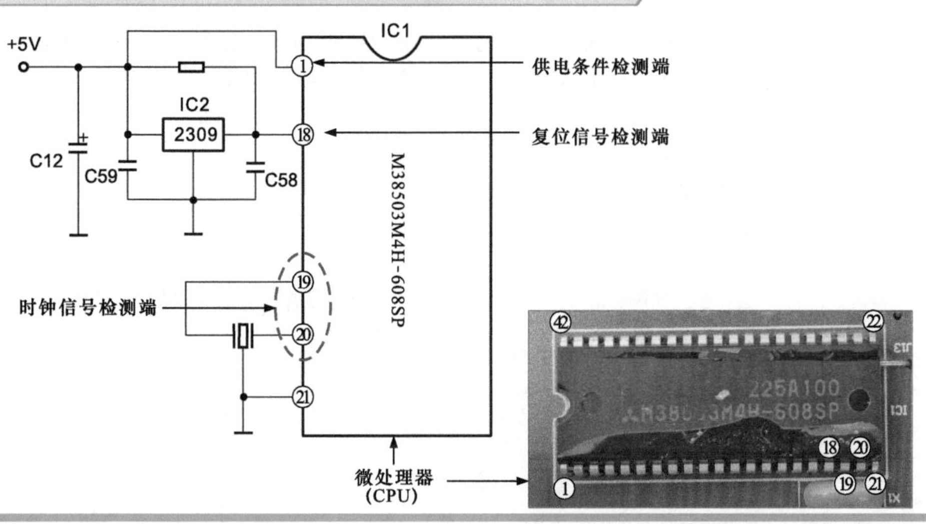
+5V
IC1
供电条件检测端
IC2
2309
复位信号检测端
C12
C59
C58
M38503M4H-608SP
时钟信号检测端
微处理器
(CPU)
225A100
M38503M4H-608SP

（1）微处理器供电电压的检测方法

直流供电电压是微处理器正常工作最基本的条件。若经检测微处理器的直流供电电压正常，则表明前级供电电路部分正常，应进一步检测微处理器的其他工作条件；若经检测无直流供电或直流供电异常，则应对前级供电电路中的相关部件进行检查，排除故障。

微处理器 IC1（M38503M4H-608SP）供电电压的检测方法如图 18-18 所示。

图 18-18　微处理器 IC1 供电电压的检测方法

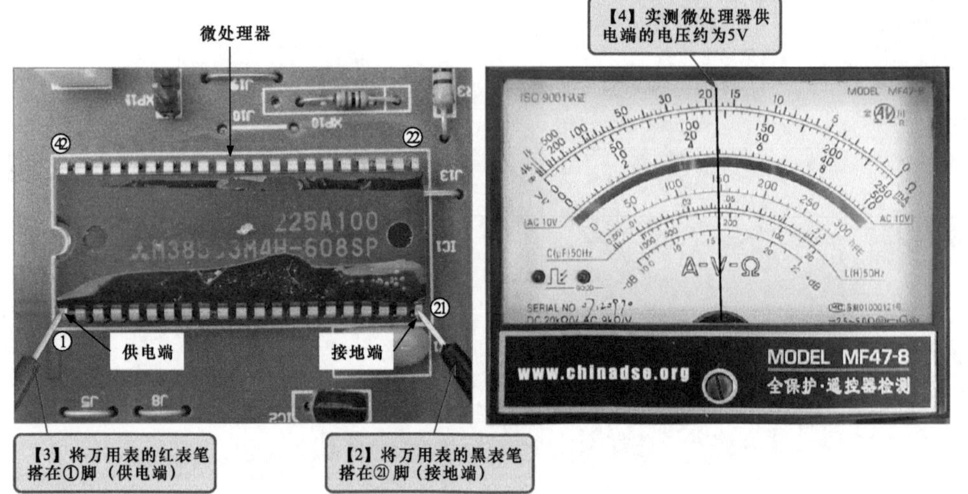
微处理器
【4】实测微处理器供电端的电压约为5V
225A100
M38503M4H-608SP
供电端
接地端
MODEL MF47-8
www.chinadso.org
全保护·遥控器检测
【3】将万用表的红表笔搭在①脚（供电端）
【2】将万用表的黑表笔搭在㉑脚（接地端）

| 特别提示 |

若实测微处理器的供电引脚的电压值为 0V（正常应为 5V），可能存在两种情况，一种是电源电路异常，另一种是 5V 供电线路的负载部分存在短路故障。

电源电路异常应对电源部分进行检测，如检测三端稳压器等；若电源部分正常，可检测 5V 电压的对地阻值是否正常，即检测电源电路中三端稳压器 5V 输出端引脚的对地阻值。

若三端稳压器 5V 输出端引脚对地阻值为 0 Ω，说明 5V 供电线路的负载部分存在短路故障，可逐一对 5V 供电线路上的负载进行检查，如微处理器、贯流风扇电动机霍尔元件接口、遥控接收头、传感器、发光二极管等，其中以微处理器、贯流风扇电动机霍尔元件接口、遥控接收头损坏较为常见。

（2）微处理器复位信号的检测方法

复位信号是微处理器正常工作的必备条件之一，在开机瞬间，微处理器复位信号端得到复位信号，进行内部复位，为进入工作状态做好准备。若经检测，开机瞬间微处理器复位端复位信号正常，应进一步检测微处理器的其他工作条件；若经检测无复位信号，则多为复位电路部分存在异常，应对复位电路中的各元器件进行检测，排除故障。

微处理器 IC1（M38503M4H-608SP）复位信号的检测方法如图 18-19 所示。

图 18-19　微处理器 IC1 复位信号的检测方法

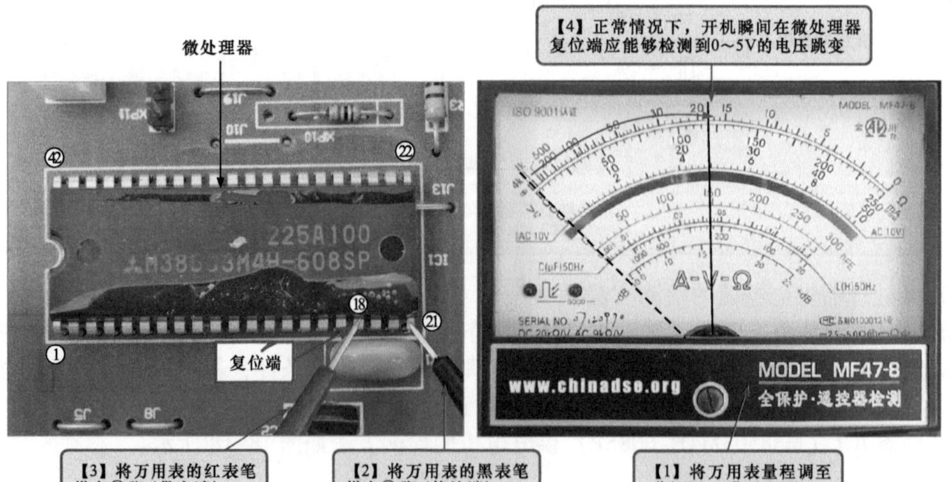
微处理器
【4】正常情况下，开机瞬间在微处理器复位端应能够检测到0～5V的电压跳变
225A100
M38503M4H-608SP
复位端
MODEL MF47-8
www.chinadso.org
全保护·遥控器检测
【3】将万用表的红表笔搭在⑱脚（供电端）
【2】将万用表的黑表笔搭在㉑脚（接地端）
【1】将万用表量程调至“直流10 V”电压档

（3）微处理器时钟信号的检测

时钟信号是主控电路中微处理器工作的另一个基本条件，若该信号异常，将引起微处理器出现不工作或控制功能错乱等现象。一般可用示波器检测微处理器时钟信号端信号波形或陶瓷谐振器引脚的信号波形进行判断。

图18-20所示为微处理器IC1（M38503M4H-608SP）时钟信号的检测方法。

图18-20 微处理器IC1时钟信号的检测方法

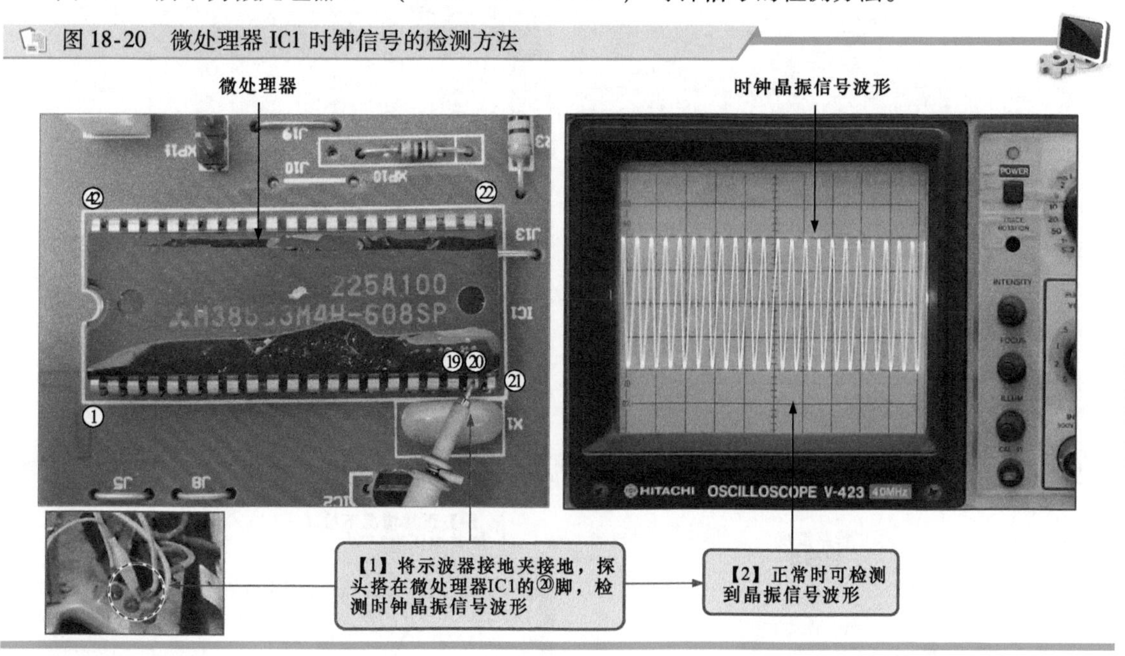
微处理器
时钟晶振信号波形
M38503M4H-608SP
225A100
HITACHI OSCILLOSCOPE V-423 40MHz
【1】将示波器接地夹接地，探头搭在微处理器IC1的⑳脚，检测时钟晶振信号波形
【2】正常时可检测到晶振信号波形

若微处理器的供电、时钟、复位三大工作条件均正常，则接下来可分别对其输入端信号和输出端信号进行检测。

2 微处理器输入端信号的检测方法

空调器主控电路正常工作需要向主控电路输入相应的控制信号，其中包括遥控指令信号和温度检测信号。

若控制电路输入信号正常，且工作条件也正常，而无任何输出，则说明微处理器本身损坏，需要进行更换；若输入控制信号正常，而某一项控制功能失常，即某一路控制信号输出异常，则多为微处理器相关引脚外围元器件（如继电器、反相器等）失常，找到并更换损坏元器件即可排除故障。

（1）微处理器输入端遥控信号的检测

当用户操作遥控器上的按键时，人工指令信号送至室内机控制电路的微处理器中。当输入人工指令无效时，可检测微处理器遥控信号输入端信号是否正常。若无遥控信号输入，则说明前级遥控接收电路出现故障，应对遥控接收电路进行检查。

图18-21所示为微处理器IC1（M38503M4H-608SP）⑦脚遥控信号的检测方法。

（2）微处理器输入端温度传感器信号的检测

温度传感器也是空调器主控电路中的重要器件，用于为其提供正常的室内环境温度和管路温度信号。若该传感器失常，则可能导致空调器自动控温功能失常、显示故障代码等情况。

温度传感器工作时，将温度的变化信号转换为电信号，经插座、电阻器后送入微处理器的相关引脚中，可用万用表的直流电压档检测传感器插座上送入微处理引脚端的电压值，正常情况下，应可测得2~3V电压值。

微处理器输入端温度传感器信号的检测方法如图18-22所示。

图 18-21　微处理器 IC1⑦脚遥控信号的检测方法

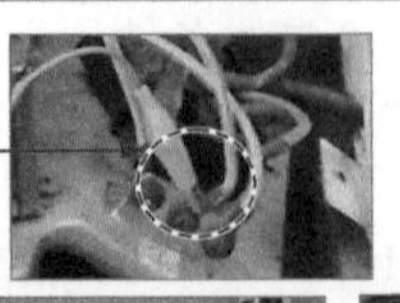

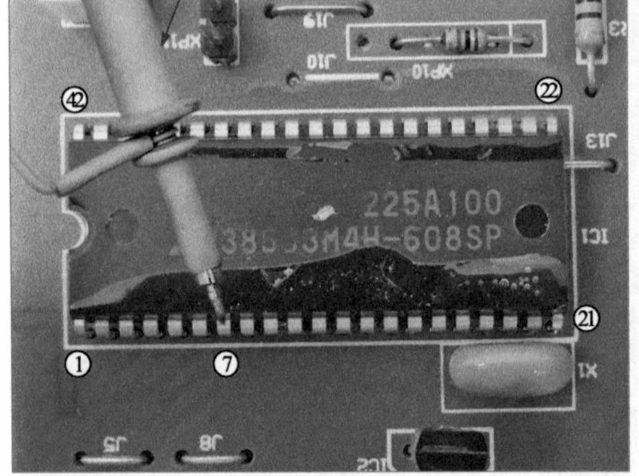
【1】在操作遥控的同时，将示波器的接地夹接地，将探头搭在IC1的遥控信号输入引脚上（③脚）
225A100
㉒
㉑
①
⑦
IC1

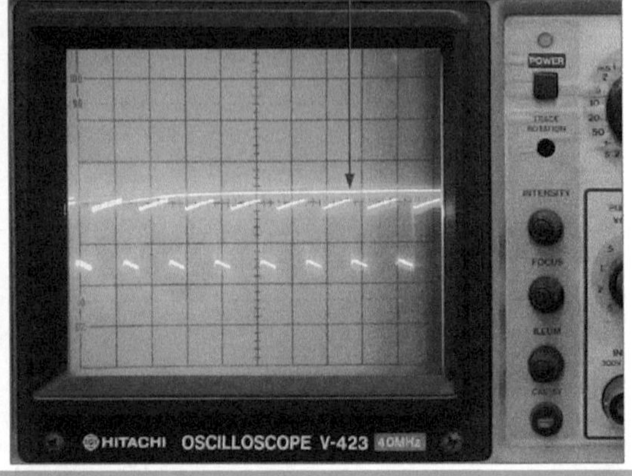
【2】正常情况下，可检测到遥控信号波形
HITACHI OSCILLOSCOPE V-423

图 18-22　微处理器输入端温度传感器信号的检测方法

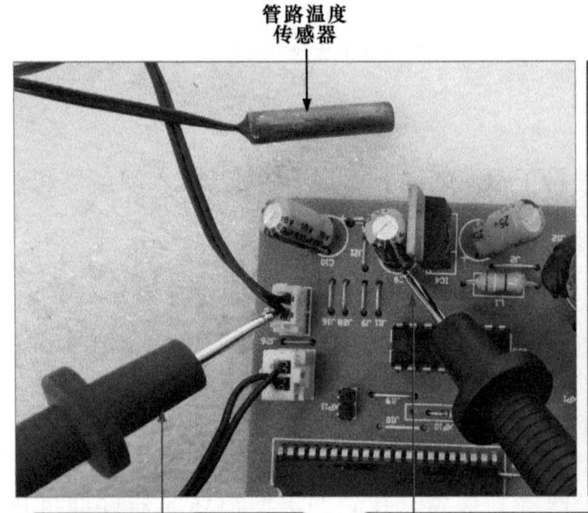
管路温度传感器
【3】将万用表红表笔搭在传感器输出侧插件引脚上
【2】将万用表的黑表笔搭在接地端即电容负极引脚

【4】正常情况下检测其电压为2.7V
【1】将万用表量程调至“直流10V”电压档
MODEL MF47-8
www.chinadse.org
全保护·遥控器检测

| 提示说明 |

若温度传感器的供电电压正常，插座处分压点的电压为0V，则多为外接传感器损坏，应对其进行更换。

一般来说，若微处理器的传感器信号输入引脚处电压高于4.5V或低于0.5V都可以判断为温度传感器损坏。

3　微处理器输出端信号的检测方法

当怀疑空调器主控电路出现故障时，也可先对主控电路输出的控制信号进行检测，若输出的控制信号正常，表明主控电路可以正常工作；若无控制信号输出或输出的控制信号不正常，则表明主控电路损坏或没有进入工作状态，在输入信号和工作条件均正常的前提下，多为微处理器本身损坏，应用同型号芯片进行更换。

图 18-23 所示为空调器主控电路输出控制信号的检测方法（以贯流风扇电动机驱动信号为例）。

图 18-23 空调器主控电路输出控制信号的检测方法

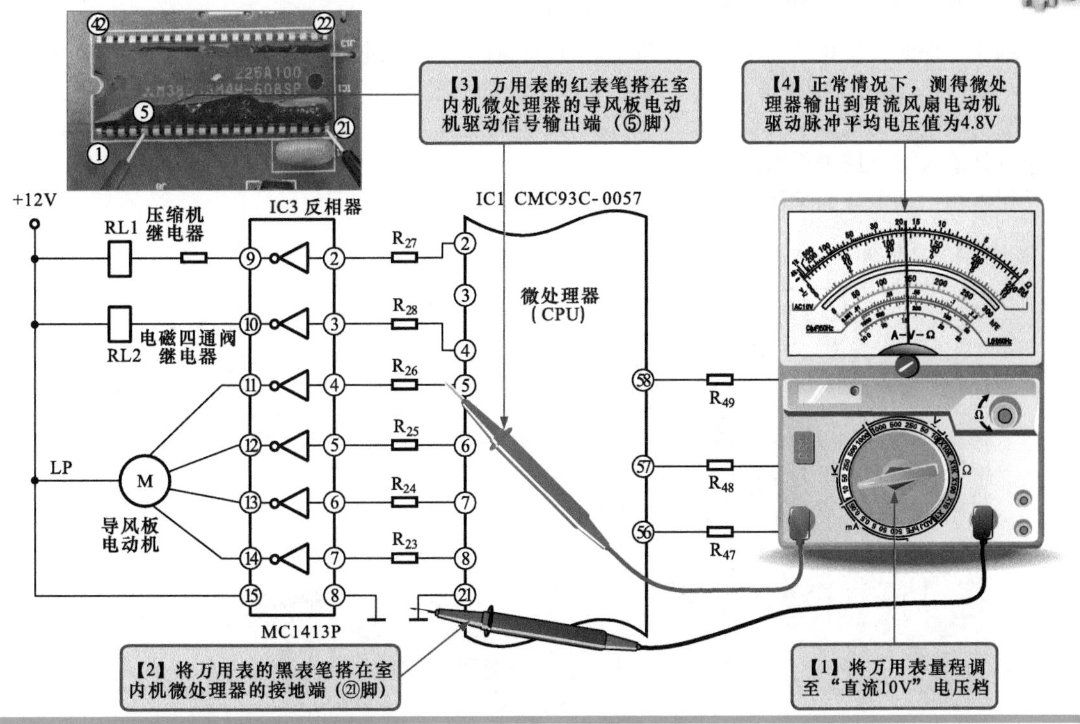

【3】万用表的红表笔搭在室内机微处理器的导风板电动机驱动信号输出端（⑤脚）
【4】正常情况下，测得微处理器输出到贯流风扇电动机驱动脉冲平均电压值为4.8V
+12V
RL1
压缩机继电器
IC3 反相器
IC1 CMC93C-0057
微处理器（CPU）
电磁四通阀继电器
RL2
LP
M
导风板电动机
MC1413P
R_{27}
R_{28}
R_{26}
R_{25}
R_{24}
R_{23}
R_{49}
R_{48}
R_{47}
【2】将万用表的黑表笔搭在室内机微处理器的接地端（㉑脚）
【1】将万用表量程调至“直流10V”电压档

| 特别提示 |

空调器主控电路中，微处理器的好坏除了按照上述方法一步一步检测和判断外，还可根据空调器加电后的反应进行判断。

正常情况下，若微处理器的供电、复位和时钟信号均正常时，接通空调器电源遥控开始时，室内机的导风板会立即关闭；若取下温度传感器（即温度传感器处于开路状态），空调器应显示相应的故障代码；操作遥控器按键进行参数设定时，应能听到空调器接收到遥控信号的声响；操作应急开关能够开机或关机。若上述功能均失常，则可判断微处理器损坏。

18.2.3 空调器主控电路中反相器的检测实例

反相器是空调器中各种功能部件继电器的驱动电路部分，若该器件损坏将直接导致空调器相关的功能部件失常，如常见的室外风机不运行、压缩机不运行等。

对反相器进行检测之前，首先要弄清楚反相器各引脚的功能，即找准输入和输出端引脚，然后用万用表的电压档检测反相器输入端、输出端引脚的电压值，根据检测结果判断反相器的好坏。

图 18-24 所示为反相器检测方法示意图。

图 18-24 反相器检测方法示意图

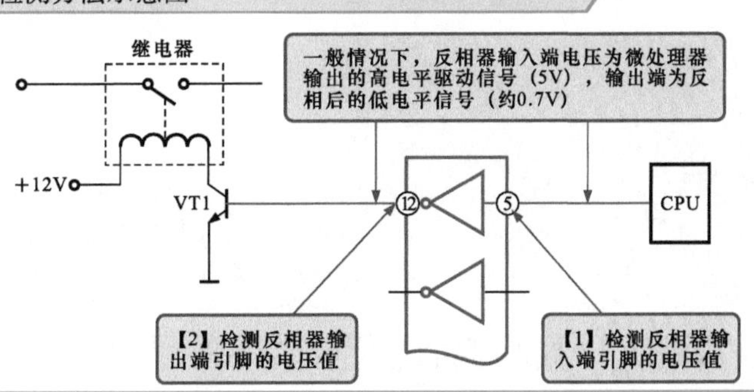

继电器
一般情况下，反相器输入端电压为微处理器输出的高电平驱动信号（5V），输出端为反相后的低电平信号（约0.7V）
+12V
VT1
CPU
【2】检测反相器输出端引脚的电压值
【1】检测反相器输入端引脚的电压值

1 反相器输出端电压的检测方法

空调器工作时，反相器用于将微处理器输出的高电平信号进行反相后输出低电平（一般约为0.7V），用于驱动继电器工作。因此，可先用万用表的直流电压档对反相器输出端的电压进行检测，若输出端电压为低电平（约为0.7V）说明反相器工作正常；若反相器无输出或输出异常，则可继续对其输入端电压进行检测。

反相器输出端电压的检测方法如图18-25所示。

图18-25 反相器输出端电压的检测方法

【3】将万用表的红表笔搭在反相器的⑫脚

【4】正常情况下，在反相器输出端引脚上可测得约0.7V的直流电压

反相器

【2】将万用表的黑表笔搭在反相器⑧脚（接地端）

【1】将万用表量程调至“直流2.5V”电压档

正常情况下，在反相器输出端引脚上应测得约0.7V的直流电压，若输出电压为高电平（12V）则说明反相器未实现反相驱动作用，可继续对其输入端电压进行检测。

2 反相器输入端电压的检测方法

反相器输入端与微处理器连接，由微处理器输出驱动信号到反相器上，可用万用表检测反相器相应输入端引脚的电压值。若输入端电压正常（一般为5V）则说明微处理器输出驱动信号正常，此时反相器无输出，则多为反相器损坏，应用同型号反相器芯片进行更换。

反相器输入端电压的检测方法如图18-26所示。

图18-26 反相器输入端电压的检测方法

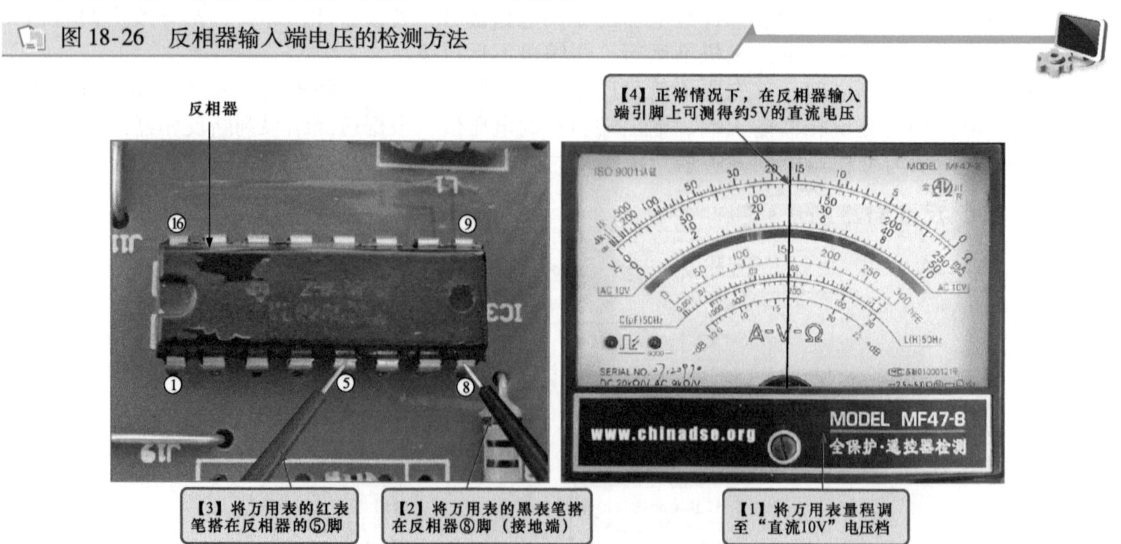
反相器
【4】正常情况下，在反相器输入端引脚上可测得约5V的直流电压
⑯
⑨
①
⑤
⑧
IC3
MODEL MF47-B
www.chinadse.org
全保护·遥控器检测
【3】将万用表的红表笔搭在反相器的⑤脚
【2】将万用表的黑表笔搭在反相器⑧脚（接地端）
【1】将万用表量程调至“直流10V”电压档

正常情况下，在反相器输入端引脚上应测得约 5V 的直流电压，若输入端无电压，则多为微处理器无驱动信号输出，应对微处理器部分进行检测。

| 特别提示 |

根据维修经验，正常情况下，反相器的输入端引脚上应加有微处理器送入的驱动信号，电压值一般为 5V 或 0V，经反相器反相后，在反相器输出端输出低电平信号，一般为 0.7V 或高电平 5V。若输入正常输出不正常，则多为反相器本身损坏。

如果反相器供电正常，任何一个反相器都应有一个规律即输入与输出相反，输入低电平，输出则为高电平；输入为高电平输出则为低电平。

18.2.4 空调器主控电路中温度传感器的检测实例

在空调器中，温度传感器是不可缺少的控制器件，如果温度传感器损坏或异常，通常会引起空调器不工作、空调器室外机不运行等故障，因此掌握温度传感器的检修方法是十分必要的。

检测温度传感器多在开路状态下，检测不同温度环境下的电阻值。开路检测温度传感器是指将温度传感器与电路分离，在不加电情况下，不同温度状态时检测温度传感器的阻值变化情况来判断温度传感器的好坏。

1 常温下温度传感器阻值的检测方法

首先在常温下对温度传感器进行检测，即将温度传感器放置在室内环境下，用万用表电阻档检测其电阻值。

在常温状态下，用万用表检测温度传感器的阻值如图 18-27 所示。

图 18-27 常温下温度传感器阻值的检测方法

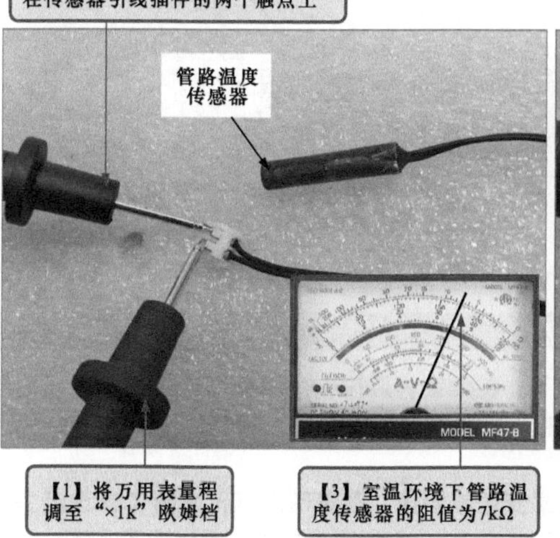
【2】将万用表的红、黑表笔分别搭在传感器引线插件的两个触点上
管路温度传感器
MODEL MF47-B
【1】将万用表量程调至“×1k”欧姆档
【3】室温环境下管路温度传感器的阻值为7kΩ

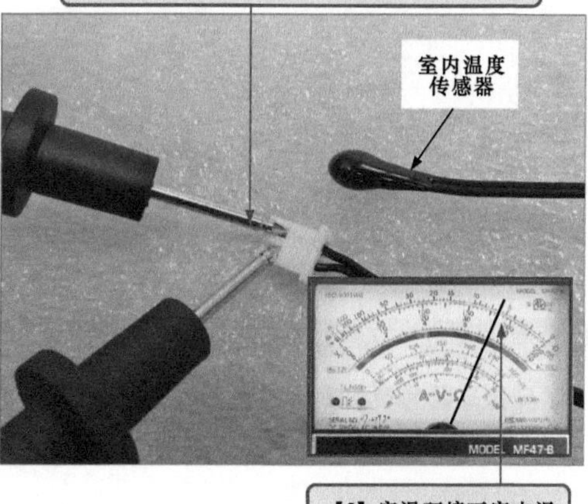
【4】保持万用表的档位不动，将红、黑表笔分别搭在室内温度传感器引线插件的触点上
室内温度传感器
MODEL MF47-B
【5】室温环境下室内温度传感器的阻值为6kΩ

扫一扫看视频

在正常情况下，蒸发器管路温度传感器的阻值为 10 kΩ 左右；室内环境温度传感器的阻值为27kΩ 左右。

2 高温下温度传感器阻值的检测方法

高温环境下检测温度传感器时，可以人为提高环境温度，例如用水杯盛些热水，并将温度传感器的感应头放入水杯中，然后再用万用表进行检测。

高温下温度传感器阻值的检测方法如图 18-28 所示。

图 18-28　高温下温度传感器阻值的检测方法

【2】将管路温度传感器感温头放入热水中

【4】高温环境下管路温度传感器的阻值为1.5kΩ

【3】将万用表的红、黑表笔分别搭在传感器引线插件的两个触点上

盛有热水的纸杯

【1】将万用表量程调至“×1k”欧姆档

【6】将室内温度传感器感温头放入热水中

【8】高温环境下管路温度传感器的阻值为1kΩ

【7】将万用表的红、黑表笔分别搭在传感器引线插件的两个触点上

盛有热水的纸杯

【5】保持万用表量程旋钮置于“×1k”欧姆档

特别提示

空调器的温度传感器为负温度传感器，因此在高温状态下，检测室内温度传感器和管路温度传感器的阻值应变小。如上述测试中，高温环境下，室内环境温度传感器的阻值为 5kΩ 左右，管路温度传感器的阻值为 1kΩ 左右。

如果温度传感器在常温、热水和冷水中的阻值没有变化或变化不明显，则表明温度传感器工作已经失常，应及时更换；如果温度传感器的阻值一直都是很大（趋于无穷大），则说明温度传感器出现了故障；如果温度传感器在开路检测时正常，而在路检测时其引脚的电压值过高或过低，就要对电路部分作进一步的检测，以排除故障。

18.2.5　空调器主控电路中继电器的检测实例

在空调器中，继电器中触点的通断状态决定着被控部件与电源的通断状态，若继电器功能失常或损坏，将直接导致空调器某些功能部件不工作或某些功能失常的情况，因此，在空调器检测中，对继电器的检测也是十分关键的环节。

检测继电器通常有两种方法：一种是在路检测继电器线圈侧和触点侧的电压值来判断好坏；一种是开路状态下检测继电器线圈侧和触点侧的阻值，判断继电器的好坏。

1 在路检测继电器线圈侧和触点侧的电压值

将室内机中的电路板从其电路板支架中取出，然后连接好各种组件，接通电源，在路状态下，对空调器中的继电器进行检测。

检测前，应先弄清楚继电器与其他元器件之间的关系，分析或找准正常情况下相关的电压值，然后再进行检测，根据检测结果判断好坏。

图 18-29 所示为空调器主控电路中继电器的检测示意图。

图 18-29 空调器主控电路中继电器的检测示意图

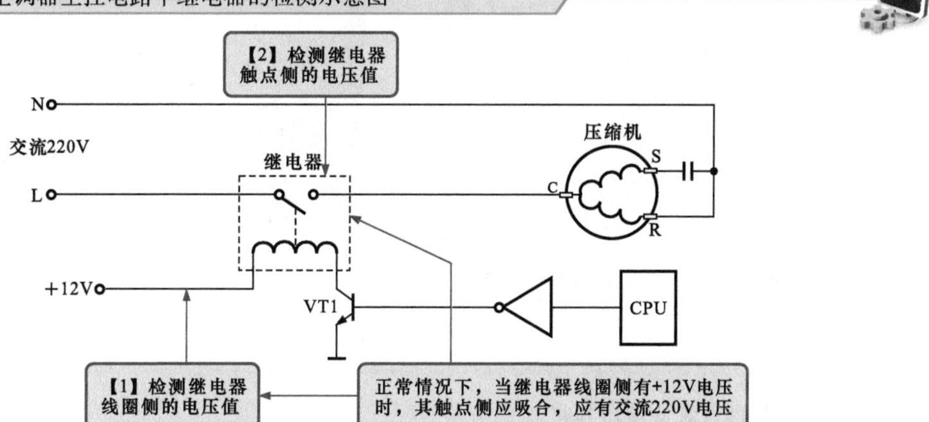
【2】检测继电器触点侧的电压值
N
交流220V
L
继电器
压缩机
S
C
R
+12V
VT1
CPU
【1】检测继电器线圈侧的电压值
正常情况下，当继电器线圈侧有+12V电压时，其触点侧应吸合，应有交流220V电压

从图中可以看到，正常情况下，继电器线圈得电后，控制触点闭合，因此在线圈侧应有直流 12V 电压；触点侧接通交流供电，应测得 220V 电压值。

（1）继电器线圈侧直流电压的检测方法

继电器线圈侧为直流低压供电，正常情况下在反相器驱动电路作用下，线圈得电，可用万用表的直流电压档进行检测。

继电器线圈侧直流电压的检测方法如图 18-30 所示。

图 18-30 继电器线圈侧直流电压的检测方法

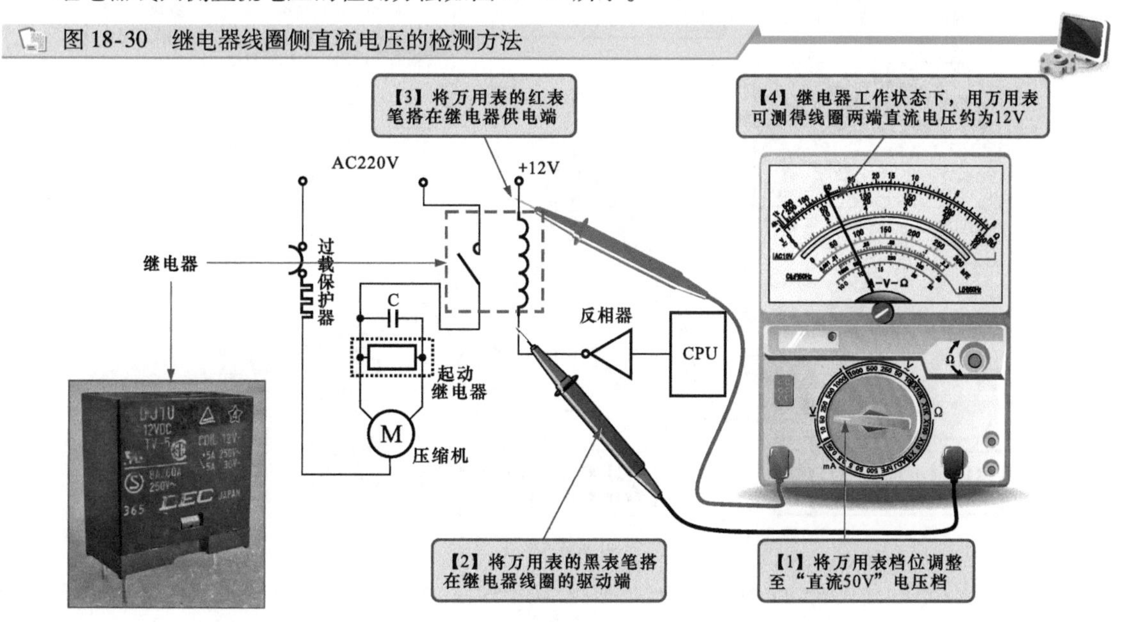
【3】将万用表的红表笔搭在继电器供电端
【4】继电器工作状态下，用万用表可测得线圈两端直流电压约为12V
AC220V
+12V
继电器
过载保护器
C
起动继电器
M
压缩机
反相器
CPU
【2】将万用表的黑表笔搭在继电器线圈的驱动端
【1】将万用表档位调整至“直流50V”电压档

a) 电路示意图

图 18-30 继电器线圈侧直流电压的检测方法（续）

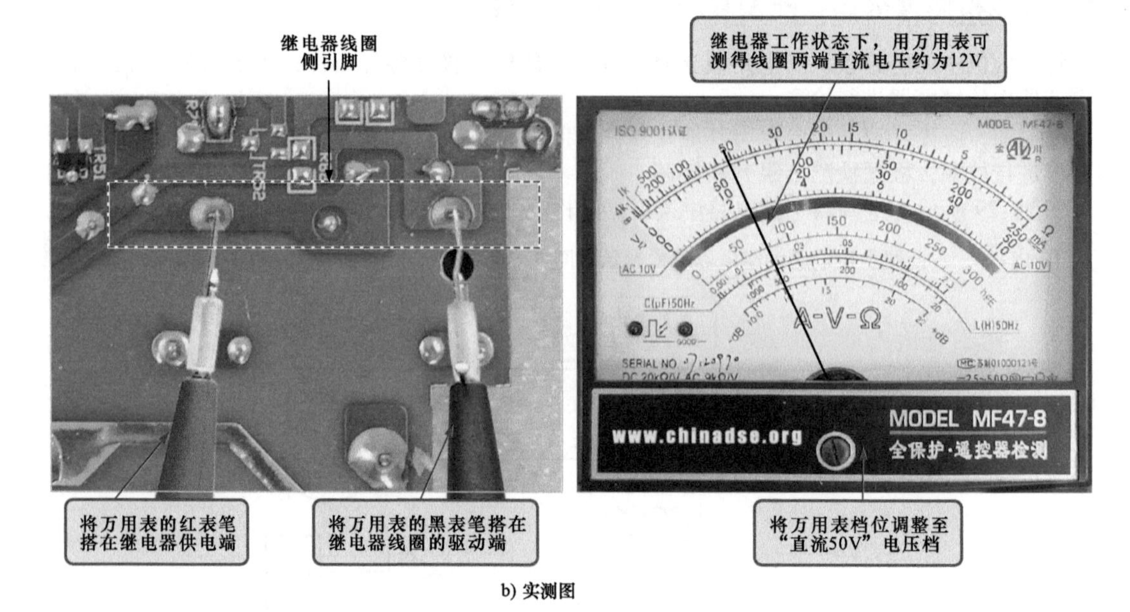
继电器线圈
侧引脚
继电器工作状态下，用万用表可
测得线圈两端直流电压约为12V
www.chinadse.org
MODEL MF47-8
全保护·遥控器检测
将万用表的红表笔
搭在继电器供电端
将万用表的黑表笔搭在
继电器线圈的驱动端
将万用表档位调整至
“直流50V”电压档

b) 实测图

（2）继电器触点侧交流电压的检测方法

继电器线圈得电后，触点闭合，接通交流供电，正常情况下可用万用表的交流电压档进行检测。

继电器触点侧交流电压的检测方法如图 18-31 所示。

图 18-31 继电器触点侧交流电压的检测方法

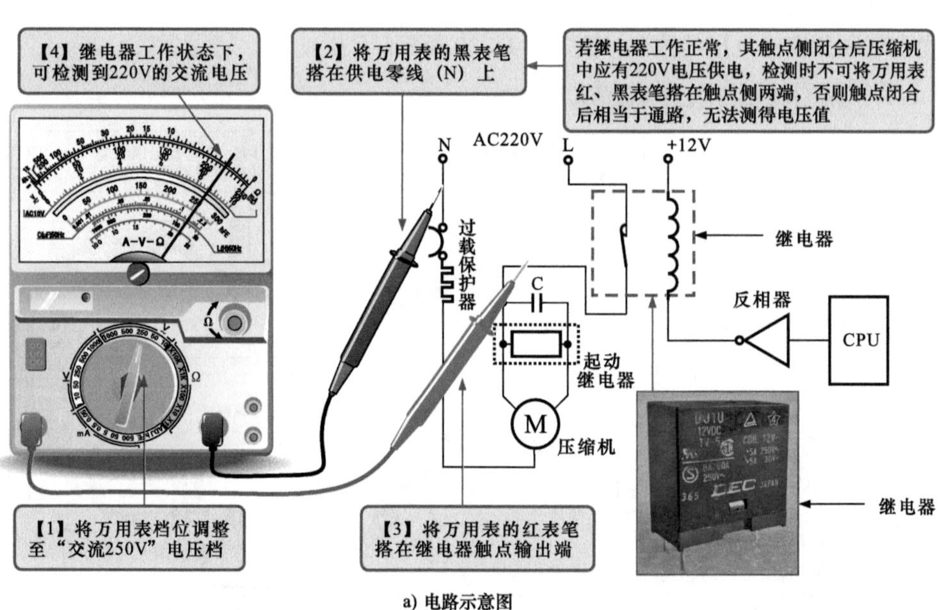
【4】继电器工作状态下，
可检测到220V的交流电压
【2】将万用表的黑表笔
搭在供电零线（N）上
若继电器工作正常，其触点侧闭合后压缩机
中应有220V电压供电，检测时不可将万用表
红、黑表笔搭在触点侧两端，否则触点闭合
后相当于通路，无法测得电压值
N
AC220V
L
+12V
过载保护器
继电器
C
反相器
CPU
起动
继电器
M
压缩机
继电器
【1】将万用表档位调整
至“交流250V”电压档
【3】将万用表的红表笔
搭在继电器触点输出端

a) 电路示意图

图 18-31　继电器触点侧交流电压的检测方法（续）

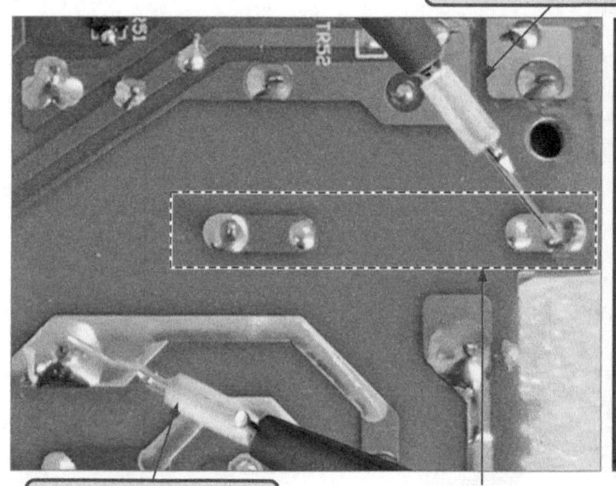

将万用表的红表笔搭在继电器触点输出端
继电器工作状态下，万用表可测得电压为交流220V
将万用表的黑表笔搭在供电零线（N）上
继电器触点测引脚
将万用表档位调整至“交流250V”电压档
MODEL MF47-8
www.chinadse.org
全保护·遥控器检测
A-V-Ω

b) 实测图

特别提示

通电状态下对继电器进行检测时需要特别注意人身安全，维修人员应避免身体任何部位与带有 220V 电压的器件或触点碰触，否则可能会引起触电危险。

2　开路检测继电器线圈侧及触点侧的阻值

正常情况，继电器的线圈相当于一个阻值较小的导线，触点侧处于断开状态，因此可用万用表检测线圈是否存在开路故障、触点是否存在短路故障。

用万用表检测继电器线圈侧及触点侧的阻值的方法如图 18-32 所示。

图 18-32　用万用表检测继电器线圈侧及触点侧的阻值的方法

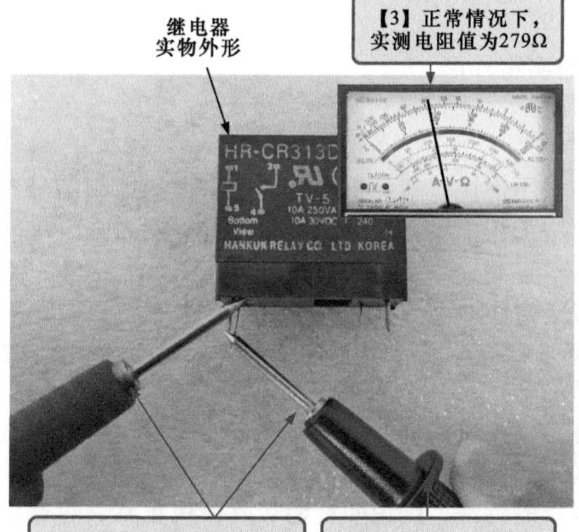

继电器实物外形
【3】正常情况下，实测电阻值为279Ω
HR-CR313DC
HANKUK RELAY CO. LTD KOREA
【2】将红、黑表笔分别搭在继电器线圈端两引脚上
【1】将万用表档位调整至“×10”欧姆档

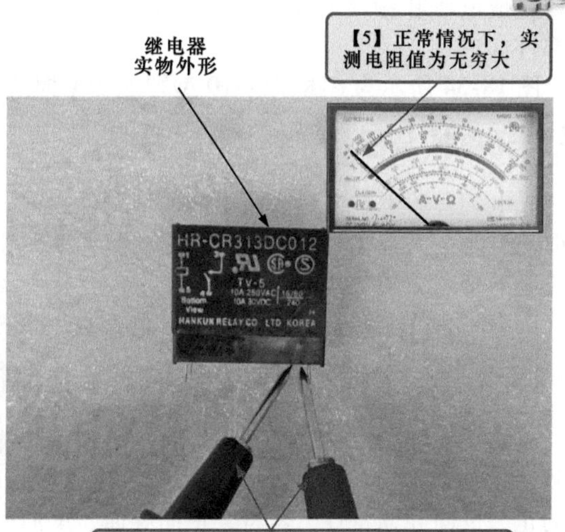

继电器实物外形
【5】正常情况下，实测电阻值为无穷大
HR-CR313DC012
HANKUK RELAY CO. LTD KOREA
【4】保持万用表功能旋钮位置不动，将红、黑表笔分别搭在继电器触点端两引脚上

18.3 空调器变频电路维修检测实例

18.3.1 空调器变频电路中的主要元器件

空调器中的变频电路结构比较紧凑，几乎所有的元器件都集成在一块比较规则的矩形电路板上。将典型变频空调器中的变频电路从固定支架上取下，即可看到其整个电路结构，图 18-33 所示为海信 KFR-35GW06ABP 型变频空调器中的变频电路板。

图 18-33 变频电路的构成

光电耦合器

智能功率模块

扫一扫看视频

从图中可以看到，该电路主要是由智能功率模块、光电耦合器及外围元器件等构成。

1 智能功率模块

变频空调器中采用的智能功率模块是一种混合集成电路，其内部一般集成有逆变器电路（功率输出管）、逻辑控制电路、电压电流检测电路、电源供电接口等，主要用来将直流 300V 电压转换成电压和频率可变的变频压缩机工作电压（30 ~ 220V、15 ~ 120 Hz），是变频电路中的核心部件。

图 18-34 所示为 STK621-410 型智能功率模块的实物外形。

2 光电耦合器

光电耦合器也是变频电路中的典型器件之一。它用来接收室外机微处理器送来的控制信号，经光电转换后送入智能功率模块中，驱动智能功率模块工作，具有光电隔离、抗干扰能力强、单向信号传输的特点。

图 18-35 所示为典型变频电路中光电耦合器的实物外形。

18.3.2 空调器变频电路中变频功率模块的检测实例

在确定智能功率模块是否损坏时，可根据智能功率模块内部的结构特性，使用万用表二极管档检测“P”（“+”）端与 U、V、W 端，或“N”（“+”）与 U、V、W 端，或“P”与“N”端之间的正、反向导通特性，若符合正向导通、反向截止的特性，则说明智能功率模块正常，否则说明智能功率模块损坏，如图 18-36 所示。

图 18-37 所示为 STK621-410 型智能功率模块的检测方法。

图 18-34 STK621-410 型智能功率模块的实物外形

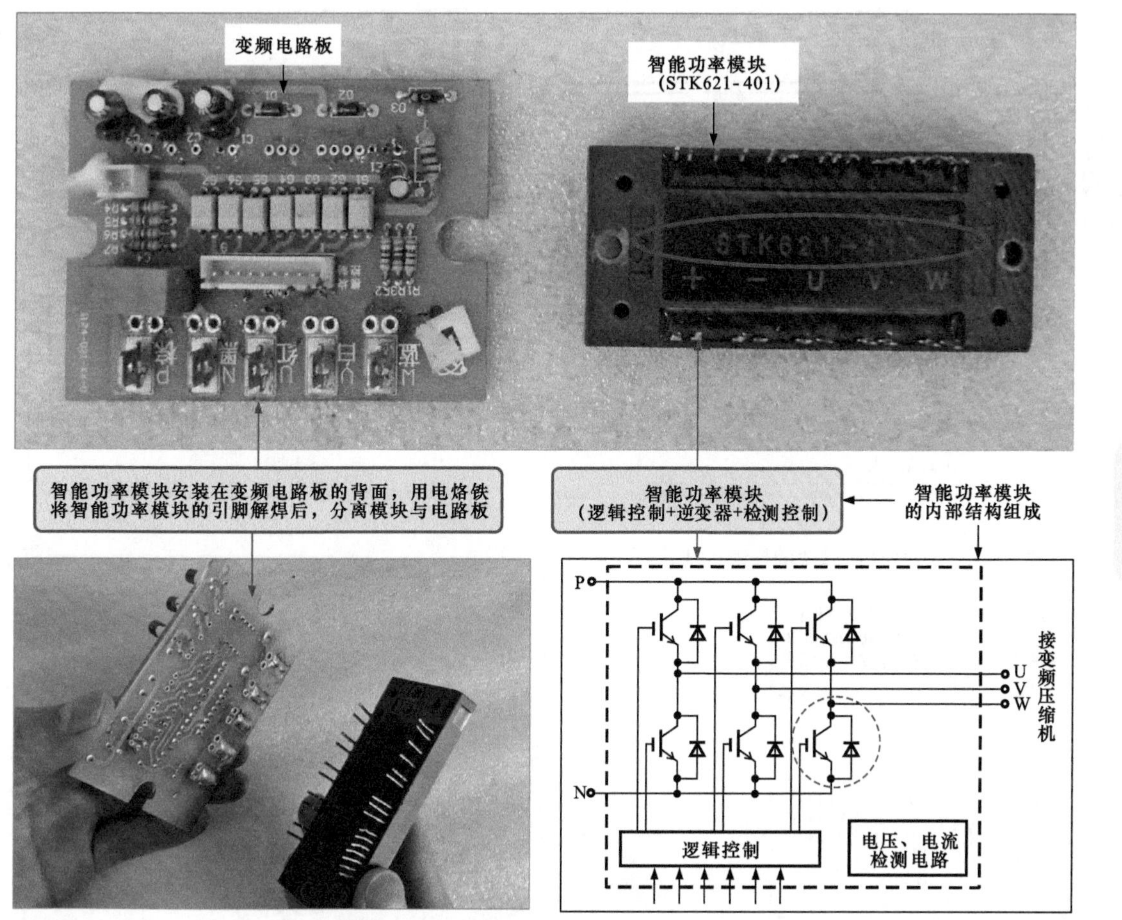
变频电路板
智能功率模块
(STK621-401)
智能功率模块安装在变频电路板的背面，用电烙铁将智能功率模块的引脚解焊后，分离模块与电路板
智能功率模块
(逻辑控制+逆变器+检测控制)
智能功率模块的内部结构组成
P
N
U
V
W
接变频压缩机
逻辑控制
电压、电流检测电路

图 18-35 光电耦合器 G1 ~ G7 的实物外形

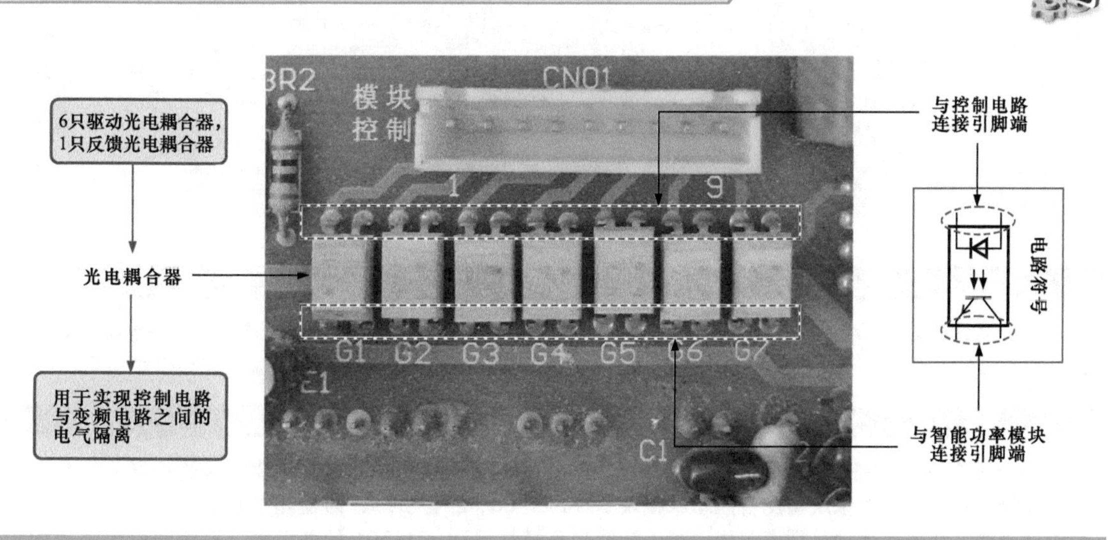
6只驱动光电耦合器，
1只反馈光电耦合器
光电耦合器
用于实现控制电路与变频电路之间的电气隔离
与控制电路连接引脚端
电路符号
与智能功率模块连接引脚端
模块控制
CN01
G1 G2 G3 G4 G5 G6 G7

图 18-36　智能功率模块的检测方法示意图

扫一扫看视频

P端
U V W
Bu⊕ Eu⊕ Bv⊕ Ev⊕ Bw⊕ Ew⊕ Bu⊖ Bv⊖ Bw⊖
黑表笔
红表笔

将数字万用表黑表笔搭在P端，红表笔依次搭在U、V、W端测量，其阻值接近无穷大

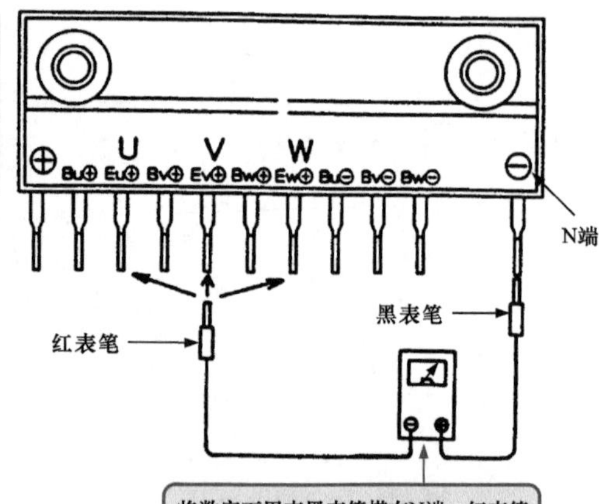
U V W
Bu⊕ Eu⊕ Bv⊕ Ev⊕ Bw⊕ Ew⊕ Bu⊖ Bv⊖ Bw⊖
N端
黑表笔
红表笔

将数字万用表黑表笔搭在N端，红表笔依次搭在U、V、W端测量，其阻值为5～10kΩ

图 18-37　智能功率模块的检测方法

【4】检测P、U端之间内部二极管的正向电压降。观察万用表读数为0.424V=424mV(内部半导体PN结正向电压降)，正常

【3】将万用表的红表笔搭在智能功率模块U端子上

【2】将万用表的黑表笔搭在智能功率模块P端子上

【5】将万用表置于二极管档不变，调换表笔，即红表笔搭在P端，黑表笔搭在U再次检测。观察万用表读数为OL，即无穷大（内部半导体PN结反向无穷大），正常

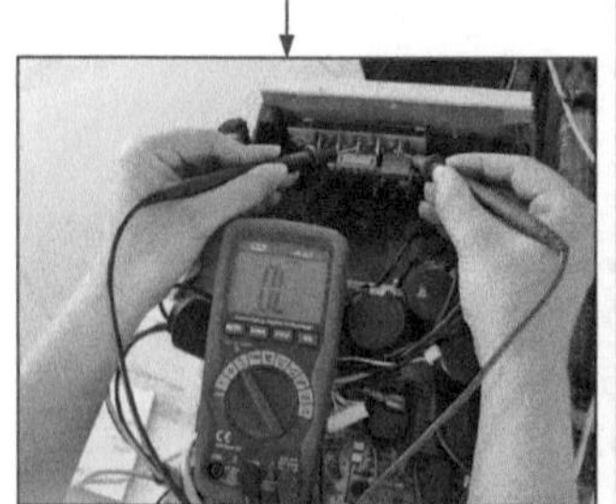

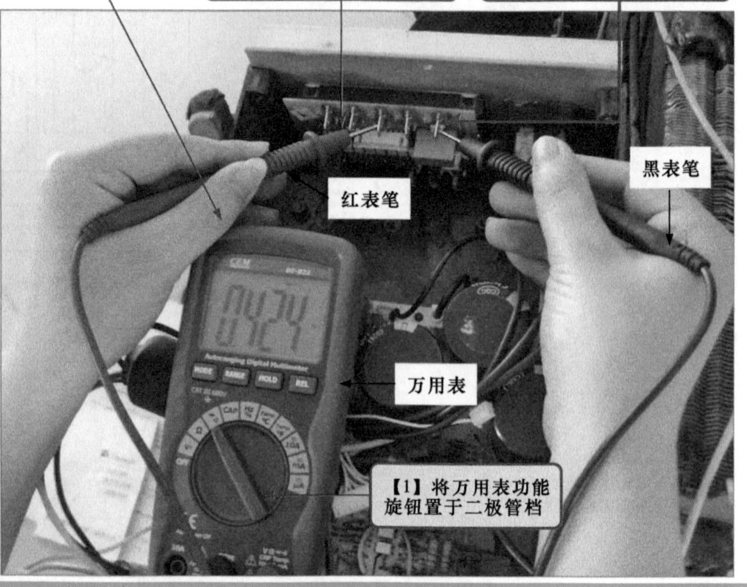
红表笔
黑表笔
万用表
【1】将万用表功能旋钮置于二极管档

特别提示

由于变频模块内部结构特性，判断模块好坏，也可用万用表的交流电压档检测变频模块输出端驱动压缩机的电压，正常情况下，任意两相间的电压应在 0～160V 之间并且相等，否则说明变频模块损坏。

相关资料

除上述方法外，还可通过检测智能功率模块的对地阻值，来判断智能功率模块是否损坏，即将万用表黑表笔接地，红表笔依次检测智能功率模块 STK621-601 的各引脚，即检测引脚的正向对地阻值；接着对调表笔，红表笔接地，黑表笔依次检测智能功率模块 STK621-601 的各引脚，即检测引脚的反向对地阻值。

正常情况下智能功率模块各引脚的对地阻值见表 18-1，若测得智能功率模块的对地阻值与正常情况下测得阻值相差过大，则说明智能功率模块已经损坏。

表 18-1　智能功率模块各引脚对地阻值

引脚号	正向阻值/kΩ	反向阻值/kΩ	引脚号	正向阻值/kΩ	反向阻值/kΩ
①	0	0	⑮	11.5	∞
②	6.5	25	⑯	空脚	空脚
③	6	6.5	⑰	4.5	∞
④	9.5	65	⑱	空脚	空脚
⑤	10	28	⑲	11	∞
⑥	10	28	⑳	空脚	空脚
⑦	10	28	㉑	4.5	∞
⑧	空脚	空脚	㉒	11	∞
⑨	10	28	P 端	12.5	∞
⑩	10	28	N 端	0	0
⑪	10	28	U 端	4.5	∞
⑫	空脚	空脚	V 端	4.5	∞
⑬	空脚	空脚	W 端	4.5	∞
⑭	4.5	∞			

18.3.3　空调器变频电路中光电耦合器的检测实例

光电耦合器是用于驱动智能功率模块的控制信号输入电路，损坏后会导致来自室外机控制电路中的 PWM 信号无法送至智能功率模块的输入端。

若经上述检测室外机控制电路送来的 PWM 驱动信号正常，供电电压也正常，而变频电路无输出，则应对光电耦合器进行检测。

图 18-38 所示为光电耦合器的检测方法。

图 18-38　光电耦合器的检测方法

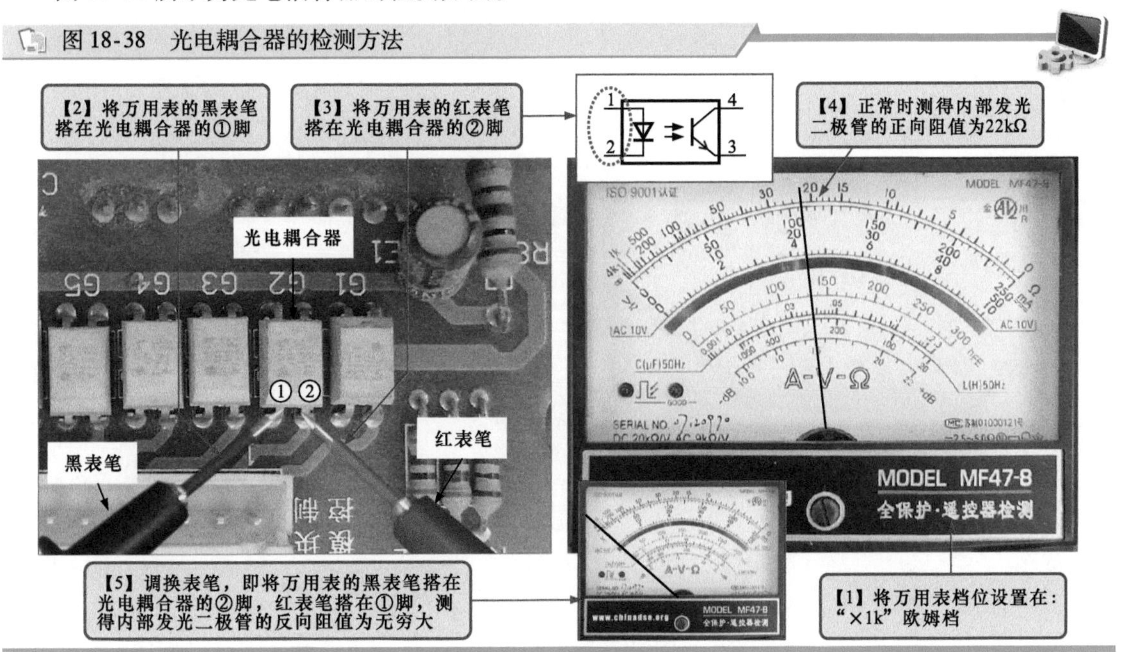
【2】将万用表的黑表笔搭在光电耦合器的①脚
【3】将万用表的红表笔搭在光电耦合器的②脚
【4】正常时测得内部发光二极管的正向阻值为22kΩ
光电耦合器
G5 G4 G3 G2 G1
①②
黑表笔
红表笔
MODEL MF47-8
全保护·遥控器检测
A-V-Ω
【5】调换表笔，即将万用表的黑表笔搭在光电耦合器的②脚，红表笔搭在①脚，测得内部发光二极管的反向阻值为无穷大
【1】将万用表档位设置在："×1k"欧姆档

图 18-38　光电耦合器的检测方法（续）

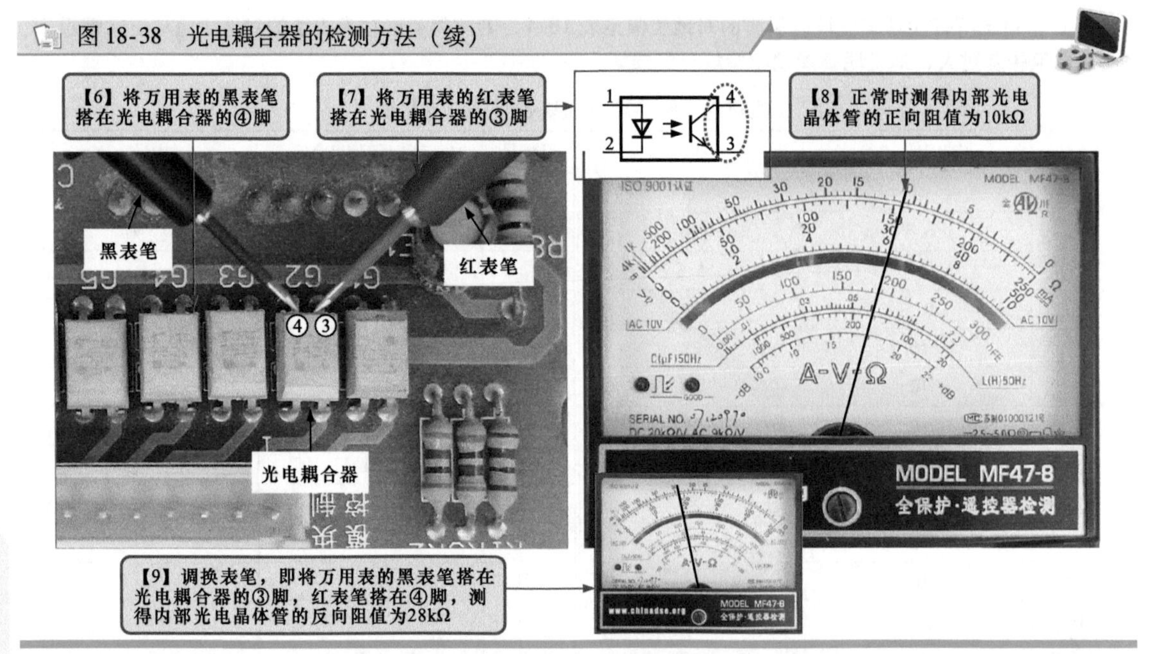
【6】将万用表的黑表笔搭在光电耦合器的④脚
【7】将万用表的红表笔搭在光电耦合器的③脚
【8】正常时测得内部光电晶体管的正向阻值为10kΩ
黑表笔
红表笔
光电耦合器
MODEL MF47-8
全保护·遥控器检测
【9】调换表笔，即将万用表的黑表笔搭在光电耦合器的③脚，红表笔搭在④脚，测得内部光电晶体管的反向阻值为28kΩ

特别提示

由于在路检测，会受外围元器件的干扰，测得的阻值会与实际阻值有所偏差，但内部的发光二极管基本满足正向导通、反向截止的特性；若测得的光电耦合器内部发光二极管或光电晶体管的正、反向阻值均为零、无穷大或与正常阻值相差过大，都说明光电耦合器已经损坏。

第19章 智能手机的维修实例精选

19.1 智能手机音频电路元器件的维修检测实例

19.1.1 智能手机音频信号处理芯片的检测实例

音频信号处理芯片是智能手机语音电路中的核心模块，若该芯片损坏将引起智能手机收音、发音异常的故障。检测时，在基本工作条件正常的前提下，可分别在接听电话和拨打电话两种状态下，通过示波器检测音频信号处理芯片输入、输出的语音信号是否正常进行判断。

如图19-1所示，接听电话信号状态下，由微处理器及数据信号处理芯片输出的基带数据信号送入音频信号处理芯片中，经处理后输出音频信号送往听筒、扬声器、耳机中。根据这一信号流程，检测输入和输出的信号波形。

图19-1 接听电话信号状态下检测输出的音频信号和输入的基带数据信号

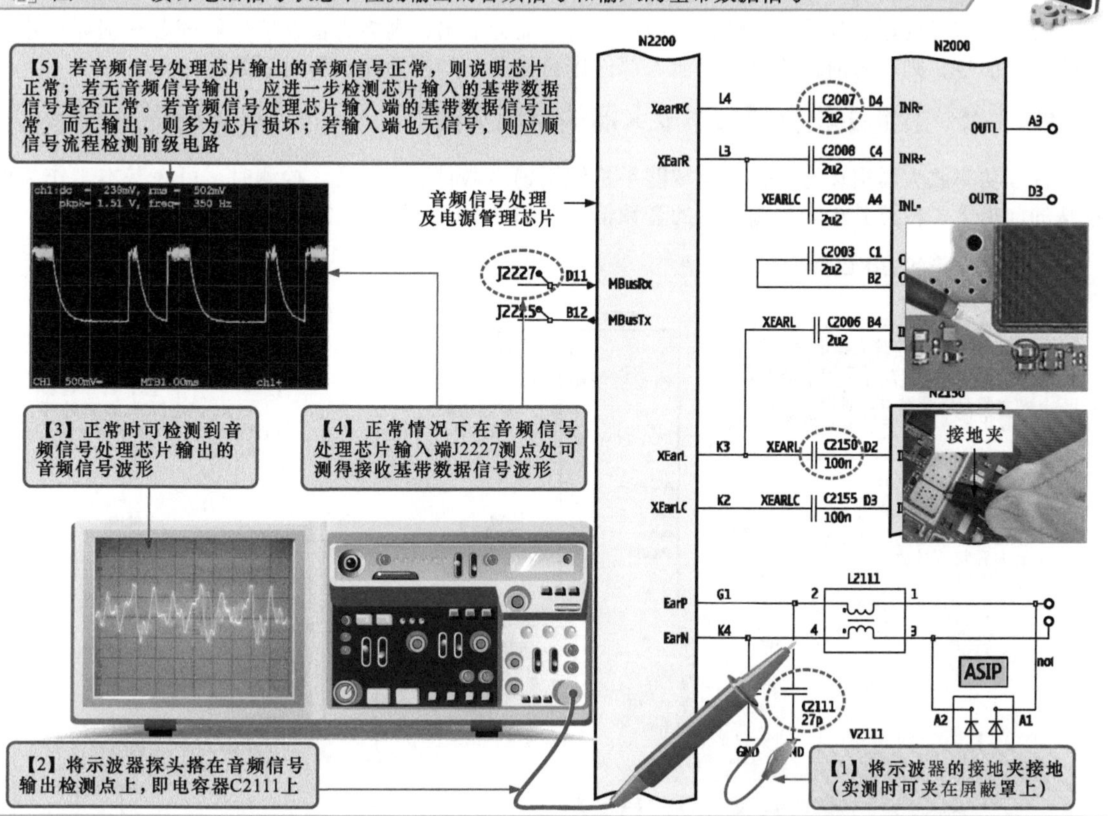

【5】若音频信号处理芯片输出的音频信号正常，则说明芯片正常；若无音频信号输出，应进一步检测芯片输入的基带数据信号是否正常。若音频信号处理芯片输入端的基带数据信号正常，而无输出，则多为芯片损坏；若输入端也无信号，则应顺信号流程检测前级电路
音频信号处理及电源管理芯片
【3】正常时可检测到音频信号处理芯片输出的音频信号波形
【4】正常情况下在音频信号处理芯片输入端J2227测点处可测得接收基带数据信号波形
接地夹
【2】将示波器探头搭在音频信号输出检测点上，即电容器C2111上
【1】将示波器的接地夹接地（实测时可夹在屏蔽罩上）
N2200
N2000
XearRC
XEarR
XEarL
XEarLC
EarP
EarN
MBusRx
MBusTx
J2227
J2225
C2007 2u2
C2008 2u2
C2005 2u2
C2003 2u2
C2006 2u2
C2150 100n
C2155 100n
C2111 27p
L2111
V2111
ASIP
OUTL
OUTR

如图19-2所示，拨打电话状态下，来自主话筒或耳机话筒的话筒信号送入音频信号处理芯片中，经处理后输出基带数据信号送入微处理器及数据信号处理芯片，借助示波器和频谱分析仪检测这一信号处理过程中传递的信号，从而判断电路好坏。

若音频信号处理芯片输出的基带数据信号正常，则说明音频信号处理芯片及前级电路均正常；若无基带数据信号输出，则应进一步检测音频信号处理芯片输入端的话筒信号是否正常。

图 19-2　拨打电话状态下检测输入的话筒信号和输出的基带数据信号

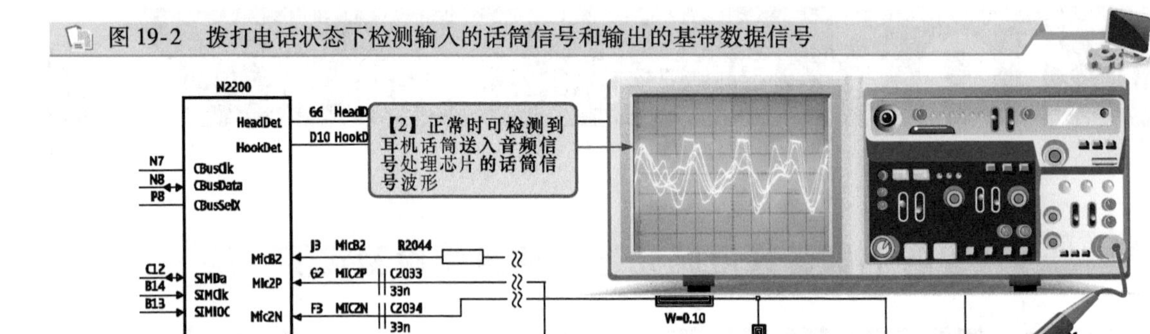
【2】正常时可检测到耳机话筒送入音频信号处理芯片的话筒信号波形
【3】正常时在音频信号处理芯片输出端J2225检测点处可测得基带数据信号波形
【1】将示波器的接地夹接地，探头搭在话筒信号检测点J2002上

若音频信号处理芯片输入端的话筒信号正常，而无输出，则多为音频信号处理芯片损坏；若输入端也无信号，则应对前级话筒信号输入部件进行检测，如主话筒、耳机话筒等。

19.1.2　智能手机音频功率放大器的检测实例

音频功率放大器损坏通常会引起智能手机使用扬声器时发声异常。检测时，可在基本工作条件正常的前提下，检测其输入和输出端的音频信号，如图 19-3 所示。

图 19-3　音频功率放大器的检测方法

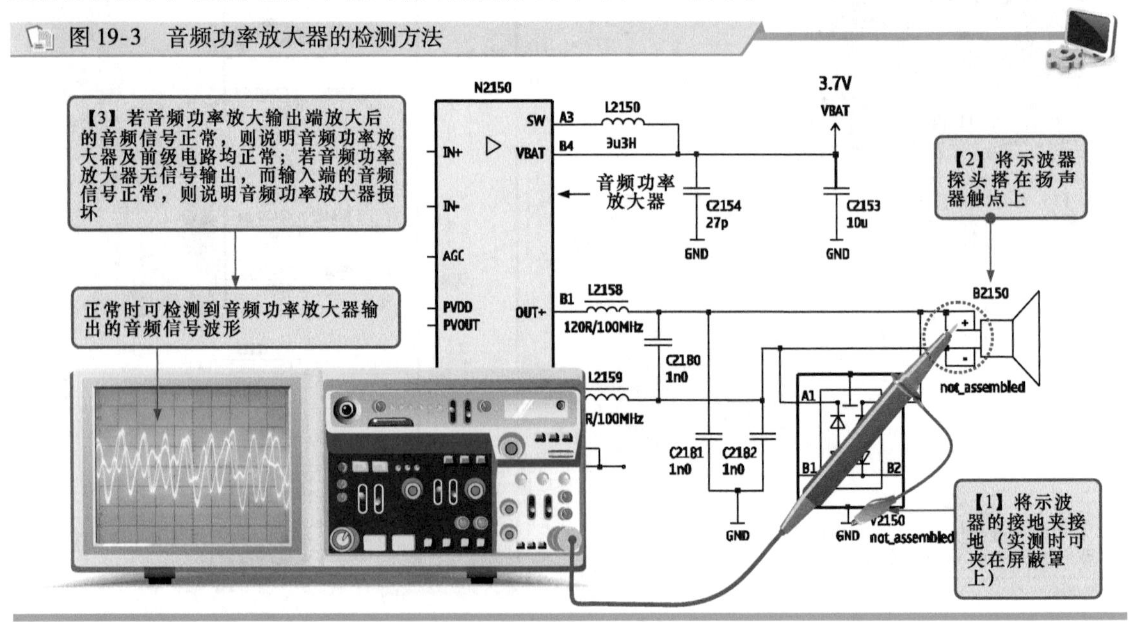
【3】若音频功率放大输出端放大后的音频信号正常，则说明音频功率放大器及前级电路均正常；若音频功率放大器无信号输出，而输入端的音频信号正常，则说明音频功率放大器损坏
正常时可检测到音频功率放大器输出的音频信号波形
音频功率放大器
【2】将示波器探头搭在扬声器触点上
【1】将示波器的接地夹接地（实测时可夹在屏蔽罩上）

19.1.3　耳机信号放大器的检测实例

如图 19-4 所示，耳机信号放大器损坏，通常会引起智能手机使用耳机接听电话或音乐时声音异常的现象。检测时，可在其基本工作条件正常的前提下，检测其输入和输出端的音频信号。

图 19-4　耳机信号放大器的检测方法

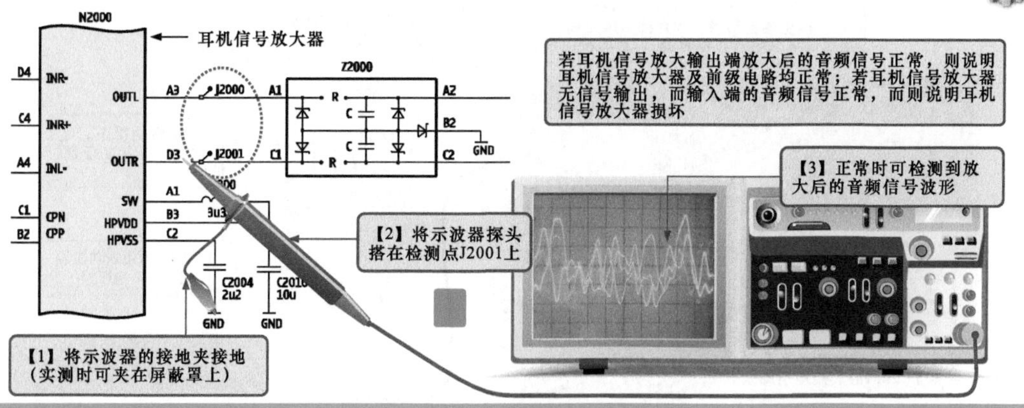

N2000
耳机信号放大器
若耳机信号放大输出端放大后的音频信号正常，则说明耳机信号放大器及前级电路均正常；若耳机信号放大器无信号输出，而输入端的音频信号正常，而则说明耳机信号放大器损坏
【3】正常时可检测到放大后的音频信号波形
【2】将示波器探头搭在检测点J2001上
【1】将示波器的接地夹接地（实测时可夹在屏蔽罩上）

19.2　智能手机电源电路元器件的维修检测实例

19.2.1　智能手机电源电路中电源管理芯片的检测实例

电源管理芯片是电源及充电电路中的核心模块，若该芯片损坏将引起智能手机供电、充电异常。检测时，在基本工作条件正常的前提下，可使用万用表检测该芯片输出的各路直流电压是否正常进行判断。电源及充电电路中电源管理芯片的检测方法如图 19-5 所示。

若电源管理芯片输出的各路直流电压正常，则说明电源管理芯片正常；若无直流电压输出，则说明电源管理芯片损坏。

19.2.2　智能手机电源电路中充电控制芯片的检测实例

充电控制芯片是在微处理器的控制下对电池进行充电的集成电路，若该芯片损坏，将直接导致智能手机电池不能充电的故障。检测时，在基本工作条件正常的前提下，可使用万用表检测该芯片输入、输出端的充电电压进行判断。电源及充电电路中充电控制芯片的检测方法（以主充电控制芯片为例）如图 19-6 所示。

图 19-5　电源及充电电路中电源管理芯片的检测方法

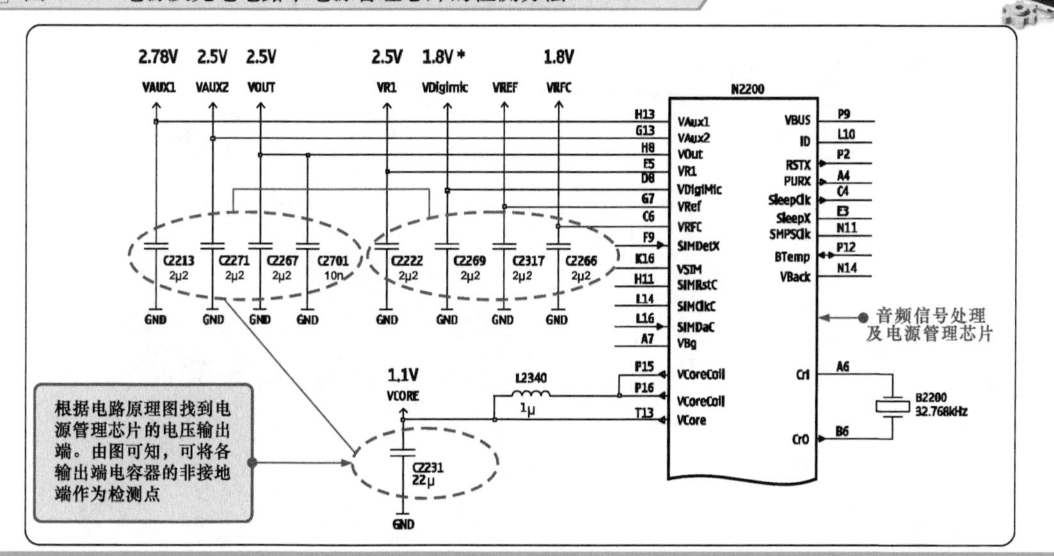

N2200
音频信号处理及电源管理芯片
根据电路原理图找到电源管理芯片的电压输出端。由图可知，可将各输出端电容器的非接地端作为检测点

图 19-5 电源及充电电路中电源管理芯片的检测方法（续）

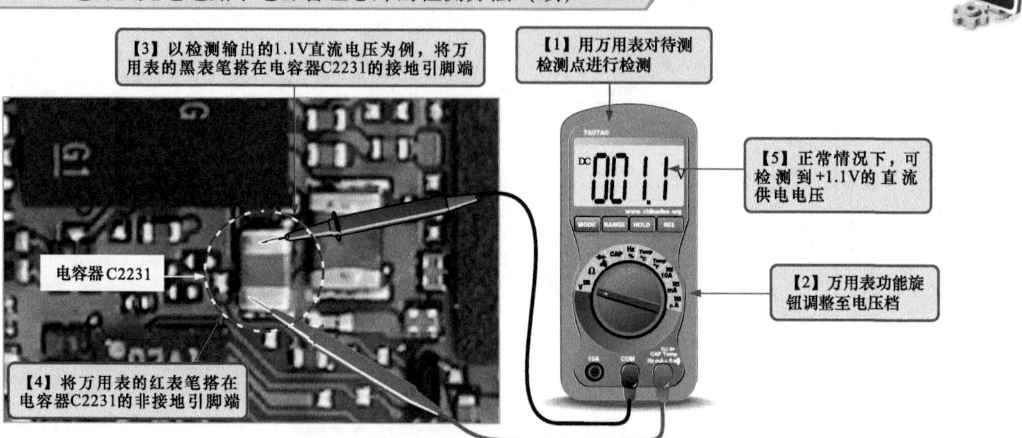
【3】以检测输出的1.1V直流电压为例，将万用表的黑表笔搭在电容器C2231的接地引脚端
【1】用万用表对待测检测点进行检测
【5】正常情况下，可检测到+1.1V的直流供电电压
电容器C2231
【2】万用表功能旋钮调整至电压档
【4】将万用表的红表笔搭在电容器C2231的非接地引脚端
001.1

图 19-6 电源及充电电路中充电控制芯片的检测方法

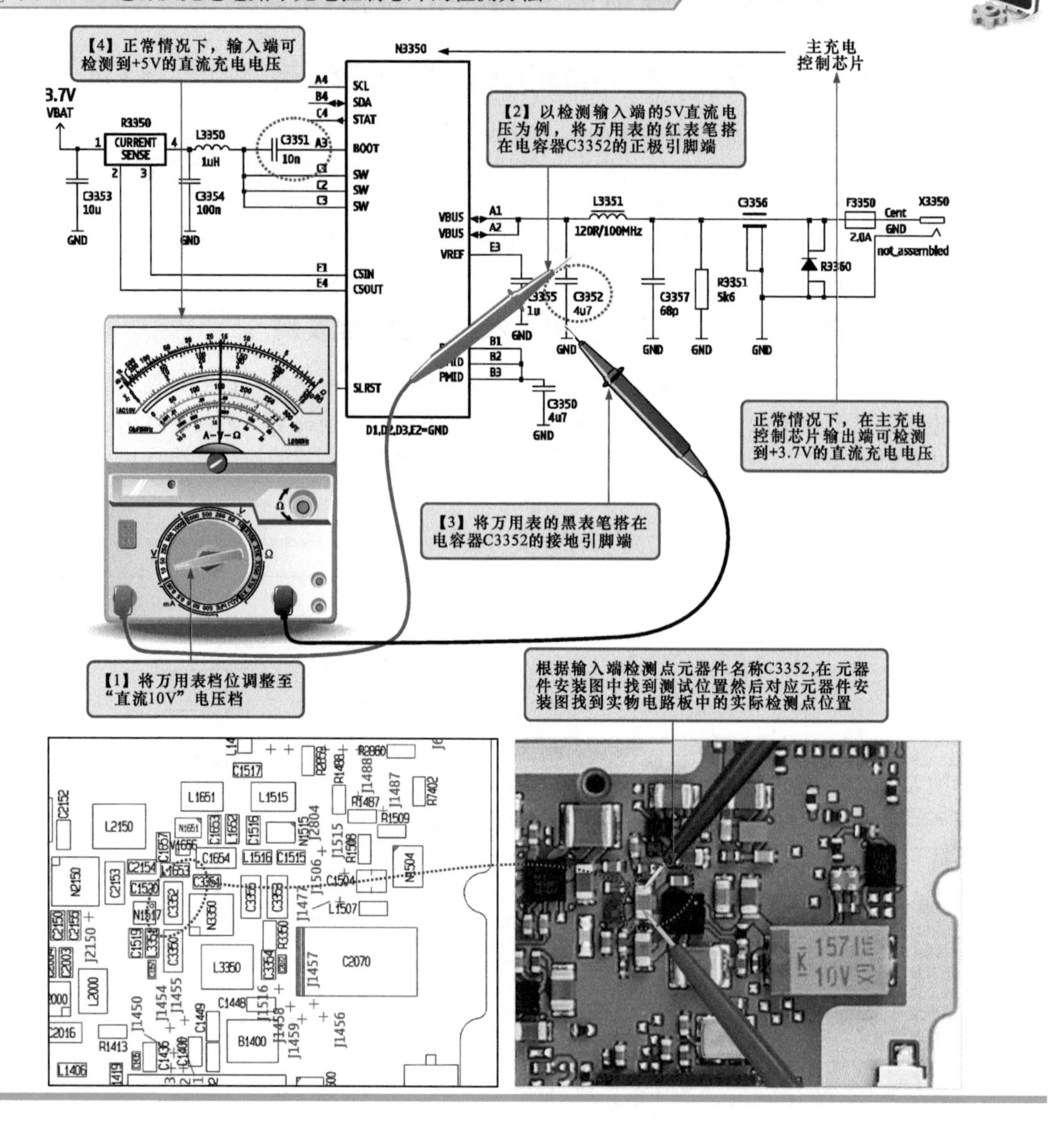
【4】正常情况下，输入端可检测到+5V的直流充电电压
N3350
主充电控制芯片
【2】以检测输入端的5V直流电压为例，将万用表的红表笔搭在电容器C3352的正极引脚端
3.7V
VBAT
R3350
CURRENT SENSE
L3350
1uH
C3351
10n
C3353
10u
C3354
100n
GND
SCL
SDA
STAT
BOOT
SW
CSIN
CSOUT
VBUS
VREF
PMID
SLRST
L3351
120R/100MHz
C3356
F3350
2.0A
X3350
Cent
GND
not_assembled
R3360
R3351
5k6
C3357
68p
C3352
4u7
C3350
4u7
D1,D2,D3,E2=GND
正常情况下，在主充电控制芯片输出端可检测到+3.7V的直流充电电压
【3】将万用表的黑表笔搭在电容器C3352的接地引脚端
【1】将万用表档位调整至“直流10V”电压档
根据输入端检测点元器件名称C3352,在元器件安装图中找到测试位置然后对应元器件安装图找到实物电路板中的实际检测点位置

若充电控制芯片输入端充电电压正常，而输出端无充电电压输出，则说明充电控制芯片或前级控制电路损坏，需要进一步检修；若输入端无充电电压输入，则说明前端部件（如充电器接口、USB 接口等）出现异常，应重点检查这些部件，从而排除故障。

19.3 智能手机功能部件的维修检测实例

19.3.1 智能手机按键的检测实例

智能手机中的按键主要指开关机/锁屏键等功能键钮，操作人员通过它可向智能手机发出开机、关机、锁屏等指令。通常智能手机的按键安装在侧面或顶部。按键出现故障，会使智能手机出现按键失灵等现象。

图 19-7 为智能手机按键的检测方法。怀疑按键出现故障，可使用万用表通过对按键的阻值测量进行判别。

图 19-7 智能手机按键的检测方法

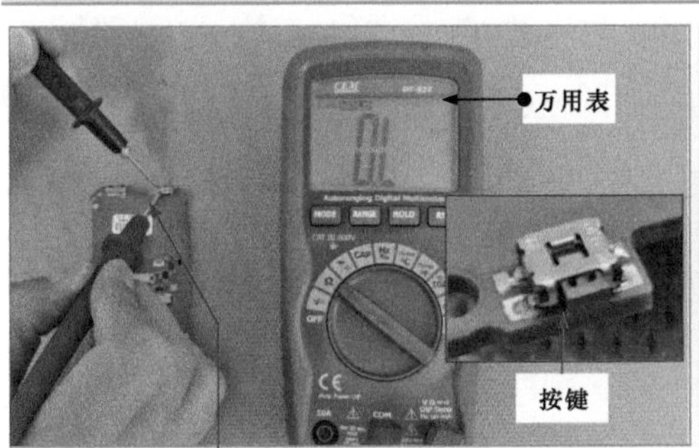
万用表
按键
【1】对按键进行检测，将万用表调至欧姆档

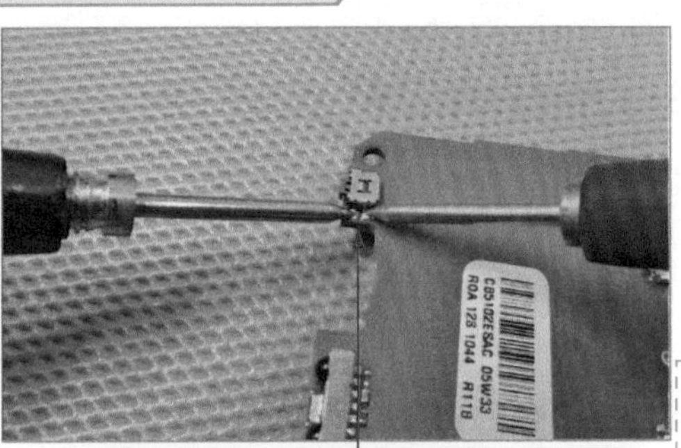
【2】将红、黑表笔分别搭在按键一侧的两个引脚上，初始状态下，按键两引脚阻值为无穷大

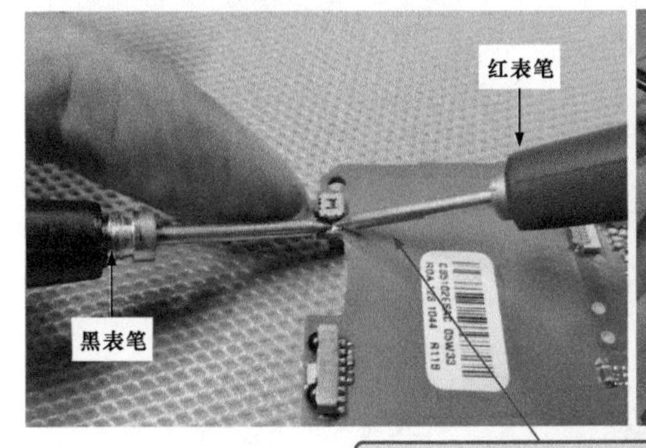
红表笔
黑表笔
万用表
【3】红、黑表笔保持不动，用手按压按键，按压按键时，测得的阻值应为零

扫一扫看视频

19.3.2 智能手机听筒的检测实例

听筒是智能手机中重要的传声部件。它与电路板相连，由音频信号处理芯片为其提供音频信号，驱动听筒发声。若听筒出现故障，则会造成智能手机无法播放声音、接听不正常或声音异常等情况。

图 19-8 为智能手机听筒的检测方法。怀疑听筒出现故障，就需要使用万用表对听筒的阻值进行检测。

图 19-8　智能手机听筒的检测方法

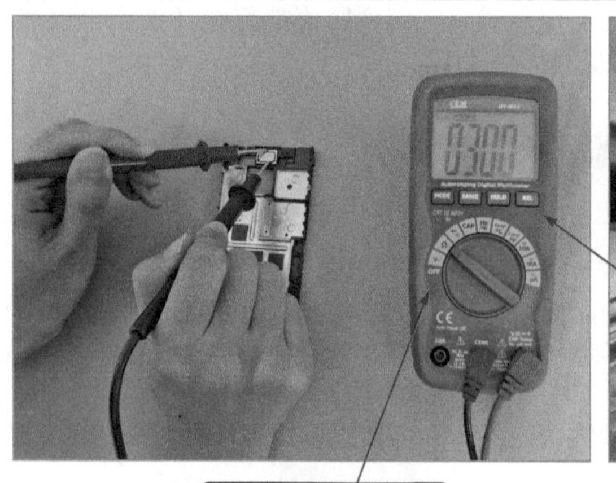
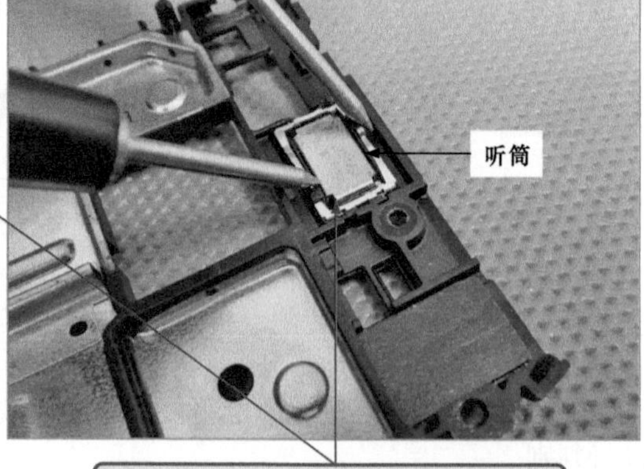
听筒
【1】将万用表调至欧姆档，对听筒进行检测
【2】将红、黑表笔分别搭在听筒的两个引脚上，正常情况下，测得的阻值应为30Ω左右

19.3.3　智能手机话筒的检测实例

话筒是智能手机中重要的声音输入部件，主要用来在通话或语音识别过程中拾取声音信号，并将其转换成电信号传送到电路板中。话筒出现故障，会使智能手机在通话中出现声音识别异常等现象。

图 19-9 为智能手机话筒的检测方法。怀疑话筒出现故障时，可使用万用表对话筒的阻值进行检测。

图 19-9　智能手机话筒的检测方法

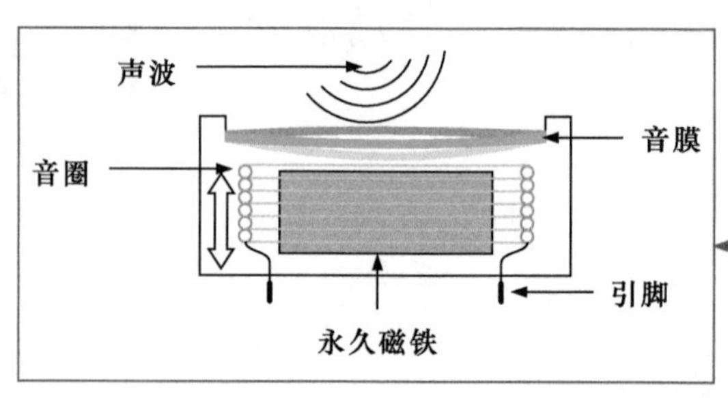
声波
音膜
音圈
引脚
永久磁铁
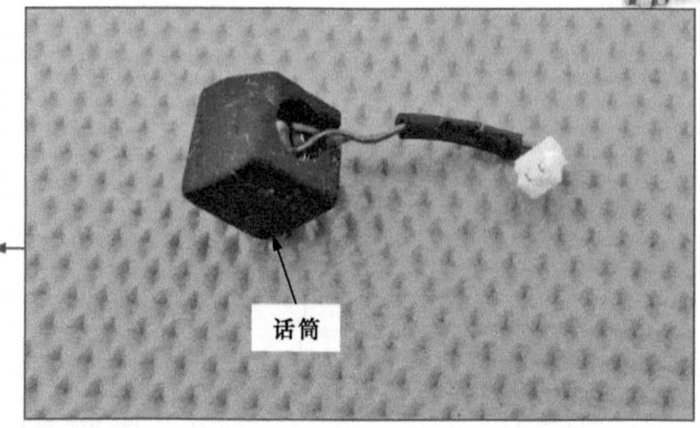
话筒
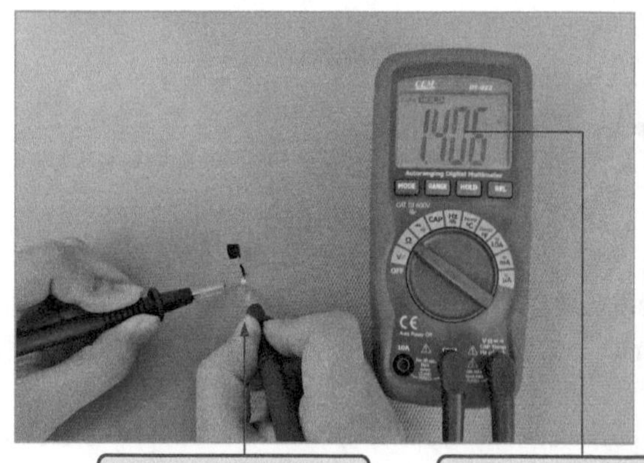
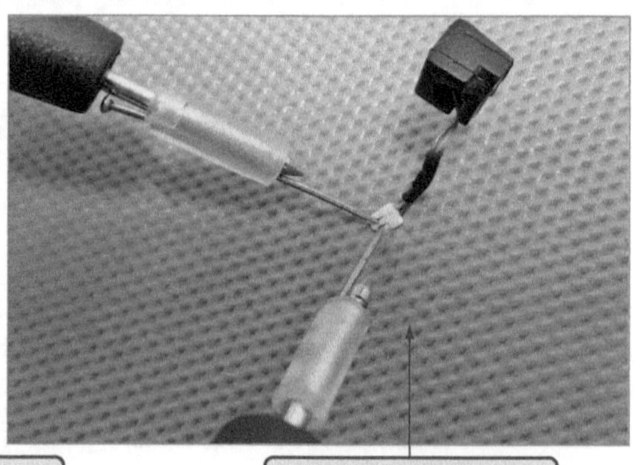
【1】将万用表调至欧姆档，对话筒进行检测
【3】正常情况下，测得的阻值为1.4kΩ左右
【2】将红、黑表笔分别搭在话筒插件的两个引脚上

19.3.4 智能手机振动器的检测实例

振动器实际上是在一个小型电动机的转轴上套有一个偏心的振轮，电动机工作带动偏心振轮旋转，在离心力的作用下，半圆金属使电动机整体发生振动，致使智能手机发出振动。如果振动器出现故障时，会使智能手机的振动功能出现异常。

图 19-10 为智能手机振动器的检测方法。怀疑振动器出现故障时，可使用万用表对振动器的阻值进行检测。

图 19-10 智能手机振动器的检测方法

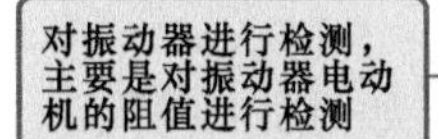
对振动器进行检测，主要是对振动器电动机的阻值进行检测

振动器

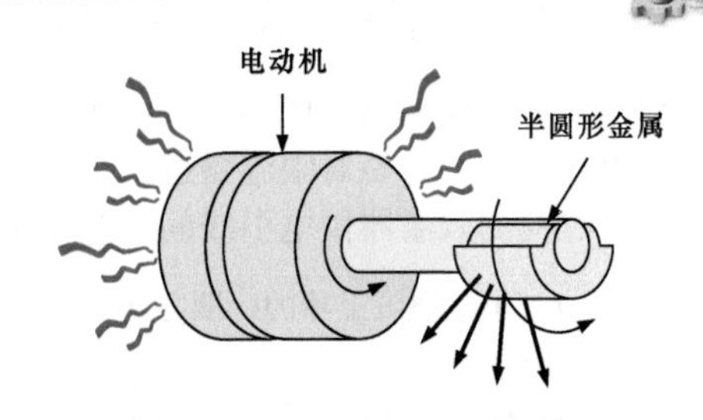
电动机
半圆形金属

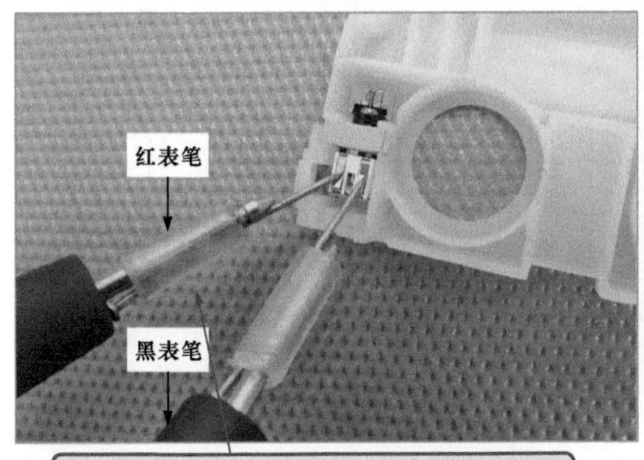
红表笔
黑表笔

【1】将万用表调至欧姆档，红、黑表笔搭在振动器的两个引脚上，检测振动器的阻值

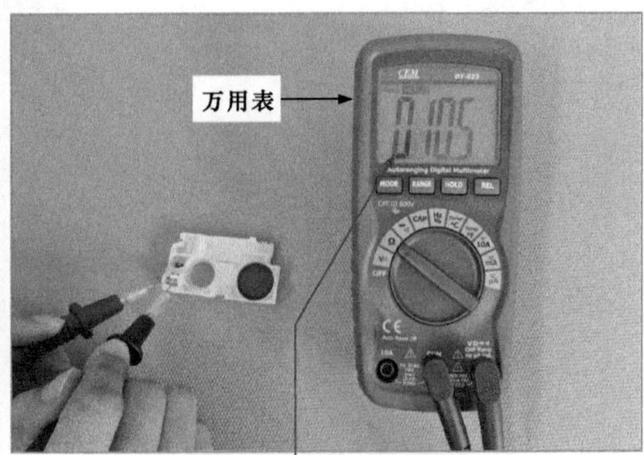
万用表

【2】正常情况下，可测得振动器的阻值为10.5Ω左右

第20章 小家电维修实例精选

20.1 电饭煲维修检测实例

20.1.1 电饭煲中限温器的检测实例

限温器用于检测电饭煲的锅底温度，若电饭煲出现不炊饭、煮不熟饭、一直炊饭等故障时，在排除供电异常后，需要对限温器进行检修。

可通过检测限温器供电引线间和控制引线间的阻值判断限温器有无异常，如图20-1所示。

图20-1 电饭煲限温器的检测方法

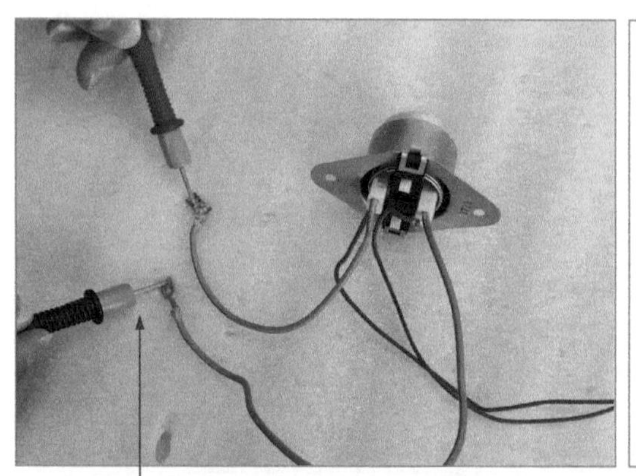
【1】将万用表的功能旋钮调至欧姆档，两表笔分别搭在限温器的电源供电引线端，对内部限温开关进行检测

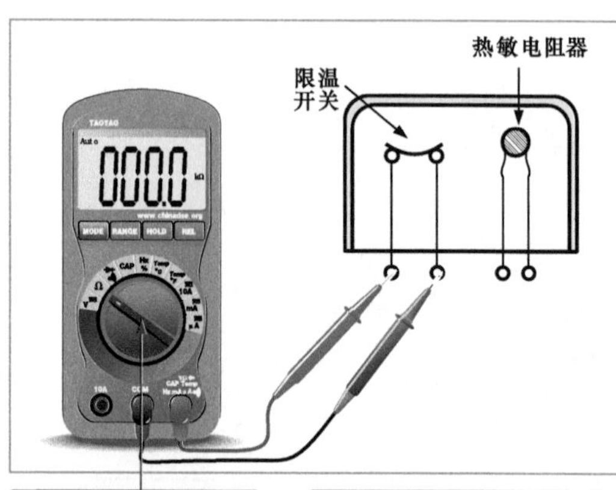
热敏电阻器
限温开关
000.0
【2】观察万用表显示屏读出实测数值为零
若内部限温开关的阻值为无穷大，则说明限温器已损坏

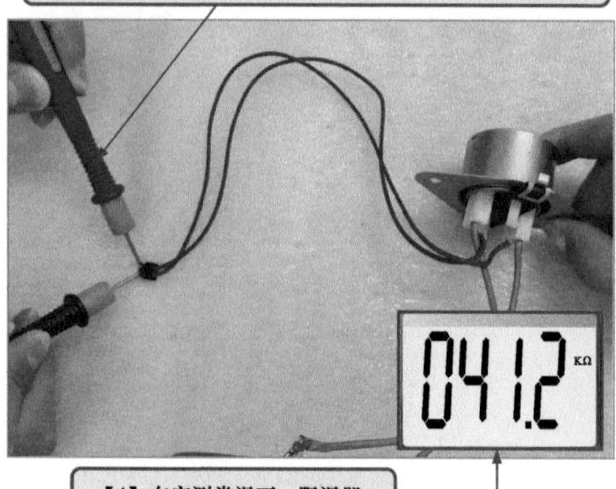
【3】保持万用表电阻档不变，将万用表的两表笔分别搭在热敏电阻器的两引线端，对内部热敏电阻器进行检测
041.2 kΩ
【4】在实测常温下，限温器内热敏电阻器的阻值为41.2kΩ

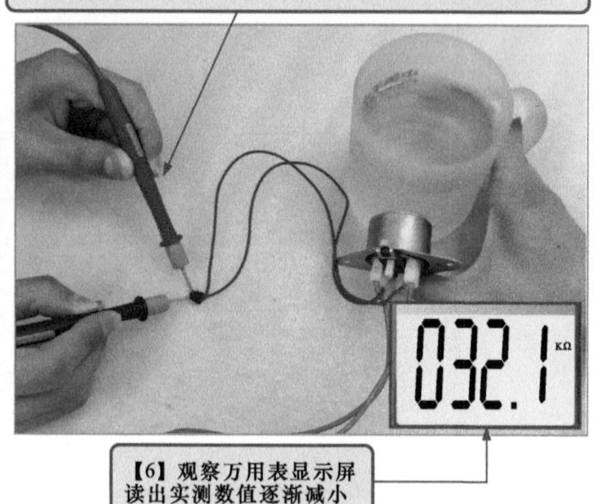
【5】两表笔保持不变，按动限温器，人为模拟放锅状态，并将限温器的感温面接触盛有热水的杯子，使温度上升
032.1 kΩ
【6】观察万用表显示屏读出实测数值逐渐减小

本例中，实测限温器内热敏电阻器的阻值为零；放锅时阻值为41.2kΩ；放锅时感温面接触热

源时阻值会相应减小。若不符合该规律，则说明限温器损坏。

20.1.2 电饭煲中保温加热器的检测实例

保温加热器是电饭煲中的保温装置，若电饭煲出现保温效果差、不保温的故障时，应重点对保温加热器进行检修。

可借助万用表检测保温加热器的阻值，如图 20-2 所示。

图 20-2 电饭煲保温加热器的检测方法

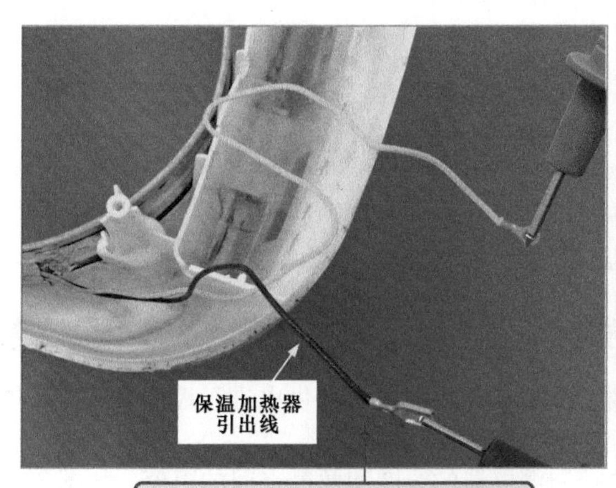
保温加热器
引出线
【1】将万用表的功能旋钮调至欧姆档，
两表笔分别搭在保温加热器的两引线端

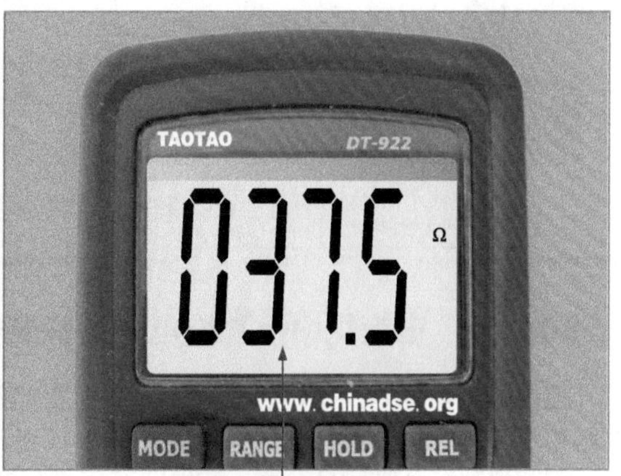
TAOTAO
DT-922
037.5
Ω
www.chinadse.org
MODE
RANGE
HOLD
REL
【2】万用表的实测
数值为37.5Ω

本例中，万用表实测保温加热器的阻值为 37.5Ω，若阻值远大于或小于该阻值，则表明保温加热器有可能损坏。

20.1.3 电饭煲中操作按键的检测实例

操作按键是电饭煲操作控制电路板中的重要部件，主要用来实现对电饭煲各种功能指令的输入，当操作失灵时，需要重点检测操作按键部分。

图 20-3 为电饭煲中操作按键的检测方法，即借助万用表检测操作按键在未按下和按下两种状态下的通/断情况。在未按下操作按钮时阻值应为无穷大，按下操作按键后阻值应为 0Ω。

图 20-3 电饭煲中操作按键的检测方法

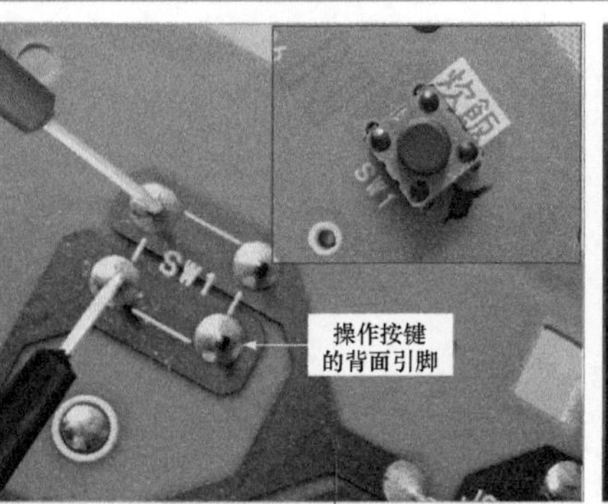
SW1
操作按键
的背面引脚
【1】将万用表的红、黑表笔分
别搭在操作按键的两个引脚上

A-V-Ω
www.chinadse.org
MODEL MF47-B
全保护·遥控器检测
【2】观察万用表指针的指示位置，实
测阻值为无穷大，属于正常

图 20-3　电饭煲中操作按键的检测方法（续）

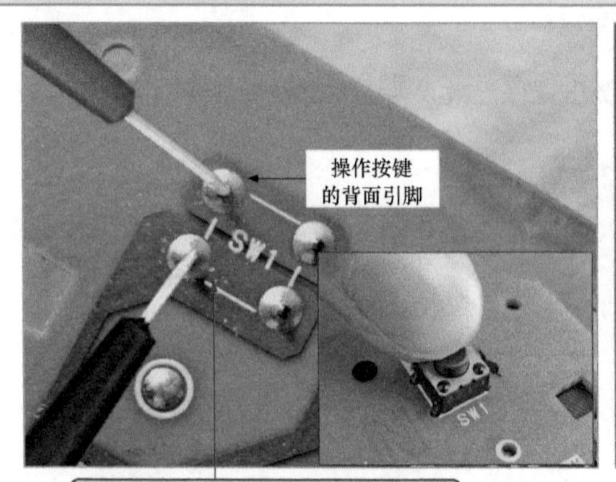
操作按键
的背面引脚
SW1
【3】保持万用表的红、黑表笔位置不动，
按下操作按键，内部触电闭合

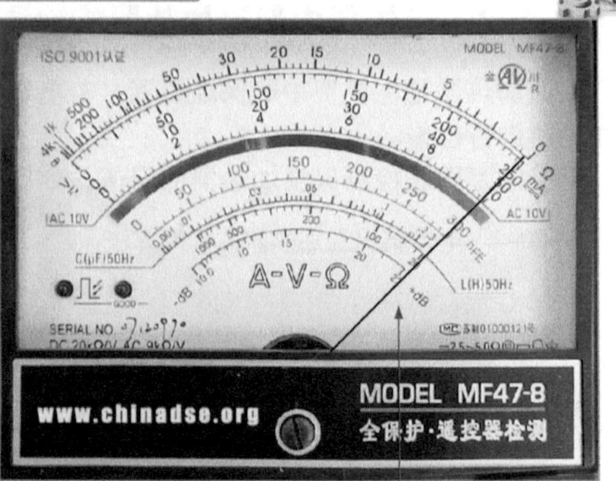
MODEL MF47-8
www.chinadse.org
全保护·遥控器检测
A-V-Ω
【4】观察万用表指针的指示位置，实
测阻值应为0Ω，属于正常状态

20.1.4　电饭煲中控制继电器的检测实例

控制继电器也是操作控制电路板中的重要部件，主要用于对加热盘的供电进行控制。若控制继电器损坏，将直接导致加热器无法工作、电饭煲不能加热的故障。

判断控制继电器是否正常，可借助万用表检测控制继电器的线圈和两触点间的阻值，如图 20-4 所示。

图 20-4　电饭煲中控制继电器的检测方法

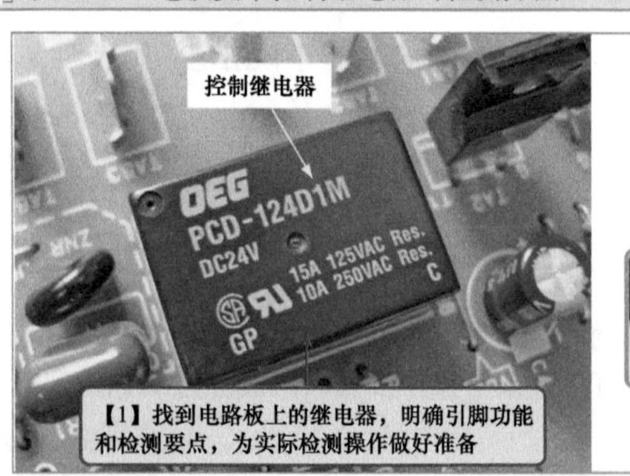
控制继电器
OEG
PCD-124D1M
DC24V
15A 125VAC Res.
10A 250VAC Res.
【1】找到电路板上的继电器，明确引脚功能
和检测要点，为实际检测操作做好准备

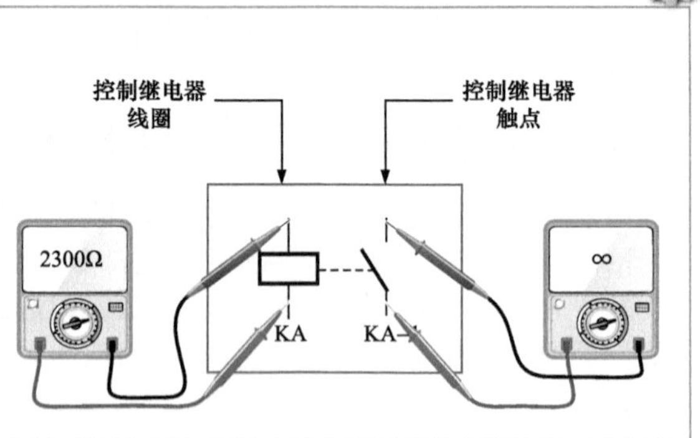
控制继电器
线圈
控制继电器
触点
2300Ω
∞
KA
KA

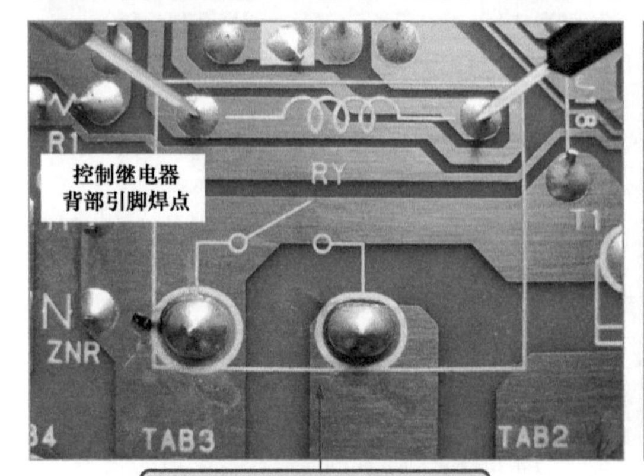
控制继电器
背部引脚焊点
RY
ZNR
TAB3
TAB2
【2】将万用表的红、黑表笔分别搭
在控制继电器的线圈两引脚端

MODEL MF47-8
www.chinadse.org
全保护·遥控器检测
A-V-Ω
【3】观察万用表指针的指示位置，结合实际测量档
位，实测数值为23×100Ω，属于正常范围

图 20-4　电饭煲中控制继电器的检测方法（续）

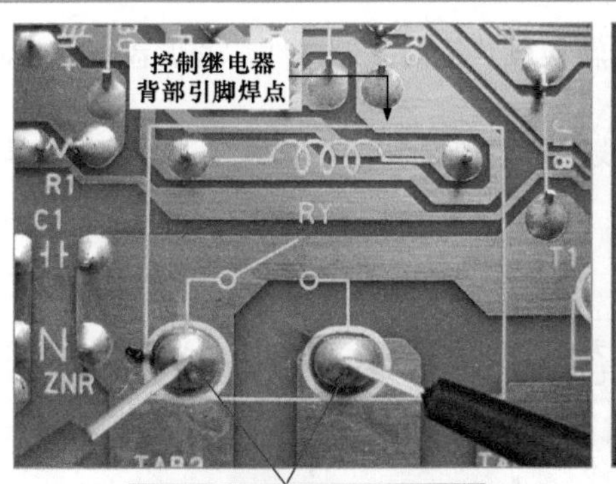
控制继电器
背部引脚焊点
【4】将万用表的红、黑表笔分别搭在控制继电器的触点两引脚端

MODEL MF47-8
www.chinadse.org
全保护·遥控器检测
【5】常态下，控制继电器线圈未通电，触点处于打开状态，万用表检测两触点间的阻值应为无穷大

20.2 电磁炉维修检测实例

在对电磁炉进行故障检修时，重点要对炉盘线圈、电源变压器、IGBT、阻尼二极管、谐振电容、操作按键、微处理器、电压比较器等电子元器件进行检测，如图 20-5 所示。如发现异常，需及时更换。

图 20-5　电磁炉故障时需重点检测的电子元器件

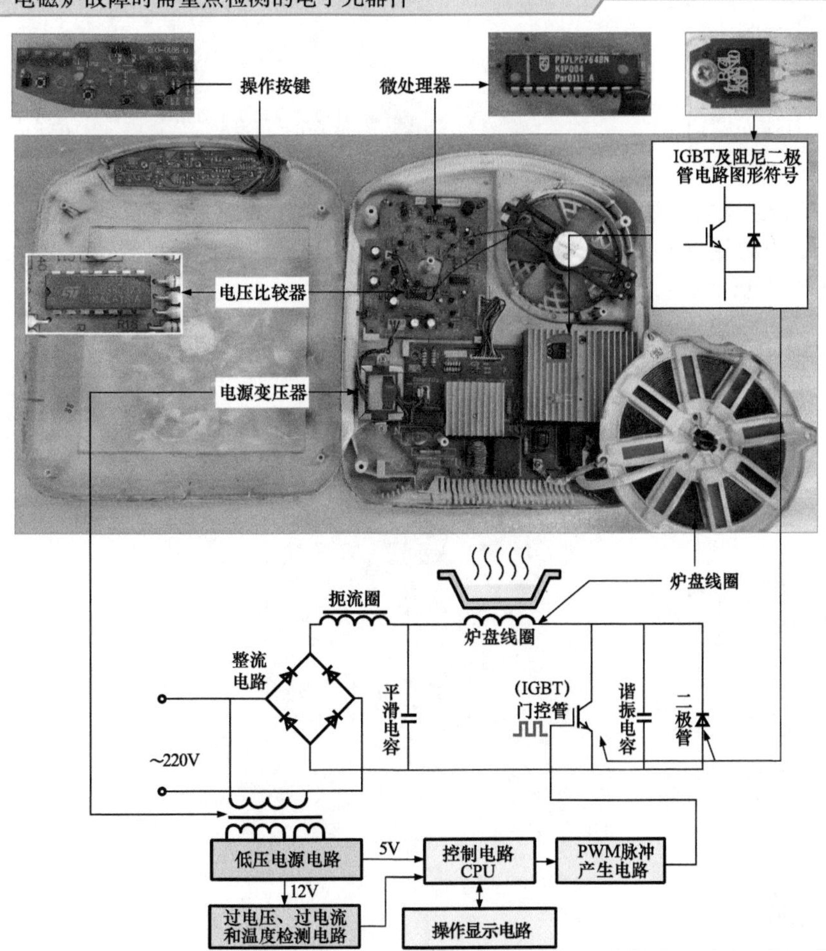
操作按键
微处理器
IGBT及阻尼二极管电路图形符号
电压比较器
电源变压器
炉盘线圈
扼流圈
炉盘线圈
整流电路
平滑电容
(IGBT)门控管
谐振电容
二极管
~220V
低压电源电路
5V
12V
控制电路CPU
PWM脉冲产生电路
过电压、过电流和温度检测电路
操作显示电路

20.2.1 电磁炉中炉盘线圈的检测实例

炉盘线圈是电磁炉中的电热部件，是实现电能转换成热能的关键器件。若炉盘线圈损坏，将直接导致电磁炉无法加热的故障。

怀疑炉盘线圈异常时，可借助万用表检测炉盘线圈的阻值来判断炉盘线圈是否损坏，如图 20-6 所示。

图 20-6 电磁炉中炉盘线圈阻值的检测方法

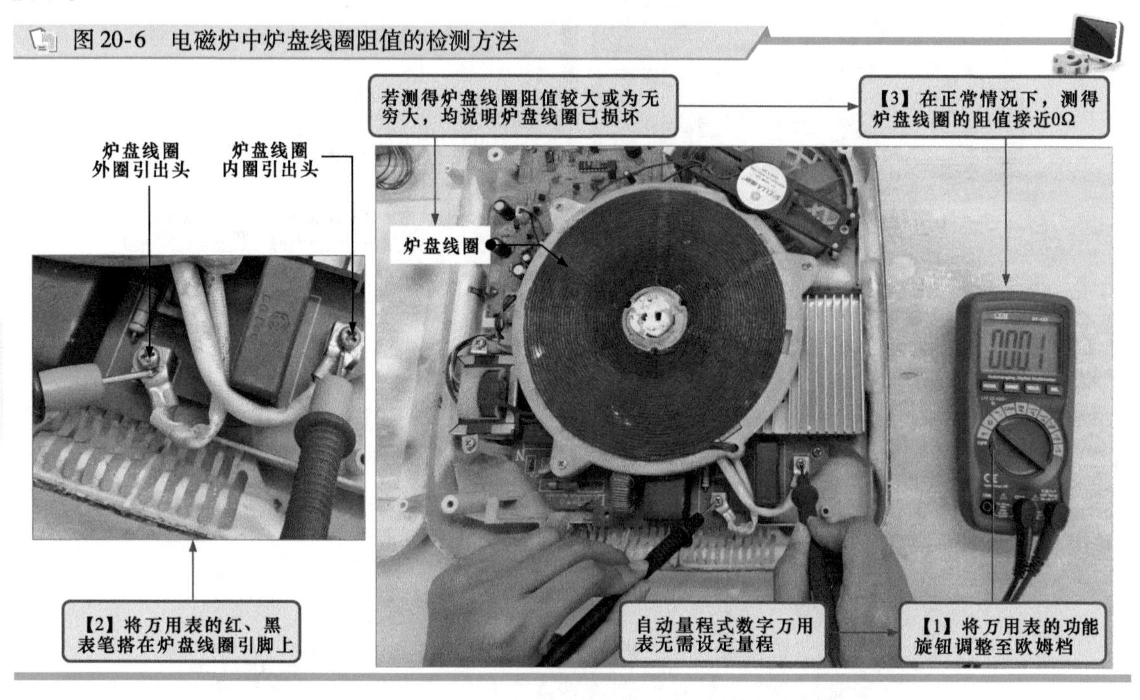
若测得炉盘线圈阻值较大或为无穷大，均说明炉盘线圈已损坏
【3】在正常情况下，测得炉盘线圈的阻值接近0Ω
炉盘线圈外圈引出头
炉盘线圈内圈引出头
炉盘线圈
【2】将万用表的红、黑表笔搭在炉盘线圈引脚上
自动量程式数字万用表无需设定量程
【1】将万用表的功能旋钮调整至欧姆档

电磁炉的炉盘线圈实际是一个大的电感线圈。电磁炉常用的炉盘线圈有 28 圈、32 圈、33 圈、36 圈和 102 圈，电感量有 137μH、140μH、175μH、210μH 等，因此也可采用检测电感量的方法判断好坏，如图 20-7 所示。

图 20-7 电磁炉中炉盘线圈电感量的检测方法

炉盘线圈
【3】粗略测得炉盘线圈的电感量为0.137mH=0.137×10³μH=137μH
炉盘线圈外圈引出头
炉盘线圈内圈引出头
【2】将万用表的红、黑表笔搭在炉盘线圈引脚上
【1】将万用表的功能旋钮调整至“mH档”

| 相关资料 |

在检修实践中，炉盘线圈损坏的概率很小，但需要注意的是，炉盘线圈背部的磁条部分可能会出现裂痕或损坏，若磁条存在漏电短路情况，将无法修复，只能将其连同炉盘线圈整体更换。

根据检修经验，若代换炉盘线圈，最好将炉盘线圈配套的谐振电容一起更换，以保证炉盘线圈和谐振电容构成的 LC 谐振电路的谐振频率不变。

20.2.2 电磁炉中电源变压器的检测实例

电源变压器是电磁炉中的电压变换元件，主要用于将交流电压 220V 降压，若电源变压器故障，将导致电磁炉出现不工作或加热不良等现象。

若怀疑电源变压器异常，则可在通电的状态下，借助万用表检测输入侧和输出侧的电压值判断好坏，如图 20-8 所示。

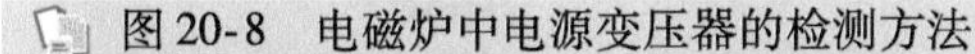

图 20-8　电磁炉中电源变压器的检测方法

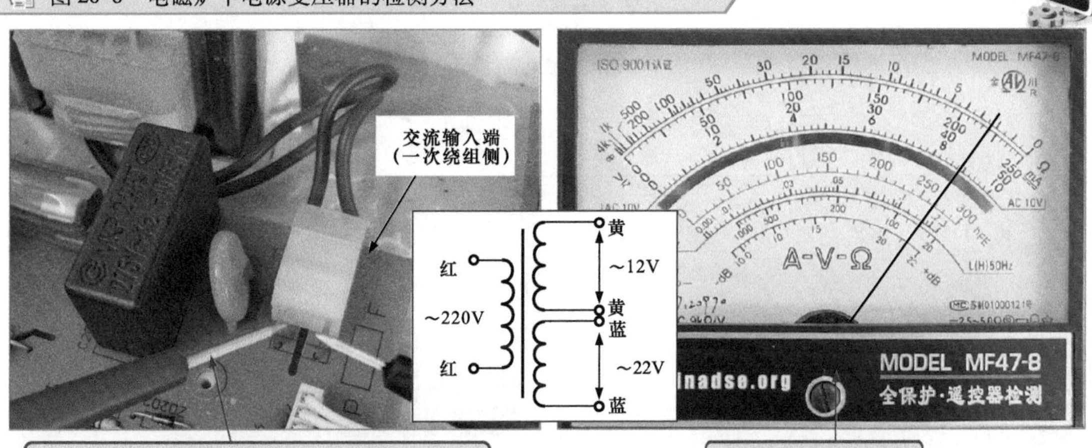
交流输入端
(一次绕组侧)
红
~220V
红
黄
~12V
黄
蓝
~22V
蓝
MODEL MF47-8
全保护·遥控器检测

【1】将万用表的功能旋钮调至“交流250V”电压档，红、黑表笔搭在电源变压器交流输入端插件上

【2】正常情况下，可测得交流220V电压

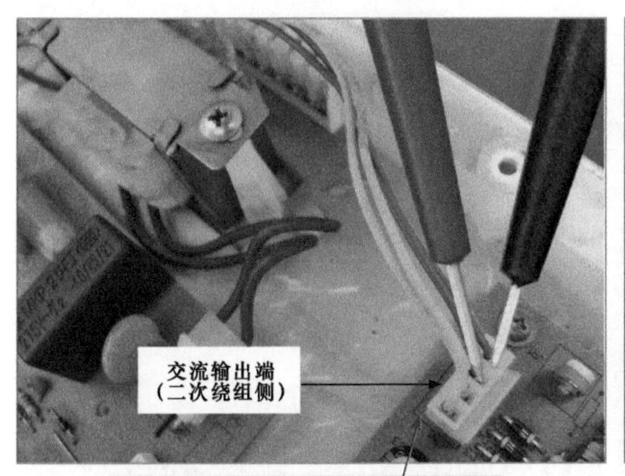
交流输出端
(二次绕组侧)

www.chinadse.org
MODEL MF47-8
全保护·遥控器检测

【3】将万用表的功能旋钮调至“交流50V”电压档，将万用表的红、黑表笔搭在电源变压器交流输出端插件上

【4】在正常情况下，可测得交流22V电压。采用同样的方法，在输出插件另两个引脚上可测得交流12V电压，否则说明电源变压器不正常

若怀疑电源变压器异常时，也可在断电的状态下，使用万用表检测一次绕组之间、二次绕组之间及一次绕组和二次绕组之间电阻值的方法判断好坏。

在正常情况下，一次绕组之间、二次绕组之间应均有一定阻值，一次绕组和二次绕组之间的阻值应为无穷大，否则说明电源变压器损坏。

20.2.3 电磁炉中IGBT的检测实例

在功率输出电路中，IGBT（门控管）是十分关键的部件。IGBT用于控制炉盘线圈的电流，即在高频脉冲信号的驱动下使流过炉盘线圈的电流形成高速开关电流，并使炉盘线圈与并联电容形成高压谐振。由于工作环境特殊，IGBT是损坏概率最高的元件之一。若IGBT损坏，将引起电磁炉出现开机跳闸、烧熔丝、无法开机或不加热等故障。

若怀疑IGBT异常，则可借助万用表检测IGBT各引脚间的正、反向阻值来判断好坏，如图20-9所示。

图20-9 电磁炉中IGBT的检测方法

电磁炉工作时，IGBT导通、截止交替动作，形成高频振荡状态

+300V

炉盘线圈

高频谐振电容

阻尼二极管

IGBT（门控管）

集电极(C)

门极(G)

发射极(E)

【1】将万用表的功能旋钮调至“×1k”欧姆档，黑表笔搭在IGBT的门极(G)引脚端，红表笔搭在IGBT的集电极(C)引脚端，对门极与集电极之间正向阻值进行检测

【2】实测G-C引脚间阻值为9×1kΩ=9kΩ

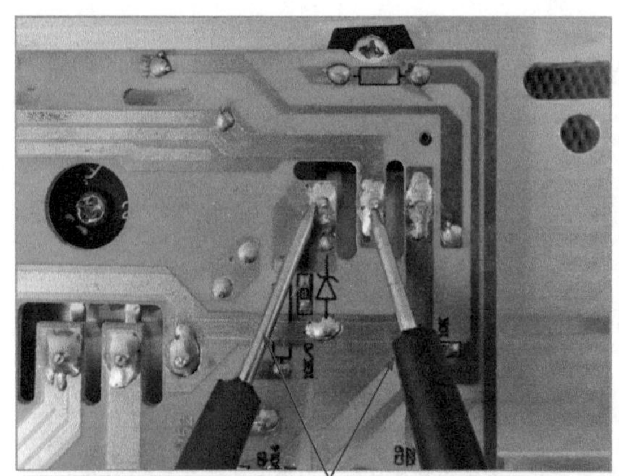

【3】调换万用表的表笔，将万用表的红表笔搭在IGBT的门极(G)引脚端，黑表笔搭在IGBT的集电极(C)引脚端，对门极与集电极之间反向阻值进行检测

【4】观察万用表表盘读出实测数值为无穷大。使用同样的方法对IGBT门极(G)与发射极(E)之间的正、反向阻值进行检测。实测门极与发射极之间正向阻值为3kΩ、反向阻值为5kΩ左右

上述在路检测案例中，IGBT门极与集电极之间正向阻值为9kΩ左右，反向阻值为无穷大；门极与发射极之间正向阻值为3kΩ，反向阻值为5kΩ左右。若实际检测时，检测值与正常值有很大差异，则说明IGBT损坏。

另外，有些 IGBT 内部集成有阻尼二极管，因此检测集电极与发射极之间的阻值受内部阻尼二极管的影响，发射极与集电极之间二极管的正向阻值为 3kΩ（实例数值），反向阻值为无穷大。单独 IGBT 集电极与发射极之间的正、反向阻值均为无穷大。

20.2.4 电磁炉中阻尼二极管的检测实例

在设有独立阻尼二极管的功率输出电路中，若阻尼二极管损坏，极易引起 IGBT 击穿损坏，因此在检测过程中，对阻尼二极管进行检测是十分重要的环节。电磁炉中阻尼二极管的检测方法如图 20-10所示。

图 20-10 电磁炉中阻尼二极管的检测方法

阻尼二极管
【1】将万用表的黑表笔搭在阻尼二极管的正极，将万用表的红表笔搭在阻尼二极管的负极

MODEL MF47-8
www.chinadse.org
全保护·遥控器检测
【2】在正常情况下，阻尼二极管的正向阻值有一固定值(实测为14kΩ)。调换表笔检测阻尼二极管的反向阻值，正常时应为无穷大

若检测阻尼二极管不满足正向导通反向截止的特性，则多为阻尼二极管损坏。

阻尼二极管是保护 IGBT 在高反压情况下不被击穿损坏的保护元器件，阻尼二极管损坏后，IGBT 很容易损坏。如发现阻尼二极管损坏，必须及时更换，且当发现 IGBT 损坏后，在排除故障时，还应检测阻尼二极管是否损坏。若损坏，需要同时更换，否则即使更换 IGBT 后，也很容易再次损坏，引发故障。

20.2.5 电磁炉中谐振电容的检测实例

谐振电容与炉盘线圈构成 LC 谐振电路，若谐振电容损坏，电磁炉无法形成振荡回路，将引起电磁炉出现加热功率低、不加热、击穿 IGBT 等故障。若怀疑谐振电容异常时，一般可借助数字万用表的电容量测量档检测电容量，并将实测电容量与标称值相比较来判断好坏，如图 20-11 所示。

图 20-11 电磁炉中谐振电容的检测方法

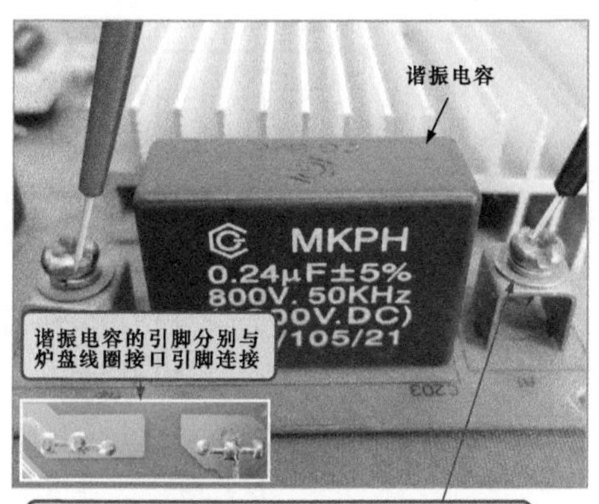
谐振电容
MKPH
0.24μF±5%
800V. 50KHz
谐振电容的引脚分别与炉盘线圈接口引脚连接
【1】将万用表的量程调整至“CAP”电容测量档，红、黑表笔分别搭在谐振电容的两个引脚端

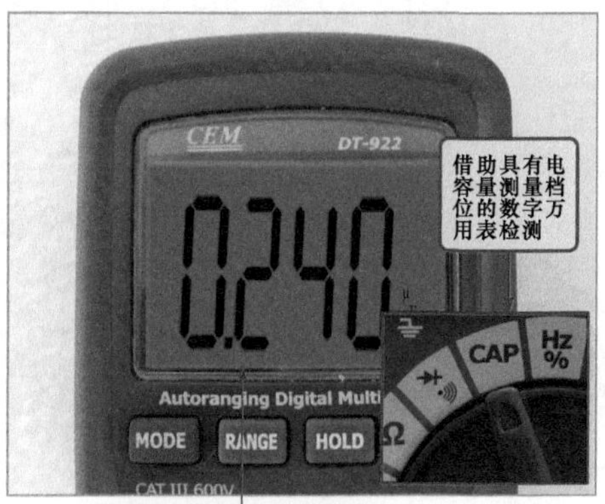
CEM
DT-922
0.240
借助具有电容量测量档位的数字万用表检测
CAP
Hz %
Autoranging Digital Multi
MODE
RANGE
HOLD
【2】万用表实测电容量为 0.24μF，属于正常范围

20.2.6 电磁炉中微处理器的检测实例

微处理器是非常重要的器件。若微处理器损坏，将直接导致电磁炉不开机、控制失常等故障。

当怀疑微处理器异常时，可使用万用表对其基本工作条件进行检测，即检测供电电压、复位电压和时钟信号，如图 20-12 所示。在三大工作条件均满足的前提下，微处理器不工作，则多为微处理器本身损坏。

图 20-12 电磁炉中微处理器的检测方法

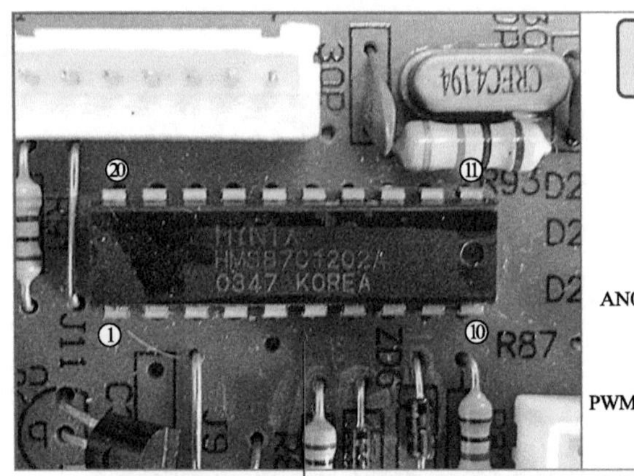
【2】用万用表检测微处理器供电端（5脚）电压，在正常情况下，可测得5V的供电电压
HMS87C1204(2)A
AN4/RA4 1
AN5/RA5 2
AN6/RA6 3
AN7/RA7 4
VDD 5
AN0/AVREF/RB0 6
BUZ/RB1 7
INT0/RB2 8
INT1/RB3 9
PWM0/COMP0/RB4 10
20 RA3/AN3
19 RA2/AN2
18 RA1/AN1
17 RA0/EC0
16 RC1
15 RC0
14 VSS
13 RESET
12 XOUT
11 XIN
【1】根据微处理器型号标识找到对应引脚功能图，明确各引脚功能
【3】用万用表检测复位端、时钟信号端检测电压值，正常时复位端有5V复位电压，时钟信号端有0.2V振荡电压

20.2.7 电磁炉中电压比较器的检测实例

电压比较器是电磁炉中的关键元件之一，在电磁炉中多采用 LM339，它也是电磁炉炉盘线圈正常工作的基本元件，电磁炉中许多检测信号的比较、判断及产生都是由该芯片完成的，若该芯片异常，将引起电磁炉不加热或加热异常的故障。

当怀疑电压比较器异常时，通常可在断电条件下用万用表检测各引脚对地阻值的方法判断好坏，如图 20-13 所示。

图 20-13 电磁炉中电压比较器的检测方法

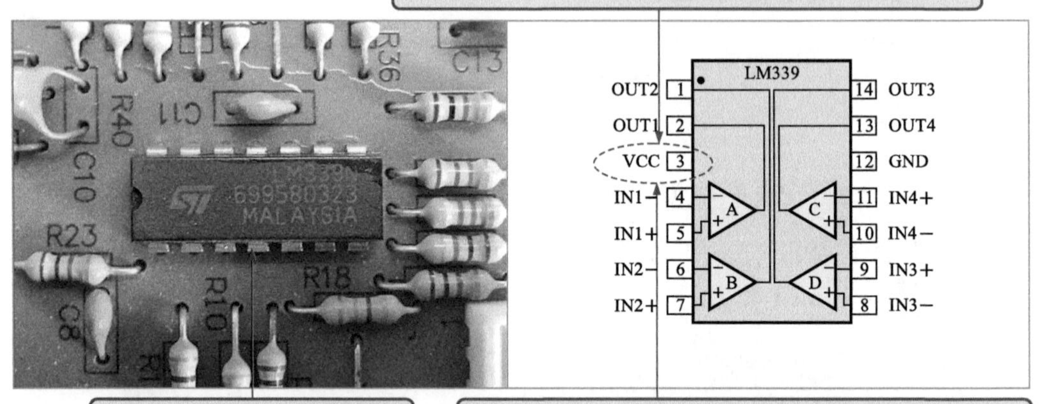
【2】借助万用表检测各引脚对地阻值，黑表笔搭在微处理器接地端（12脚），红表笔依次搭在微处理器的各引脚上（以3脚为例）
LM339
OUT2 1
OUT1 2
VCC 3
IN1− 4
IN1+ 5
IN2− 6
IN2+ 7
14 OUT3
13 OUT4
12 GND
11 IN4+
10 IN4−
9 IN3+
8 IN3−
【1】根据电压比较器型号标识找到对应引脚功能图，明确各引脚功能
【3】在正常情况下，可测得3脚正向对地阻值为2.9kΩ，调换表笔后，采用同样的方法检测电压比较器各引脚的反向对地阻值

将实测结果与正常结果相比较，若偏差较大，则多为电压比较器内部损坏。一般情况下，若电压比较器引脚对地阻值未出现多组数值为零或为无穷大的情况，基本属于正常。

电压比较器 LM339 各引脚对地阻值见表 20-1。

表 20-1　电压比较器 LM339 各引脚对地阻值

引脚号	对地阻值/kΩ	引脚号	对地阻值/kΩ	引脚号	对地阻值/kΩ	引脚号	对地阻值/kΩ
1	7.4	5	7.4	9	4.5	13	5.2
2	3	6	1.7	10	8.5	14	5.4
3	2.9	7	4.5	11	7.4	—	—
4	5.5	8	9.4	12	0	—	—

20.3　微波炉维修检测实例

20.3.1　微波炉中微波发射装置的检测实例

微波发射装置是微波炉故障率最高的部位，其内部的磁控管、高压变压器、高压电容和高压二极管由于长期受到高电压、大电流的冲击，较容易出现异常情况。

磁控管是微波发射装置的主要器件，可以将电能转换成微波能辐射到炉腔中加热食物。当磁控管出现故障时，微波炉会出现转盘转动正常，但微波出的食物不热的故障。

检测磁控管时，可在断电状态下，借助万用表检测磁控管的灯丝端、灯丝与外壳之间的阻值判断其好坏，如图 20-14 所示。

图 20-14　微波炉中磁控管的检测方法

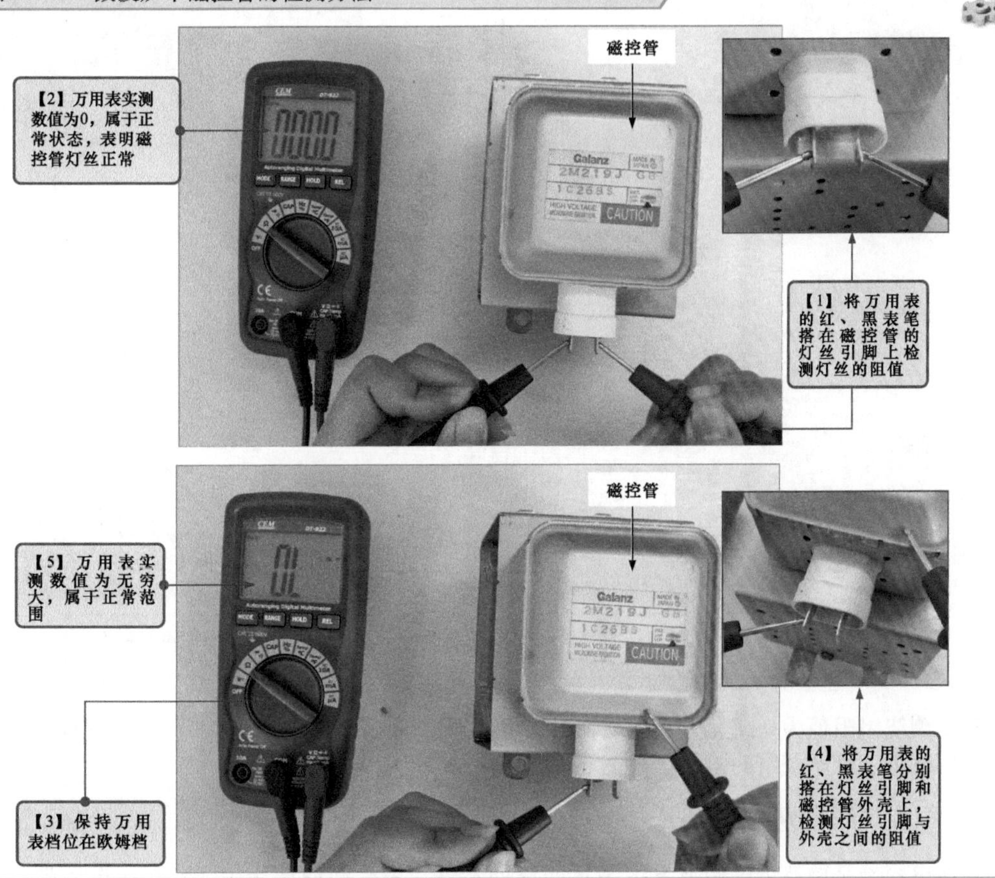
磁控管
【2】万用表实测数值为0，属于正常状态，表明磁控管灯丝正常
【1】将万用表的红、黑表笔搭在磁控管的灯丝引脚上检测灯丝的阻值
磁控管
【5】万用表实测数值为无穷大，属于正常范围
【3】保持万用表档位在欧姆档
【4】将万用表的红、黑表笔分别搭在灯丝引脚和磁控管外壳上，检测灯丝引脚与外壳之间的阻值
CAUTION

用万用表测量磁控管灯丝阻值的各种情况如下：

1）磁控管灯丝两引脚间的阻值小于1Ω，正常。

2）若实测阻值大于2Ω，则多为灯丝老化，不可修复，应整体更换磁控管。

3）若实测阻值为无穷大，则为灯丝烧断，不可修复，应整体更换磁控管。

4）若实测阻值不稳定，则多为灯丝引脚与磁棒电感线圈焊口松动，应补焊。

用万用表测量灯丝引脚与外壳间阻值的各种情况如下：

1）磁控管灯丝引脚与外壳间的阻值为无穷大，正常。

2）若实测有一定阻值，则多为灯丝引脚相对外壳短路，应修复或更换灯丝引脚插座。

20.3.2　微波炉中高压变压器的检测实例

高压变压器是微波发射装置的辅助器件，也称高压稳定变压器，在微波炉中主要用来为磁控管提供高压电压和灯丝电压，当高压变压器损坏时，将引起微波炉出现不微波的故障。

检测高压变压器可在断电状态下，通过检测高压变压器各绕组之间的阻值判断高压变压器是否损坏，如图20-15所示。

图20-15　微波炉中高压变压器的检测方法

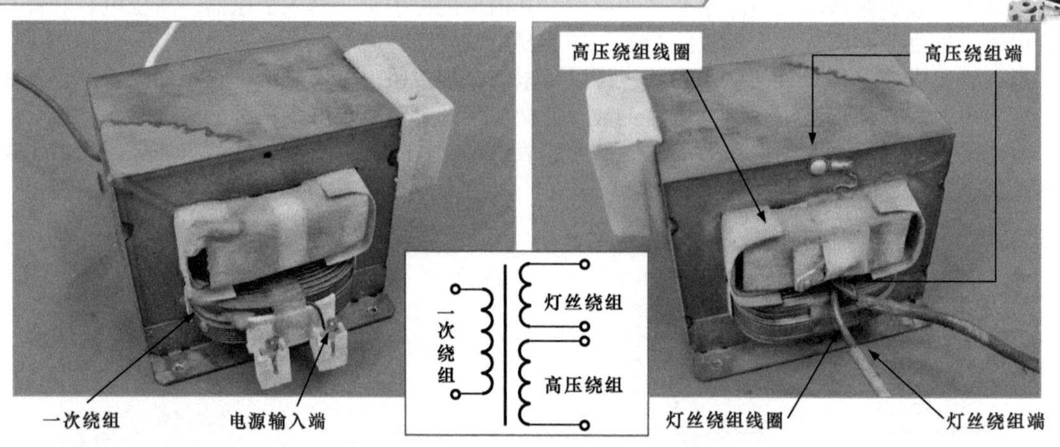
高压绕组线圈
高压绕组端
灯丝绕组
一次绕组
高压绕组
一次绕组
电源输入端
灯丝绕组线圈
灯丝绕组端

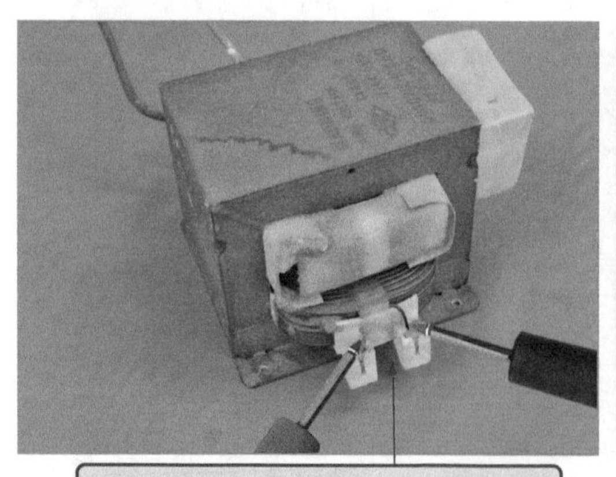

MODEL MF47-8
www.chinadse.org
全保护·遥控器检测
A-V-Ω

【1】将万用表的功能旋钮调至“×1”欧姆档，红、黑表笔分别搭在高压变压器的电源输入端

【2】万用表实测电源输入端（一次绕组）的阻值约为1.1Ω

若实测绕组阻值为0或无穷大，则说明绕组线圈出现短路或断路情况，可采用同样的方法分别检测高压绕组、灯丝绕组的阻值，在正常情况下应分别为100Ω、0.1Ω。

20.3.3　微波炉中高压电容的检测实例

高压电容器是微波炉中微波发射装置的辅助器件，主要起滤波作用。若高压电容器变质或损坏，常会引起微波炉出现不开机、不微波的故障。

检测高压电容器时，可用数字万用表检测电容量判断好坏，如图 20-16 所示。

图 20-16　微波炉中高压电容器的检测方法

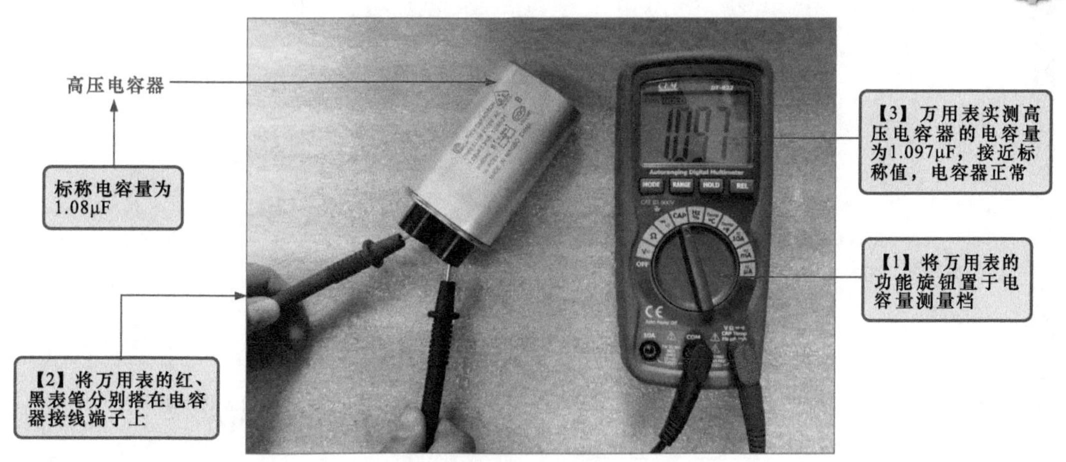
高压电容器
标称电容量为1.08μF
【3】万用表实测高压电容器的电容量为1.097μF，接近标称值，电容器正常
【1】将万用表的功能旋钮置于电容量测量档
【2】将万用表的红、黑表笔分别搭在电容器接线端子上

20.3.4　微波炉中高压二极管的检测实例

高压二极管是微波炉中微波发射装置的整流器件，连接在高压变压器的高压绕组输出端，对交流输出电压进行整流。

检测高压二极管时，可借助万用表检测正、反向阻值判断好坏，如图 20-17 所示。

图 20-17　微波炉中高压二极管的检测方法

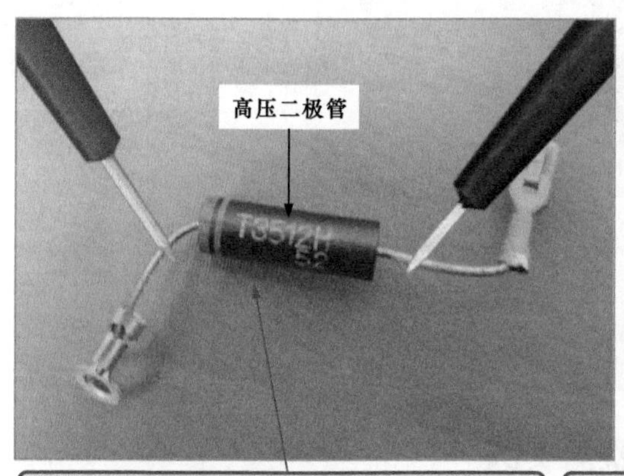
高压二极管

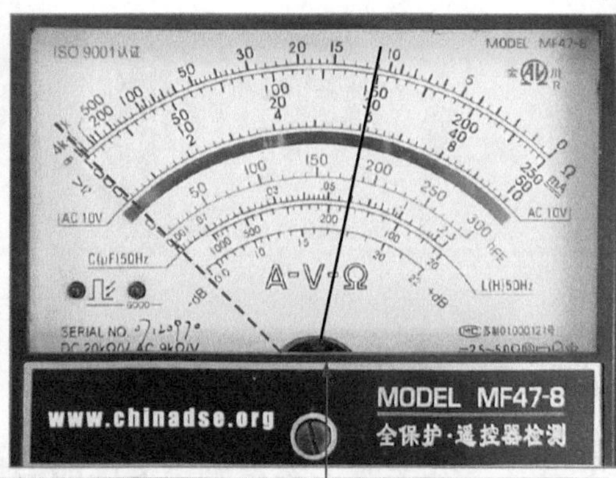
MODEL MF47-8
www.chinadse.org
全保护·遥控器检测

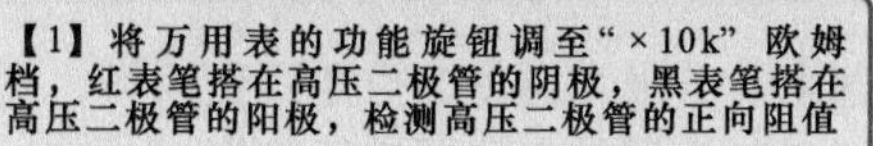
【1】将万用表的功能旋钮调至“×10k”欧姆档，红表笔搭在高压二极管的阴极，黑表笔搭在高压二极管的阳极，检测高压二极管的正向阻值

【2】在正常情况下，高压二极管的正向阻值应为一个固定值。调换表笔，检测高压二极管的反向阻值，在正常情况下应为无穷大。若阻值较小，则高压整流二极管可能被击穿损坏

20.3.5　微波炉中门开关组件的检测实例

微波炉中的门开关组件主要由 3 个微动开关构成，是为了安全起见而设置的微波炉保护装置，安装在微波炉炉门框边，受门开关的控制。

门开关组件常因内部触片损坏而不能良好地为高压变压器供电，造成关好炉门后，微波炉却不能正常工作等故障。当怀疑门开关组件异常时，可借助万用表检测其在通、断状态下的阻值，如图 20-18所示。

图 20-18　微波炉中门开关组件的检测方法

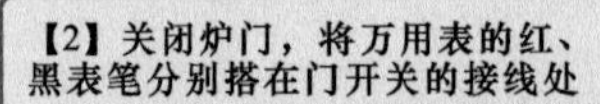
【2】关闭炉门，将万用表的红、黑表笔分别搭在门开关的接线处

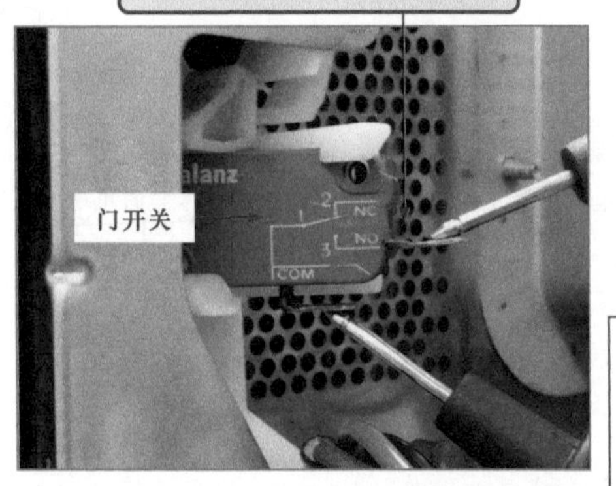
门开关
NC
NO
COM

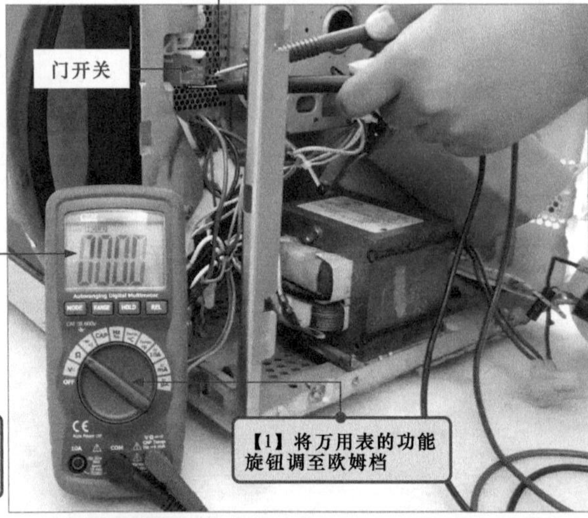
门开关
【1】将万用表的功能旋钮调至欧姆档
【3】当炉门处于关闭状态时，门开关应处于导通状态，阻值为0
若测得阻值为无穷大，则说明门开关已损坏，应进行更换

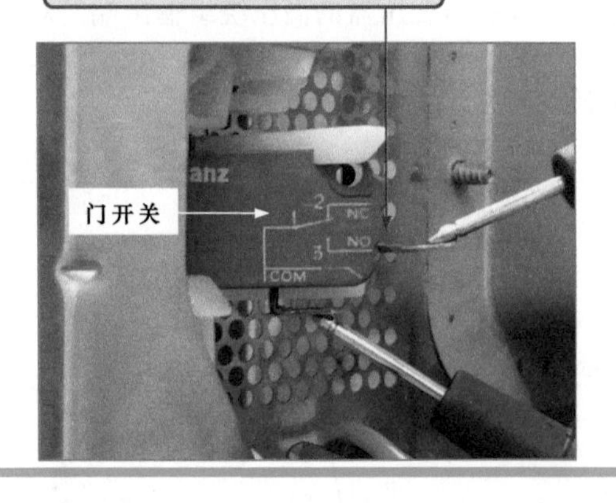
【4】打开炉门，将万用表的红、黑表笔分别搭在门开关的接线处
门开关
NC
NO
COM

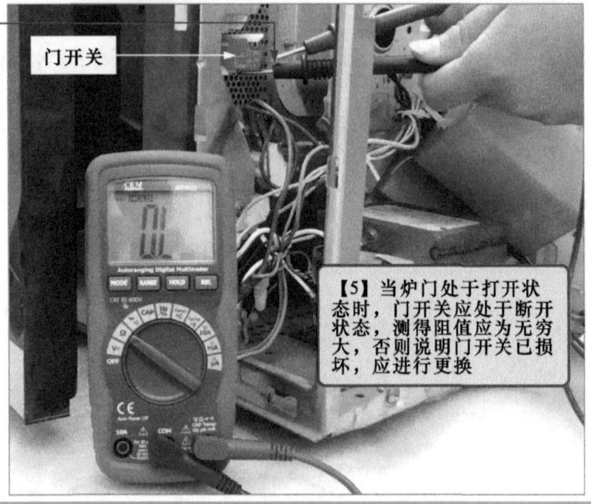
门开关
【5】当炉门处于打开状态时，门开关应处于断开状态，测得阻值应为无穷大，否则说明门开关已损坏，应进行更换

20.4　吸尘器维修检测实例

20.4.1　吸尘器中吸力调整电位器的检测实例

吸力调整电位器主要用于调整涡轮式抽气机的旋转速度。若吸力调整电位器发生损坏，则可能会导致吸尘器控制失常。当吸尘器出现该类故障时，应先对吸力调整电位器进行检修。

吸力调整电位器是否正常，可以借助万用表的欧姆档检测吸力调整电位器（相当于可调电阻器，在不同档位时，所体现出的阻值不同）在不同档位时的阻值变化情况来判断，如图 20-19 所示。

20.4.2　吸尘器中涡轮式抽气机的检测实例

涡轮式抽气机是吸尘器中实现吸尘功能的关键器件。通电后，若吸尘器出现吸尘能力减弱、无法吸尘或开机不动作等故障时，在排除电源线、电源开关、起动电容及吸力调整电位器的故障外，还需要重点对涡轮式抽气机的性能进行检测。若怀疑涡轮式抽气机出现故障时，可重点检查驱动电动机部分。

图 20-19 吸尘器吸力调整电位器的检测方法

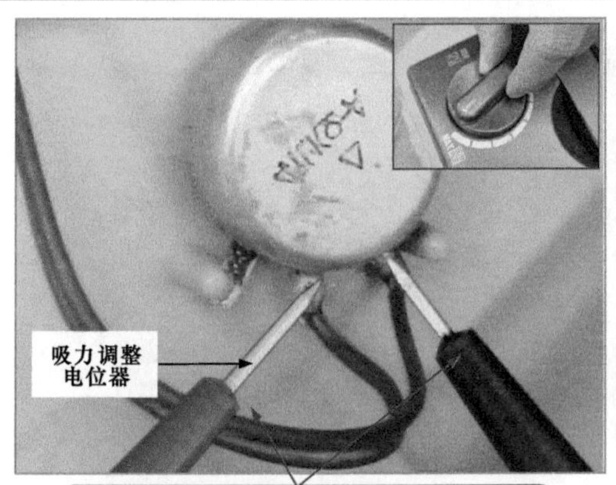
吸力调整
电位器
【1】将吸力调整电位器调整至最大，红、黑表笔分别搭在吸力调整电位器的两引脚端

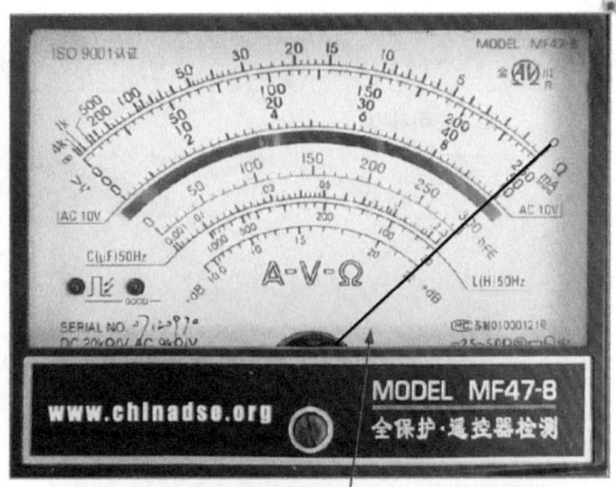
MODEL MF47-8
www.chinadse.org
全保护·遥控器检测
【2】观察万用表指针位置可知，在正常情况下，万用表实际测得的阻值为0

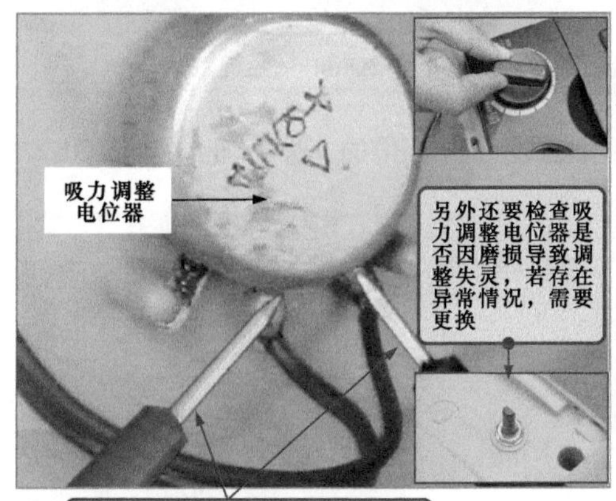
吸力调整
电位器
另外还要检查吸力调整电位器是否因磨损导致调整失灵，若存在异常情况，需要更换
【3】万用表表笔保持不动，将吸力调整电位器调整至中间档位

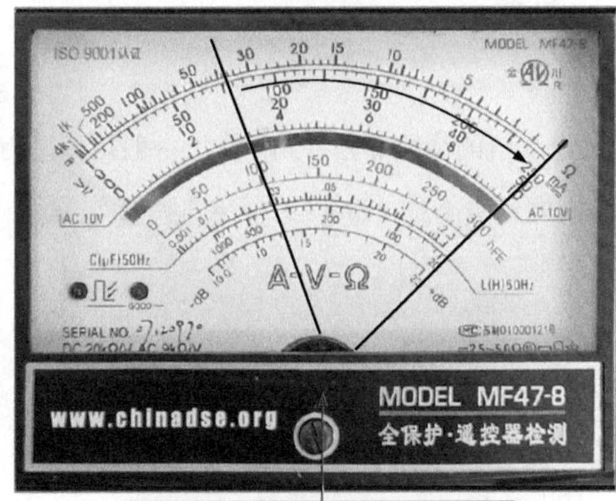
MODEL MF47-8
www.chinadse.org
全保护·遥控器检测
【4】用万用表测得此时的阻值应在0～400Ω之间，属于正常变化范围

驱动电动机部分是吸尘器维修中应重点检测的部件。检测时，可先结合驱动电动机的内部结构和连接关系，从绕组引出线部分检测绕组的阻值，初步判断绕组情况，根据检测结果判断驱动电动机的当前状态。

图 20-20 为驱动电动机及定子绕组、转子绕组、电刷的连接关系示意图。

图 20-20 驱动电动机及定子绕组、转子绕组、电刷的连接关系示意图

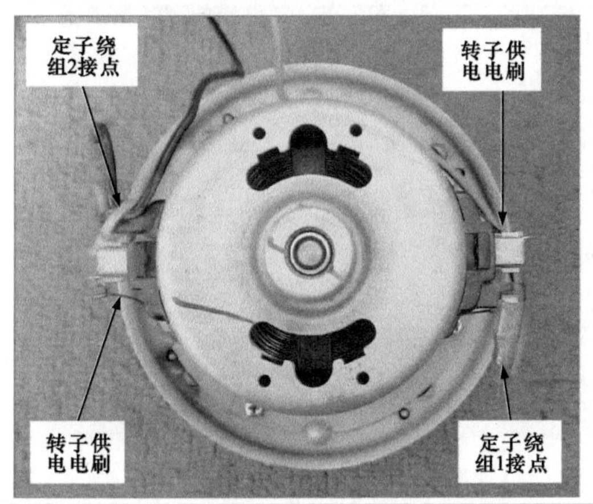
定子绕
组2接点
转子供
电电刷
转子供
电电刷
定子绕
组1接点

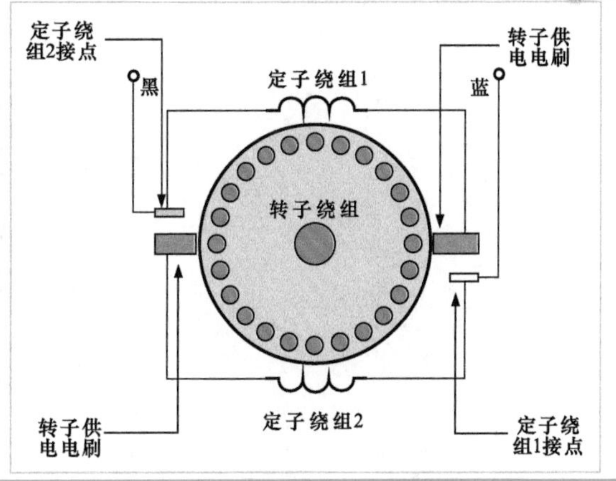
定子绕
组2接点
转子供
电电刷
黑
蓝
定子绕组1
转子绕组
定子绕组2
转子供
电电刷
定子绕
组1接点

检查驱动电动机定子绕组引出线与电刷的连接状态，若有松脱情况，则需要连接修复，如图 20-21 所示。

图 20-21 检查驱动电动机定子绕组引出线与电刷的连接状态

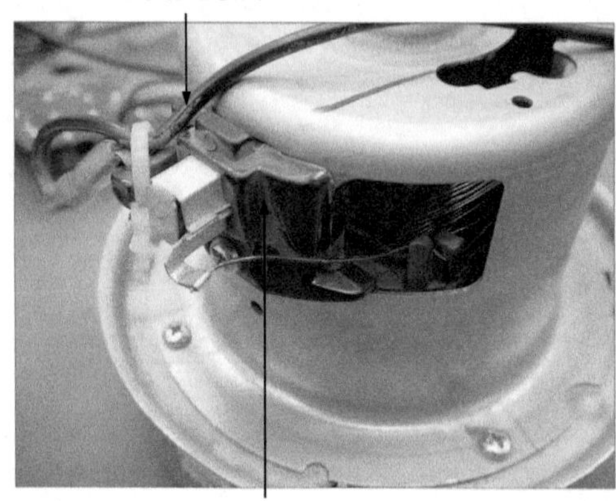
定子绕组2接点
转子供电电刷

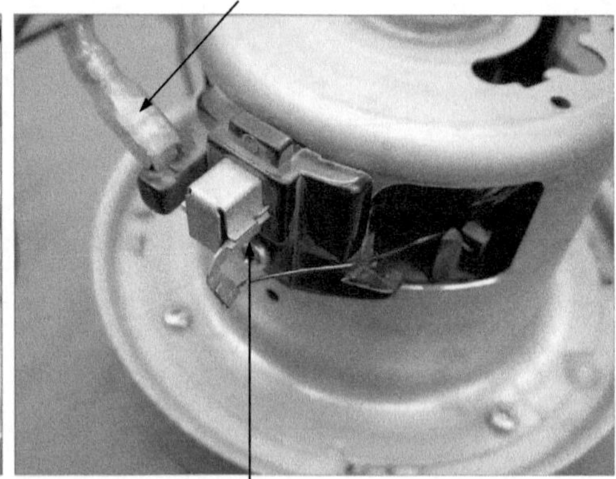
定子绕组1接点
转子供电电刷

驱动电动机的绕组部分有无异常，一般可借助万用表检测绕组阻值的方法来判断，如图 20-22 所示。

图 20-22 吸尘器驱动电动机的检测方法

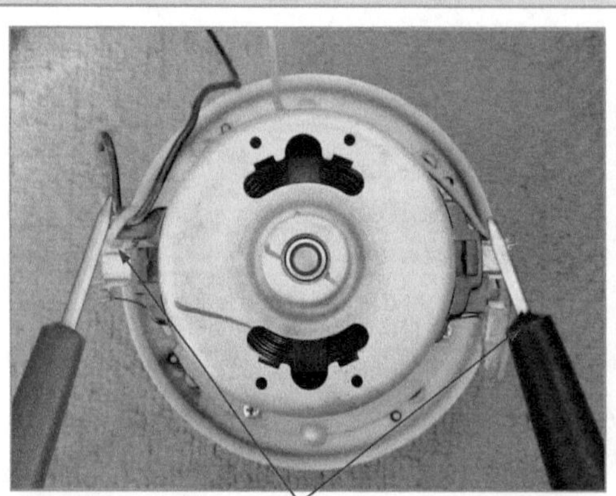
【1】将万用表的红表笔搭在定子绕组2接点上，黑表笔搭在转子供电电刷上（检测1）；将万用表的红表笔搭在转子供电电刷上，黑表笔搭在定子绕组1接点上（检测2）

MODEL MF47-8
www.chinadse.org
全保护·遥控器检测
【2】在检测过程中观察万用表指针位置（注意，检测前要根据估测检测对象阻值调整万用表的档位），在正常情况下，检测1和检测2两个步骤的实际结果均应接近零

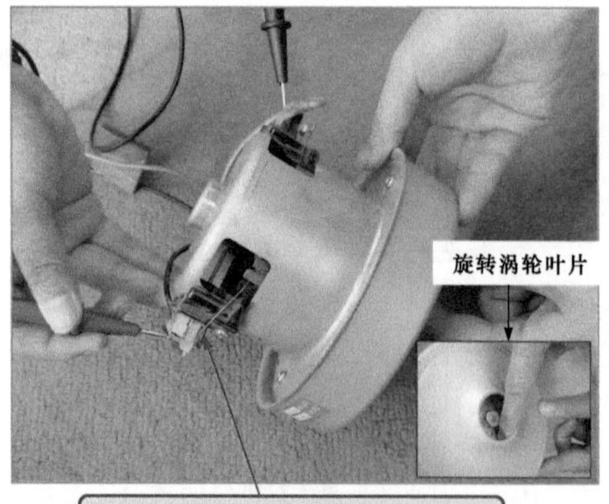
旋转涡轮叶片
【3】将万用表的红、黑表笔分别搭在转子连接端上，同时检测旋转涡轮叶片

MODEL MF47-8
www.chinadse.org
全保护·遥控器检测
【4】观察万用表指针的位置可知，在正常情况下，万用表指针处于摆动状态

20.5 电风扇维修检测实例

20.5.1 电风扇中电动机起动电容的检测实例

起动电容用于为风扇电动机提供起动电压，是控制风扇电动机起动运转的重要部件，若起动电容出现故障，则开机运行时，电风扇没有任何反应或只摇头扇叶不转。判断起动电容好坏可借助数字万用表检测起动电容的电容量进行判断，具体操作如图 20-23 所示。

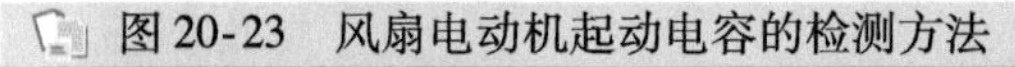
图 20-23 风扇电动机起动电容的检测方法

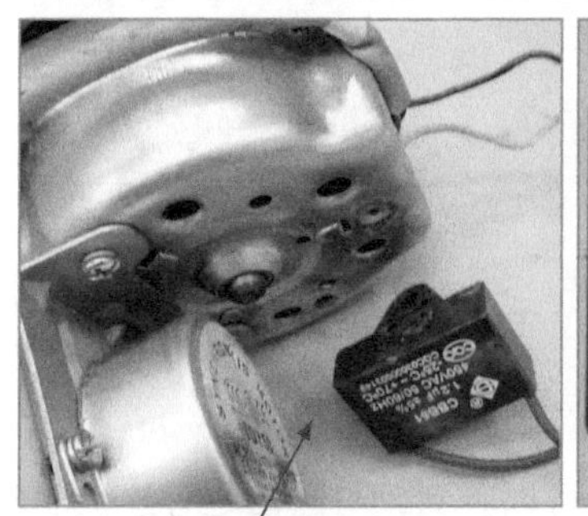
【1】将起动电容
从电风扇中取下

CBB61
1.2μF ±5%
450VAC 50/60Hz
-25°C ~ +70°C
CQC03000003149
【2】识读起动电
容的基本参数信息

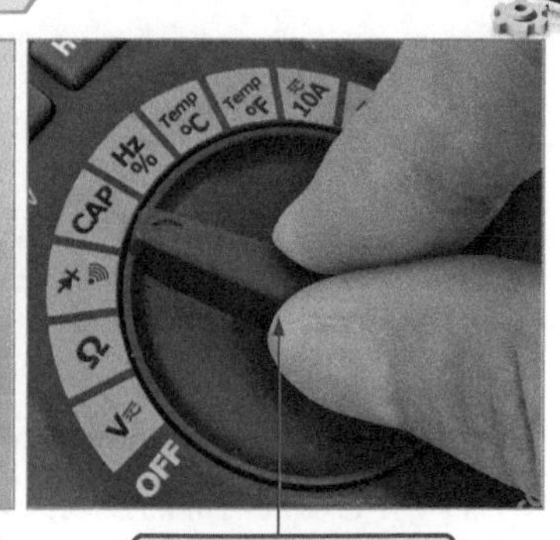
CAP
Hz %
Temp °C
Temp °F
10A
OFF
【3】将万用表的功能
旋钮调整至电容测量档

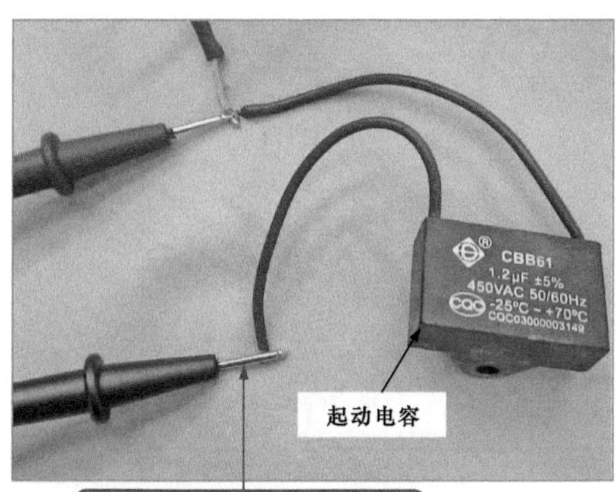
CBB61
1.2μF ±5%
450VAC 50/60Hz
起动电容
【4】将万用表的红、黑表笔分
别搭在起动电容的两引脚端

CEM
DT-922
Auto
001.2
μF
Autoranging Digital Multimeter
MODE
RANGE
HOLD
REL
【5】观察万用表显示屏读出实
测数值为1.2μF

若实测值与标称值相同或相近，则表明起动电容正常；若实测数值小于标称值，则说明性能不良。

在实际检修中，大多起动电容不会完全损坏，而是出现漏液、变形等导致容量减少，此时，多会引起风扇电动机转速变慢的故障；若起动电容漏电严重，完全无容量时，将会导致风扇电动机不起动、不运行的故障。

20.5.2 电风扇中电动机的检测实例

风扇电动机是电风扇的动力源，与扇叶相连，带动扇叶转动。若风扇电动机出现故障，将导致电风扇开机无反应等故障。

风扇电动机是否异常可借助万用表检测各绕组之间的阻值来判断，如图 20-24 所示。

图 20-24　风扇电动机的检测方法

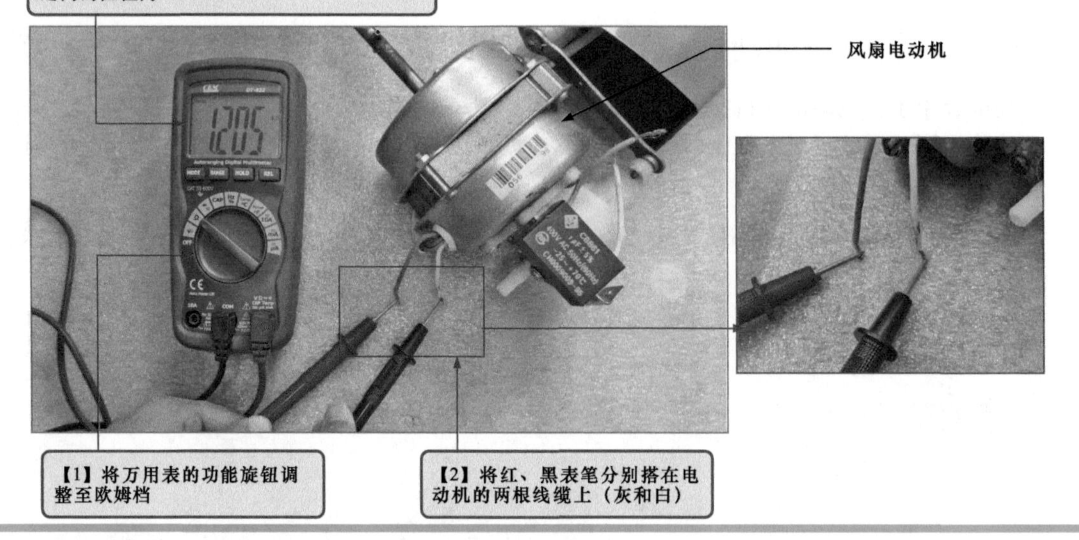
【3】实际测得与起动电容连接的两个引出线之间的阻值为1.205kΩ
风扇电动机
【1】将万用表的功能旋钮调整至欧姆档
【2】将红、黑表笔分别搭在电动机的两根线缆上（灰和白）

结合风扇电动机内部的接线关系，如图 20-25 所示。从图中可以看到，与起动电容连接的两根引出线即为风扇电动机起动绕组和运行绕组串联后的总阻值。

图 20-25　风扇电动机的检测示意图

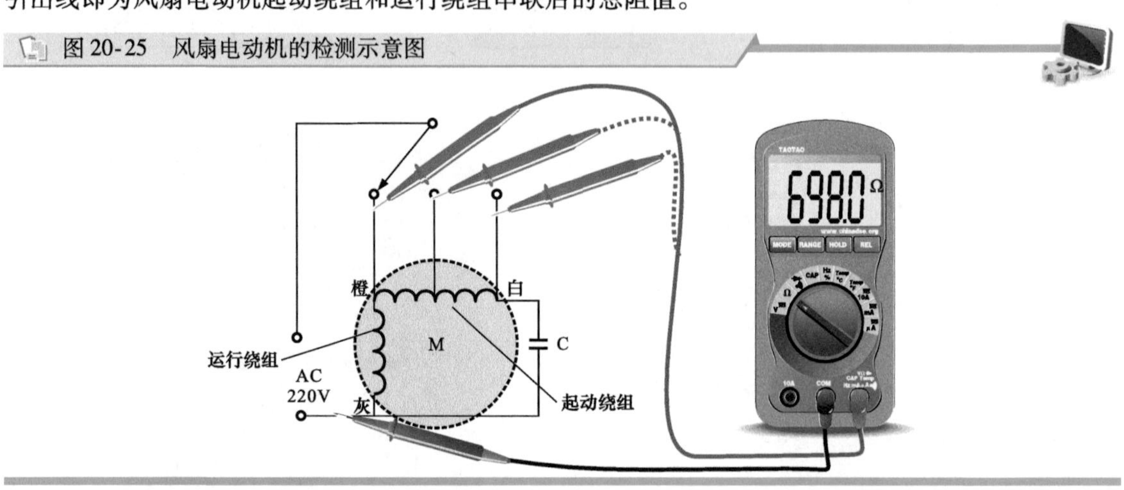
698.0Ω
橙
白
M
C
运行绕组
AC
220V
灰
起动绕组

采用相同的方法，测量橙-白、橙-灰引出线之间的阻值分别为698Ω 和507Ω，即起动绕组阻值为698Ω，运行绕组阻值为507Ω。满足 698Ω + 507Ω = 1205Ω 的关系，则说明风扇电动机绕组正常，可进一步排查风扇电动机的机械部分。

20.6　电热水壶维修检测实例

在对电热水壶进行故障检修时，重点要对加热盘、蒸汽式自动断电开关、温控器、热熔断器等电子元器件进行检测，如图 20-26 所示。如发现异常，需及时更换。

20.6.1　电热水壶中加热盘的检测实例

加热盘是为电热水壶中的水加热的电热器件。加热盘不会轻易损坏，若损坏后，会导致电热水壶无法正常加热。检查加热盘时，可以使用万用表检测加热盘阻值判断其好坏。图 20-27 为加热盘的检测方法。

图 20-26 电热水壶故障时需重点检测的电子元器件

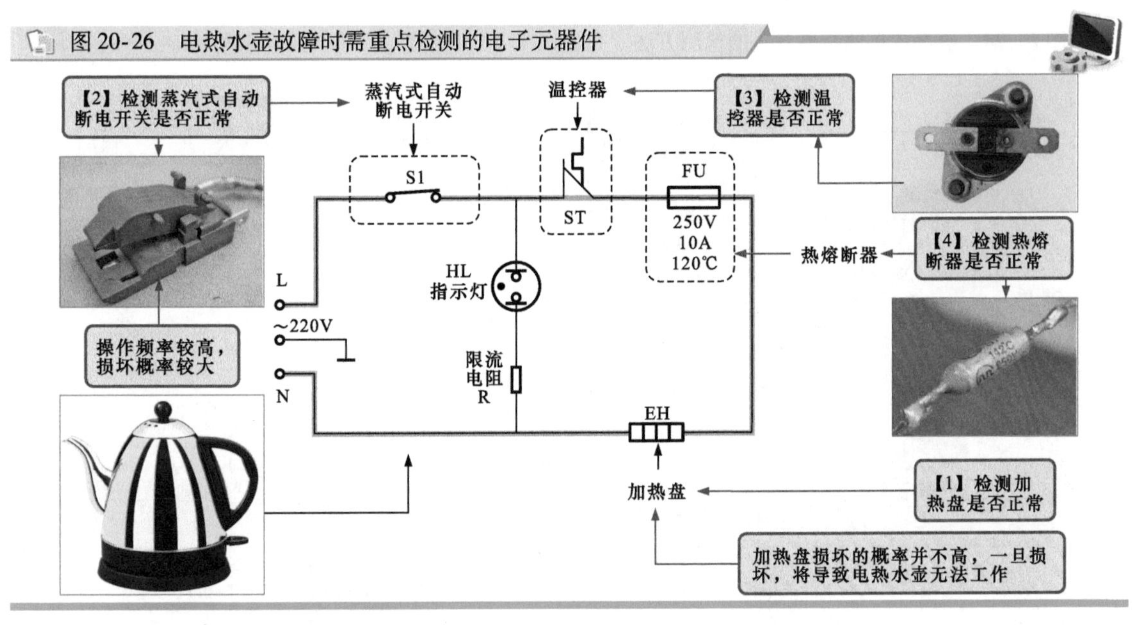
【2】检测蒸汽式自动断电开关是否正常
蒸汽式自动断电开关
温控器
【3】检测温控器是否正常
S1
ST
FU
250V
10A
120℃
热熔断器
【4】检测热熔断器是否正常
L
~220V
N
HL
指示灯
限流电阻R
EH
操作频率较高，损坏概率较大
加热盘
【1】检测加热盘是否正常
加热盘损坏的概率并不高，一旦损坏，将导致电热水壶无法工作

图 20-27 加热盘的检测方法

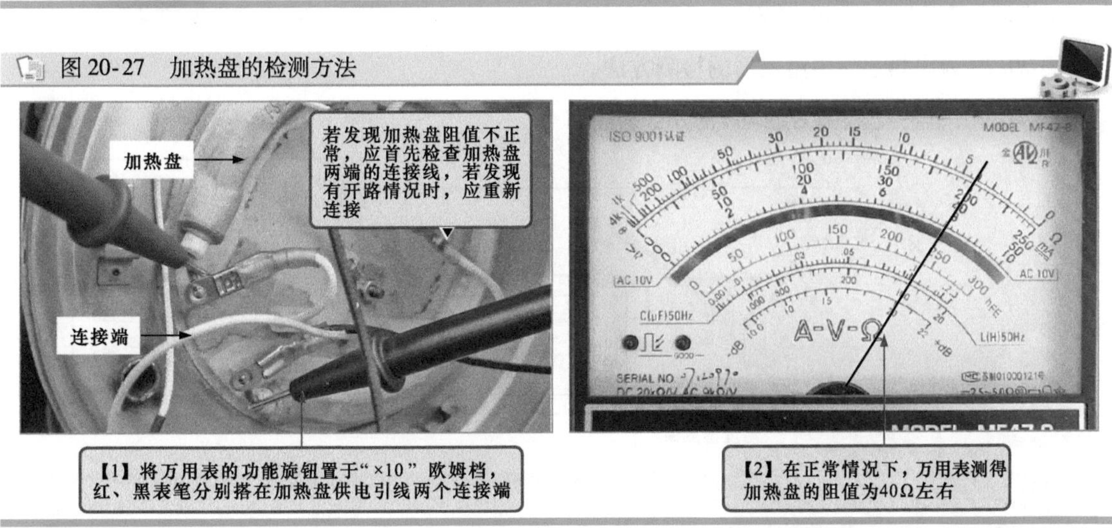
加热盘
若发现加热盘阻值不正常，应首先检查加热盘两端的连接线，若发现有开路情况时，应重新连接
连接端
【1】将万用表的功能旋钮置于"×10"欧姆档，红、黑表笔分别搭在加热盘供电引线两个连接端
【2】在正常情况下，万用表测得加热盘的阻值为40Ω左右

在正常情况下，使用万用表检测加热盘的阻值应为几十欧姆；若测得阻值为无穷大或零甚至几百至几千欧姆，均表示加热盘已经损坏。在检测过程中，加热器阻值出现无穷大，有可能是由于加热器的连接端断裂导致加热器阻值不正常，需在检查加热器的连接端后，再次检测加热器的阻值，从而排除故障。

20.6.2 电热水壶中蒸汽式自动断电开关的检测实例

蒸汽式自动断电开关是控制电热水壶自动断电的装置，如果损坏，可能会导致壶内的水长时间沸腾而无法自动断电，还有可能导致电热水壶无法加热。

检测时，可借助万用表检测蒸汽式自动断电开关判断其好坏，图 20-28 为蒸汽式自动断电开关的检测方法。

20.6.3 电热水壶中温控器的检测实例

温控器是电热水壶中关键的保护器件，用于防止蒸汽式自动断电开关损坏后水被烧干。如果温控器损坏，将会导致电热水壶加热完成后不能自动跳闸及无法加热故障，可使用万用表检测在不同温度条件下两触点间的通、断情况来判断其好坏。

图 20-28　蒸汽式自动断电开关的检测方法

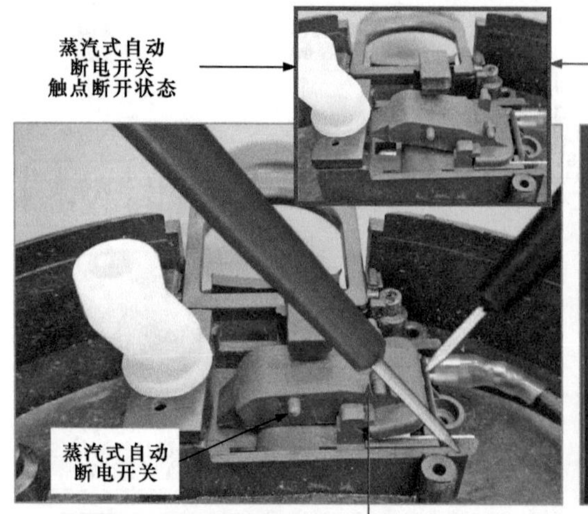
蒸汽式自动
断电开关
触点断开状态
蒸汽式自动
断电开关

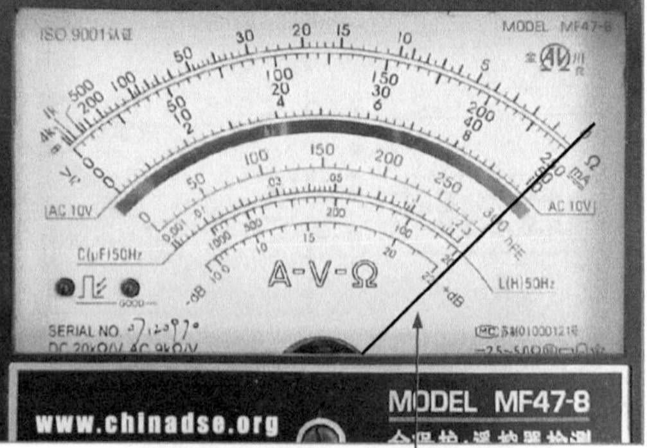
当蒸汽式自动断电开关检测到蒸汽温度时，内部金属片变形动作，触点断开，此时万用表检测触点间阻值应为无穷大
MODEL MF47-8
www.chinadse.org

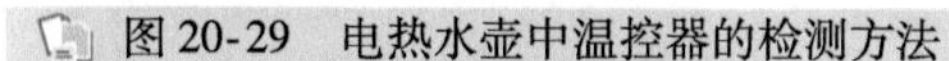

【1】将万用表的功能旋钮置于"×1"欧姆档，红、黑表笔分别搭在蒸汽式断电开关的两个接线端子上

【2】开关被压下，处于闭合状态时，用万用表测触点间阻值应为零

图 20-29 为电热水壶中温控器的检测方法。

图 20-29　电热水壶中温控器的检测方法

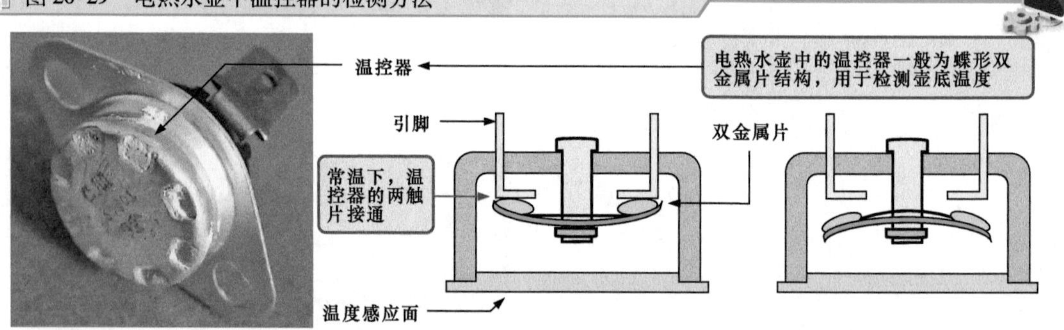
温控器
电热水壶中的温控器一般为蝶形双金属片结构，用于检测壶底温度
引脚
双金属片
常温下，温控器的两触片接通
温度感应面

MODEL MF47-8
www.chinadse.org
全保护·遥控器检测

【1】将万用表的功能旋钮置于"×1"欧姆档，红、黑表笔分别搭在温控器的两个接线端子上

【2】在常温状态下，温控器触点处于闭合状态，万用表测触点间阻值应为零。在正常情况下，当温控器感温面感测温度过高时，触点断开，此时用万用表检测两触点之间的阻值应为无穷大

20.6.4　电热水壶中热熔断器的检测实例

热熔断器是整机的过热保护器件。若该器件损坏，可能会导致电热水壶无法工作。判断热熔断

器的好坏可使用万用表检测其阻值。在正常情况下，热熔断器的阻值为零，若实测阻值为无穷大，说明热熔断器损坏。

图 20-30 为电热水壶中热熔断器的检测方法。

图 20-30 电热水壶中热熔断器的检测方法

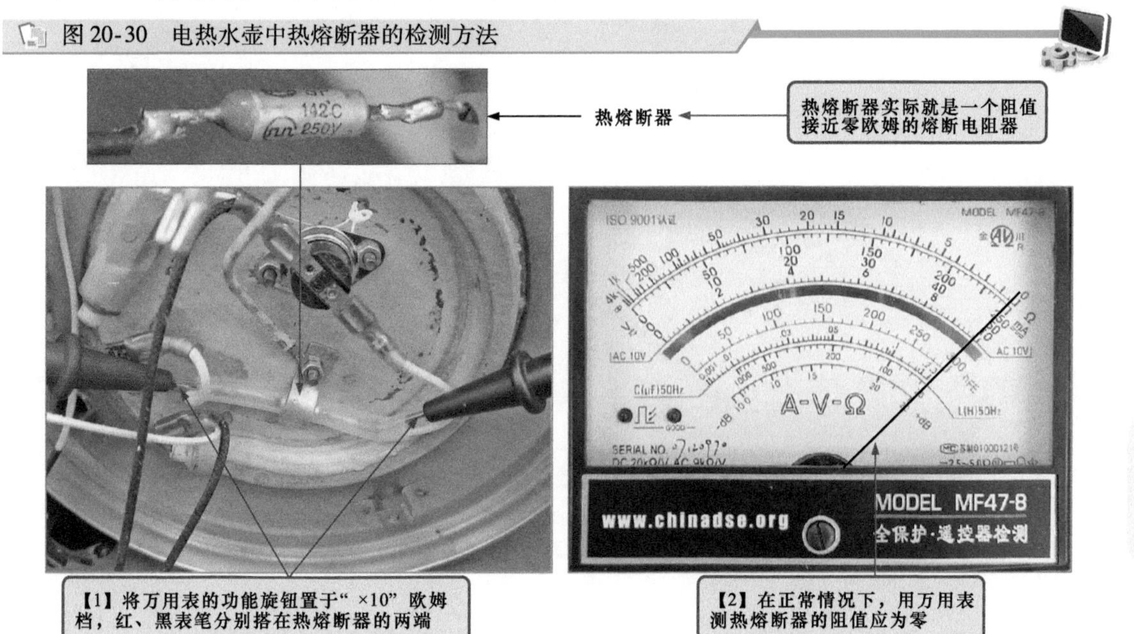

热熔断器
热熔断器实际就是一个阻值接近零欧姆的熔断电阻器
142℃
250V
【1】将万用表的功能旋钮置于"×10"欧姆档，红、黑表笔分别搭在热熔断器的两端
【2】在正常情况下，用万用表测热熔断器的阻值应为零
MODEL MF47-8
www.chinadse.org
全保护·遥控器检测
A-V-Ω